KOSMOS HIMMELSJAHR

2026

SONNE, MOND UND STERNE IM JAHRESLAUF

Herausgegeben von Hans-Ulrich Keller
unter Mitarbeit von Erich Karkoschka

KOSMOS PLUS

Informationen zur KOSMOS-Plus-App
finden Sie auf Seite 35

KOSMOS

Inhalt

ESO/P. Horálek/Solar Wind Sherpas project

Die Monatsthemen Januar – Juni

Abbildungen zu den Planeten

Inhalt

Kosmos Verlag/Kay Elzner

Die Monatsthemen Juli – Dezember

Wichtige Abbildungen und Tabellen

Das Kosmos Himmelsjahr – ein Wegweiser durch die Sternenwelt im Jahreslauf

Ut hora sic fugit vita
Wie die Stunde flieht das Leben

Sonnenuhrspruch

Jeder erlebt den Zeitablauf ganz subjektiv. Manchmal rast die Zeit dahin, dann wiederum scheint sie nicht vergehen zu wollen. Viele haben das Gefühl, je älter sie werden, umso schneller läuft die Zeit – die Jahre verrinnen immer schneller. Aufhalten kann man den Strom der Zeit nicht – aber offensichtlich auch nicht beschleunigen. Uralt ist aber der Wunsch der Menschheit, den Zeitablauf zu kontrollieren. Dies ermöglicht die Beobachtung des Laufes der Gestirne. Seit alters her gelten die Astronomen daher als Hüter der Zeit. Die Drehung der Erde bestimmt die Tageslänge, der Mondlauf gibt die Dauer eines Monats vor und die Wanderung der Erde um die Sonne definiert die Jahre.

In der Astronomie tauchen große Zeiträume auf, die unser Verstand kaum zu erfassen vermag. Das Leben der Sterne währt Millionen und Milliarden Jahre, das Alter des Universums beträgt knapp 14 Milliarden Jahre. Dies ist inzwischen allgemein bekannt. Viele Fragen beschäftigen jedoch interessierte Zeitgenossen: Warum wurde eine „neue Mondzeit" eingeführt? Wie schnell fliegt das Universum auseinander? Gibt es bewohnte Planeten? Was sind Gravitationswellen? Was hat es mit dem Feuerstern in Ariadnes Krone auf sich? Wann erlischt der Sonnenofen?

V.1 Die Spiralgalaxie LEDA 2046648 im Sternbild Herkules ist eine Milliarde Lichtjahre entfernt. Im Hintergrund zahlreiche Galaxien, die kurz nach dem Urknall entstanden sind (Aufnahme des James-Webb-Weltraumteleskops).

Für Interessierte und Amateurastronomen

Diese und andere spannende Themen der Himmelskunde werden in zwölf Kapiteln jeweils am Ende jeder monatlichen Übersicht zum Sternenlauf in diesem Jahrbuch behandelt. In erster Linie aber dient das *Kosmos Himmelsjahr* als Wegweiser zu den astronomischen Ereignissen, die im laufenden Jahr am Sternenhimmel zu beobachten sind: Wann und wo sind welche Planeten zu sehen, welche Sonnen- und Mondfinsternisse finden statt oder zu welchen Zeiten sind zahlreiche Sternschnuppen zu erwarten? Damit man die Ereignisse am Sternenzelt ohne große Mühe verfolgen kann, dazu dient das *Kosmos Himmelsjahr* als Leitfaden durch die Welt der Gestirne während des Jahres.

Auch der **116. Jahrgang** des vorliegenden Jahrbuches soll sowohl dem Einsteiger in die Himmelskunde als auch der kundigen Amateurastronomin die erforderlichen Hinweise und Daten für eigene astronomische Beobachtungen liefern.

Der erfahrene Himmelsbeobachter findet auf der inneren Umschlagklappe Kurzhinweise zum Gebrauch dieses Jahrbuches. Ausführliche Erläuterungen zu den wichtigsten Grundtatsachen der Astronomie findet der Einsteiger in die Himmelskunde ab Seite 9. Eine kalendarische Übersicht enthält das Kapitel „Das Jahr 2026 auf einen Blick" auf Seite 7. Dem Hauptteil vorangestellt ist die Beschreibung der Sonnen- und Mondfinsternisse, die sich im Jahr 2026 ereignen (siehe Seite 24).

Der Anhang enthält ein Verzeichnis von Planetarien und Sternwarten sowie eine Liste von amateurastronomischen Einrichtungen, die den Kontakt zu Gleichgesinnten erleichtern soll.

Um möglichst allen Leserinnen und Lesern – vom Einsteiger bis zur versierten Beobachterin –

zu dienen, wird in den Monatsübersichten eine einfache, beschreibende Darstellung aller interessanten Himmelsvorgänge gebracht, während im Tabellenteil am Schluss wichtige Beobachtungsdaten in Form von Zahlentafeln vermerkt sind.

Eine umfassende Einführung in die Grundlagen der Himmelskunde und zu den einzelnen Fachbegriffen findet man im *Kompendium der Astronomie*, 7. Auflage, erschienen im Kosmos-Verlag.

Datenquellen und Danksagungen

Die Daten für das vorliegende Jahrbuch stammen, soweit nicht nachstehend besonders vermerkt, vom Planetarium Stuttgart. Das Institut de Mécanique Céleste et de Calcul des Éphémérides (IMCCE), Observatoire de Paris, lieferte die Daten für die Jupitermonderscheinungen, die Sonnenfleckenrelativzahlen das Observatoire Royal de Belgique, Brüssel, und die Daten für die Sternschnuppenströme die International Meteor Organization (IMO), wofür Herrn Dr. Jürgen Rendtel (Leibniz-Institut für Astrophysik, Potsdam) besonders zu danken ist.

Mein ganz besonderer Dank gilt meinem Mitarbeiter, Herrn Dr. Erich Karkoschka (Lunar and Planetary Laboratory, University of Arizona, Tucson) für seine Ephemeridenberechnungen, die Kalkulation der Sternbedeckungen durch den Mond, die Anfertigung vieler Skizzen und Abbildungen sowie zahlreichen Verbesserungsvorschlägen und Hinweisen.

Dank schulde ich auch Herrn Gerhard Weiland, der mit großer Sorgfalt und Umsicht die Reinzeichnungen der Grafiken angefertigt hat. Dankbar bin ich auch Herrn Michael Vogel, der sorgfältig Korrektur gelesen hat.

Zu danken habe ich ferner Herrn Martin Gertz für die hervorragenden Astroaufnahmen, die er auf der Sternwarte Welzheim gewonnen hat. Nicht zuletzt gebührt auch Dank den Mitarbeiterinnen und Mitarbeitern des Verlages, namentlich den Herren Michael Geymeier und Sven Melchert, für die hervorragende Zusammenarbeit, ohne die dieses Jahrbuch nicht pünktlich erscheinen könnte.

Stuttgart, im März 2025
Hans-Ulrich Keller

BESONDERE JUPITERMONDERSCHEINUNGEN IM JAHR 2026

Im Herbst 2026 sieht man auf die Kante der Jupitermondbahnen, weshalb es zu seltenen Erscheinungen kommt. Mehrere Male wird ein Mond durch einen anderen verfinstert. Diese Ereignisse sind meist kurz, sodass nur die Zeit der maximalen Verfinsterung vermerkt ist. Am Zeilenende steht der Mond, der die Verfinsterung verursacht. Auch kommt es zu vielen engen Konjunktionen zwischen zwei Monden. Falls der Minimalabstand geringer als zehn Bogensekunden ist, sind die Konjunktionen in einer eigenen Tabelle mit dem Minimalabstand aufgelistet, wobei der südliche Mond zuerst genannt wird. Wenn sich zwei Monde so nahekommen, dass sie einander bedecken, ist dies in der neuen Tabelle und Grafik der „Gegenseitigen Jupitermondereignisse“ vermerkt. Der fernere und damit bedeckte Mond wird zuerst genannt. Diese Tabelle enthält auch gegenseitige Verfinsterungen. Die Grafik rechts der Tabelle veranschaulicht das Ereignis von Anfang bis Ende. Sie zeigt das Ereignis bei hoher Vergrößerung und absolut ruhiger Luft, was allerdings selten der Fall ist. In vielen Monaten zeigen runde Teleskopanblicke von Jupiter und seinen Monden die interessantesten Ereignisse, wobei Pfeile die Bewegungen der Monde in der folgenden Stunde andeuten. **Im Januar sind auch zwei seltene Ereignisse für Saturn gezeigt, wo Titan als winziger, dunkler Punkt vor der Scheibe des Saturn vorbeizieht (Seite 45).**

Das Jahr 2026 auf einen Blick

Das Jahr 2026 ist nach dem Gregorianischen Kalender ein **Gemeinjahr** mit **365** Tagen.

Beginn der Jahreszeiten:
FRÜHLING (Tagundnachtgleiche): 20. März, 15^h46^m
SOMMER (Sonnenwende): 21. Juni, 09^h25^m
HERBST (Tagundnachtgleiche): 23. September, 01^h05^m
WINTER (Sonnenwende): 21. Dezember, 21^h50^m
SOMMERZEIT: Die Mitteleuropäische Sommerzeit (MESZ) geht gegenüber der Mitteleuropäischen Zeit (MEZ) um eine Stunde vor. Sie soll vom **29. März** bis **25. Oktober 2026** gelten. Kurzfristige Änderungen sind möglich.

FEST- UND FEIERTAGE 2026

Neujahrstag:	**Donnerstag,**	1. Januar
Aschermittwoch:		18. Februar
Karfreitag:		3. April
Ostersonntag:		**5. April**
Ostermontag:		6. April
Maifeiertag	**Freitag,**	1. Mai
Christi Himmelfahrt:	Donnerstag,	14. Mai
Pfingstsonntag:		24. Mai
Pfingstmontag:		25. Mai
Fronleichnam:	Donnerstag,	4. Juni
Allerheiligen:	**Sonntag,**	1. November
Buß- und Bettag:	Mittwoch,	18. November
Totensonntag:		22. November
1. Advent:	**Sonntag,**	29. November
Heiliger Abend:	Donnerstag,	24. Dezember
1. Weihnachtstag:	**Freitag,**	25. Dezember
2. Weihnachtstag:	Samstag,	26. Dezember
Silvester:	**Donnerstag,**	31. Dezember

STAATSFEIERTAGE 2026

Tag der deutschen Einheit:	Samstag,	3. Oktober
Österreichischer Nationalfeiertag:	Montag,	26. Oktober
Schweizer Bundesfeier:	Samstag,	1. August
Liechtensteiner Staatsfeiertag:	Samstag,	15. August

KALENDERÄREN 2026

Das **jüdische Jahr** 5787 beginnt am 11. September mit Sonnenuntergang. Der jüdische Neujahrstag fällt daher auf den 12. September 2026.

Das **islamische Jahr** 1448 beginnt am 16. Juni mit Sonnenuntergang. Der erste Tag des islamischen Jahres 1448 korrespondiert mit dem 17. Juni 2026.

Am 17. Febuar 2026 beginnt das 43. Jahr im 79. Zyklus des **traditionellen chinesischen Kalenders**. Es ist das Jahr des Pferdes (bing-wu).

Am 14. September beginnt in der **byzantinischen Ära** das Jahr 7535.

Am 1. Januar beginnt das **japanische Jahr** 2686.

Am 11. September beginnt das Jahr 1743 der **Ära Diokletians** (Koptische Ära).

Am 14. September beginnt das Jahr 2338 der **Seleukidenära**.

Am 14. Januar beginnt das Jahr 2779 der **römischen Ära a. u. c**.

Der 14. Januar 2026 des **Gregorianischen** Kalenders korrespondiert mit dem 1. Januar 2026 des **Julianischen** Kalenders.

Das Jahr 2026 entspricht dem Jahr 6739 der **Julianischen Periode**.

Der 1. Januar 2026 (0^h Weltzeit = 1^h Mitteleuropäische Zeit) hat die **Julianische Tagesnummer** 2 461 041,5.

Das **astronomische Jahr** 2026 (Bessel-Jahr) beginnt bereits am 31. Dezember 2025 um 08^h57^m MEZ (B2026.0 = JD 2 461 040,831). Der **Dies Reductus** (J2026.0–B2026.0) beträgt somit 16^h03^m.

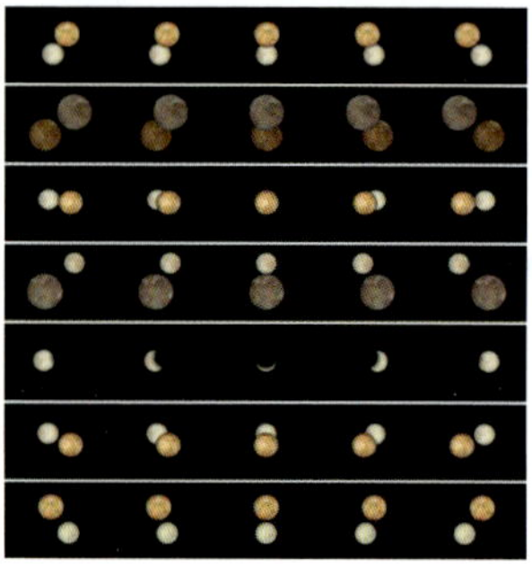

V.2 Im Jahr 2026 kommt es zu gegenseitigen Jupitermondereignissen. Dabei kann ein Mond den anderen bedecken oder seinen Schatten auf ihn werfen.

CHRONOLOGIE 2026

Sonnenzirkel: 19
Goldene Zahl (Mondzirkel): XIII
Sonntagsbuchstabe: D
Indiktion (Römerzinszahl): 4
Epakte: 11
Jahresregent: Merkur

FINSTERNISSE 2026

Im Jahr 2026 ereignen sich vier Finsternisse: eine ringförmige und eine totale Sonnenfinsternis sowie eine totale und eine partielle Mondfinsternis. Die **ringförmige Sonnenfinsternis vom 17. Februar** bleibt von der gesamten Nordhalbkugel der Erde aus unbeobachtbar. Die **totale Mondfinsternis vom 3. März** ereignet sich in den Mittagsstunden und bleibt von Mitteleuropa aus unbeobachtbar. **Am 12. August findet eine totale Sonnenfinsternis** statt, die in ihren partiellen Phasen von Mitteleuropa nachmittags sichtbar ist. Die Totalitätszone zieht sich von der Arktis über den Nordatlantik, die Iberische Halbinsel und endet im Mittelmeer. Die **partielle Mondfinsternis vom 28. August** kann in ihrer ersten Hälfte in den frühen Morgenstunden von Mitteleuropa aus beobachtet werden. Ausführliche Erläuterungen zu den Finsternissen findet man im Kapitel „Sonnen- und Mondfinsternisse 2026“ auf Seite 24.

PLANETEN UND PLUTO 2026

MERKUR zeigt sich im zweiten Februardrittel am Abendhimmel. Anfang bis Mitte Juni bietet er eine bescheidene, kurze Abendsichtbarkeit. In der ersten Augusthälfte und von Mitte bis Ende November ist Merkur am Morgenhimmel sichtbar.

VENUS steht am 6. Januar in oberer Konjunktion mit der Sonne. Von Februar bis Anfang Oktober spielt sie ihre Rolle als Abendstern. Ihre größte östliche Elongation erreicht sie mit 46° am 15. August. Mitte September strahlt sie in maximalem Glanz am Abendhimmel. In untere Konjunktion mit der Sonne kommt sie am 24. Oktober. Von November bis über das Jahresende hinaus ist sie Morgenstern. Am 29. November erreicht sie ihren größten Glanz am Morgenhimmel.

MARS kommt am 9. Januar in Konjunktion mit der Sonne. In Opposition zur Sonne steht er dann im Sternbild Löwe am 19. Februar 2027.

JUPITER kommt am 10. Januar im Sternbild Zwillinge in Opposition zur Sonne. Bis Ende Juni kann der Riesenplanet am Abendhimmel gesehen werden. Am 29. Juli steht er in Konjunktion mit der Sonne. Gegen Mitte August taucht Jupiter am Morgenhimmel auf.

SATURN erreicht am 26. März seine Konjunktion mit der Sonne. Mitte Juni erscheint der Ringplanet am Morgenhimmel. Er steht am 4. Oktober im Sternbild Walfisch in Opposition zur Sonne. Bis über das Jahresende ist der Ringplanet am Abendhimmel vertreten.

URANUS kommt am 26. November im Sternbild Stier in Opposition zur Sonne. In Konjunktion mit der Sonne steht Uranus am 22. Mai.

NEPTUN erreicht seine Opposition am 26. September im Sternbild Fische. In Konjunktion mit der Sonne steht Neptun am 22. März.

PLUTO, der prominenteste Zwergplanet unseres Sonnensystems, steht am 27. Juli im Sternbild Steinbock in Opposition zur Sonne. Seine Konjunktion mit der Sonne erreicht Pluto schon am 23. Januar.

Ausführliche Angaben über die Sichtbarkeit der Planeten entnehme man der Rubrik „Planetenlauf“ in den Monatsübersichten.

Erläuterungen zum Gebrauch

Wer zum ersten Mal dieses Jahrbuch in Händen hält, dem bieten nachstehende Erläuterungen eine erste Einführung in seine Benutzung. Wer jedoch schon mit den Grundlagen der Himmelskunde vertraut ist, kann sofort die „Kurzhinweise zum Gebrauch" dieses Jahrbuches auf der vorderen Umschlagklappe aufschlagen.

Im *Kosmos Himmelsjahr* ist das Bild des abendlichen Fixsternhimmels für jeden Monat beschrieben. Eine Sternkarte erleichtert die Übersicht. Außerdem ist die Stellung des Großen Wagens und des Himmels-Ws um 22^h MEZ für jeden Monat aus einer Grafik ersichtlich. Der Große Wagen und das Himmels-W sind in jeder klaren Nacht zu beobachten, da sie bei uns zirkumpolar sind, also niemals untergehen.

Während die Fixsterne ihre Stellungen zueinander nicht ändern, sondern nur gemeinsam infolge der Erdrotation über das Firmament ziehen, gibt es Gestirne, die ihre Position im Laufe von Wochen und Monaten ändern. Man nennt sie Wandelsterne oder Planeten. Sie sind die Geschwister unserer Erde, die ebenfalls ein Planet ist. Mit freiem Auge sind fünf Planeten zu sehen: Merkur, Venus, Mars, Jupiter und Saturn.

Von der Erde aus gesehen wandert somit die Sonne in einem Jahr durch die bekannten Sternbilder des Tierkreises. Der Wanderweg der Sonne heißt Ekliptik. Mond und Planeten bewegen sich ebenfalls in der Nähe der Ekliptik. Sie sind daher stets in den Tierkreissternbildern zu finden.

STERNE, STERNBILDER UND STERNKARTEN

Je nach Fantasie und Kultur haben die einzelnen Völker Sterne und Sternbilder unterschiedlich benannt. Die Internationale Astronomische Union (IAU) hat für die gesamte Himmelskugel 88 Sternbilder festgelegt, die für alle Astronomen und Sternfreunde verbindlich sind. Diese 88 Sternbilder haben lateinische Namen und jeweils eine Abkürzung von drei Buchstaben; Beispiel: der Krebs, lat.: Cancer, Abkürzung: Cnc.

Speziell für die Benutzer des Himmelsjahres empfehlen sich zur ersten Orientierung die Sternkarten im *Atlas für Himmelsbeobachter* von Erich Karkoschka. Neben den klassischen Sternatlanten gibt es heute auch gute Computerprogramme, die einen gewünschten Himmelsausschnitt am Monitor erscheinen lassen.

Nur die hellsten oder auffällige Sterne, die beispielsweise periodisch ihre Helligkeit ändern, haben Eigennamen erhalten. So heißen die beiden hellsten Sterne im Wintersternbild Orion Beteigeuze und Rigel, der berühmte veränderliche Stern im Perseus Algol.

Etwas systematischer hat Johannes Bayer im Jahre 1603 die Sterne bezeichnet, nämlich mit griechischen Buchstaben und dem Genitiv des lateinischen Sternbildnamens. So bekam der hellste Stern in der Leier die Be-

Martin Gertz / Sternwarte Welzheim

E.1 Der Orion ist das Leitsternbild des Winterhimmels.

zeichnung α Lyrae (oder kurz α Lyr), der zweithellste β Lyrae, der dritthellste γ Lyrae usw. Die Helligkeitsfolge ist aber nicht immer streng eingehalten, manchmal hat die Mythologie Vorrang; von den beiden hellen Zwillingssternen trägt der hellere Pollux die Bezeichnung β Geminorum, der etwas schwächere Kastor α Geminorum. Bei Doppelsternen wird gelegentlich noch ein Index an den griechischen Buchstaben angehängt. Beispiel: ε_1 und ε_2 Lyrae, der berühmte Vierfachstern in der Leier (jede Komponente ist ihrerseits ebenfalls ein Doppelstern). Die 24 griechischen Buchstaben (siehe Seite 21) pro Sternbild reichen natürlich nicht aus, um alle Sterne zu benennen.

Den ersten umfangreichen Sternkatalog nach Erfindung des Fernrohrs hat John Flamsteed (1646–1719) im Jahre 1712 herausgegeben. Flamsteed hat die Sterne in einem Sternbild durchnummeriert. So hat ω Aurigae beispielsweise bei Flamsteed die Bezeichnung 4 Aurigae. Viele Sterne, die keine Bayer-Bezeichnung haben, sind jedoch mit Flamsteed-Nummern gekennzeichnet.

Bei schwächeren Sternen gibt man die Katalognummer an, unter der sie verzeichnet sind, oder einfach die genauen Koordinaten. Beispiele für Katalognummern: BD +52°1312 bedeutet Stern Nummer 1312 in der Deklinationszone von +52° bis +53° der sogenannten *Bonner Durchmusterung*. HD 128974, Stern aus dem *Henry-Draper-Katalog*, SAO 146912, Stern aus dem *Smithsonian Astrophysical Observatory Star Catalogue*, FK5: 1051, Stern aus dem *5. Fundamental-Katalog*.

Sterne, deren Helligkeit variiert, werden häufig mit großen lateinischen Buchstaben und ihren Sternbildnamen versehen: RR Lyrae, T Coronae Borealis. Man kann somit aus der Bezeichnung auf die Eigenart dieser Sterne schließen.

STERNHAUFEN UND NEBEL

Man unterscheidet offene und kugelförmige Sternhaufen. Offene Sternhaufen enthalten Dutzende bis einige hundert Sterne, die alle einzeln als Lichtpunkte erkennbar sind. Kugelhaufen haben Hunderttausende bis Millionen Mitgliedssterne und sind als verwaschene, kreisrunde Lichtfleckchen zu sehen. Nur die Randpartien sind in Einzelsterne auflösbar, im Zentrum stehen die Sterne zu dicht, um als einzelne Lichtpunkte erkannt zu werden.

Zwischen den punktförmigen Sternen zeigen sich auch nebelhafte Gebilde. Bei den „Nebeln" gilt es zwei Kategorien zu unterscheiden: Einmal beobachtet man tatsächlich Staub- und Gasmassen zwischen den Sternen unserer Milchstraße, wie zum Beispiel im Sternbild Orion den berühmten Orionnebel. Andere nebelhafte Lichtfleckchen lassen sich jedoch mit sehr großen Teleskopen in einzelne Sterne auflösen. Hier sieht man fremde, ferne Milchstraßensysteme. Das Licht von Milliarden Sternen wird von uns nur als schwa-

Martin Gertz / Sternwarte Welzheim

E.2 Das Sternbild Schütze wird vom Band der Milchstraße mit zahlreichen Nebeln durchzogen.

ches Nebelfleckchen registriert, wie beispielsweise beim Andromedanebel. Wegen ihrer häufig spiraligen Gestalt spricht man auch von Spiralnebeln oder Galaxien.

Der französische Astronom Charles Messier (1730–1817) hat einen Katalog mit über hundert Sternhaufen und Nebeln zusammengestellt. Der Orionnebel wird z. B. mit M 42, der Andromedanebel mit M 31, der Kugelhaufen im Herkules mit M 13 bezeichnet. Wesentlich umfangreicher ist der Katalog von John L. E. Dreyer mit dem Namen *New General Catalogue of Nebulae and Clusters of Stars*, abgekürzt NGC. Später erschienen noch zwei Ergänzungen (*Index-Catalogue I and II*, kurz IC I und IC II) und schließlich der überarbeitete *Revised New General Catalogue* (RNGC). Daher trägt der Andromedanebel M 31 auch die Bezeichnung NGC 224.

DIE HELLIGKEIT DER STERNE

Man teilt die Sterne in Größenklassen ein. Diese Größenklassen geben nicht den Durchmesser oder die wahre Leuchtkraft der Sterne an, sondern ihre scheinbare Helligkeit am Himmel. Sterne erster Größe sind dabei heller als solche zweiter Größe. Ein schwaches Sternpünktchen sechster Größe ist eben noch mit bloßen Augen zu erkennen. Ein Stern erster Größe ist dabei hundertmal heller als ein Stern sechster Größe. Daraus folgt, dass ein Stern zweiter Größe 2,512-mal lichtschwächer ist als ein Stern erster Größe. Ein Stern dritter Größe wiederum ist 2,512-mal lichtschwächer als ein Stern zweiter Größe, denn $2{,}512^5 = 100$. Die Größenklassenskala ist somit ein logarithmisches Maß.

Als Abkürzung verwendet man ein kleines hochgestelltes ^{m} für magnitudo (lat.) = Größe. Sterne, die heller als 1^m sind, bezeichnet man mit 0^m, -1^m, -2^m usw. Die Venus kann -4^m hell sein. Das bedeutet, dass sie dann hundertmal heller strahlt als ein Stern erster Größe, also mit 1^m! In manchen Schriften findet man gelegentlich die Abkürzung „mag“ für Größenklasse. In der Fachastronomie ist sie jedoch nicht in Gebrauch. Mit Teleskopen lassen sich auch Sterne beobachten, die schwächer sind als 6^m. In einem guten Fernglas sind Sterne bis 10^m erkennbar. In großen Teleskopen werden

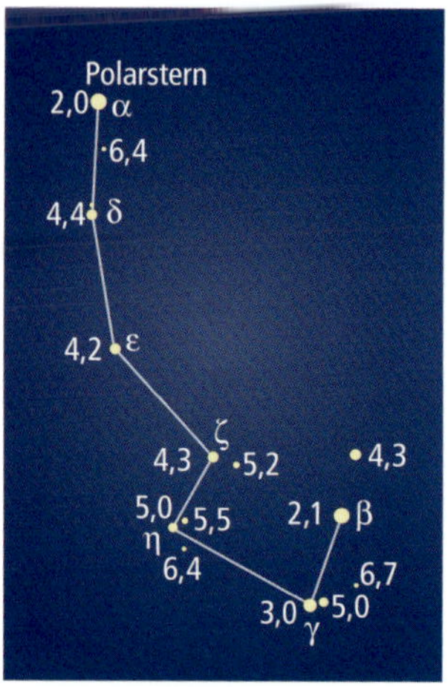

E.3 Sternbild Kleiner Wagen mit Helligkeitsangaben in Größenklassen für die einzelnen Sterne.

Sterne bis 26^m beobachtet, also Objekte, die hundert Millionen Mal lichtschwächer sind als die schwächsten, dem menschlichen Auge zugänglichen Sterne mit 6^m. Die Helligkeiten der Sterne zu schätzen, sollte man üben. Abb. E.3 zeigt den Kleinen Wagen, wobei die Helligkeiten der einzelnen Sterne vermerkt sind. Da das Sternbild Kleiner Wagen zirkumpolar ist, kann es in jeder klaren Nacht zu jeder Uhrzeit gesehen werden.

Stünden alle Sterne gleich weit entfernt, sozusagen in einer Normentfernung, dann entspräche die beobachtete scheinbare Helligkeit auch ihrer wirklichen Leuchtkraft. Eine solche Normentfernung wurde mit 10 Parsec (knapp 33 Lichtjahre) festgelegt. Man rechnet nun die Helligkeit aus, die ein Stern in 10 Parsec Entfernung hätte, und bezeichnet diese Größe als „absolute Helligkeit" oder „wahre Leuchtkraft" eines Sterns.

Um die absolute nicht mit der scheinbaren Helligkeit zu verwechseln, wird sie mit einem großen M (Magnitudo) abgekürzt. Beispiel: Unsere Sonne hat die enorme scheinbare Helligkeit von -27^m am Firmament und eine absolute Helligkeit von $+4{,}8^M$. Das heißt, in 33 Lichtjahren Entfernung erschiene uns die Sonne nur noch als Sternchen 5. Größe. Anmerkung: Da ^{m} auch für Minute steht, ist aus dem Textzusammenhang zu entnehmen, ob Helligkeiten oder Zeiten beziehungsweise Koordinaten gemeint sind.

ENTFERNUNGS-ANGABEN

In der Astronomie verwendet man, um große Zahlenungetüme zu vermeiden, für die Distanzen im Sonnensystem als Längenmaß die Astronomische Einheit (AE). Eine Astronomische Einheit entspricht der mittleren Entfernung der Erde von der Sonne, das sind rund 150 Millionen Kilometer.

Es gilt: **1 AE = 149 597 870 km**

Diese Strecke legt das Licht in 8^m20^s zurück. Man spricht von der Lichtlaufzeit der Astronomischen Einheit. Jupiter ist beispielsweise 5,2 AE von der Sonne und Neptun rund 30 AE von ihr entfernt. Die Lichtlaufzeiten der Planetendistanzen betragen Minuten bis wenige Stunden. Die Sterne sind jedoch so weit entfernt, dass ihr Licht Jahre, Jahrhunderte und Jahrmillionen zur Erde unterwegs ist. Man gibt daher ihre Distanzen in Lichtlaufzeiten an, wobei man ein Lichtjahr (LJ) als Einheit nimmt. In einem Jahr legt ein Lichtstrahl im Vakuum rund zehn Billionen Kilometer zurück.

Es gilt: **1 LJ = 9,46 × 10^{12} km**
= 63 240 AE

Ein Lichtjahr ist somit keine Zeit-, sondern eine Entfernungsangabe. In der Stellarastronomie wird ferner das Parsec (Parallaxensekunde) verwendet. Ein Parsec entspricht 3,26 Lichtjahren. Die Definition des Parsec findet man im Begleitbuch zum *Himmelsjahr*, dem *Kompendium der Astronomie* im Abschnitt „Entfernungseinheiten in der Astronomie".

Im *Himmelsjahr* werden die Entfernungen im Sonnensystem in AE und die Fixsterndistanzen in Lichtjahren angegeben. Parsec werden nicht verwendet.

ZEITANGABEN

Alle Uhrzeiten im *Himmelsjahr* sind grundsätzlich in **Mitteleuropäischer Zeit (MEZ)** angegeben. Die Mitteleuropäische Zeit ist die mittlere Sonnenzeit des Meridians 15° östlich von Greenwich (Nullmeridian der Erde). Sie geht gegenüber der Weltzeit (UT = Universal Time) um eine Stunde vor. Es gilt: Weltzeit plus eine Stunde = MEZ.

Wenn es in Greenwich Mitternacht (0^h) ist, dann haben wir schon 1^h (MEZ) morgens. Für **ortsabhängige Angaben** (z. B. Auf- und Untergänge) gelten alle Zeiten genau **für den Ort 10° östlich von Greenwich und**

50° nördlicher Breite. Dieser Punkt liegt für Mitteleuropa ziemlich zentral.

DIE SOMMERZEIT ist eine willkürliche Verschiebung der Zonenzeit um eine Stunde, um die Tageshelligkeit besser auszunutzen und (angeblich) Energie einzusparen. Sie beruht nicht auf astronomischen Grundlagen und ist außerdem von Staat zu Staat verschieden. Um die Benutzer des Himmelsjahres nicht zu verwirren und die Daten konsistent zu halten, sind alle Angaben das ganze Jahr durchgehend in MEZ vermerkt. Es gilt: MEZ plus eine Stunde = MESZ (Mitteleuropäische Sommerzeit). Gilt in einem Land die Sommerzeit, so ist zu den Zeitangaben im *Himmelsjahr* einfach eine Stunde zu addieren.

Achtung: Fällt ein Ereignis in die letzte Stunde vor Mitternacht, so ändert sich auch das Datum um einen Tag. Während der Dauer der Sommerzeit sind alle Zeitangaben in den Tabellen in einem dunkleren Farbton unterlegt.

AUF- UND UNTERGANGSZEITEN: Alle Auf- und Untergangszeiten (MEZ) gelten exakt für 10° östlicher Länge und 50° nördlicher Breite. Während der Gültigkeit der Sommerzeit ist eine Stunde zu addieren.

Für andere Orte in Mitteleuropa können diese Zeiten erheblich differieren (bis etwa eine halbe Stunde). Die Tabelle zur Auf- und Untergangskorrektur auf Seite 293 erlaubt eine Umrechnung auf den jeweiligen Beobachtungsort. Man suche die seinem Wohnort nächstliegende geografische Breite und lese die Korrekturzeit in Minuten ab, wobei die Deklination zu berücksichtigen ist. Die Korrektur für die geografische Länge lese man auf S. 292 ab.

DIE STERNZEIT: Um mit einem Fernrohr ein bestimmtes Gestirn zu finden, muss man die Stellung des Beobachters auf der Erde zu einer bestimmten Uhrzeit des Tages relativ zur Fixsternwelt kennen. Man braucht dazu einen Referenzpunkt unter den Sternen. Dies ist der Frühlingspunkt. Er ist der Schnittpunkt der aufsteigenden Sonnenbahn mit dem Himmelsäquator. Im Frühlingspunkt steht die Sonne zu Frühlingsbeginn. Er ist auch der Nullpunkt

SOMMERZEIT (MESZ) IN DER BUNDESREPUBLIK DEUTSCHLAND

	Beginn Sonntag	Ende Sonntag		Beginn Sonntag	Ende Sonntag
1980	06. April	28. September	2005	27. März	30. Oktober
1981	29. März	27. September	2006	26. März	29. Oktober
1982	28. März	26. September	2007	25. März	28. Oktober
1983	27. März	25. September	2008	30. März	26. Oktober
1984	25. März	30. September	2009	29. März	25. Oktober
1985	31. März	29. September	2010	28. März	31. Oktober
1986	30. März	28. September	2011	27. März	30. Oktober
1987	29. März	27. September	2012	25. März	28. Oktober
1988	27. März	25. September	2013	31. März	27. Oktober
1989	26. März	24. September	2014	30. März	28. Oktober
1990	25. März	30. September	2015	29. März	25. Oktober
1991	31. März	29. September	2016	27. März	30. Oktober
1992	29. März	27. September	2017	26. März	29. Oktober
1993	28. März	26. September	2018	25. März	28. Oktober
1994	27. März	25. September	2019	31. März	27. Oktober
1995	26. März	24. September	2020	29. März	25. Oktober
1996	31. März	27. Oktober	2021	28. März	31. Oktober
1997	30. März	26. Oktober	2022	27. März	30. Oktober
1998	29. März	25. Oktober	2023	26. März	29. Oktober
1999	28. März	31. Oktober	2024	31. März	27. Oktober
2000	26. März	29. Oktober	2025	30. März	26. Oktober
2001	25. März	28. Oktober	2026	29. März	25. Oktober
2002	31. März	27. Oktober			
2003	30. März	26. Oktober			
2004	28. März	31. Oktober			

E.4 Der zunehmende Mond am Abend des 24. März 2021 (Aufnahme: Gertz/Schneider).

der äquatorialen Himmelskoordinaten. Nimmt man statt der Sonne den unter den Fixsternen (fast) feststehenden Frühlingspunkt, erhält man statt der Sonnenzeit die Sternzeit.

Steht der Frühlingspunkt im Süden (Meridian), spricht man von 0^h Sternzeit, eine Stunde später von 1^h Sternzeit, usw. Es gilt: **Sternzeit = Stundenwinkel des Frühlingspunktes**.

Im *Himmelsjahr* ist die Sternzeit jeweils für 1^h MEZ (= 0^h Weltzeit) von zehn zu zehn Tagen für den Meridian von Greenwich (Nullmeridian) angegeben (siehe Tabelle auf Seite 288).

Die Tabelle auf Seite 281 erlaubt eine schnelle Bestimmung der Sternzeit zur abendlichen Beobachtungsstunde für jeden Tag des Jahres.

Um den Stundenwinkel eines Gestirns zu ermitteln, bilde man die Differenz: Sternzeit minus Rektaszension des Gestirns, dann hat man den Stundenwinkel zum Beobachtungszeitpunkt und kann das Teleskop entsprechend einstellen.

Für die Bestimmung des Stundenwinkels eines Planeten kann man auch seine Kulminationszeit (Zeit des Meridiandurchganges) benutzen, wenn man keine Sternzeituhr zur Verfügung hat und sich die Berechnung der Sternzeit zum Beobachtungszeitpunkt ersparen will. Die Kulminationszeiten der Planeten und Kleinplaneten sind auf den Seiten 282 bis 286 angegeben. Die Kulminationszeit gilt für 10° östlicher Länge. Zunächst ist die Korrektur für die Längendifferenz des Beobachtungsortes anzubringen (siehe Seite 292, Spalte Zeitkorrektur gegen 10° östlicher Länge). Um diese so erhaltene Zeit geht der Planet durch den Meridian des Beobachters und hat somit den Stundenwinkel Null. Man bilde nun die Zeitdifferenz zwischen der Beobachtungszeit und der Zeit des Meridiandurchganges. Sie entspricht direkt dem Stundenwinkel (im Zeitmaß).

DIE DYNAMISCHE ZEIT: In der Astronomie wird seit 1984 eine Dynamische Zeit verwendet, die die vorher verwendete Ephemeridenzeit abgelöst hat. Nähere Erläuterungen zu den Dynamischen Zeitskalen finden sich in dem Buch *Kompendium der Astronomie*. Die genaue Differenz der Dynamischen Zeit (TT = Terrestrial Time) zur Weltzeit (UT = Universal Time) kann erst im Nachhinein aus Beobachtungen der Gestirnspositionen bestimmt werden. Der extrapolierte Wert für das Jahr 2026 lautet: $\Delta T = +69$ Sekunden, wobei $\Delta T = TT - UTC$ gilt. Die koordinierte Weltzeit (UTC) hinkt somit der Dynamischen Zeit (TT) um mehr als eine Minute nach.

Der beobachtende Sternfreund kann die TT unberücksichtigt lassen, wenn er nicht hohe Genauigkeitsansprüche hat. Wer jedoch die Angaben im *Himmelsjahr* mit anderen Jahrbüchern vergleicht, muss beachten, dass alle Zeitangaben hier in MEZ = UTC + 1^h und nicht in TT vermerkt sind.

Seit dem 1. Januar 2017 beträgt die Differenz der UTC zur Internationalen Atomzeitskala (TAI) $\Delta AT = +37{,}00$ Sekunden ($\Delta AT =$

E.5 Das Sternbild Stier mit dem offenen Sternhaufen der Hyaden und Aldebaran.

Martin Gertz / Sternwarte Welzheim

TAI − UTC) bis zum Einschub einer weiteren Schaltsekunde, die relativ kurzfristig vom International Earth Rotation and Reference Systems Service (IERS) in Paris bekannt gegeben wird.

BEGINN DES ASTRONOMISCHEN JAHRES: Nach Definition von Friedrich Wilhelm Bessel beginnt das astronomische Sonnenjahr, wenn die mittlere Sonne zum mittleren Äquinoktium die Länge von 280° ($\alpha = 18^h40^m$) unter Berücksichtigung der Aberration (−20″,5) erreicht (auch Besselscher Jahresbeginn genannt).

Die Länge des **Besselschen Jahres** (auch Annus Fictus) entspricht der Länge des tropischen Jahres 1900 (365,242198781 mittlere Sonnentage = $365^d05^h48^m45^s\!,975$). Die Länge des tropischen Jahres nimmt infolge der säkularen Akzeleration der Rektaszension der mittleren Sonne um 0,148 × T Sekunden ab (T in Julianischen Jahrhunderten zu 36 525 mittlere Sonnentage), während die Länge das Annus Fictus konstant bleibt.

Der Beginn des Annus Fictus wird mit „B+Jahreszahl Punkt Null" bezeichnet (z. B. B2000.0) im Gegensatz zum Gregorianischen bzw. Julianischen Jahresbeginn (J) jeweils am 1. Januar um 0^hUTC. Die Differenz beider Äquinoktien (z. B.: k = J2000.0–B2000.0) wird Dies Reductus (reduzierter Tag) genannt und ist kleiner als 24 Stunden.

KALENDERZYKLEN

SONNENZIRKEL: Ordnungszahl (1 bis 28) im Zeitintervall von 28 Jahren, nach dem die Wochentage wieder auf dieselben Daten (dieselben Monatstage) fallen. Da es sieben Wochentage gibt, aber jedes vierte Jahr ein Schaltjahr ist, so fallen nach 7 × 4 = 28 Jahren die Wochentage wieder auf dieselben Monatstage. Der Sonnenzirkel gibt an, welcher Sonntagsbuchstabe im betreffenden Jahr gilt.

SONNTAGSBUCHSTABE: Gibt im ewigen Kalender den Tag des ersten Sonntags im Jahr an. In Schaltjahren gelten zwei Sonntagsbuchstaben (der zweite ist ab dem 1. März zu benutzen).

1. Januar A 2. Januar B
3. Januar C 4. Januar D
5. Januar E 6. Januar F
7. Januar G

EPAKTE: Gibt das Mondalter vermindert um 1 zu Beginn des Kalenderjahres an, also die Zahl der Tage, die am 31. Dezember des Vorjahres seit dem letzten Neumondtermin verflossen sind (1–29). Für Neumond am 31. Dezember steht meist ein * statt 0. Die Epakte spielt eine Rolle bei der Festlegung des Ostertermins.

GOLDENE ZAHL: Lateinisch Numerus Aureus oder auch Mondzirkel genannt, ist die Ordnungszahl (I bis XIX) der Jahre im Metonschen Mondzyklus. Da 235 Lunationen (synodische Monate) ziemlich genau 19 Jahren entsprechen, fallen nach 19 Jahren die Mondphasen (nahezu) auf dieselben Tage im Sonnenjahr. Die Goldene Zahl diente im Julianischen Kalender zur Bestimmung des Ostertermins. Im Gregorianischen Kalender ist sie durch die Epakte ersetzt. Die Goldene Zahl wird in römischen Ziffern geschrieben, um eine Verwechslung mit dem Sonnenzirkel auszuschließen.

INDIKTION (Römerzinszahl): Zyklus von 15 Jahren im Besteuerungssystem des Römischen Reiches, das von Kaiser Augustus eingeführt wurde. Der Start (Epoche) des Zyklus erfolgte im Jahr 3 vor Chr. Heute dient die Indiktion (von lat.: indictio = Ankündigung) nur noch als chronologische Prüfzahl für das laufende Jahr. Die Indiktion läuft von 1 bis 15.

JAHRESREGENT: Gehört traditionsgemäß ebenfalls zu den Kalenderzyklen, hat aber keine chronologische Bedeutung mehr. Aus kulturhistorischen Gründen und da er in der Numismatik eine gewisse Rolle spielt sowie schlicht der Vollständigkeit halber ist er in der Rubrik „Kalenderzyklen“ mit aufgeführt. Jahresregent können sein: Sonne, Mond, Merkur, Venus, Mars, Jupiter und Saturn, also die klassischen sieben „Planeten“ des Ptolemäischen Weltsystems.

DER HIMMELS-KALENDER

Jede Monatsübersicht beginnt mit dem zweiseitigen Himmelskalender. Auf der ersten Seite wird in kurzen Stichworten auf aktuelle Ereignisse im betreffenden Monat hingewiesen. Eine kleine Grafik zeigt die Stellung von Großem Wagen und Himmels-W jeweils um 22 Uhr MEZ relativ zum Nordhorizont.

Die zweite Seite des Himmelskalenders enthält eine Tabelle mit den Wochentagen und für jeden Tag die entsprechende Mondphase in einer kleinen Grafik. Vermerkt sind in der Tabelle ferner Feiertage, die Hauptphasen des Mondes, sichtbare Konstellationen von Mond und Planeten sowie die bei uns beobachtbaren Finsternisse.

DER SONNENLAUF

Die Bewegung der Sonne durch den Tierkreis ist zu Beginn jeder Monatsübersicht aus einer kleinen Grafik zu entnehmen.

In der Grafik „Sonnenlauf“ jeweils zu Monatsbeginn ist die scheinbare Sonnenbahn (Ekliptik) durch die Sternbilder des Tierkreises für den jeweiligen Monat eingezeichnet. Ferner sind die Eintritte der Sonne sowohl in die einzelnen Tierkreissternbilder als auch in die Tierkreiszeichen vermerkt sowie die Äquinoktien (Tagundnachtgleichen) und Solstitien (Sommer- und Winterbeginn).

Die Tages- und Nachtstunden sowie Dämmerungslängen werden durch eine dreiteilige Zeichnung (Uhrensymbole) veranschaulicht. Diese soll einen groben und schnellen Überblick über die Länge der Tages- und Nachtzeit geben. Für die Dämmerungszeiten wurde die nautische Dämmerung (Sonne 12° unter dem Horizont) eingesetzt.

Die Tabelle „Sonnenlauf“ gibt die Auf- und Untergangszeiten, Meridiandurchgang (Kulmination), Zeitgleichung und die Mittagshöhe der Sonne an sowie die äquatorialen Koordinaten Rektaszension und Deklination für 1^h MEZ jeweils von fünf zu fünf Tagen. Die Zeiten gelten exakt für einen zentralen Ort mit 10° östlicher Länge und 50° nördlicher Breite. Für diesen Ort gelten auch die Dämmerungszeiten. Angegeben ist jeweils der Beginn und das Ende der nautischen Dämmerung.

SONNENHÖHE ZU MITTAG: Sie ist in der Tabelle „Sonnenlauf“ für 50° nördlicher Breite angegeben. Für andere Breiten ist sie einfach zu ermitteln: 90° minus geografische Breite des Beobachters plus Sonnendeklination. Beispiel: Wie hoch steht die Sonne am 10. Juni zu Mittag (Kulmination) in Düsseldorf (geografische Breite: +51°)? 90° – 51° + 23° = 62° (Im Winterhalbjahr die negativen Deklinationen der Sonne beachten!).

DIE ZEITGLEICHUNG: Die Sonnenzeit wird nach einer fiktiven „mittleren Sonne“ gerechnet. Die wahre Sonne läuft nämlich ungleichförmig. So geht sie einmal vor, dann wieder nach. Die Differenz kann bis zu einer Viertelstunde plus oder minus betragen. Diese Differenz wird Zeitgleichung (ZGL) genannt. Sie ist definiert zu:

ZGL = Wahre Sonnenzeit minus Mittlere Sonnenzeit.

Die Zeitgleichung und die Kulmination der wahren Sonne sind tabellarisch aufgeführt. Ein negativer Wert der Zeitgleichung bedeutet, die wahre Sonne geht nach der mittleren durch den Meridian.

DER MONDLAUF

Auf- und Untergangszeiten (MEZ) gelten genau für 10° östlicher Länge und 50° nördlicher Breite (siehe Zeitangaben).

Ferner sind die Kulminationszeiten (Meridiandurchgänge) für 10° östlicher Länge tabelliert.

Der Mond bewegt sich recht schnell durch den Tierkreis. Deshalb sind für jeden Tag des Jahres seine Koordinaten angegeben. Sie gelten jeweils für 1^h MEZ (= 0^h Weltzeit). Wem diese Zahlen nichts sagen, der findet in der Spalte „Sterne und Sternbilder" die Position des Mondes im Tierkreis vermerkt. Ein Sternchen (*) deutet auf eine Sternbedeckung hin.

Die Position des Mondes gilt wie erwähnt für 1^h MEZ. Wer also abends beobachtet, sollte die Stellung des Mondes im Tierkreis aus der Zeile des folgenden Tages entnehmen, denn der Mond läuft recht rasch. Nähere Angaben zu den Sternbedeckungen finden sich in der Tabelle „Sternbedeckungen durch den Mond" auf Seite 290. Die letzte Spalte enthält die Mondphasen sowie wichtige Punkte in der Bahn.

Die Mondbahn ist rund 5° gegen die Ekliptik (scheinbare Sonnenbahn) geneigt. Aufsteigender Knoten bedeutet, der Mond überschreitet die Ekliptik nach Norden; absteigender Knoten, er wechselt wieder nach Süden. Größte Nordbreite: Der Mond steht am weitesten in nördlicher Richtung von der Ekliptik entfernt; analog dazu heißt größte Südbreite: Der Mond hat maximalen südlichen Abstand von der Ekliptik.

Im Tabellenteil findet man auf Seite 278/279 die Mondbahn relativ zur Ekliptik eingetragen. Wegen der Rückläufigkeit der Mondbahnknoten verläuft die Mondbahn unter den Sternen in jedem Jahr anders.

DIE LIBRATION: Bei größter Südbreite ist die Nordhalbkugel des Mondes uns ein wenig mehr zugekehrt, man spricht von maximaler Libration Nord; entsprechend sieht man bei größter Nordbreite mehr vom Südpolgebiet des Mondes. Libration West: Westrand des Mondes, Libration Ost: Ostrand des Mondes ist uns zugekehrt (astronomische Definition West/Ost siehe auch *Kompendium der Astronomie*, Kapitel „Der Mond der Erde").

„Libration West" bedeutet, das Mare Crisium zeigt sich randfern, das Mare Smythii wird sichtbar. „Libration Ost" heißt, das Mare Crisium rückt an den Westrand, im Osten zeigt sich der Ringwall Grimaldi randfern und das Mare Orientale wird gut sichtbar.

Bei Erdnähe und Erdferne ist die Distanz des Mondes jeweils in tausend Kilometer vermerkt. Außerdem ist der scheinbare Monddurchmesser in Bogenminuten angegeben. Neben der Phase „Neumond" steht die Brownsche Lunationsnummer. Eine Lunation ist die Zeitspanne, die der Mond benötigt, um einmal alle Phasen zu durchlaufen, also von einem Neumond bis zum nächstfolgenden. Diese Zeitspanne heißt „Synodischer Monat".

Auf Vorschlag von Ernest William Brown werden die Lunationen seit dem Neumond vom 16. (17.) Januar 1923 fortlaufend nummeriert. Unterhalb der Tabelle „Mondlauf" findet sich eine Grafik, aus der die schnelle Wanderung des Mondes innerhalb einer Nacht an einem hellen Fixstern oder Planeten ersichtlich wird.

DER PLANETENLAUF

Planeten sind Geschwister der Erde. Sie laufen gemeinsam mit ihr um die Sonne. Je näher ein Planet der Sonne steht, desto schneller wandert er um sie. Wir beobachten die Planeten nicht von einem ruhenden Punkt aus, sondern vom Raumschiff Erde, das ständig in Bewegung ist. Deshalb erscheinen uns von der Erde aus (geozentrisch) die Bewegungen der Planeten vor dem Hintergrund der fernen Fixsterne – dem Muster der Sternbilder also – recht kompliziert. Überholt die Erde einen weiter außen laufenden Planeten, so scheint er einige Wochen lang zurückzubleiben, er ist „rückläufig", wie man zu sagen pflegt. Anschließend bewegt er sich wieder in der ursprünglichen Richtung wie die Sonne von West nach Ost, er ist wieder „rechtläufig". Durch diesen Bewegungswechsel bildet die Bahn des Planeten eine Schleife.

Ob ein Planet am Himmel zu sehen ist, hängt von der gegenseitigen Stellung von Sonne und Planet ab. Steht ein äußerer Planet von der Erde aus gesehen hinter der Sonne, Planet – Sonne – Erde bilden also eine Linie, so ist er nicht beobachtbar (siehe Abb. E.6). Da er in Sonnenrichtung steht, geht er mit der

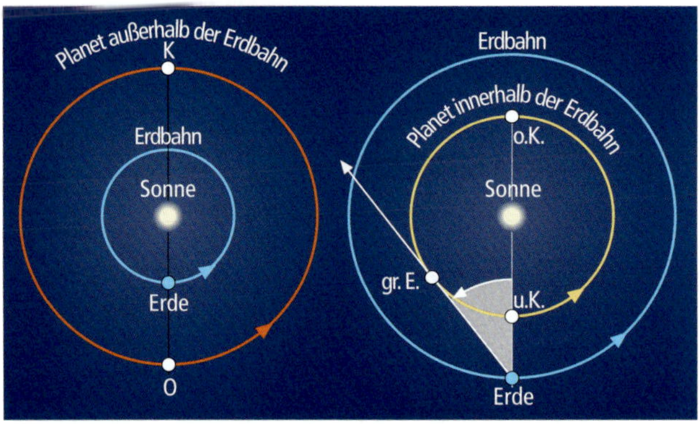

E.6 Die linke Zeichnung zeigt die Erdbahn und die Bahn eines Planeten außerhalb der Erdbahn. Bei O steht der Planet in Opposition, bei K in Konjunktion. Auf der rechten Seite der Abbildung sind die Erdbahn und die Bahn eines Planeten innerhalb der Erdbahn dargestellt. Bei u. K. steht der Planet in unterer, bei o. K. in oberer Konjunktion mit der Sonne. Bei gr. E. steht er in größter Elongation von der Sonne (Winkel grau gerastert).

Sonne auf und unter, bleibt somit nachts unter dem Horizont verborgen. Diese Konstellation heißt Konjunktion.

Steht der Planet von der Erde aus gesehen der Sonne gegenüber, also in der Reihenfolge Sonne – Erde – Planet (Abb. E.6), so spricht man von Opposition oder Gegenschein. Der Planet ist die ganze Nacht über zu sehen, da er mit Sonnenuntergang aufgeht und morgens mit Sonnenaufgang unter dem Westhorizont verschwindet. Bilden Sonne – Erde – Planet ein rechtwinkliges Dreieck, so spricht man von einer Quadratur.

Die inneren Planeten Merkur und Venus können niemals in Oppositionsstellung kommen. Dafür unterscheidet man bei ihnen zwischen oberer und unterer Konjunktion (Abb. E.6). In diesen beiden Stellungen bleibt der Planet unsichtbar. Nur wenn der Planet westlich oder östlich der Sonne „in Elongation" steht, kann er gesehen werden. Steht Venus in östlicher Elongation, so geht sie erst nach Sonnenuntergang unter, sie ist dann Abendstern. Steht sie in westlicher Elongation, so geht sie vor der Sonne auf und ist am Morgenhimmel zu sehen.

Ähnliches gilt für Merkur. Die größte Elongation (Winkelabstand von der Sonne) kann für die Venus 48° betragen, für den sonnennäheren Merkur aber nur 28°. Merkur ist daher schwierig zu beobachten – entweder abends kurz nach Sonnenuntergang tief im Westen oder kurz vor Sonnenaufgang tief am Osthimmel. Die Sichtbarkeiten der Planeten hängen nicht nur von den geometrischen Verhältnissen (Stellung des Planeten und der Sonne), sondern auch von meteorologischen Gegebenheiten ab. Eine starke Dunstglocke, hohe Luftfeuchtigkeit (Nebel) oder irdisches Streulicht (Neonreklame, Fahrzeugscheinwerfer, Lichtdom eines Stadions) beeinträchtigen die Beobachtung.

Eine Grafik vor der Rubrik „Planetenlauf" ermöglicht einen schnellen Überblick, welche Planeten am Abend, die ganze Nacht über, am Morgen oder gar nicht zu sehen sind. Eine grafische Jahresübersicht der Stellung, Größe, Helligkeit und Sichtbarkeit der Planeten findet sich auf den Seiten 276–277.

DIE GROSSEN PLANETEN

MERKUR: Sonnennächster Planet, zwischen $+3^{m}$ und $-1{,}^{m}5$ hell; schwer zu beobachten, da nur kurze Sichtbarkeitsperioden und stets horizontnahe Stellung; chromgelbes Licht.

VENUS: Nach Sonne und Mond hellstes Gestirn, oft als Abend- bzw. Morgenstern bezeichnet. Helligkeiten von $-3{,}^{m}9$ bis $-4{,}^{m}9$; strahlend weißes Licht; entweder abends am Westhimmel oder morgens in der östlichen Himmelshemisphäre zu sehen.

MARS: Äußerer Nachbarplanet der Erde, auffallend seine rötliche Farbe (der „rote Planet"); sehr unterschiedliche Helligkeiten von $+1{,}^{m}8$ bis $-2{,}^{m}9$.

JUPITER: Der größte aller Planeten, ein auffallend heller Planet, daher kaum zu übersehen; Helligkeit von $-1{,}^{m}7$ bis $-2{,}^{m}9$, weißlichgelbes Licht.

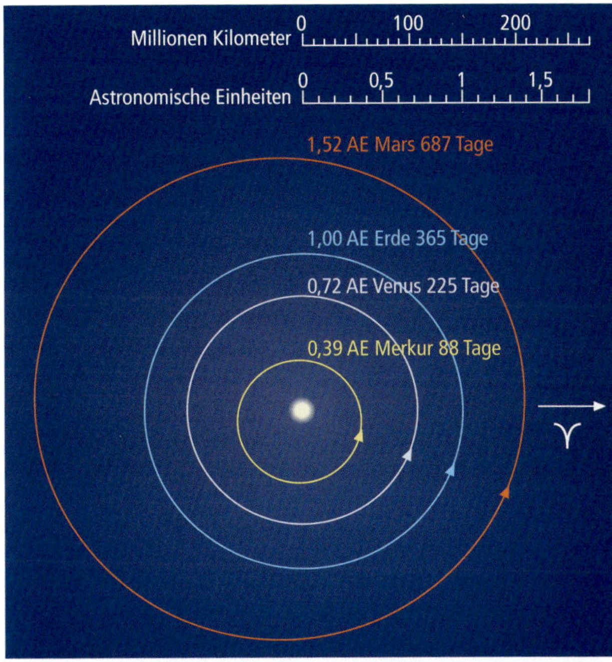

E.7 Die Bahnen der inneren Planeten um die Sonne (1 AE = 1 Astronomische Einheit = 149,6 Millionen Kilometer). Der Pfeil deutet die Richtung zum Frühlingspunkt an (Symbol: ♈).

SATURN: Der sonnenfernste mit freiem Auge noch sichtbare Planet strahlt in einem fahlen Licht zwischen +1ᵐ,3 und 0ᵐ, in Ausnahmefällen bis –0ᵐ,5. Den berühmten Ring kann man mit einem Fernrohr ab etwa 30-facher Vergrößerung erkennen.
URANUS: Ist theoretisch mit bloßem Auge gerade noch erkennbar (Oppositionshelligkeit 5ᵐ,5). Wohlgemerkt „theoretisch", es empfiehlt sich auf alle Fälle ein gutes Fernglas, um Uranus zu finden! Farbe: grünlich. Die im März 1977 entdeckten Ringe sind jedoch selbst in großen Fernrohren für Hobbyastronomen nicht zu sehen.
NEPTUN: sonnenfernster Planet, Helligkeit um 7ᵐ,9; zeigt im Fernrohr ein winziges, grünblaues Scheibchen.

Die Angaben der scheinbaren Helligkeiten sind – wie international üblich – V-Helligkeiten (nach dem UBV System von Johnson). Die früher gebräuch-

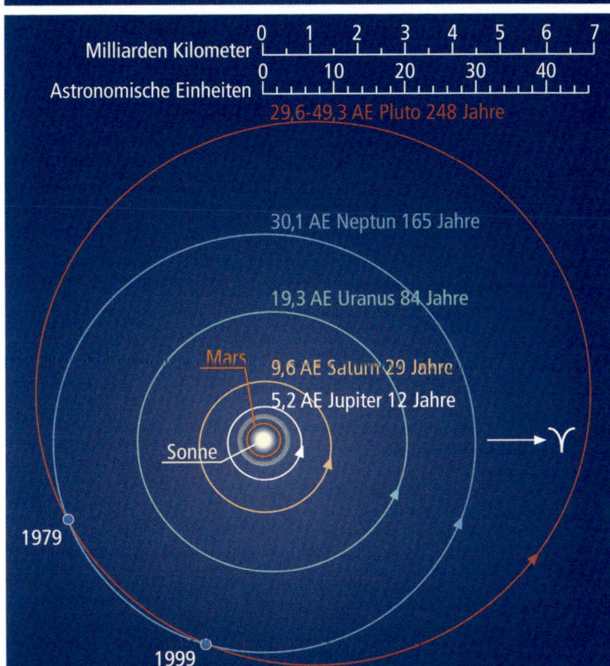

E.8 Die Bahnen der äußeren Planeten. Zwischen der Marsbahn und der Jupiterbahn laufen Abertausende Kleinplaneten (Planetoiden) um die Sonne. Wegen seiner stark exzentrischen Bahn war Pluto von 1979 bis Anfang Februar 1999 der Sonne näher als Neptun.

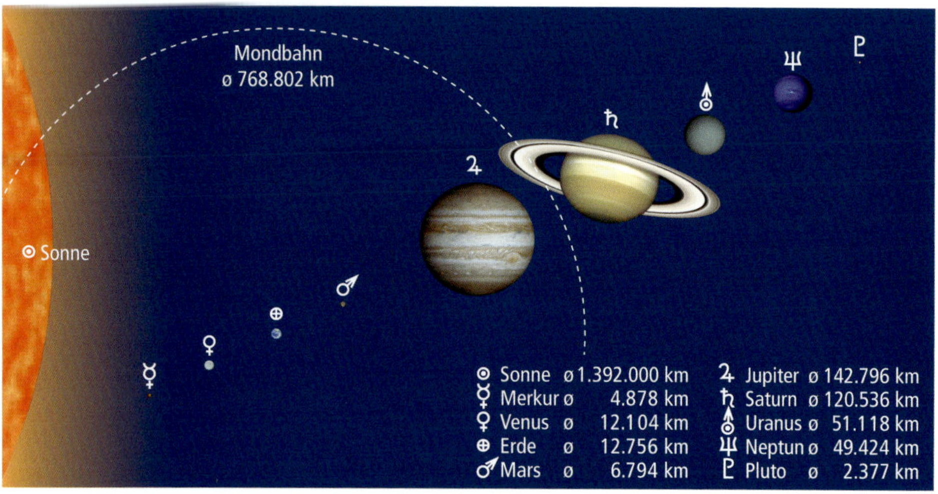

E.9 Größenverhältnisse der Planeten und der Mondbahn im Vergleich zur Sonne. Darüber sind die astronomischen Symbole der Planeten vermerkt, die auch in den monatlichen Sternkarten des Himmelsjahres die Orte der betreffenden Planeten markieren.

lichen „visuellen" (m_{vis}) Helligkeiten sind um ca. $0^{m}\!,2$ geringer, werden aber in manchen anderen Quellen noch verwendet.

KLEINPLANETEN UND ZWERGPLANETEN

Außer den acht großen Planeten schwirren noch Tausende kleiner und kleinster Planeten (Planetoiden oder Asteroiden) um die Sonne. Der erste wurde in der Neujahrsnacht des Jahres 1801 von Giuseppe Piazzi in Palermo entdeckt und auf den Namen Ceres getauft. Heute sind einige hunderttausend Planetoiden katalogisiert. Die meisten bewegen sich zwischen Mars und Jupiter um die Sonne. Einige haben jedoch sehr langgestreckte Bahnen, die die Bahnen anderer Planeten kreuzen. Sie können auch der Erde recht nahe kommen.

Einige Planetoiden, die in diesem Jahr heller als 9^{m} werden, sind in der Rubrik „Planetenlauf" verzeichnet.

PLUTO: Seit IAU-Beschluss vom August 2006 als Zwergplanet eingestuft, ist sehr lichtschwach, Oppositionshelligkeit $14^{m}\!,4$. Nur gut ausgerüstete Amateurastronomen können ihn (fotografisch) beobachten.

DIE MONDE DER PLANETEN

Die beiden winzigen Marsmonde, die zahlreichen Uranusmonde, die Neptunmonde und die Plutomonde sind so lichtschwach, dass sie nicht mit den bescheidenen optischen Hilfsmitteln der Sternfreunde zu beobachten sind. Deshalb sind sie hier nicht aufgeführt.

JUPITER: Die vier hellsten Monde des Riesenplaneten sind schon in kleinen Teleskopen leicht zu sehen: I Io, II Europa, III Ganymed und IV Kallisto.

In den Monaten, in denen Jupiter zu beobachten ist, findet man jeweils eine Grafik, aus der die Positionen der Jupitermonde im umkehrenden Fernrohr ersichtlich sind. Sie lassen die gegenseitigen Stellungen und die Bewegungsabläufe der Jupitermonde erkennen.

Die waagerechten Linien in der Grafik beziehen sich auf 1^{h} MEZ des jeweiligen Datums, das links angegeben ist. Die Schnittpunkte der waagerechten Linien mit den Kurven der Jupitermonde geben somit deren Positionen jeweils um 1^{h} MEZ an.

Am unteren Rand jeder Grafik findet man eine Darstellung der Jupitermondbahnen relativ zum Beobachter.

ERSCHEINUNGEN DER JUPITERMONDE: Für Fernrohrbesitzer ist es reizvoll, Bedeckungen, Verfinsterungen, Durchgänge und Schattenwürfe der Monde des Riesenplaneten auf Jupiter selbst zu beobachten.

Sofern diese Ereignisse von Mitteleuropa aus beobachtbar sind, findet man sie in der Rubrik „Jupitermonderscheinungen" verzeichnet. Es gelten folgende Abkürzungen:

B = Bedeckung, Mond verschwindet hinter der Jupiterscheibe

D = Durchgang, Mond geht vor der Planetenscheibe vorbei

S = Schattendurchgang, Mond wirft seinen Schatten auf Jupiter

V = Verfinsterung, Mond wird vom Jupiterschatten getroffen

A = Anfang der Erscheinung

E = Ende der Erscheinung

I: Io, II: Europa, III: Ganymed, IV: Kallisto.

Beispiel:

Januar: 8. 5 37 II SA bedeutet: Am 8. Januar um 5^h37^m MEZ beginnt der Schatten von Mond II (Europa) über die Jupiterkugel zu wandern.

SATURNMONDE: Schon mit einem guten Fernglas ist der Riesenmond Titan zu erkennen. Im Fernrohr sind auch die Monde Rhea, Dione und Tethys sowie Japetus in westlicher Elongation (er ist dann rund 2^m heller) zugänglich. Für die Monate, in denen Saturn zu beobachten ist, findet man jeweils eine Grafik, aus der die Stellungen und die Bewegungsabläufe der Saturnmonde Tethys, Dione, Rhea, Titan und Japetus zu entnehmen sind. Die Bahnlagen der Saturnmonde relativ zum Beobachter sind jeweils darunter abgebildet.

METEORSTRÖME

In jeder Nacht des Jahres sind Meteore zu beobachten, doch variiert ihre Anzahl erheblich. Neben sporadisch auftauchenden Sternschnuppen gibt es periodisch wiederkehrende Ströme. Die dazu gehörenden Meteore scheinen dann von einem Punkt am Himmel in alle Richtungen auszustrahlen, dem Radianten oder Fluchtpunkt. Nach Lage des Radianten in einem bestimmten Sternbild wird der Meteorstrom benannt.

Sternschnuppen, die in Strömen periodisch auftreten, sind in den Monatsübersichten angegeben. Bei den verzeichneten Daten, vor allem, was die Häufigkeit betrifft, ist mit erheblichen Abweichungen zu rechnen. Die in vorliegendem Jahrbuch verwendeten Daten stammen von der International Meteor Organization (IMO) und werden jährlich aktualisiert.

Die angegebene Meteorrate (ZHR – Zenithal Hourly Rate) bezieht sich auf die unter besten Sichtbedingungen (ohne Störung durch irdische Lichtquellen oder Mondlicht) mit bloßen Augen pro Stunde sichtbare Zahl der Sternschnuppen für den Idealfall, dass der Radiant im Zenit steht.

Vor allem bei horizontnahen Radianten ist die pro Stunde zu beobachtende Sternschnuppenzahl erheblich geringer. Am Morgenhimmel tauchen stets mehr Sternschnuppen auf als abends, da man mit dem „Gesicht nach vorne" durch das Weltall fliegt (der Erdapex kulminiert um 6 Uhr morgens Ortszeit). Auch laufen etliche Meteorströme auf rückläufigen Bahnen, weshalb die Morgenstunden eine erhöhte Meteorrate aufweisen.

Der Begriff **Antihelion** bezieht sich auf den Oppositionspunkt zur Sonne in der Ekliptik. Er ist somit der Punkt, der eine ekliptikale Längendifferenz von 180° zur Sonne hat.

DAS GRIECHISCHE ALPHABET

Α	α	Alpha	a	Η	η	Eta	e	Ν	ν	Ny	n	Τ	τ	Tau	t
Β	β	Beta	b	Θ	ϑ	Theta	th	Ξ	ξ	Xi	x	Υ	υ	Ypsilon	y
Γ	γ	Gamma	g	Ι	ι	Jota	i, j	Ο	ο	Omikron	o	Φ	φ	Phi	ph
Δ	δ	Delta	d	Κ	κ	Kappa	k	Π	π	Pi	p	Χ	χ	Chi	ch
Ε	ε	Epsilon	e	Λ	λ	Lambda	l	Ρ	ϱ	Rho	r	Ψ	ψ	Psi	ps
Ζ	ζ	Zeta	z	Μ	μ	My	m	Σ	σ	ς Sigma	s	Ω	ω	Omega	o

KONSTELLATIONEN UND EREIGNISSE

Diese Übersicht weist auf Konjunktionen (Begegnungen) zwischen den großen Planeten, mit Sonne und Mond sowie auf alle Oppositionen zur Sonne und die größten Elongationen der inneren Planeten hin. Auch Perihel- (Sonnennähe) und Aphelstellungen (Sonnenferne) der Planeten sind angegeben.

Sind Begegnungen des Mondes mit Planeten prinzipiell beobachtbar, so sind die Winkeldistanzen topozentrisch (für +50° Breite) angegeben und durch **Fettdruck** hervorgehoben.

Für die übrigen Konjunktionen sind die Abstandsangaben geozentrische Werte (Normaldruck). Denn durch die relative Erdnähe des Mondes ergibt sich eine große Parallaxe, das heißt, der Winkelabstand des Mondes von einem Planeten kann bis etwa 1° differieren zwischen einem (fiktiven) Beobachter im Erdmittelpunkt (geozentrisch) und einem Beobachter auf der Erdoberfläche (topozentrisch). Ferner sind wichtige Ereignisse durch **Fettdruck** hervorgehoben.

FIXSTERNHIMMEL

Da die Sonne täglich um rund 1° unter den Sternen nach Osten vorrückt, ändert sich der Anblick des Himmels im Laufe eines Jahres. Genauer: Täglich durchschreiten die Fixsterne den Meridian vier Minuten früher als am Vortag. In 30 Tagen, also einem Monat, macht das schon zwei Stunden!

Mitte Dezember steht das Sternbild Orion gegen Mitternacht im Süden. Mitte Januar schon um 22 Uhr, und Mitte Februar geht Orion um 20 Uhr durch den Meridian. Dadurch ändert sich zur gleichen Beobachtungsstunde die Himmelsszene mit dem Datum. Nach einem Monat ist der Anblick noch nicht allzu verschieden vom Vormonat, aber nach einem Vierteljahr (sechs Stunden!) hat sich die Szenerie völlig umgestellt.

Man spricht daher von einem typischen Frühlings-, Sommer-, Herbst- und Wintersternhimmel. Gemeint ist der Anblick des Fixsternhimmels in den Abendstunden der jeweiligen Jahreszeit.

Die Monatssternkarte dient der schnellen Orientierung. Sie zeigt den beobachtbaren Himmelsausschnitt für 50° nördlicher Breite zur Standardbeobachtungszeit (am Monatsersten um 23^h MEZ, am 15. um 22^h MEZ).

Ebenfalls in die Monatssternkarten eingetragen sind die fünf hellen Planeten (Merkur bis Saturn), sofern sie zur Monatsmitte um 22^h MEZ über dem Horizont stehen.

Zum Rand hin erscheint die Sternkarte aufgehellt. Es werden damit die Extinktion und die durch künstliche Lichtquellen fast immer aufgehellten Horizonte nachempfunden.

Die monatlichen Sternkarten können auch zur Beobachtung am Morgenhimmel herangezogen werden. Unter jeder Sternkarte finden sich die entsprechenden Datums- und Uhrzeitangaben.

Man beachte noch, dass für andere Monate der Planetenstand nicht aktuell ist. Man entnehme ihn der Grafik „Planetenlauf“ im aktuellen Monat.

MONATSTHEMEN

Hier wird monatlich ein Kapitel aus der Himmelskunde kurz und bündig dargestellt, zum leichteren und allmählichen Eindringen in die Wissenschaft von den Sternen. Auch über neue Forschungsergebnisse aus der Astronomie wird berichtet.

Wer ältere Jahrgänge des Himmelsjahres besitzt, möchte gelegentlich in einem Monatsthema der letzten Jahre nachsehen. Im *Kosmos Himmelsjahr* **2020** auf Seite **274** findet man dazu ein Verzeichnis der Monatsthemen von **2011–2020**. Im *Kosmos Himmelsjahr 2010* findet man auf Seite 273 ein Verzeichnis der Monatsthemen von 2001–2010. Ferner ist im *Kosmos Himmelsjahr 2001* auf Seite 249 ein Verzeichnis der Monatsthemen 1990–2000 und im *Himmelsjahr 1989* auf Seite 193 ein Verzeichnis der Monatsthemen 1982–1989 abgedruckt.

TABELLEN UND EPHEMERIDEN

Für den fortgeschrittenen Amateurastronomen sind im Anhang wichtige Beobachtungsgrundlagen vermerkt. Der Anfänger kann diese Angaben unberücksichtigt lassen. Ab Seite 278 findet man die **ekliptikalen Koordinaten** des Mondes, der Sonne und der großen Planeten von Merkur bis Neptun. Die **äquatorialen Koordinaten** der Planeten und Kleinplaneten sind für das Äquinoktium J2000.0 angegeben, damit man sie leichter in vorhandene Sternkarten einzeichnen kann. Die Aufsuchkärtchen gelten ebenfalls für J2000.0. Ferner sind Kulminationszeiten sowie die Auf- bzw. Untergangszeiten, Scheibchendurchmesser in Bogensekunden und beleuchteter Teil der Planetenscheibchen vermerkt. Bei Saturn ist noch die Ringöffnung zur Erde und zur Sonne sowie die scheinbare Ausdehnung der großen und der kleinen Ringachse angegeben.

Für Sonne, Mars und Jupiter (System I und II) sind die **Zentralmeridiane** (Meridiane durch den Scheibenmittelpunkt) jeweils für 1^h MEZ vermerkt. Ferner gibt die Sonnenephemeride die Entfernung der Sonne von der Erde in AE sowie ihren scheinbaren Durchmesser, die Achsenlage und die Sternzeit an.

Sternbedeckungen durch den Mond sind für Berlin, Dresden, Hamburg, Hannover, Düsseldorf, Frankfurt (Main), Leipzig, München, Nürnberg, Stuttgart, Wien und Zürich angegeben. Aus Platzersparnisgründen ist jeweils nur ein Positionswinkel angegeben, der dem leichteren Aufsuchen des zu bedeckenden Sternes dienen soll. In den Monatsübersichten wird unter der Rubrik „Mondlauf" in der Spalte „Sterne und Sternbilder" durch ein Sternchen (*) auf eine Sternbedeckung hingewiesen.

Veränderliche Sterne sind in den Fixsternmonatsübersichten aufgeführt. Für Algol (β Perseï) und β Lyrae findet der Sternfreund jeweils die Minima-Zeiten, für δ Cepheï die Lichtmaxima und für den langperiodischen Veränderlichen Mira (ο Ceti) den jeweiligen Helligkeitszustand.

Die Aufsuchkärtchen findet man auf der hinteren Umschlagklappe. Bei den Minima-Angaben für Algol ist die Lichtzeitkorrektur (heliozentrisch auf geozentrisch) berücksichtigt.

Eine **Sternzeittafel** (S. 281) soll die rasche Bestimmung der Sternzeit zu jeder Beobachtungsstunde ermöglichen. Die Sternzeit für 1^h MEZ, bezogen auf den Meridian von Greenwich (Nullmeridian), findet man in der Tabelle „Ephemeride der Sonnenscheibe" (S. 288).

Das **Julianische Datum** ist jeweils für den Monatsersten in der Rubrik „Sonnenlauf" angegeben. Das Julianische Datum stellt eine fortlaufende Tageszählung dar, die mit dem 1. Januar des Jahres −4712 (= 4713 vor Chr.) beginnt.

Im Anhang finden sich **zwei Verzeichnisse astronomischer Institutionen**. Im Verzeichnis „Astronomische Institute, Planetarien und Sternwarten" findet man die professionellen Einrichtungen im deutschen Sprachraum. Das Verzeichnis „Amateurastronomische Vereinigungen, Beobachtungsstationen und Privatsternwarten" enthält astronomische Vereine, Schulsternwarten sowie ehrenamtlich betriebene Sternwarten mit Publikumsverkehr.

Dieses Verzeichnis soll dem Leser den Kontakt zu Gleichgesinnten erleichtern und die eigene Beobachtungstätigkeit fördern. Das Verzeichnis erhebt keinen Anspruch auf Vollständigkeit.

Weitere Adressen nimmt der Herausgeber gerne auf (Anschrift: Planetarium Stuttgart, Willy-Brandt-Straße 25, 70173 Stuttgart).

LITERATURHINWEISE

Erklärung astronomischer Fachbegriffe:
H.-U. Keller,
Wörterbuch der Astronomie
H.-U. Keller,
Kompendium der Astronomie (7. Auflage 2023)

Sternkarten für eigene Beobachtungen:
H.-M. Hahn, G. Weiland,
Drehbare Kosmos-Sternkarte
E. Karkoschka,
Atlas für Himmelsbeobachter
E. Karkoschka,
Drehbare Welt-Sternkarte
E. Karkoschka,
Sterne finden am Südhimmel

Software:
United Soft Media
Redshift für PC, MacOS und als App für iOS und Android

Astronomie im Internet:
www.kosmos-himmelsjahr.de
www.astronomie.de
www.astrotreff.de
www.sternfreunde.de
www.sternwarte.de

Sonnen- und Mondfinsternisse 2026

Im Jahr 2026 ereignen sich vier Finsternisse: eine ringförmige und eine totale Sonnenfinsternis sowie eine totale und eine partielle Mondfinsternis.

Die ringförmige Sonnenfinsternis vom 17. Februar bleibt von der gesamten Nordhalbkugel der Erde aus unbeobachtbar.

Die totale Mondfinsternis vom 3. März ereignet sich in den Mittagsstunden und bleibt von Mitteleuropa aus unbeobachtbar.

Am 12. August findet eine totale Sonnenfinsternis statt, die in ihren partiellen Phasen von Mitteleuropa nachmittags sichtbar ist. Die Totalitätszone zieht sich von der Arktis über den Nordatlantik, die Iberische Halbinsel und endet im Mittelmeer.

Die partielle Mondfinsternis vom 28. August kann in ihrer ersten Hälfte in den frühen Morgenstunden von Mitteleuropa aus beobachtet werden.

RINGFÖRMIGE SONNENFINSTERNIS AM 17. FEBRUAR 2026

Diese Finsternis findet am Dienstag, 17. Februar 2026 statt. Von Europa, Asien und fast ganz Afrika bleibt sie auch in ihren partiellen Phasen unbeobachtbar.

Die Zentrallinie zieht sich ausschließlich von der Antarktis in den südlichen Pazifik. Die partiellen Phasen sind beobachtbar in der Antarktis, im südlichsten Teil Südamerikas sowie im südöstlichsten Gebiet Afrikas, in Madagaskar, auf den Seychellen, auf Mauritius und im südlichen Eismeer vom Südatlantik und dem südwestlichen Teil des Indischen Ozeans (siehe Abb. F.1).

Die Zone der ringförmigen Phase beginnt in der Antarktis am Ort 136°39′ östlicher Länge und 71°58′ südlicher Breite um 12^h48^m MEZ und endet im Südpazifik am Ort 99°01′ östlicher Länge und 50°07′ südlicher Breite um 13^h36^m MEZ.

Der Höhepunkt der Finsternis wird um 13^h12^m MEZ vor der antarktischen Küste am Ort 86°44′ östlicher Länge und 64°43′ südlicher Breite erreicht, wobei die Zone der ringförmigen Phase eine Breite von 616 Kilometer aufweist. Die Dauer der ringförmigen Verfinsterung erreicht dort 2^m20^s. Zum Maximum steht die Sonne 12° über dem Westhorizont.

Der scheinbare Durchmesser der dunklen Neumondscheibe entspricht dabei 96,3 % des Durchmessers der Sonnenscheibe.

Die Finsternis beginnt am 17. Februar um 10^h56^m MEZ (1. Kontakt) am Ort 79°25′ westlicher Länge und 62°24′ südlicher Breite und endet um 15^h28^m MEZ (4. Kontakt) am Ort 59°13′ östlicher Länge und 12°29′ südlicher Breite.

Diese Sonnenfinsternis ist die 61. im Saros-Zyklus 121, der insgesamt 71 Finsternisse umfasst.

TOTALE MONDFINSTERNIS AM 3. MÄRZ 2026

Diese Finsternis findet in den frühen Mittagsstunden am Dienstag, 3. März statt. Der Vollmond geht in Mitteleuropa noch vor Beginn der Mondfinsternis unter.

Die Mondfinsternis nimmt folgenden Verlauf:

	MEZ
Eintritt des Mondes in den Halbschatten	9^h43^m
Eintritt des Mondes in den Kernschatten	10^h50^m
Beginn der Totalität	12^h04^m
Mitte der Finsternis	12^h34^m
Ende der Totalität	13^h03^m
Austritt des Mondes aus dem Kernschatten	14^h18^m
Austritt des Mondes aus dem Halbschatten	15^h25^m

Der Verlauf der Finsternis ist in Abb. F.2 dargestellt. Der Untergang des Vollmondes erfolgt am 3. März in 50° Nord und 10° Ost um 6^h58^m MEZ, also noch lange vor Beginn der Mondfinsternis.

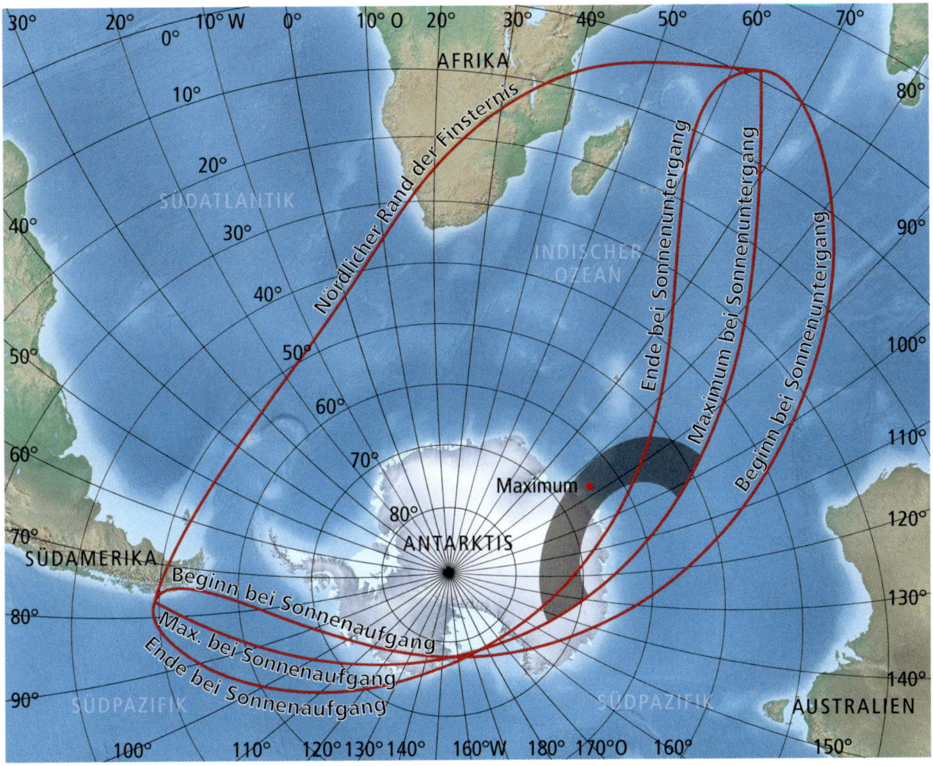

F.1 Sichtbarkeitsgebiet der ringförmigen Sonnenfinsternis vom 17. Februar 2026

Das Sichtbarkeitsgebiet umfasst die westlichen Teile Südamerikas, Nordamerika, den Pazifischen Ozean, Australien, Japan, Indien, östliches Asien und Ozeanien (siehe Abb. F.3).

Die Größe der Finsternis beträgt das 1,156-Fache des scheinbaren Monddurchmessers.

Diese Finsternis gehört zum Saros-Zyklus Nr. 133. Sie ist die 27. von insgesamt 71 Mondfinsternissen in diesem Zyklus.

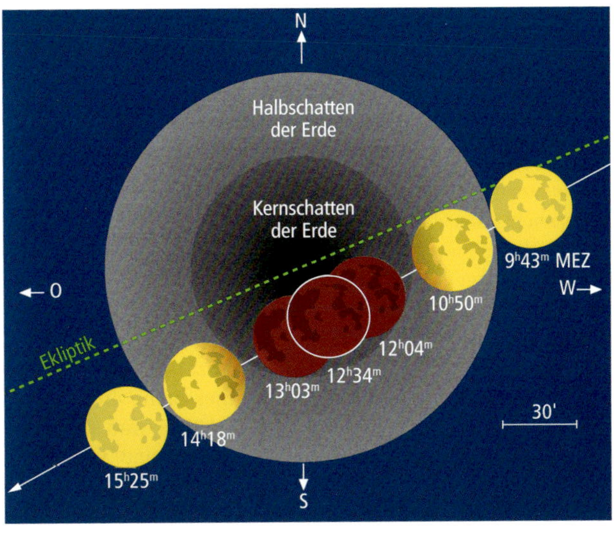

F.2 Verlauf der totalen Mondfinsternis vom 3. März 2026

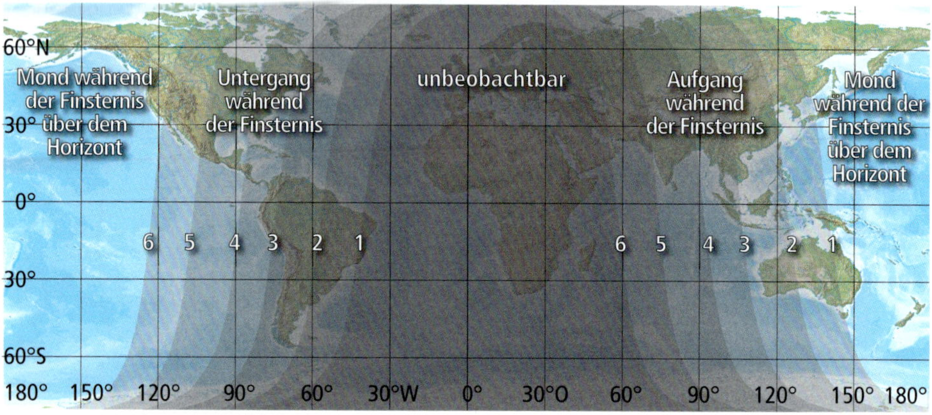

F.3 Sichtbarkeitsgebiet der totalen Mondfinsternis vom 3. März 2026. 1, 2: Eintritt in den Halbschatten und in den Kernschatten, 3: Beginn der Totalität, 4: Ende der Totalität, 5: Austritt aus dem Kernschatten, 6: Austritt aus dem Halbschatten.

TOTALE SONNENFINSTERNIS AM 12. AUGUST 2026

Diese Finsternis findet in den späteren Nachmittagsstunden und frühen Abendstunden am Mittwoch, 12. August statt und kann in ihren partiellen Phasen von ganz Mitteleuropa aus beobachtet werden, wobei im deutschen Sprachraum von 84% bis 92% der Sonne vom Neumond bedeckt werden.

Die Totalitätszone zieht sich von der Arktis über das nordöstliche Grönland, streift Island, geht weiter über den Nordatlantik, streicht über die Iberische Halbinsel und endet im westlichen Mittelmeer (s. Abb. F.4).

Diese Sonnenfinsternis beginnt (1. Kontakt) am 12. August um 16^h34^m MEZ am Ort 166°03′ westlicher Länge und 56°41′ nördlicher Breite. Dieser Punkt liegt im nördlichen Pazifik vor der Küste Alaskas. Die Finsternis endet (4. Kontakt) um 20^h58^m MEZ am Ort 25°12′ westlicher Länge und 11°27′ nördlicher Breite. Dieser Punkt liegt im Atlantik vor der nordafrikanischen Küste.

Die Totalitätszone beginnt in der Arktis am Ort 113°27′ östlicher Länge und 75°05′ nördlicher Breite um 18^h00^m MEZ. Der Kernschatten eilt über den Nordosten Grönlands, berührt die Westküste Islands, geht weiter über den Nordatlantik und trifft in Nordspanien das europäische Festland. Sie endet im westlichen Mittelmeer am Ort 5°24′ östlicher Länge und 38°41′ nördlicher Breite um 19^h32^m MEZ.

Der Höhepunkt der Finsternis wird um 18^h46^m MEZ (= 19^h46^m MESZ) am Ort 25°14′ westlicher Länge und 65°14′ nördlicher Breite erreicht. Für maximal 2^m18^s wird an diesem Punkt die Sonne vollständig vom Neumond bedeckt. Dieser Ort liegt an der Westküste Islands. Die Breite der Totalitätszone beträgt hier 294 Kilometer. Die Sonnenhöhe misst dort 25,°8 über dem Westhorizont. Die Größe der Finsternis erreicht das 1,0386-Fache des scheinbaren Sonnendurchmessers. Dabei werden 1,0788 der Sonnenscheibenfläche vom dunklen Mond bedeckt.

Die partiellen Phasen der Finsternis sind sichtbar in der Arktis, im nördlichen Eismeer, im Nordatlantik, Kanada, Nordosten der USA, Alaska, Westeuropa und Skandinavien (siehe Abb F.5).

Für die meisten Orte in Mitteleuropa beginnt die Sonnenfinsternis gegen 19^h20^m MESZ und endet gegen 21^h MESZ mit Sonnenuntergang. In Berlin werden maximal 85% der Sonnenscheibenfläche vom Neumond bedeckt, in Dresden 86%, in Hamburg 85%, in München 89%, in Stuttgart 89%, in Wien 87% und in Zürich 91%. Für den in Mitteleuropa zentralen Ort auf 10°

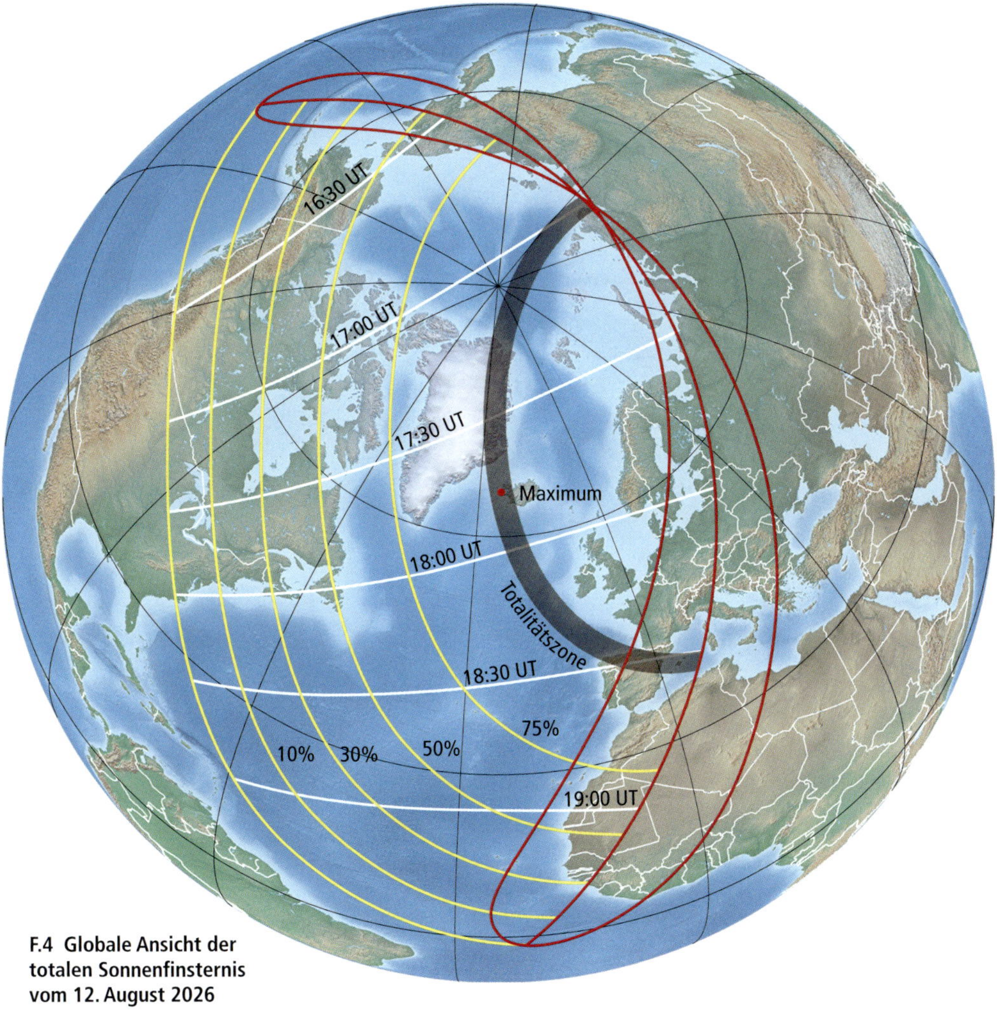

F.4 Globale Ansicht der totalen Sonnenfinsternis vom 12. August 2026

östlicher Länge und 50° nördlicher Breite beginnt die Finsternis um 19^h20^m MESZ und erreicht um 20^h13^m MESZ ihr Maximum, wobei 88 % der Sonnenscheibe vom Neumond bedeckt sind. Sie endet an diesem zentralen Ort um 20^h44^m MESZ zu Sonnenuntergang (siehe Abb. F.6, F.7 und F.8 sowie Tabelle „Verlauf der Sonnenfinsternis" auf Seite 29).

Diese Sonnenfinsternis ist die 48. im Saros-Zyklus Nr. 126, der insgesamt 72 Sonnenfinsternisse umfasst. Davon sind 31 Sonnenfinsternisse partiell, 10 total, 28 ringförmig und drei hybrid (ringförmig-total). Die erste Sonnenfinsternis des Saros-Zyklus 126 fand am 10. März 1179 statt, die letzte wird sich am 3. Mai 2459 ereignen. Damit hat dieser Saros-Zyklus eine Gesamtlänge von 1280 Jahren. Die letzte von unserem Gebiet aus sichtbare Sonnenfinsternis fand am 29. März 2025 statt. Die letzte, deren Totalitätszone über Süddeutschland und Österreich verlief, war am 11. August 1999 zu beobachten. Erst am 3. September 2081 wird man von der äußersten Südwestecke Deutschlands die total verfinsterte Sonne sehen kön-

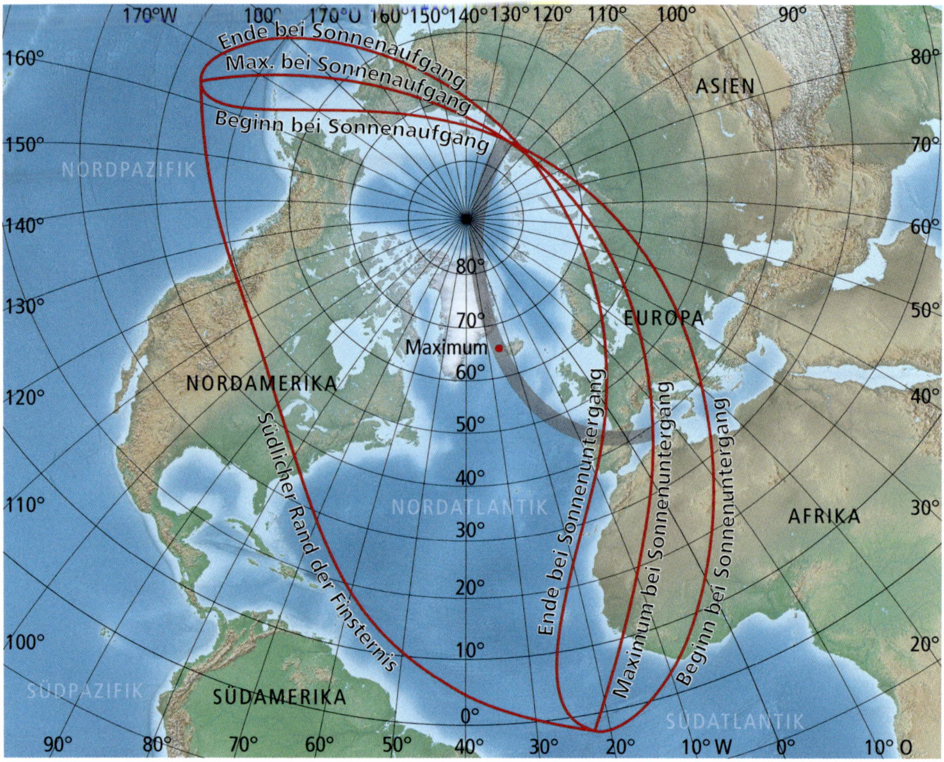

F.5 Sichtbarkeitsgebiet der totalen Sonnenfinsternis vom 12. August 2026

nen – genauer: die helle Sonnenkorona um die pechschwarze Neumondscheibe.

Zu einer Sonnenfinsternis kommt es, wenn sich der Mond vor die Sonne schiebt und sie bedeckt. Genau genommen handelt es sich um eine Sternbedeckung durch den Mond. Denn die Sonne wird nicht verfinstert, sondern der Mond wirft seinen Schatten auf die Erde. Eine Sonnenfinsternis tritt nur ein, wenn der Mond in Neumondposition kommt und sich gleichzeitig in der Erdbahnebene befindet, sodass er von der Erde aus betrachtet vor der Sonne vorbeizieht. Nicht bei jedem Neumond kommt es zu einer Sonnenfinsternis, denn die Mondbahn ist um 5° zur Ekliptik (scheinbare Sonnenbahn) geneigt. Die Mondbahn durchstößt somit in zwei Punkten die Erdbahnebene (Ekliptikebene). Diese Punkte heißen aufsteigender und absteigender Knoten. Im aufsteigenden Knoten wechselt der Mond von der Südseite der Erdbahnebene auf die Nordseite, im absteigenden Knoten überschreitet er die Ekliptik von Nord nach Süd. Die Mondbahnknoten heißen auch Drachenpunkte, weil die Menschen im alten China beim Eintritt einer Sonnenfinsternis glaubten, ein himmlischer Drache würde die Sonne verschlingen.

Damit es zu einer Sonnenfinsternis kommt, muss sich also der Neumond im oder nahe einem der beiden Drachenpunkte aufhalten. Wird die Sonne vollständig vom Neumond verdeckt, nennt man die Finsternis total. Bei einer teilweisen Bedeckung spricht man von einer partiellen Finsternis. Erscheint die Mondscheibe etwas kleiner als die Sonnenscheibe, wird die Finsternis ringförmig.

VERLAUF DER SONNENFINSTERNIS VOM 12. AUGUST 2026 FÜR EINIGE AUSGEWÄHLTE ORTE IN MITTELEUROPA

Ort	Beginn MESZ	Max. Phase MESZ	Max. Phase Bed.	Ende MESZ	Ende Bed.
	h m	h m	%	h m	%
Aachen	19 19	20 13	88,7	21 01	2
Amsterdam	19 16	20 11	88,2	21 03	0
Antwerpen	19 18	20 13	89,2	21 05	0
Augsburg	19 23	20 16	88,8	20 36	52
Baden-Baden	19 22	20 16	89,5	20 47	28
Basel	19 24	20 18	90,7	20 47	33
Berlin	19 15	20 08	84,9	20 37	32
Bern	19 25	20 19	91,5	20 46	38
Bielefeld	19 17	20 11	86,9	20 55	6
Bochum	19 18	20 12	87,8	20 59	3
Böblingen	19 22	20 16	89,2	20 44	34
Bonn	19 19	20 13	88,4	20 57	7
Bozen	19 26	20 18	90,5	20 29	73
Braunschweig	19 16	20 10	86,0	20 48	14
Bregenz	19 24	20 17	90,0	20 38	51
Bremen	19 15	20 09	86,1	20 58	1
Brünn	19 20	20 12	86,4	20 15	85
Brüssel	19 19	20 14	89,5	21 06	0
Chemnitz	19 18	20 11	86,2	20 34	44
Coburg	19 19	20 13	87,2	20 40	35
Darmstadt	19 20	20 14	88,4	20 48	22
Dortmund	19 18	20 12	87,6	20 58	4
Dresden	19 18	20 10	85,7	20 32	48
Düsseldorf	19 18	20 12	88,1	21 00	3
Duisburg	19 18	20 12	88,0	21 00	2
Eisenach	19 18	20 12	86,9	20 45	23
Emden	19 14	20 09	86,6	21 00	0
Erfurt	19 18	20 12	86,6	20 42	28
Essen	19 18	20 12	87,9	21 00	2
Frankfurt/Main	19 20	20 14	88,2	20 49	20
Frankfurt/Oder	19 16	20 08	84,6	20 32	43
Freiburg	19 24	20 17	90,3	20 47	32
Genf	19 27	20 21	92,8	20 49	34
Görlitz	19 17	20 10	85,3	20 27	57
Graz	19 24	–	–	20 14	88
Halle	19 17	20 10	86,0	20 40	31
Hamburg	19 14	20 08	85,4	20 55	3
Hannover	19 16	20 10	86,2	20 52	9
Heidelberg	19 21	20 15	88,7	20 47	26
Heilbronn	19 22	20 15	88,8	20 44	32
Innsbruck	19 24	20 17	89,7	20 31	66
Kaiserslautern	19 21	20 15	89,1	20 51	19
Karlsruhe	19 22	20 15	89,2	20 47	27
Kassel	19 18	20 12	87,0	20 49	16
Kiel	19 13	20 06	85,0	20 57	1
Klagenfurt	19 25	20 17	89,4	20 18	89
Koblenz	19 20	20 14	88,4	20 54	12
Köln	19 19	20 13	88,3	20 58	5
Konstanz	19 24	20 17	90,1	20 41	45
Krefeld	19 18	20 12	88,2	21 01	2
Leipzig	19 18	20 11	86,0	20 38	36
Linz	19 22	20 15	87,8	20 22	79
Ludwigshafen	19 21	20 15	88,8	20 48	23
Lübeck	19 13	20 07	85,0	20 53	4
Lüttich	19 19	20 14	89,1	21 03	1
Luxemburg	19 21	20 15	89,6	20 58	9
Magdeburg	19 16	20 10	85,7	20 43	23
Mailand	19 28	20 21	92,3	20 35	65
Mainz	19 20	20 14	88,4	20 50	18
Mannheim	19 21	20 15	88,8	20 48	24
Mönchengladbach	19 18	20 13	88,3	21 01	2
München	19 23	20 16	88,8	20 32	60
Münster	19 17	20 11	87,3	20 59	2
Nürnberg	19 21	20 14	87,8	20 38	43
Osnabrück	19 16	20 10	86,9	20 58	2
Potsdam	19 16	20 09	85,0	20 38	30
Prag	19 19	20 12	86,2	20 26	63
Regensburg	19 21	20 14	87,8	20 32	55
Reutlingen	19 23	20 16	89,3	20 43	37
Rostock	19 13	20 06	84,4	20 48	9
Rotterdam	19 17	20 12	88,7	21 04	0
Saarbrücken	19 22	20 16	89,6	20 53	16
Salzburg	19 23	20 16	88,6	20 25	75
Schwerin	19 14	20 07	84,9	20 49	9
Stralsund	19 12	20 06	84,0	20 45	13
Straßburg	19 23	20 16	89,8	20 49	26
Stuttgart	19 22	20 16	89,1	20 43	35
Trier	19 21	20 15	89,3	20 56	10
Tübingen	19 23	20 16	89,4	20 43	36
Ulm	19 23	20 16	89,1	20 39	45
Wien	19 22	–	–	20 13	87
Wiesbaden	19 20	20 14	88,4	20 51	17
Wilhelmshaven	19 14	20 08	86,2	21 00	0
Worms	19 21	20 14	88,7	20 49	22
Würzburg	19 20	20 14	87,9	20 43	31
Wuppertal	19 18	20 12	87,9	20 59	4
Zürich	19 25	20 18	90,6	20 42	42

Bed. ist der Bedeckungsgrad der Sonnenscheibe,
letzte Spalte = 0 : ganze Finsternis sichtbar,
letzte Spalte > 0 : Ende = Sonnenuntergang.

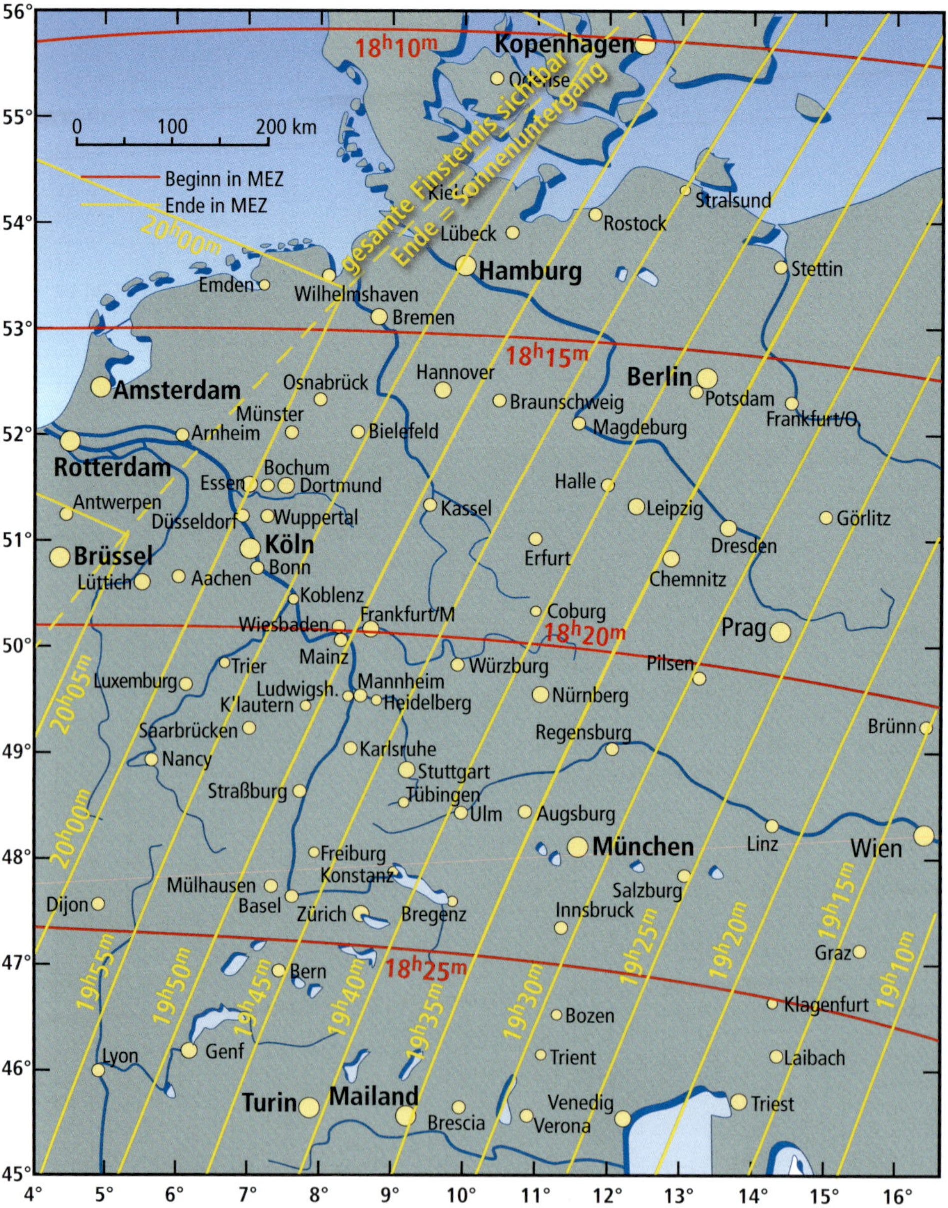

F.6 Beginn und Ende der partiellen Phasen der totalen Sonnenfinsternis vom 12. August 2026 in Mitteleuropa. Zeitangaben in MEZ.

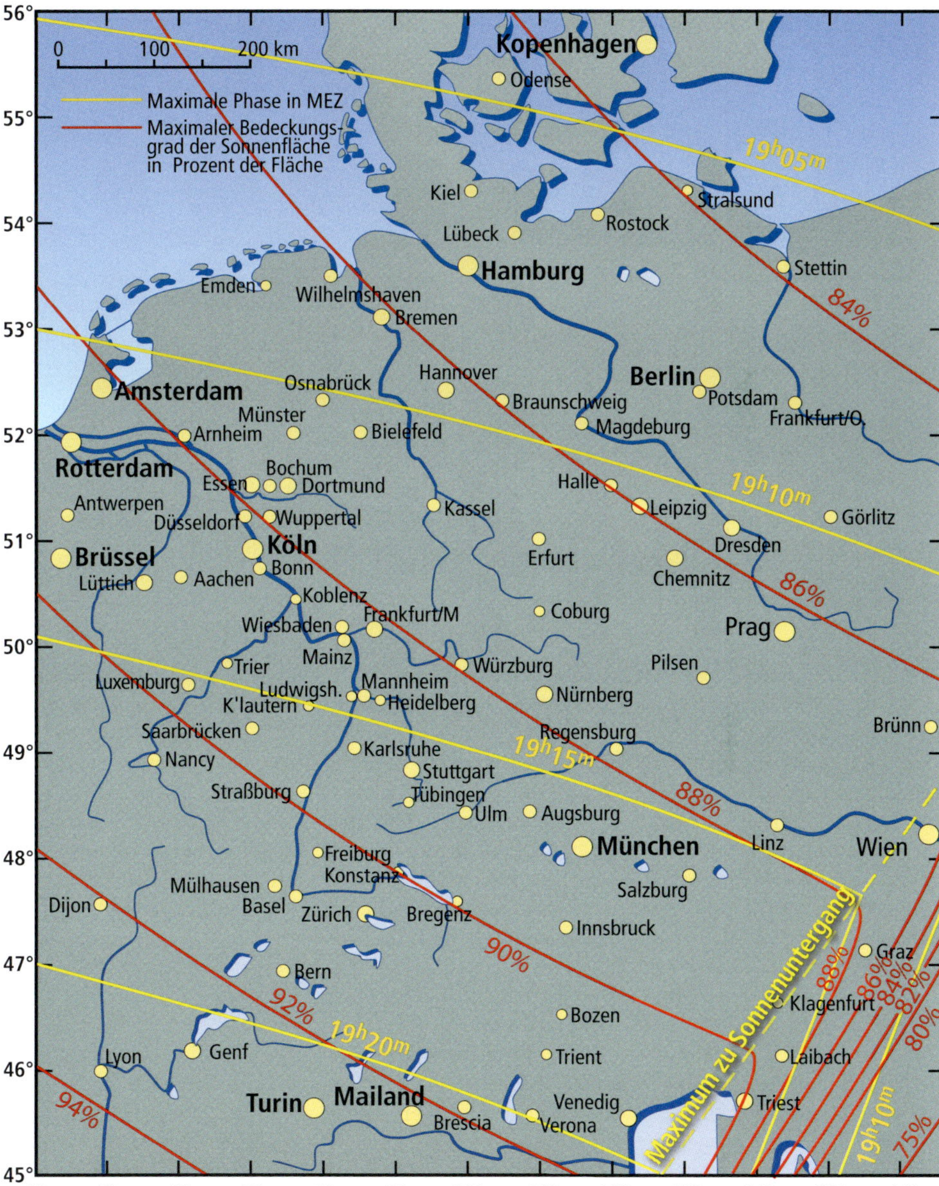

F.7 Bedeckungsgrad zur Maximumszeit (in MEZ) der totalen Sonnenfinsternis vom 12. August 2026 für Orte in Mitteleuropa.

F.8 Die partiellen Phasen der totalen Sonnenfinsternis vom 12. August 2026 für einige europäische Städte.

Schließlich gibt es noch die Kombination einer ringförmig-totalen Sonnenfinsternis. Man nennt eine solche Finsternis hybrid. Eine hybride Finsternis ist meist zu Beginn und am Ende ringförmig und dazwischen eine totale Finsternis. Durch eine Laune der Natur erscheinen uns Sonne und Mond am irdischen Himmel gleich groß. Der Mond hat zwar nur ein Viertel des Erddurchmessers, die Sonne dagegen den 109-fachen Erddurchmesser. Die Sonne ist jedoch 400-mal weiter von uns entfernt als der Mond. Deshalb erscheinen beide Gestirne von der Erde aus betrachtet unter dem gleichen Winkel von gut einem halben Grad. Ist der Mond in Erdferne, die Erde aber in Sonnennähe, so ist die Mondscheibe ein wenig kleiner als die Sonnenscheibe. Der Neumond verdeckt die Sonne nicht vollständig, es bleibt ein heller Lichtring um den schwarzen Mond.

Die Kernschattenspitze des Mondes überstreicht die Erdoberfläche nur in einer schmalen Zone von wenigen hundert Kilometern Breite. Deshalb ist für einen bestimmten Ort der Eintritt einer totalen Sonnenfinsternis ein außerordentlich seltenes Ereignis, das nur alle paar Jahrhunderte vorkommt. Wegen des geringen Kernschattendurchmessers dauert die Totalität nur maximal sieben Minuten. Außerhalb der schmalen Zone der Totalität oder der ringförmigen Phase sieht man nur eine teilweise Bedeckung der Sonnenscheibe durch den Mond. Beobachter im Gebiet der partiellen Phasen befinden sich im Halbschatten des Mondes. Die Breite des Halbschattengebietes erreicht in der Regel einige tausend Kilometer. Deshalb treten an einem bestimmten Ort viel häufiger partielle Sonnenfinsternisse ein als totale oder ringförmige.

Trifft der Kernschattenkegel des Mondes die Erde überhaupt nicht, sondern streicht knapp an unserem Globus vorbei, so nennt man diese Sonnenfinsternis eine partielle, da sie von keinem Punkt der Erde als totale oder ringförmige erscheint.

Zum Schluss ein wichtiger Hinweis: Vorsicht bei der Sonnenfinsternisbeobachtung! **Niemals direkt und ungeschützt in die Sonne sehen! Schwere Augenschäden bis zur vollkommenen Erblindung drohen!** Schon gar nicht ein Fernglas oder Teleskop auf die Sonne richten, wenn es nicht über spezielle Filter oder entsprechende Sonnenbeobachtungseinrichtungen verfügt. Am sichersten ist noch die Projektionsmethode, bei der man nicht durch das Fernrohr blickt, sondern das Sonnenbild auf einen weißen Schirm (heller Karton etc.) projiziert. Sonnenbrillen, berußte Gläser und Ähnliches bieten keinen ausreichenden Schutz. Im Fachhandel gibt es spezielle *Sonnenfinsternisbrillen* zu kaufen, die nur wenige Euro kosten. Am besten ist es jedoch, eine öffentliche Sternwarte zu besuchen, die spezielle Führungen zur Beobachtung der Sonnenfinsternis anbietet. Die Observatorien verfügen dabei über ein geeignetes Instrumentarium für sichere Sonnenbeobachtungen.

PARTIELLE MONDFINSTERNIS AM 28. AUGUST 2026

Diese Mondfinsternis findet in der zweiten Hälfte der Nacht vom Donnerstag, 27. auf Freitag, 28. August statt. Sie kann in ihrer ersten Hälfte von Mitteleuropa beobachtet werden. Kurz nach Mitte der Finsternis geht der verfinsterte Vollmond unter.

Zum Höhepunkt der Finsternis um 5^h13^m (= 6^h13^m Sommerzeit) befindet sich der Vollmond mit 93,5 % seines scheinbaren Durchmessers im Kernschatten der Erde.

Es handelt sich somit fast um eine totale Mondfinsternis.

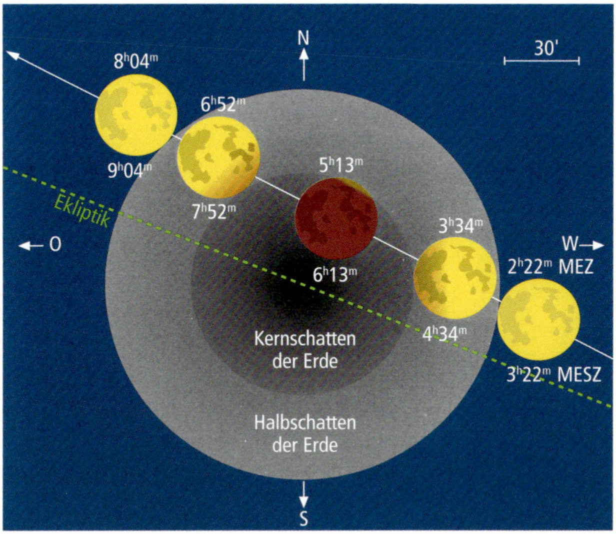

F.9 Verlauf der partiellen Mondfinsternis vom 28. August 2026

F.10 Der verfinsterte Mond hält sich im Sternbild Wassermann auf (Anblick gegen 5 Uhr MESZ).

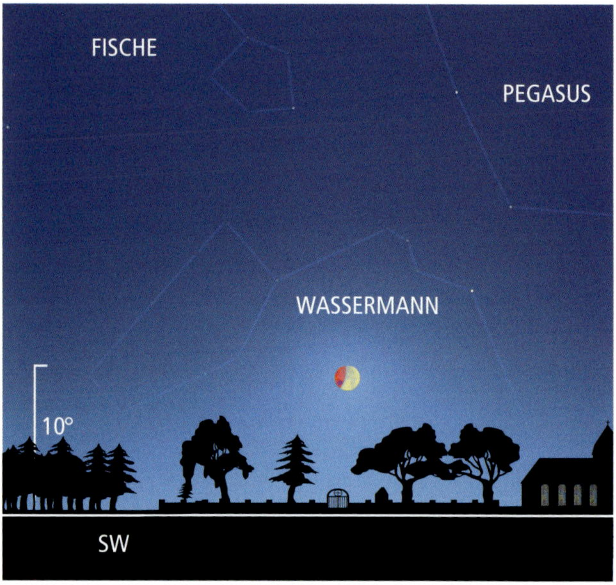

Die Mondfinsternis nimmt folgenden Verlauf:

	MEZ	MESZ
Eintritt des Mondes in den Halbschatten	2^h22^m	3^h22^m
Eintritt des Mondes in den Kernschatten	3^h34^m	4^h34^m
Mitte der Finsternis	5^h13^m	6^h13^m
Austritt des Mondes aus dem Kernschatten	6^h52^m	7^h52^m
Austritt des Mondes aus dem Halbschatten	8^h04^m	9^h04^m

Ein- und Austritt des Mondes aus dem Halbschatten bleiben prinzipiell unbeobachtbar (siehe auch Abb. F.9). Der Monduntergang erfolgt am 28. August in 50° Nord und 10° Ost um 5^h36^m MEZ (= 6^h36^m MESZ).

Die Größe der Finsternis beträgt das 0,935-Fache des scheinbaren Mondscheibendurchmessers. Diese Finsternis ist die Nr. 29 im Saros-Zyklus 138, der insgesamt 82 Mondfinsternisse umfasst.

Die Finsternis ist sichtbar von Europa, im Süden von Grönland, von Afrika, im Atlantik, von Nord- und Südamerika mit Ausnahme von Alaska und östlichen Bereichen des Pazifiks (siehe auch Abb. F.11 unten).

F.11 Sichtbarkeitsgebiet der partiellen Mondfinsternis vom 28. August 2026. 1: Eintritt in den Halbschatten, 2: Eintritt in den Kernschatten, 3: Austritt aus dem Kernschatten, 4: Austritt aus dem Halbschatten.

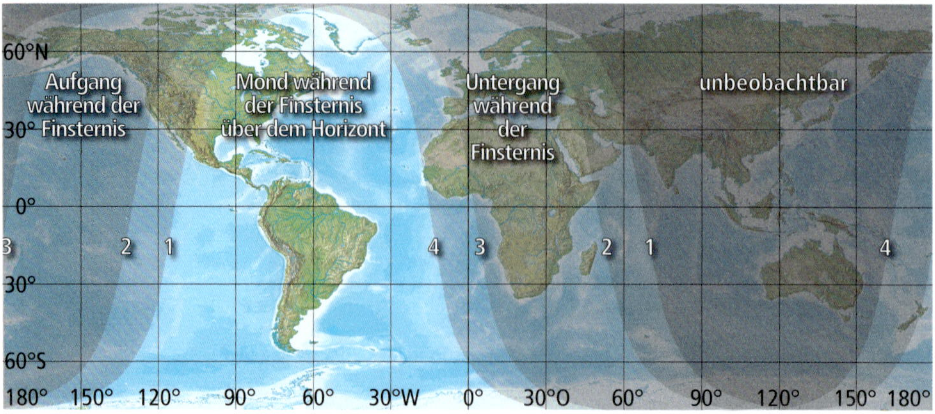

Das kostenlose Extra:
Die App „KOSMOS PLUS“

Mit der KOSMOS PLUS App haben Sie alle wichtigen Informationen zum Lauf von Sonne, Mond und Planeten immer dabei.

Und so geht's:

1. Besuchen Sie den App Store oder Google Play.

2. Laden Sie die kostenlose App „KOSMOS PLUS“ auf Ihr Mobilgerät.

3. Öffnen Sie die App und laden Sie die Inhalte für das Buch „Kosmos Himmelsjahr 2026“ mit dem Kennwort „Deneb“ herunter.

4. Die App bietet Ihnen für jeden Monat einen übersichtlichen Himmelskalender mit allen wichtigen Ereignissen.

Weitere Informationen finden Sie unter plus.kosmos.de

Aktuelle Himmelsereignisse bietet Ihnen

www.kosmos-himmelsjahr.de

Januar 2026

- Die Erde passiert am 3. ihren sonnennächsten Bahnpunkt. Abstand Erde – Sonne: 147 Millionen Kilometer.
- Venus kommt am 6. in obere Konjunktion mit der Sonne. Im Januar bleibt sie unsichtbar.
- Mars steht am 9. in Konjunktion mit der Sonne und kann nicht gesehen werden.
- Jupiter erreicht am 10. im Sternbild Zwillinge seine Opposition zur Sonne und ist die gesamte Nacht beobachtbar. Saturn kann noch abends am Westhimmel gesehen werden.
- Merkur bleibt im Januar unbeobachtbar.

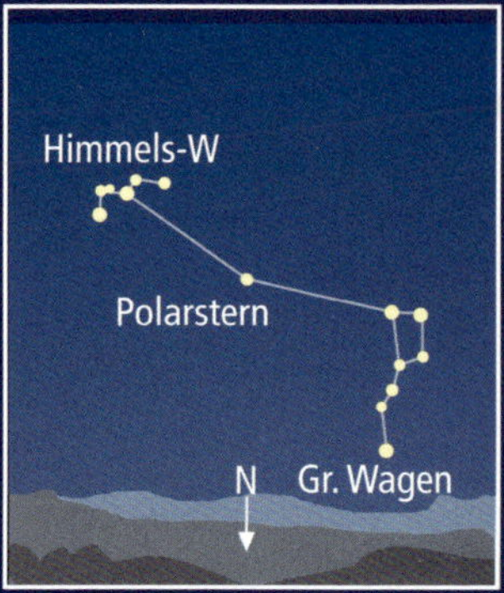

Großer Wagen und Himmels-W Anfang Januar um 22 Uhr MEZ

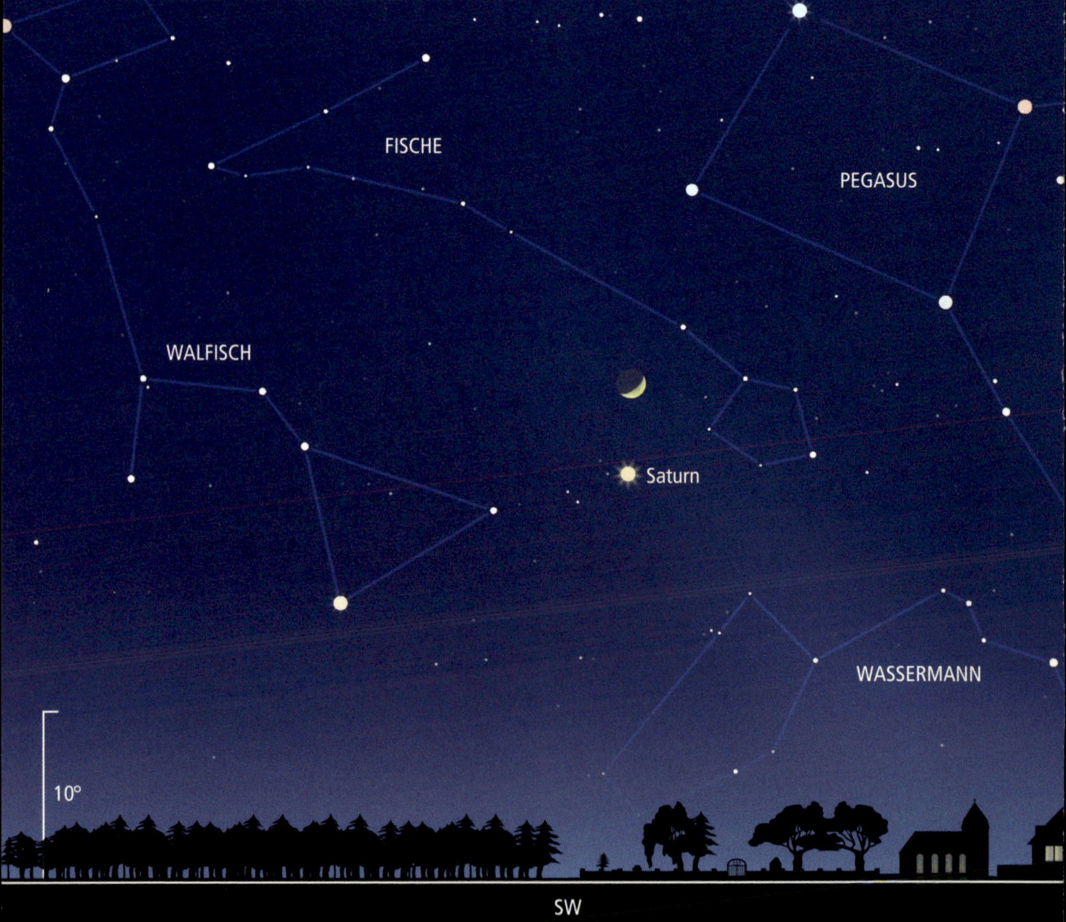

1.1 Himmelsanblick am 23. Januar gegen 19^h MEZ. Über dem Südwesthorizont steht Saturn. Ein wenig höher gesellt sich zu ihm der zunehmende Mond.

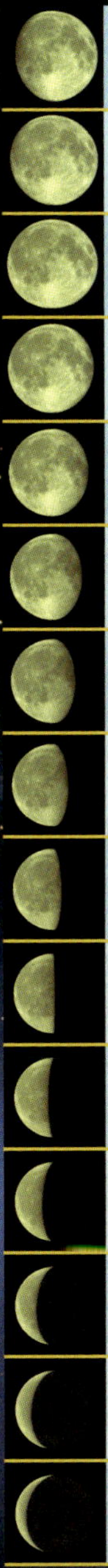

1 Do	Neujahr
2 Fr	
3 Sa	**Vollmond** Erde in Sonnennähe Mond bei Jupiter – Mitternacht
4 So	
5 Mo	
6 Di	Heilige Drei Könige Mond bei Regulus – abends
7 Mi	
8 Do	
9 Fr	
10 Sa	Letztes Viertel Jupiter in Opposition – ganze Nacht
11 So	Mond bei Spica – morgens
12 Mo	
13 Di	
14 Mi	
15 Do	

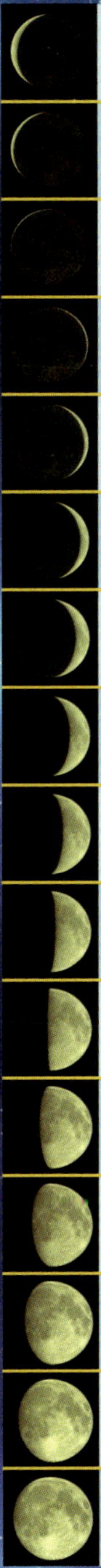

16 Fr	
17 Sa	
18 So	**Neumond**
19 Mo	
20 Di	
21 Mi	
22 Do	
23 Fr	Mond bei Saturn – abends
24 Sa	
25 So	
26 Mo	Erstes Viertel
27 Di	
28 Mi	
29 Do	
30 Fr	
31 Sa	Mond bei Jupiter – morgens

SONNE – STERNBILDER

20. 1. 3ʰ:
Sonne tritt in das Sternbild Steinbock

20. 1. 3ʰ:
Sonne tritt in das Tierkreiszeichen Wassermann

Julianisches Datum am
1. Januar, 1ʰ MEZ: 2 461 041,5

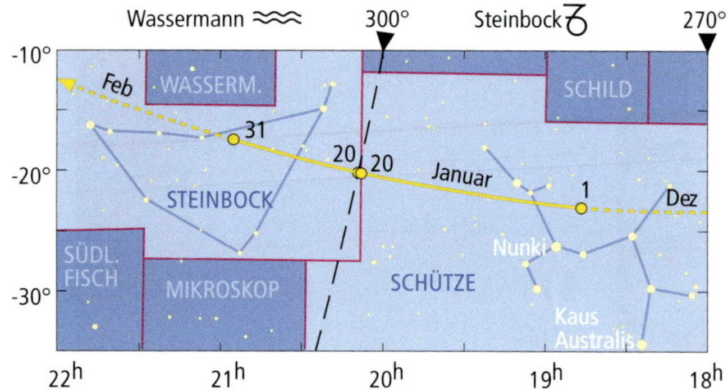

SONNENLAUF

Tag	Dämmerg. Anfang	Aufgang MEZ	Kulmination	Untergang MEZ	Dämmerg. Ende	Mittagshöhe	Zeitgleichg.	Rektaszension	Deklination
	h m	h m	h m	h m	h m	o	m	h m	o
1.	6 59	8 19	12 24	16 29	17 48	17,0	– 4	18 44	–23,0
5.	6 59	8 18	12 25	16 33	17 52	17,4	– 5	19 02	–22,7
10.	6 58	8 16	12 27	16 39	17 58	18,1	– 7	19 24	–22,0
15.	6 55	8 13	12 29	16 46	18 04	18,9	– 9	19 46	–21,2
20.	6 52	8 08	12 31	16 54	18 10	19,9	–11	20 07	–20,2
25.	6 48	8 03	12 32	17 02	18 17	21,1	–12	20 28	–19,1
31.	6 41	7 55	12 33	17 12	18 26	22,7	–13	20 53	–17,5

TAGES- UND NACHTSTUNDEN

5. Januar

15. Januar

25. Januar

MONDLAUF

Datum	Aufg. MEZ	Kulmination	Unterg. MEZ	Rektaszension	Deklination	Sterne und Sternbilder	Phase	MEZ
	h m	h m	h m	h m	o			
Do 1.	13 54	22 50	6 35	4 14	+26,3	Stier, Plejaden	Erdnähe 360/33′,2 Größte Nordbreite	23^h
Fr 2.	14 56	23 57	7 52	5 21	+28,1	Stier, Alnath		
Sa 3.	16 15	–	8 51	6 29	+27,8	Zwillinge	**Vollmond**	**$11^h 03^m$**
So 4.	17 43	1 02	9 31	7 35	+25,5	* Kastor, Pollux		
Mo 5.	19 10	2 01	9 59	8 36	+21,6	Krebs, Krippe		
Di 6.	20 33	2 55	10 19	9 32	+16,5	Löwe		
Mi 7.	21 51	3 43	10 34	10 23	+10,7	Löwe, Regulus	Absteigender Knoten Libration West	
Do 8.	23 05	4 28	10 47	11 10	+ 4,6	Löwe		
Fr 9.	–	5 10	11 00	11 56	– 1,4	Jungfrau		
Sa 10.	0 17	5 51	11 12	12 40	– 7,3	Jungfrau	**Letztes Viertel**	**$16^h 48^m$**
So 11.	1 28	6 33	11 26	13 24	–12,7	Spica		
Mo 12.	2 40	7 16	11 42	14 09	–17,6	Jungfrau		
Di 13.	3 51	8 01	12 03	14 56	–21,8	Waage	Erdferne 405/29′,5	22^h
Mi 14.	5 01	8 49	12 31	15 46	–25,0	Waage	Größte Südbreite	
Do 15.	6 07	9 39	13 09	16 38	–27,3	Antares		
Fr 16.	7 05	10 31	13 59	17 31	–28,3	Schlangenträger		
Sa 17.	7 51	11 24	15 01	18 26	–27,9	Kaus Borealis		
So 18.	8 26	12 16	16 13	19 21	–26,2	Schütze, Nunki	**Neumond Nr. 1275**	**$20^h 52^m$**
Mo 19.	8 53	13 06	17 29	20 14	–23,2	Steinbock		
Di 20.	9 13	13 54	18 46	21 05	–19,0	Steinbock		
Mi 21.	9 29	14 39	20 03	21 54	–14,0	Steinbock		
Do 22.	9 43	15 24	21 20	22 42	– 8,2	Wassermann	Aufsteigender Knoten Libration Ost	
Fr 23.	9 56	16 09	22 38	23 29	– 2,0	Fische		
Sa 24.	10 09	16 54	23 58	0 17	+ 4,3	* Fische		
So 25.	10 25	17 43	–	1 06	+10,6	Fische		
Mo 26.	10 43	18 35	1 21	1 57	+16,5	* Widder, Hamal	**Erstes Viertel**	**$5^h 47^m$**
Di 27.	11 09	19 32	2 47	2 53	+21,6	* Widder		
Mi 28.	11 45	20 34	4 14	3 53	+25,5	Stier, Plejaden	Größte Nordbreite	
Do 29.	12 37	21 38	5 34	4 57	+27,8	* Stier, Alnath	Erdnähe 366/32′,7	23^h
Fr 30.	13 47	22 43	6 38	6 02	+28,3	Zwillinge		
Sa 31.	15 10	23 44	7 25	7 08	+26,8	Zwillinge		

DER VOLLMOND WANDERT ZWISCHEN JUPITER UND POLLUX HINDURCH

3. Jan. 18^h

4. Jan. 8^h

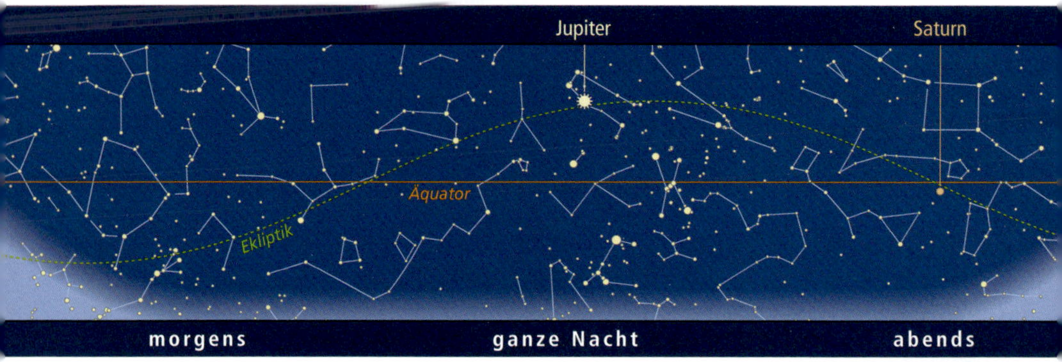

MERKUR eilt der Sonne im Tierkreis nach. Seine westlichen Winkelabstände von ihr verringern sich schnell. Am 21. holt er die Sonne ein. Merkur steht an diesem Tag in oberer Konjunktion mit ihr (siehe Abb 1.4 auf Seite 41). Bis Ende Januar wachsen die östlichen Winkelabstände des flinken Planeten auf 7,°6 an. Dies reicht nicht, um ihn am Abendhimmel zu sehen. Merkur bleibt im Januar unbeobachtbar. Die Begegnungen von Merkur mit Mars am 18. und mit Venus am 29. entgehen uns somit.

Am 6. eilt Merkur durch das Aphel (sonnenfernster Bahnpunkt). An diesem Tag trennen ihn 69,8 Millionen Kilometer (= 0,467 AE) von der Sonne.

1.2 Heliozentrischer Anblick des Planetensystems im ersten Jahresviertel 2026. Eingetragen sind im linken Teil die Positionen der inneren Planeten für den 1. Januar (1), 1. Februar (2) sowie 1. März (3) und 1. April (4). Der rechte Teil zeigt das äußere Planetensystem samt einigen Planetoiden zu Anfang und Ende des ersten Jahresviertels. Die Pfeile deuten die Richtungen zu den ferneren Planeten sowie zum Frühlingspunkt an.

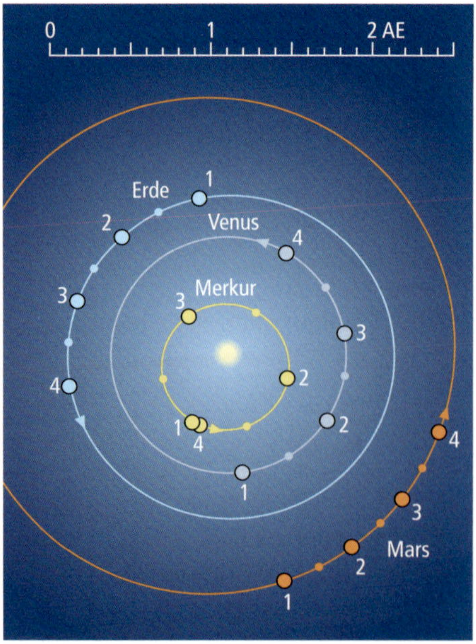

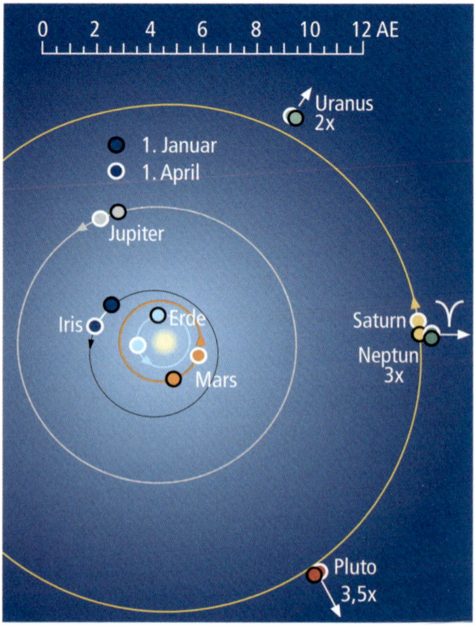

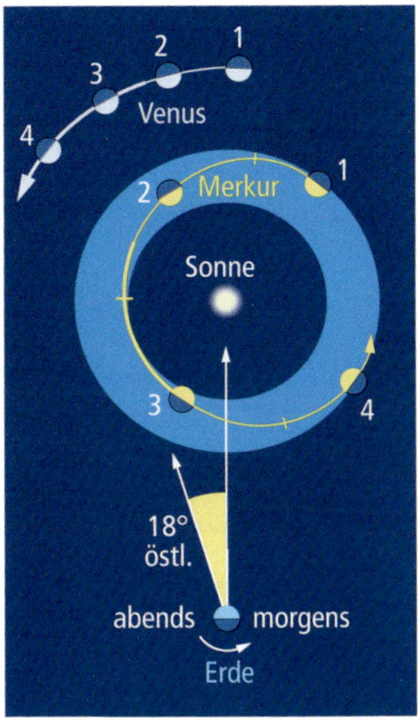

1.3 Heliozentrische Bewegungen von Merkur und Venus *relativ* zur Erde. In den dicker ausgezogenen Bahnteilen sind die Planeten beobachtbar. Die Zahlen markieren die Positionen jeweils zum Monatsersten. Östlicher Winkelabstand bedeutet Abendsichtbarkeit, westliche Elongation: Planet steht am Morgenhimmel.

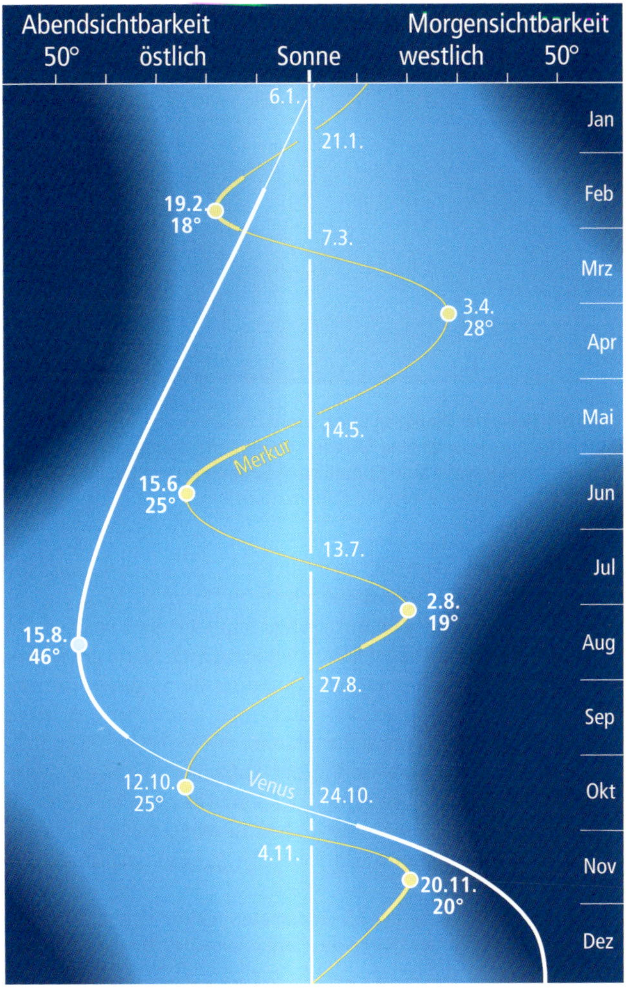

1.4 Elongationen und Konjunktionen der inneren Planeten Merkur und Venus von bzw. mit der Sonne im Jahre 2026. Die Datumsangaben beziehen sich jeweils auf die größten Elongationen sowie die Konjunktionen. Fettgedrucktes Datum bedeutet: in Mitteleuropa mit freiem Auge sichtbar. Unterbrochener Sonnenbalken weist auf eine untere Konjunktion hin, unterbrochene Planetenlinie auf eine obere Konjunktion.

VENUS hält sich zu Jahresbeginn am Taghimmel auf. Am 6. abends steht sie in oberer Konjunktion mit der Sonne. An diesem Tag beträgt ihre Entfernung von der Erde 256 Millionen Kilometer, dies entspricht 1,71 Astronomischen Einheiten (AE).

Am 22. passiert Venus das Aphel (sonnenfernster Punkt) ihrer fast kreisförmigen Bahn. An diesem Tag trennen sie 109 Millionen Kilometer (= 0,729 AE) von der Sonne. Dies entspricht einer Lichtlaufzeit von sechs Minuten und drei Sekunden. Bis Ende Januar erreicht die östliche Elongation der Venus 6,°1. Dies reicht bei weitem nicht, um Venus am Abendhimmel nach Sonnenuntergang zu sehen. Venus bleibt im Januar unbeobachtbar. Auch die Begegnung mit Merkur am 29. bleibt unbeobachtbar.

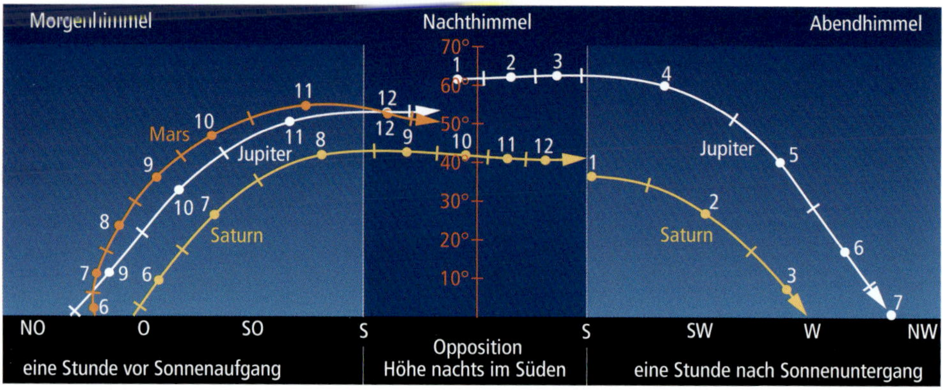

1.5 Stellungen der Planeten Mars, Jupiter und Saturn im Jahr 2026. Im linken Teil sind die Positionen am Morgenhimmel jeweils eine Stunde vor Sonnenaufgang eingetragen, im rechten Teil die Positionen am Abendhimmel jeweils eine Stunde nach Sonnenuntergang. Im Mittelteil sind die Stellungen zur Kulminationszeit angegeben sowie die Kulminationshöhe.

MARS wird endlich von der Sonne eingeholt. Am 9. steht er im Sternbild Schütze in Konjunktion mit ihr. Der rote Planet hält sich somit am Taghimmel auf und bleibt nachts unsichtbar unter dem Horizont. Auch die Begegnungen mit Venus am 8. und Merkur am 18. bleiben unbeobachtbar. Am Konjunktionstag ist Mars 360 Millionen Kilometer (= 2,41 AE) von der Erde entfernt. Mars verlässt am 23. den Schützen und wechselt in den Steinbock. Seine größte heliozentrische Südbreite nimmt der rote Planet im nächsten Monat ein, wobei er $1{,}^{\circ}8$ südlich der Erdbahnebene steht – von der Sonne aus gesehen. Obwohl nicht zu sehen, sei seine scheinbare Helligkeit erwähnt: $1{,}^{m}1$.

JUPITER, rückläufig in den Zwillingen, kommt gleich zu Jahresanfang am 10. in **Opposition** zur Sonne. Mit $-2{,}^{m}7$ Oppositionshelligkeit ist der Riesenplanet ein auffälliges helles Gestirn, das die Blicke auf sich zieht. Nur Venus übertrifft Jupiter an Strahlkraft. Zurzeit hält sich Jupiter in den nördlichsten Bezirken des Tierkreises auf (siehe

1.6 Die scheinbare Bahn des Riesenplaneten Jupiter im Gebiet der Sternbilder Zwillinge, Krebs und Löwe im Jahr 2026. Die Zahlen geben die Planetenposition zum jeweiligen Monatsbeginn an (6 = 1. Juni).

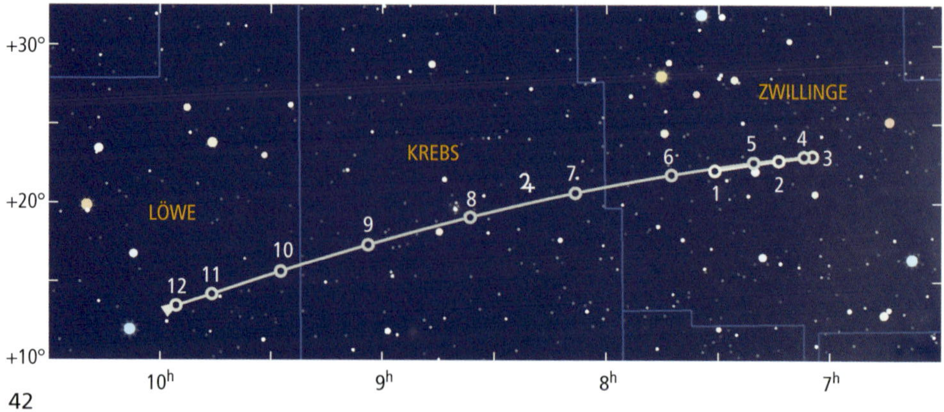

auch Abb. 1.6 auf Seite 42). Am 19. wandert Jupiter rückläufig ein halbes Grad nördlich an Wasat (δ Geminorum) vorbei (siehe Abb. 1.8 rechts).

Am Tag der Opposition geht Jupiter um 16^h26^m im Nordosten auf. In der Oppositionsnacht kulminiert er um 0^h29^m hoch im Süden und geht morgens um 8^h29^m weit im Nordwesten unter. Von der Sonne trennen Jupiter am 10. zur Opposition 780 Millionen Kilometer (= 5,22 AE). Seine geringste Distanz von der Erde erreicht er bereits am 9. um 9^h mit 633 Millionen Kilometer (= 4,23 AE). Von Jupiter zur Erde benötigt das reflektierte Sonnenlicht somit 35 Minuten. Bis Monatsende verfrühen sich die Jupiteruntergänge auf 6^h39^m. In den Nächten vom 3. auf 4. und vom 30. auf 31. gesellt sich der fast volle Mond zum Riesenplaneten.

Im Teleskop zeigt sich ein ovales Planetenscheibchen. Deutlich ist zu erkennen, dass der Riesenplanet abgeplattet ist. Die schnelle Umdrehung hat ihn zu einem Rotationsellipsoid verformt. Der scheinbare Äquatordurchmesser beträgt am Oppositionstag 46″,6, der Poldurchmesser hingegen 43″,6.

Schon in kleinen Fernrohren sieht man die zahlreichen Wolkenstreifen und -bänder in der dichten und turbulenten Atmosphäre von Jupiter sowie den GRF (Großer Roter Fleck), der eher blass-orange erscheint.

Gäbe es Jupiterbewohner, so könnten sie zur Opposition, in der von Jupiter aus gesehen die

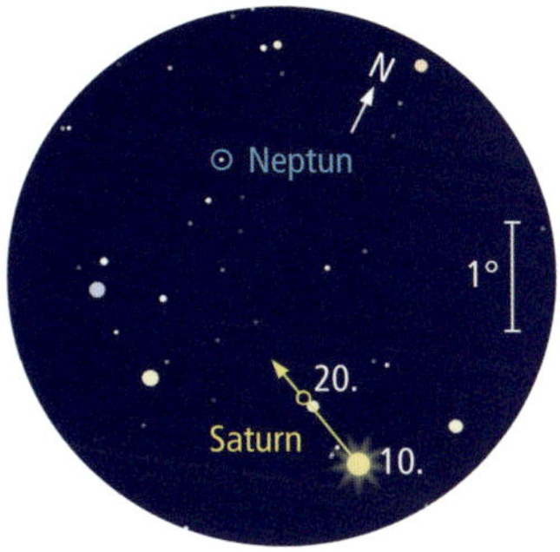

1.7 Saturn wandert vom 10. bis 20. Januar auf Neptun zu. Abendlicher Fernglasanblick.

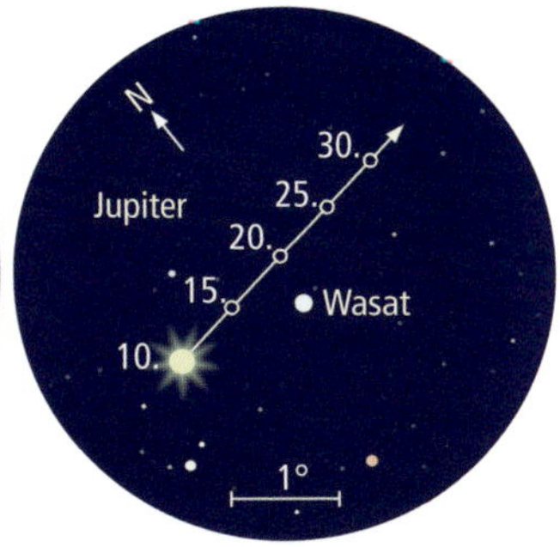

1.8 Jupiter wandert am 19. Januar rückläufig an Wasat (δ Geminorum) vorbei. Abendlicher Fernglasanblick.

Wenn nicht anders angegeben, so beziehen sich alle Fernglasanblicke im *Himmelsjahr* auf 5° Gesichtsfelddurchmesser. Man beachte auch den eingetragenen Bildmaßstab.

Erde in unterer Konjunktion steht, einen Erdtransit erleben: Erde und Erdmond ziehen vor der grellen Sonnenscheibe als dunkle Pünktchen vorbei.

SATURN kann abends am Westhimmel aufgefunden werden. Der Ringplanet wandert rechtläufig durch den Wassermann und wechselt zur Monatsmitte in das Sternbild Fische (siehe auch Abb. 10.8 auf Seite 220).

Am ersten Tag des Jahres geht Saturn um 23^h10^m unter. Am 15. erfolgt der Untergang des 1^m,0 hellen Ringplaneten um 22^h20^m und am 31. schon um 21^h26^m. Erst gegen 18^h kann Saturn in der zunehmenden Dunkelheit ausgemacht werden. Drei Stunden später verschlucken ihn die horizontnahen Dunstschichten.

Am 23. abends sieht man Saturn zusammen mit der zunehmenden Mondsichel über dem Westhorizont (siehe Abb. 1.1 auf Seite 36). Zu Jahresbeginn beträgt die Ringöffnung lediglich 0°,9. Im Vorjahr passierte die Erde die Ringebene des Saturn von Nord nach Süd. Der Längsdurchmesser des Ringes beträgt 38″,9 und der Querdurchmesser lediglich 0″,6.

Von der Erde misst die Entfernung des Saturn 1452 Millionen Kilometer (= 9,71 AE).

URANUS, rückläufig im Sternbild Stier südlich der Plejaden, stand Ende November des Vorjahres in Opposition zur Sonne. Mit Einbruch der Dunkelheit ist der grünliche Planet bereits mit Fernglas oder Teleskop auffindbar. Vom Morgenhimmel zieht sich der ferne Planet zurück. Am 1. geht Uranus um 13^h34^m auf, kulminiert um 21^h17^m und geht um 5^h04^m unter. Zur Monatsmitte erfolgt seine Meridianpassage um 20^h21^m und sein Untergang um 4^h07^m. In 50° nördlicher

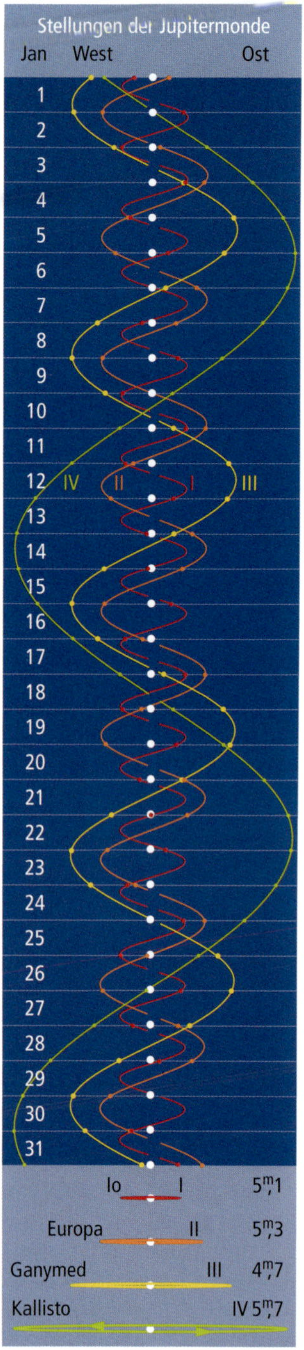

JUPITER- UND SATURNMONDE

Tag	MEZ h m		Vorgang	
1.	3	01	II	SA
	3	29	II	DA
	5	52	II	SE
	6	20	II	DE
	19	15	I	BE
	21	12	IV	VA
	22	17	Ti	BE
2.	3	08	IV	BE
	21	12	II	VA
3.	0	25	II	BE
4.	19	10	II	SE
	19	28	II	DE
5.	5	42	I	VA
6.	2	51	I	SA
	2	57	I	DA
	5	07	I	SE
	5	13	I	DE
7.	0	11	I	VA
	2	33	I	BE
	3	03	III	SA
	3	23	III	DA
	6	20	III	SE
	6	40	III	DE
	21	19	I	SA
	21	23	I	DA
	23	35	I	SE
	23	39	I	DE
8.	5	37	II	SA
	5	43	II	DA
	18	40	I	VA
	20	59	I	BE
9.	18	05	Ti	DA
	18	04	I	SE
	18	05	I	DE
	23	47	II	VA
10.	2	39	II	BE
	20	14	III	VE
11.	17	54	Rh	VE
	18	51	II	DA
	18	55	II	SA
	21	42	II	DE

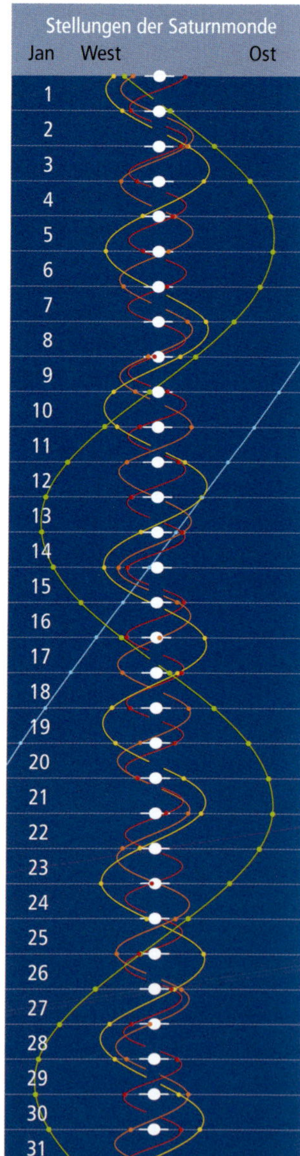

Japetus

5.	$11\overset{m}{,}8$
10.	$11\overset{m}{,}4$
15.	$11\overset{m}{,}1$
20.	$10\overset{m}{,}9$
25.	$10\overset{m}{,}8$
30.	$10\overset{m}{,}7$

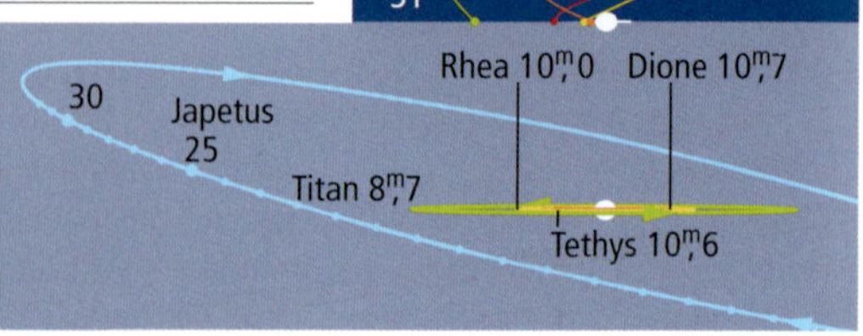

JUPITER- UND SATURNMONDE

Tag	MEZ	Vorgang	
	h m		
11.	21 46	II	SE
13.	4 41	I	DA
	4 45	I	SA
	6 57	I	DE
	7 01	I	SE
14.	2 00	I	BA
	4 22	I	VE
	6 38	III	DA
	7 02	III	SA
	23 07	I	DA
	23 14	I	SA
15.	1 23	I	DE
	1 30	I	SE
	20 26	I	BA
	22 51	I	VE
16.	17 32	I	DA
	17 42	I	SA
	19 49	I	DE
	19 58	I	SE
17.	2 02	II	BA
	5 13	II	VE
	20 09	III	BA
	21 35	Ti	BE
18.	0 14	III	VE
	19 11	IV	VE
	21 05	II	DA
	21 31	II	SA
	23 56	II	DE
19.	0 23	II	SE
20.	6 24	I	DA
	6 39	I	SA
	18 31	II	VE
	18 48	Rh	VE
21.	3 44	I	BA
	6 17	I	VE
22.	0 50	I	DA
	1 08	I	SA
	3 06	I	DE
	3 24	I	SE
	22 10	I	BA
23.	0 45	I	VE
	19 16	I	DA
	19 37	I	SA
	21 32	I	DE
	21 53	I	SE
24.	4 16	II	BA
	19 14	I	VE
	23 25	III	BA
25.	4 14	III	VE

JUPITER- UND SATURNMONDE

Tag	MEZ	Vorgang	
	h m		
25.	18 53	Ti	DA
	23 20	II	DA
26.	0 08	II	SA
	2 11	II	DE
	2 59	II	SE
	22 10	IV	DA
27.	2 04	IV	SA
	2 04	IV	DE
	6 02	IV	SE
	21 07	II	VE
28.	5 28	I	BA
	18 20	III	SE
29.	2 35	I	DA
	3 03	I	SA
	4 51	I	DE
	19 42	Rh	VE
	23 54	I	BA
30.	2 40	I	VE
	21 01	I	DA
	21 31	I	SA
	23 17	I	DE
	23 47	I	SE
31.	18 20	I	BA
	21 09	I	VE

Die Tabellen „Konjunktionen" geben nahe Begegnungen der Jupitermonde an. Für jedes Ereignis werden die beteiligten Monde und ihr Abstand in Bogensekunden genannt.

KONJUNKTIONEN

Tag	MEZ	Monde/Dist.		
	h m	S	″	N
2.	18 43	I	6,8	II
4.	1 34	I	9,6	III
5.	0 58	II	4,9	I
9.	20 41	I	6,8	II
12.	2 57	II	5,1	I
16.	22 38	I	6,8	II
19.	4 56	II	5,3	I
22.	17 56	II	5,3	I
24.	0 36	I	6,7	II
29.	19 56	II	5,5	I
31.	2 36	I	6,7	II

7. Januar, 3^h10^m MEZ: Ganymed beginnt seinen Schattenvorübergang kurz vor seinem Durchgang. Io entfernt sich von Jupiter. Die Länge der Pfeile geben die Bewegungen der Monde in der folgenden Stunde an.

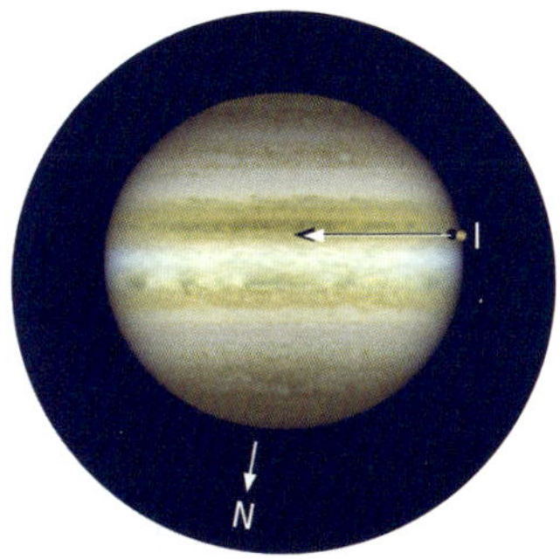

7. Januar, 21^h23^m MEZ: Io bedeckt seinen Schatten während des ganzen Schattenvorübergangs (auch am 9. Januar).

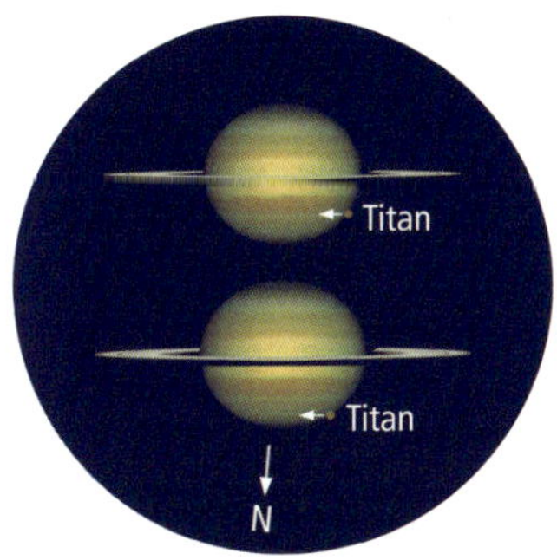

Titan beginnt seinen Durchgang am 9. um 18^h05^m MEZ (oben) und am 25. um 18^h53^m (unten).

Breite erreicht er eine Kulminationshöhe von knapp 60°.

Die Uranushelligkeit geht im Januar leicht um $0^{m}{,}1$ auf $5^{m}{,}7$ zurück. Am letzten Tag des Monats sinkt der nicht besonders helle Uranus schon um $3^{h}03^{m}$ unter die westliche Horizontlinie, nachdem er um $19^{h}17^{m}$ den Meridian passiert hat.

Die Aufsuchkarte für Uranus, Abb. 11.13, findet man auf Seite 241.

NEPTUN, rechtläufig im Sternbild Fische, verkürzt seine Sichtbarkeitszeit drastisch. Am Abendhimmel kann der $7^{m}{,}9$ lichtschwache, bläuliche Planet mit guter Optik aufgespürt werden. Die Aufsuchkarte Abb. 9.6 auf Seite 202 soll helfen, den sonnenfernsten Planeten unseres Sonnensystems aufzustöbern. Am 27. zieht Neptun 1°,3 südlich am Frühlingspunkt vorbei. Im Februar überholt Saturn den Planeten des Meeresgottes südlich (siehe auch Abb. 1.7 auf Seite 43).

Zu Monatsbeginn kulminiert Neptun um $17^{h}35^{m}$, am 15. um $16^{h}41^{m}$ und am 31. bereits um $15^{h}39^{m}$. Die Neptununtergänge erfolgen am ersten Tag des Jahres um $23^{h}31^{m}$, am 15. um $22^{h}37^{m}$ und am 31. schon um $21^{h}36^{m}$. Etwa eineinhalb Stunden vor seinem Untergang lohnt es nicht mehr, mit Fernglas oder Teleskop nach Neptun zu suchen.

Auch bei starker Vergrößerung sind auf dem nur 2″,2 großen Planetenscheibchen keine Details zu erkennen.

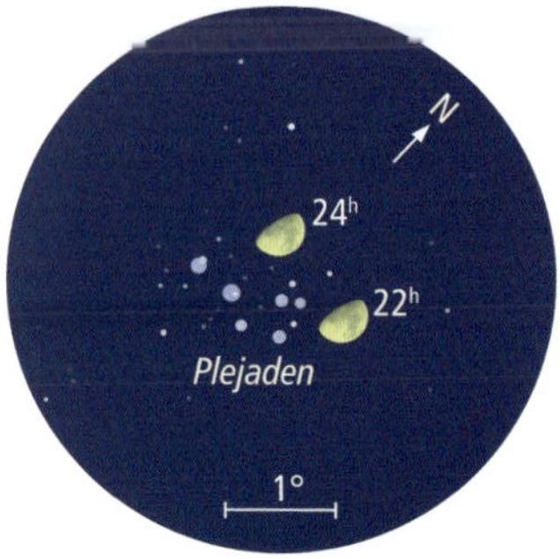

1.9 Der zunehmende Halbmond bedeckt am 27. Januar einige Plejadensterne. Abendlicher Fernglasanblick um 22^{h} und 24^{h} MEZ.

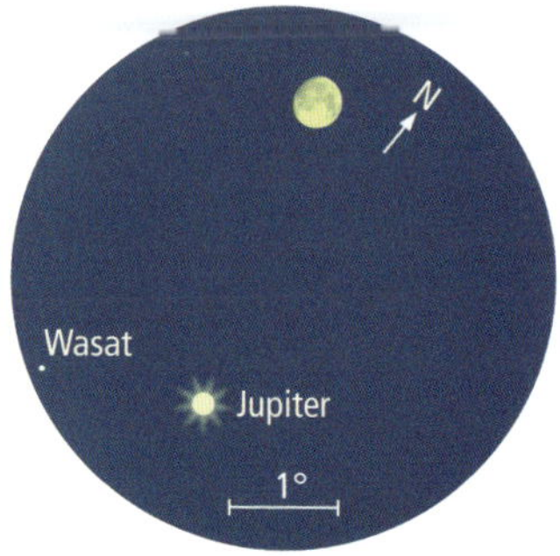

1.10 Der fast volle Mond begegnet am 31. Januar Jupiter. Morgendlicher Fernglasanblick gegen 6^{h} MEZ.

KONSTELLATIONEN UND EREIGNISSE

Datum	MEZ	Ereignis
3.	18^{h}	Erde im Perihel (Sonnennähe), Abstand Erde – Sonne 147,100 Millionen Kilometer
3.	23	**Mond bei Jupiter**, Mond 3°,7 nördlich, **Abstand 3°,2 um 24^{h}**
6.	12	Merkur im Aphel
6.	18	Venus in oberer Konjunktion mit der Sonne
8.	5	Venus bei Mars, Venus 0°,2 nördlich
9.	13	Mars in Konjunktion mit der Sonne
10.	10	**Jupiter in Opposition** zur Sonne
18.	4	Merkur bei Mars, Merkur 1°,0 südlich
18.	15	Mond bei Mars, Mond 2°,6 südlich
18.	16	Mond bei Merkur, Mond 1°,6 südlich
19.	2	Mond bei Venus, Mond 2°,1 südlich
21.	17	Merkur in oberer Konjunktion mit der Sonne
22.	19	Venus im Aphel
23.	11	Pluto in Konjunktion mit der Sonne
23.	14	**Mond bei Saturn**, Mond 4°,3 nördlich, **Abstand 5°,1 um 18^{h}**
23.	17	Mond bei Neptun, Mond 3°,6 nördlich
27.	20	Mond bei Uranus, Mond 5°,5 nördlich
29.	1	Merkur bei Venus, Merkur 0°,7 südlich
31.	3	**Mond bei Jupiter**, Mond 3°,8 nördlich, **Abstand 2°,9 um 6^{h}**

PLANETOIDEN UND ZWERGPLANETEN

PLUTO – König des Kuipergürtels mit der Planetoidennummer 134 340 – kommt am 23. in Konjunktion mit der Sonne. An diesem Tag trennen ihn 5300 Millionen Kilometer von der Sonne (= 35,43 AE). Von der Erde ist Pluto zur Konjunktion 5447 Millionen Kilometer entfernt (= 36,41 AE). In Opposition zur Sonne kommt Pluto am 27. Juli im Sternbild Steinbock. Die Lage der Plutobahn ist aus Abb. 7.8 auf Seite 159 zu ersehen. In der monatlichen Rubrik „Planetenlauf" ist Pluto im Mai, Juli und Oktober erwähnt.

VESTA – Planetoid Nr. 4 – kommt am 28. um 21^h in Konjunktion mit der Sonne. Ihre Entfernung von der Erde beträgt am Tag der Konjunktion 480 Millionen Kilometer (= 3,21 AE). Von der Sonne trennen sie am 28. immerhin 333 Millionen Kilometer (= 2,23 AE).

IRIS – Planetoid Nr. 7 – wird am 7. im Sternbild Löwe stationär und strebt anschließend rückläufig ihrer Opposition entgegen. Ihre Helligkeit nimmt von $9^m_,7$ auf $9^m_,2$ zu. Zu Jahresbeginn kulminiert Iris um 4^h39^m, Ende Januar um 2^h33^m. Noch ist sie kein lohnenswertes Beobachtungsobjekt. Die scheinbare Iris-Bahn von Februar bis Anfang April 2026 findet man in Abb. 2.8 auf Seite 66.

PERIODISCHE STERNSCHNUPPENSTRÖME

Von Jahresbeginn bis zum 10. Januar sind die **QUADRANTIDEN** (Ausstrahlungspunkt oder Radiant im Nordteil des Bootes) in der zweiten Nachthälfte zu erwarten.

Der Radiant erreicht erst nach Mitternacht eine größere Höhe über dem Horizont, sodass die Morgenstunden am besten für Beobachtungen geeignet sind. Das spitze Maximum wird diesmal am 3. Januar gegen 23 Uhr erwartet. Leider stört in diesem Jahr Vollmondlicht die Beobachtungen.

Aufgrund der langen Winternächte kann man zwar schon gegen 17 Uhr beobachten. Der Nachteil: Der Radiant befindet sich bis nach 21 Uhr recht tief am nördlichen Himmel, weshalb nur wenige Meteore dieses Stromes sichtbar werden. Auffallend werden die langen Spuren der flach in die Atmosphäre eintauchenden Meteore sein. Die einzelnen Meteoroide haben mittlere Eintrittsgeschwindigkeiten in die Erdatmosphäre um 40 Kilometer pro Sekunde.

Die Quadrantiden haben vermutlich Beziehungen zum Kometen 96P/Machholz und zum Kleinplaneten 2003 EH1 sowie zu dem Strom der Delta-Aquariiden im Juli.

Da der Radiant im Sternbild Bootes liegt, wird dieser Strom auch **BOOTIDEN** genannt.

Aus dem Bereich östlich des Oppositionspunktes zur Sonne ist ganzjährig eine geringe Meteoraktivität zu beobachten. Der Schwerpunkt des breiten Radianten verschiebt sich im Jahresverlauf entlang der Ekliptik und verursacht eine variable Aktivität. Im Januar verlagert sich dieser als **ANTIHELION**-Quelle bezeichnete großräumige Radiant durch das Sternbild Krebs in Richtung Löwe. Es handelt sich um langsame Sternschnuppen mit Geschwindigkeiten um 30 Kilometer pro Sekunde. Pro Stunde ist lediglich mit etwa vier Meteoren zu rechnen.

Um den 15. Januar treten die **GAMMA-URSAE-MINORIDEN** auf. Der Radiant dieses Stromes liegt nahe bei Pherkad (γ Ursae Minoris). Die Eintrittsgeschwindigkeiten der Gamma-Ursae-Minoriden streuen um 30 Kilometer pro Sekunde. Zum Maximum um den 18. sind lediglich drei Meteore pro Stunde zu erwarten.

VERÄNDERLICHE STERNE

Algol-Minima		β-Lyrae-Minima			δ-Cepheï-Maxima		Mira-Helligkeit	
7.	6^h11^m	5.	14^h	N	4.	5^h	1.	8^m
10.	3 00	12.	1	H	9.	14	10.	8
12.	23 49	18.	12	N	14.	23	20.	7
15.	20 38	24.	24	H	20.	8	31.	6
18.	17 28	31.	11	N	25.	16		
30.	4 45				31.	1		

Der Fixsternhimmel

Wer Sterne und Sternbilder finden will, muss zunächst die Himmelsrichtungen an seinem Standort kennen. Denn die beste Sternkarte nützt wenig, wenn man nicht weiß, wo Norden, Osten, Süden und Westen ist. Am nächtlichen Sternenhimmel beginnt man seine Beobachtungen mit dem Aufsuchen des Polarsterns, denn er deutet uns die Nordrichtung an. Blickt man zum Polarstern, so ist rechter Hand Osten, linker Hand Westen und im Rücken hat man Süden.

Als Stern zweiter Größenklasse ist der Polarstern nicht übermäßig auffällig. Sowohl der Große Wagen als auch das Himmels-W, das Sternbild Kassiopeia, helfen ihn zu finden. Ihre Stellungen relativ zum Nordhorizont sind jeweils für den Monatsanfang, 22 Uhr MEZ, in einer kleinen Grafik auf der Startseite zur Monatsübersicht festgehalten.

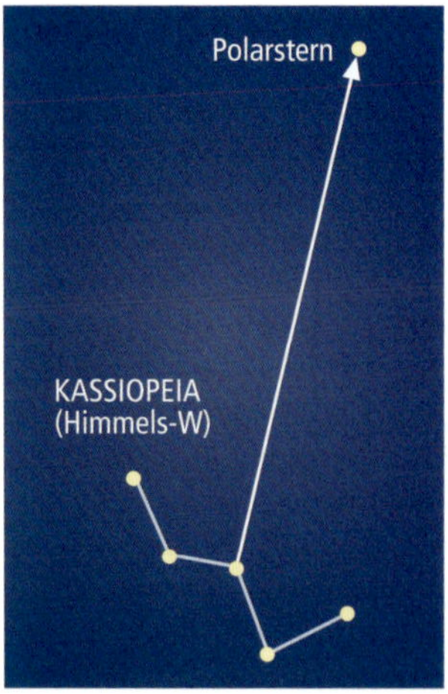

1.11 Das Sternbild Kassiopeia (auch als Himmels-W bekannt) dient als Polweiser.

Die monatliche Beschreibung des abendlichen Fixsternhimmels gilt für eine Standardbeobachtungszeit, nämlich für 22^h MEZ (oder 23^h MESZ – Mitteleuropäische Sommerzeit) zur Monatsmitte (15.) und für die geografische Breite 50° Nord. Diesen Anblick zeigt auch die monatliche Übersichtskarte, die das Auffinden von Sternen und Sternbildern erleichtern soll.

Wer zu Monatsbeginn beobachtet, sollte die Sternkarte um 23^h MEZ benutzen. Zu Monatsende zeigt die Sternkarte den sichtbaren Himmelsausschnitt bereits um 21^h MEZ. Denn pro Stunde dreht sich der Himmel um 15° weiter ($24^h = 360°$). Nach einem Monat gehen die Sterne und Sternbilder jeweils zwei Stunden früher auf, kulminieren zwei Stunden früher und gehen zwei Stunden früher unter als am gleichen Tag des Vormonats. „Kulminieren“ heißt, die höchste Stellung im Süden einnehmen. Wenn ein Stern kulminiert, so passiert er die Mittagslinie, den Meridian.

Auch für andere Nachtstunden sind die Sternkarten zu verwenden. So zeigt die Januar-Sternkarte auch den Himmelsanblick, wie er dem Betrachter am 1. November um 3^h MEZ erscheint. Für welches Datum und welche Uhrzeit die jeweilige Monatssternkarte genutzt werden kann, ist in der Tabelle links unterhalb der Sternkarte vermerkt. Zu berücksichtigen ist, dass die eingetragenen Planetenpositionen nur für den aktuellen Monat gelten, in dem die Sternkarte platziert ist. Die jeweils gültigen Planetenpositionen entnehme man der monatlichen Grafik vor der Rubrik „Planetenlauf“.

In der Monatssternkarte markiert die ausgezogene, rote Linie den Himmelsäquator, die gestrichelte, grüne Linie die Ekliptik (scheinbare Sonnenbahn), die zum Himmelsäquator um 23,°4 geneigt ist. In der Nähe der Ekliptik sind die Planeten zu finden. Die fünf hellen, mit freien Augen gut sichtbaren Planeten (Merkur, Venus, Mars, Jupiter und Saturn) sind mit ihren Symbolen in der Sternkarte eingetragen, wenn sie zur Standardbeobachtungszeit über dem Horizont stehen.

Die Planetensymbole findet man in der vorderen, inneren Umschlagklappe und in Abb. E.9 auf Seite 20. So kann man schnell erkennen, ob in einem Tierkreissternbild eventuell ein heller Planet steht. Beispielsweise findet sich im Januar 2026 am Abendhimmel der Riesenplanet Jupiter im Sternbild Zwillinge. Die eingetragenen Planetenpositionen gelten jeweils für die Monatsmitte.

Der abendliche Winterhimmel ist besonders reich an hellen Sternen. Zu keiner anderen Jahreszeit bietet der abendliche

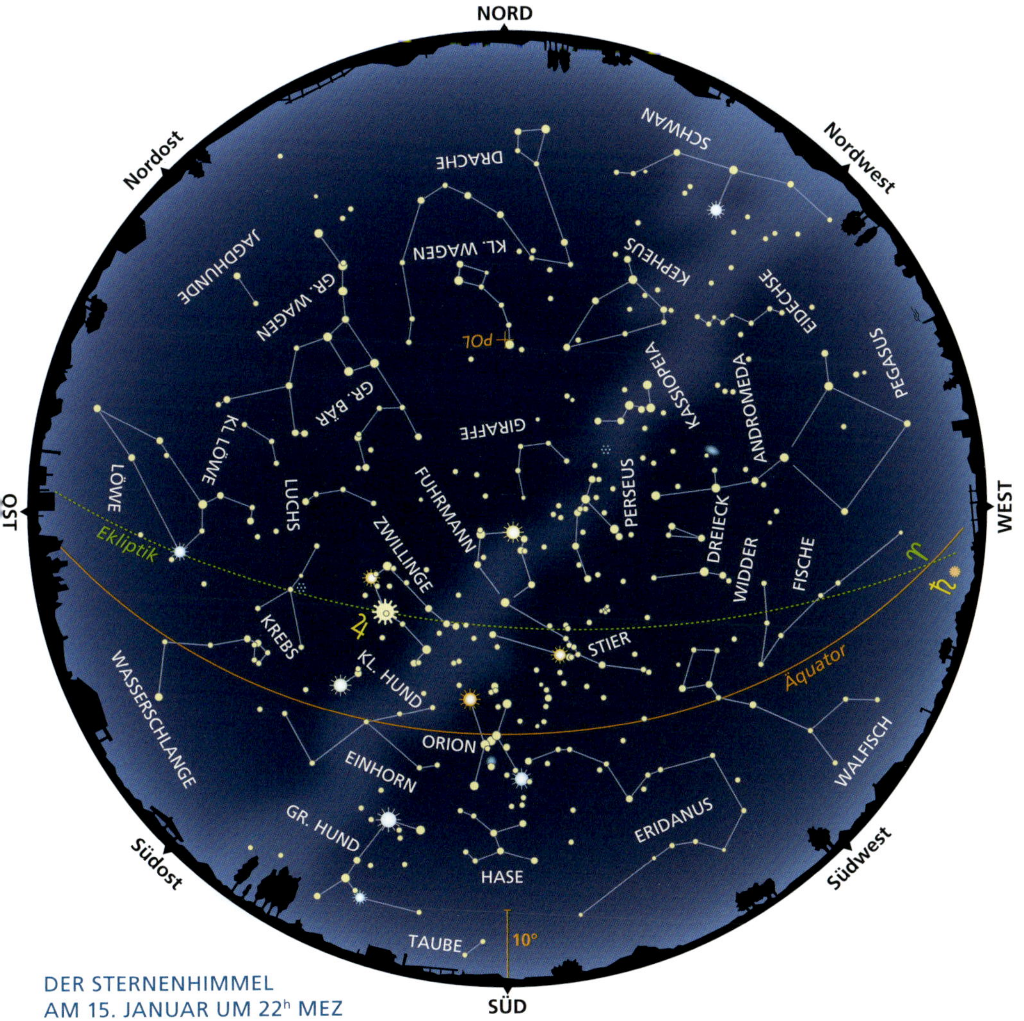

DER STERNENHIMMEL
AM 15. JANUAR UM 22h MEZ

Die Sternkarte ist auch gültig für:		
	MEZ	MESZ
1.10.	5h	6h
15.10.	4	5
1.11.	3	
15.11.	2	
1.12.	1	
15.12.	0	
1. 1.	**23**	
15. 1.	**22**	
31. 1.	**21**	
15. 2.	20	

Sternenhimmel auf der Nordhalbkugel der Erde einen so schönen Anblick.

Von allen Wintersternbildern ist Orion das prominenteste. Er gilt als Leitsternbild des Winterhimmels. Viele Völker sahen im Orion einen Jäger oder Krieger. Seine einprägsame Sternenfigur steht im Januar zur Standardbeobachtungszeit halbhoch im Süden. Orion passiert gerade die Mittagslinie, den Meridian. Ein heller, rötlicher Stern deutet die östlich gelegene Schulter an. Er heißt Beteigeuze (α Orionis). Der zweite helle Stern erster Größe soll den westlichen Fuß des Jägers andeuten. Er funkelt in einem bläulich-weißen Licht und heißt Rigel (β Orionis). Beteigeuze und Rigel sind arabische Namen und bedeuten „Schulter" beziehungsweise „Fuß".

Von Beteigeuze trennen uns nach neuesten Daten 650 Lichtjahre, Rigel ist rund 850 Lichtjahre von uns entfernt. Da Rigel trotz seiner relativ großen Entfernung dennoch zu den hellsten Sternen am irdischen Firmament zählt, muss seine wahre Leuchtkraft enorm sein. Tatsächlich leuchtet er so hell wie 60 000 unserer Sonnen. Zwischen Beteigeuze und Rigel stehen drei Sterne zweiter Größenklasse auffällig in einer Reihe. Sie sollen den Gürtel des Orion darstellen.

Tief im Südosten flackert unübersehbar der blau-weiße Sirius. Er ist der Hauptstern des Sternbildes Großer Hund (α Canis Maioris). Mit −1,5 Größenklassen ist Sirius der hellste Fixstern am irdischen Himmel. Nur noch Venus und Jupiter sowie gelegentlich Mars übertreffen Sirius an Helligkeit. Mit 8,6 Lichtjahren Entfernung zählt Sirius zu den Nachbarsternen unserer Sonne.

Ein wenig höher als Sirius steht der gelbliche Stern Prokyon (α Canis Minoris) im Kleinen Hund. Prokyon bedeutet auf Griechisch so viel wie „Vorhund", denn Prokyon geht in unseren Breiten vor Sirius auf. Er kündigt mit seinem Auftauchen am Osthorizont den baldigen Aufgang des Sirius an. Ebenso wie Sirius besitzt Prokyon einen Weißen Zwergstern als Begleiter. Prokyon ist 11,5 Lichtjahre von uns entfernt und gehört damit wie Sirius zu den Nachbarsternen unserer Sonne.

Blickt man senkrecht nach oben, so sieht man einen hellen, gelblichen Stern erster Größenklasse, die Kapella (α Aurigae), Hauptstern des Fuhrmanns. Der Sage nach ist der Fuhrmann (lat.: Auriga) der Erbauer des Himmelswagens. Knapp südwestlich vom Fuhrmann ist der Stier beheimatet mit seinem orange-gelben Hauptstern Aldebaran (α Tauri) und den beiden offenen Sternhaufen Hyaden und Plejaden. Von Aldebaran trennen uns 67 Lichtjahre.

Dem Stier folgen im Tierkreis die Zwillinge, die im Wesentlichen von zwei Sternenketten dargestellt werden. An den östlichen Enden beider Ketten stehen zwei helle Sterne, nämlich Kastor (α Geminorum) und Pollux (β Geminorum).

An die Zwillinge schließt sich im Osten der unscheinbare Krebs an, in dem der offene Sternhaufen Krippe (M 44 mit der Katalogbezeichnung) zu finden ist. Die Sterne der Krippe sind 600 Lichtjahre entfernt.

Die hellen Sterne Kapella, Aldebaran, Rigel, Sirius, Prokyon und Pollux bilden das Wintersechseck. Es ist gewissermaßen

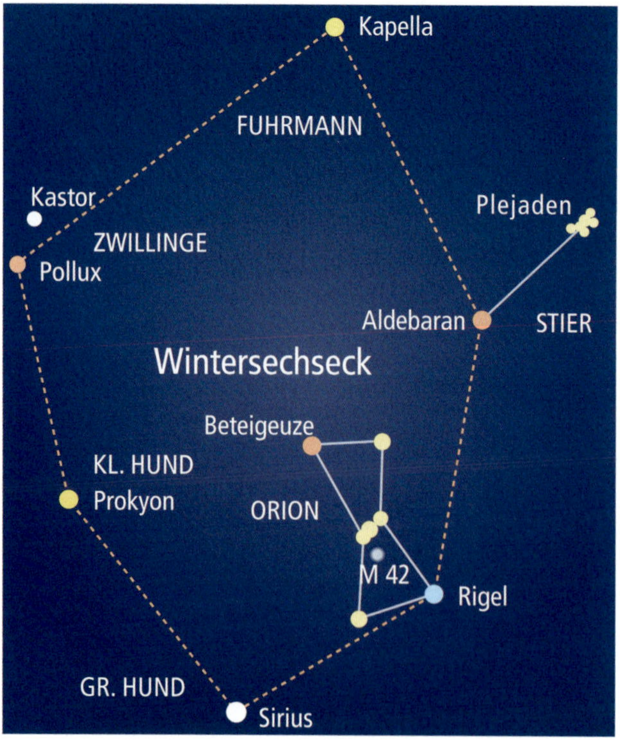

1.12 Das Wintersechseck setzt sich aus den sechs hellen Sternen Kapella im Fuhrmann, Aldebaran im Stier, Rigel im Orion, Sirius im Großen Hund, Prokyon im Kleinen Hund und Pollux in den Zwillingen zusammen.

1.13 Das Wintersternbild Orion in einer figürlichen Darstellung von Kay Elzner.

das Gegenstück zum Sommerdreieck (siehe Kapitel „Fixsternhimmel“ im Juli auf Seite 163).

Tief am Osthimmel macht sich ein Vorbote des kommenden Frühlings bemerkbar: Der mächtige Löwe mit seinem Hauptstern Regulus ist soeben aufgegangen.

Die Milchstraße schmückt ebenfalls den Winterhimmel. Das Band der Milchstraße steigt im Südosten empor, geht durch den Scheitelpunkt oder Zenit und sinkt zum Nordwesthorizont hinab. Allerdings sieht man das zart schimmernde Lichtband nur fernab irdischer Lichtquellen, die leider den Nachthimmel immer mehr aufhellen.

Die neue Mondzeit

Ein Blick zum Mond fasziniert viele Mitmenschen. Vor allem romantisch veranlagte Gemüter lieben einen Spaziergang bei Vollmond in einsamen Landschaften. Philosophen, Dichter, Musiker und Poeten werden vom Licht des Mondes zu ihren Werken inspiriert. Für Sternfreundinnen und Amateurastronomen ist der Mond ein beliebtes Beobachtungsobjekt. Auch als Fotomotiv dient häufig der alte Begleiter der Erde. Die schmale Sichel des zunehmenden Mondes zieht die Blicke ebenso an wie die pralle Kugel des aufgehenden Vollmondes. Aktuell ist eine eigene „Mondzeit“ im Gespräch – was hat es damit auf sich?

Im Zeitalter der Postkutschen hatte jeder Ort seine eigene lokale Zeit. Die britische Eisenbahngesellschaft führte bereits 1880 für das gesamte Vereinigte Königreich eine Eisenbahnzeit oder Normalzeit ein. Diese Normalzeit bezog sich auf die mittlere Sonnenzeit des Meridians, der durch die Sternwarte Greenwich bei London geht. Diese Zeit nennt man daher auch **G**reenwich **M**ean Solar **T**ime (GMT). Auf der internationalen Meridiankonferenz in Washington, D.C., wurde im Oktober 1884 schließlich beschlossen, den Greenwich-Meridian als Nullmeridian der Erde zu definieren.

Inzwischen wird die mittlere Sonnenzeit des Greenwich- oder Nullmeridians als Weltzeit bezeichnet. Da die Erdrotation ungleichförmig verläuft (Chandlersche Polschwankungen sowie jahreszeitlich bedingtes Vor- und Nachgehen der Erduhr) wird eine um diese Schwankungen ausgeglichene Weltzeit verbreitet, die man als UTC

1.14 Der Vollmond neben dem Elizabeth Tower (auch Big Ben genannt) in London.

(Universal Time Coordinated) bezeichnet. Auf der Meridiankonferenz wurde ferner beschlossen, die Erde in 24 Zeitzonen einzuteilen, in denen jeweils die gleiche Uhrzeit vorherrschen soll. Die Zeitzonen sind im Allgemeinen 15° geografische Länge breit. Dadurch differieren mit wenigen Ausnahmen die einzelnen Zonenzeiten um jeweils ganze Stunden zur Weltzeit (UTC). So definiert der Meridian 15° östlich von Greenwich die Mitteleuropäische Zeit (MEZ). Dieser Meridian läuft beispielsweise durch die Städte Görlitz und Gmünd in Niederösterreich. Die MEZ geht somit gegenüber der Weltzeit um eine Stunde vor. Die Uhren in den Zeitzonen *östlich* von Greenwich gehen gegenüber der Weltzeit stets *vor*. Uhren *westlich* von Greenwich gehen hingegen *nach*. Um 12 Uhr UTC ist es in New York erst 7 Uhr morgens.

Weltzeit wird zur Ephemeridenzeit

Die astronomische Definition der Sekunde lautete: Eine Sekunde ist der 86 400. Teil (also 1/86 400) eines mittleren Sonnentages. Ein mittlerer Sonnentag ist die Zeitspanne, die zwischen zwei aufeinanderfolgenden Kulminationen (Meridiandurchgängen) der mittleren Sonne vergeht. Die Länge der Sekunde wurde somit aus der Erdrotation abgeleitet. Doch noch lange vor der Erfindung von Quarz- und Atomuhren geriet die gute alte Erduhr in Verdacht, kein idealer Standardzeitmesser zu sein.

Der berühmte englische Astronom Edmond Halley (1656–1742) beschäftigte sich ausgiebig mit Bahnberechnungen. Unter anderem bestimmte er die Bahn des hellen Kometen von 1682 und sagte zutreffend dessen Wiederkehr voraus. Mit dem Mond bekam Halley Probleme, die er nicht lösen konnte. Der Mond war am Himmel stets ein wenig gegenüber der errechneten Position voraus. Der Vorsprung des Mondes am Himmel gegenüber dem kalkulierten Ort war zwar nur klein, aber auf längere Sicht konnte man ihn nicht einfach ignorieren. In 3000 Jahren ergab sich immerhin eine Abweichung von 1,°5, das sind drei Vollmonddurchmesser. Man nannte dieses rätselhafte, durch das Newtonsche Gravitationsgesetz nicht erklärbare Vorlaufen des Mondes, die „Akzeleration des Mondes", also Mondbeschleunigung.

Bald entdeckte man mit Hilfe genauer Positionsbestimmungen auch bei den Planeten einen ähnlichen Beschleunigungseffekt. Die Ursache der Mondakzeleration lag also sicher nicht in unserem Erdtrabanten, sondern musste universeller Natur sein.

Als erster hat Tobias Mayer (1723–1762) die richtige Vermutung geäußert, dass nicht Mond und Planeten immer schneller laufen, sondern dass sich die Erde immer langsamer dreht. Die Erdrotation, so musste man erkennen, erfolgt nicht mit gleichförmiger Geschwindigkeit. Die Erde wird immer langsamer, und zwar auf Grund der Gezeitenreibung. Die Erdrotationsdauer nimmt in 100 000 Jahren um rund 1,6 Sekunden zu, die Tage werden länger.

Da die Erdrotation kein gleichförmiges Zeitmaß liefern kann, wurde auf der internationalen Konferenz für Maße und Gewichte, die im Jahr 1956 in Paris stattfand, beschlossen, die Zeitmessung von der Erdrotation abzukoppeln und eine sogenannte Ephemeridenzeit einzuführen. Sie wird aus den Bewegungsgleichungen der Körper im Sonnensystem abgeleitet. Als Einheit wird die Ephemeridensekunde verwendet. Sie ist definiert als 1/31 556 925,974 74 des tropischen Jahres, beginnend mit 1900 Januar 0,5 Ephemeridenzeit. Unter einem tropischem Jahr versteht man die Zeit zwischen zwei aufeinander folgenden Durchgängen der mittleren Sonne durch den Frühlingspunkt. Die Ephemeridenzeit ist also eine gleichförmig ablaufende Zeit, deren Einheit die Ephemeridensekunde darstellt. Die Ephemeridenzeit muss durch Positionsmessungen der Gestirne, vor allem des Mondes, bestimmt werden.

Dynamische Zeit und Schaltsekunden

Die exakte Ephemeridenzeit kann immer erst im Nachhinein bestimmt werden. Zwar kann ihre Abweichung von der Weltzeit (UT) vorausgesagt werden, aber dies ist wegen unvorhersehbarer Schwankungen in der Erdrotation nur mit beschränkter Genauigkeit möglich.

ESA/ATG-Medialab

1.15 Der European Large Logistic Lander im Landeanflug auf den Mond (Illustration).

Mit hochpräzisen Uhren, die Schwingungen von Atomen als konstante Zeiteinheiten aufsummieren, kann man mit kaum vorstellbarer Genauigkeit den Zeitablauf messen. Schon die ersten Atomuhren waren so genau, dass sie erst in 30 000 Jahren um eine Sekunde vor- oder nachgingen. Atomuhren sind darum hervorragend geeignet, den Lauf der Gestirne zu kontrollieren. Inzwischen sind Strontium- und Ytterbium-Atomuhren so präzise, dass sie selbst im Alter des Universums von knapp 14 Milliarden Jahren um weniger als eine Sekunde von einer fiktiven Idealuhr abweichen.

Zur Kontrolle der Gestirnspositionen bedient man sich nun der Atomzeitskala. Sie erlaubt mit Hilfe von Atomuhren die Darstellung einer gleichmäßig ablaufenden Zeit und wird übli-

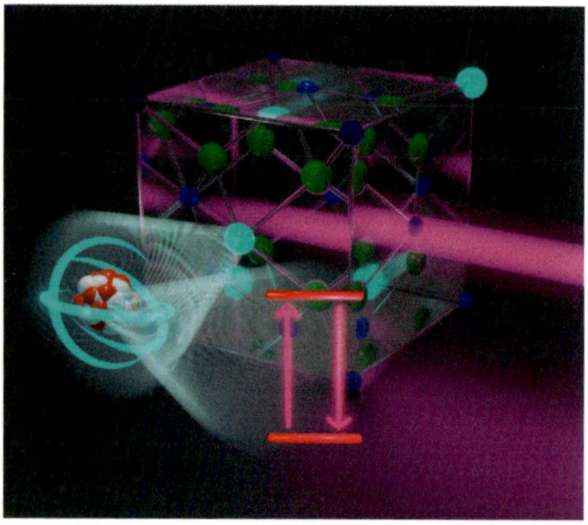

Oliver Diekmann, TU Wien

1.16 Thorium-229-Atomkernuhr als ultragenauer Zeitmesser

cherweise mit TAI abgekürzt (TAI = Temps Atomique International). Als Zeiteinheit wird für die TAI die SI-Sekunde des Internationalen Einheitensystems benutzt. Eine SI-Sekunde entspricht der Dauer von 9192631770 Schwingungen (Hertz) der Strahlung, die von einem Caesium-133-Atom beim Übergang der beiden Grundniveaus der Hyperfeinstruktur ausgesandt wird.

Auf der Generalversammlung der Internationalen Astronomischen Union (IAU) 1976 in Grenoble wurde beschlossen, die Ephemeridenzeit an die Atomzeitskala zu koppeln und ihr die Bezeichnung „Dynamische Zeit" zu geben. Für die Dynamische Zeitskala wurde festgelegt:

Der Zeitpunkt 1. Januar 1977, $0^h00^m00^s{,}0$ TAI entspricht in der neuen Zeitskala dem 1. Januar 1977, $0^h00^m32^s{,}184$ exakt. Es gilt also folgende Beziehung:

$$\mathrm{TDT} = \mathrm{TAI} + 32^s{,}184$$

Die Differenz von $32^s{,}184$ bleibt konstant, da in beiden Zeitskalen die SI-Sekunde als Zeiteinheit benutzt wird. Als größere Zeiteinheit wird in der Dynamischen Zeitskala der Tag verwendet, dessen Länge genau 86400 SI-Sekunden beträgt. Damit ist der nunmehr in der Astronomie verwendete „Sonnentag" unabhängig von der Rotationsdauer der Erde! Die Abkürzung TDT steht für Terrestrial Dynamical Time, seit 2001 wird sie als TT bezeichnet.

Da die Dynamische Zeit von der Erdrotation abgekoppelt ist, unser tägliches Leben sich aber nach dem Sonnenstand richtet, so muss von Zeit zu Zeit die bürgerliche Zeit, die sich nach dem Stundenwinkel der Sonne richtet, der Dynamischen Zeitskala angepasst werden. Dies geschieht durch Einschieben oder Auslassen einer Schaltsekunde. Nach Übereinkunft kann sie entweder am 31. Dezember um $24^h00^m00^s$ oder am 30. Juni $24^h00^m00^s$ UT, also Mitternacht Greenwicher Zeit, eingefügt oder weggelassen werden. Bisher musste man nur Schaltsekunden einfügen, weggelassen wurde noch nie eine. Würde man die Weltzeit (UT) und damit auch die Zonenzeit nicht in entsprechenden Abständen an die Dynamische Zeitskala anpassen, so liefe durch die Abnahme der Rotationsfrequenz der Erde die UT immer mehr der TT hinterher. Die Konsequenz wäre, dass nach entsprechend langer Zeit die Sonne eines Tages aufginge, wenn die Uhren längst „12 Uhr Mittag" anzeigen.

Schaltsekunden werden immer dann eingefügt, wenn die Differenz zwischen der TT und der UT auf 0,9 Sekunden angewachsen ist.

Letztmals wurde am 31. Dezember 2017 um Mitternacht Weltzeit (= 1^h MEZ am 1. Januar 2018) eine Schaltsekunde eingeschoben (in dem man zählte 23:59:59 / 23:59:60 / 0:00:00 / 0:00:01). Damit beträgt nun $\Delta AT = +37^s{,}00$, das heißt, die Atomzeitskala geht inzwischen um mehr als eine halbe Minute gegenüber der Weltzeit vor. Für die Ephemeridenrechnung und die Angaben in astronomischen Kalendern noch viel wichtiger ist die Differenz zwischen Dynamischer Zeit und Weltzeit, der sogenannte Delta-T-Wert, ausgedrückt durch die Gleichung

$$\Delta T = \mathrm{TT} - \mathrm{UT}$$

UT steht für UT1 und nicht für UTC. Die UT1 ist gegenüber der UT0 um die Polhöhenschwankung (Chandlersche Periode) korrigiert, nicht aber für die kurzperiodischen jahreszeitlichen Variationen, die erst bei der UT2 berücksichtigt sind.

Wie erwähnt wird die Dynamische Zeit aus den Bewegungen der Körper im Sonnensystem abgeleitet und ist unabhängig von der Erdrotation. Die kurzfristigen und säkularen Variationen der Erdrotationsfrequenz können aber erst durch Beobachtungen bestimmt werden. Das bedeutet, dass der genaue Wert für ΔT erst im Nachhinein bestimmt werden kann. Um aber Ephemeriden in Jahrbüchern publizieren zu können, ist man gezwungen, extrapolierte Werte zu benutzen, die den später exakt bestimmten möglichst nahekommen sollen. Für 2026 wird für $\Delta T = 69^s$ angenommen. Es gilt:

$$\Delta T\,(2026) = TT - UT = +69^s$$

Das bedeutet im Klartext: Die Dynamische Zeit eilt der Weltzeit um mehr als eine Minute voraus. Üblicherweise werden die Gestirnpositionen in TT berechnet. Um UT zu bekommen, muss man somit das DT abziehen:

$$UT = TT - \Delta T$$

Im *Himmelsjahr* sind alle Angaben in MEZ vermerkt. An die Ephemeriden-Kalkulationen ist daher folgende Korrektur angebracht:

$$MEZ = TT - \Delta T + 1^h$$

Bei historischen Untersuchungen, wie sie Zeitangaben von antiken Finsternissen betreffen, muss das ΔT ebenfalls unbedingt berücksichtigt werden, weil man sonst zu falschen Schlüssen gelangt.

Wenn Uhren nach der neuen Mondzeit gehen

Neuerdings gibt es eine „Mondzeit". Sie hat allerdings nichts mit romantischen Mondbeobachtungen zu tun und ist für Laien wie Amateurastronomen irrelevant. Ihre Einführung wurde von höchster Stelle veranlasst. Die US-amerikanische Regierung (das Office of Science and Technology Policy) hat die Weltraumbehörde NASA (National Aeronautic and Space Administration) beauftragt, bis spätestens Ende 2026 eine „Mondstandard-Zeit" in Abstimmung mit Regierungsbehörden wie Verkehrsministerium, Handelskammer, Verteidigungsministerium etc. einzuführen. Offiziell heißt die neue Mondzeit Lunar Time Coordinated (LTC).

Bisher verwendet jede Raumfahrtmission die UTC plus der Zeitzone des Ursprungslandes. Bei

European XFEL/Helmholtz-Institut Jena, Tobias Wüstefeld/Ralf Röhlsberger

1.17 Röntgenstrahlen regen einen Scandium-45-Atomkern an.

zunehmender Entfernung von der Erdoberfläche wie bei Raumflugmissionen üblich weicht die Bordzeit immer mehr von der koordinierten Weltzeit ab. Die Navigation an Bord, die Kommunikation mit anderen Raumsonden und die Installation eines Satellitennetzwerkes erfordert eine verfügbare hochgenaue Zeit.

Letztmals landeten 1972 zwei Menschen auf dem Mond. Nach mehr als fünfzigjähriger Pause sollen wiederum Menschen die Reise zum Erdtrabanten wagen (siehe *Himmelsjahr 2025*, Monatsthema Mai, Seite 128: „Artemis – Rückkehr zum Mond"). Auch für eine geplante unbewohnte permanente Mondstation wird die neue Standardzeit gebraucht. Sie unterscheidet sich von der allgemein bekannten Standardzeit UTC (Universal Time Coordinated), auch Weltzeit genannt, nur um einige Millionstel Sekunden. Denn auf dem Mond laufen die Uhren schneller. Grund hierfür ist die geringere Schwerkraft gegenüber der Schwerebeschleunigung auf der Erdoberfläche.

Der Ablauf der Zeit wird nach der ART (Allgemeine Relativitätstheorie) Albert Einsteins von Gravitationsfeldern beeinflusst. Beschleunigte Uhren laufen langsamer gegenüber unbeschleunigten. Der Effekt ist gering und spielt im täglichen Leben keine Rolle. Niemand kommt zu spät zu einem Rendezvous, weil seine Uhr der Erdschwere unterliegt.

Eine Uhr auf der Erdoberfläche geht pro Jahr um 22 Millisekunden, das sind pro Tag 60,3 Mikrosekunden, gegenüber einer schwerelos im Weltall schwebenden Uhr nach.

Mit Dutzenden Mondmissionen in Aussicht ist eine eigene standardisierte Mondzeit für eine bessere Kommunikation zwischen Raumfähren, Datenübertragung, präzise Navigation, für Koppelungsmanöver (dockings) und vor allem zielgenaue Landungen auf der Mondoberfläche erforderlich. Bereits im November 2022 hat die Europäische Raumfahrtagentur ESA (European Space Agency) die Schaffung eines gemeinsamen Zeitreferenzsystems für den Mond vorgeschlagen, ohne dass es zu kleineren Problemen aber auch größeren Zwischenfällen kommen kann. Was im täglichen Leben völlig unwichtig erscheint, kann in der Raumfahrt zu einer Katastrophe führen.

Im Februar 2023 forderte die ESA erneut die Einrichtung einer koordinierten Mondzeit zur Einrichtung eines Navigationssatellitensystems „Moonlight“, wozu eine einheitliche Zeitmessung benötigt wird.

Das Licht legt in einer Millisekunde (Tausendstelsekunde) 300 Kilometer und selbst in einer Mikrosekunde (Millionstelsekunde) 300 Meter zurück. Bereits eine Abweichung von Bruchteilen einer Mikrosekunde kann zu schwerwiegenden Folgen führen, wenn zwei Raumschiffe einander um etliche Meter verfehlen oder bei einer Landung auf dem Mond die Höhenmessung nicht korrekt ist.

Die LTC soll bis Ende Dezember 2026 installiert und voll zur Verfügung stehen. Sie soll folgende vier Eigenschaften haben: Sie soll leicht mit der UTC vergleichbar sein und sie muss in extrem kurzen Intervallen mit hoher Genauigkeit verfügbar sein, was vor allem bei Landemanövern extrem wichtig ist. Ferner muss sie autark sein im Falle eines Kontaktverlustes mit irdischen Stationen und muss außerdem gegen Störungen weitgehend robust sein.

Es ist nicht geplant, auf dem Mond Zeitzonen einzuführen. Auch Sommerzeiten wird es keine geben. Gegenüber den Atomuhren auf der Erde oder genauer der UTC-Skala laufen Atomuhren auf der Mondoberfläche um 58,7 Mikrosekunden pro Tag schneller, dies sind 21,44 Millisekunden pro Jahr. In 50 Jahren wird dann die Mondzeit (LTC) um gut eine Sekunde gegenüber der UTC vorgehen.

Auch kleinere Einflüsse, wie Variationen der Schwerebeschleunigung in verschiedenen geografischen Breiten infolge der Erdrotation, Massenkonzentrationen im Erdinneren, Schmelzen von Eis in den Meeren sowie in welcher Höhe auf den Mondbergen die Atomuhren stehen, müssen berücksichtigt werden. Noch sind nicht alle Nationen auf einer gemeinsamen Linie zur Einführung der LTC. China und Russland haben bisher noch nicht ihre Bereitschaft erklärt, sich ebenfalls bei der Einführung der LTC und ihrer Nutzung zu beteiligen. Auf Dauer werden alle gemeinsam die neue Mondzeit für ihre Operationen und Experimente auf dem Mond und im unmittelbaren Umfeld des Mondes verwenden.

Auch für zukünftige Reisen zum Mars wird die neue Mondzeit gegenüber der UTC bevorzugt werden.

Zurzeit nutzen Raumfahrtunternehmen noch ihre lokalen Zonenzeiten, die mit der UTC synchron laufen. Dies wird sich ändern, sobald die LTC zur Verfügung steht. Um die neue Mondzeit zu realisieren, ist es erforderlich, ein Ensemble von Atomuhren auf dem Mond aufzustellen. Vermutlich wird man die modernsten Atomuhren wie Thorium-229-Kernuhren oder Scandium-45-Kernuhren einsetzen.

Sie sind die zurzeit genauesten Atomuhren. Anstelle die Übergänge in den Energieniveaus von Elektronenhüllen der Atome zu nutzen, wie beispielsweise bei den Cäsium-Atomuhren, werden bei den Atomkernuhren die angeregten Zustände von Atomkernen genutzt. Die Genauigkeit einer Scandium-45-Kernuhr erreicht 10^{-19}. Dies entspricht einem Gangfehler von einer Sekunde in 300 Milliarden Jahren oder dem 23-fachen Alter des Universums.

DATEN ZUM MONDLAUF

Mittlere Entfernung	384 402 km
Perigäumsdistanz (Extremwert)	356 400 km
Apogäumsdistanz (Extremwert)	406 700 km
Mittlere numerische Exzentrizität	0,0549
Extremwerte der Exzentrizität	0,044/0,067
Zunahme der Monddistanz pro Jahr	3,8 cm
	Tage und Tagesbruchteile (Tage/Stunden/Minuten/Sekunden)
Synodischer Monat (Neumond – Neumond):	$29^{d},530\,589 \triangleq 29^{d}12^{h}44^{m}02^{s},9$
Siderischer Monat (Stern – Stern):	$27^{d},321\,662 \triangleq 27^{d}07^{h}43^{m}11^{s},6$
Tropischer Monat (Frühlingspunkt – Frühlingspunkt):	$27^{d},321\,582 \triangleq 27^{d}07^{h}43^{m}04^{s},7$
Drakonitischer Monat (Knoten – Knoten):	$27^{d},212\,221 \triangleq 27^{d}05^{h}05^{m}35^{s},9$
Anomalistischer Monat (Perigäum – Perigäum):	$27^{d},554\,550 \triangleq 27^{d}13^{h}18^{m}33^{s},1$
Zirkadianer Mondrhythmus (Mondtag)	$24^{h}50^{m},47$
Knotenrücklauf	18,6134 Jahre
Volle Drehung der Apsidenlinie	8,8479 Jahre
Masse	$7{,}350 \times 10^{25}$ g
Mittlere Dichte	3,34 g/cm^3
Äquatorradius	1738 km
Abplattung	1/1700
Neigung der Mondbahn zur Ekliptik	5°08′43″
Extremwerte der Neigung	4°59′/5°19′
Mittlere Bahngeschwindigkeit	1,023 km/s
Geschwindigkeit im Perigäum	1,0808 km/s
Geschwindigkeit im Apogäum	0,9683 km/s
Schwerebeschleunigung auf der Mondoberfläche	1,63 m/s^2
Entweichgeschwindigkeit	2,38 km/s
Kreisbahngeschwindigkeit in 200 km Höhe im Mondorbit	1,68 km/s
Umlaufzeit im Mondorbit	$2^{h}07^{m},2$
Neigung Rotationsachse zur Senkrechten auf der Ekliptik	1°31′
Neigung der Rotationsachse zur Senkrechten auf der Mondbahn	6°41′
V-Helligkeit des Vollmondes	$-12^{m},63$
Mittlere Albedo	0,07

Nach der **Allgemeinen Relativitätstheorie** (ART) gehen Uhren im Gravitationsfeld bei einer Schwerebeschleunigung g um den Faktor $\gamma = [1 - 2 \cdot G \cdot M / (r \cdot c^2)]^{1/2}$ langsamer. Dabei ist r der Radius und M die Masse des gravitativ wirkenden Himmelskörpers, c die Lichtgeschwindigkeit (im Vakuum $2{,}99\,793 \times 10^{10}$ cm/s) sowie G die universelle Gravitationskonstante ($G = 6{,}672 \cdot 10^{-8}$ cm^3 g^{-1} s^{-2}). Eine Uhr auf der Erdoberfläche bleibt somit infolge der irdischen Schwerebeschleunigung um 22 Millisekunden pro Jahr gegenüber einer schwerelos im All schwebenden Uhr zurück.

Februar 2026

- Merkur steht am 19. in größter östlicher Elongation (18°) – Abendsichtbarkeit.
- Venus taucht ab Mitte Februar am Abendhimmel auf.
- Mars bleibt weiterhin unsichtbar.
- Jupiter ist Glanzpunkt des Nachthimmels.
- Saturn zieht sich zum Monatsende vom Nachthimmel zurück.

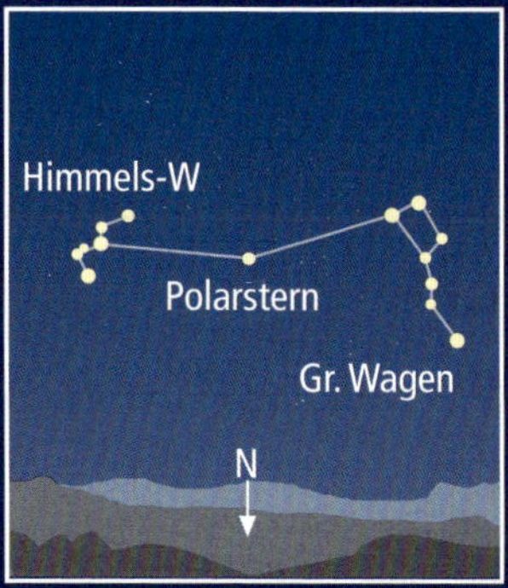

Großer Wagen und Himmels-W Anfang Februar um 22 Uhr MEZ

2.1 Anblick des abendlichen Westhimmels gegen 19^h MEZ. Zu Merkur und Saturn gesellt sich am 19. Februar die Sichel des zunehmenden Mondes. Venus ist soeben untergegangen.

1 So	**Vollmond**
2 Mo	
3 Di	Mond bei Regulus – morgens
4 Mi	
5 Do	
6 Fr	
7 Sa	Mond bei Spica – morgens
8 So	
9 Mo	Letztes Viertel
10 Di	
11 Mi	Mond bei Antares – morgens
12 Do	
13 Fr	
14 Sa	
15 So	
16 Mo	
17 Di	**Neumond** Merkur beste Abendsichtbarkeit
18 Mi	Aschermittwoch Mond bei Venus – abends
19 Do	Mond bei Merkur – abends Mond bei Saturn – abends
20 Fr	
21 Sa	
22 So	
23 Mo	
24 Di	Erstes Viertel
25 Mi	
26 Do	
27 Fr	Mond bei Jupiter – morgens Mond bei Pollux – abends
28 Sa	

SONNE – STERNBILDER

16. 2. 14h:
Sonne tritt in das Sternbild Wassermann

18. 2. 17h:
Sonne tritt in das Tierkreiszeichen Fische

Julianisches Datum am
1. Februar, 1h MEZ: 2 461 072,5

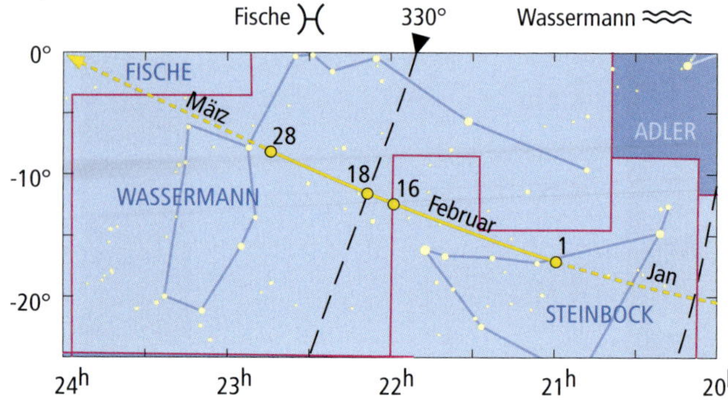

SONNENLAUF

Tag	Dämmerg. Anfang	Aufgang MEZ	Kulmination	Untergang MEZ	Dämmerg. Ende	Mittagshöhe	Zeitgleichg.	Rektaszension	Deklination
	h m	h m	h m	h m	h m	°	m	h m	°
1.	6 40	7 54	12 34	17 14	18 28	23,0	–14	20 57	–17,3
5.	6 35	7 48	12 34	17 21	18 34	24,2	–14	21 13	–16,1
10.	6 28	7 39	12 34	17 30	18 42	25,7	–14	21 33	–14,5
15.	6 20	7 31	12 34	17 38	18 49	27,4	–14	21 53	–12,9
20.	6 11	7 21	12 34	17 47	18 57	29,2	–14	22 12	–11,1
25.	6 02	7 12	12 33	17 55	19 05	31,0	–13	22 31	– 9,3
28.	5 56	7 06	12 32	18 00	19 10	32,1	–12	22 43	– 8,2

TAGES- UND NACHTSTUNDEN

5. Februar

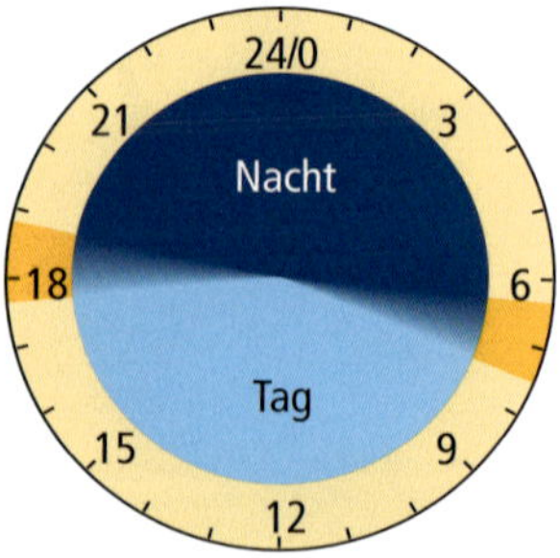

15. Februar

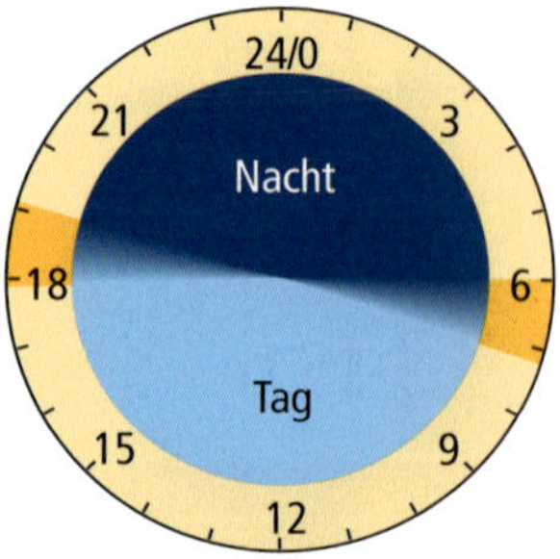

25. Februar

MONDLAUF

Datum		Aufg. MEZ	Kulmination	Unterg. MEZ	Rektaszension	Deklination		Sterne und Sternbilder	Phase	MEZ
		h m	h m	h m	h m	°				
So	1.	16 38	–	7 57	8 10	+23,5		Krebs, Krippe	**Vollmond**	$23^h 09^m$
Mo	2.	18 03	0 40	8 21	9 08	+18,8		Krebs, Krippe		
Di	3.	19 25	1 31	8 38	10 01	+13,2		Löwe, Regulus	Absteigender Knoten	
Mi	4.	20 43	2 18	8 52	10 51	+ 7,1		Sextant	Libration West	
Do	5.	21 57	3 02	9 05	11 37	+ 0,9		Jungfrau		
Fr	6.	23 10	3 44	9 18	12 23	– 5,2		Jungfrau		
Sa	7.	–	4 27	9 31	13 08	–11,0		Spica		
So	8.	0 23	5 10	9 46	13 53	–16,1		Jungfrau		
Mo	9.	1 35	5 55	10 05	14 40	–20,6		Waage	**Letztes Viertel**	$13^h 43^m$
Di	10.	2 47	6 42	10 30	15 29	–24,2		Waage	Erdferne 405/29,'5	18^h
Mi	11.	3 55	7 31	11 03	16 21	–26,8	*	Antares	Größte Südbreite	
Do	12.	4 56	8 22	11 48	17 14	–28,2		Schlangenträger		
Fr	13.	5 47	9 15	12 46	18 08	–28,3		Kaus Borealis		
Sa	14.	6 26	10 07	13 54	19 03	–27,0		Schütze, Nunki		
So	15.	6 55	10 58	15 10	19 56	–24,4		Schütze		
Mo	16.	7 18	11 47	16 28	20 49	–20,5		Steinbock		
Di	17.	7 35	12 34	17 47	21 39	–15,6		Steinbock	**Neumond Nr. 1276**	$13^h 01^m$
									Libration Ost	
Mi	18.	7 50	13 20	19 05	22 28	–10,0		Wassermann	Aufsteigender Knoten	
Do	19.	8 04	14 06	20 25	23 16	– 3,7		Wassermann		
Fr	20.	8 17	14 52	21 45	0 04	+ 2,8		Fische		
Sa	21.	8 32	15 40	23 09	0 54	+ 9,2		Fische		
So	22.	8 49	16 32	–	1 45	+15,3		Fische		
Mo	23.	9 12	17 27	0 35	2 40	+20,6		Widder		
Di	24.	9 44	18 26	2 01	3 39	+24,8		Stier, Plejaden	**Erstes Viertel**	$13^h 28^m$
									Größte Nordbreite	
Mi	25.	10 29	19 29	3 22	4 40	+27,5		Stier	Erdnähe 370/32,'3	0^h
Do	26.	11 31	20 32	4 31	5 44	+28,4		Stier, Alnath		
Fr	27.	12 48	21 32	5 22	6 48	+27,5	*	Zwillinge		
Sa	28.	14 13	22 28	5 58	7 50	+24,8		Pollux		

DER ZUNEHMENDE MOND NÄHERT SICH JUPITER

26. Feb. 19^h

27. Feb. 4^h

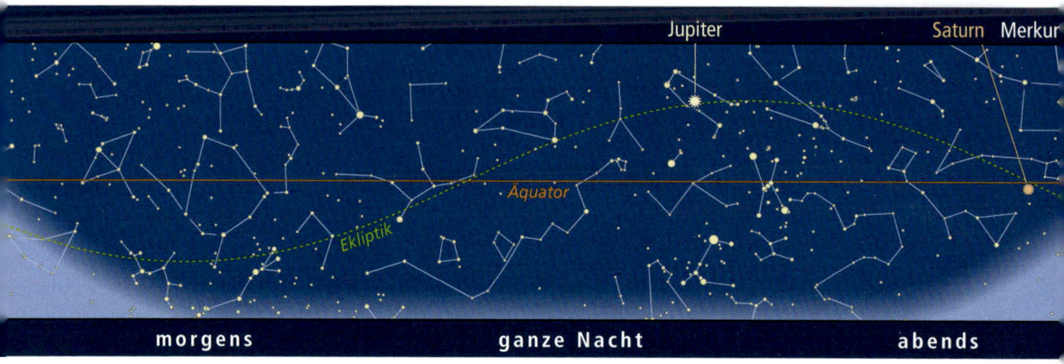

MERKUR erreicht bald nach der Monatsmitte, nämlich am 19., seine größte östliche Elongation von der Sonne. Mit 18°07′ fällt der östliche Winkelvorsprung recht klein aus. Dies liegt daran, dass Merkur nur sieben Stunden früher sein Perihel (sonnennächster Bahnpunkt) passiert und nur 46,0 Millionen Kilometer (= 0,307 AE) von der Sonne entfernt ist. Trotz der recht bescheidenen maximalen östlichen Elongation kommt es zu einer Abendsichtbarkeit, denn die abendliche Ekliptik steht steil zum Westhorizont (siehe Abb. 2.2 und 2.3 unten).

Ab dem 8. kann man Merkur mit Aussicht auf Erfolg in der zunehmenden Abenddämmerung knapp über dem Südwesthorizont aufsuchen. Am 8. geht der mit $-1^{\text{m}},1$ recht helle Merkur um $18^{\text{h}}35^{\text{m}}$ unter. Gegen 18^{h} macht sich der flinke Planet in der Abenddämmerung bemerkbar. Bis 18. verspäten sich die Merkuruntergänge auf $19^{\text{h}}25^{\text{m}}$, die Merkurhelligkeit sinkt um eine halbe Größenklasse auf $-0^{\text{m}},7$ ab. Nach dem 16. werden die Sichtbarkeitsbedingungen rasch ungünstiger. Bis 24. nimmt die Merkurhelligkeit auf $0^{\text{m}},5$ ab, die Untergänge verlagern sich nur unwesentlich auf $19^{\text{h}}29^{\text{m}}$, die Abenddämmerung setzt jedoch immer später ein.

2.2 Stellung von Merkur über dem Westhorizont zu den angegebenen Daten. Die Pfeile geben die Bewegungen von Merkur und Sonne während der letzten halben Stunde an.

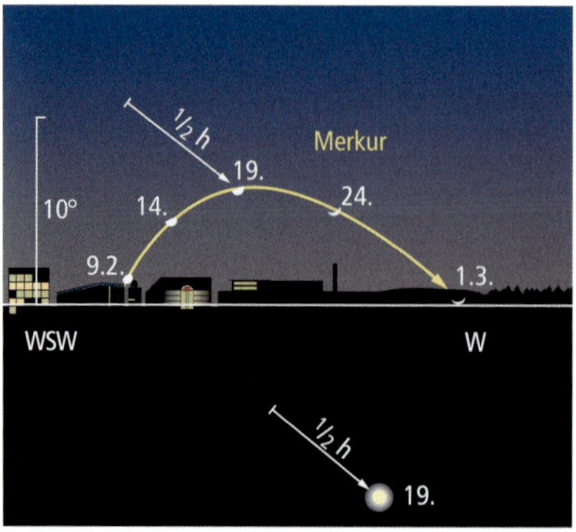

2.3 Sichtbarkeitsdiagramm für Merkur. Es gilt genau für 50° nördlicher Breite und 10° östlicher Länge. Dunkelgelbe Fläche: Unter günstigen Sichtbedingungen kann man Merkur mit bloßen Augen erkennen; hellgelbe Fläche: Merkur ist leicht zu sehen.

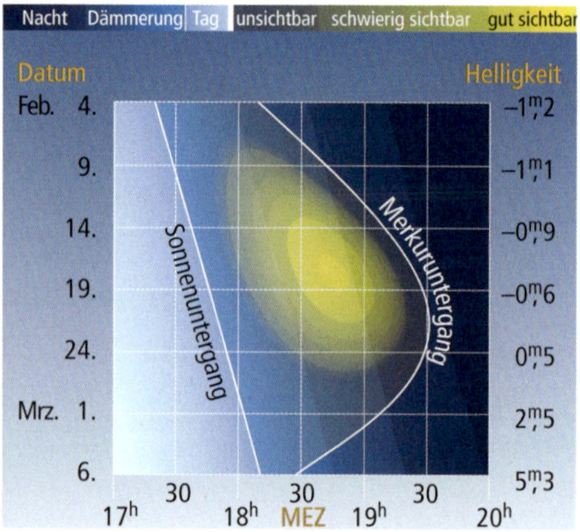

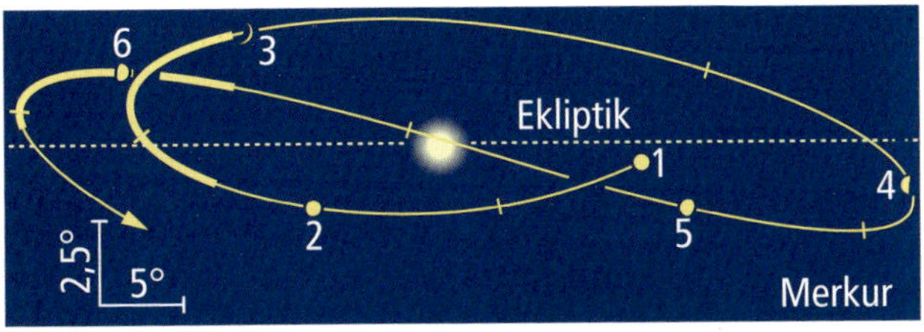

2.4 Bewegung von Merkur relativ zur Sonne im ersten Halbjahr 2026. Die Zahlen geben die Position von Merkur zum jeweiligen Monatsbeginn an (3 = 1. März).

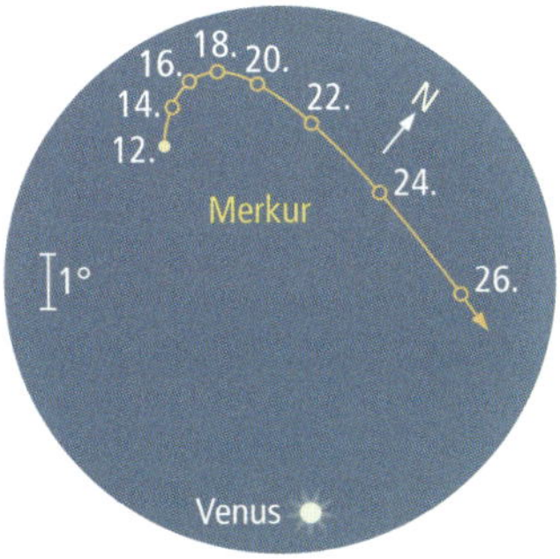

2.5 Bewegung von Merkur relativ zur Venus vom 12. bis 26. Februar. Abendlicher Opernglasanblick bei 10 Grad Gesichtsfelddurchmesser.

Im Teleskop zeigt sich das 7″,2 große Merkurscheibchen am 19. halb beleuchtet, die Dichotomie (Phase „Halbmerkur“) tritt ein. Danach nimmt der Beleuchtungsgrad des Merkurscheibchens weiter ab.

Am Tag der größten östlichen Elongation trennen uns 140 Millionen Kilometer (= 0,936 AE) von Merkur.

Am 25. wird Merkur stationär und eilt anschließend rückläufig auf die Sonne zu, die ihm im Tierkreis entgegenkommt. Nach dem 25. wird man vergeblich nach dem sonnennächsten Planeten Ausschau halten. Eventuell kann die helle Venus helfen, Merkur zu finden. Ihr minimaler Abstand beträgt am 27. nur 4°42′, wobei sich Merkur nördlich von Venus aufhält.

VENUS stand am 6. des Vormonats in oberer Konjunktion mit der Sonne. Sie gewinnt nur langsam an östlichem Abstand von der Sonne. Nach der Monatsmitte taucht sie allmählich am Abendhimmel auf. Am 15. geht die $-3^{m}{,}9$ helle Venus um $18^{h}25^{m}$ unter, am 28. erst um $19^{h}06^{m}$. Etwa eine halbe Stunde lang kann man Venus in der Abenddämmerung sehen. Allerdings ist sie längst noch kein auffälliges Himmelsobjekt.

Im Teleskop zeigt sich das nur 10″ große Venusscheibchen fast voll beleuchtet.

Am 27. kommt es zu einer Begegnung mit Merkur. Am 25. beträgt um $18^{h}40^{m}$ der nördliche Abstand von Merkur 5°,3 (siehe Abb. 2.5 oben).

MARS stand zu Beginn des Vormonats in Konjunktion mit der Sonne. Er hält sich weiter am Taghimmel auf und bleibt nachts unbeobachtbar. Der rote Planet wandert durch das Sternbild Steinbock und wechselt am 27. in den Wassermann,

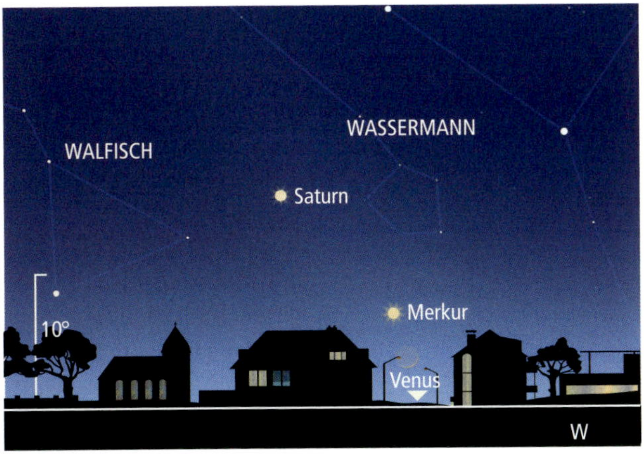

2.6 Über dem Südwesthorizont sind gegen $18^{h}30^{m}$ die Planeten Saturn und tiefer Merkur zu sehen. Unter sehr guten Sichtbedingungen ist am 18. Februar südlich von Merkur die extrem schmale Sichel des zunehmenden Mondes zu erkennen. Venus ist soeben untergegangen.

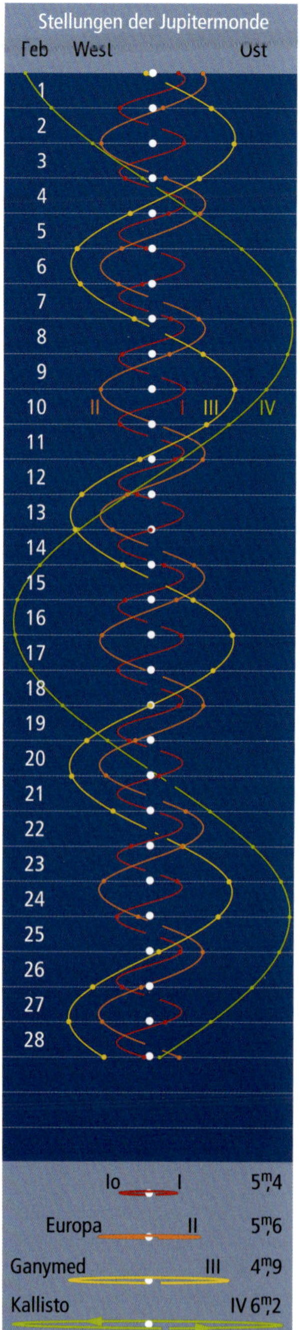

JUPITER- UND SATURNMONDE

Tag	MEZ h m		Vorgang	
1.	2	44	III	BA
	18	16	I	SE
2.	1	37	II	DA
	2	44	II	SA
	20	30	Ti	BE
3.	19	40	II	BA
	23	43	II	VE
4.	3	35	IV	BA
	19	00	III	SA
	19	49	III	DE
	22	19	III	SE
5.	18	53	II	SE
6.	1	39	I	BA
	22	46	I	DA
	23	26	I	SA
7.	1	02	I	DE
	1	42	I	SE
	20	06	I	BA
	20	35	Rh	VE
	23	04	I	VE
8.	19	29	I	DE
	20	11	I	SE
10.	21	58	II	BA
11.	2	20	II	VE
	19	56	III	DA
	22	59	III	SA
	23	12	III	DE
12.	2	19	III	SE
	18	38	II	SA
	19	54	II	DE
	20	06	IV	SA
	21	28	II	SE
13.	0	10	IV	SE
	3	26	I	BA
14.	0	33	I	DA
	1	21	I	SA
	2	49	I	DE
	21	52	I	BA
15.	0	58	I	VE
	19	00	I	DA

JUPITER- UND SATURNMONDE

Tag	MEZ h m		Vorgang	
15.	19	50	I	SA
	21	16	I	DE
	22	06	I	SE
16.	19	27	I	VE
18.	0	19	II	BA
	23	24	III	DA
19.	2	39	III	DE
	2	58	III	SA
	19	25	II	DA
	21	14	II	SA
	22	15	II	DE
20.	0	04	II	SE
	18	36	IV	BA
	22	31	IV	BE
21.	2	20	I	DA

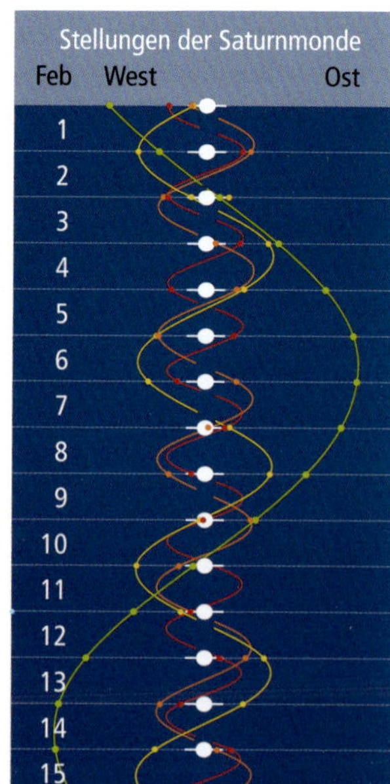

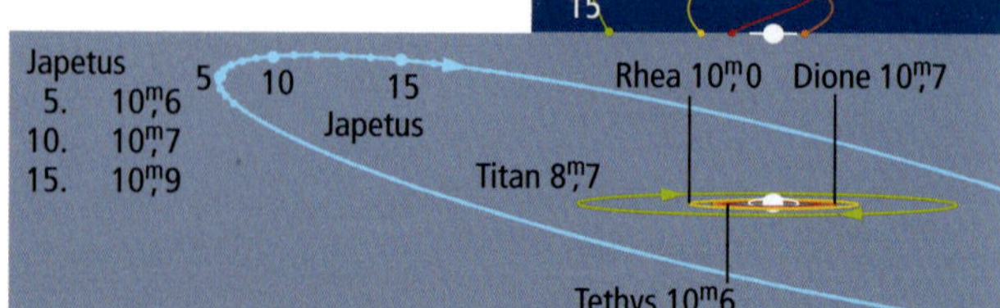

JUPITER- UND SATURNMONDE

Tag	MEZ	Vorgang	
	h m		
21.	23 40	I	BA
22.	20 16	III	VE
	20 48	I	DA
	21 45	I	SA
	23 03	I	DE
23.	0 01	I	SE
	21 22	I	VE
26.	21 49	II	DA
	23 50	II	SA
27.	0 38	II	DE
28.	20 53	II	VE

KONJUNKTIONEN

Tag	MEZ	Monde/Dist.		
	h m	S	″	N
5.	21 57	II	5,6	I
7.	4 36	I	6,5	II
12.	23 59	II	5,6	I
13.	0 30	IV	9,3	II
17.	19 40	I	6,3	II
20.	2 02	II	5,7	I
24.	21 46	I	6,1	II

wobei er sich allmählich dem Himmelsäquator nähert. Seine größte heliozentrische Südbreite nimmt der rote Planet am 27. ein, wobei er 1,°8 südlich der Erdbahnebene steht – von der Sonne aus gesehen.

JUPITER stand Anfang des Vormonats in Opposition zur Sonne. Der Riesenplanet ist nach wie vor Glanzpunkt des Nachthimmels. Er verzögert deutlich seine rückläufige Wanderung durch die Zwillinge und bleibt Ende Februar fast ganz stehen (siehe Abb. 1.6 auf Seite 42). Vom Morgenhimmel beginnt sich der Riesenplanet allmählich zurückzuziehen. Geht der Riesenplanet am 1. um 6^h53^m und am 15. um 5^h54^m unter, so erfolgt der Untergang des inzwischen $-2{,}^m4$ hellen Jupiter am 28. um 5^h00^m. Mit Einbruch der Dunkelheit sieht man Jupiter schon hoch im Osten leuchten.

In der Nacht vom 26. auf 27. begegnet der zunehmende Mond dem Riesenplaneten (siehe Abb. Mondlaufgrafik auf Seite 61).

SATURN, rechtläufig in den Fischen, zieht sich zum Monatsende vom Abendhimmel zurück und wird unsichtbar. Im kommenden Monat kommt er in Konjunktion mit der Sonne. Am 1. kann man den Ringplaneten noch am Abendhimmel recht gut aufspüren. Der $1{,}^m0$ helle Saturn geht am 1. um 21^h22^m unter. Am 15. erfolgt sein Untergang um 20^h35^m und am 28. um 19^h53^m. Am 13. passiert der Ringplanet 2,°1 südlich den Frühlingspunkt.

Saturn zieht am 16. nur 0°55′ südlich an Neptun vorbei (siehe Abb. 2.7 rechts). Die zunehmende Mondsichel sieht man tief am Westhimmel neben Saturn am 19. gegen 19^h (siehe Abb. 2.1 auf Seite 58).

URANUS, der sich ohnehin langsam rückläufig bewegt, kommt am 4. im Sternbild Stier vollends zum Stillstand. Anschließend bewegt er sich wieder rechtläufig durch den Tierkreis (siehe Abb. 11.13 auf Seite 241). Damit beendet er seine letztjährige Oppositionsperiode. Aus der

4. Februar, 19^h49^m MEZ: am Ende seines Durchgangs wirft Ganymed seinen Schatten auf Jupiter. Ähnlich am 11.2. um 23^h12^m MEZ.

zweiten Nachthälfte zieht sich Uranus allmählich zurück. Am 1. geht der grünliche Planet um 2^h59^m unter und am 15. um 2^h04^m. Zum Monatsende erfolgt der Untergang des $5{,}^m7$ hellen Uranus um 1^h14^m. Spätestens eine Stunde vor Untergang ist Uranus von der Beobachtungsliste zu streichen. Die günstigste Beobachtungszeit sind die Abendstunden. Am 1. kulminiert der sonnenferne Planet um 19^h13^m, am 15. um 18^h18^m

2.7 Saturn begegnet Mitte Februar Neptun. Abendlicher Fernglasanblick.

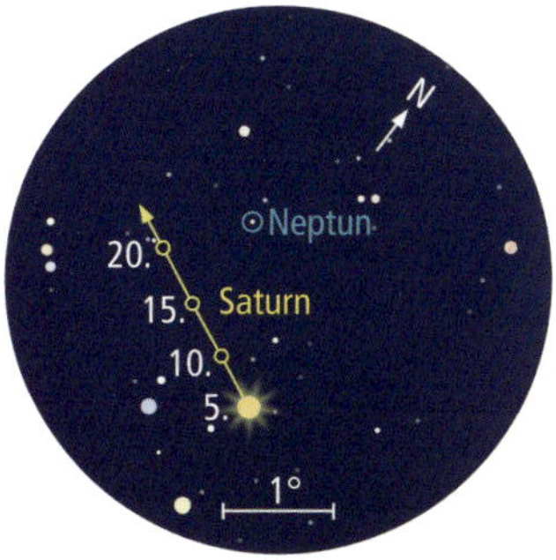

und am 28. bereits um 17^h28^m. Am 23. zieht der zunehmende Halbmond $5\overset{\circ}{,}5$ nördlich an Uranus vorbei.

NEPTUN kann nicht mehr am Abendhimmel aufgesucht werden. Der sonnenfernste und inzwischen nur mehr $8\overset{m}{,}0$ lichtschwache Planet geht am 1. um 21^h32^m unter, am 15. um 20^h40^m (siehe Abb. 9.6 auf Seite 202). Allenfalls Spezialisten, gut ausgerüstet mit lichtstarker Optik, mögen Neptun zu Monatsbeginn noch auffinden. Am 1. kulminiert der gerade noch $7\overset{m}{,}9$ helle Planet um 15^h35^m.

Am 16. wandert Saturn in 0°55′ südlich an Neptun vorbei. Dies ist die dritte Begegnung der zwei Gasplaneten innerhalb eines Jahres. Die ersten beiden fanden am 29. Juni und am 6. August 2025 statt. Dabei befand sich Saturn jeweils ein Grad südlich von Neptun.

KONSTELLATIONEN UND EREIGNISSE

Datum	MEZ	Ereignis
4.	6^h	Uranus im Stillstand, anschließend rechtläufig
15.	16	Mond bei Pluto, Mond $0\overset{\circ}{,}9$ nördlich
16.	5	**Saturn bei Neptun**, Saturn $0\overset{\circ}{,}9$ südlich,
		Abstand $0\overset{\circ}{,}9$ um 19^h am 15.
16.	19	Mond bei Mars, Mond $0\overset{\circ}{,}8$ südlich
17.	13	Ringförmige Sonnenfinsternis – in Mitteleuropa unbeobachtbar (siehe Seite 24)
18.	10	**Mond bei Venus**, Mond $1\overset{\circ}{,}7$ nördlich,
		Abstand $4\overset{\circ}{,}1$ um 18^h
19.	0	**Mond bei Merkur**, Mond $0\overset{\circ}{,}1$ südlich,
		Abstand $4\overset{\circ}{,}1$ um 18^h am 18.
19.	12	Merkur im Perihel
19.	19	**Merkur in größter östlicher Elongation** (18°)
20.	1	Mond bei Neptun, Mond $3\overset{\circ}{,}7$ nördlich
20.	1	**Mond bei Saturn**, Mond $4\overset{\circ}{,}6$ nördlich,
		Abstand $4\overset{\circ}{,}3$ um 19^h am 19.
24.	2	Mond bei Uranus, Mond $5\overset{\circ}{,}5$ nördlich
25.	18	Merkur im Stillstand, anschließend rückläufig
27.	0	**Merkur bei Venus**, Merkur $4\overset{\circ}{,}7$ nördlich,
		Abstand $5\overset{\circ}{,}3$ um 18^h40^m am 25.
27.	7	**Mond bei Jupiter**, Mond $4\overset{\circ}{,}0$ nördlich,
		Abstand $4\overset{\circ}{,}4$ um 4^h

PLANETOIDEN UND ZWERGPLANETEN

IRIS (7) wechselt am 2. bei ihrem rückläufigen Lauf nach Nordwesten vom Sternbild Löwe in das Sternbild Sextant (siehe Abb. 2.8 rechts). Sie strebt ihrer **Opposition** zur Sonne entgegen, die sie am 27. Februar erreicht. Die nahende Opposition macht sich auch an ihrer zunehmenden Helligkeit bemerkbar. Sie steigert sich von $9\overset{m}{,}1$ auf $8\overset{m}{,}7$.

Am 1. geht Iris um 20^h31^m auf und kulminiert um 2^h29^m. Am 15. erfolgt ihr Meridiandurchgang um 1^h22^m und am 28. bereits um 0^h18^m. Ende Februar geht Iris schon um 18^h11^m auf.

Die geringste Entfernung von der Erde mit 226 Millionen Kilo-

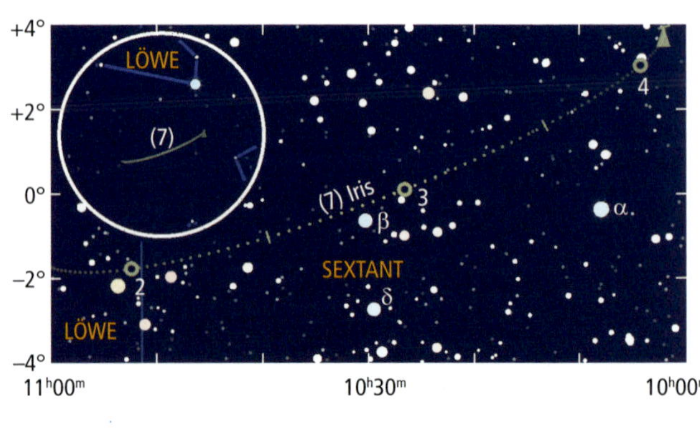

2.8 Scheinbare Bahn des Planetoiden (7) Iris im Gebiet der Sternbilder Sextant und Löwe im Februar und März. Die Zahlen geben die Positionen von Iris zum jeweiligen Monatsersten an (2 = 1. Februar).

meter (= 1,51 AE) erreicht Iris schon am 24. Februar. Dies entspricht einer Lichtlaufzeit von 12,6 Minuten. Von der Sonne trennen sie zur Opposition 373 Millionen Kilometer (= 2,49 AE)

PERIODISCHE STERNSCHNUPPENSTRÖME

Der Februar ist die Zeit mit den wenigsten Meteoren im Jahresverlauf. Allerdings sind im Februar schon recht helle Feuerkugeln oder Boliden gesichtet worden.

Der **ANTIHELION**-Radiant verlagert sich weiter entlang der Ekliptik und erreicht zum Monatsende das Sternbild Jungfrau und damit geringere Höhen über dem Horizont. Wenn ausschließlich schwache Quellen vorhanden sind, ist die Chance für die Entdeckung kleiner Meteorströme günstig. Alle Daten der letzten Jahre haben aber keine Anzeichen für weitere Ströme im Februar geliefert. In den 1980er-Jahren wurden in der ersten Monatshälfte Aurigiden aufgezeichnet, die aber gegenwärtig nicht zu erkennen sind. Das trifft auch auf Meteore aus dem Bereich der Sternbilder Kopf der Schlange und Waage am Monatsende zu, die sich derzeit nicht bestätigen lassen. Außerdem traten seit einigen Jahren langsame Meteore (23 km/s) aus dem Bereich um δ Leonis auf, von denen es ebenfalls keine aktuellen Beobachtungen gibt.

Bisher haben alle systematischen Auswertungen keine weiteren Ströme im Februar erkennen lassen.

Der Fixsternhimmel

Der Anblick des abendlichen Sternenzeltes hat sich gegenüber dem Vormonat noch nicht wesentlich verändert, denn das Himmelsgewölbe hat sich erst um 30° weitergedreht, wenn man zur gleichen Uhrzeit wie im Vormonat zum Sternenhimmel blickt. Da ein Sterntag 23^h56^m lang ist, kulminieren alle Sterne täglich vier Minuten früher als am Vortag. Nach einem Monat, also nach 30 Tagen, passieren alle Sterne den Meridian zwei Stunden früher.

Orion hat um 22^h MEZ bereits den Himmelsmeridian durchschritten. Sein rötlicher Schulterstern Beteigeuze und sein bläulicher Fußstern Rigel sind selbst am aufgehellten Stadthimmel gut zu erkennen, ebenso die drei in einer Linie stehenden Gürtelsterne. Nur unter guten Sichtbedingungen ist allerdings der Große Orionnebel (M 42) knapp südlich der drei Gürtelsterne mit freien Augen auszumachen. Dieses Sternentstehungsnest ist ein attraktives Objekt für Fernglasbeobachter. Eingebettet in dieser Staub- und Gaswolke sind zahlreiche junge, heiße, bläuliche Sterne. Der Orionnebel ist 1400 Lichtjahre entfernt.

Dem Himmelsjäger Orion folgt der Große Hund, dessen intensiv bläulich strahlender Hauptstern Sirius eben den Meridian passiert hat.

Am Osthimmel kündigt sich der kommende Frühling an: Der Löwe nimmt hier seinen Platz ein. Der Löwe ist das Leitsternbild des Frühlingshimmels. Sein Hauptstern Regulus fällt als einziger Stern erster Größe in dieser Gegend sofort auf. Von Regulus ist das Licht 79 Jahre zur Erde unterwegs. Hoch über unseren Köpfen stehen die Zwillinge.

Zwischen dem Löwen und den Zwillingen findet man den Krebs. Dem Namen nach kennt ihn fast jeder, da er zum Tier-

VERÄNDERLICHE STERNE

Algol-Minima		β-Lyrae-Minima		δ-Cepheï-Maxima		Mira-Helligkeit	
2.	1^h34^m	6.	22^h H	5.	10^h	1.	6^m
4.	22 23	13.	10 N	10.	19	10.	5
7.	19 13	19.	21 H	16.	4	20.	4
22.	3 20	26.	8 N	21.	12	28.	3
25.	0 10			26.	21		
27.	20 59						

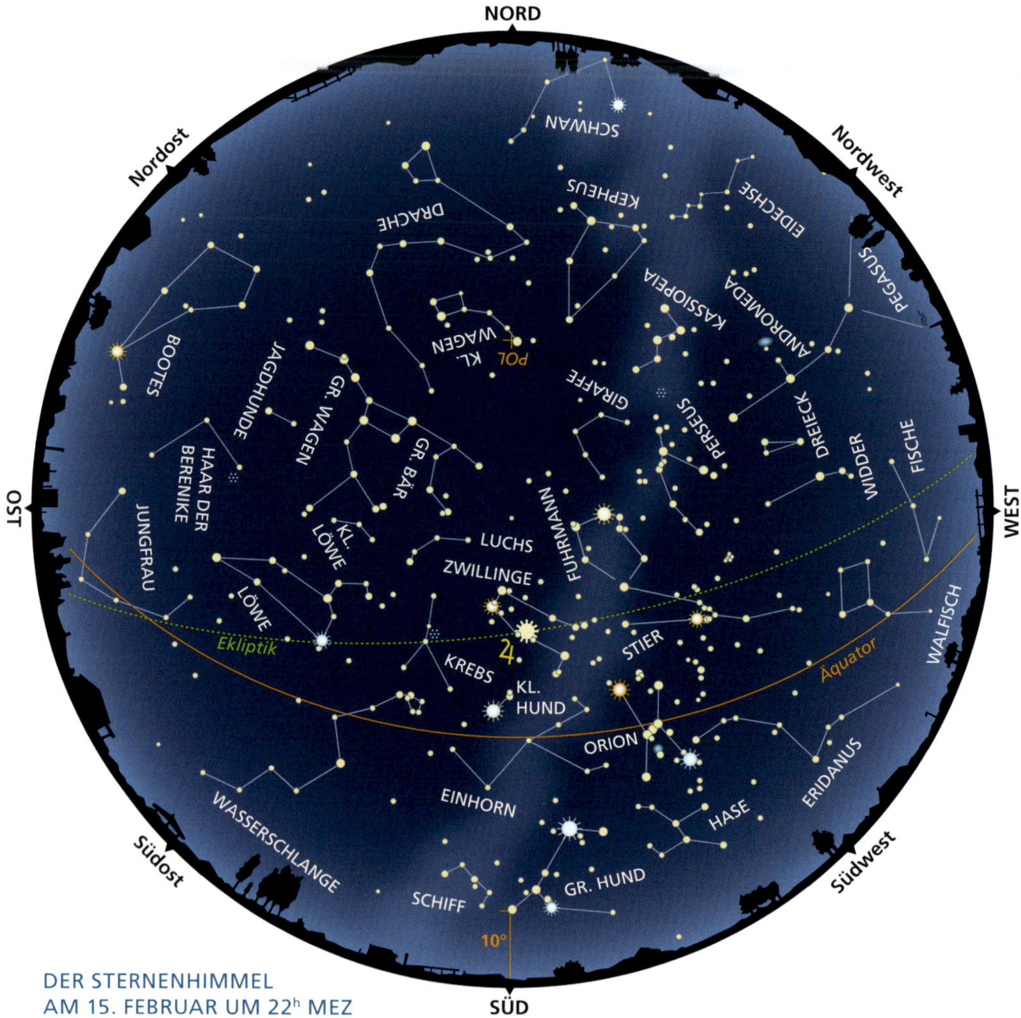

DER STERNENHIMMEL
AM 15. FEBRUAR UM 22^h MEZ

Die Sternkarte ist auch gültig für:		
	MEZ	**MESZ**
1.11.	5^h	
15.11.	4	
1.12.	3	
15.12.	2	
1. 1.	1	
15. 1.	0	
1. 2.	**23**	
15. 2.	**22**	
28. 2.	**21**	
15. 3.	20	

kreis gehört, dessen Bilder in Horoskopen regelmäßig erwähnt werden. Den Krebs aber am Sternenhimmel auszumachen, ist nicht einfach, da er sich nur aus lichtschwachen Sternen zusammensetzt.

Schon mit bloßen Augen kann man im Krebs den offenen Sternhaufen Praesepe (lat.: Krippe) sehen, allerdings nur als schwaches Lichtfleckchen unter guten Sichtbedingungen. In Sternkarten ist Praesepe häufig mit der Katalogbezeichnung M 44 eingetragen. Im Teleskop zeigt sich ein Gewimmel einzelner Sterne.

Das Wintersechseck mit Kapella im Fuhrmann, Aldebaran im Stier, Rigel im Orion, Sirius im Großen Hund, Prokyon im Kleinen Hund und Pollux in den Zwillingen hat sich deutlich

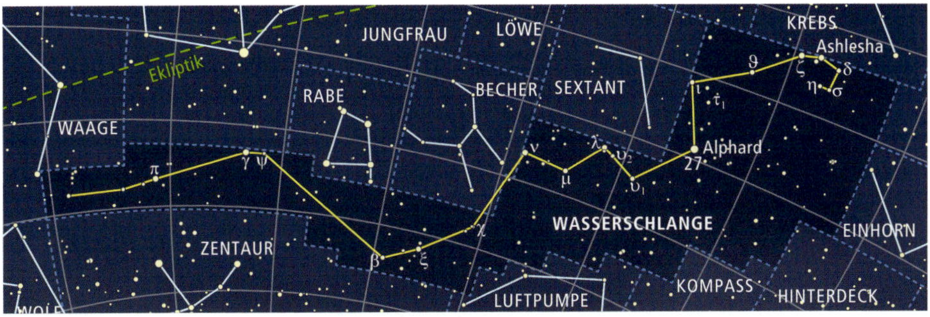

2.9 Skelettkarte des Sternbildes Wasserschlange

nach Westen verschoben. Von den Herbstbildern sind nur noch Andromeda und Perseus erwähnenswert.

Im Nordosten schiebt sich der Große Wagen langsam höher, während das Himmels-W, die Kassiopeia, zum Horizont herabsinkt – ihn aber als Zirkumpolarbild nicht erreicht. Die sieben Wagensterne sind kein eigenständiges Sternbild, sondern gehören zum Großen Bären (lat.: Ursa Maior).

Am Südosthorizont schlängelt sich die Wasserschlange (lat.: Hydra) entlang. Ihr Kopf liegt knapp südlich des Sternbildes Krebs. Sie setzt sich nur aus lichtschwachen Sternen zusammen und ist darum nicht leicht auszumachen. Die Wasserschlange ist weiblich. Es gibt noch ein zweites Sternbild Wasserschlange, den Hydrus oder die männliche Wasserschlange. Der Hydrus steht jedoch so weit südlich, dass er in Mitteleuropa stets unter dem Horizont und damit unbeobachtbar bleibt.

OBJEKTE FÜR FELDSTECHER UND FERNROHR

Zu den traditionellen Himmelsobjekten, die im Fernglas einen grandiosen Eindruck hervorrufen und frisch gebackenen Fernglasbesitzern zu empfehlen sind, gehören die beiden offenen Sternhaufen Hyaden und Plejaden im Stier. Die Plejaden (M 45) erscheinen dichter gedrängt. Mit rund 400 Lichtjahren sind sie auch dreimal weiter entfernt als die Hyaden mit 140 Lichtjahren Distanz. Mitten in den Hyaden steht der orange Aldebaran (α Tauri). Er zählt aber nicht zu diesem Sternhaufen, sondern ist mit 66 Lichtjahren ein Vordergrundstern. Schon ein Fernglas trennt den Doppelstern $\vartheta_{1,2}$ Tauri in den Hyaden. Im Teleskop löst man den Zen-

ESO/Igor Chekalin

2.10 Der Orionnebel M 42 ist ein Sternentstehungsnest – und ein attraktives Fernglasobjekt.

2.11 Der offene Sternhaufen der Hyaden im Sternbild Stier (Aufnahme von Martin Gertz/Sternwarte Welzheim).

tralstern der Plejaden, die Alkyone, in vier einzelne Lichtpunkte auf.

Auch M 44, die Krippe im Sternbild Krebs, zählt zu den Juwelen am Winterhimmel. Mit bloßen Augen als mattes, aber deutliches Lichtfleckchen sichtbar, entpuppt sich M 44 im Fernglas als prächtiger offener Sternhaufen. Im Gesichtsfeld wimmelt es nur so von Sternen. Die Amerikaner nennen diesen Sternhaufen Beehive, der Bienenstock, weil sie den Eindruck haben, Sterne wie schwirrende Bienen zu sehen. Die lateinische Bezeichnung für Krippe lautet Praesepe. Die rund 300 Sterne des Haufens sind 580 Lichtjahre von uns entfernt. Im Fernglas sieht man aber nur die 50 hellsten Sonnen von M 44. Der hellste Einzelstern im Haufen ist ε Cancri mit $6\overset{m}{,}3$, ein weißer Stern (Spektraltyp A2).

Außer der Krippe ist auch der Sternhaufen M 67 im Krebs ein beeindruckendes Objekt. M 67 liegt knapp 2° westlich von Acubens (α Cancri). In einem Teleskop ab 20 cm Öffnung sieht man mehr als 200 einzelne Sterne, die relativ dicht gedrängt stehen. Im Fernglas hat man daher den Eindruck eines Nebelfleckchens von etwa 20′ Ausdehnung. Im Fernrohr lässt sich dieser Haufen gut auflösen. Seine Entfernung wurde aus dem Farben-Helligkeits-Diagramm (FHD) zu rund 2500 Lichtjahren bestimmt. Neue Distanzmessungen lassen eher eine Entfernung von 2800 Lichtjahren als zutreffend erscheinen. Mit einem Alter von rund vier Milliarden Jahren zählt M 67 zu den ältesten offenen Sternhaufen.

Ein weiterer offener Sternhaufen sei empfohlen: M 35 im Sternbild Zwillinge. Er liegt etwa $2\overset{\circ}{,}5$ nordwestlich von Propus (η Geminorum) und ist schon im Fernglas gut zu erkennen. Aber erst im Teleskop wirkt M 35 mit rund 300 Mitgliedssternen eindrucksvoll. Die Entfernung dieser Sternengesellschaft liegt bei 2800 Lichtjahren.

2.12 Aufnahme des offenen Sternhaufens M 67 im Sternbild Krebs von Stefan Binnewies und Josef Pöpsel (Capella Observatory).

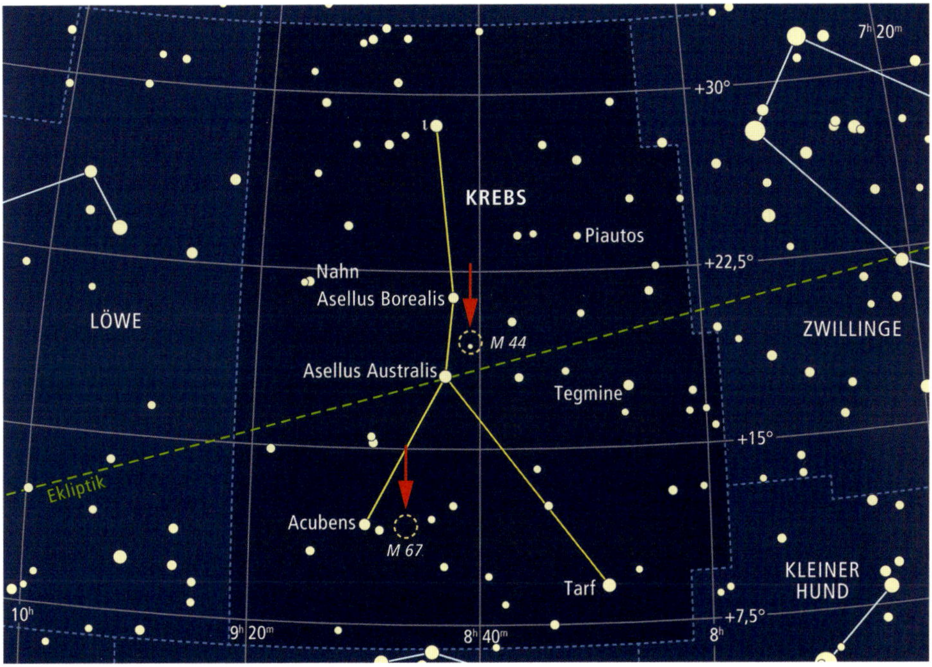

2.13 Das Sternbild Krebs. Eingetragen ist die Position des offenen Sternhaufens Krippe (lat.: Praesepe, M 44) und die Position des offenen Sternhaufens M 67.

Ein interessanter Dreifachstern im Krebs ist Tegmine (ζ Cnc) in 79 Lichtjahren Entfernung. Die Hauptkomponente ist ein $5\overset{\text{m}}{,}0$ heller, gelber Stern (G0) mit einem Begleiter von $6\overset{\text{m}}{,}0$, der ebenfalls gelblich leuchtet. Die Separation beider beträgt $6''$, was jeder Dreizöller trennt. Die Hauptkomponente selbst ist ein enger Doppelstern von $1\overset{\prime\prime}{,}1$ Distanz mit $5\overset{\text{m}}{,}6$ und $6\overset{\text{m}}{,}0$ Helligkeit der Einzelkomponenten.

Für Doppelsternjäger sei auch Kastor in den Zwillingen genannt (α Geminorum). Zwei weiße Sonnen (A2) mit $1\overset{\text{m}}{,}9$ und $2\overset{\text{m}}{,}9$ Helligkeit sind zurzeit $5\overset{\prime\prime}{,}1$ voneinander getrennt. Sie umkreisen einander in 470 Jahren. Kastor ist 52 Lichtjahre entfernt. Genau genommen ist Kastor ein Sechsfachstern.

Als Galaxie sei M 51 genannt, Paradebeispiel für einen Spiralnebel, auf den man fast senkrecht darauf sieht. M 51 liegt in den Jagdhunden und gilt als einer der schönsten Spiralnebel, die häufig abgebildet und gerne bei Sternführungen gezeigt werden. Lord Rosse hat als Erster die Spiralform von M 51 erkannt. Wegen ihres Aussehens nennt man diese Galaxie auch „Strudelgalaxie". Um die Spiralform deutlich zu erkennen sollte man ein Teleskop mit mindestens 25 cm freier Öffnung (Zehnzöller) einsetzen. Am Ende eines Spiralarms zeigt sich eine Aufhellung, die von der Begleitgalaxie NGC 5195 stammt. Die mehr als 300 Milliarden Sterne von M 51 sind 25 Millionen Lichtjahre von uns entfernt.

In den Jahren 1994, 2005 und 2011 fanden in M 51 Supernova-Ausbrüche statt (SN 1994I, maximale Helligkeit: $13\overset{\text{m}}{,}5$; SN 2005cs, maximale Helligkeit: $14\overset{\text{m}}{,}0$ und SN 2011dh, maximale Helligkeit: $14\overset{\text{m}}{,}0$).

Gibt es bewohnte Planeten?

Ist die Erde der einzige bewohnte Planet in den Tiefen des Universums oder gibt es noch andere Schauplätze, auf denen mehr oder minder entwickeltes Leben anzutreffen ist? Eng damit verbunden ist die Frage, ob unsere Sonne der einzige Stern ist, der von Planeten umrundet wird – oder gehören zu Sternen im Normalfall einfach Planeten dazu? Denn auf der Oberfläche von Sternen kann wegen der hohen Temperaturen von einigen Tausend Grad kein organisches Material existieren. Komplizierte Molekülverbindungen, eine Voraussetzung für Organismen, können sich nur bei relativ niedrigen Temperaturen bilden und bestehen. Wie jeder weiß, kann man Gegenstände durch Erhitzen sterilisieren, also Keime abtöten. Deshalb sucht man nach Planeten, die im Licht ihrer Muttersterne geeignete Zustände für eine biologische Evolution bieten. Unter dem Begriff „Planeten" werden solche Körper zusammengefasst, die Massen von etwa einer Tausendstel bis zum Tausendfachen der Erdmasse aufweisen und um einen Stern kreisen. Masseärmere Objekte zählen zu den Planetoiden oder Asteroiden, die aufgrund ihrer geringen Anziehungskraft keine Atmosphäre halten können. Massereichere Objekte wiederum werden als Braune Zwerge klassifiziert, ein Stadium zwischen Planeten und Sternen.

In unserem Sonnensystem mit acht Planeten sowie zahlreichen Zwergplaneten und Tausenden Kleinkörpern ist die Erde der einzige Planet mit höher entwickeltem Leben. Gibt es woanders vielleicht erdähnliche Planeten, also Planeten mit Masse und Größe unserer Erde, die in einem Abstand ihre Muttersonne umkreisen, sodass die Oberflächentemperaturen lebensfreundlich sind? Man nennt solche Bereiche um Sterne habitable Zonen oder kurz Ökosphären.

2.14 Lage der habitablen Zone (auch Ökosphäre genannt) in unserem Sonnensystem. In diesem Bereich kommt flüssiges Wasser vor.

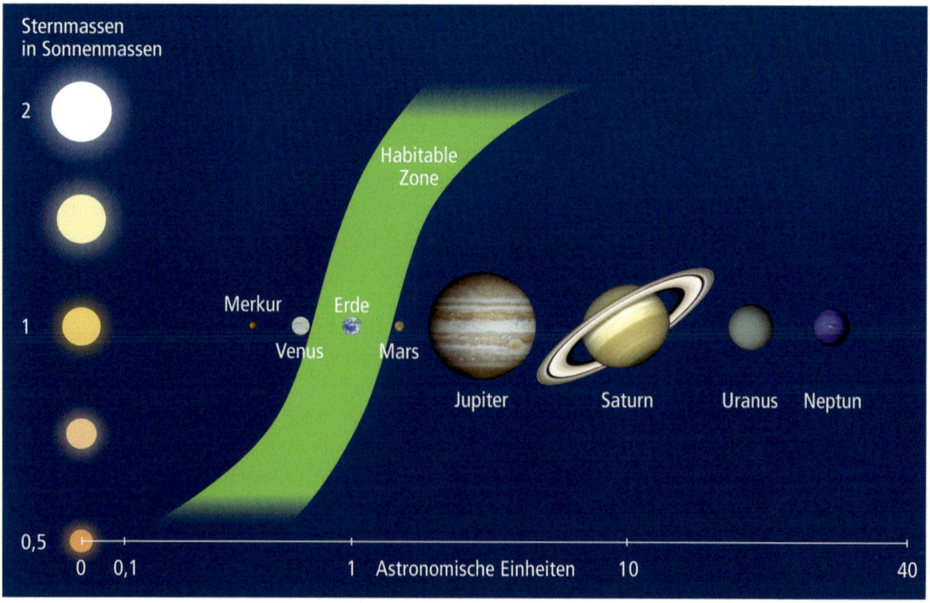

Lange war man auf Spekulationen angewiesen, ob um andere Sterne, also Sonnen, wie in unserem Sonnensystem ebenfalls Planeten kreisen. Seit einigen Jahren ist es jedoch gelungen, Planeten außerhalb unseres Sonnensystems nachzuweisen. Man nennt sie „Exoplaneten". Der erste Exoplanet wurde im Jahr 1995 gefunden. Vor dem Jahr 1995 war unbekannt: Ist unser Planetensystem eine seltene Ausnahme im Universum oder werden andere Sterne außer unserer Sonne ebenfalls von Planeten umkreist?

Im Jahre 1995 gelang es erstmals, einen Planeten um eine fremde Sonne aufzuspüren. Der sonnenähnliche Stern 51 Pegasi (Spektraltyp: G2 V) zeigt geringfügige, aber periodische Schwankungen seiner Radialgeschwindigkeit. Hervorgerufen werden diese Variationen durch einen Planeten mit einer Mindestmasse von einem halben Jupiter. Denn Stern und Planet laufen um ihren gemeinsamen Schwerpunkt. Dabei beschreibt auch der Stern eine, wenn auch kleine, Kepler-Bahn um den Schwerpunkt des Systems. Dieses Verfahren wird „Doppler-Wobble" genannt. „Doppler" bezieht sich auf den physikalischen Dopplereffekt (nach Christian Doppler) und „wobble" ist das englische Wort für „wackeln, schwanken". Direkt gesehen hat man den Planeten um 51 Peg jedoch nicht, dazu ist er zu lichtschwach. Mit dieser indirekten Methode wurden bald einige hundert Exoplaneten entdeckt.

Schon drei Jahre vor der Entdeckung des Begleiters von 51 Peg fand man drei Exoplaneten, die allerdings keinen sonnenähnlichen Stern, sondern einen Neutronenstern, einen Pulsar, umkreisen.

Von den neu entdeckten Exoplaneten sind die meisten aber nicht erdähnlich, sondern Riesen wie Jupiter und noch größer („Superjupiter"). Überraschend war zunächst, dass solche Gasriesen in engen Bahnen um ihre Muttersterne laufen, nämlich in Bahnen innerhalb der Distanz Sonne – Merkur. Dies ist kein Zufall, sondern ein Auswahleffekt. Je massereicher und je näher ein Planet seine Sonne umkreist, desto größer fällt die Amplitude des Doppler-Wobble aus.

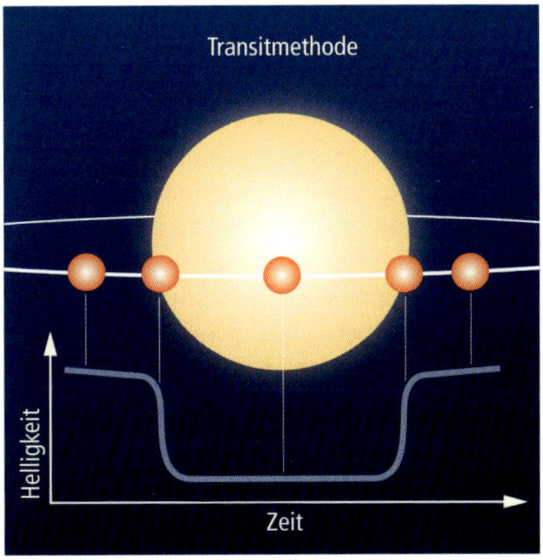

2.15 Wenn ein Exoplanet vor seinen Stern tritt, nimmt dessen Helligkeit etwas ab.

Entdeckungsmethoden

Ein weiteres Verfahren, um Exoplaneten zu finden, ist die Transit-Methode. Sie beruht auf extrem genauen Messungen von Sternhelligkeiten. Wenn die Umlaufebene eines Planeten in oder fast exakt in der Richtung des Visionsradius liegt, anders ausgedrückt, man auf die Bahnkante blickt, so zieht der Planet von Zeit zu Zeit vor seinem Mutterstern vorbei, ähnlich wie gelegentlich Merkur oder Venus vor der Sonne entlangwandern. Ein solcher Vorgang wird in der Astronomie „Transit" genannt. Bei einem Transit verdeckt der Planet einen Teil der Sternoberfläche. Der Helligkeitsabfall ist allerdings extrem gering. Würde man von Regulus aus einen Jupitertransit vor unserer Sonne registrieren, so würde sich die Helligkeit von der Sonne lediglich um $0\overset{m}{.}008$ verringern! Man muss schon sehr genau fotometrieren, um solch geringe Helligkeitsschwankungen zu bemerken. Dennoch sind die Beobachtungsverfahren inzwischen so weit fortgeschritten, dass dies gelingt. Am besten, man kombiniert beide geschilderten Methoden. Denn dann kann man auch die Masse des Exoplaneten genau angeben, liegt doch bei einem Transit die

Bahnebene in Richtung Sichtstrahl (Visionsradius) und die Radialgeschwindigkeitsschwankungen gehen voll in die Massenbestimmung gemäß dem 3. Kepler-Gesetz ein.

Schließlich kann man noch den Gravitationslinseneffekt gemäß der Allgemeinen Relativitätstheorie (ART) ausnutzen, wenn es gilt, ein vor einem hellen Stern vorbeiwanderndes, dunkles Objekt nachzuweisen. Wie in einer Linse bündelt der dunkle Körper – im Allgemeinen ein Planet – durch seine Schwerkraft das Licht des fernen Sternes wie eine optische Linse. Denn gemäß der ART werden die Lichtstrahlen durch das Schwerefeld des Planeten abgelenkt. Kurzfristig erscheint der Stern etwas heller. Da die Masse eines Planeten vergleichsweise gering ist, so ist es auch der Effekt. Man spricht daher von „Microlensing".

Inzwischen sind über 6000 Exoplaneten aufgespürt worden, der größte Teil davon mit der Transit-Methode, nämlich rund 4500, während das Doppler-Wobble-Verfahren zu rund 1200 Entdeckungen führte. Etwa 300 Exoplaneten wurden mittels des Gravitations Microlensing-Effektes erkannt.

Dass man überhaupt vermutet, es gäbe so etwas wie eine zweite Erde, hat mehrere Gründe. Zum einen sind im gesamten überschaubaren Universum nicht nur die gleichen chemischen Elemente zu finden wie auf der Erde, von Wasserstoff über Eisen bis hin zu Uran, sondern sie bilden ebenfalls komplexe Strukturen. Radioastronomen haben in den interstellaren Gas- und Staubwolken, dem Baustoff von Sternen und Planeten, komplexe Molekülverbindungen entdeckt, insbesondere Kohlenwasserstoffe, die Grundbausteine für Organismen. Zum anderen wurden in Meteoriten Aminosäuren aufgespürt, die definitiv extraterrestrischen Ursprungs sind. Aus nur 20 verschiedenen Aminosäuren setzen sich die langen Kettenmoleküle der Proteine (Eiweißkörper) zusammen, aus denen alle Lebewesen auf der Erde, Bakterien, Pflanzen, Tiere und Menschen bestehen. Die irdischen Aminosäuren haben alle die optische Eigenschaft, die Polarisationsebene hindurchgehenden Lichtes nach links zu drehen. In Meteoriten wurden aber auch Aminosäuren entdeckt, die rechtsdrehend sind und die somit außerirdischen Ursprungs sein müssen.

2.16 Von den sieben Planeten des TRAPPIST-1-Systems kreisen drei in der habitablen Zone um ihre Muttersonne.

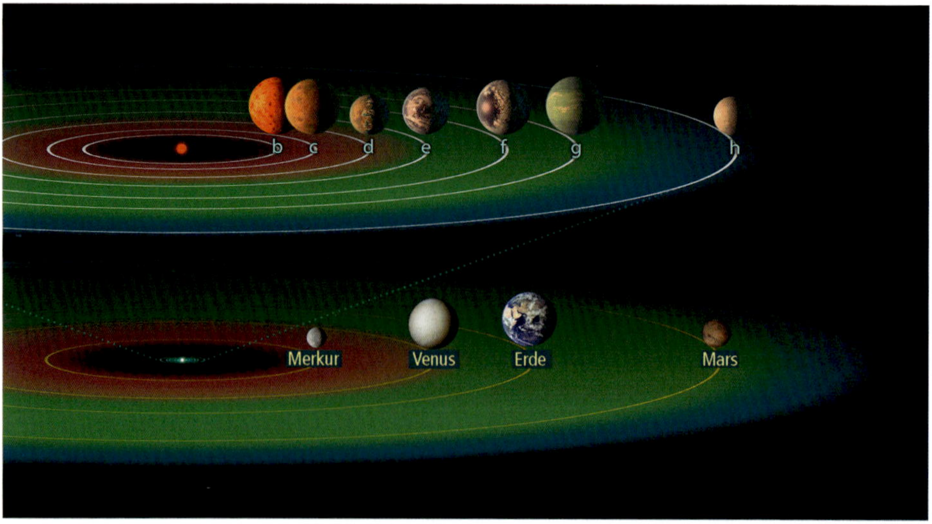

NASA/JPL-Caltech

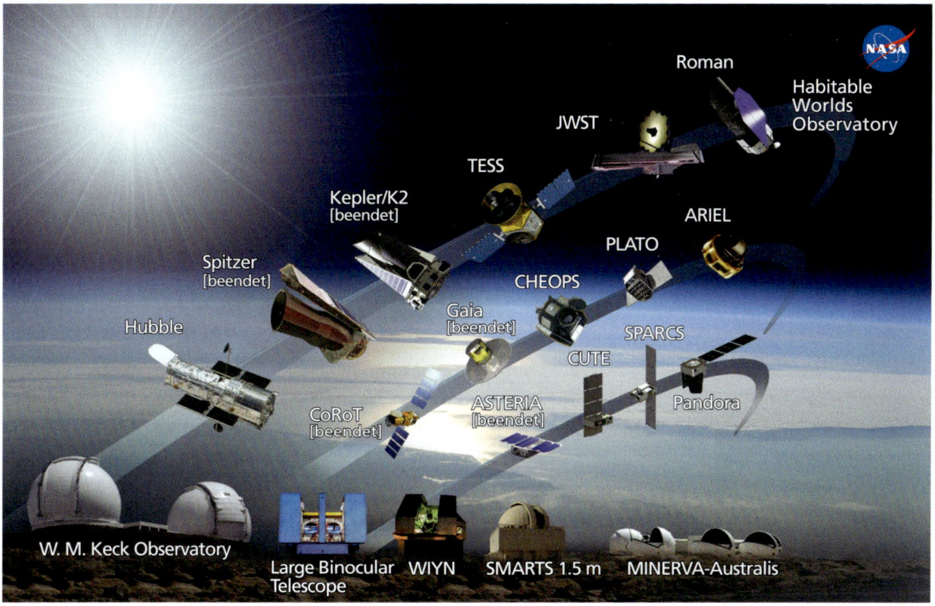

NASA/JPL-Caltech

2.17 Mit zahlreichen Teleskopen und Missionen wird nach Exoplaneten gefahndet.

Belebte Exoplaneten?

Bei welchen Planeten sind Lebensspuren zu erwarten? Von den vielen bisher entdeckten Planeten sind nur solche nach Lebensspuren abzusuchen, die innerhalb von habitablen Bereichen ihre Muttersonne umrunden und somit auch flüssiges Wasser auf ihren Oberflächen ermöglichen. Wasser kommt im Bereich der Ökosphäre in drei Aggregatzuständen vor: Eis, flüssig im Bereich von 0 °C bis 100 °C und als Dampf. Wasser, Kohlenstoff, Sauerstoff, Stickstoff sind für die Bausteine biologischer Substanzen ebenso wichtig wie Silizium. Denn Silizium sorgt in Verbindung mit Sauerstoff als Siliziumdioxid für Felsplaneten.

Riesenplaneten und Gasplaneten wie Jupiter beherbergen wohl keine biologischen Substanzen. Auszuwählen auf der Suche nach lebenstragenden Planeten sind solche, die nach Größe und Masse der Erde gleichkommen. Sind Planeten zu klein und massearm, können sie keine Atmosphäre halten.

Zunächst hatte man den Eindruck, die meisten entdeckten Exoplaneten sind Superjupiter, Riesenplaneten, die ihre Muttersonne recht nahe – in Abständen geringer als die Distanz Sonne – Merkur umkreisen. Doch dies ist wie erwähnt ein Auswahleffekt gewesen. Denn bei diesen Planeten ist der Doppler-Wobble-Effekt am größten. Inzwischen hat sich herausgestellt, dass es sehr viele erdgroße Exoplaneten gibt.

Planeten, die heiße Sterne vom Spektraltyp O und B als Muttersterne umkreisen, sind sicher unbewohnt. Denn diese Sterne sind viel massereicher als unsere Sonne und existieren maximal nur einige hundert Millionen Jahre, bevor sie als Supernovae detonieren. Dies ist für eine biologische Evolution zu kurz. Wenn man nach Leben im All sucht, muss man davon ausgehen, dass auch auf Exoplaneten eine biologische Evolution stattgefunden hat. Auf der Erde hat sie Milliarden Jahre in Anspruch genommen. Bereits im Präkambrium vor 3,5 Milliarden Jahren lassen sich die ältesten Fossilien, die Stromatolithen nachweisen. Es sind biogene Sedimentgesteine. Alle Lebewesen auf der Erde haben den gleichen genetischen Code. Das führt zu der Frage:

Was ist überhaupt Leben?

Nach den Vorstellungen der modernen Biologie hat sich aus unbelebter Materie infolge eines langen Prozesses das Leben gebildet – beginnend mit präbiotischen Molekülen bis zu differenzierten Lebensformen wie Pflanzen, Tieren und schließlich den Homo Sapiens, den Menschen.

Die metaphysische Vorstellung eines Aristoteles, dass aus unbelebter Materie niemals Leben entstehen könne, weil jede Lebensform Entelechie enthält, ist längst nicht mehr aktuell, auch wenn die darwinsche Evolution heute noch nicht überall akzeptiert wird.

Allerdings gibt es noch immer keine allgemein gültige Definition, was Leben ist. Leben setzt Bewegung voraus. Flammen bewegen sich auch. Ein Computervirus kann sich auch weiter entwickeln. Leben vermehrt sich. Sind unfruchtbare Tiere nicht lebendig?

Der britische Nobelpreisträger Paul Nurse (geb. 1949, Nobelpreis für Medizin 2001) charakterisiert Leben folgendermaßen:

1. Leben besitzt die Eigenschaft, sich durch natürliche Selektion weiterzuentwickeln;
2. Lebensformen sind abgeschlossene, physische Systeme;
3. Lebensformen sind chemisch-physikalische, kybernetische (informations-verarbeitende) Systeme.

Allgemein akzeptiert wird von vielen Biologen heute die NASA-Definition des Nobelpreisträgers Jack Szostak (geb. 1952): „Leben ist ein sich selbsterhaltenes chemisches System, das zur darwinschen Evolution fähig ist".

Das besagt nichts anderes als: Lebewesen betreiben einen Stoffwechsel, produzieren Energie, verarbeiten Informationen, können sich im Prinzip selbst vermehren, also reduplizieren, und unterliegen durch Selektion einer Weiterentwicklung.

Um lebenstragende Planeten zu finden, muss man zunächst nach präbiotischen Molekülen suchen. Dazu zählen die Aminosäuren, von denen es ungeheuer viele gibt. Aber nur 20 von ihnen bilden alle Proteine der lebendigen Substanzen – lange Ketten von Kohlenwasserstoffen auf unserem Planeten. Solche Aminosäuren kommen auch außerhalb unserer Erde vor. Sie wurden in meteoritischem Material auf unsere Erde eingeschleppt. Aber auch künstlich wurden sie hergestellt, erstmals in dem berühmten und später häufig wiederholten Versuch aus dem Jahre von 1953 von Stanley Miller (1930–2007) und Harold Clayton Urey (1893–1981). Sie füllten ein Gefäß mit einem Dampfgemisch von Wasser (H_2O), Methan (CH_4), Ammoniak (NH_3) und molekularem Wasserstoff (H_2) und setzten diesem Gemisch ausreichende Energie in Form von Blitzen zu. In kurzer Zeit bildeten sich in dieser künstlichen, reduzierenden (ohne Sauerstoff) Uratmosphäre Ablagerungen von Aminosäuren an den Wänden. Allerdings waren dies razemische Substanzen, d. h. optisch links- und rechtsdrehende Moleküle. Diejenigen, die alle irdischen Lebensformen beinhalten, sind alle linksdrehend, ein direkter Nachweis einer Evolutionskette vom ersten Molekül bis zum gesamten Leben auf der Erde.

Von hier ist es noch ein weiter Weg bis zum ersten und einfachsten Lebewesen, nämlich einer Protozelle. Sie besteht aus einer semipermeablen (halbdurchlässigen) Lipidwand, in dem ein dichter Knäuel aus langen Aminosäuren, also Proteinen, gepackt ist, deren Aufbau in Ribonukleinsäuren (RNA – Ribonuclein Acid) codiert ist, von denen es genau vier verschiedene gibt (Adenin, Cytosin, Thymin und Uracil). Sie sind die Buchstaben, in denen der genetische Code geschrieben ist. Der Übergang vom präbiotischen Material zu echten Lebensformen ist bis dato noch nicht vollständig geklärt.

Wo ist die zweite Erde?

Die Frage ist nun, hat eine ähnliche oder gar weitgehend gleiche biologische Evolution auch auf anderen Planeten außer der Erde stattgefunden? Zunächst wurde erkannt, dass im gesamten Weltall die gleichen chemischen Ele-

Instituto de Astrofísica de Canarias/Daniel López

2.18 Das Gran Telescopio Canarias, La Palma, Kanaren, Spanien mit einer Öffnung von 10,4 m

mente existieren. Dann hat man entdeckt, dass auch andere Sterne, also nicht nur unsere Sonne, von Planeten umrundet werden. Ihre Zahl ist nicht nur ungeheuer groß, sondern auch ihre Vielfalt was Massen, Durchmesser, Atmosphären, Oberflächentemperaturen und Bahnen betrifft. Manche umkreisen ihre Muttersonne extrem nah, weshalb sie viel zu hohe Temperaturen aufweisen, um stabile komplexe Moleküle zu ermöglichen. Andere bewegen sich auf Umlaufbahnen jenseits der Eisgrenze. Man hält somit Ausschau nach Exoplaneten, die nach ihren Eigenschaften eine biologische Evolution ermöglichen. Kurz: Wo ist die zweite Erde?

Eine der prominentesten Forschungseinrichtungen auf der Suche nach extraterrestrischem Leben ist das Carl-Sagan-Institut an der Cornell-Universität in Ithaca (New York). Benannt ist es nach Carl Sagan (1934–1996), Pionier der Astrobiologie, der Forschung nach extraterrestrischem Leben und bedeutender Popularisator der Astronomie in den USA mit weltweiter Bekanntheit. Sagan hat auch maßgeblich an den Marssonden Viking 1 und Viking 2 mitgewirkt sowie an Voyager 1 und Voyager 2 bei deren Flügen in das äußere Sonnensystem zu den Wasserstoff-Planeten Jupiter, Saturn, Uranus und Neptun.

Gegründet und geleitet wird das Carl-Sagan-Institut von der österreichischen Forscherin Lisa Kaltenegger (geb. 1977), die sich der interdisziplinären Forschung von Astronomie, Biologie und Geologie widmet. Sie ist auf der Suche nach erdähnlichen Exoplaneten, sammelt und züchtet Mikroben aus allen Teilen der Erde und experimentiert mit künstlichem Magma. In ihrem biologischen Labor untersucht sie Mikroorganismen, indem sie deren im wahrsten Sinne des

Wortes bunte Vielfalt spektroskopiert und mit Spektren von Exoplaneten und deren Atmosphären vergleicht, um Spuren von organischen Substanzen zu entdecken. Gelingt dies, kann auf eine extraterrestrische biologische Evolution geschlossen werden.

Doch man fahndet nicht nur nach Mikroorganismen. Wenn es diese gibt, dann ist anzunehmen, dass die biologische Evolution auf diesen Exoplaneten nicht plötzlich zu Ende ist, es sei denn, die Umweltbedingungen ändern sich signifikant. Der Mutterstern wird eventuell zu einem Variablen oder tritt vergleichsweise früh in das Rote-Riesen-Stadium. Auch Kollisionen mit Planetoiden oder auch nur entsprechend großen Meteoriten können den Fortgang der Evolution unterbrechen oder gar stoppen.

Wie viele außerirdische Zivilisationen gibt es nun in unserer Galaxis? Wir wissen es (noch) nicht! Denn wir kennen weder die Wahrscheinlichkeit, wie häufig Leben entsteht, noch wie oft sich daraus intelligentes Leben entwickelt und wie oft sich dabei eine Hochtechnologie bildet. Auch ist völlig unbekannt, wie lange eine technische Zivilisation existiert!

Es bleibt nur eines, diese Fragen zu klären. Man muss nachsehen, das heißt: Beobachten, und wenn es Jahrhunderte dauert. Diese Zeit muss sich die Menschheit nehmen. Es sei denn, sie wird vorher selbst aus der Evolution katapultiert.

Sind wir allein im All?

Der Anfang der systematischen Suche ist gemacht. Zahlreiche Missionen sollen die „zweite Erde" finden. Vor allem in den sternreichen Gebieten von Schwan, Leier und Drache wird gesucht. Mit der heutigen Technik der Raumflugkörper kann alle halbe Stunde die enorme Zahl von mehr als 150 000 Sternen fotometriert werden, und zwar mit einer extrem hohen Genauigkeit. Selbst Helligkeitsvariationen von weniger als einem Zehntausendstel können erfasst werden. Damit will man Exoplaneten finden, die an Masse, Größe und Abstand von ihrem Mutterstern unserer Erde gleichen.

Warum hat man beispielsweise für die Mission Kepler gerade als Suchfeld das Gebiet des Sternbildes Schwan gewählt? Nun, einerseits ist es eine sternreiche Gegend in der Milchstraße. Die Sterne finden sich in der Milchstraßenhauptebene, wo auch die interstellaren Staub- und Gasmassen konzentriert sind. Deshalb wird man dort am Ehesten Sterne mit Planetensystemen finden. Ferner ist das Gebiet weit nördlich der Ekliptik, was zum Großteil verhindert, dass Planetoiden und Kuiperbelt-Objekte das Gesichtsfeld kreuzen und dabei störende Signale verursachen. Schließlich sind in diesem Raumbezirk die meisten Sterne in ähnlicher Entfernung vom galaktischen Zentrum wie unsere Sonne, was die Wahrscheinlichkeit erhöht, habitable, also bewohnbare Planeten zu entdecken. Denn in dem Gebiet liegt der Apex (Zielpunkt) der Sonnenbewegung beim Lauf um den Mittelpunkt unserer Milchstraße.

Um erdähnliche Exoplaneten in einer habitablen Zone auch abbilden zu können, bedarf es eines hohen technischen Aufwandes. Auch sind die Raumflugkörper im Lagrange-Punkt L2 zu positionieren. Denn dort sind die störenden Einflüsse der unmittelbaren Erdumgebung weitgehend ausgeschaltet.

Es ist ein schwieriges Unterfangen, einen nur erdgroßen Exoplaneten nahe, nämlich innerhalb der Ökosphäre, neben seinem grellen Mutterstern zu erkennen. Grob gesehen ist der Mutterstern eine *Milliarde* Mal heller. Eine vergleichbare Aufgabe wäre es, eine Kerze neben einem Leuchtturmscheinwerfer in tausend Kilometer Entfernung zu erkennen. Dies geht im Infrarotbereich leichter. Hier beträgt das Intensitätsverhältnis „nur" eins zu einer *Million*, ist also tausendmal günstiger. Dabei müssen die Detektoren fast auf den absoluten Nullpunkt gekühlt werden. Ferner muss man sich eines speziellen Verfahrens bedienen, dem sogenannten „Nulling Interferometer", um das störende Licht der Muttersonne weitgehend zu eliminieren.

Ob es weit entwickelte Zivilisationen gibt, wird sich nicht so schnell klären lassen. Vielleicht entwickelt sich auf einem mehr oder minder fernen Exoplaneten erst in einer Million Jahren eine hochtechnisierte Zivilisation – kosmisch gesehen ein Augenblick. Möglicherweise ist die Galaxis aber auch ein gigantischer Friedhof zugrunde gegangener Zivilisationen.

Da sehr viele Randbedingungen für die Entstehung einer hochtechnisierten Zivilisation erfüllt sein müssen, ist die Entstehung einer solchen ein sehr unwahrscheinlicher Vorgang.

Vermutlich sind wir in unserer Milchstraße die einzige Zivilisation mit weit entwickelter Technologie. Das bedeutet aber nicht, dass wir allein im Universum sind. Wenn sich nur in jeder tausendsten Galaxie Leben entwickelt hat, so ist es in reichem Maße im Kosmos vorhanden. Schließlich tummeln sich im überschaubaren Universum rund hundert Milliarden Galaxien. Eine Kontaktaufnahme bleibt dann aber ausgeschlossen. Wir sind durch Raum *und* Zeit wohl für immer voneinander getrennt.

Allerdings ist unser Wissen vom Universum noch sehr beschränkt. Unsere Vorstellungen von extraterrestrischem Leben sind anthropozentrisch geprägt. Wahrscheinlich ahnen wir nicht im Entferntesten, was alles noch im Kosmos existiert und vegetiert.

BEDEUTENDE INSTRUMENTE ZUR ENTDECKUNG VON EXOPLANTEN

Weltraumteleskope
James Webb Space Telescope
Start Dezember 2021 – Multi-Mirror-Teleskop – Öffnung 6,5 m
Position in L2

Hubble Space Telescope – Öffnung 2,4 m
Im Erdorbit

Gaia – zwei Korsch-Teleskope zu je 1,45 m × 0,50 m
Start Dezember 2013 – Missionsende April 2025
Position in L2

TESS (Transiting Exoplanet Survey Satellite) – vier Teleskope je 10 cm Öffnung
Start April 2018 – im Erdorbit (95 000 km × 365 000 km)

Kepler / K2 – Öffnung 1,4 m
Im Sonnenorbit (folgt Erde)
Start März 2009 – Missionsende Oktober 2018

Spitzer Space Telescope – Öffnung 0,85 m
Im heliozentrischen Orbit
Start August 2003 — Missionsende Januar 2020

COROT – Öffnung 0,27 m
Polarer Erdorbit
Start Dez 2006 – Missionsende Juni 2014

Bodengebundene Teleskope
Extremely Large Telescope – Öffnung 39 m
Atacama-Wüste, Chile (im Bau)

Keck I und Keck II – Öffnung je 10 m – Multi-Mirror-Teleskope
Mauna Kea, Big Island, Hawaii (1990 und 1996)

Large Binocular Telescope – Öffnung 2 × 8,4 m
Mt. Graham, Arizona, USA (2005 und 2008)

Gran Telescopio Canarias – Öffnung 10,4 m – Multi-Mirror-Teleskop
La Palma, Kanaren, Spanien (2007)

März 2026

- Die Sonne wechselt am 20. um 15^h46^m MEZ auf die Nordhalbkugel des Firmaments, der astronomische Frühling beginnt.
- Venus setzt sich langsam als Abendstern durch.
- Mars bleibt weiterhin unbeobachtbar.
- Jupiter strahlt am Nachthimmel. Vom Morgenhimmel zieht sich der Riesenplanet zurück.
- Saturn kommt am 25. in Konjunktion mit der Sonne und bleibt unbeobachtbar.
- Merkur zeigt sich nicht.

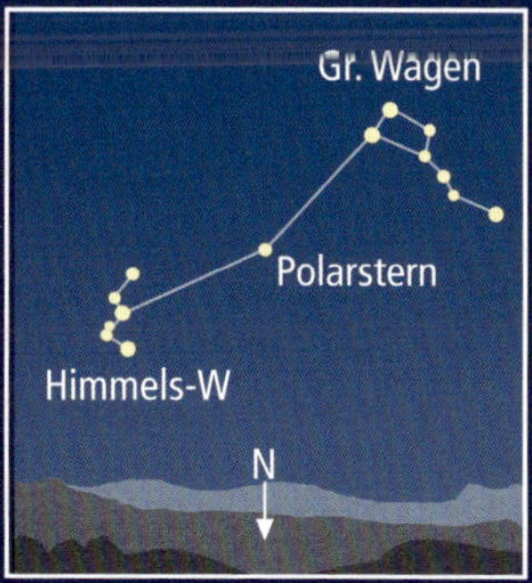

Großer Wagen und Himmels-W Anfang März um 22 Uhr MEZ

3.1 Himmelsanblick am 20. März gegen 19^h45^m MEZ. Knapp über dem abendlichen Westhorizont

1 So	
2 Mo	
3 Di	Vollmond
4 Mi	
5 Do	
6 Fr	Mond bei Spica – Mitternacht
7 Sa	
8 So	
9 Mo	
10 Di	Mond bei Antares – morgens
11 Mi	Letztes Viertel
12 Do	
13 Fr	
14 Sa	
15 So	

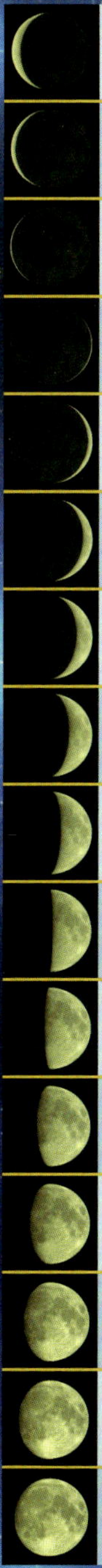

16 Mo	
17 Di	
18 Mi	
19 Do	Neumond
20 Fr	Frühlingsbeginn
21 Sa	
22 So	
23 Mo	
24 Di	Mond bei Alnath – Mitternacht
25 Mi	Erstes Viertel
26 Do	Mond bei Jupiter und Pollux – abends
27 Fr	
28 Sa	Astronomietag
29 So	Beginn der Sommerzeit Mond bedeckt Regulus – abends
30 Mo	
31 Di	

SONNE – STERNBILDER

12.3. 15^h:
Sonne tritt in das Sternbild Fische

20.3. 15^h46^m:
Sonne tritt in das Tierkreiszeichen Widder

Julianisches Datum am
1. März, 1^h MEZ: 2461100,5

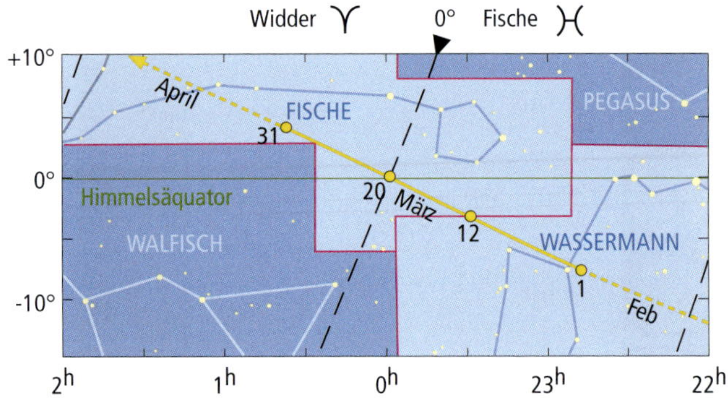

SONNENLAUF

Tag	Dämmerg. Anfang	Aufgang MEZ	Kulmination	Untergang MEZ	Dämmerg. Ende	Mittagshöhe	Zeitgleichg.	Rektaszension	Deklination
	h m	h m	h m	h m	h m	°	m	h m	°
1.	5 54	7 04	12 32	18 02	19 12	32,5	−12	22 46	−7,8
5.	5 46	6 55	12 31	18 09	19 18	34,1	−11	23 01	−6,3
10.	5 35	6 45	12 30	18 17	19 26	36,0	−10	23 20	−4,3
15.	5 24	6 34	12 29	18 25	19 35	38,0	− 9	23 38	−2,4
20.	5 13	6 23	12 27	18 33	19 43	39,9	− 7	23 56	−0,4
25.	5 01	6 12	12 26	18 41	19 52	41,9	− 6	0 15	+1,6
31.	4 47	5 59	12 24	18 50	20 02	44,3	− 4	0 36	+3,9

Achtung: Ab Sonntag, 29. März 2026, gilt die Sommerzeit. Zu allen im Himmelsjahr angegebenen Zeiten eine Stunde addieren!

TAGES- UND NACHTSTUNDEN

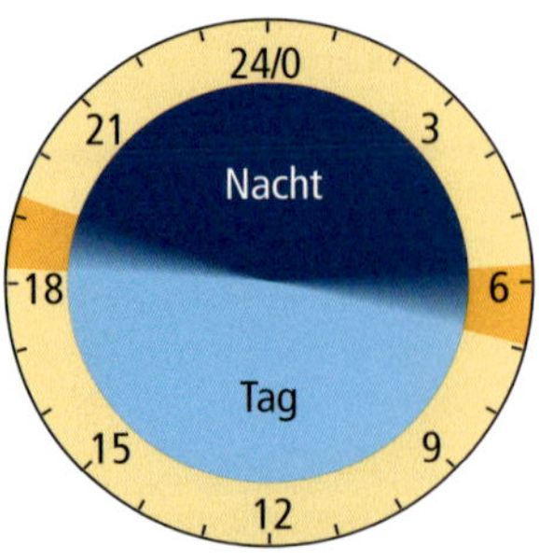

5. März

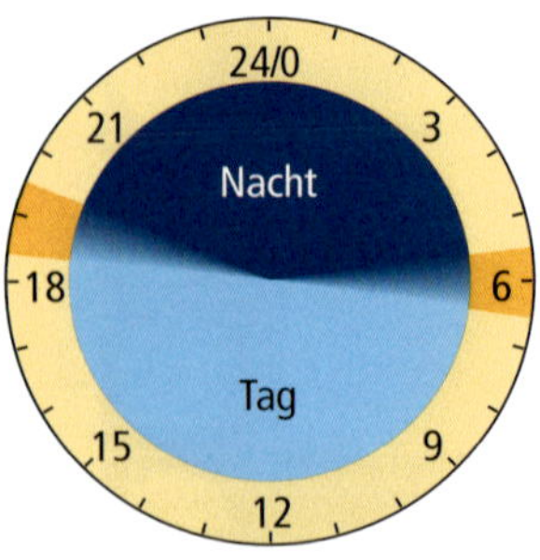

15. März

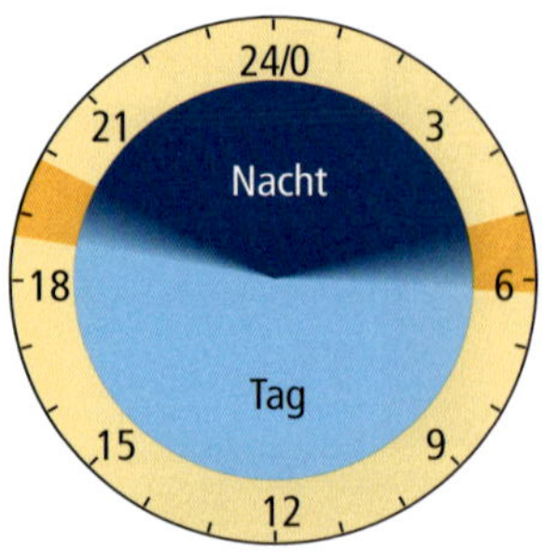

25. März

MONDLAUF

Datum		Aufg. MEZ	Kulmination	Unterg. MEZ	Rektaszension	Deklination		Sterne und Sternbilder	Phase	MEZ
		h m	h m	h m	h m	°				
So	1.	15 38	23 20	6 24	8 48	+20,6		Krebs, Krippe		
Mo	2.	17 00	–	6 43	9 41	+15,4		Löwe, Regulus		
Di	3.	18 19	0 08	6 58	10 32	+ 9,5		Löwe, Regulus	**Vollmond** Absteigender Knoten Libration West	**$12^h 38^m$**
Mi	4.	19 35	0 53	7 11	11 19	+ 3,3		Löwe		
Do	5.	20 49	1 37	7 24	12 05	– 2,9		Jungfrau		
Fr	6.	22 03	2 19	7 37	12 51	– 8,8		Jungfrau		
Sa	7.	23 16	3 03	7 51	13 36	–14,3		Spica		
So	8.	–	3 47	8 08	14 23	–19,1		Waage		
Mo	9.	0 29	4 34	8 31	15 12	–23,1		Waage		
Di	10.	1 39	5 22	9 00	16 03	–26,1		Antares	Erdferne 404/29′,6 Größte Südbreite	15^h
Mi	11.	2 44	6 13	9 40	16 55	–27,9		Antares	**Letztes Viertel**	**$10^h 39^m$**
Do	12.	3 39	7 05	10 32	17 49	–28,4		Schütze		
Fr	13.	4 22	7 57	11 35	18 43	–27,6		Schütze, Nunki		
Sa	14.	4 55	8 48	12 48	19 37	–25,5		Schütze		
So	15.	5 20	9 37	14 04	20 29	–22,1		Steinbock		
Mo	16.	5 40	10 25	15 23	21 20	–17,6		Steinbock	Libration Ost	
Di	17.	5 56	11 12	16 42	22 10	–12,2		Wassermann	Aufsteigender Knoten	
Mi	18.	6 10	11 58	18 02	22 58	– 6,1		Wassermann		
Do	19.	6 24	12 45	19 24	23 47	+ 0,5		Fische	**Neumond Nr. 1277**	**$2^h 23^h$**
Fr	20.	6 38	13 33	20 49	0 37	+ 7,1		Fische		
Sa	21.	6 55	14 25	22 16	1 29	+13,5	*	Fische		
So	22.	7 16	15 21	23 45	2 25	+19,2		Widder, Hamal	Erdnähe 367/32′,6	13^h
Mo	23.	7 46	16 20	–	3 24	+23,8		Stier, Plejaden	Größte Nordbreite	
Di	24.	8 27	17 23	1 11	4 26	+27,0	*	Stier		
Mi	25.	9 24	18 26	2 24	5 30	+28,3		Stier, Alnath	**Erstes Viertel**	**$20^h 18^m$**
Do	26.	10 37	19 26	3 21	6 34	+27,8	*	Zwillinge		
Fr	27.	11 58	20 23	4 01	7 36	+25,5		Kastor, Pollux		
Sa	28.	13 22	21 15	4 28	8 33	+21,7		Krebs, Krippe		
So	29.	14 43	22 03	4 49	9 27	+16,9	*	Löwe		
Mo	30.	16 01	22 48	5 05	10 17	+11,3	*	Löwe, Regulus	Absteigender Knoten Libration West	
Di	31.	17 17	23 32	5 18	11 05	+ 5,3		Löwe		

DER MOND WANDERT ZWISCHEN JUPITER UND POLLUX HINDURCH

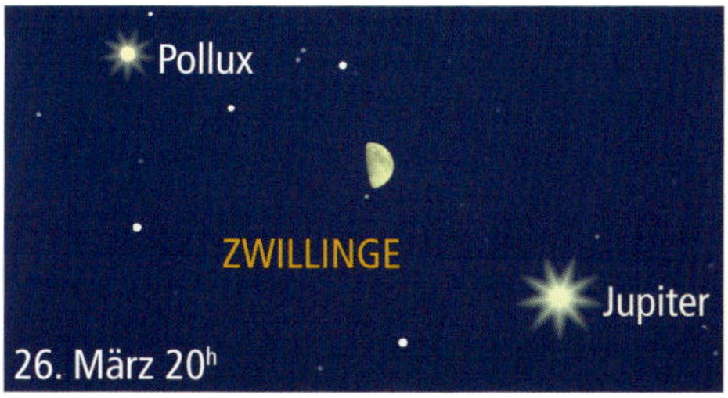

26. März 20^h

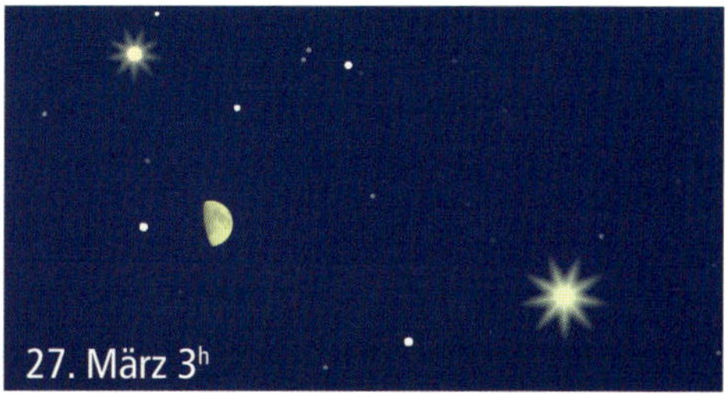
27. März 3^h

MERKUR trifft am 7. mit der Sonne zusammen. An diesem Tag steht er in unterer Konjunktion mit ihr. Dabei überholt der flinke Planet die Erde auf der Innenbahn. Anschließend entfernt er sich weiterhin rückläufig rasch von der Sonne. Seine westlichen Winkelabstände von ihr nehmen schnell zu. Am 19. wird Merkur stationär und wandert anschließend wieder rechtläufig durch den Tierkreis. Seine Konjunktionsschleife zieht er im Gebiet der Sternbilder Wassermann und Fische (siehe Abb. 3.2 auf Seite 85). Bis Monatsende wächst sein westlicher Winkelabstand auf fast 28° an.

Trotz des großen Winkelabstandes reicht es nicht für eine Morgensichtbarkeit in unseren Breiten, da die morgendliche Ekliptik flach zum Osthorizont liegt. Die Begegnung mit Mars am 14. bleibt ebenfalls unsichtbar.

In den Mittelmeerländern und in den Tropen hingegen kann Merkur im letzten Märzdrittel gesehen werden.

VENUS setzt sich langsam als Abendstern durch. Am 6. passiert sie 1,°3 südlich den Frühlingspunkt im Sternbild Fische. Die $-3{,}^{m}9$ helle Venus verlagert ihre Untergänge von 19^h09^m am 1. auf 19^h51^m am 15. und auf 20^h41^m (= 21^h41^m Sommerzeit) am Monatsletzten. Da auch die

KONSTELLATIONEN UND EREIGNISSE

Datum	MEZ	Ereignis
3.	13^h	Totale Mondfinsternis – in Mitteleuropa unbeobachtbar (siehe Seite 24)
7.	12	Merkur in unterer Konjunktion mit der Sonne
7.	13	Venus bei Neptun, Venus 0,°07 nördlich
8.	23	**Venus bei Saturn**, Venus 1,°0 nördlich, **Abstand 0,°9 um 19^h**
11.	4	Jupiter im Stillstand, anschließend rechtläufig
14.	8	Merkur bei Mars, Merkur 4,°0 nördlich
17.	15	Mond bei Merkur, Mond 2,°0 südlich
17.	23	Mond bei Mars, Mond 1,°5 nördlich
19.	11	Mond bei Neptun, Mond 3,°8 nördlich
19.	15	Mond bei Saturn, Mond 4,°9 nördlich
19.	21	Merkur im Stillstand, anschließend rechtläufig
20.	14	**Mond bei Venus**, Mond 4,°6 nördlich, **Abstand 5,°6 um 19^h**
20.	15^h46^m	**Sonne im Frühlingspunkt, Tagundnachtgleiche**
22.	12	Neptun in Konjunktion mit der Sonne
23.	9	Mond bei Uranus, Mond 5,°5 nördlich
25.	10	Saturn in Konjunktion mit der Sonne
26.	8	Mars im Perihel
26.	13	**Mond bei Jupiter**, Mond 3,°9 nördlich, **Abstand 4,°5 um 19^h**
29.	19^h25^m	**Mond bedeckt Regulus** (siehe Seite 290)

Sonne immer später untergeht, gewinnt sie nur wenig an Sichtbarkeitsdauer.

Am 7. begegnet Venus nur 0°04′ nördlich dem fernen Neptun. Allerdings bleibt diese enge Begegnung unsichtbar. Spätabends am 8. zieht Venus 1°00′ nördlich an Saturn vorbei. Ein Fernglas ist nützlich, will man die Begegnung von Venus mit Saturn verfolgen (siehe Abb. 3.3 unten).

Ein netter Himmelsanblick ergibt sich am 20. abends, wenn Venus 5°,6 südlich vom Mond zu sehen ist (siehe Abb. 3.1 auf Seite 80).

Am Monatsende ist das nur knapp 11″ große Venusscheibchen noch zu 94 Prozent beleuchtet. Im Teleskop erscheint Venus deshalb immer noch kreisrund.

MARS wandert rechtläufig durch den Wassermann. Seine Deklinationen nehmen merklich zu, er eilt entlang dem aufsteigenden Ast der Ekliptik. Seine Helligkeit nimmt leicht auf $1^{m}{,}2$ zu. Allerdings kann sich der rote Planet noch nicht am Morgenhimmel durchsetzen. Mars bleibt weiterhin unbeobachtbar.

Am 26. passiert Mars um 8^{h} das Perihel seiner Bahn. Zu diesem Zeitpunkt trennen ihn 1,381 AE oder 206,6 Millionen Kilometer von der Sonne.

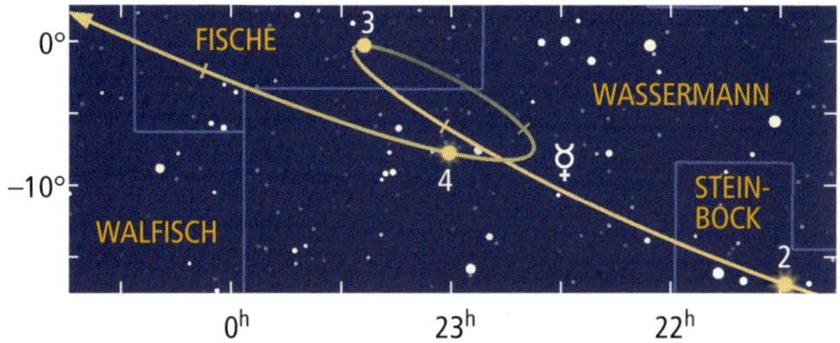

3.2 Konjunktionsschleife von Merkur in den Sternbildern Wassermann und Fische.

JUPITER bremst seine ohnehin langsame, rückläufige Bewegung vollends ab und wird am 11. im Sternbild Zwillinge stationär. Anschließend wandert er wieder rechtläufig durch den Tierkreis. Sein Umkehrpunkt liegt mitten in den Zwillingen (siehe Abb. 1.6 auf Seite 42).

Mit seinem Stillstand beendet Jupiter seine Oppositionsperiode. Mit seinem Glanz beherrscht er den Nachthimmel, allerdings zieht er sich vom Morgenhimmel vollends zurück. Zwar nimmt die Jupiterhelligkeit um $0^{m}{,}2$ weiter auf $-2^{m}{,}2$ ab, damit bleibt er aber immer noch deutlich heller als alle anderen Sterne und Planeten. Die hellere Venus ist nur abends kurz zu sehen.

Jupiter geht am 1. um $4^{h}56^{m}$ und am 15. um $4^{h}00^{m}$ unter. Am 31. sinkt der Riesenplanet schon um $3^{h}00^{m}$ (= $4^{h}00^{m}$ Sommerzeit) unter die Horizontlinie.

SATURN, rechtläufig in den Fischen, wird von der Sonne verfolgt, die ihn am 25. einholt. An diesem Tag steht er in Konjunktion mit ihr (siehe Abb. 1.2 auf Seite 40). Ebenfalls am 25. überschreitet Saturn den Himmelsäquator und wechselt von der Süd- auf die Nordhalbkugel des Firmaments, auf der er bis 15. Oktober 2039 bleibt.

Bereits am 8. wird der $1^{m}{,}0$ helle Ringplanet von Venus über-

3.3 Venus zieht am 8. März an Saturn vorbei. Abendlicher Fernglasanblick.

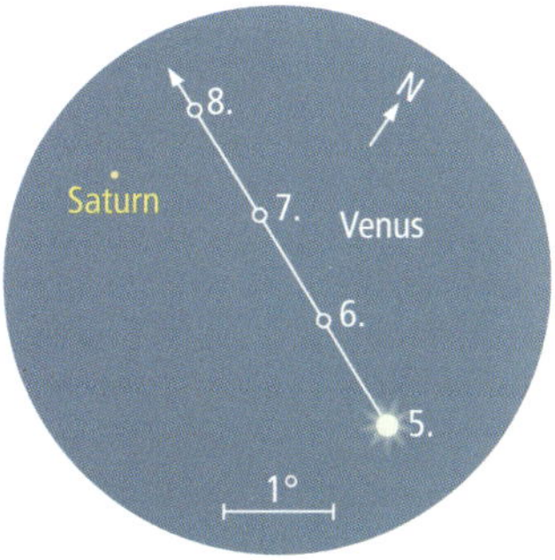

3.4 Der zunehmende Mond bedeckt am 29. März Regulus im Löwen. Fernglasanblick um 19^{h} und um 21^{h}.

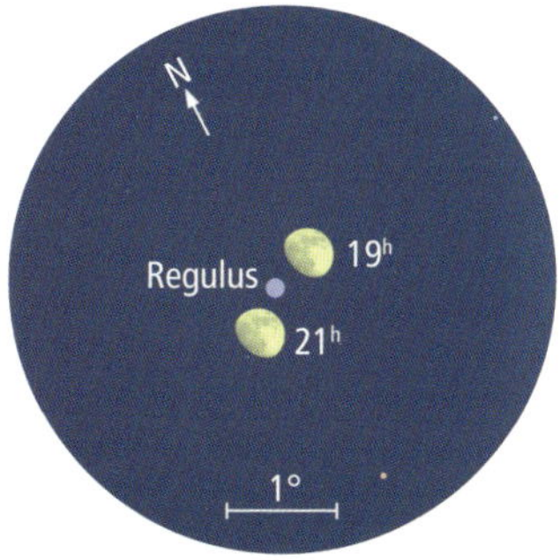

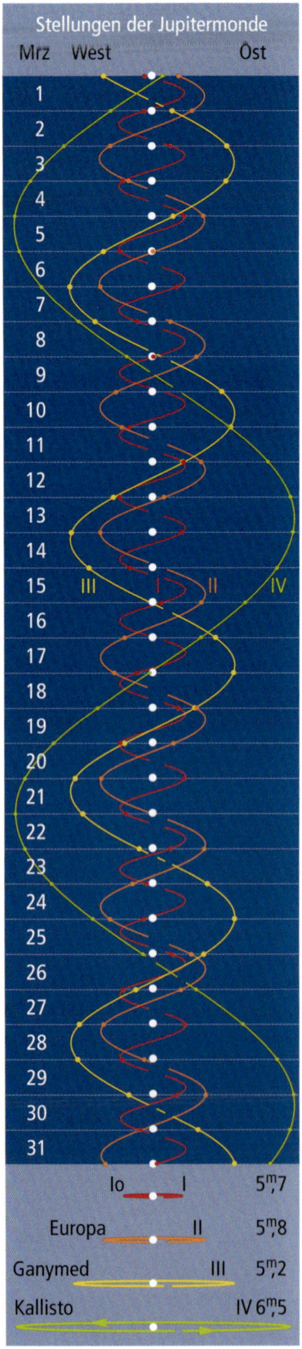

JUPITERMONDE

Tag	MEZ h m	Vorgang	
1.	1 29	I	BA
	19 54	III	BE
	20 53	III	VA
	22 37	I	DA
	23 40	I	SA
2.	0 16	III	VE
	0 52	I	DE
	19 56	I	BA
	23 17	I	VE
3.	19 20	I	DE
	20 25	I	SE
6.	0 14	II	DA
7.	23 30	II	VE
8.	20 15	III	BA
	23 33	III	BE
9.	0 27	I	DA
	0 52	III	VA
	21 22	IV	VA
	21 46	I	BA
10.	1 12	I	VE
	20 04	I	SA
	21 10	I	DE
	22 20	I	SE
11.	19 41	I	VE
14.	20 49	II	BA
15.	23 59	III	BA
16.	21 09	II	SE
	23 38	I	BA
17.	20 47	IV	DA
	20 47	I	DA
	21 59	I	SA
	23 02	I	DE
18.	0 15	I	SE
	0 41	IV	DE
	21 36	I	VE
19.	22 21	III	SE
21.	23 20	II	BA
23.	20 55	II	SA
	21 15	II	DE
	23 45	II	SE
24.	22 40	I	DA
	23 55	I	SA
25.	19 58	I	BA
	23 31	I	VE
26.	19 46	IV	VE
	20 40	I	SE
	21 10	III	DE
	22 58	III	SA
30.	21 00	II	DA
	23 31	II	SA

JUPITERMONDE

Tag	MEZ h m	Vorgang	
30.	23 48	II	DE

KONJUNKTIONEN

Tag	MEZ h m	Monde/Dist. S	″	N
3.	23 53	I	5,8	II
4.	22 39	III	9,7	I
9.	19 17	II	5,7	I
11.	2 03	I	5,5	II
	21 34	III	8,8	II
12.	1 35	III	8,9	I
16.	21 25	II	5,6	I
17.	21 09	IV	8,1	I
19.	0 46	III	8,3	II
23.	23 35	II	5,6	I
28.	19 37	I	4,8	II

holt. Nur unter sehr guten Sichtbedingungen und mit Hilfe eines lichtstarken Fernglases lässt sich Saturn noch aufspüren (siehe Abb. 3.3 auf Seite 85). Der Saturnuntergang erfolgt am 1. um 19^h49^m und am 10. um 19^h20^m. Am Tag der Konjunktion trennen Saturn 1568 Millionen Kilometer oder 10,48 AE von der Erde.

URANUS hat zu Beginn des Vormonats seine Oppositionsperiode beendet und wurde wieder rechtläufig. Zunächst scheint er sich kaum zu bewegen. Nach Einbruch der Dunkelheit kann der grünliche Planet in den Abendstunden aufgefunden werden. Er hält sich im Sternbild Stier auf. Die Aufsuchkarte Abb. 11.13 auf Seite 241 soll helfen, den lichtschwachen Plane-

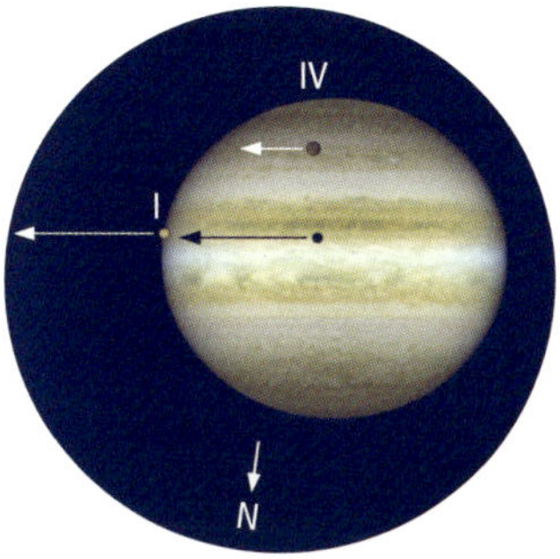

17. März, 23^h02^m MEZ: am Ende seines Durchgangs wirft Io seinen Schatten auf Jupiter. Kallisto zieht vor Jupiter vorbei.

ten mit einem Fernglas oder Teleskop aufzufinden. Wenn es dunkel genug ist, um Uranus mit guter Optik zu erkennen, hält er sich bereits weit westlich auf. Uranus verlegt seine Untergänge in die Zeit vor Mitternacht. Am 1. erfolgt sein Untergang um 1^h11^m, am 15. um 0^h18^m und am 31. um 23^h14^m (= 0^h14^m Sommerzeit am 1. April). Der inzwischen mit $5{,}^m8$ Helligkeit um $0{,}^m1$ schwächer gewordene sonnenferne Planet geht am 1. um 17^h24^m durch den Meridian und am 31. schon um 15^h30^m.

Auf seiner monatlichen Runde durch den Tierkreis passiert der Mond als zunehmende Sichel am 23. Uranus rund $5{,}^\circ5$ nördlich.

Im Teleskop zeigt der siebte Planet ein kleines, grünliches Scheibchen von nur $3{,}''5$ scheinbarem Durchmesser, auf dem keinerlei Details zu erkennen sind.

NEPTUN kommt am 22. im Sternbild Fische in Konjunktion mit der Sonne. Er hält sich am Taghimmel auf und bleibt nachts unbeobachtbar unter dem Horizont. Auch die extrem enge Begegnung mit Venus am 7. kann nicht verfolgt werden.

Zur Konjunktion trennen Neptun 4619 Millionen Kilometer von der Erde, das sind 30,88 AE. Von der Sonne ist Neptun an diesem Tag 4470 Millionen Kilometer (= 29,88 AE) entfernt.

PLANETOIDEN UND ZWERGPLANETEN

PALLAS – Planetoid Nummer 2 – kommt am 2. um 16^h in Konjunktion mit der Sonne. Von der Erde ist sie an diesem Tag 630 Millionen Kilometer (= 4,21 AE) entfernt und von der Sonne trennen sie 483 Millionen Kilometer (= 3,23 AE).

IRIS (7) hat ihre Opposition zur Sonne eben hinter sich. Sie eilt rückläufig in nordwestlicher Richtung durch den Sextanten (siehe Abb. 2.8 auf Seite 66). Ihre Helligkeit geht erheblich zurück – von $8{,}^m7$ auf $9{,}^m5$. Ende März lohnt es sich kaum mehr, nach ihr zu suchen.

Am 1. März passiert sie den Meridian um 0^h13^m, am letzten des Monats schon um 21^h49^m.

PERIODISCHE STERNSCHNUPPENSTRÖME

Auch im März bleiben die Meteorraten eher gering.

Weder aus dem Bereich der **ANTIHELION**-Quelle noch von anderen Radianten sind nennenswerte Aktivitäten bekannt. Die früher als Virginiden bezeichneten Meteore aus dem

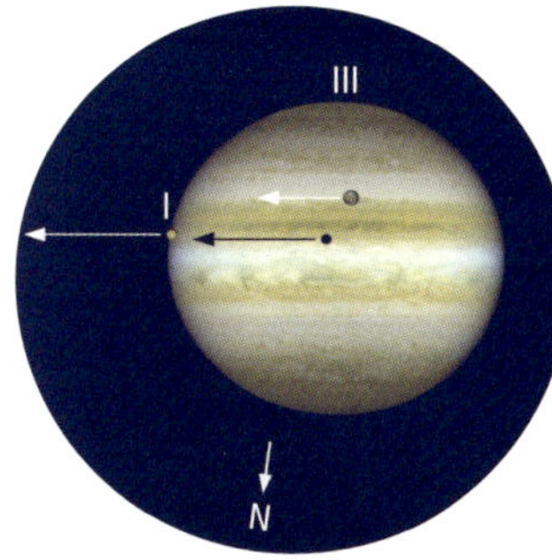

26. März, 19^h22^m MEZ: am Ende seines Durchgangs wirft Io seinen Schatten auf Jupiter. Ganymed zieht vor Jupiter vorbei.

Oppositionsbereich liefern weniger als fünf Meteore pro Stunde. Ein größerer Anteil von Meteoren kommt im gesamten Jahr aus Richtung des Apex der Erdumlaufbewegung um die Sonne, der um 6 Uhr Ortszeit kulminiert.

Am Morgen, wenn der Erdapex (Fluchtpunkt des Erdumlaufes um die Sonne) kulminiert, kollidiert unser Planet mit etlichen Meteoroiden, die in der Ekliptikebene entgegenkommen.

Da im März die morgendliche Ekliptik über dem Südhorizont recht tief liegt, so ist die von unseren Breiten aus beobachtbare Anzahl der frontal eintreffenden Sternschnuppen gering.

In Zeiten geringer Meteoraktivität ist die Chance für die Entdeckung schwacher Quellen günstig. Bisher haben aber systematische Auswertungen verschiedener Datensätze keine nachweisbaren Ströme gezeigt. Dies trifft auch für die Südhalbkugel zu.

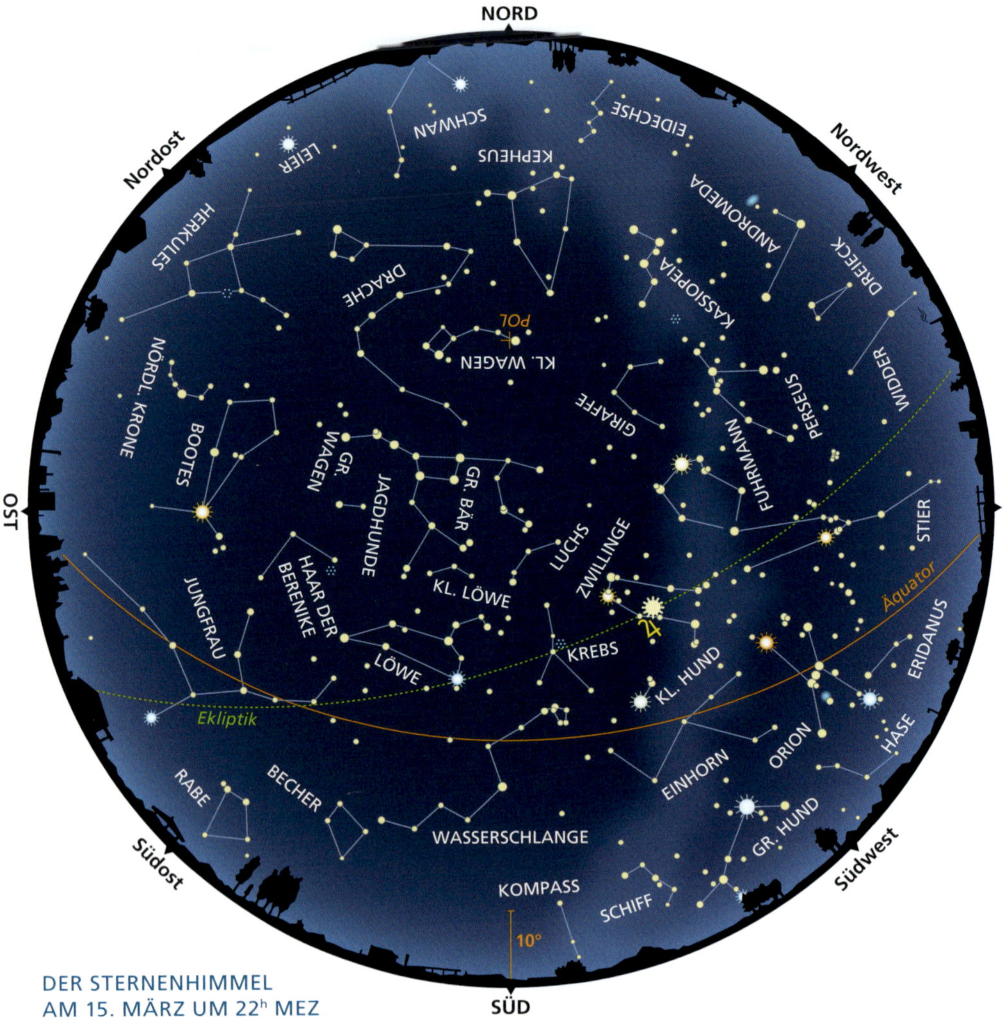

DER STERNENHIMMEL AM 15. MÄRZ UM 22^h MEZ

Die Sternkarte ist auch gültig für:		
	MEZ	**MESZ**
15.11.	6^h	
1.12.	5	
15.12.	4	
1. 1.	3	
15. 1.	2	
1. 2.	1	
15. 2.	0	
1. 3.	**23**	
15. 3.	**22**	
31. 3.	**21**	**22^h**

Der Winter neigt sich seinem Ende zu, wie am abendlichen Sternenhimmel zu erkennen ist. Der mächtige Orion und der auffallend hell strahlende Sirius im Südwesten ziehen zwar die Blicke noch auf sich. Auch der Stier mit dem roten Aldebaran ist noch halbhoch im Westen zu finden.

Aber im Osten hat der Aufmarsch der Frühlingsbilder begonnen. Der Löwe, das Leitsternbild des Frühlings, setzt zu seinem Sprung durch den Meridian an. Der Löwe folgt im Tierkreis dem Krebs, der nun im Süden seine höchste Position erreicht hat.

Der Große Wagen hat sich emporgeschwungen. Seine Deichsel deutet auf den hellen, orangerot leuchtenden Arktur, den Hauptstern des Bootes, der inzwischen im Osten aufgegangen ist. Das Himmels-W, das Pendant zum Großen Wagen, sinkt weit im Nordwesten zum Horizont hinab. Als Zirkumpolarbild geht es allerdings in unseren Breiten nicht unter. „Zirkumpolar" heißt „um den (Himmels-)Pol herum". Sterne in der Nähe des Pols umkreisen ihn auf so engen Bahnen, dass sie nie den Horizont erreichen. Deshalb gehen sie auch nicht unter, man nennt sie zirkumpolar. Ob ein Stern zirkumpolar ist, hängt von seiner Entfernung vom Himmelspol, der sogenannten Poldistanz (p) und der geografischen Breite (φ) ab. Ist die Poldistanz eines Sternes kleiner als die geografische Breite, also $p < \varphi$, dann geht der Stern nicht unter, er ist also zirkumpolar. Denn die Höhe des Himmelspols (h) über dem Nordpunkt am Horizont entspricht stets der geografischen Breite ($h = \varphi$). Daraus folgt auch, dass auf den Polen der Erde alle Sterne zirkumpolar sind – vom Zenit bis zum Horizont. Für Orte am Erdäquator gibt es jedoch keine Zirkumpolarsterne. Um die Poldistanz eines Sternes zu ermitteln, ziehe man einfach seine Deklination (δ) von 90° ab: $p = 90 - \delta$.

Hoch am Himmel sieht man die Sternenketten der Zwillinge mit ihren Hauptsternen Kastor und Pollux. Auch Kapella im Fuhrmann ist jetzt hoch im Westen zu sehen, während Aldebaran, der Hauptstern des Stiers, schon weit nach Westen gerückt ist und zu seinem Untergang ansetzt.

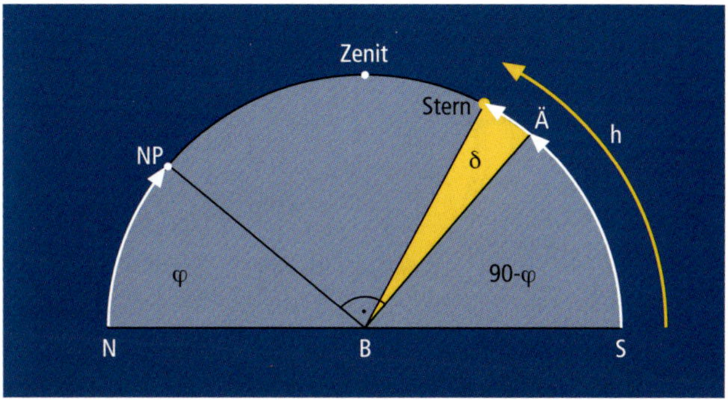

3.5 Zur Zirkumpolarbedingung: Der Meridianschnitt zeigt den Zusammenhang zwischen geografischer Breite φ (= Polhöhe) und Kulminationshöhe h eines Gestirns.

Im Südwesten ist noch Prokyon auszumachen, der hellste Stern in dem winzigen Bild Kleiner Hund (lat.: Canis Minor). Prokyon steht nördlich des Himmelsäquators, während Sirius sich südlich von ihm befindet.

Im Südosten ist die Jungfrau eben erschienen sowie das markante Viereck des Sternbildes Rabe. Der Jungfrauhauptstern, die Spica, gehört als Stern erster Größe zum Frühlingsdreieck, dessen beide andere Eckpunkte von Arktur und Regulus markiert werden. Wegen ihrer Horizontnähe ist Spica noch recht unauffällig und kaum zu sehen, was auch auf das Sternentrapez des Raben zutrifft.

Die Spica (α Vir) strahlt mit $1^{m}\!,0$ scheinbarer Helligkeit ein bläulich-weißes Licht aus. Spica ist 250 Lichtjahre von uns entfernt. Genau genommen setzt sich Spica aus zwei Sonnen zusammen, die einander in nur vier Tagen umkreisen. Sie sind einander so nahe, dass sie durch die Gezeitenkräfte ellipsoidisch verformt und nicht kugelrund sind. Dies führt zu einem Rotationslichtwechsel mit einer Amplitude von knapp $0^{m}\!,1$.

Porrima ist der Eigenname von γ Virginis, benannt nach der

VERÄNDERLICHE STERNE

Algol-Minima	β-Lyrae-Minima	δ-Cepheï-Maxima	Mira-Helligkeit
2. 17^h47^m	4. 19^h H	4. 6^h	1. 3^m
17. 1 55	11. 7 N	9. 15	10. 3
19. 22 44	17. 18 H	14. 24	20. 3
22. 19 33	24. 5 N	20. 8	31. 3
	30. 17 H	25. 17	
		31. 2	

3.6 Figürliche Darstellung des Sternbildes Luchs (lat.: Lynx) in dem fantasievoll ausgeschmückten Sternatlas *Firmamentum Sobiescianum* von Johannes Hevelius aus dem Jahre 1690.

Göttin der Weissagung. γ Vir ist ein prominenter Doppelstern, der immer weiter wird.

Nach Spica ist ε Virginis der bekannteste Stern in der Jungfrau. Er heißt Vindemiatrix, die Winzerin. Die Winzerin erscheint zur Zeit der Weinlese am Morgenhimmel. Vindemiatrix ist $2^{m}\!,8$ hell und 109 Lichtjahre von uns entfernt.

DAS STERNBILD LUCHS (LYNX)

Der Luchs ist mit 545 Quadratgrad ein flächenmäßig zwar großes Sternbild, da es aber nur einen Stern 3. Größe (α Lyncis) und sonst nur Sterne 4. Größe und lichtschwächer besitzt, ist es völlig unscheinbar und schwer zu identifizieren. Der Luchs liegt zwischen dem Fuhrmann und dem Großen Bären. Im Süden wird dieses lichtschwache Bild von Krebs und Zwillingen begrenzt. Die nördlichen Teile des Luchs sind in unseren Breiten zirkumpolar.

Der Luchs gehört nicht zu den klassischen Sternbildern, die uns aus der Antike überliefert sind. Er wurde erst im 17. Jahrhundert von dem Danziger Ratsherrn und späteren Bürgermeister Johannes Hevelius (1611–1687) an den Himmel versetzt. Somit gibt es zum Luchs keine Sagen oder Geschichten aus der Mythologie. Hevelius füllte in seinem 1690 posthum erschienen Werk *Prodromus Astronomiae* die Lücken zwischen den klassischen Sternbildern und führte acht weitere Sternbilder ein: Fliege, Einhorn, Jagdhunde, Füchschen, Eidechse, Sextant, Kleiner Löwe und Schild (des Polenkönigs Sobieski, der zu seinen Gönnern zählte und den Wiederaufbau seiner 1679 abgebrannten Sternwarte unterstützte).

Hevelius bemerkte selbst, dass man die Augen eines Luchses haben muss, um die lichtschwachen Sterne in der Gegend zwischen Fuhrmann und Großer Bär überhaupt zu erkennen und zu unterscheiden. Nach ihm sind in einer sternklaren Nacht 17 Sterne im Luchs mit bloßen Augen zu zählen. Friedrich Wilhelm Argelander hat sogar 42 freisichtige Sterne im Luchs katalogisiert.

Der griechische Astronom und Poet Aratos (um 270 v. Chr.) erwähnt die schwachen Sterne in der Front des Großen Bären. Die vielen schwachen Sterne erinnern an die Flecken eines Tigers. Gelegentlich wurde dieses Sternbild auch als Tiger angesehen. Andere Bezeichnungen wie Fluss Tigris, polnischer Stier oder „Kleiner Fuchs mit der Gans" haben sich nicht durchgesetzt und sind auch nicht verbürgt.

Alsciaukat ist der einzige Stern mit Eigennamen. Nur der hellste Stern wird mit einem griechischen Buchstaben (α Lyncis) bezeichnet, alle anderen haben Nummern aus dem Katalog von John Flamsteed (1646–1719). Sein Katalog *Historia Coelestis Britannica* erschien 1725 posthum und enthält 2935 Sterne. Die Flamsteed-Nummern steigen in jedem Sternbild mit wachsender Rektaszension. Da α Lyncis in der südöstlichen Ecke des Sternbildes Luchs liegt, hat er die Flamsteed-Nr. 40. Seine Helligkeit beträgt $3^{m}\!,1$. Er leuchtet in einem rötlichen Schein (Spektraltyp K9 III) und ist ein Riesenstern in 200 Lichtjahren Entfernung.

Als Kuriosum sei erwähnt, dass der Stern 10 UMa – ein Objekt 4. Größe – im Luchs liegt, während der Stern 41 Lyncis (Helligkeit: $5\overset{m}{,}3$) im Sternbild Großer Bär (UMa) zu finden ist. Diese scheinbare Inkonsequenz hat historische Ursachen. Zu Flamsteeds Zeiten gab es noch keine fest vereinbarten Sternbildergrenzen. Die Grenzlinien wurden willkürlich gezogen und waren in fast allen Sternkarten verschieden. Erst in den Zwanzigerjahren des 20. Jahrhunderts hat die Internationale Astronomische Union die Sternbildergrenzen weltweit verbindlich festgelegt, wobei die Grenzlinien jeweils Teilstücke von Deklinations- und Rektaszensionskreisen sind.

Ein leicht mit einem kleinen Fernglas zu trennender Doppelstern ist 5 Lyncis. Die $5\overset{m}{,}2$ helle, orange Hauptkomponente (K4 III) hat in $96''$ Distanz einen gelben (G8) Begleiter mit $7\overset{m}{,}8$. Ein wesentlich engerer Doppelstern, für dessen Trennung man schon einen Vierzöller (Fernrohr mit zehn Zentimeter freier Objektivöffnung) einsetzen sollte, ist 12 Lyncis. Zwei weiße (beide A2) Sterne von $5\overset{m}{,}4$ bzw. $6\overset{m}{,}0$ Helligkeit stehen in nur $2\overset{\prime\prime}{,}0$ Abstand voneinander. Die Umlaufzeit dieses physischen Sternpaares beträgt rund 700 Jahre. Gute Luftverhältnisse vorausgesetzt, kann auch schon ein Dreizöller 12 Lyncis auflösen.

Wer mit einem Fernrohr beobachtet, kann die Galaxie NGC 2683 im südlichen Teil des Luchses an der Grenze zum Krebs aufstöbern. Mit 10^{m} erscheint sie allerdings lichtschwach. Wir sehen bei dieser Milchstraße vom Hubble-Typ Sb auf die Kante. In größeren Instrumenten wird das vom interstellaren Staub hervorgerufene, dunkle Absorptionsband erkennbar, das den Spiralnebel symmetrisch teilt.

Im Luchs findet sich auch der weit entfernte kugelförmige Sternhaufen NGC 2419. Er liegt etwa 7° nördlich von Kastor in den Zwillingen. Dieser Kugelhaufen wurde 1788 von Wilhelm Herschel entdeckt. Mit nur 11^{m} Helligkeit ist er nur lichtstärkerer Optik zugänglich. Mit 280 000 Lichtjahren Entfernung gehört er zu den weitesten Objekten, die noch zu unserem Milchstraßensystem zählen.

3.7 Skelettkarte des Sternbildes Luchs.

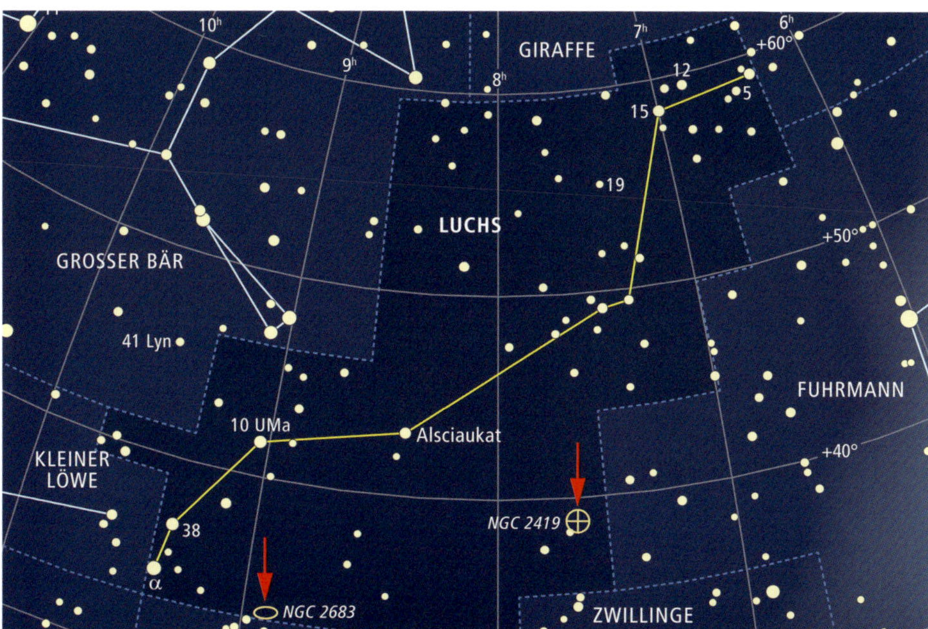

Gigantische Löcher im Universum

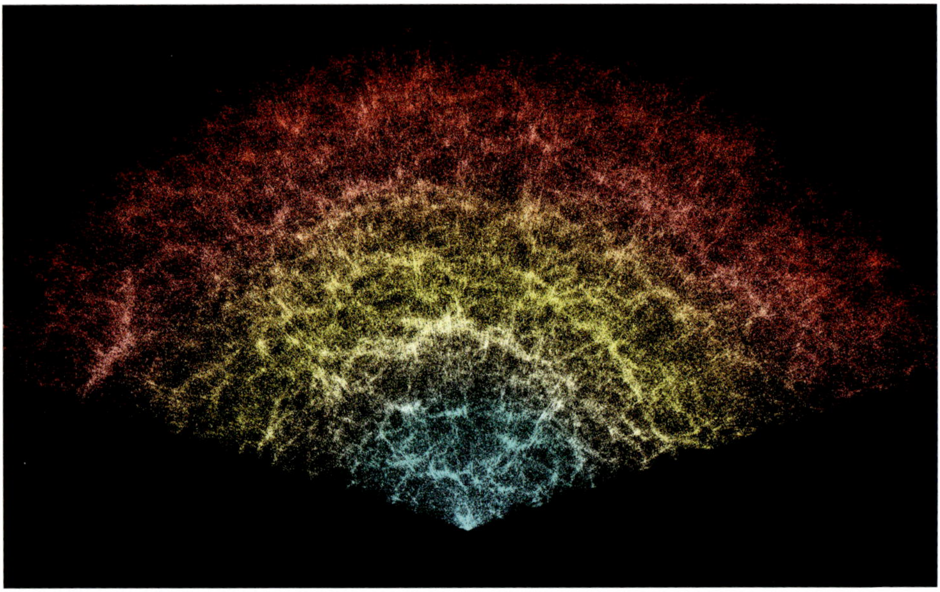

DESI Collaboration/NOIRLab/NSF/AURA/R. Proctor

3.8 Großräumige, honigwabenartige Struktur des Universums: Galaxienhaufen und -superhaufen bilden riesige Mauern (engl. Walls), dazwischen riesige Leerräume (engl. Voids genannt).

Schon früh war aufgefallen, dass die Sterne am Firmament nicht gleichförmig verteilt sind. Das schimmernde Band der Milchstraße wird von unzähligen, weit entfernten Sonnen hervorgerufen. Dies war schon im Altertum vermutet worden. Der Naturphilosoph Demokrit von Abdera (470–380 vor Chr.) hat explizit erklärt: Die Milchstraße wird von ungeheuer vielen, weit entfernten Sternen gebildet. Aber erst nach Erfindung des Fernrohrs (1609) konnte man sich davon überzeugen, dass diese zunächst als Vermutung geäußerte Ansicht der Realität entspricht. Rund 400 Milliarden Sterne bilden ein riesiges, diskusförmiges Sternensystem, das man Galaxis nennt. Der Name stammt vom griechischen Wort für Milch. Die Verteilung der Sterne in der Milchstraße hat Wilhelm Herschel (1738–1822) und später Jacobus Kapteyn (1851–1922) untersucht. Sie waren die Väter der Stellarstatistik. Kapteyn führte Eichfelder ein, die er nach bestimmten Kriterien durchmusterte. Die Größe der Galaxis wurde aber lange unterschätzt. Thomas Wright (1711–1786) dachte noch, die Milchstraße habe die Form eines Mühlsteins mit 2000 Lichtjahren Durchmesser. Bei Kapteyn war die Galaxis schon 40 000 Lichtjahre groß. Erst Harlow Shapley (1885–1972) erkannte aus seinen Untersuchungen über die Verteilung der Kugelsternhaufen die wahre Dimension der Milchstraße. Rund 100 000 Lichtjahre misst die galaktische Scheibe aus Sternen und interstellarer Materie.

Die Entdeckung der Galaxien

Noch vor 100 Jahren war man sich nicht sicher, ob die nebeligen Lichtfleckchen wie M 31 im Sternbild Andromeda und andere ähnliche Gebilde Objekte in unserer Milchstraße sind oder nicht. Doch Edwin Powell Hubble (1889–1953) und sein Kollege Milton Humason (1891–1972) stießen das Tor zu den Tiefen des Universums auf, indem sie in den 1920er-Jahren die Randpartien des Andromedanebels in Einzelsterne auflösten und damit zeigten, dass M 31 weit außerhalb unserer Galaxis liegt – nach heutigen Entfernungsbestimmungen rund 2,5 Millionen Lichtjahre. Unsere Milchstraße ist nicht das einzige Sternensystem seiner Art. Das Weltall ist gefüllt von unzähligen Galaxien, wie die Milchstraßensysteme genannt werden.

Bald war klar, dass die Galaxien nicht völlig gleichförmig verteilt sind, sondern sich zu Gruppen oder Haufen formieren. Unsere Galaxis, der Andromedanebel, der Dreiecksnebel (M 33) im Sternbild Triangulum sowie Maffei 1 als große Milchstraßensysteme bilden mit mehr als zwei Dutzend Zwerggalaxien die Lokale Gruppe. Ein großer Galaxienhaufen befindet sich in knapp 60 Millionen Lichtjahren Entfernung im Sternbild Jungfrau. Zum Jungfrauhaufen gehören mehr als 2500 großen Galaxien.

Die Galaxienhaufen zeigen die Tendenz, noch größere Strukturen zu bilden. So gehören die Lokale Gruppe und der Virgo-Galaxienhaufen zum Virgo-Superhaufen (Virgo Supercluster nach der englischen Bezeichnung). Er hat einen Durchmesser von rund 150 Millionen Lichtjahren.

Haufen, Superhaufen und Leerräume

Bis zu einer Entfernung von einer Milliarde Lichtjahren beobachtet man Dutzende solcher Galaxiensuperhaufen. Sie werden nach den Sternbildern benannt, in deren Richtung sie zu finden sind wie Coma-, Centaurus-, Hercules- und Sculptor-Supercluster. „Cluster" ist die englische Bezeichnung für Haufen.

In den letzten Jahrzehnten hat es zahlreiche Durchmusterungen bis zu Galaxien in mehr als vier Milliarden Lichtjahren Entfernung gegeben. Dabei hat sich gezeigt, dass die Galaxiensuperhaufen riesige, mehrere Milliarden Licht-

3.9 Apache Point Observatory in New Mexiko, USA, mit dessen 2,5-m-Spiegelteleskop die Positionen und Helligkeiten von mehr als einer Million Galaxien bestimmt wurden.

SDSS/David Kirkby

jahre lange aber vergleichsweise schmale, nur wenige Dutzend Millionen Lichtjahre breite Streifen bilden, sogenannte galaktische Filamente, die gewaltige sphärische (kugelförmige) Hohlräume umschließen, in denen keine oder nur wenige Galaxien anzutreffen sind. In ihnen beträgt die Materiedichte nur 15 % der mittleren Materiedichte des intergalaktischen Raumes. Diese Leerräume heißen in der Fachsprache der Astronomen Cosmic Voids oder kurz Voids (engl. void = Leere, Lücke, Hohlraum). Voids von 300 Millionen Lichtjahren in der maximalen Ausdehnung werden als Supervoids bezeichnet. Gelegentlich spricht man auch von Dunklen Räumen (Dark Space).

Das erste dieser kosmischen Löcher wurde schon 1978 von Stephen Gregory und Laird A. Thomson am Kitt Peak National Observatory nahe Tucson in Arizona (USA) entdeckt. Es ist das Bootes Void mit 330 Millionen Lichtjahren Durchmesser, das auch unter „Das Große Nichts“ firmiert. Auch die Lokale Gruppe und der Virgo-Galaxiensuperhaufen liegen nahe einem Void, das Local Hole (Lokales Loch) genannt wird und einen Durchmesser von zwei Milliarden Lichtjahren aufweist.

Eines der größten Supervoids, umschlossen von 110 000 großen Galaxien, erstreckt sich bis drei Milliarden Lichtjahren im Durchmesser.

Die Hercules-Corona Borealis Great Wall erstreckt sich über 9 700 000 000 Lichtjahre und umschließt einen Supervoid. Entdeckt wurde dieser Supervoid 2013 mit Hilfe der Gamma- und Röntgenstrahlung, wobei die Existenz einer solchen Riesenstruktur noch diskutiert wird.

Strukturen im jungen Universum

Geformt wurden diese kosmischen Löcher bereits kurz nach dem Urknall von den frühen kosmischen Schallwellen (Baryon Acoustic Oscillations). Die Wechselwirkung von Strahlungsdruck und Gravitation erzeugte im primordialen Plasma Schallwellen, die sich mit rund 0,6 c (Lichtgeschwindigkeit) ausbreiteten.

Die Voids sind offenbar mit der beobachteten Temperatur des kosmischen Mikrowellen-Hintergrunds (Cosmic Microwave Background CMB) korreliert infolge des Sachs-Wolfe-Effekts. In den weniger dichten Raumbezirken, also in den Voids, sind die Photonen etwas energiereicher und damit weniger nach rot verschoben, während die Galaxienfilamente mit dichterer Materie den Photonen des CMB mehr Energie entziehen und damit röter sind.

Aus der Wachstumsrate der Voids in Abhängigkeit vom Weltalter lässt sich auf die Wirkung der Dunklen Energie schließen, was allerdings ein schwieriges Unterfangen ist. Davon hängt aber die zukünftige Entwicklung des Universums ab. Neueste Untersuchungen lassen vermuten: Die Dunkle Energie wird wieder schwächer ohne jedoch die Expansion des Universums zum Erliegen zu bringen.

Die großräumige Struktur des Universums lässt sich einteilen in

- Voids (Leerräume) mit sphärischen Formen und extrem geringen Dichten und Durchmessern bis zu 300 Millionen Lichtjahren
- Walls (Mauern) mit den durchschnittlichen Dichten in großen intergalaktischen Bereichen. Man kann sie unterteilen in Clusters (Haufen) mit erhöhten Dichten, wo sich Walls überschneiden und die Dichten sich summieren, sowie in Filamente von Superclusters, die gemeinsame Strömungen zeigen und hunderte Millionen Lichtjahren Länge aufweisen. Das lokale Filament, zu dem auch unsere Lokale Gruppe und der Virgo-Cluster gehören, wurde Laniakea getauft.

Die ursprüngliche Vorstellung, die Galaxien würden in den Superhaufen regellos umherschwirren wie Mücken in einem Schwarm, hat sich nicht bestätigt. Vielmehr zeigen die Galaxien gemeinsame Strömungen, wie vor allen die Forschungsergebnisse der französischen Astronomin Hélène Courtois vom Institute de Physique Nucléaire der Universität von Lyon sowie eines Astronomenteams um Brent Tully vom Astronomischen Institut der Universität Hawaii in Honolulu zeigen. Der Virgo-Superhaufen ist gemeinsam mit anderen Superhaufen in einen kosmischen Fluss (cosmic flow) eingebunden.

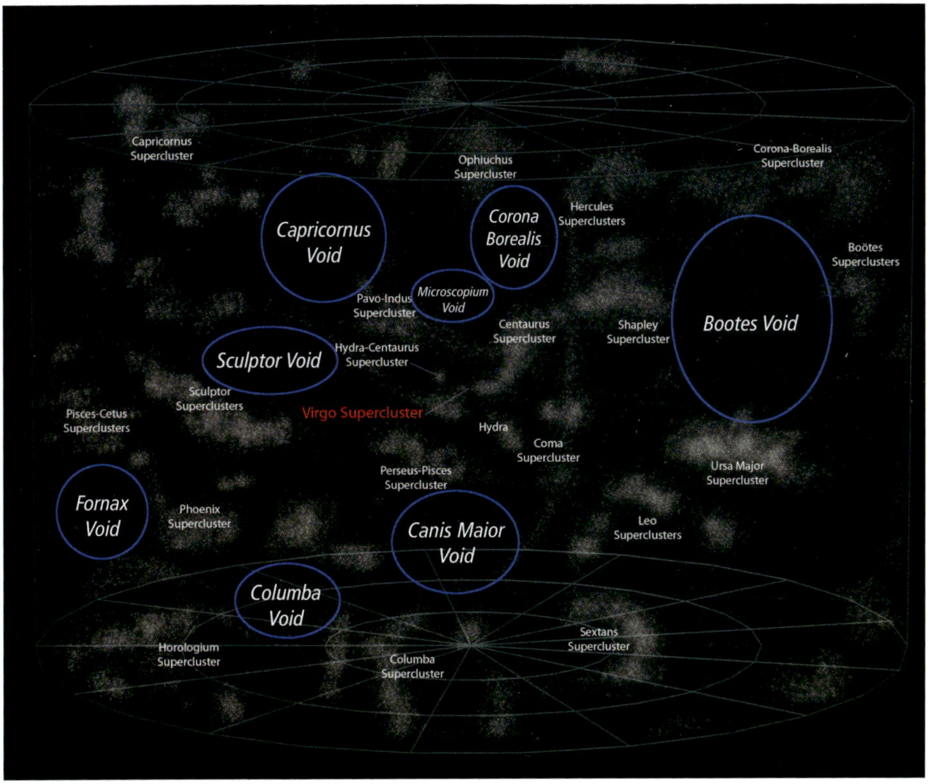

Wikimedia/Azcolvin429/Zeryphex/Astronom5109

3.10 Übersicht einiger bekannter Voids oder Löcher im All

Das Team konnte nachweisen, dass der Virgo-Superhaufen gemeinsam mit den Superhaufen Hydra-Centaurus, Pavo-Indus und dem Southern Super Cluster eine riesige gemeinsame Struktur bilden. Sie zeigt eine Längsausdehnung von 520 Millionen Lichtjahren, enthält 13 Supergalaxienhaufen inklusive des Virgo-Superclusters mit insgesamt über 100 000 Galaxien und einer Masse von 10^{17} Sonnenmassen. Es handelt sich gewissermaßen um einen Super-Supergalaxienhaufen.

Mit Durchmusterungen zum Gesamtbild

Schon 1978 stieß man auf große Leerräume in der Nachbarschaft des Coma-Superhaufens. Es folgte 1981 die Entdeckung des riesigen Bootes Voids, dann 1985 der Supercluster und Void in der Perseus-Pisces-Region, deren Strukturen entschlüsselt wurden. Schließlich entstand ab 2000 die umfangreichste Durchsuchung nach Superclusters und Voids mit dem Sloan Digital Sky Survey (SDSS), wobei viele bis dahin bereits gewonnene Daten eine recht komplette Übersicht über die großräumige Struktur des extragalaktischen Raumes lieferten. Der SDSS wurde mit einem speziell entwickelten 2,5-m-Spiegelteleskop am Apache Point Observatory (New Mexico, USA) durchgeführt, wobei von rund einer Million Galaxien Positionen und Helligkeiten gemessen sowie Spektren aufgenommen wurden. Der SDSS widmete sich nicht nur der großräumi-

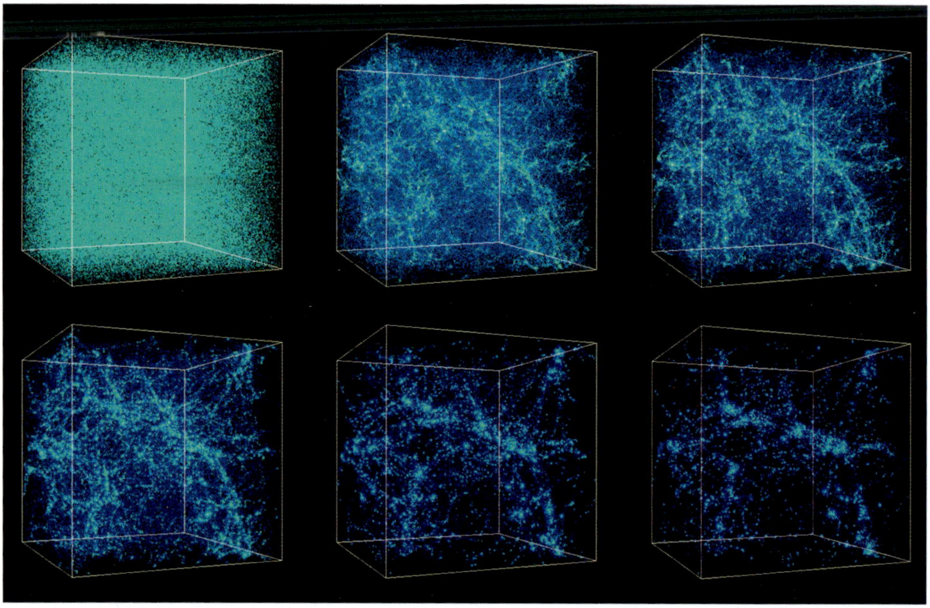

3.11 Simulation der Materiestruktur im Universum bei z = 30 (100 Millionen Jahre) bei 43 × 43 × 43 Mpc Kantenlänge. Die bläulichen Fasern stellen die Verteilung der Massen, vornehmlich Dunkle Materie, dar. Dazwischen liegen die Leerräume. Simulationsrechnung bis z = 0 (Gegenwart, Alter 13,8 Milliarden Jahre).

gen extragalaktischen Forschung. Unter anderem wurden 20 Zwerggalaxien als Trabanten unserer Milchstraße aufgespürt und mehr als 100 000 Asteroiden im Sonnensystem entdeckt.

Zur Erfassung der großräumigen Struktur des intergalaktischen Raumes und dem Einfluss der Dunklen Energie wurde das Beobachtungsprogramm BOSS durchgeführt. BOSS steht für Baryonic Oscillation Spectroscopic Survey. Mit diesem Programm wurde eine dreidimensionale Karte der Verteilung von Galaxienhaufen und -superhaufen erstellt, die sich in einem Raumbereich von 650 Milliarden Kubiklichtjahren befinden. Dieser riesige Bereich enthält etwa 1,2 Millionen große Galaxien.

Drei Methoden helfen, Voids zu finden. Einmal die Durchsuchung des intergalaktischen Raumes, um Leerstellen rein optisch zu erkennen, wobei die Entfernungen der Galaxienhaufen vom Beobachter zu ermitteln sind. Zum Zweiten kann man versuchen, die geometrischen Strukturen der Dunklen Materie zu erfassen, aus denen sich Löcher ergeben. Schließlich verraten gravitative Instabilitäten, wo Masse fehlt, insbesondere in Form Dunkler Materie.

Ganz wesentlich ist es, die Entwicklung der Voids im Laufe der Zeit zu ermitteln, um die Rolle der Dunklen Energie bei der Expansion des Universums wesentlich genauer als bisher zu erfassen. Für die Astronomen und Astronominnen bleibt hier noch viel zu tun. Vor allem ist die Zahl der entdeckten Voids zu erhöhen, um mehr über ihre Verteilung, Größen und Eigenschaften zu erfahren. Die riesigen Löcher im Universum verraten viel über die kosmologischen Parameter und das Schicksal des Kosmos. Immerhin hat sich bisher gezeigt, dass die Allgemeine Relativitätstheorie die Verhältnisse am besten beschreibt. Eine alternative Gravitationstheorie ist entbehrlich.

April 2026

- Venus baut ihre Stellung als Abendstern allmählich aus.
- Mars kann sich aus den Strahlen der Sonne noch nicht befreien und bleibt weiterhin unsichtbar.
- Jupiter dominiert die erste Nachthälfte. Aus der zweiten Nachthälfte zieht er sich zurück.
- Saturn stand Ende des Vormonats in Konjunktion mit der Sonne. Der Ringplanet kann sich aus den Strahlen der Sonne noch nicht befreien und bleibt unsichtbar.
- Trotz großem westlichen Winkelabstand von fast 28° reicht es für Merkur nicht zu einer Morgensichtbarkeit.

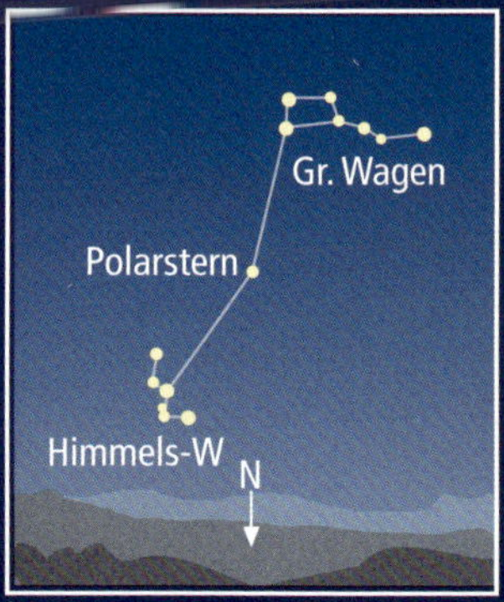

Großer Wagen und Himmels-W Anfang April um 22 Uhr MEZ

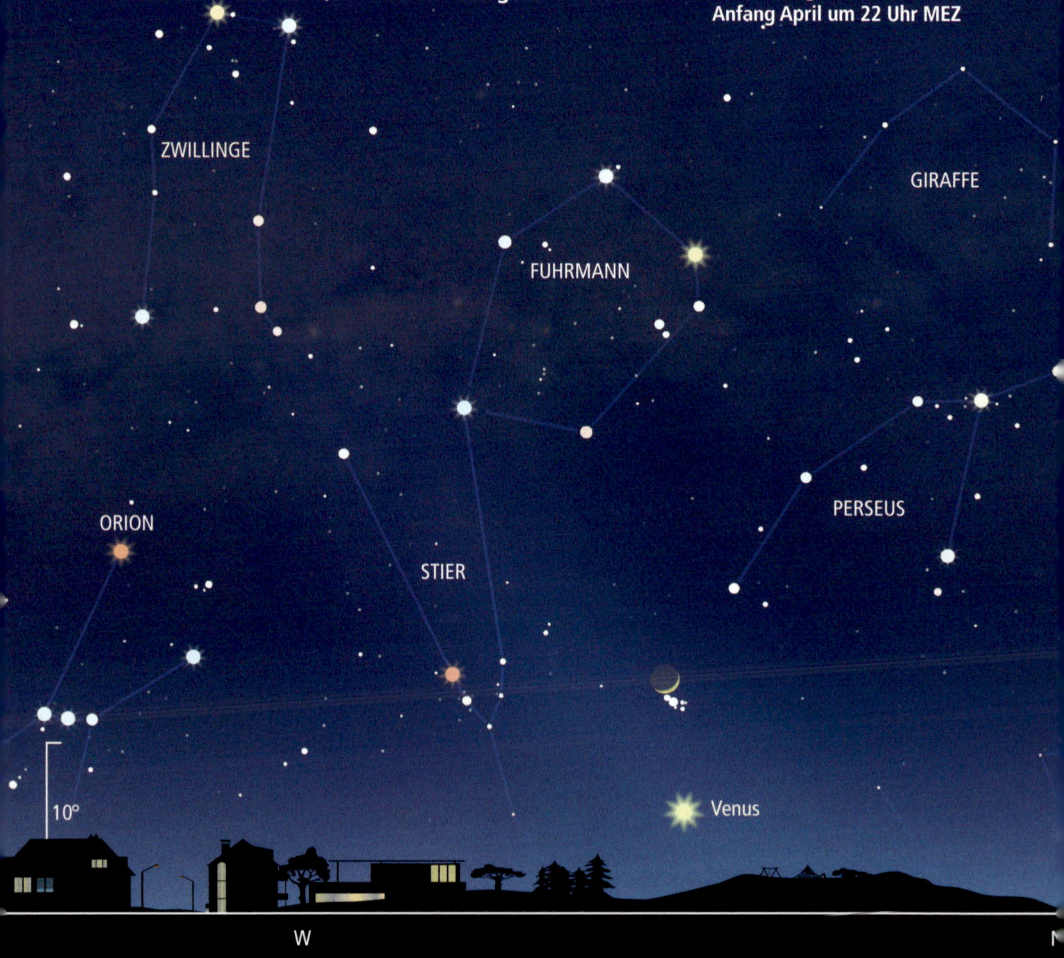

4.1 Abendlicher Himmelsanblick gegen 21h MEZ (= 22h MESZ). Knapp über dem Westhorizont steht die Venus. Zu ihr gesellt sich die Sichel des zunehmenden Mondes am 19. April

1 Mi	
2 Do	**Vollmond** Mond bei Spica – Mitternacht
3 Fr	Karfreitag
4 Sa	Karsamstag
5 So	Ostersonntag
6 Mo	Ostermontag Mond bei Antares – Mitternacht
7 Di	
8 Mi	
9 Do	
10 Fr	Letztes Viertel
11 Sa	
12 So	
13 Mo	
14 Di	
15 Mi	
16 Do	
17 Fr	**Neumond**
18 Sa	
19 So	Mond bei Venus – abends
20 Mo	
21 Di	
22 Mi	Mond bei Jupiter – Mitternacht
23 Do	
24 Fr	Erstes Viertel
25 Sa	Mond bei Regulus – Mitternacht
26 So	
27 Mo	
28 Di	
29 Mi	
30 Do	

SONNE – STERNBILDER

19. 4. 4ʰ:
Sonne tritt in das Sternbild Widder

20. 4. 3ʰ:
Sonne tritt in das Tierkreiszeichen Stier

Julianisches Datum am
1. April, 1ʰ MEZ: 2 461 131,5

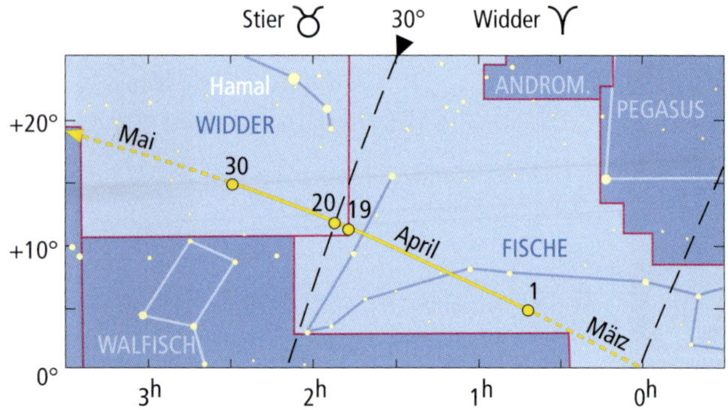

SONNENLAUF

Tag	Dämmerg. Anfang	Aufgang MEZ	Kulmination	Untergang MEZ	Dämmerg. Ende	Mittagshöhe	Zeitgleichg.	Rektaszension	Deklination
	h m	h m	h m	h m	h m	°	m	h m	°
1.	4 45	5 57	12 24	18 52	20 04	44,6	–4	0 40	+ 4,3
5.	4 35	5 48	12 23	18 58	20 11	46,2	–3	0 55	+ 5,9
10.	4 23	5 38	12 21	19 06	20 21	48,0	–1	1 13	+ 7,7
15.	4 11	5 27	12 20	19 14	20 30	49,9	0	1 31	+ 9,6
20.	3 59	5 17	12 19	19 22	20 40	51,6	+1	1 50	+11,3
25.	3 47	5 08	12 18	19 29	20 50	53,3	+2	2 09	+13,0
30.	3 36	4 58	12 17	19 37	21 00	54,9	+3	2 28	+14,6

TAGES- UND NACHTSTUNDEN

5. April

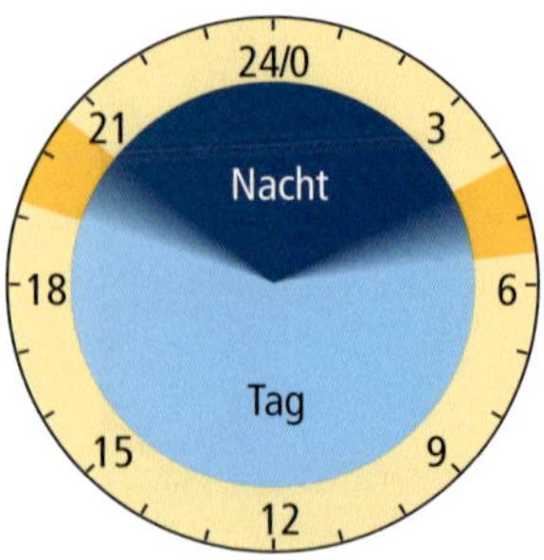

15. April

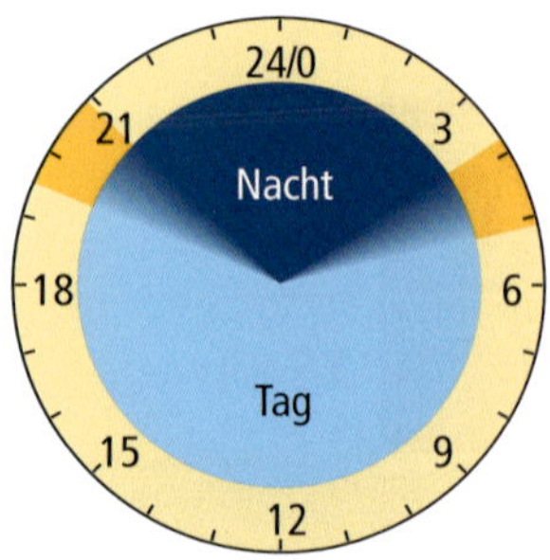

25. April

MONDLAUF

Datum		Aufg. MEZ	Kulmination	Unterg. MEZ	Rektaszension	Deklination		Sterne und Sternbilder	Phase	MEZ
		h m	h m	h m	h m	°				
Mi	1.	18 31	–	5 31	11 50	– 0,9		Jungfrau		
Do	2.	19 44	0 14	5 44	12 35	– 6,8		Jungfrau	**Vollmond**	$3^h 12^m$
Fr	3.	20 58	0 57	5 57	13 21	–12,5		Spica		
Sa	4.	22 11	1 41	6 13	14 07	–17,5		Jungfrau		
So	5.	23 23	2 27	6 34	14 56	–21,8		Waage		
Mo	6.	–	3 15	7 00	15 46	–25,1		Waage	Größte Südbreite	
Di	7.	0 30	4 05	7 36	16 38	–27,3		Antares	Erdferne 405/29,′5	10^h
Mi	8.	1 29	4 56	8 23	17 31	–28,3		Schlangenträger		
Do	9.	2 17	5 48	9 21	18 25	–27,9		Kaus Borealis		
Fr	10.	2 54	6 38	10 29	19 18	–26,2		Schütze, Nunki	**Letztes Viertel**	$5^h 52^m$
Sa	11.	3 21	7 28	11 42	20 10	–23,3		Steinbock		
So	12.	3 43	8 15	12 59	21 01	–19,3		Steinbock		
Mo	13.	4 00	9 01	14 16	21 50	–14,4		Steinbock	Libration Ost	
Di	14.	4 14	9 47	15 35	22 38	– 8,6		Wassermann	Aufsteigender Knoten	
Mi	15.	4 28	10 33	16 55	23 27	– 2,3		Fische		
Do	16.	4 43	11 21	18 19	0 16	+ 4,4		Fische		
Fr	17.	4 59	12 12	19 47	1 08	+11,0		Fische	**Neumond Nr. 1278**	$12^h 52^m$
Sa	18.	5 19	13 08	21 18	2 03	+17,1		Widder, Hamal		
So	19.	5 45	14 07	22 49	3 02	+22,3	*	Widder	Erdnähe 362/33,′0	8^h
Mo	20.	6 23	15 11	–	4 06	+26,0		Stier, Plejaden	Größte Nordbreite	
Di	21.	7 16	16 16	0 10	5 11	+28,0	*	Stier, Alnath		
Mi	22.	8 26	17 20	1 15	6 17	+27,9		Zwillinge		
Do	23.	9 46	18 19	2 01	7 21	+26,0		Kastor, Pollux		
Fr	24.	11 10	19 13	2 32	8 20	+22,5		Krebs, Krippe	**Erstes Viertel**	$3^h 32^m$
Sa	25.	12 32	20 02	2 55	9 15	+17,9	*	Krebs	Libration West	
So	26.	13 51	20 47	3 12	10 06	+12,5		Löwe, Regulus	Absteigender Knoten	
Mo	27.	15 06	21 30	3 26	10 53	+ 6,6		Löwe		
Di	28.	16 19	22 12	3 39	11 39	+ 0,6		Jungfrau		
Mi	29.	17 31	22 54	3 51	12 23	– 5,3		Jungfrau		
Do	30.	18 43	23 37	4 05	13 08	–11,0		Spica		

DER ZUNEHMENDE HALBMOND WANDERT AN JUPITER VORBEI

22. April 20^h

23. April 1^h

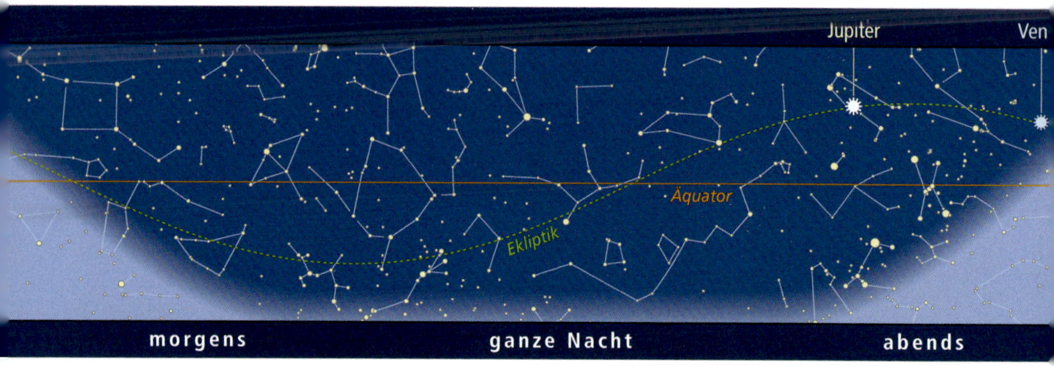

MERKUR erreicht am 4. mit 27°49′ seine größte westliche Elongation von der Sonne. Dies ist der fast größtmögliche Elongationswinkel. Er fällt diesmal so groß aus, weil Merkur nur wenige Stunden später durch sein Aphel läuft. Am Tag der größten westlichen Elongation tritt auch die Dichotomie (Halbmerkur) ein, wobei das Merkurscheibchen einen scheinbaren Durchmesser von 7,″6 aufweist.

Trotz des großen Winkelabstandes reicht es nicht für eine Morgensichtbarkeit in unseren Breiten, da die morgendliche Ekliptik flach zum Osthorizont liegt. Südlich von 38° nördlicher Breite kann Merkur jedoch am Morgenhimmel erspäht werden. Am 20. begegnet Merkur dann

4.2 Heliozentrischer Anblick des Planetensystems im zweiten Jahresviertel 2026. Eingetragen sind links die Positionen der inneren Planeten für den 1. April (4), 1. Mai (5), 1. Juni (6) und 1. Juli (7). Der rechte Teil zeigt das äußere Planetensystem zu Anfang und Ende des zweiten Jahresviertels. Die Pfeile deuten die Richtungen zu den ferneren Planeten sowie zum Frühlingspunkt an.

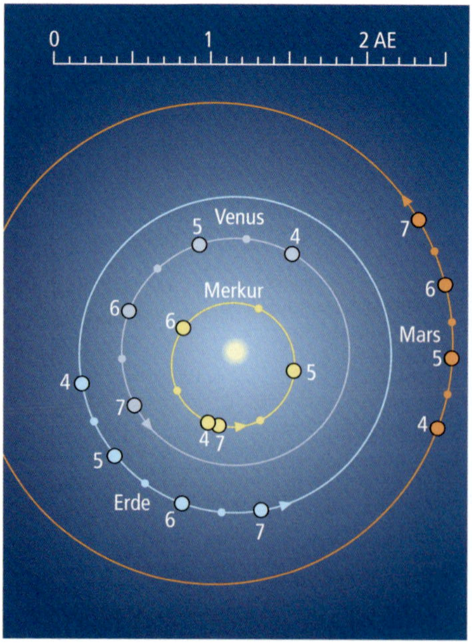

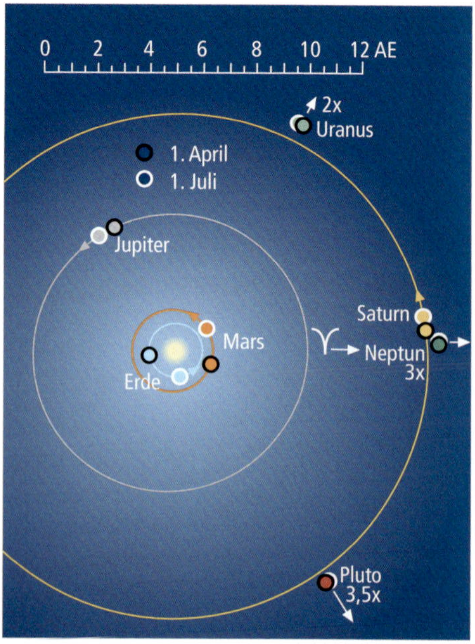

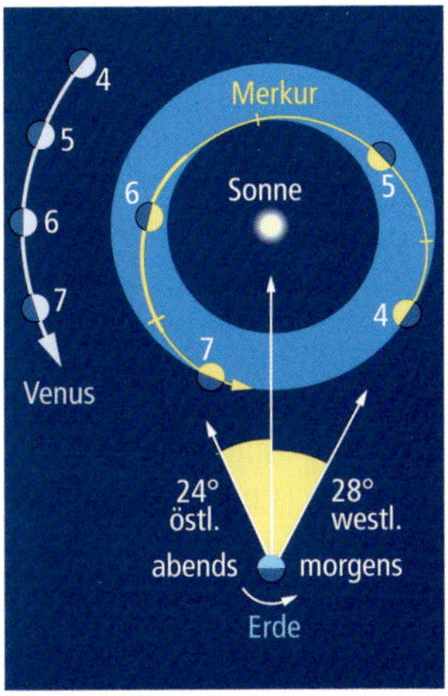

4.3 Heliozentrische Bewegungen von Merkur und Venus *relativ* zur Erde. In den dicker ausgezogenen Bahnteilen sind die Planeten beobachtbar. Die Zahlen markieren die Positionen jeweils zum Monatsersten. Östlicher Winkelabstand bedeutet Abendsichtbarkeit, westliche Elongation: Planet steht am Morgenhimmel.

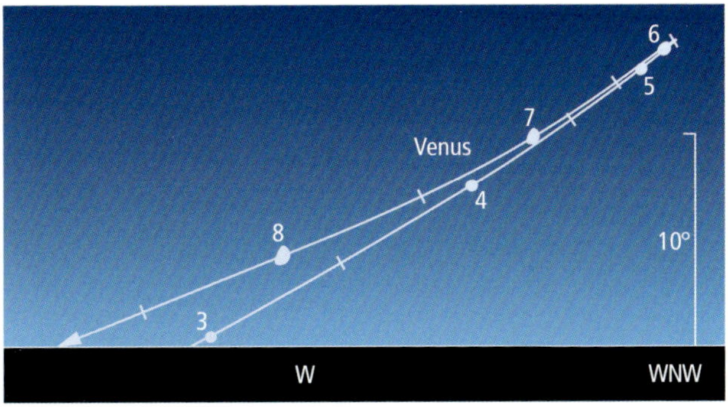

4.4 Venusstellung über dem Westhorizont abends eine Stunde nach Sonnenuntergang.

dem roten Planeten und dem Ringplaneten (siehe Abb. 4.6 auf Seite 104).

VENUS baut ihre Stellung als Abendstern allmählich aus. Zwar verspäten sich ihre Untergänge um eineinhalb Stunden, aber auch die Tageslänge nimmt zu, es wird immer später dunkel. So nimmt die Sichtbarkeitsdauer lediglich um etwa eine dreiviertel Stunde zu.

Eine Stunde nach Sonnenuntergang steht Venus zu Monatsbeginn nur 6° über dem Westhorizont, zu Monatsende dann immerhin 12° hoch (siehe Abb. 4.4 oben).

Die Venushelligkeit bleibt mit $-3\overset{\mathrm{m}}{,}9$ konstant. Damit ist unser innerer Nachbarplanet nach Sonne und Mond das hellste Gestirn am irdischen Himmel.

Im Fernrohr erkennt man Ende April das knapp 12″ große Venusscheibchen mit einem leichten Beleuchtungsdefekt. Der Beleuchtungsgrad beträgt dabei 88 %. Im Laufe der nächsten Wochen und Monate wird der scheinbare Venusdurchmesser immer größer, der Beleuchtungsgrad wird immer geringer, bis Venus schließlich eine große, schmale Sichel zeigt.

4.5 Die Venusbahn zieht im April 2026 durch das Sternbild Widder in das Goldene Tor der Ekliptik im Stier.

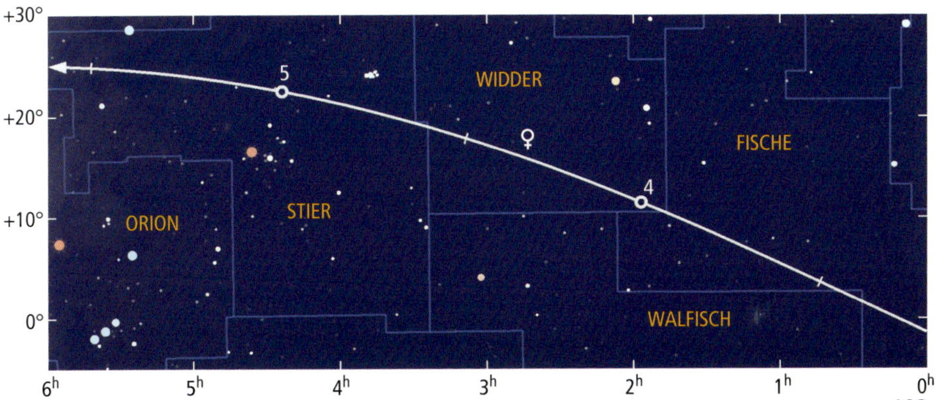

Venus wandert durch das Sternbild Widder und wechselt am 19. in das Sternbild Stier. Im letzten Monatsdrittel passiert sie etwa 3°,5 südlich den Sternhaufen der Plejaden im Stier (siehe Abb. 4.5 auf Seite 103).

Die Venusuntergänge erfolgen am 1. um 20^h44^m, am 15. um 21^h28^m und am 30. erst um 22^h12^m (= 23^h12^m Sommerzeit).

Die zunehmende Mondsichel gesellt sich am 19. zur Venus, ein hübscher Himmelsanblick am Abendhimmel tief im Westen.

Am 24. wandert Venus in nur 0°47′ nördlichem Abstand am grünlichen Uranus vorbei.

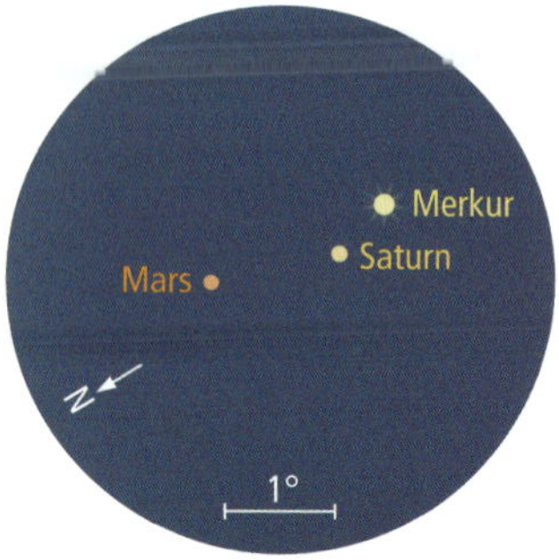

4.6 Planetentreffen am 20. April: Merkur, Saturn und Mars stehen nahe beieinander. Fernglasanblick gegen 6^h MEZ. Allerdings nur von der Südhalbkugel aus sichtbar. Unter günstigen Sichtverhältnissen eventuell auch südlich von 30° Nord.

MARS kann sich aus den Strahlen der Sonne noch nicht befreien und bleibt weiterhin unsichtbar. Die enge Begegnung mit Neptun am 13. und die Konjunktion mit Merkur am 20. entgehen uns ebenso wie die mit Saturn am gleichen Tag. Alle drei Planeten befinden sich am 20. in einem Umkreis von nur 1°,7 Durchmesser (siehe Abb. 4.6 links).

Mars, der rechtläufig durch den Tierkreis zieht, verlässt am 2. die Fische und wandert bis 19. durch den Cetus (lat., Walfisch), bevor er am 21. wieder in die Fische zurückkehrt. Dass er kurzfristig das Sternbild Walfisch besucht, liegt an seiner gegenwärtig südlichen ekliptikalen Breite (1°,0). Am 27. Februar erreicht er seine größte heliozentrische Südbreite und damit auch ekliptikale Südbreite. Am 25. beginnt auf der Marsnordhalbkugel um 5^h der Winter.

KONSTELLATIONEN UND EREIGNISSE

Datum	MEZ	Ereignis
4.	0^h	Merkur in größter westlicher Elongation (28°)
4.	11	Merkur im Aphel
13.	11	Mars bei Neptun, Mars 0°,3 nördlich
15.	20	Mond bei Merkur, Mond 5°,2 nördlich
15.	22	Mond bei Neptun, Mond 3°,9 nördlich
16.	2	Mond bei Mars, Mond 3°,7 nördlich
16.	7	Mond bei Saturn, Mond 5°,2 nördlich
16.	17	Merkur bei Neptun, Merkur 1°,4 südlich
19.	10	Mond bei Venus, Mond 4°,8 nördlich
19.	19	Mond bei Uranus, Mond 5°,4 nördlich
20.	1	Merkur bei Mars, Merkur 1°,8 südlich
20.	9	Merkur bei Saturn, Merkur 0°,5 südlich
20.	19	Mars bei Saturn, Mars 1°,3 nördlich
22.	23	**Mond bei Jupiter**, Mond 3°,6 nördlich, **Abstand 2°,8 um 24^h**
24.	6	Venus bei Uranus, Venus 0°,8 nördlich

JUPITER, wieder rechtläufig in den Zwillingen, zieht sich aus der zweiten Nachthälfte zurück. Er dominiert aber die erste Nachthälfte. Die Jupiterhelligkeit sinkt weiter um $0^m,2$ ab und beträgt am Monatsende $-2^m,0$.

Seine Untergänge verlagert der Riesenplanet von 2^h56^m (= 3^h56^m Sommerzeit) am 1. auf 2^h05^m am 15. und auf 1^h13^m am Monatsletzten. Auch sein scheinbarer Durchmesser ist nun merkbar kleiner als noch zur Opposition. Der Äquatordurchmesser beträgt 35″,3 und der Poldurchmesser 33″,3 Ende April.

Am 22. wandert die zunehmende Mondsichel 3° nördlich von Jupiter vorbei (siehe Mondlaufgrafik auf Seite 101).

SATURN stand Ende des Vormonats in Konjunktion mit der Sonne. Der Ringplanet kann sich aus den Strahlen der Sonne noch nicht befreien und bleibt

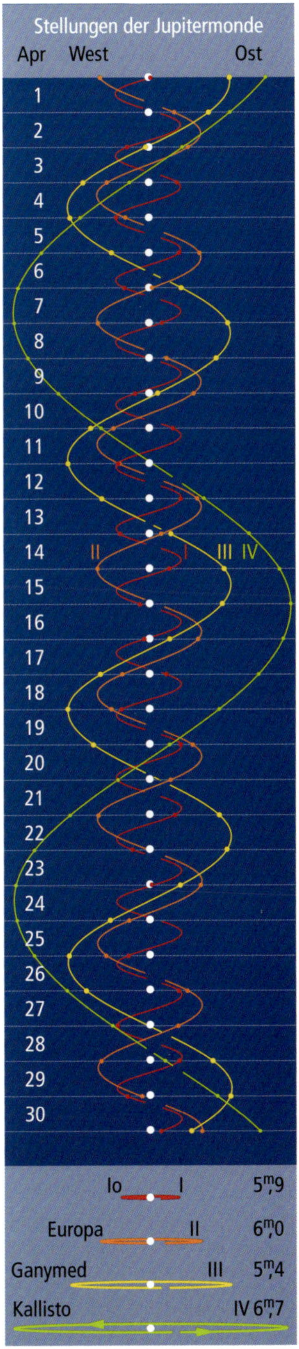

JUPITERMONDE

Tag	MEZ h m	Vorgang	
1.	20 42	II	VE
	21 52	I	BA
2.	20 19	I	SA
	21 18	I	DE
	21 49	III	DA
	22 35	I	SE
3.	19 55	I	VE
6.	20 19	III	VE
	23 35	II	DA
8.	23 20	II	VE
	23 47	I	BA
9.	20 58	I	DA
	22 14	I	SA
	23 13	I	DE
10.	21 50	I	VE
11.	21 23	IV	BA
13.	20 51	III	VA
15.	20 28	II	BA
16.	22 54	I	DA
17.	20 12	I	BA
	20 49	II	SE
	23 45	I	VE
18.	20 55	I	SE
20.	20 17	IV	SA
	23 07	III	BE
22.	23 09	II	BA
24.	20 35	II	SA
	20 58	II	DE
	22 09	I	BA
	23 25	II	SE
25.	20 34	I	SA
	21 37	I	DE
	22 51	I	SE
27.	23 54	III	BA

KONJUNKTIONEN

Tag	MEZ h m	Monde/Dist. S	″	N
4.	21 55	I	4,4	II
12.	0 16	I	4,1	II
24.	21 37	II	4,9	I
30.	21 46	III	5,3	II

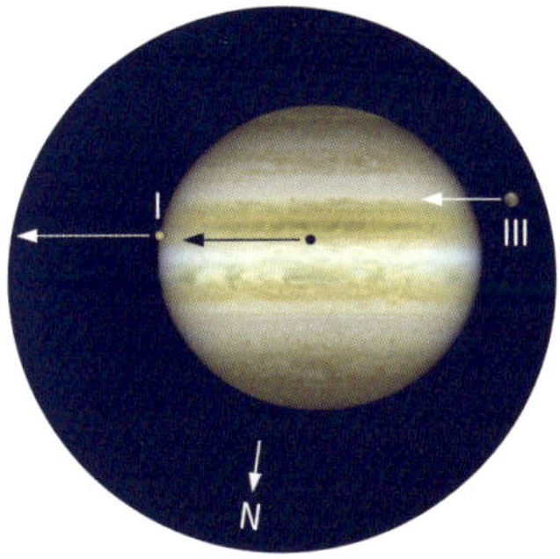

2. April, $22^{h}18^{m}$ MESZ: Io wirft seinen Schatten auf Jupiter am Ende seines Durchgangs und kurz vor Ganymeds Durchgang.

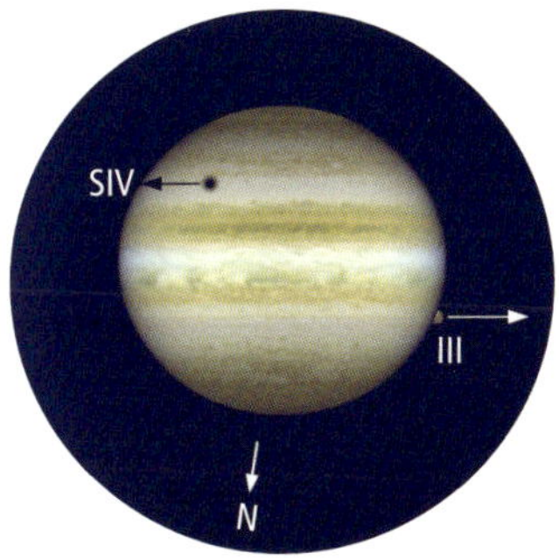

21. April, $0^{h}10^{m}$ MESZ: Kallistos Schatten wandert auf Jupiter, während Ganymed seine Bedeckung beendet.

unsichtbar. Am 9. wechselt er rechtläufig aus den Fischen in den Walfisch (siehe Abb. 10.8 auf Seite 220).

Am 20. stehen der Ringplanet zusammen mit Merkur und Mars in einem Gesichtsfeld von nur $1^{\circ}{,}7$. Von Mitteleuropa nicht sichtbar, kann diese Planetenparade von den Tropen und auf der Südhalbkugel der Erde morgens gegen 6^{h} gesehen werden (siehe Abb. 4.6 auf Seite 104).

URANUS, rechtläufig im Sternbild Stier, nähert sich seiner Konjunktion mit der Sonne, die er im nächsten Monat erreicht. Vom Abendhimmel zieht sich der grünliche Planet vollends zurück. Erfahrene Beobachter mögen Uranus noch zu Monatsbeginn mit lichtstarken Ferngläsern oder Teleskopen aufspüren.

Der Untergang des $5\overset{m}{,}8$ hellen Uranus erfolgt am 1. um $23^{h}11^{m}$ (= $0^{h}11^{m}$ Sommerzeit am 2.), am 15. um $22^{h}19^{m}$ und am 30. bereits um $21^{h}25^{m}$.

Die Begegnung von Venus mit Uranus, die am 24. Uranus in 47′ nördlichem Abstand überholt, ist kaum zu beobachten.

NEPTUN stand im letzten Drittel des Vormonats in Konjunktion mit der Sonne. Der bläuliche Planet wandert rechtläufig durch das Sternbild Fische (siehe Abb. 9.6 auf Seite 202). Seine Helligkeit nimmt von $8\overset{m}{,}0$ leicht auf $7\overset{m}{,}9$ zu. Noch bleibt er in den Strahlen der Sonne verborgen.

Am 13. zieht Mars in nur 0°21′ nördlich an Neptun vorbei, was ebenfalls unbeobachtbar bleibt. Zu einer Begegnung mit Merkur kommt es am 16., bei der der flinke Planet 1°26′ südlich an Neptun vorbeiwandert. Auch dieses Ereignis entgeht uns.

PLANETOIDEN UND ZWERGPLANETEN

IRIS (7) wird am 14. im Sternbild Sextant stationär und ist anschließend wieder rechtläufig (siehe Abb. 2.8 auf Seite 66). Am 14. kulminiert die nur mehr $9\overset{m}{,}5$ helle Iris um $20^{h}51^{m}$ (= $21^{h}51^{m}$ MESZ). Bis 14. sinkt ihre Helligkeit weiter auf $9\overset{m}{,}9$ ab und bis Ende April gar auf $10\overset{m}{,}2$. Ihre Meridiandurchgänge erfolgen am 1. um $21^{h}44^{m}$ und am 30. schon um $19^{h}52^{m}$.

PERIODISCHE STERNSCHNUPPENSTRÖME

Mit den **LYRIDEN** durchquert die Erde nach längerer Pause wieder einen auffallenden Meteorstrom. Erste Meteore lassen sich ab dem 16. April registrieren. Das Maximum wird am 22. erreicht. Der Radiant befindet sich zum Maximum etwa 7° südwestlich von Wega und ist somit nach Mitternacht hoch am Himmel.

Die Lyriden sind schnelle Objekte. Im Mittel liegen ihre Eintrittsgeschwindigkeiten um 49 Kilometer pro Sekunde. Die Lyriden stammen von dem langperiodischen Kometen C/1861 G1 (Thatcher), dessen Umlaufzeit 415 Jahre beträgt.

Der **ANTIHELION**-Komplex wandert durch das Sternbild Jungfrau auf die Waage zu und erreicht somit immer südlichere Abschnitte der Ekliptik. Stündlich sind kaum fünf Meteore zu erwarten.

Ein weit südlicher Strom sind die regelmäßig aufflammenden **π-PUPPIDEN**. Sie erscheinen um den 23. April. Ihr Radiant liegt, wie der Name sagt, im Sternbild Puppis (Hinterdeck des Argonautenschiffes), das in unseren Breiten nur zum Teil sichtbar ist. Wegen der südlichen Lage des Ausstrahlungspunktes sind sie erst südlich von 30° nördlicher Breite zu beobachten. In manchen Jahren erscheinen recht viele Puppiden. Ihr Radiant ist nur am Abendhimmel sichtbar. Es handelt sich um recht langsame Meteore mit Eintrittsgeschwindigkeiten von rund 15 Kilometer pro Sekunde. Als Ursprungskomet wurde 26P/Grigg-Skjellerup ausgemacht.

Im letzten Aprildrittel tauchen die ersten **ETA-AQUARIIDEN** auf (siehe „Sternschnuppenströme im Mai“ auf Seite 121).

Der Fixsternhimmel

Der Frühling hat Einzug gehalten, wie der abendliche Sternenhimmel erkennen lässt. Steil über unseren Köpfen, fast exakt im Zenit, steht der Große Wagen. Hoch im Süden passiert gerade der Löwe den Meridian. Ein mächtiges Sternentrapez soll dabei den Rumpf dieses königlichen Tieres andeuten. Darauf sitzt nordwestlich ein kleines Trapez, das den Kopf markieren soll. Die Grundlinie des Löwentrapezes wird von den beiden Sternen Regulus (α Leonis) und Denebola (β Leonis) gebildet. Regulus ist der hellste Stern im Löwen ($1\overset{m}{,}4$). Der Name bedeutet so viel wie „Kleiner König“ und kommt aus dem Lateinischen. Er wurde von Nikolaus Kopernikus vorgeschlagen.

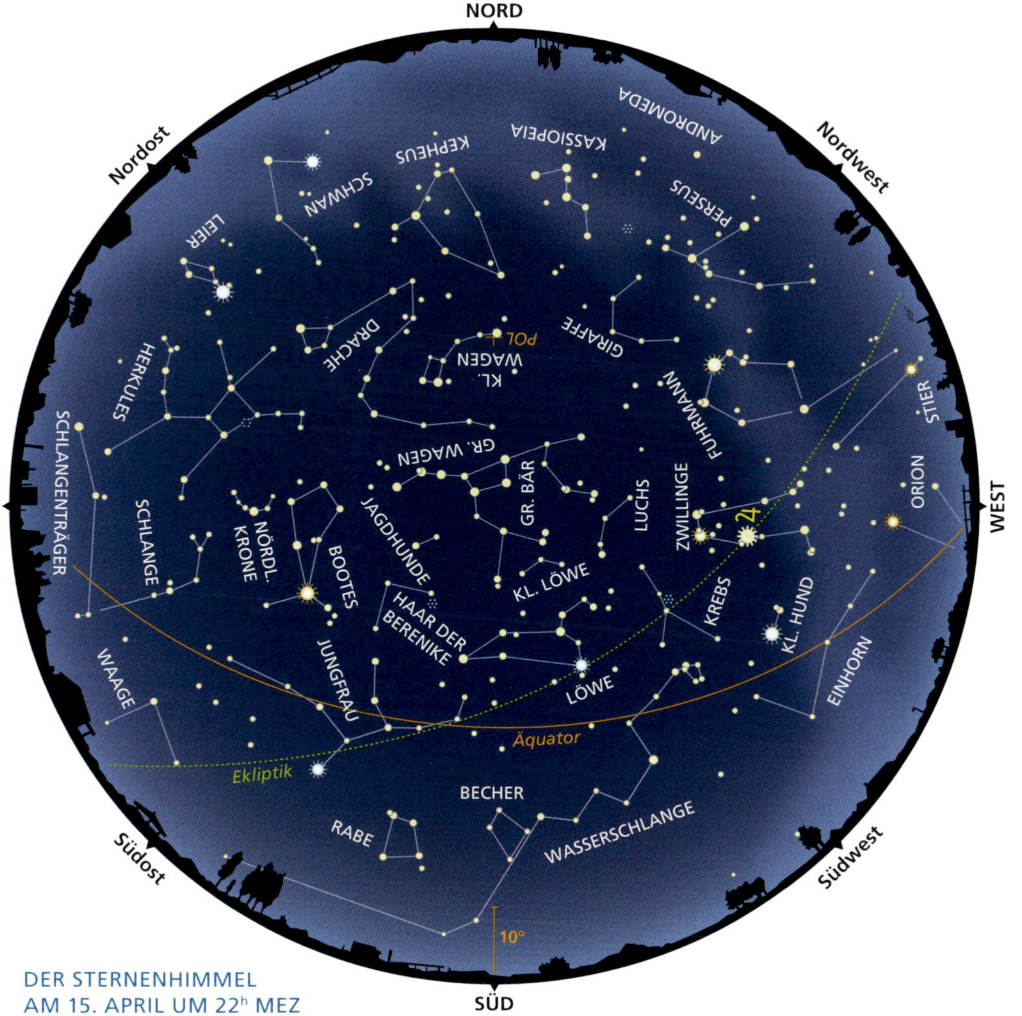

DER STERNENHIMMEL
AM 15. APRIL UM 22^h MEZ

Die Sternkarte ist auch gültig für:

	MEZ	MESZ
15.12.	6^h	
1. 1.	5	
15. 1.	4	
1. 2.	3	
15. 2.	2	
1. 3.	1	
15. 3.	0	
1. 4.	**23**	**24^h**
15. 4.	**22**	**23**
30. 4.	**21**	**22**

Regulus steht nahe der scheinbaren Sonnenbahn und markiert somit recht gut die Lage der Ekliptik am Himmelszelt. Da Regulus nahe der scheinbaren Sonnenbahn zu finden ist, so wird er gelegentlich vom Mond und in seltenen Fällen sogar von Planeten bedeckt. Um den 23. August zieht die Sonne an Regulus vorbei. Der Löwe steht dann am Taghimmel und bleibt nachts unsichtbar. Denebola ist mit $2\overset{m}{,}1$ deutlich lichtschwächer als der Löwenhauptstern. Der Name stammt aus dem Arabischen und heißt so viel wie „Schwänzchen". Von Denebola ist das Licht 36 Jahre zu uns unterwegs, während Regulus mit 79 Lichtjahren doppelt so weit entfernt ist.

Blickt man zum Großen Wagen und folgt mit den Augen dem

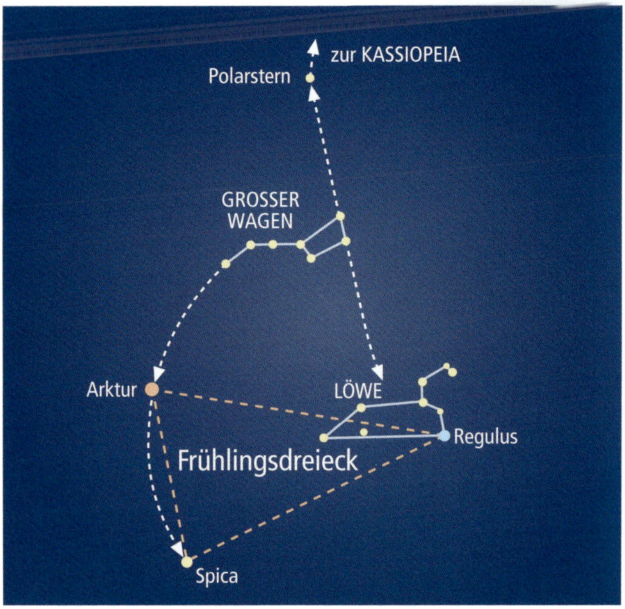

4.7 Das Frühlingsdreieck setzt sich aus den drei hellen Sternen Arktur im Bootes, Regulus im Löwen und Spica in der Jungfrau zusammen.

Bogenschwung der Deichsel, so trifft man auf den hellen, orangerot leuchtenden Arktur. Mit Sirius, Kanopus, Toliman und Wega gehört Arktur zu den fünf hellsten Fixsternen am irdischen Firmament. Seine scheinbare Helligkeit beträgt $0^{m},0$, womit er gut zweieinhalbmal heller strahlt als ein Stern erster Größenklasse. Mit 37 Lichtjahren Distanz ist Arktur fast genauso weit wie Denebola im Löwen entfernt. Da er uns aber trotz gleicher Entfernung viel heller erscheint als Denebola, so muss auch seine wahre Leuchtkraft viel größer sein. Arktur ist ein sogenannter roter Riesenstern, der sehr viel leuchtkräftiger als unsere Sonne ist. Arktur heißt so viel wie Bärenhüter oder -wächter. Er treibt gewissermaßen den Großen Bären um den Pol herum und bewacht auch den Kleinen Bären.

Arktur ist der hellste Stern im Bild des Bootes. Diese Bezeichnung stammt aus dem Griechischen und bedeutet Rinderhirt. Nach Vorstellung der alten Römer waren nämlich die sieben Sterne des Großen Wagens sieben Dreschochsen (lat.: Septemtriones), die im täglichen Trab um den Polarstern als Göpel laufen. Und der Bootes treibt sie ständig an. Die drachenähnliche Figur des Bootes prägt sich leicht ein.

Den Raum im Südosten nimmt die Jungfrau (lat.: Virgo) ein. Sie gehört wie der Löwe zum Tierkreis, also zu jenen 13 Sternbildern, durch die Sonne, Mond und die Planeten ihre Bahnen ziehen. Der Hauptstern der Jungfrau heißt Spica, die Kornähre. Spica soll die Fruchtbarkeit symbolisieren. Im Gegensatz zu Arktur strahlt Spica ein bläulichweißes Licht aus, denn sie ist an ihrer Oberfläche viel heißer als Arktur. Mit 250 Lichtjahren ist sie auch erheblich weiter als Arktur entfernt. Mit $1^{m},0$ scheinbarer Helligkeit ist Spica ein typischer Vertreter der Sterne erster Größenklasse. Spica ist ein sehr enger Doppelstern, der auch in großen Teleskopen nicht aufzulösen ist.

Die Wintersternbilder haben das Feld geräumt. Orion ist im Untergang begriffen und kann nicht mehr erkannt werden. Sirius ist unter die Horizontlinie gesunken. Lediglich Prokyon im

VERÄNDERLICHE STERNE

Algol-Minima		β-Lyrae-Minima		δ-Cepheï-Maxima		Mira-Helligkeit	
3.	6^h51^m	6.	4^h N	5.	11^h	1.	4^m
9.	0 28	12.	15 H	10.	20	10.	4
11.	21 17	19.	3 N	16.	4	20.	4
14.	18 07	25.	14 H	21.	13	30.	4
26.	5 23			26.	22		

Kleinen Hund blinkt noch im Südwesten.

Weit im Westen sind die beiden Sternenketten der Zwillinge zu sehen, die in der ersten Jahreshälfte von Jupiter besucht werden.

Im Nordwesten leuchtet deutlich sichtbar die Kapella im Fuhrmann. Auch sie ist wie Spica ein spektroskopischer Doppelstern.

Tief im Nordosten macht sich die Wega im Sternbild Leier bemerkbar. Sie deutet den kommenden Sommer an, bildet sie doch einen Eckstern des Sommerdreiecks. Zwischen Wega und Arktur liegen die lichtschwachen Bilder Herkules und Nördliche Krone. Während Herkules recht schwierig auszumachen ist, fällt die Nördliche Krone trotz nicht besonders heller Sterne leicht auf, denn sie bilden einen markanten Halbkreis. Ein Stern ragt wegen seiner deutlich größeren Helligkeit aus dem Halbkreis heraus. Es ist der Hauptstern in der Nördlichen Krone, α Coronae Borealis. Sein Eigenname Gemma bedeutet Edelstein (im Geschmeide der Krone). Gemma ist ein heißer, bläulicher Stern in 75 Lichtjahren Entfernung. Seine scheinbare Helligkeit misst $2\overset{m}{,}2$. Ein anderer Name für α Coronae Borealis lautet Alphecca.

Tief am Südhimmel schlängelt sich die Wasserschlange am Horizont entlang. Neben ihr und südlich der Jungfrau steht das lichtschwache Sternbild Becher (lat.: Crater). Wasserschlange und Becher sind nicht leicht zu erkennen, da sie sich aus relativ lichtschwachen Sternen zusammensetzen und bei uns tief am Südhimmel stehen. Wesentlich einfacher zu entdecken und gut einprägsam ist das Sternentrapez des Raben (lat.: Corvus). Es steht südwestlich von Spica.

4.8 Der Löwe ist das Leitsternbild des Frühlingshimmels. Die Sternkarte lässt das große und das kleine Sternentrapez gut erkennen.

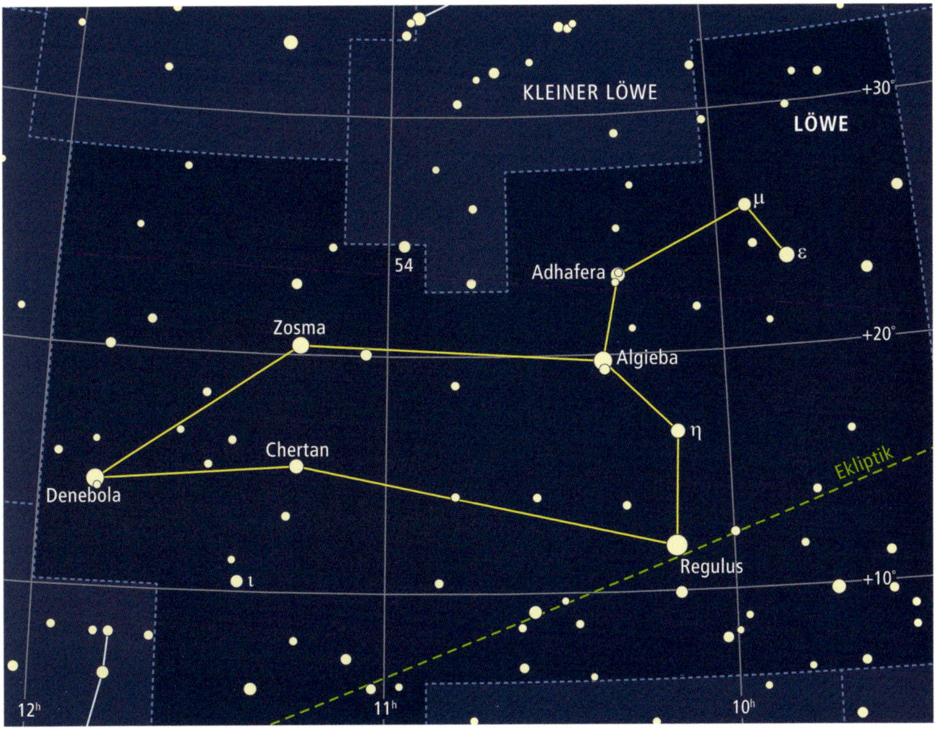

Die aktive Sonne

Wie bei Vulkanen unterscheidet man auch bei der Sonne ruhige und aktive Phasen. Im Gegensatz zu Vulkanen, bei denen man in der Regel trotz großer Bemühungen Ausbrüche nicht vorhersagen kann, folgen auf ruhige Sonnenperioden ziemlich regelmäßig Zeiten hoher Aktivität. Etwa alle elf Jahre registrieren die Sonnenphysiker ein Sonnenfleckenmaximum. Sonnenflecken sind das auffälligste Merkmal der Sonnenaktivität, zu der auch Materie- und Strahlungsausbrüche zählen. Deren Einflüsse auf die Erde können dramatische Auswirkungen haben.

Einst hielt man es für völlig ausgeschlossen, dass auf einem so „göttlichen" Gestirn wie unserer Sonne hässliche dunkle Flecken auftreten. Man sprach von „Rosa immaculata", der unbefleckten Rose, gemeint war die Muttergottes. Nach Erfindung des Fernrohrs wurden von Galileo Galilei, Christoph Scheiner und David Fabricius erstmals Sonnenflecken beobachtet. Sie hatten es schwer, ihre Entdeckung einer zweifelnden Mitwelt glaubhaft zu machen. Noch heute werden Planetarien und Sternwarten von aufgeregten Zeitgenossen kontaktiert, ihre Entdeckung eines Sonnenflecks sei für die Astronomen eine Sensation und einmalig. Vor allem Jägerinnen und Jäger, die frühmorgens auf der Pirsch sind, zählen zu den „Entdeckern" von Sonnenflecken, die ihnen vorher nie zu Gesicht kamen.

Dabei wird unser Tagesgestirn von speziell ausgerüsteten Sonnenobservatorien rund um die Uhr pausenlos genau beobachtet. Nicht nur vom Erdboden aus verfolgt man das Geschehen auf der Sonne, denn nur ein kleiner Teil der Sonnenstrahlen erreicht die Erdoberfläche – übrigens

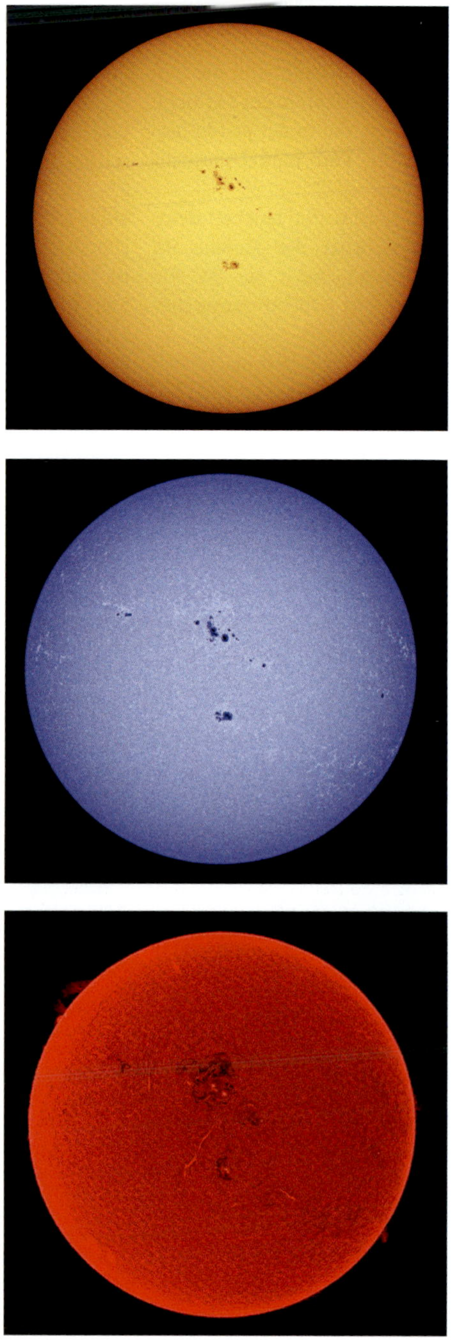

4.9 Aufnahmen der Sonne vom 31. Mai 2025 von Martin Gertz an der Sternwarte Welzheim. Oben: die Sonne im sichtbaren Spektralbereich mit zahlreichen Sonnenflecken. Mitte: die Sonne im UV-Licht der Kalzium-Linien. Unten: die Sonne im roten Licht des neutralen Wasserstoffs macht deren Chromosphäre sichtbar. Hier zeigen sich am Sonnenrand gewaltige Protuberanzen.

Wikimedia

4.10 **Samuel Heinrich Schwabe (1789–1875)**

Wikimedia/M_H.DE

4.11 **Schwabes Wohnhaus und Beobachtungsstation von 1830 bis 1875**

uns zum Glück. Denn kurzwelliges Ultraviolettlicht, Röntgen- und Gammastrahlen sind tödlich – nicht nur für uns Menschen, sondern für alles Leben auf unserem Planeten. Das irdische Leben wird durch unsere Atmosphäre zuverlässig geschützt. Ohne ihre Schutzhülle um die Erde träfen nicht nur das sichtbare Sonnenlicht, sondern auch die übrigen Strahlungen im Gamma-, Röntgen- und Ultraviolettbereich auf der Erdoberfläche ein.

Auch für Sternfreunde und Amateurastronominnen ist die Sonne ein dankbares Beobachtungsobjekt. Dabei muss man immer wieder **vor unvorsichtigen Sonnenbeobachtungen** mit Ferngläsern oder Teleskopen warnen. Auch mit bloßen Augen soll man nicht direkt in das grelle Sonnenlicht sehen. Schwere Augenschäden bis zur völligen Erblindung drohen (siehe auch die Hinweise zur Beobachtung der Sonnenfinsternis vom 12. August 2026 auf Seite 33).

Sonnenflecken-Statistik

Dem Apotheker und Amateurastronomen Samuel Heinrich Schwabe (1789–1875) aus Dessau fiel auf: Alle zehn Jahre gibt es besonders viele Sonnenflecken. Dies notierte er in seinen Beobachtungsaufzeichnungen. Bei jedem klaren Wetter beobachtete er mit seinem Teleskop die Sonne und fertigte Zeichnungen der Sonnenflecken an. Er gilt als Begründer der Sonnenforschung in Deutschland und leitete aus seinen Beobachtungen einen zehnjährigen Aktivitätsrhythmus ab. Der moderne Wert sieht einen mittleren Zyklus von 11,2 Jahren vor.

Als Maß für die Sonnenaktivität dient die Fleckenhäufigkeit. Sie wird durch die Relativzahl angegeben und wurde von Rudolf Wolf (1816–1893) von der Eidgenössischen Sternwarte in Zürich eingeführt. Sie wird wie folgt berechnet:

Relativzahl R = 10 × Fleckengruppe + Zahl der einzelnen Flecken.

Um die Relativzahlen der einzelnen Observatorien und Einzelbeobachter miteinander vergleichen zu können, erhält jede Beobachtungsstation einen Korrekturfaktor k. Also lautet die individuelle Relativzahl $R_k = k\,(10\,g + f)$. Die individuellen Relativzahlen werden nach Brüssel an das Observatoire Royal de Belgique (Königliche Sternwarte von Belgien) gemeldet, wo die internationale Relativzahl ermittelt und verbreitet wird. Auch die *Himmelsjahr*-Redaktion erhält diese Relativzahlen, woraus die Grafiken auf Seite 289 erstellt werden. Die Nummerierung der Aktivitätszyklen geht auf Rudolf Wolf zurück,

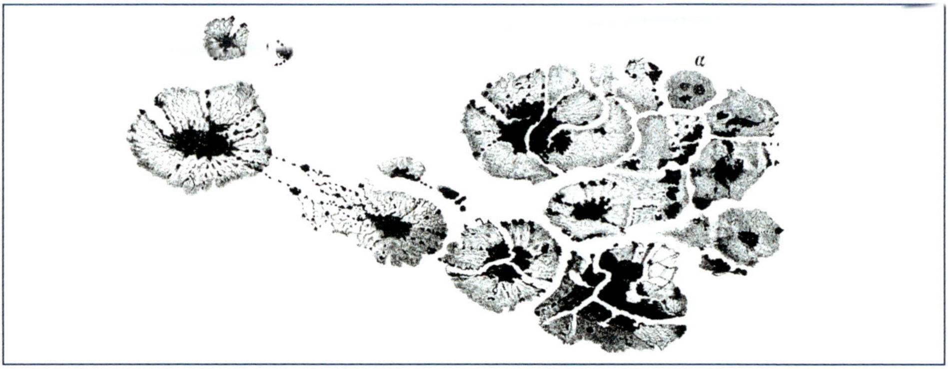

Astronomische Nachrichten/AIP-Archiv

4.12 Schwabes Zeichnung der Sonnenfleckengruppe vom 15. März 1858

der den Beginn eines Zyklus jeweils auf ein Minimum legte. So begann nach Wolf der Zyklus Nr. 1 im Jahr 1755 und dauerte bis 1766. Mit dem Minimum von 1766 begann Zyklus Nr. 2. Das letzte Maximum liegt nur einige Monate zurück, es gehört zum 25. Zyklus.

Unsere Sonne ist ein gigantisch großer Gasball. Ihr linearer Durchmesser beträgt fast 1,4 Millionen Kilometer. Wir sehen die Sonne in einer Entfernung von rund 150 Millionen Kilometer unter einem Winkel von etwa einem halben Grad am Himmel. Beobachtet man in der Scheibenmitte der Sonne ein Detail von einer Bogensekunde Ausdehnung, so entspricht dies einer linearen Größe von 725 Kilometer auf der Sonnenoberfläche. Beobachtet man einige Tage hintereinander eine Gruppe von Sonnenflecken, so wird man ihre Wanderung über die Sonnenscheibe registrieren. Die Sonne dreht sich nämlich wie alle Himmelskörper um ihre eigene Achse. Auf die Erde bezogen dauert eine Sonnenrotation rund 27 Tage (synodische Sonnenrotation). Dabei rotiert die Sonne nicht wie ein starrer Körper, sondern differenziell. Am Äquator ist die Umlaufgeschwindigkeit am größten, zu den Polen hin nimmt sie mit wachsender heliografischer Breite ab. Seit Richard Christopher Carrington (1826–1875) zählt man die Rotationen fortlaufend, um auch den Zentralmeridian bestimmen zu können. Nach Carrington begann die Rotation Nr. 1 am 9. November 1853. Im Tabellenteil auf Seite 288 sind die Startzeiten der jeweiligen Rotationen vermerkt. Beginn der Rotation Nr. X bedeutet, dass zu dem angegebenen Zeitpunkt (Datum und Uhrzeit) der Nullmeridian der heliografischen Länge mit dem Zentralmeridian zusammenfällt. Der Zentralmeridian geht durch den Mittelpunkt der Sonnenscheibe.

Die Rotationsachse der Sonne ist zur Senkrechten auf der Ekliptik (Erdbahnebene) um 7°15′ geneigt. Hinzu kommt noch die Neigung des Himmelsäquators zur Ekliptik. Der Positionswinkel des Sonnennordpols schwankt daher im Laufe des Jahres um ±26°23′. Deshalb geht auch der Sonnenäquator nicht immer durch den Scheibenmittelpunkt (siehe auch Abb. T.5 auf Seite 288). So ist uns beispielsweise Anfang Januar die Südhalbkugel der Sonne zugekehrt, Anfang Juli jedoch die Nordhalbkugel.

Entwicklung der Sonne

Vor knapp fünf Milliarden Jahren bildete sich unsere Sonne und das Planetensystem aus einer interstellaren Gas- und Staubwolke. Seitdem strahlt die Sonne mit unverminderter Leistung von rund 10^{26} Watt ihr Licht und ihre Wärme ins All. Ihren gewaltigen Energiebedarf deckt die Sonne durch Kernfusionsprozesse. In ihrem Zentralbereich verwandelt sie bei Temperaturen von 15 Millionen Grad und einer Dichte 160-mal höher als die des Wassers in jeder Sekunde vier Millionen Tonnen Wasserstoff in pure Energie

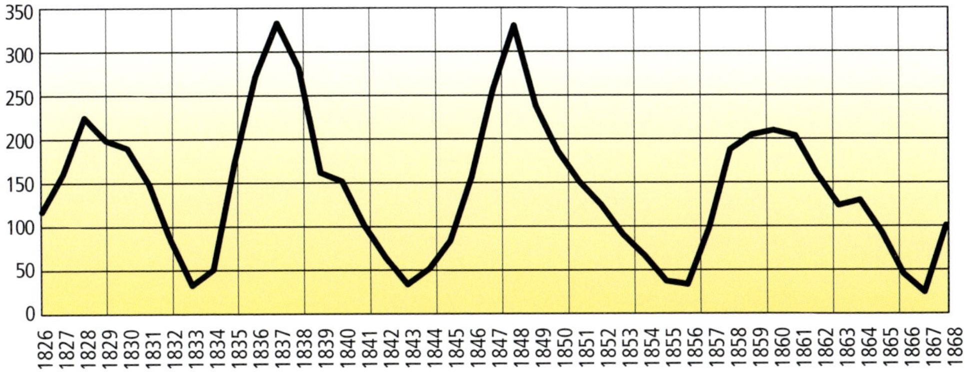

4.13 Schwabes Sonnenfleckenzahlen

gemäß der Einsteinformel $E = mc^2$. Wasserstoff wird dabei zu Helium fusioniert. Helium ist gewissermaßen die Asche des Wasserstoffbrennens. Durch die Wasserstofffusion und Energieabstrahlung wird die Sonne in jeder Sekunde vier Millionen Tonnen leichter. Doch die Sonne wird nicht ewig leuchten, ihr nuklearer Brennstoff verbraucht sich. Ewigkeit ist allerdings ein relativer Begriff. Der Wasserstoffvorrat der Sonne reicht noch gut fünf Milliarden, also 5000 Millionen Jahre. Für menschliche Begriffe dauert es ewig, bis sich die Sonne zu einem gewaltigen roten Riesenstern aufblähen wird. Doch für die Zukunft des Lebens auf unserer Erde ist die Zeitspanne, in der es noch existieren wird, erheblich kürzer Bereits in einer Milliarde Jahren, wahrscheinlich schon in 500 Millionen Jahren, möglicherweise in „nur" 200 Millionen Jahren wird die Sonne unsere Erde in eine verschmachtende Gluthölle verwandeln, in ein Fegefeuer tauchen, in dem niemand und nichts überleben kann.

Die Entwicklung der Sonne lässt sich mit leistungsfähigen Computern modellmäßig berechnen. Und da zeigt sich, dass die Sonnenleuchtkraft bis zum Roten-Riesen-Stadium langsam aber sicher ansteigen wird. In einer Milliarde Jahren wird die Sonne etwa zehn Prozent heller leuchten als heute, die Sonnenleuchtkraft wird also ein wenig ansteigen. Die Oberflächentemperatur der Sonne wird von heute 5500 °C auf 5560 °C zunehmen, der Sonnendurchmesser um rund drei Prozent anwachsen. Astrophysikalisch gesehen ist dies eine kaum beachtenswerte Änderung der Zustandsgrößen des Sterns namens Sonne. Aber für das Klima auf unserem Planeten hat diese geringfügige Zunahme der Oberflächentemperatur und des Sonnenradius dramatische Auswirkungen.

Wenn schon kleine Änderungen in der Sonneneinstrahlung einschneidende Klimaveränderungen bewirken, dann erst recht eine zehnprozentige Zunahme der Sonnenleuchtkraft. In den nächsten 500 Millionen Jahren werden die Pole der Erde abschmelzen, der Wasserspiegel der Ozeane wird ansteigen und weite Teile des Festlandes, vor allem die Küstengebiete, überfluten. Bei steigender mittlerer Jahrestemperatur wird die Erde zu einem dampfenden Treibhaus. Unser Planet wird dann in eine undurchdringliche Wolkenschicht eingehüllt. Der Wasserdampf wird bis in die Stratosphäre aufsteigen, wo ihn das energiereiche UV-Licht der Sonne in die Bestandteile Wasserstoff und Sauerstoff zerlegt. Bald entweicht der freigesetzte Wasserstoff in den Weltraum.

Die Verdunstungsrate wird ansteigen und das Klima wird immer ungemütlicher werden. Immer mehr Arten werden aussterben, Lebensformen werden immer seltener. Noch am längsten mögen Mikroben im Untergrund der Erde ausharren. Doch wenn schließlich die Ozeane ausgetrocknet sind und die Erde zu einer glühend heißen Gesteinskugel wird, endet alles Leben auf diesem Planeten.

Mai 2026

- Merkur kommt am 14. in obere Konjunktion und verschwindet unbeobachtbar hinter der Sonne.
- Venus wird zu einem auffälligen Gestirn am Abendhimmel.
- Mars dringt noch nicht am Morgenhimmel durch.
- Der Riesenplanet Jupiter verkürzt seine Sichtbarkeitszeit am Abendhimmel erheblich.
- Saturn kann unter guten Sichtbedingungen am Monatsende tief am Osthimmel in der beginnenden Morgendämmerung aufgefunden werden.

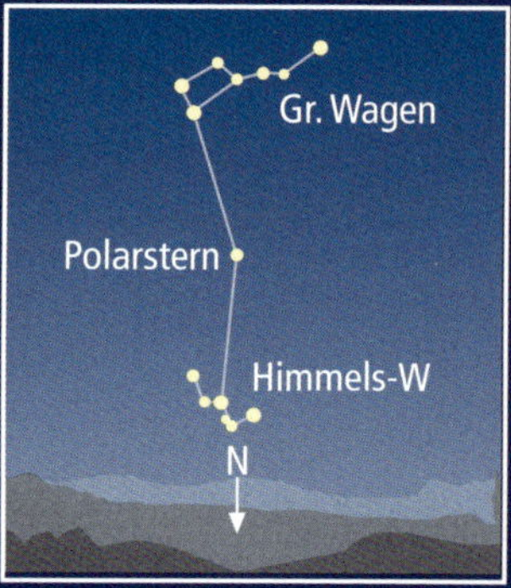

Großer Wagen und Himmels-W Anfang Mai um 22 Uhr MEZ

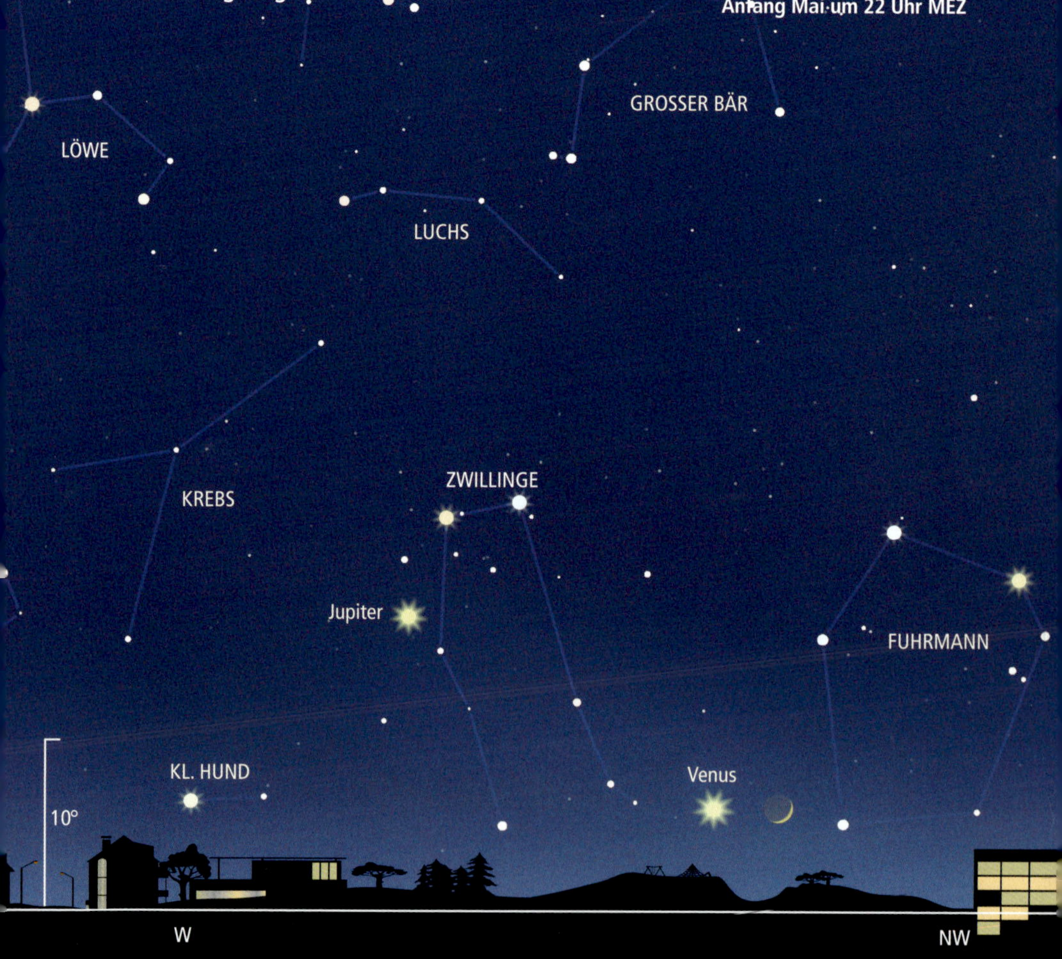

5.1 Anblick des Westhimmels am 18. Mai gegen 22^h MEZ (= 23^h MESZ). Jupiter und Venus sowie die zunehmende Mondsichel stehen knapp über dem Westhorizont.

1	Fr	Maifeiertag **Vollmond**
2	Sa	
3	So	Mond bei Antares – morgens
4	Mo	
5	Di	
6	Mi	
7	Do	
8	Fr	
9	Sa	Letztes Viertel
10	So	
11	Mo	
12	Di	
13	Mi	
14	Do	Christi Himmelfahrt
15	Fr	
16	Sa	**Neumond**
17	So	
18	Mo	Mond bei Venus und Alnath – abends
19	Di	
20	Mi	Mond bei Jupiter und Pollux – abends
21	Do	
22	Fr	
23	Sa	Erstes Viertel
24	So	Pfingstsonntag
25	Mo	Pfingstmontag
26	Di	
27	Mi	Mond bei Spica – abends
28	Do	
29	Fr	
30	Sa	
31	So	**Vollmond**

SONNE – STERNBILDER

14.5. 15h:
Sonne tritt in das Sternbild Stier

21.5. 2h:
Sonne tritt in das Tierkreiszeichen Zwillinge

Julianisches Datum am
1. Mai, 1h MEZ: 2 461 161,5

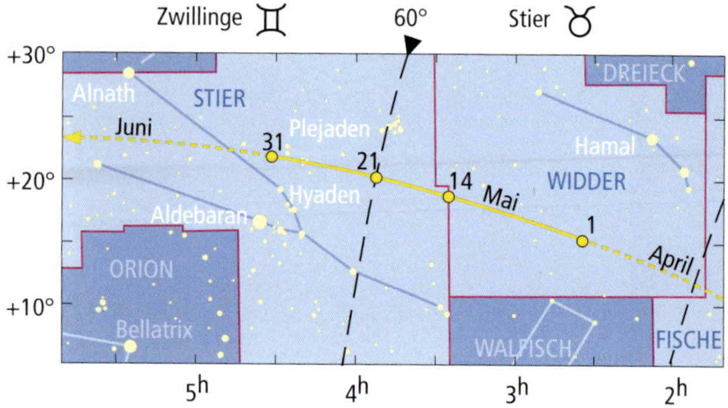

SONNENLAUF

Tag	Dämmerg. Anfang	Aufgang MEZ	Kulmination	Untergang MEZ	Dämmerg. Ende	Mittagshöhe	Zeitgleichg.	Rektaszension	Deklination
	h m	h m	h m	h m	h m	o	m	h m	o
1.	3 33	4 57	12 17	19 39	21 02	55,2	+3	2 31	+14,9
5.	3 24	4 50	12 17	19 45	21 11	56,3	+3	2 47	+16,1
10.	3 13	4 42	12 16	19 52	21 21	57,7	+4	3 06	+17,5
15.	3 03	4 34	12 16	19 59	21 32	58,9	+4	3 26	+18,7
20.	2 53	4 28	12 17	20 06	21 42	60,0	+3	3 46	+19,9
25.	2 44	4 22	12 17	20 12	21 52	61,0	+3	4 06	+20,8
31.	2 34	4 17	12 18	20 19	22 02	62,0	+2	4 30	+21,8

TAGES- UND NACHTSTUNDEN

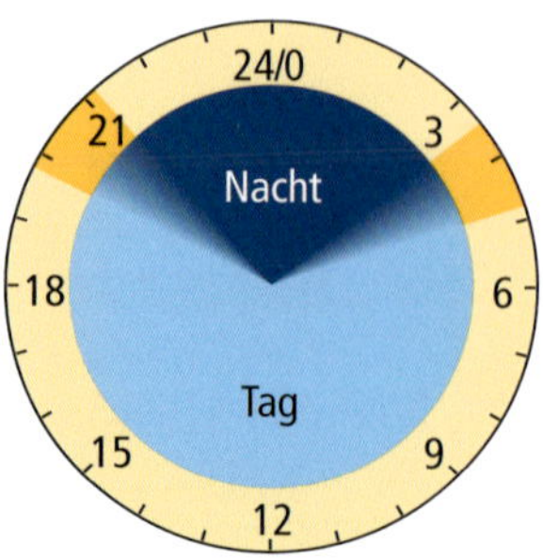

5. Mai

15. Mai

25. Mai

MONDLAUF

Datum		Aufg. MEZ	Kulmination	Unterg. MEZ	Rektaszension	Deklination	Sterne und Sternbilder	Phase	MEZ
		h m	h m	h m	h m	o			
Fr	1.	19 56	–	4 20	13 54	–16,1	Jungfrau	**Vollmond**	**$18^h 23^m$**
Sa	2.	21 09	0 22	4 39	14 42	–20,6	Waage		
So	3.	22 18	1 09	5 03	15 31	–24,2	Waage	Größte Südbreite	
Mo	4.	23 20	1 59	5 35	16 23	–26,7	Antares		
Di	5.	–	2 50	6 18	17 16	–27,9	Schlangenträger	Erdferne 406/29′,4	0^h
Mi	6.	0 11	3 41	7 12	18 09	–27,9	Kaus Borealis		
Do	7.	0 52	4 32	8 17	19 02	–26,6	Schütze, Nunki		
Fr	8.	1 22	5 21	9 27	19 54	–24,1	Schütze		
Sa	9.	1 45	6 08	10 41	20 44	–20,5	Steinbock	**Letztes Viertel**	**$22^h 10^m$**
So	10.	2 04	6 54	11 56	21 33	–16,0	Steinbock		
Mo	11.	2 19	7 38	13 11	22 20	–10,6	Wassermann	Aufsteigender Knoten Libration Ost	
Di	12.	2 33	8 23	14 29	23 07	– 4,6	Wassermann		
Mi	13.	2 46	9 09	15 49	23 55	+ 1,7	Fische		
Do	14.	3 01	9 57	17 14	0 45	+ 8,2	Fische		
Fr	15.	3 19	10 50	18 43	1 38	+14,5	Fische		
Sa	16.	3 42	11 48	20 16	2 36	+20,1	Widder, Hamal	**Neumond Nr. 1279**	**$21^h 01^m$**
So	17.	4 15	12 52	21 44	3 39	+24,6	Stier, Plejaden	Erdnähe 358/33′,4 Größte Nordbreite	15^h
Mo	18.	5 02	13 59	22 59	4 45	+27,3	Stier		
Di	19.	6 07	15 05	23 54	5 53	+28,0	Stier, Alnath		
Mi	20.	7 27	16 09	–	7 00	+26,7	Zwillinge		
Do	21.	8 54	17 06	0 32	8 03	+23,5	* Pollux		
Fr	22.	10 19	17 58	0 59	9 00	+19,0	* Krebs, Krippe		
Sa	23.	11 40	18 45	1 18	9 53	+13,6	Löwe, Regulus	**Erstes Viertel** Absteigender Knoten Libration West	**$12^h 11^m$**
So	24.	12 56	19 29	1 33	10 42	+ 7,8	* Sextant		
Mo	25.	14 10	20 12	1 46	11 28	+ 1,8	Löwe		
Di	26.	15 22	20 53	1 59	12 13	– 4,1	Jungfrau		
Mi	27.	16 34	21 36	2 12	12 57	– 9,8	Spica		
Do	28.	17 46	22 20	2 27	13 42	–15,0	Spica		
Fr	29.	18 58	23 06	2 44	14 29	–19,6	Waage		
Sa	30.	20 08	23 55	3 07	15 18	–23,3	Waage	Größte Südbreite	
So	31.	21 12	–	3 36	16 09	–26,1	Antares	**Vollmond**	**$9^h 45^m$**

DER ABNEHMENDE MOND NÄHERT SICH ANTARES

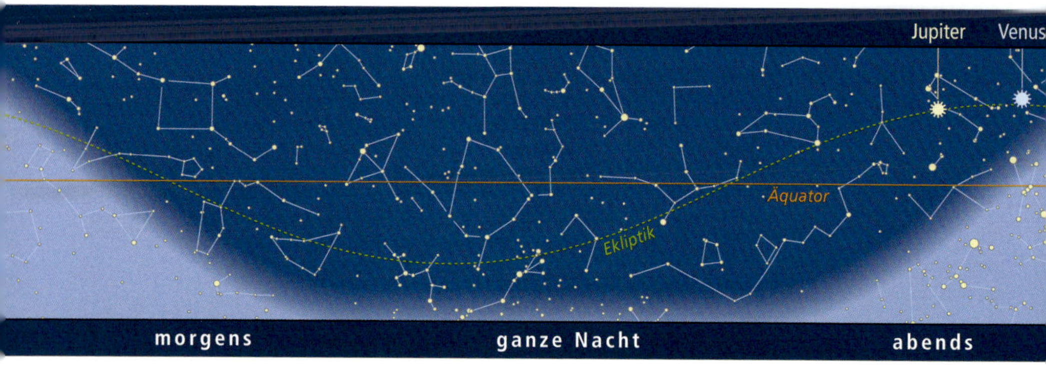

MERKUR kommt am 14. in obere Konjunktion mit der Sonne. Da er am gleichen Tag den aufsteigenden Knoten seiner um 7° zur Ekliptik geneigten Bahn durchläuft, so verschwindet er diesmal hinter der Sonne – es kommt zu einer Merkurbedeckung durch die Sonne. Anschließend gewinnt er allmählich östlichen Winkelvorsprung vor der Sonne. Bis Monatsende wächst der östliche Winkelabstand zur Sonne auf knapp 19° an. Dies reicht gerade noch nicht, um den $-0{,}^{m}6$ hellen Merkur freiäugig am Abendhimmel auszumachen. Am 31. geht Merkur um $22^{h}02^{m}$ (= $23^{h}02^{m}$ Sommerzeit) unter.

VENUS wird zu einem auffälligen Gestirn am Abendhimmel. Sie wandert durch das Sternbild Stier und wechselt am 19. in die Zwillinge. Am 3. passiert sie 7° nördlich Aldebaran (α Tauri) und zehn Tage später Alnath (β Tauri). Am 19. erreicht sie ihre höchste Position im Tierkreis, wobei sie sich $1{,}^{\circ}6$ nördlich des Sommerpunktes aufhält, der im Stier an der Grenze zu den Zwillingen liegt (siehe Abb. 5.2 unten). Die schmale Sichel des zunehmenden Mondes zieht am 18. rund 4° nördlich an Venus vorbei – ein netter Anblick am Abendhimmel (siehe Abb. 5.1 auf Seite 114).

Die Venushelligkeit nimmt im Laufe des Monats leicht auf $-4{,}^{m}0$ zu. Venus geht am 1. um $22^{h}15^{m}$ (= $23^{h}15^{m}$ Sommerzeit) unter, am 15. um $22^{h}47^{m}$ und am 31. erst um $23^{h}06^{m}$. Nach Sommerzeit geht unser innerer Nachbarplanet damit erst nach Mitternacht unter.

Das Perihel ihrer kreisähnlichen Bahn durchläuft Venus in der Nacht vom 14. auf 15., wobei ihr Sonnenabstand 107,5 Millionen Kilometer (= 0,718 AE) beträgt.

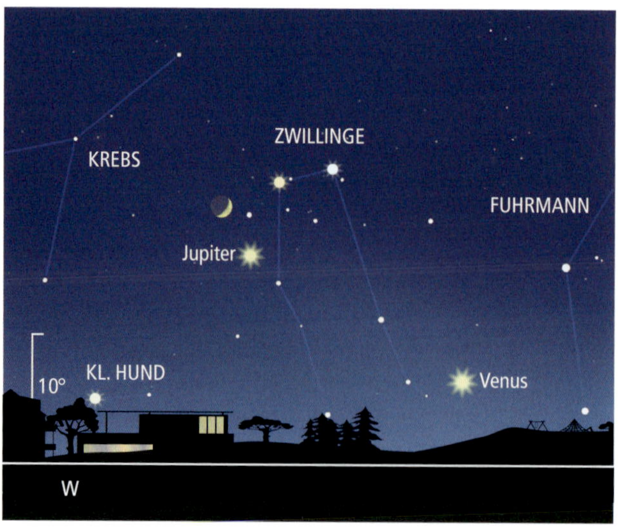

5.2 Anblick des Westhimmels am 20. Mai gegen 22^{h} MEZ (= 23^{h} MESZ). Venus und Jupiter befinden sich im Sternbild Zwillinge. Am Riesenplaneten wandert die zunehmende Mondsichel vorbei.

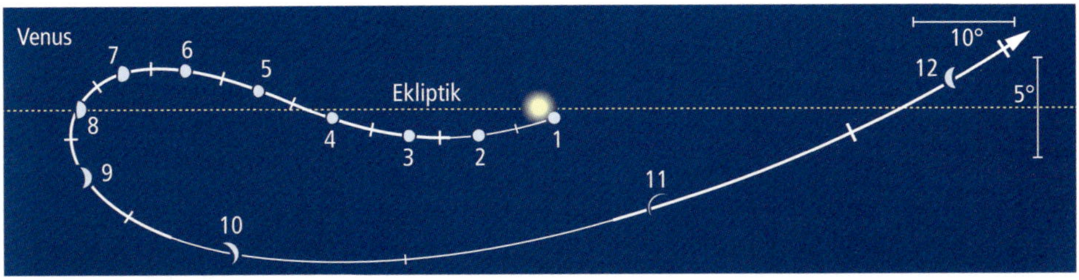

5.3 Bewegung von Venus relativ zur Sonne im Laufe des Jahres 2026. Die Zahlen geben die Position von Venus zum jeweiligen Monatsbeginn an (3 = 1. März).

MARS gewinnt nur langsam an westlichem Abstand von der Sonne, da beide Gestirne fast mit gleicher Geschwindigkeit durch den Zodiacus (Tierkreis) wandern. Bis Ende Mai wachsen die westlichen Elongationen von der Sonne lediglich auf knapp 31° an. Dies reicht noch nicht ganz, um den rötlichen Planeten am Morgenhimmel sichtbar werden zu lassen, insbesondere da seine Helligkeit mit $1{,}^{m}3$ nicht besonders groß ist. Am 18. verlässt Mars die Fische und dringt in das Sternbild Widder ein.

JUPITER beschleunigt seine rechtläufige Wanderung durch die Zwillinge und zieht Anfang Mai eine Vollmondbreite (0°,5) nördlich an Wasat (δ Geminorum) vorbei (siehe Abb. 1.6 auf Seite 42). Seine Sichtbarkeitszeit am Abendhimmel verkürzt der Riesenplanet erheblich. Am 1. geht Jupiter um 1^h09^m (= 2^h09^m Sommerzeit) und am 15. um 0^h21^m unter. Der Untergang des $-1{,}^{m}9$ hellen Riesenplaneten erfolgt am 31. bereits um 23^h24^m. Wegen der nun immer später einsetzenden Dunkelheit bleiben am Monatsende lediglich zwei Stunden Sichtbarkeitsdauer.

Ein netter Himmelsanblick ergibt sich am 20., wenn die zunehmende Mondsichel 3° nördlich an Jupiter vorbeizieht (siehe Abb. 5.2 auf Seite 118).

SATURN, rechtläufig im Walfisch, kann unter guten Sichtbedingungen am Monatsende tief am Osthimmel in der beginnenden Morgendämmerung aufgefunden werden. Am 20. erfolgt der Aufgang des $0{,}^{m}9$ hellen Ringplaneten um 2^h59^m (= 3^h59^m Sommerzeit). Am 31. geht Saturn bereits um 2^h18^m (= 3^h18^m Sommerzeit) auf.

URANUS kommt am 22. im Sternbild Stier in Konjunktion mit der Sonne. Der ferne Planet hält sich am Taghimmel auf und bleibt nachts unbeobachtbar

KONSTELLATIONEN UND EREIGNISSE

Datum	MEZ	Ereignis
8.	12^h	Pluto im Stillstand, anschließend rückläufig
13.	10	Mond bei Neptun, Mond 4°,1 nördlich
13.	23	Mond bei Saturn, Mond 5°,7 nördlich
14.	15	Merkur in oberer Konjunktion mit der Sonne
15.	2	Mond bei Mars, Mond 5°,2 nördlich
15.	4	Venus im Perihel
17.	4	Mond bei Merkur, Mond 4°,5 nördlich
17.	7	Mond bei Uranus, 5°,3 nördlich
18.	3	Merkur bei Uranus, Merkur 0°,9 nördlich
18.	11	Merkur im Perihel
19.	3	**Mond bei Venus**, Mond 2°,9 nördlich, **Abstand 4°,0 um 22^h am 18.**
20.	14	**Mond bei Jupiter**, Mond 3,°1 nördlich, **Abstand 4°,0 um 21^h**
22.	15	Uranus in Konjunktion mit der Sonne

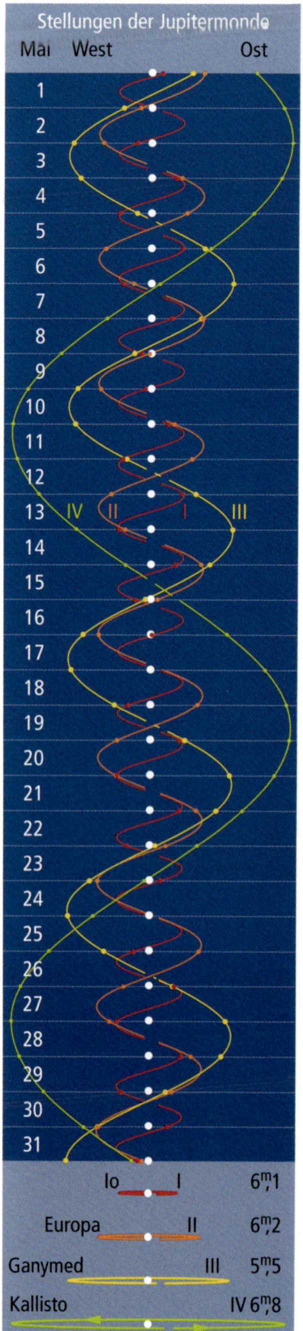

JUPITERMONDE

Tag	MEZ		Vorgang	
	h	m		
1.	20	49	II	DA
	22	25	III	SE
	23	10	II	SA
	23	38	II	DE
2.	21	19	I	DA
	22	30	I	SA
	23	35	I	DE
3.	20	34	II	VE
	22	03	I	VE
8.	21	45	III	DE
	22	58	III	SA
11.	21	11	I	SE
15.	21	36	IV	VA
	22	40	III	DA
17.	22	33	I	BA
18.	22	04	I	DE
	23	07	I	SE
25.	21	47	I	DA
	22	45	I	SA
26.	22	16	I	VE

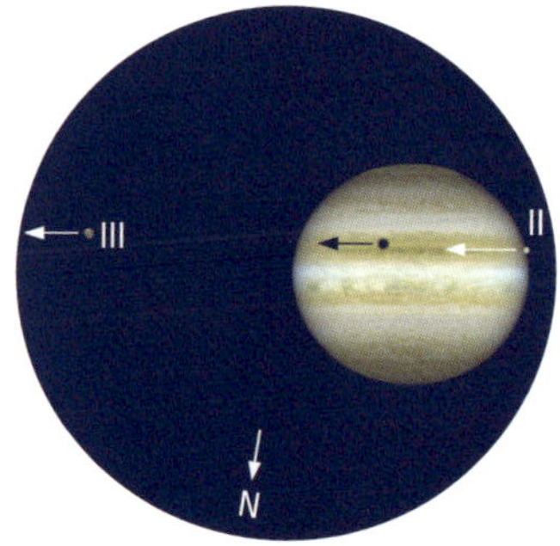

1. Mai, 21ʰ49ᵐ MESZ: Ganymed wirft seinen Schatten auf Jupiter, während Europa ihren Durchgang beginnt und sich dann Ganymeds Schatten nähert.

KONJUNKTIONEN

Tag	MEZ		Monde/Dist.		
	h	m	S	″	N
1.	21	31	III	8,4	I
	23	54	II	4,8	I
4.	22	09	I	8,0	III
6.	20	53	I	2,8	II
13.	23	31	I	2,4	II
28.	23	13	I	0,7	II

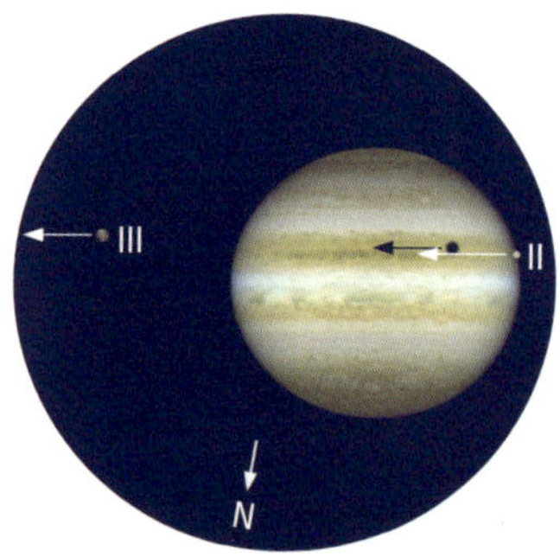

9. Mai, 0ʰ31ᵐ MESZ: Ganymed wirft seinen Schatten auf Jupiter, während Europa diesem Schatten nachläuft und sich ihm nähert.

GEGENSEITIGE JUPITERMONDEREIGNISSE

Tag	Beginn		Ende		Ereignis
	h	m	h	m	fern/nah
28.	23	07	23	19	II B I

Beginn Mitte Ende

Norden unten, Zeitangaben in MEZ

unter dem Horizont. Auch das Zusammentreffen mit Merkur am 18., wo Merkur den grünlichen Planeten 56′ nördlich überholt, entgeht uns. Am Tag der Konjunktion ist Uranus 20,47 AE (= 3063 Millionen Kilometer) von der Erde entfernt. Dies ist seine größte Entfernung von uns in diesem Jahr.

NEPTUN, rechtläufig in den Fischen, kann noch nicht am Morgenhimmel beobachtet werden.

Der mit $7\overset{m}{.}9$ sonnenfernste Planet bleibt weiterhin unbeobachtbar. Seine scheinbare Bahn ist in Abb. 9.6 auf Seite 202 zu ersehen.

PLANETOIDEN UND ZWERGPLANETEN

PLUTO kommt am 8. im Sternbild Steinbock zum Stillstand und ist anschließend rückläufig (siehe Abb. 7.8 auf Seite 159). Am 8. geht Pluto um 1^h48^m auf und kulminiert um 5^h52^m (= 6^h52^m MESZ). Sein Untergang erfolgt um 9^h55^m.

In Opposition zur Sonne kommt der $14\overset{m}{.}5$ helle Zwergplanet am 27. Juli.

CERES – Planetoid Nr. 1 – kommt am 15. um 4^h im Sternbild Orion in Konjunktion mit der Sonne. Am Tag der Konjunktion ist Ceres 568 Millionen Kilometer (= 3,80 AE) von der Erde entfernt. Von der Sonne trennen diesen Zwergplaneten 417 Millionen Kilometer (= 2,79 AE).

PERIODISCHE STERNSCHNUPPENSTRÖME

Bereits ab Ende April bis etwa Mitte Mai sind die **ETA-AQUARIIDEN**, auch **MAI-AQUARIIDEN** genannt, zu verfolgen. Das ausgeprägte Maximum wird am 6. Mai erreicht. Die Rate lag in den letzten Jahren um 60 bis 70 Objekte pro Stunde. 2013 wurden sogar Raten über 100 beobachtet. Der Radiant nahe dem Stern η Aquarii erscheint in Mitteleuropa erst kurz vor der Morgendämmerung, daher sind die Bedingungen für Beobachter in Mitteleuropa ungünstig. Für Beobachter im Mittelmeerraum und weiter südlich gehört der Strom zu den aktivsten des Jahres. Die beste Beobachtungszeit ist ab etwa 3^h am Morgenhimmel in den Tropen. Ursprungsobjekt ist der Komet 1P/Halley. Es handelt sich bei diesem Meteorstrom um schnelle Objekte (um 65 Kilometer pro Sekunde), die auffallend lange Leuchtspuren hinterlassen.

Zwischen dem 3. und 14. Mai erscheinen die **ETA-LYRIDEN**. Dieser recht schwache Strom konnte erst in den letzten Jahren einigermaßen sicher durch Videodaten nachgewiesen werden. Bei seinem flachen Maximum am 8. Mai sind kaum mehr als fünf Sternschnuppen pro Stunde zu registrieren.

Der Radiant befindet sich zwischen Wega und Fawaris (δ Cygni). Somit steht er im Mai die gesamte Nacht hoch am Firmament. Als Ursprungskomet wurde C/1983 H1 (IRAS-Araki-Alcock) identifiziert.

Im südlichsten Bereich der Ekliptik findet man den **ANTIHELION**-Radianten. In einigen Listen sind Scorpiiden und Sagittariiden extra aufgeführt – dies sind etwas aktivere Bereiche innerhalb des ausgedehnten Radianten aus dem ganzjährig aktiven Bereich wenige Grad östlich des Oppositionspunktes zur Sonne.

Der Fixsternhimmel

Steil über unseren Köpfen steht der Himmelswagen. Der letzte Deichselstern, Benetnasch, gelegentlich auch Alkaid genannt, steht eben im Meridian in oberer Kulmination. Auch die Kassiopeia, das Himmels-W, hält sich im Meridian auf. Allerdings steht die Kassiopeia knapp über dem Nordhorizont zwischen Himmelsnord*pol* und dem Nord*punkt* am Horizont. Diese Position nennt man „untere Kulmination". Im Gegensatz zur oberen Kulmination erreichen Sterne und Sternbilder in unterer Kulmination ihre tiefste Stellung und damit ihre größte Zenitdistanz. Ihre untere Kulmination erreichen die meisten Sternbilder unter dem Horizont, bleiben also unsichtbar. Diejenigen Sternbilder, die in unterer Kulmination über dem Horizont stehen, nennt man zirkumpolar. Zirkumpolarsterne und -bilder sind das ganze Jahr über in jeder klaren Nacht zu sehen, da sie nie untergehen. Der Große Wagen und das Himmels-W sind beispielsweise zirkumpolar.

Von den Wintersternbildern sind lediglich die beiden Sternenketten der Zwillinge mit Kastor und Pollux noch tief im Westen zu erkennen. Im Nord-

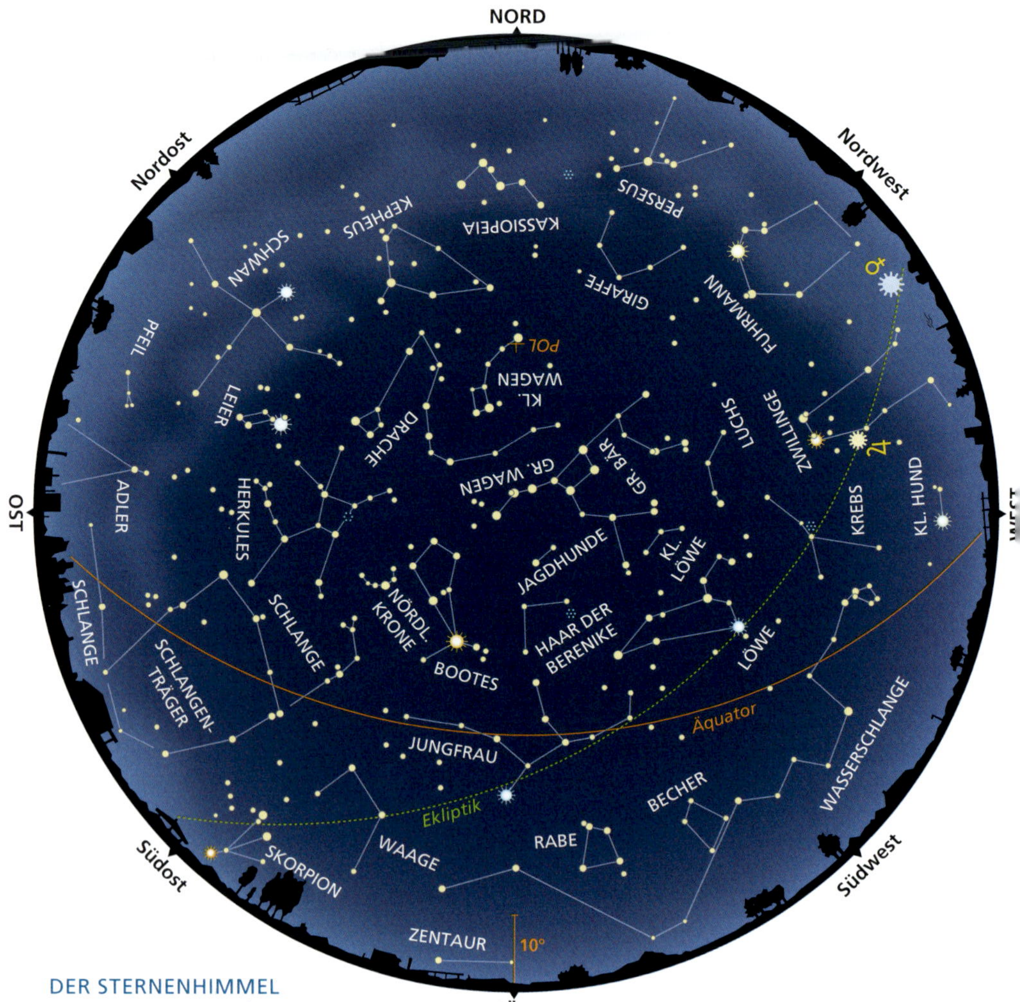

DER STERNENHIMMEL AM 15. MAI UM 22^h MEZ

Die Sternkarte ist auch gültig für:		
	MEZ	MESZ
15. 1.	6^h	
1. 2.	5	
15. 2.	4	
1. 3.	3	
15. 3.	2	
1. 4.	1	2^h
15. 4.	0	1
1. 5.	**23**	**24**
15. 5.	**22**	**23**
31. 5.	**21**	**22**

westen sieht man die auffällig helle Kapella im Fuhrmann, die in unseren Breiten zirkumpolar ist. Tief im Westen kann noch Prokyon, der Hauptstern im Kleinen Hund, erspäht werden.

Spica in der Jungfrau passiert gerade die Mittagslinie. Südlich der Jungfrau, ebenfalls noch in Meridiannähe, entdeckt man das Sternenviereck des Raben (lat.: Corvus). Der Rabe ist nicht besonders auffällig. Wer ihn aber einmal gefunden hat, prägt sich seine trapezartige Figur leicht ein.

Der Himmelslöwe hat seinen Meridiandurchgang schon hinter sich und steht hoch im Südwesten. Seine markante Figur ist leicht auszumachen.

Hoch im Südosten leuchtet unübersehbar der rötliche Arktur im Sternbild Bootes. Arktur ist ein roter Riesenstern und gehört

5.4 Skelettkarte des Sternbildes Waage (lat. Libra)

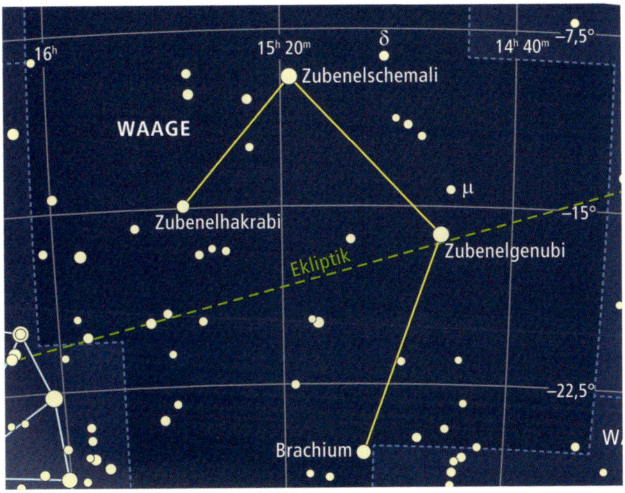

zu den Fixsternen mit den größten Eigenbewegungen. Neben dem Bootes stößt man auf die Nördliche Krone. Ihr einprägsamer Sternenhalbkreis ist bei genügender Dunkelheit leicht zu finden. Schwieriger wird es schon mit dem ausgedehnten Bild des Herkules. Hier gehört einige Übung dazu, ihn zu erkennen.

Im Nordosten geht gerade das Sommerdreieck auf. Wega und Deneb sind schon über die Horizontlinie gestiegen, während Atair sich noch unter dem Horizont befindet.

Der Osten wird vom Schlangenträger (lat.: Ophiuchus) und der Schlange (lat.: Serpens) eingenommen. Beide Bilder sind sehr ausgedehnt und setzen sich nur aus lichtschwachen, weit verstreuten Sternen zusammen. Sie sind daher am Firmament über unseren lichtüberfluteten Städten und Gemeinden kaum mehr zu finden.

Im Südosten nimmt die Waage ihren Platz ein. Als Tierkreisbild kennt man die Waage dem Namen nach gut. Aber nur wenige finden sie am Sternenhimmel. Die Waage ist der einzige Gegenstand im Tierkreis – alle anderen Bilder stellen Lebewesen dar. Einst lag der Herbstpunkt im Sternbild Waage, heute findet man ihn in der Jungfrau. Trotzdem spricht man immer noch vom Waagepunkt, wenn man den Herbstpunkt meint.

Nur vier Sterne in der Waage sind so hell, dass man sie mühelos mit bloßen Augen sehen kann. Es sind dies die Sterne α ($2^{m}\!,6$), β ($2^{m}\!,6$), γ ($3^{m}\!,9$) und σ Librae ($3^{m}\!,3$). Nach dem Bonner Astronomen Friedrich Wilhelm Argelander (1799–1875) gehören 28 Sterne bis zur sechsten Größenklasse (und damit theoretisch freiäugig zu erkennen) zur Waage.

In der Antike deuteten die Sterne der Waage noch die Scheren des Skorpions an. Aus dieser Zeit stammen auch die arabischen Namen für die beiden hellsten Sterne, α und β Librae. α Librae heißt Zubenelgenubi, was „südliche Schere" bedeutet, und β Librae wird Zubenelschemali genannt, was entsprechend „nördliche Schere" heißt.

OBJEKTE FÜR FELDSTECHER UND FERNROHR

Der Löwe ist als prominentes Frühlingssternbild leicht zu erkennen. Manche sehen im vorderen Teil die Form einer Sichel, gebildet von den Sternen α, η, γ, ζ, μ und ε Leonis. Andere sehen hier wiederum ein seitenver-

VERÄNDERLICHE STERNE

Algol-Minima		β-Lyrae-Minima		δ-Cepheï-Maxima		Mira-Helligkeit	
1.	23h01m	2.	1h N	2.	7h	1.	4m
4.	19 50	8.	13 H	7.	16	10.	5
19.	3 55	15.	0 N	13.	0	20.	5
		21.	11 H	18.	9	31.	5
		27.	23 N	23.	18		
				29.	3		

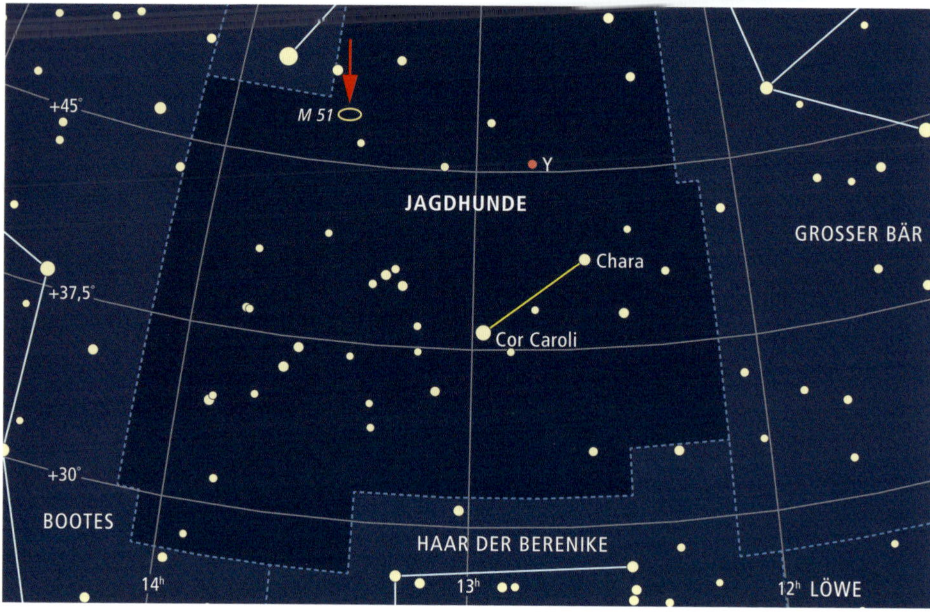

5.5 Das Sternbild Jagdhunde (lat.: Canes Venatici) mit der Position des Spiralnebels M 51.

kehrtes Fragezeichen. Diese Region ist für Fernglas- und Fernrohrbeobachter durchaus interessant. So zählt der Hauptstern im Löwen (α Leonis) zu den weniger bekannten Doppelsternen. Der bläulich-weiß funkelnde Regulus (Spektralklasse: B7 V) hat in der recht großen Distanz von 176", das sind fast drei Bogenminuten, einen orangen Begleiter. Allerdings ist die Helligkeitsdifferenz enorm. Während Regulus A mit $1^{\mathrm{m}},4$ zu den hellsten Sternen zählt, hat sein Begleiter α Leo B nur $7^{\mathrm{m}},9$ scheinbare Helligkeit und ist mit freien Augen nicht zu erkennen. Am besten ist es, man benutze ein gutes Fernglas mit mindestens 6 cm freier Öffnung bei 15- bis 25-facher Vergrößerung, um den orangen Begleiter (Spektraltyp: K1 V) zu sehen. Um sicher zu gehen, auch den richtigen Begleitstern zu identifizieren, sei der Positionswinkel genannt: P = 308°.

Der Positionswinkel wird von Nord (0°) über Ost (90°), Süd (180°) und West (270°) gezählt. Man beachte: Im Fernglas ist Norden oben und Westen rechts (in unseren geografischen Breiten). Im umkehrenden Teleskop ist jedoch Norden unten, Westen links, Osten rechts und Süden oben.

Von Regulus ausgehend, lasse man den Blick nach Norden gleiten. Dann trifft man zunächst auf η Leonis, den Bruststern des Löwen. Ein wenig höher in nordöstlicher Richtung steht γ Leonis, auch unter dem Namen Algieba bekannt. Er markiert den Hals des Löwen und ist ein Paradedoppelstern, der auch gerne bei Sternführungen dem Publikum gezeigt wird. Die tiefgelbe (K0), $2^{\mathrm{m}},3$ helle Hauptkomponente hat in $4'',6$ Distanz einen $3^{\mathrm{m}},5$ hellen Begleiter gleicher Farbe. Knapp südlich (22′) von Algieba trifft man auf 40 Leo, einen $4^{\mathrm{m}},8$ hellen Stern, den man schon mit bloßen Augen erkennen sollte. Im Fernglas ist er auf alle Fälle zu sehen. Weiter geht der Blick nach Norden, wo ζ Leonis ($3^{\mathrm{m}},4$) steht. Er heißt mit Eigennamen Adhafera. Etwa $5',5$ über ζ Leo befindet sich 35 Leonis ($5^{\mathrm{m}},9$). Die beiden bilden ein optisches Paar mit der Bezeichnung Σ I 18 in Friedrich Georg Wilhelm von Struves Doppelsternkatalog.

5.6 Aufnahme des Spiralnebels M 51 in den Jagdhunden, auch als Strudelgalaxie bekannt, von Stefan Binnewies und Josef Pöpsel (Capella Observatory).

Rund eine halbe Vollmondbreite südlich von Adhafera hält sich 39 Leonis ($5^{m}\!,8$) auf, ebenfalls ein optischer Doppelstern. Sein Begleiter steht $7'\!,8$ nordwestlich von 39 Leo und ist mit nur $7^{m}\!,7$ recht lichtschwach.

Um die Galaxie NGC 2903 aufzusuchen, schwenke man sein Teleskop zunächst nach Nordwest bis zu μ Leonis ($3^{m}\!,9$), dann nach Südwest zu ε Leonis ($3^{m}\!,0$) und weiter nach Westen zu λ Leonis ($4^{m}\!,3$). Von hier gehe man etwa ein Grad (zwei Vollmonddurchmesser) nach Süden, dann trifft man auf die schöne Balkenspirale (Hubble-Typ SBc) mit der Katalognummer NGC 2903. Sie ist nur 9^{m} hell und erscheint im Zehnzöller (25 cm Objektivdurchmesser) als längliches Lichtfleckchen von $6'\!,0 \times 12'\!,6$ mit einer zentralen Aufhellung, das sich etwa in Nord-Süd-Richtung ausdehnt. Die Entfernung liegt bei 30 Millionen Lichtjahren. Für Benutzer von GoTo-Teleskopen seien die Koordinaten von NGC 2903 genannt: $\alpha = 9^{h}32^{m}\!,2$ und $\delta = +21°30'$ (J2000.0).

Um die genannten Objekte im Löwen zu finden, benutze man die Sternkarte E11 im *Atlas für Himmelsbeobachter* von Erich Karkoschka.

Als prominenter Kugelhaufen sei M 13 genannt. Er steht im Herkules und ist unter günstigen Sichtbedingungen schon mit bloßen Augen zu erkennen. Im Fernglas sieht man auf alle Fälle ein rundes Nebelfleckchen. Richtig prächtig wirkt er in einem größeren Teleskop bei niedriger Vergrößerung. Entdeckt wurde M 13 bereits 1714 von Edmond Halley. M 13 ist der größte (15′ Durchmesser) und hellste (6^{m}) Kugelhaufen des nördlichen Sternenhimmels. Man blickt hier auf eine alte Sternengesellschaft von über zehn Milliarden Jahren, wobei sich rund eine Millionen Sonnen auf einem Raum von 160 Lichtjahren Durchmesser drängen.

Zu guter Letzt sei noch eine Paradegalaxie empfohlen. Sie steht im Sternbild der Jagdhunde und trägt die Messier-Nummer 51. Man sieht fast senkrecht auf diese Spiralgalaxie, die Lord Rosse als Whirlpool Galaxy (engl., Strudelgalaxie) getauft hat. M 51 war das erste Milchstraßensystem, bei dem man eine Spiralform erkannt hat. Die Entfernung der Strudelgalaxie beträgt rund 25 Millionen Lichtjahre. Viele an der Astronomie Interessierte kennen M 51 von prächtigen Fotos in Astronomiebüchern oder im Internet. Im Amateurteleskop entpuppt sich M 51 allerdings nur als ein mattes Lichtfleckchen. Erst in größeren Instrumenten zeigen sich deutlich die Spiralarme. M 51 gehört zu den schönsten Spiralnebeln am Firmament. Die Strudelgalaxie ist leicht zu finden, wenn man vom letzten Deichselstern im Großen Wagen (Benetnasch oder η UMa) ausgeht.

Was sind Gravitationswellen?

Caltech/MIT/LIGO Lab

5.7 Das Gravitationswellenobservatorium LIGO in Hanford, US-Bundesstaat Washington

Wie der Name vermuten lässt, haben Gravitationswellen etwas mit der Schwerkraft zu tun. Als Gravitation bezeichnet man die allgemeine Massenanziehung. Der Begriff stammt aus dem Lateinischen: „gravis" heißt schlicht schwer. Man kennt die Schwerkraft aus dem Alltagsleben: Alle Körper oder Gegenstände, die nicht festgehalten oder unterstützt werden, fallen zu Boden. Gäbe es keinen Luftwiderstand, so fielen alle Körper gleich schnell in Richtung Erdmittelpunkt, bis sie auf dem Boden oder sonst einem Hindernis abgebremst werden. Der Schwerkraft verdankt die Erde auch ihre Lufthülle. Ohne sie würde die Luft ins Weltall entweichen.

Die Theorie der Schwerkraft verdankt die Menschheit dem genialen Physiker Isaac Newton (1643–1727). Er lieferte in seinem Werk *Philosophiae Naturalis Principia Mathematica* die mathematische Beschreibung der Gravitation. Man spricht auch von der Newtonschen Mechanik. Die Newtonsche Gravitationstheorie lässt sich höchst erfolgreich in der Himmelsmechanik anwenden. Mit ihr können die Bahnen des Mondes, der Planeten, Kometen, kurz aller Himmelskörper vorausberechnet werden. Aus den zunächst unerklärlichen Abweichungen des Planeten Uranus wurde auf den Schwerkrafteinfluss eines unbekannten Himmelskörpers geschlossen. Kurz darauf wurde er als ferner Planet entdeckt und Neptun getauft. In einfachen Worten ausgedrückt lautet die Grundaussage der Newtonschen Gravitationstheorie: Zwei Körper ziehen einander mit einer Kraft an, die proportional ihren beiden Massen und umgekehrt proportional dem Quadrat ihres gegenseitigen Abstandes ist. Die Newtonsche Gravitationstheorie beschreibt nicht nur die Bewegungen der Himmelskörper in unserem Sonnensystem. Auch das Umkreisen von Doppelsternen, die Wanderung des Sternenheeres um das Milchstraßenzentrum und die Bewegungen der Galaxien in einem Haufen lassen erkennen, dass das Newtonsche Gravitationsgesetz im gesamten Universum gültig ist.

Bei sehr großen Massen, starken Beschleunigungen und hochpräzisen Messungen zeigen sich jedoch Abweichungen von der Newtonschen Gravitationstheorie. Vor mehr als hundert Jahren hat Albert Einstein (1879–1955) eine neue Theorie der Schwerkraft formuliert, bekannt als Allgemeine Relativitätstheorie (ART). Sie entwickelt ein neues Konzept der Gravitation. Massen verändern die Metrik (Geometrie) des Raumes in ihrer näheren und weiteren Umgebung, kurz sie krümmen den Raum. Eine träge Masse läuft nach der ART auf einer gekrümmten Bahn, einer sogenannten geodätischen Linie.

Anschaulich wird folgender Vorgang: Zwei Massen nähern sich einander an, bis sie zusammenstoßen. Nach der klassischen Newtonschen Gravitationstheorie ziehen sie einander an. Nach der ART jedoch bewegen sie sich aufgrund ihrer Trägheit auf gekrümmten Bahnen aufeinander zu. Die Krümmung wird durch eine Masse hervorgerufen. Die Bahnen sind geodätische Linien in einem gekrümmten Raum, also kürzeste Verbindungen zwischen zwei Orten.

Beispiel: Eine Polarexpedition will vom Nordpol zum Südpol reisen. Welche Strecke muss sie zurücklegen? Jemand behauptet: 20 000 Kilometer! Ein anderer meint: 13 000 Kilometer (Werte zum besseren Verständnis gerundet). Wer hat Recht? Bleibt man im „Raum“ Erdoberfläche, stimmt ersterer Wert, durchstößt man jedoch die Erdkugel, dann stimmt die kürzere Strecke.

Eine Folge der Relativitätstheorie

Nach der ART krümmen Massen auch Lichtstrahlen, oder ganz allgemein ausgedrückt elektromagnetische Wellen, was nach der klassischen Gravitationstheorie nicht der Fall ist. Ein Lichtstrahl, der knapp an der Sonne vorbeiläuft, wird um den winzigen Betrag von 1″,6 abgelenkt. Bei der totalen Sonnenfinsternis vom 29. Mai 1919 wurde die Lichtablenkung durch die Sonne direkt gemessen. Mit einem Schlag wurde Einstein weltberühmt. Heute beobachtet man vielfach, wie Massen den Weg des Lichtes beeinflussen: Einstein-Ringe, Einstein-Kreuze sowie Gravitationslinsen sind in vielen Fällen registriert worden.

Einen anderen Effekt konnte die ART ebenfalls zutreffend erklären. Die Merkurellipse dreht sich langsam im Raum. Pro Jahrhundert rückt das Perihel der Merkurbahn um 574″ vor. Nach der klassischen Newtonschen Gravitationstheorie ergeben sich aber nur 531″. Die restlichen 43″ blieben lange rätselhaft. Erst die ART konnte diese Diskrepanz befriedigend lösen. Ursache dieses Effektes ist die Raumkrümmung durch die Masse der Sonne. Diese zusätzliche relativistische Drehung der Apsidenlinie (Verbindungsstrecke Perihel – Aphel), also der großen Ellipsenachse, ist nicht nur auf die Merkurbahn beschränkt. Man beobachtet diesen Effekt auch bei anderen Planetenbahnen ebenso wie bei den Bahnen von Planetoiden, Kometen und Doppelsternen.

Diese relativistischen Effekte sind sehr klein, denn die Gravitation ist die schwächste der vier bekannten Naturkräfte. Die Kernkraft (auch starke Wechselwirkung genannt), die zwei Protonen in einem Atomkern aneinanderbindet, ist 6×10^{39} (sechs Sextilliarden) Mal stärker als die Koppelungskonstante der Gravitation. Kaum zu glauben, wenn man schweres Gepäck schleppen muss, Stiegen steigt oder einen Berg erklimmt. Aber das liegt an der enorm großen Masse der Erde von knapp sechs Trilliarden ($5{,}973 \times 10^{21}$) Tonnen, die uns anzieht.

Im Jahr 1918 folgerte Einstein aus der ART, dass es auch Gravitationswellen geben müsse. In seiner Arbeit *Über Gravitationswellen* hat er die Existenz von Gravitationswellen vorausgesagt.

Beschleunigte Massen erzeugen Gravitationswellen ähnlich wie beschleunigte elektrische Ladungen elektromagnetische Wellen wie zum Beispiel Licht hervorrufen. Gravitationswellen sind Störungen der Raumgeometrie, die sich mit Lichtgeschwindigkeit ausbreiten.

Gravitationswellen sind transversale Wellen. Die Schwingungen erfolgen senkrecht zur Ausbreitungsrichtung. Die Dehnung und Stauchung des Raumes erfolgt senkrecht zur Laufrichtung der Schwerkraftwelle, sowohl nach links und rechts, nach oben und unten, nach Ost und West, nach Nord und Süd – siehe Abb. 5.9 auf Seite 129). Materie absorbiert Gravitationswellen nicht. Sie können mühelos die Erde durchqueren, ohne abgeschwächt zu werden.

Während sich elektromagnetische Strahlung als Dipolwellen fortpflanzt, senden beschleunigte Massen Quadrupolwellen aus. Das Quadrupolmoment einer schwingenden Masse führt zu Stauchungen und Dehnungen des Raumes in zwei Richtungen, während elektrische und magnetische Feldstärken in nur einer Richtung schwingen (von Plus nach Minus, vom Nordpol zum Südpol und jeweils zurück). Das Quadrupolmoment einer Gravitationswelle gibt die Abweichungen der Radienlänge von der exakten Kugelgeometrie in zwei Richtungen an (siehe Abb. 5.9). Gravitationswellen werden von beschleunigten Massen erzeugt. Wenn Massen schwingen, also oszillieren, oder um ein Schwerezentrum kreisen, so senden sie Schwerkraftwellen aus.

Die Gravitation ist die allerschwächste Naturkraft. Die elektrostatische Kraft ist hundert Sextillionen (10^{38}) Mal stärker als die Schwerkraft. Deshalb sind die transportierten Energien einer Gravitationswelle äußerst gering.

Eine Gravitationswelle, die zehn Watt Leistung pro Quadratmeter aufbringt, führt zu einer Schwingung der Raumzeit mit einer Amplitude (Auslenkung) von nur $1{:}10^{17}$ (also 100 Billiardstel pro Längeneinheit). Auf einen Meter Länge führt dies zu einer Oszillation der Länge von nur 10^{-15} cm, dies ist nur ein Hundertstel des Durchmessers eines Protons, eines Wasserstoffatomkerns. Die Strecke Erde – Sonne von 150 Millionen Kilometer würde periodisch um lediglich 1,5 Tausendstel Millimeter gedehnt und verkürzt werden. Einstein war daher auch bewusst, dass ein Nachweis von Gravitationswellen im Labor kaum gelingen kann.

Was sendet Gravitationswellen aus?

Beim Urknall selbst, in der Inflationsphase, müssen Gravitationswellen entstanden sein. Gelänge es, sie zu registrieren, würde man damit einen Blick hinter die Feuerwand des Big Bang, des kosmischen Mikrowellenhintergrundes, werfen können. Die Suche nach den primordialen Schwerkraftwellen war bisher noch nicht erfolgreich.

Bei einem Sternenkollaps, wie er sich bei einer Supernova-Detonation ereignet, werden ebenfalls Gravitationswellen emittiert. Allerdings nur, wenn der Kollaps asymmetrisch erfolgt, was infolge der Sternrotation auch der Fall ist.

Rotieren symmetrische Körper (Kugel, Kegel, Zylinder) um ihre Symmetrieachse, so senden sie keine Gravitationswellen aus, wenn sich die Rotationsgeschwindigkeit ändert. Einander umkreisende Himmelskörper erzeugen jedoch Schwerkraftwellen. So strahlt die Erde bei ihrem Lauf um die Sonne Gravitationswellen aus.

5.8 Lichtablenkung im Schwerefeld der Sonne

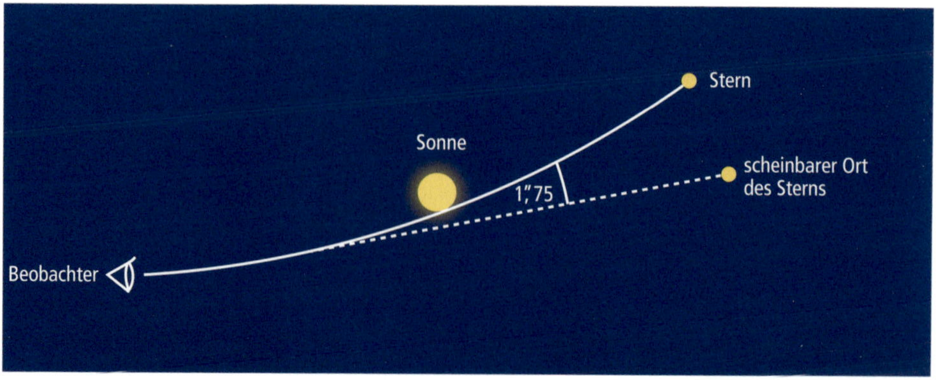

Da der Schwerpunkt Erde – Sonne fast mit dem Sonnenmittelpunkt zusammenfällt, trägt die Sonnenmasse praktisch nichts zum Quadrupolmoment dieses Systems bei. Maßgebend ist allein die Masse der Erde.

Durch Gravitationsabstrahlung verliert die Erde so wenig ihrer kinetischen Energie, dass sie erst nach dreißig Quadrillionen (3×10^{25}) Jahren in die Sonne stürzen würde, also erst nach dem Billiarden(10^{15})-Fachen des heutigen Weltalters! Verglichen mit dem Alter des Sonnensystems von 4,6 Milliarden Jahren hat die Erde durch Abstrahlung von Gravitationswellen kaum an Bewegungsenergie verloren.

Gravitationsstrahlung von Planetenumläufen messen zu wollen, ist illusorisch. Bei massereichen und engen Doppelsternen sind jedoch die Beschleunigungen so enorm, dass deren Gravitationsabstrahlung zu messbaren Verkürzungen der Umlaufperiode führt. Beide Sterne rücken dabei immer näher. Gelingt es, bei einem Sternenpaar die Abnahme seiner Umlaufzeit zu ermitteln, so ist dies auch ein indirekter Nachweis von Schwerkraftwellen.

Das Verhalten von Doppelpulsaren

Erstmals gelang dies 1974 bei dem Neutronensternpaar PSR 1913+16 im Sternbild Adler. Der Neutronendoppelstern ist mit 21 000 Lichtjahren relativ weit von uns entfernt. Beide Neutronensterne laufen in einem gegenseitigen Abstand von 750 000 Kilometern (dies entspricht ungefähr dem Sonnenradius oder der doppelten Mondentfernung) in sieben Stunden und 45 Minuten umeinander. Durch Aussenden von Schwerkraftwellen nimmt die Umlaufperiode um 0,0766 Millisekunden oder 76,6 Millionstelsekunden pro Jahr ab.

Ihr Abstand voneinander verringert sich dabei um 3,5 Meter pro Jahr. Nach 220 Millionen Jahren werden beide miteinander zu einem Schwarzen Loch verschmelzen. Die Abnahme der Umlaufdauer entspricht genau dem von der ART ermittelten theoretischen Wert für die bei Abstrahlung von Schwerkraftwellen zu erwartende Verkürzung.

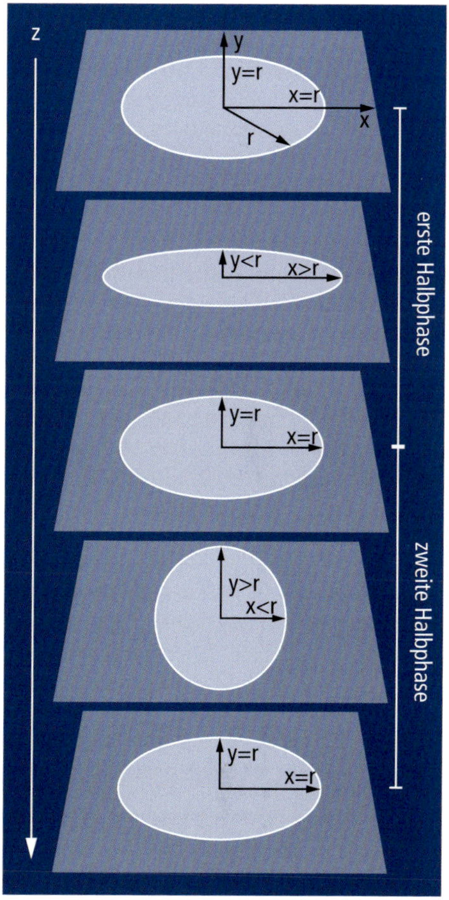

5.9 Eine Gravitationswelle ist eine Quadrupolwelle

Die Apsidenlinie (Verbindungsstrecke Periastron – Apastron) dreht sich infolge des relativistischen Effektes der Raumkrümmung um 4,°227 pro Jahr. Eine volle Umdrehung dauert somit 85 Jahre. Auch die gravitative Rotverschiebung und der Shapiro-Effekt konnten bei diesem Neutronensternpaar beobachtet werden.

Diesen Effekt hat Irwin Ira Shapiro im Jahr 1964 aus der ART abgeleitet: Durch die Raumkrümmung bei Anwesenheit von Massen kommt es zu Laufzeitverzögerungen des Lichtes. Dies konnte bei Doppelbildern von Quasaren gut überprüft werden. Passiert das Licht eines Quasars auf seinem Weg zur Erde einen massereichen Galaxienhaufen, so werden die Lichtstrahlen nicht nur abgelenkt, sondern auch aufgespalten. Man beobachtet dann zwei punktförmige Bilder des Quasars (manchmal auch mehr). Helligkeitsvariationen des Quasars erfolgen dabei zeitversetzt. Ein Bild zeigt einen Helligkeitsausbruch, das zweite Bild erst später.

Inzwischen wurden weitere Doppelneutronensterne und auch Paare aus einem Neutronenstern und einem stellaren Schwarzen Loch gefunden, aus deren Laufzeitverhalten geschlossen werden kann, dass sie Gravitationswellen aussenden.

Doch das Ziel der Gravitationsspezialisten ist es, Schwerkraftwellen direkt zu messen. Dazu hat man Gravitationswellendetektoren entwickelt und gebaut. Ein Verfahren, das Zittern der Raumgeometrie zu vermessen, ist die Überwachung der Schwingungen von Probekörpern mittels Laserstrahlen, die über fein justierte Spiegel reflektiert und zur Interferenz (Überlagerung) gebracht werden. Eine solche Versuchsanordnung wird LIGO genannt, das Akronym für „**La**ser **I**nterferometer **G**ravitational wave **O**bservatory". Zwei solcher Laser-Detektoren operieren in den USA, und zwar in Livingston (Louisiana) und in Hanford (Washington State). Im Prinzip ist LIGO ein wesentlich verbessertes Michelson-Interferometer, mit dem man einst die Konstanz der Lichtgeschwindigkeit in allen Bezugssystemen nachgewiesen hat.

Mit dem Bau der LIGOs in den USA wurde 1994 begonnen, nachdem das Projekt von den drei führenden Gravitationsphysikern Ronald Drever, Kip Thorne und Rainer Weiss initiiert worden war. Thorne und Weiss erhielten den Nobelpreis für Physik des Jahres 2017.

Der erste direkte Nachweis

Fast ein Vierteljahrhundert hat man vergeblich versucht, Schwerkraftwellen nachzuweisen. Mehrmals wurde die Empfindlichkeit der Anlagen durch technische Raffinessen erhöht. Inzwischen wird nun jede noch so kleine Erschütterung registriert wie Erdbeben in fernen Kontinenten ebenso wie die Brandungswellen der Ozeane, Straßenverkehr usw. Selbst Menschen und Tiere, Wind und Wetter, die thermischen Bewegungen der Moleküle in der Anlage, sogar der Lichtdruck des Laserstrahls führen zu winzigen Schwingungen, die aufgezeichnet werden.

Schließlich war es am 14. September 2015 soweit. Um $9^h50^m45^s$ UTC wurde ein nur $0\overset{s}{,}2$ langes Signal empfangen – sowohl in Livingston als auch in Hanford, dort sieben Millisekunden später. Hanford ist von Livingston 3000 Kilometer entfernt. Aus der zeitlichen Koinzidenz und der gleichen Modulation des Signals konnte man nicht nur auf seinen außerirdischen Ursprung schließen, sondern aus der Laufzeitdifferenz auch grob die Richtung schätzen, aus der die Schwerkraftwelle eintraf.

Sie lief nicht auf der Erdoberfläche entlang, sondern durch

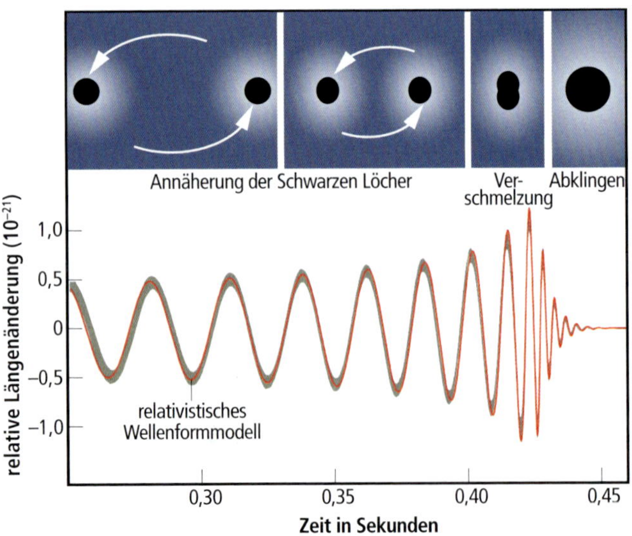

5.10 Das Verschmelzen zweier Schwarzer Löcher erzeugt eine Gravitationswelle.

Wikimedia/Keenan Pepper MIT/Bryce Vickmark Fermilab/R. Hahn

5.11 Kip Thorne, Rainer Weiss und Barry Barish erhielten 2017 für ihre Erforschung der Gravitationswellen den Nobelpreis für Physik.

die Erde hindurch. Gravitationswellen durchdringen mühelos Materie und werden kaum gedämpft. In Livingston war es 5^h50^m Ortszeit und in Hanford 3^h50^m nachtschlafender Zeit. Zuerst wurde das Signal im GEO600-Ligo-Labor des Max-Planck-Instituts für Gravitationsphysik in Ruthe bei Hannover entdeckt. Denn die Schwerkraftwellendetektive arbeiten weltweit in der sogenannten LIGO Scientific Collaboration zusammen. Zu ihr gehören auch die Gravitationswellendetektoren Virgo in Cascina bei Pisa in Italien und KAGRA bei Hida in Japan.

Erzeugt wurde die Schwerkraftwelle, die nach ihrem Entdeckungsdatum die Bezeichnung GW150914 erhielt, von zwei miteinander verschmelzenden, massereichen Schwarzen Löchern. Das eine Black Hole hatte 29 Sonnenmassen, das andere 36, was einem Schwarzschild-Radius von 87 Kilometer beziehungsweise 108 Kilometer entspricht. Beide rasten ungeheuer schnell umeinander und erreichten kurz vor ihrer Vereinigung fast Lichtgeschwindigkeit. Die Amplitude steigt steil an, die Frequenz nimmt rapide zu – alles in Bruchteilen einer Sekunde.

Anfangs 35 Hz, das entspricht einer Wellenlänge von 8570 Kilometer, steigerte sich die Frequenz der Gravitationswelle auf 250 Hz (Wellenlänge 1200 km) beim furiosen Finale. Beim Berühren der Ereignishorizonte beider Schwarzer Löcher war der Verschmelzungsprozess in einem winzigen Augenblick vollzogen – ein neues Schwarzes Loch von 62 Sonnenmassen und einem Durchmesser von 372 Kilometer war entstanden. Die restlichen drei Sonnenmassen wurden gemäß der Einstein-Formel $E = mc^2$ in pure Energie umgewandelt. So wurden rund 3×10^{49} Watt an Strahlungsleistung in die ausgesandte Gravitationswelle gesteckt. Das ist die höchste jemals beobachtete Energiefreisetzung bei einer kosmischen Katastrophe. Sie entspricht der Leuchtkraft von 100 Trilliarden (10^{23}) Sternen vom Typ unserer Sonne. So viele Sterne gibt es im gesamten überschaubaren Universum nicht!

Trotz dieser enormen Energie der Gravitationswelle war das auf der Erde empfangene Signal relativ schwach. Denn auch für Schwerkraftwellen gilt, dass deren Intensität mit dem Quadrat der Entfernung abnimmt. Die Entfernung der Gravitationsquelle GW150914 wird auf 1,3 Milliarden, also 1300 Millionen Lichtjahre geschätzt.

Inzwischen sind einige Dutzend Gravitationswellensignale verschmelzender Schwarzer Löcher entdeckt worden.

Erstmals wurde im August 2017 eine Gravitationswelle beobachtet, die von zwei kollabierenden Neutronensternen hervorgerufen wurde

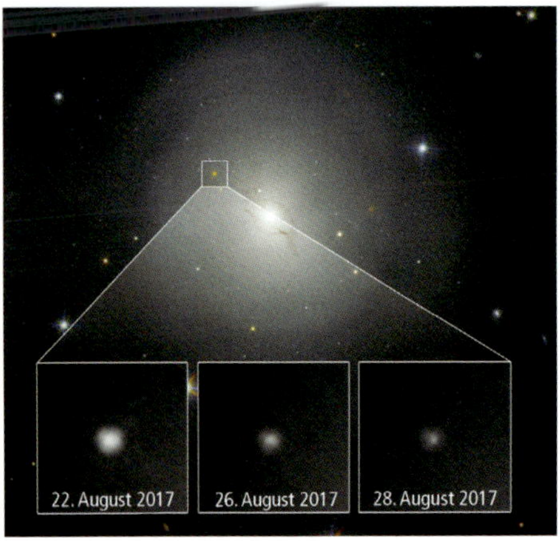

NASA and ESA. Acknowledgment: A. J. Levan (U. Warwick), N.R. Tanvir (U. Leicester), and A. Fruchter and O. Fox (STScI)

5.12 Das Gravitationswellensignal vom 17. August 2017 wurde durch eine Kilonova in der Galaxie NGC 4993 ausgelöst. Das Hubble-Weltraumteleskop hat ihr Nachglühen verfolgt.

(GW170817). Dabei flammte eine Kilonova auf, die von zahlreichen Observatorien im Visuellen beobachtet wurde. Seltener sind Gravitationswellen, die von der Kombination eines verschmelzenden Neutronensterns mit einem Schwarzen Loch entstehen. Der ursprünglich kugelförmige Neutronenstern wird durch die ungeheuren Gezeitenkräfte in die Länge gezogen und gekrümmt. Ein Teil stürzt in das Schwarze Loch und löst eine Schwerkraftwelle aus.

Kollabierende Massen, die sich als Supernovae zeigen, stürzen in Bruchteilen einer Sekunde zu einem Pulsar oder Schwarzen Loch zusammen, wenn sie asymmetrisch zusammenstürzen, was nach Modellrechnungen stets der Fall sein dürfte.

Detektoren der Zukunft

Neben erdgebundenen Detektoren zum Aufspüren von Gravitationswellen plant man, im Weltraum Gravitationswellenobservatorien zu installieren, um extrem niederfrequente Gravitationswellen aufzuspüren, wie sie von einander umkreisenden Weißen Zwergen zu erwarten sind sowie von massereichen Schwarzen Löchern. Ein solches Projekt nennt sich LISA: **L**aser **I**nterferometer **S**pace **A**ntenna. Dabei sollen drei Sonden an den Eckpunkten eines gleichseitigen Dreiecks im Weltall platziert werden, wobei die Seitenlänge fünf Millionen Kilometer betragen soll. Genaue Messungen mit Laser-Interferometern sollen selbst winzigste Änderungen der Seitenlänge erfassen, um auf diese Weise Schwerkraftwellen zu registrieren. Aus finanziellen Gründen wurde dieses Gemeinschaftsprojekt von ESA und NASA im Jahr 2011 zurückgestellt.

Das Projekt wurde inzwischen neu konzipiert. Unter der Bezeichnung eLISA (**E**volved LISA) sollen Gravitationswellen mit Wellenlängen von 30 km bis 300 000 km (Frequenzen von 0,1 mHz bis 1000 mHz) nachgewiesen werden. Um die Kosten zu senken, wurden die Abstände der drei Sonden von fünf Millionen auf eine Million Kilometer verkürzt. Dafür erhielt das Projekt die Zusatzbezeichnung NGO – **N**ew **G**ravitational wave **O**bservatory. Mit eLISA/NGO wird man endlich auch den primordialen Gravitationsstrahlungshintergrund beobachten können. Damit wird ein Blick hinter die Feuerwand des Big Bang, des kosmischen Mikrowellenhintergrunds, in die allerfrüheste Phase des Universums möglich werden.

Ein anderes Projekt untersucht den kosmischen Gravitationswellenhintergrund. Es nennt sich Pulsar Timing Array. Gravitationswellen beeinflussen die hochpräzisen Radioimpulse von Neutronensternen. Es kommt zu minimalen Änderungen in der Pulsfrequenz. Mit dem südafrikanischen Radioteleskop MeerKAT wurden die Messdaten der letzten 4,5 Jahre analysiert und dabei indirekt die Gravitationswellen von supermassereichen Schwarzen Löchern registriert. Virtuell wurde mit dem MeerKAT Pulsar Timing Array (MPTA) ein Gravitationswellen-Detektor von der Größe einer ganzen Galaxie geschaffen. Die niederfrequenten Gravitationswellen haben Wellenlägen von einigen Lichtjahren und durchziehen die gesamte Milchstraße.

Man spricht vom Brummen im Hintergrund. Weitere Forschungen zu Gravitationswellen sind erforderlich, um in Zukunft noch viele offene Fragen zu klären.

Juni 2026

— Die Sonne erreicht am 21. um 9^h25^m MEZ den Gipfel ihrer Jahresbahn – der astronomische Sommer beginnt.
— Merkur erscheint in der ersten Monatshälfte am Abendhimmel.
— Venus beherrscht den westlichen Abendhimmel.
— Mars lässt sich immer noch nicht am Morgenhimmel blicken.
— Jupiter zieht sich vom Abendhimmel zurück und wird gegen Monatsende unbeobachtbar.
— Saturn kann am Morgenhimmel gesehen werden.

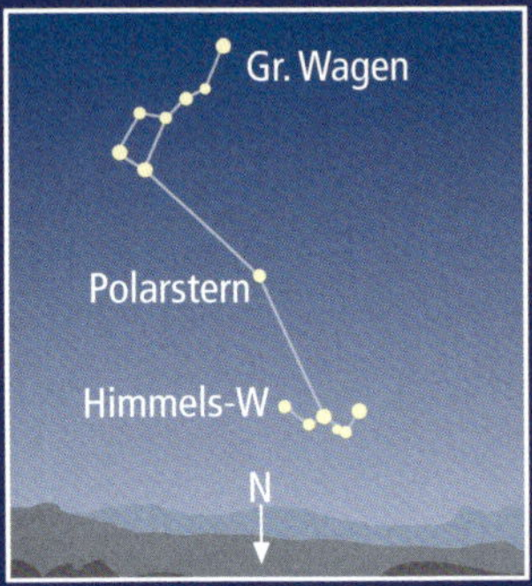

Großer Wagen und Himmels-W Anfang Juni um 22 Uhr MEZ

6.1 Anblick des Westhimmels am 16. Juni gegen 22^h MEZ (= 23^h MESZ). Venus und Jupiter stehen knapp über dem Horizont. Tiefer zeigt sich noch die extrem dünne Sichel des zunehmenden Mondes

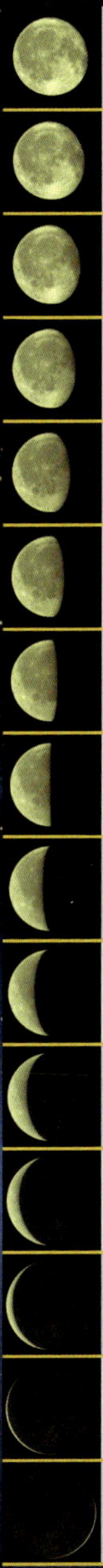

1 Mo	
2 Di	Merkur Abendsichtbarkeit
3 Mi	
4 Do	Fronleichnam
5 Fr	
6 Sa	
7 So	
8 Mo	Letztes Viertel
9 Di	Venus bei Jupiter – abends
10 Mi	
11 Do	
12 Fr	
13 Sa	
14 So	
15 Mo	**Neumond**

16 Di	
17 Mi	Mond bei Venus – abends
18 Do	
19 Fr	Mond bei Regulus – abends
20 Sa	
21 So	Sommerbeginn Erstes Viertel
22 Mo	
23 Di	Mond bei Spica – abends
24 Mi	
25 Do	
26 Fr	
27 Sa	Mond bei Antares – abends
28 So	
29 Mo	
30 Di	**Vollmond**

SONNE – STERNBILDER

21.6. 9h25m:
Sonne tritt in das Tierkreiszeichen Krebs

21.6. 23h:
Sonne tritt in das Sternbild Zwillinge

Julianisches Datum am
1. Juni, 1h MEZ: 2 461 192,5

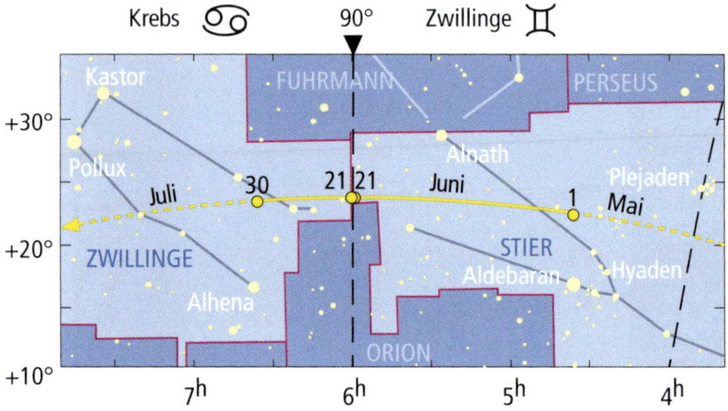

SONNENLAUF

Tag	Dämmerg. Anfang	Aufgang MEZ	Kulmination	Untergang MEZ	Dämmerg. Ende	Mittagshöhe	Zeitgleichg.	Rektaszension	Deklination
	h m	h m	h m	h m	h m	°	m	h m	°
1.	2 33	4 16	12 18	20 20	22 04	62,1	+2	4 34	+22,0
5.	2 28	4 13	12 18	20 24	22 10	62,6	+2	4 51	+22,5
10.	2 23	4 11	12 19	20 28	22 16	63,0	+1	5 11	+23,0
15.	2 21	4 10	12 20	20 31	22 21	63,3	0	5 32	+23,3
20.	2 20	4 10	12 22	20 33	22 23	63,4	–2	5 53	+23,4
25.	2 22	4 12	12 23	20 33	22 23	63,4	–3	6 14	+23,4
30.	2 25	4 14	12 24	20 33	22 21	63,2	–4	6 34	+23,2

TAGES- UND NACHTSTUNDEN

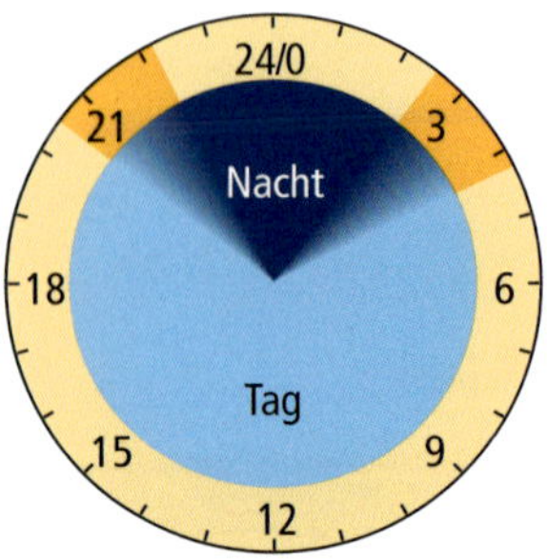

5. Juni

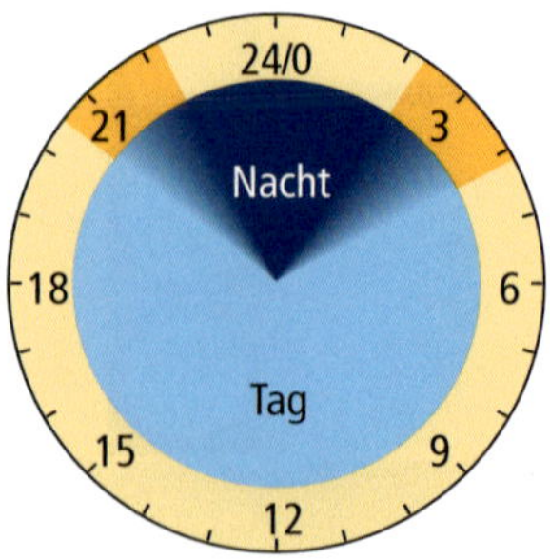

15. Juni

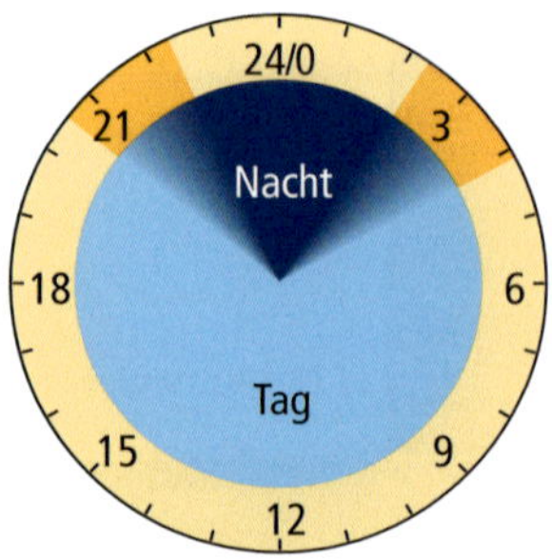

25. Juni

MONDLAUF

Datum	Aufg. MEZ	Kulmination	Unterg. MEZ	Rektaszension	Deklination	Sterne und Sternbilder	Phase	MEZ
	h m	h m	h m	h m	°			
Mo 1.	22 07	0 45	4 16	17 02	–27,6	Antares	Erdferne 406/29′,4	6^h
Di 2.	22 51	1 36	5 07	17 55	–27,9	Kaus Borealis		
Mi 3.	23 24	2 27	6 08	18 49	–26,9	Schütze, Nunki		
Do 4.	23 49	3 17	7 17	19 41	–24,7	Schütze		
Fr 5.	–	4 04	8 29	20 31	–21,4	Steinbock		
Sa 6.	0 08	4 50	9 42	21 19	–17,1	Steinbock		
So 7.	0 24	5 34	10 56	22 06	–12,0	Wassermann	Aufsteigender Knoten	
Mo 8.	0 38	6 17	12 10	22 52	– 6,3	Wassermann	**Letztes Viertel** Libration Ost	**11^{h}01^m**
Di 9.	0 51	7 01	13 27	23 38	– 0,3	Fische		
Mi 10.	1 05	7 47	14 46	0 26	+ 6,0	Fische		
Do 11.	1 21	8 36	16 11	1 16	+12,2	Fische		
Fr 12.	1 41	9 30	17 40	2 11	+18,0	Widder, Hamal		
Sa 13.	2 08	10 30	19 11	3 10	+22,9	Widder	Größte Nordbreite	
So 14.	2 47	11 35	20 34	4 15	+26,3	Stier, Plejaden		
Mo 15.	3 43	12 43	21 40	5 23	+27,9	Stier, Alnath	**Neumond Nr. 1280** Erdnähe 357/33′,5	**3^{h}54^m** 0^h
Di 16.	4 59	13 50	22 27	6 32	+27,4	Zwillinge		
Mi 17.	6 26	14 52	22 59	7 38	+24,8	Kastor, Pollux		
Do 18.	7 55	15 49	23 21	8 39	+20,6	Krebs, Krippe		
Fr 19.	9 21	16 39	23 38	9 35	+15,3	Löwe	Absteigender Knoten	
Sa 20.	10 42	17 26	23 53	10 27	+ 9,4	Löwe, Regulus	Libration West	
So 21.	11 58	18 09	–	11 15	+ 3,3	Löwe	**Erstes Viertel**	**22^{h}55^m**
Mo 22.	13 11	18 52	0 06	12 01	– 2,8	Jungfrau		
Di 23.	14 24	19 34	0 19	12 46	– 8,6	Jungfrau		
Mi 24.	15 36	20 18	0 33	13 31	–14,0	Spica		
Do 25.	16 48	21 03	0 50	14 18	–18,7	Jungfrau		
Fr 26.	17 59	21 51	1 11	15 06	–22,6	Waage	Größte Südbreite	
Sa 27.	19 05	22 41	1 38	15 56	–25,6	Antares		
So 28.	20 03	23 32	2 14	16 49	–27,4	Antares	Erdferne 406/29′,4	8^h
Mo 29.	20 50	–	3 02	17 42	–28,0	Schlangenträger		
Di 30.	21 26	0 24	4 00	18 35	–27,3	Schütze, Nunki	**Vollmond**	**0^{h}57^m**

DER ZUNEHMENDE HALBMOND WANDERT AN SPICA VORBEI

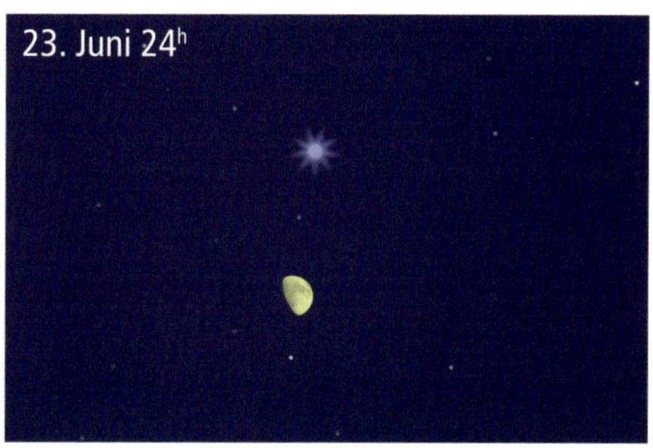

MERKUR erscheint in der ersten Monatshälfte am Abendhimmel weit im Nordwesten. Am 1. passiert Merkur 2,°2 nördlich den Sommerpunkt – eine extrem nördliche Position des flinken Planeten!

Am 1. wird man den –0,ᵐ5 hellen Merkur erstmals tief am Nordwesthorizont erspähen können. Am 1. geht Merkur um 22^h06^m (= 23^h06^m Sommerzeit) unter. Bis Mitte Juni verspäten sich die Merkuruntergänge unwesentlich auf 22^h14^m (= 23^h14^m Sommerzeit), die Merkurhelligkeit geht auf 0,ᵐ4 zurück (siehe auch Abb. 6.2 und 6.3 unten).

Im Fernrohr zeigt sich das 7,″2 große Merkurscheibchen am 9. halb beleuchtet, die Phase Dichotomie tritt ein. Danach wird das Planetenscheibchen größer, der Beleuchtungsgrad nimmt ab, Merkur wird zu einer Sichel.

Nach dem 10. wird es allerdings schwierig, Merkur noch ohne Fernglas zu finden.

Am 15. erreicht der flinke Planet mit 24°31′ seine größte östliche Elongation von der Sonne. Nach dem 15. zieht sich der sonnennahe Planet rasch vom Abendhimmel zurück und wird unsichtbar.

Am 29. kommt Merkur zum Stillstand und eilt anschließend rasch rückläufig auf die Sonne

6.2 Stellung von Merkur über dem Westhorizont zu den angegebenen Daten. Die Pfeile geben die Bewegungen von Merkur und Sonne während der letzten halben Stunde an.

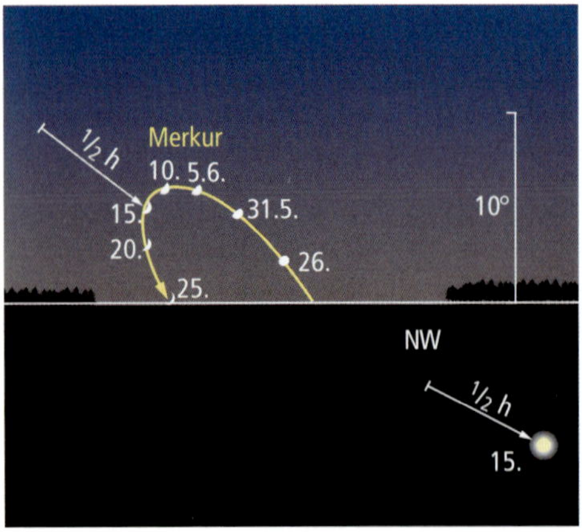

6.3 Sichtbarkeitsdiagramm für Merkur. Es gilt genau für 50° nördlicher Breite und 10° östlicher Länge. Dunkelgelbe Fläche: Unter günstigen Sichtbedingungen kann man Merkur mit bloßen Augen erkennen.

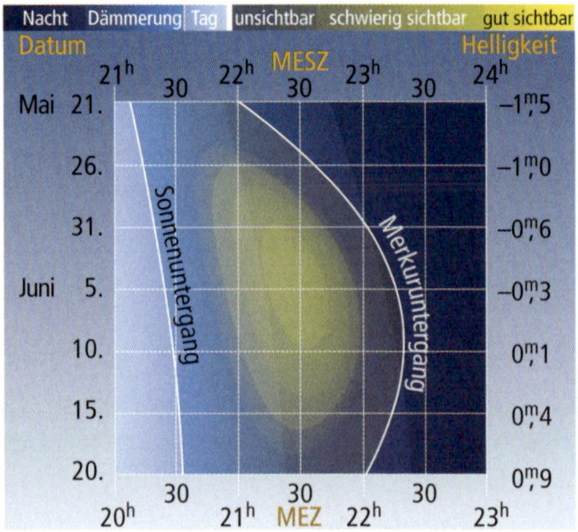

6.4 Konjunktionsschleife von Merkur im Sternbild Zwillinge. Die Zahlen geben die Merkurposition zum jeweiligen Monatsersten an (7 = 1. Juli).

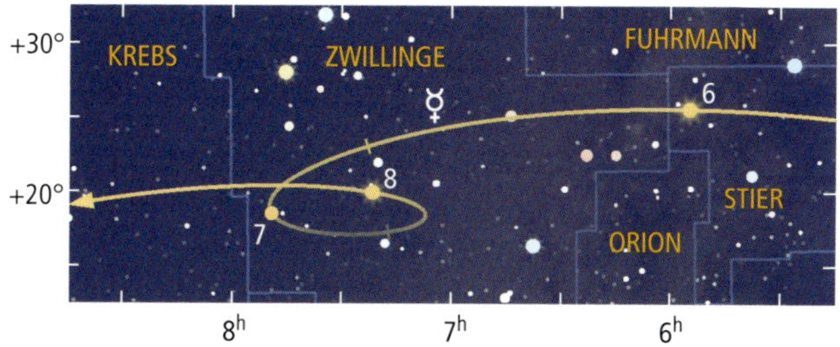

zu, die ihm im Tierkreis entgegenkommt. Die untere Konjunktion wird dann am 13. Juli erreicht.

VENUS strahlt als auffälliges Gestirn am westlichen Abendhimmel. Schon kurz nach Sonnenuntergang kann man sie in der noch hellen Abenddämmerung erkennen. Man nennt sie gerne „Abendstern", obwohl sie gar kein Stern, keine selbstleuchtende Gaskugel, sondern ein Planet ist. Planeten sieht man nur, weil sie von der Sonne beschienen werden.

In der Nacht von 8. auf 9. wandert Venus $4{,}^{\circ}7$ südlich an Pollux in den Zwillingen (β Geminorum) vorbei (siehe Abb. 7.4 auf Seite 157).

Ende Juni wechselt Venus in das Sternbild Löwe, nachdem sie vom 11. bis 29. durch den lichtschwachen Krebs gelaufen ist. Die Untergänge der Venus erfolgen am 1. um 23^h06^m und am 15. um 23^h02^m. Am Monatsletzten geht der inzwischen $-4{,}^{m}1$ helle Nachbarplanet schon um 22^h43^m (= 23^h43^m Sommerzeit) unter.

Bis Ende Juni wächst der scheinbare Durchmesser des Planetenscheibchens auf gut 16″ an, das am 15. zu 75 Prozent beleuchtet erscheint. Danach nimmt der Beleuchtungsgrad weiter ab und Venus erscheint im Teleskop immer größer.

Am 9. überholt Venus den gemächlich laufenden Jupiter in 1°38′ nördlichem Abstand (siehe Abb. 6.5 unten). Der zunehmende Mond besucht am 17. Venus am Abendhimmel (siehe Abb. 6.6 rechts).

6.5 Venus eilt am 9. Juni an Jupiter vorbei. Abendlicher Fernglasanblick.

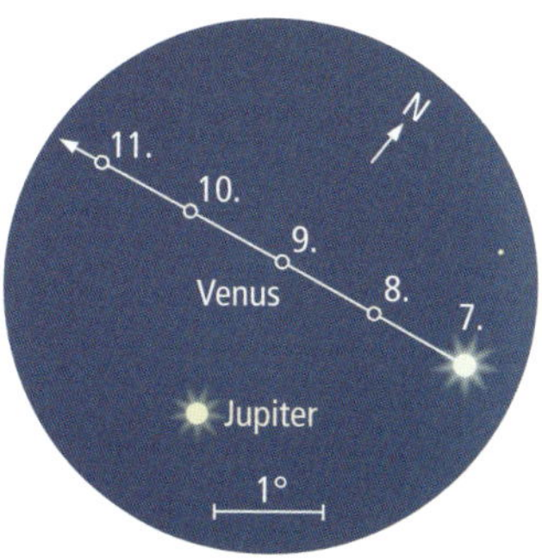

MARS lässt sich immer noch nicht am Morgenhimmel blicken. Erfahrene Beobachter mögen zum Monatsende den roten Planeten bereits aufstöbern. Der rote Planet strebt die höchsten Bezirke des Tierkreises an. Am 20. verlässt er den Widder und zieht rechtläufig in das Sternbild Stier ein.

Am 20. geht der $1{,}^{m}3$ helle Mars um 2^h16^m auf und am letzten Tag des Monats geht er um 1^h55^m (= 2^h55^m Sommerzeit) auf. Bevor er sich über die dichten Dunstschichten am Horizont erhoben hat, verblasst er in der Morgendämmerung. Allenfalls mit einem guten Fernglas lässt sich Mars gegen 3^h (= 4^h Sommerzeit) für etwa eine Viertelstunde beobachten.

JUPITER zieht sich vom Abendhimmel zurück und wird gegen Monatsende unbeobachtbar. Der Riesenplanet wandert rechtläufig durch die Zwillinge und steuert auf die Grenze zum Sternbild Krebs zu, die er am 22. überschreitet. Im letzten Junidrittel passiert er Pollux (β Ge-

6.6 Die schmale Sichel des zunehmenden Mondes begegnet Venus am 17. Juni. Fernglasanblick gegen 22^h30^m MESZ.

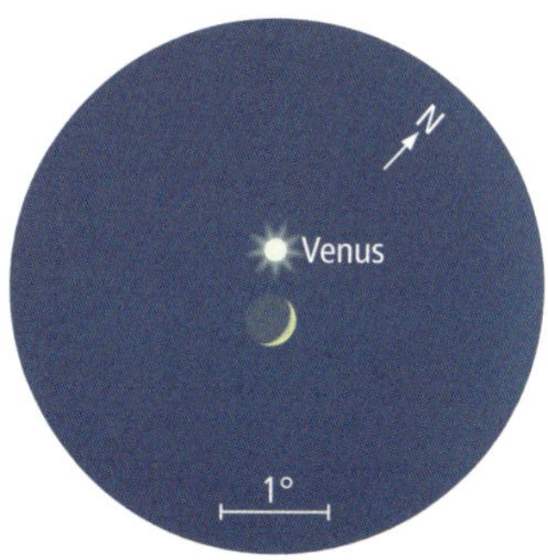

minorum) 6° südlich. Um Pollux zu sehen, benötigt man ein lichtstarkes Fernglas (siehe auch Abb. 1.6 auf Seite 42). Am 9. wird Jupiter von Venus überholt, die $1{,}^{\circ}6$ nördlich am Riesenplaneten vorbeizieht (siehe Abb. 6.5 auf Seite 139).

Am 1. geht Jupiter um $23^{h}21^{m}$ (= $0^{h}21^{m}$ Sommerzeit am 2.) unter und am 15. sinkt der $-1{,}^{m}8$ helle Riesenplanet um $22^{h}34^{m}$ unter die westliche Horizontlinie. Am 25. erfolgt der Jupiteruntergang schon um $22^{h}01^{m}$ und am 30. um $21^{h}44^{m}$ (= $22^{h}44^{m}$ Sommerzeit). Nach dem 25. wird man allerdings vergeblich mit bloßen Augen nach dem Riesenplaneten Ausschau halten. Die Sonne verfolgt Jupiter im Tierkreis und wird ihn im nächsten Monat einholen. Die Konjunktion mit ihr steht bevor.

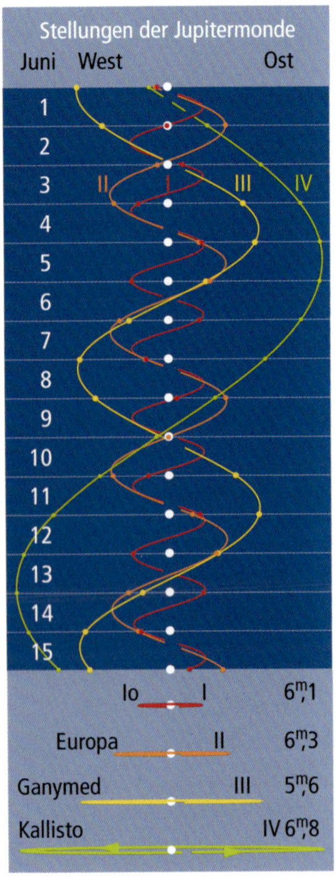

SATURN wechselt am 3. aus dem Walfisch in das Sternbild Fische. Seine ohnehin langsame rechtläufige Bewegung im Tierkreis wird allmählich gebremst. Am 1. steigt der $0{,}^{m}9$ helle Ringplanet um $2^{h}14^{m}$ (= $3^{h}14^{m}$ Sommerzeit) über die östliche Horizontlinie, am 15. um $1^{h}21^{m}$ und am 30. um $0^{h}24^{m}$ (siehe auch scheinbare Saturnbahn, Abb. 10.8 auf Seite 220).

Während des Monats nimmt die Saturnhelligkeit leicht um $0{,}^{m}1$ auf $0{,}^{m}8$ zu.

URANUS, rechtläufig im Sternbild Stier, stand Mitte des Vormonats in Konjunktion mit der Sonne. Der grünliche Planet bleibt auch im Juni unsichtbar. Dennoch seien die Kulminationszeiten zu Monatsbeginn und -ende genannt: 1. Juni $11^{h}40^{m}$ (= $12^{h}40^{m}$ Sommerzeit) und 30. Juni $9^{h}53^{m}$.

NEPTUN bremst seine ohnehin ziemlich langsame Wanderung durch das Sternbild Fische zum Monatsende fast vollends ab. Sein Stillstand steht kurz bevor. Noch ist es nicht leicht, ihn aufzuspüren. Ende des Monats sollten ihn versierte Beobachter und Beobachterinnen jedoch finden. Die Sternkarte Abb. 9.6 auf Seite 202 kann dabei behilflich sein.

Am 30. geht der nur $7{,}^{m}9$ helle Neptun um $0^{h}00^{m}$ auf und kulminiert am 30. Juni schon um $6^{h}05^{m}$ (= $7^{h}05^{m}$ Sommerzeit). Um diese Zeit steht die Sonne längst am Himmel. Am ehesten lässt sich Neptun zwischen $1^{h}30^{m}$ und $2^{h}30^{m}$ (= $3^{h}30^{m}$ Sommerzeit) erwischen.

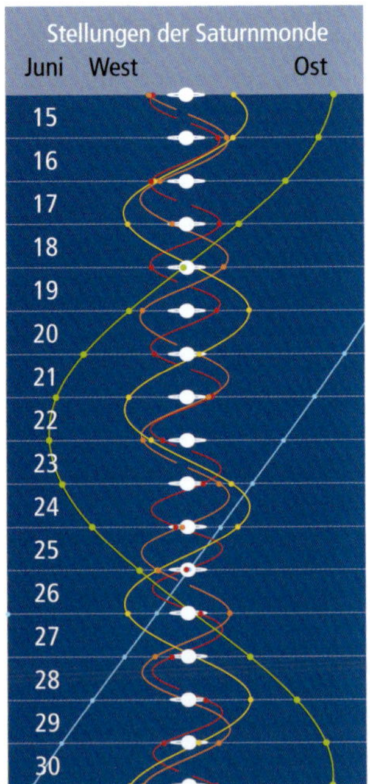

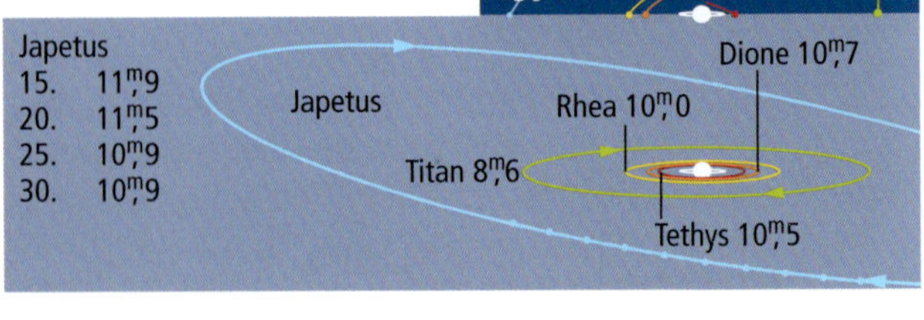

PLANETOIDEN UND ZWERGPLANETEN

JUNO – Planetoid Nr. 3 – wird am 3. im Sternbild Adler stationär und wandert danach rückläufig ihrer Opposition entgegen (siehe Abb. 7.9 auf Seite 160). Sie kulminiert an diesem Tag um $4^{h}12^{m}$ (= $5^{h}12^{m}$ MESZ). Mit $10^{m}{,}2$ Helligkeit ist Juno nicht besonders attraktiv. Bis Ende Juni verfrüht sich die Kulminationszeit auf $2^{h}18^{m}$, ihre Helligkeit nimmt auf $9^{m}{,}6$ zu.

PERIODISCHE STERNSCHNUPPENSTRÖME

Neben dem **ANTIHELION**-Radiantenkomplex, dessen Schwerpunkt sich im Monatsverlauf weiter ostwärts durch das Sternbild Sagittarius verlagert (in einigen Listen als Sagittariiden aufgeführt), sind in der letzten Dekade die **JUNI-BOOTIDEN** erwähnenswert. Der Strom von Teilchen des Kometen 7P/Pons-Winnecke hat einige Male sehr starke Aktivität gezeigt. Der erste belegte Ausbruch fand 1916 statt, die letzten beiden 1998 und 2004 – mit einer Rate um 100 über mehrere Stunden. Ursache dafür sind Teilchen, die sich recht konzentriert in der Nähe einer 2:1-Resonanz zum Jupiter-Umlauf befinden, also die doppelte Umlaufzeit von Jupiter haben. Bisherige Maxima traten zwischen dem 23. und 28. Juni auf. Auch wenn Modellrechnungen für 2026 keine hohe Aktivität erwarten lassen, sollte man in den kurzen Nächten nach diesen Meteoren Ausschau halten. Der Radiant dieser sehr langsam (18 km/s) in die Atmosphäre eindringenden Objekte befindet sich im nördlichsten Teil des Bootes.

Um den 16. Juni waren bis vor 30 Jahren die **JUNI-DRACONIDEN** zu erwarten, ein schwacher Strom, der in den letzten Jahren allerdings nicht zu beobachten war. Der Radiant liegt im Sternbild Drache, hoch im Norden.

KONSTELLATIONEN UND EREIGNISSE

Datum	MEZ	Ereignis
9.	13^{h}	**Venus bei Jupiter**, Venus 1°,6 nördlich, **Abstand 1°,6 um 22^{h}**
9.	20	Mond bei Neptun, Mond 4°,5 nördlich
10.	13	**Mond bei Saturn**, Mond 6°,2 nördlich, **Abstand 5°,3 um 3^{h}**
12.	22	Mond bei Mars, Mond 5°,6 nördlich
13.	20	Mond bei Uranus, Mond 5°,3 nördlich
15.	21	Merkur in größter östlicher Elongation (25°)
16.	21	**Mond bei Merkur**, Mond 2°,6 nördlich, **Abstand 1°,7 um $21^{h}30^{m}$**
17.	8	Mond bei Jupiter, Mond 2°,5 nördlich
17.	21	**Mond bei Venus**, Mond 0°,3 nördlich, **Abstand 0°,6 um 22^{h}**
21.	$9^{h}25^{m}$	**Sonne im Sommerpunkt, Sommersonnenwende**
29.	3	Merkur im Stillstand, anschließend rückläufig

Der Fixsternhimmel

Beginnt man die Beobachtung des Sternenzelts zur Standardzeit um 22^{h} MEZ, das entspricht 23^{h} Sommerzeit, so zeigt ein Blick zum Himmel, dass sich die Umstellung zum Sommerhimmel noch nicht vollständig vollzogen hat.

Der Bootes mit dem kräftig leuchtenden Arktur zieht die Blicke auf sich. Er steht hoch im Süden, nahe der Mittagslinie. Der Rinderhirt oder Ochsentreiber beherrscht die Himmelsszene. Der Himmelswagen befindet sich schon in der westlichen Hemisphäre. Den Meridian hat er bereits passiert.

Nahe dem Nordhorizont findet man das Himmels-W, die Kassiopeia. Das Himmels-W steht dem Großen Wagen stets gegenüber, wenn man den Himmelspol als Zentrum nimmt,

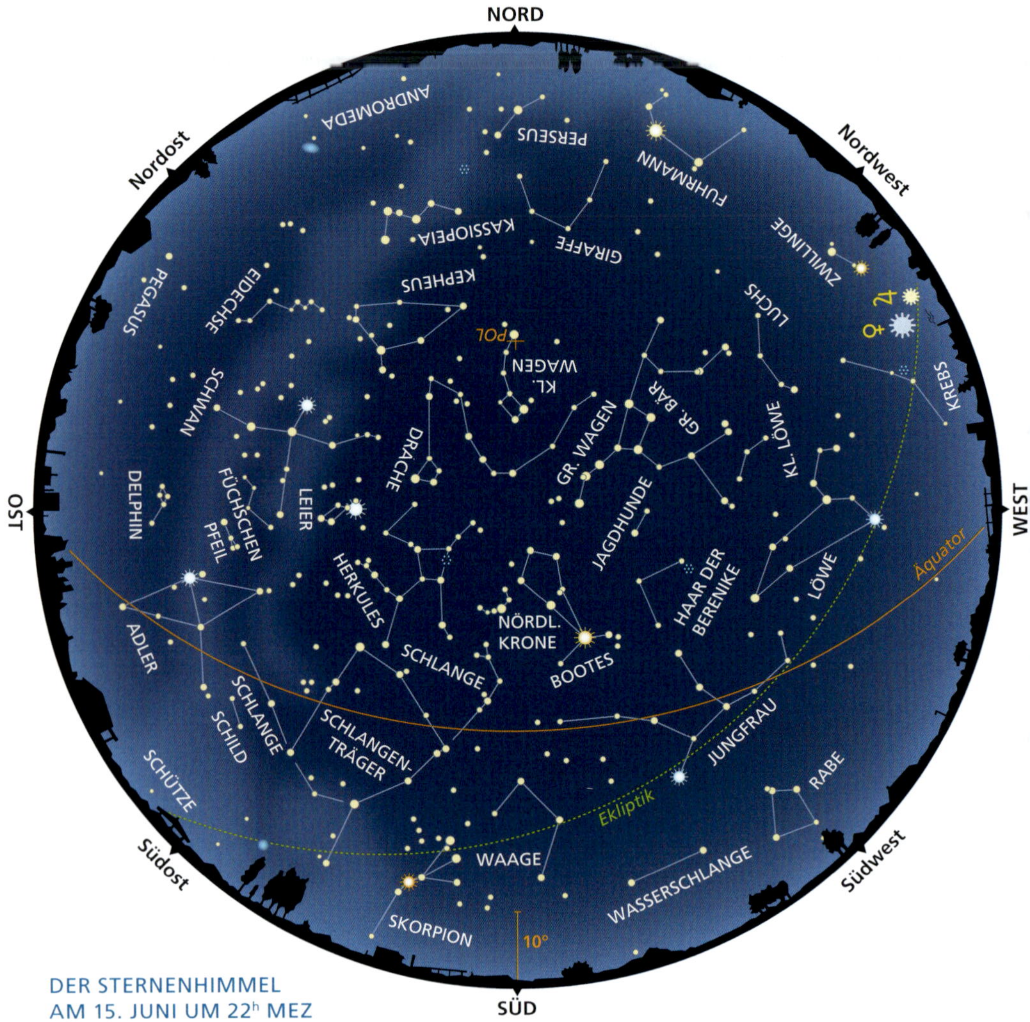

DER STERNENHIMMEL AM 15. JUNI UM 22^h MEZ

Die Sternkarte ist auch gültig für:

	MEZ	MESZ
15. 2.	6^h	
1. 3.	5	
15. 3.	4	
1. 4.	3	4^h
15. 4.	2	3
1. 5.	1	2
15. 5.	0	1
1. 6.	**23**	**24**
15. 6.	**22**	**23**
30. 6.	**21**	**22**

um den sich das Himmelsgewölbe dreht. Sein Ort wird bekanntlich durch den Polarstern angedeutet.

Der westliche Teil des Firmaments wird noch von den Frühlingssternbildern geprägt. Weit im Westen sieht man das große Sternentrapez, das den Rumpf des Löwen bildet, schräg zum Horizont gerichtet. Im Südwesten trifft man auf die Jungfrau mit ihrem bläulichen Hauptstern Spica.

Während die westliche Himmelshälfte vom Frühlingsdreieck beherrscht wird, das von den drei hellen Hauptsternen Arktur, Regulus und Spica gebildet wird, kündigt sich in der östlichen Himmelshälfte bereits der Sommer an, denn das Sommerdreieck ist inzwischen vollständig aufgegangen. Drei Sterne

6.7 Das Sternbild Schlangenträger (lat.: Ophiuchus) mit den Sternbildern Kopf (lat.: Serpens Caput) und Schwanz der Schlange (lat.: Serpens Cauda).

markieren es: Wega in der Leier, Deneb im Schwan und Atair im Adler. Auf der Linie Arktur – Wega liegen die Sternbilder Nördliche Krone (lat.: Corona Borealis) und Herkules mit seinem prächtigen Kugelsternhaufen M 13. Die Pracht des Kugelhaufens M 13 kommt allerdings erst in größeren Teleskopen (ab etwa 20 cm freier Öffnung) zur Geltung, wenn man eine möglichst geeignete Vergrößerung wählt.

Südlich des Herkules nimmt der Schlangenträger mit der Schlange ein ausgedehntes Himmelsareal ein. Die Schlange ist zweigeteilt: Der westliche Part heißt Serpens Caput (lat., Kopf der Schlange), der östliche hingegen Serpens Cauda (lat., Schwanz der Schlange).

Tief im Süden steht gerade die Waage im Meridian. Ihr folgt das auffällige Sternbild Skorpion mit dem hellen, tiefroten Hauptstern Antares (α Scorpii).

DAS STERNBILD SKORPION (SCORPIUS)

Der Skorpion ist ein typisches Sommersternbild, das Anfang Juni um Mitternacht Ortszeit und zu Julibeginn gegen 22^h tief im Süden den Meridian passiert.

Der Skorpion ist Mitglied des Tierkreises, gehört also zu jenen Sternbildern, durch die Sonne, Mond und Planeten wandern. Vom 23. bis 30. November hält

6.8 Figürliche Darstellung des Sternbildes Skorpion von Kay Elzner

sich die Sonne im Sternbild Skorpion auf. Dies ist die kürzeste Zeitspanne, die die Sonne in einem Tierkreissternbild verbringt. Die nördlichen Teile des ehemals noch zum Skorpion zählenden Himmelsareals gehören heute zum Sternbild Schlangenträger (Ophiuchus). Die Ekliptik verläuft somit nur ein recht kurzes Stück im Skorpion. Steht ein Planet in Konjunktion mit Antares (α Scorpii), so befindet er sich ein wenig nördlich im Schlangenträger, obwohl er mitten im Skorpion zu stehen scheint.

In unseren Breiten ist der Skorpion nie vollständig zu sehen. Der lange Schwanz und der Giftstachel bleiben bei uns stets unter dem Horizont. Südlich von ε Scorpii bleibt dieses giftige Wüstentier unsichtbar. Zwar kulminiert λ Scorpii (Shaula, arabisch: Stachel), der nördlichste Stachelstern, in 50° nördlicher Breite in knapp 3° Höhe. Als Stern zweiter Größenklasse kann man ihn in den horizontnahen Dunstschichten aber kaum erkennen. Selbst bei klarem Himmel ist die Extinktion in dieser geringen Höhe so groß, dass sich Shaula freiäugig praktisch nicht zeigt.

Auch sonst ist der Skorpion beschnitten: Ursprünglich zählten auch die Waage-Sterne zu diesem Bild. α und β Librae markierten die südliche und nördliche Schere. Bei den Babyloniern war die Waage noch unbekannt. Durch die modernen Sternbildergrenzen wurde der Skorpion noch ein Stück verkleinert: Der Stern γ Scorpii firmiert heute beispielsweise unter σ Librae.

Aus der griechischen Sagenwelt wird uns überliefert: Einst jagten Artemis und Orion auf der Insel Kreta. Orion prahlt mit seinen Jagderfolgen. Die Erdmutter Gaia will ihn für seine Angeberei bestrafen und lässt aus der Unterwelt einen Skorpion emporsteigen, der Orion sticht und damit tötet. Die irdische Fauna ist von dem gefährlichen Jäger befreit. Beide werden unter die Sterne versetzt. Allerdings flieht Orion fortan stets vor dem Skorpion. Wenn letzterer aufgeht, so verschwindet Orion unter dem Horizont. Nie kann man beide gleichzeitig am Sternenhimmel erblicken. Der Skorpion ist auch schuld am Absturz des Phaeton, des Sohnes des Sonnengottes Helios. Als Phaeton auf dringendes Bitten für einen Tag den Sonnenwagen mit den vier feurigen Rossen

VERÄNDERLICHE STERNE

Algol-Minima		β-Lyrae-Minima		δ-Cepheï-Maxima		Mira-Helligkeit	
8.	5^h38^m	3.	10^h H	3.	11^h	1.	5^m
11.	2 26	9.	21 N	8.	20	10.	6
		16.	9 H	14.	5	20.	6
		22.	20 N	19.	14	30.	7
		29.	7 H	24.	23		
				30.	7		

selbst lenken darf, erschrickt er beim Anblick des Skorpions so sehr, dass er die Zügel schleifen lässt. Der Sonnenwagen gerät außer Kontrolle und Phaeton stürzt kopfüber in den Fluss Eridanus. Der Eridanus ist ebenfalls als Sternbild am Firmament verewigt.

Tatsächlich ist der Skorpion ein großes, beeindruckendes Sternbild, wenn man ihn von südlichen Gegenden aus hoch am Himmel sieht. Auch die alten Ägypter sahen in dieser Konstellation einen Skorpion: Gott Horus, Sohn des Osiris, wurde vom Stich des Skorpions getötet. Seine Mutter Isis erweckt ihn mit Hilfe von Zauberformeln und mit Unterstützung von Thot, dem Gott der Weisheit, Wissenschaft und Astronomie, wieder zum Leben.

Bei den Babyloniern gab es neben der Bezeichnung Skorpion noch andere Namen wie Bila-sha-ziri, Herr der Saat, oder Lugal Tudda, König der Blitze, Benennungen, die gut zu einem Sommerstern passen.

Für die Chinesen stellten die Skorpionsterne einen Drachen dar, und zwar Azur, den Drachen des Ostens, mit Antares (α Scorpii) als Stern des Feuers, was gut mit seiner roten Farbe in Einklang steht. Azur war kein scheußliches, mädchenverschlingendes Untier, sondern nach chinesischer Vorstellung die Inkarnation der Weisheit und Mächtigkeit.

In Australien sahen die Ureinwohner hier ein Mädchen, das mit einem Knaben flieht, der sich den schmerzhaften Einweihungsriten entziehen will und von zwei Wächtern verfolgt wird, die je einen Bumerang schleudern.

Bei den Assyrern hieß es, die Sonne stirbt im Skorpion. In jener Zeit (vor dem Jahre −1840) lag der Herbstpunkt im Skorpion und der Frühlingspunkt im Stier.

Die Perser sprachen von Kazhdum, dem Monster-Skorpion. Bei den Türken hieß das Sternbild Uzun Koirughi, der Langgeschwänzte. Die Phönizier erkannten hier einen „Skorpion-Mann“, eine Gestalt halb Mensch, halb Spinnentier. Nach Hesiod entstammt der Skorpion dem Blute der Titanen, einer späteren Version nach dem Blut des Riesen Typhon.

Den Indianern erschien die geschwungene Sternenkette des Skorpionschwanzes mit Stachel als Schlange.

Der Hauptstern, α Scorpii oder Antares mit Eigennamen, ist ein tiefroter Riesenstern in rund 600 Lichtjahren Entfernung. Er ist leicht veränderlich ($0\overset{\mathrm{m}}{,}86$ bis $1\overset{\mathrm{m}}{,}06$) mit einer mittleren Periode von fast sechs Jahren. Antares hat in 3″ Distanz einen $5\overset{\mathrm{m}}{,}4$ hellen Begleiter.

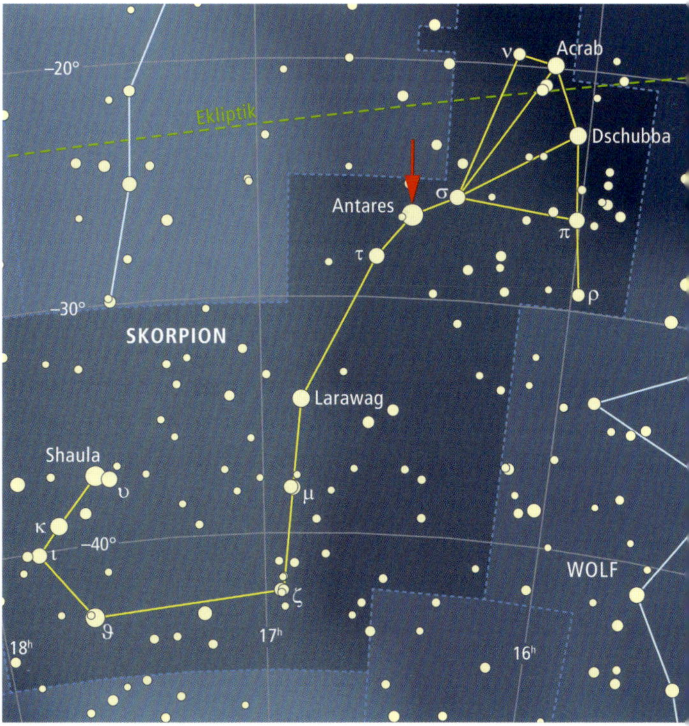

6.9 Skelettkarte des Sternbildes Skorpion (lat.: Scorpius) mit dem roten Überriesenstern Antares

Der Feuerstern in Ariadnes Krone

Zwischen den hellen Sternen Arktur und Wega am abendlichen Sommerhimmel liegt ein markanter Halbkreis von Sternen, das Sternbild Nördliche Krone. Es liegt ein wenig näher an Arktur im Bootes. Mitte Juni kulminiert es in der Stunde um 22^h MEZ (= 23^h MESZ). Die lateinische Bezeichnung für Nördliche Krone lautet Corona Borealis, die internationale Abkürzung CrB.

Der klassischen Mythologie nach gehört die Nördliche Krone zum Sagenkreis um Theseus, dem legendären König der Landschaft Attika und der Stadt Athen. Theseus ist der Sohn des Meeresgottes Poseidon und der Königstocher Aithra. Theseus kommt als junger Held nach Athen und will die Einwohner von einem grausigen Tribut befreien. Alle neun Jahre müssen auf Forderung von König Minos von Kreta sieben Jünglinge und sieben Mädchen dem schrecklichen Ungeheuer Minotaurus geopfert werden. Der Minotaurus, ein Fabelwesen halb Mensch, halb Stier, bewohnt die tausend Irrgänge des Kretischen Labyrinths. Theseus schifft sich mit den unglücklichen Opfern nach Kreta ein. Auf dem Weg nach Kreta gerät Theseus mit König Minos auf dem Schiff in Streit.

Minos streift seinen goldenen Ring vom Finger und wirft ihn in die Fluten. Wenn Theseus tatsächlich der Sohn des Meeresgottes sei, so solle er den Ring doch wiederbringen, meint Minos. Theseus springt ins Meer und versinkt in den

6.10 Karte des Sternbildes Corona Borealis mit den Positionen von R CrB und T CrB

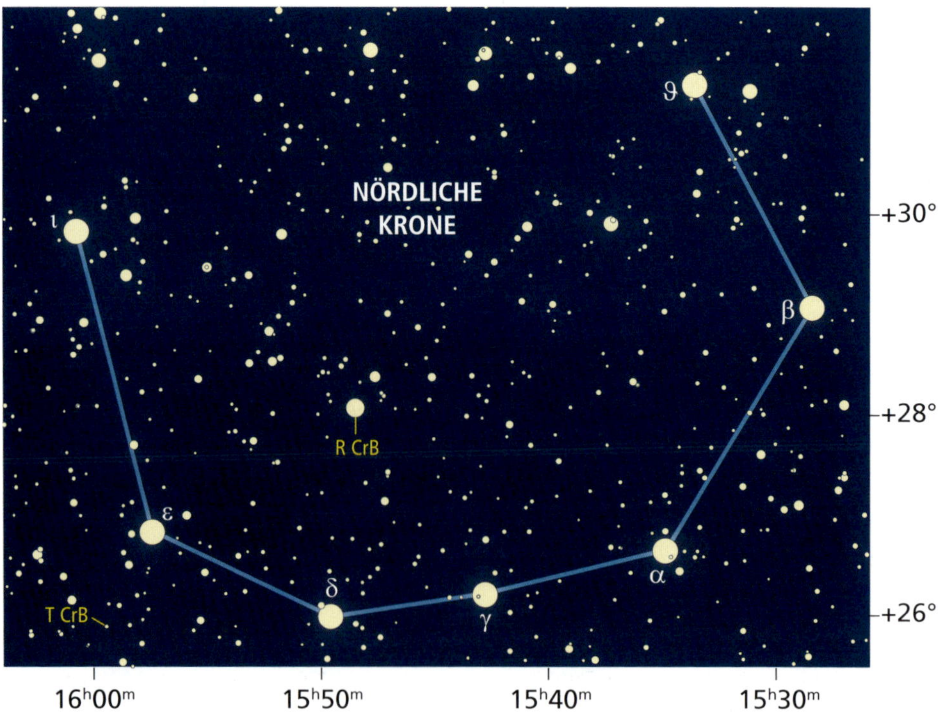

Fluten. Er wird von den Nereïden, den Töchtern des Meeresgottes, freundlich empfangen. Sie überreichen ihm den goldenen Ring des Minos. Zusätzlich erhält Theseus von der Meeresgöttin Amphitrite einen goldenen, mit Edelsteinen besetzten Kranz geschenkt – eben die Krone. Theseus kehrt auf das Schiff des Minos zurück. In Kreta angekommen, erblickt Ariadne, die Tochter von Minos, den schönen und starken Theseus. Auf der Stelle verliebt sie sich in ihn. Um zu vermeiden, dass er sich im Labyrinth verirrt, gibt sie ihm einen Knäuel Faden. Theseus bindet das eine Ende am Eingang zum Labyrinth fest und wickelt den Faden beim Gang in die Finsternis ab. Nach einiger Zeit hören Theseus und die armen Mädchen und Jünglinge ein grauenhaftes Gebrüll. Der Minotaurus stürzt heran und will ihnen den Garaus machen. Theseus trägt jedoch die Krone der Amphitrite auf dem Haupt, deren funkelnde Edelsteine das Untier so blenden, dass Theseus Zeit findet, sein Schwert tief in das Herz des Untiers zu stoßen. Ein letzter Schrei schallt schaurig durch die Gänge des Labyrinths und der Minotaurus bricht tot zusammen. Mit Hilfe des Fadens der Ariadne hangelt Theseus sich mit seinen Schutzbefohlenen zum Ausgang, wo ihn Ariadne freudestrahlend umarmt. Theseus schenkt ihr daraufhin seine goldene Krone als Dank für ihre Hilfe.

Noch in der gleichen Nacht fliehen Ariadne und Theseus von der Insel Kreta. Denn dem Gott des Weines, Dionysos, war Ariadne als Braut versprochen worden. Als die beiden Flüchtlinge auf Naxos übernachten, erscheint die Göttin Athene dem Theseus und klärt ihn über das Verlöbnis der Ariadne auf. Theseus verlässt sofort allein Naxos. Als Ariadne erwacht und merkt, dass sie alleingelassen wurde, bricht sie in Tränen aus. Dionysos erscheint, um sie zu trösten. Er nimmt ihr die Krone vom Haupt und schleudert sie gen Himmel, wo sie noch heute unter den Sternen zu sehen ist.

Die Nördliche Krone ist ein sehr altes Sternbild. Schon im 5. vorchristlichen Jahrhundert erwähnt sie der Seher Epimenides als „nördlicher Kranz". Die Römer sprachen von Corona Septemtrionalis. Manche Völker sahen in dieser Sternenfigur hingegen eine Schüssel.

6.11 Die Krone der Ariadne – Figürliche Darstellung des Sternbildes Nördliche Krone von Kay Elzner

Außergewöhnliche Sterne

Der mit $2^m_,2$ hellste Stern, α Coronae Borealis, heißt Gemma (lat., Edelstein). Eine andere Bezeichnung lautet Alphekka (auch Alphecca). Sie stammt aus dem Arabischen und bedeutet „der Helle in der Schüssel". Gemma ist leicht variabel (Amplitude: $0^m_,1$) und ein spektroskopischer Doppelstern (A0 V + dG6), mit einer Periode von 17,4 Tagen aber niemals völlig konstant. Die Entfernung von α CrB beträgt 75 Lichtjahre. Aus ihrer Raumbewegung folgt, dass α CrB Mitglied des Bärenstromes ist.

Zwei interessante eruptive Variable finden sich ferner in der Nördlichen Krone: R und T CrB. Der Stern R CrB zeigt tiefe Helligkeitseinbrüche, von $5^m_,7$ geht seine Helligkeit auf $14^m_,8$ zurück. Seine Veränderlichkeit wurde 1795 von Edward C. Pigott entdeckt. Es handelt sich um einen alten, „rußenden" Stern (Spektraltyp: G0 Ib, dessen Entfernung etwa 4500 Lichtjahre misst.

Schon den ersten Beobachtern fiel auf, dass R in der Nördlichen Krone abgesehen von geringen Variationen seiner Helligkeit von $\pm 0^m_,1$ monatebis jahrelang mit 6^m leuchtet, dann aber ziemlich rasch an Helligkeit verliert.

Innerhalb von nur drei bis fünf Wochen sinkt seine Helligkeit in zwei oder drei Stufen bis auf die 15. Größenklasse ab und ist damit bis zu zehntausend Mal lichtschwächer als vorher. Über kurz oder lang wird er dann wieder heller. Auch dies erfolgt in mehreren Stufen, bis er seine ursprüngliche Helligkeit wiedererlangt hat. Halb ironisch nannte man ihn deshalb eine inverse, also umgekehrte Nova. Ein weiterer eigenartiger Stern findet sich in der Krone der Ariadne. Er trägt die Katalogbezeichnung T CrB. Man nennt ihn Feuerstern (engl.: blaze star), weil er die Eigenschaft hat, plötzlich aufzuflammen. Dies allerdings nur für eine sehr kurze Zeit von wenigen Minuten. Deshalb ist es auch sehr schwierig, rekurrente Novae zu entdecken. Zwischen zwei Aufflammen liegen meist tausend Jahre, oft auch mehr als hunderttausend Jahre.

Die Bezeichnung „Nova Stella" ist jedoch irreführend, denn diese lateinische Bezeichnung bedeutet neuer Stern. Unter einer „Nova" versteht man im Gegenteil einen weit entwickelten Doppelstern, der einen Helligkeitsausbruch erlitten hat. Man vermutet sogar, dass alle Novae wiederkehrender Art sind, wenn auch lange Pausen dazwischen liegen. Bei T CrB ist dies jedoch anders.

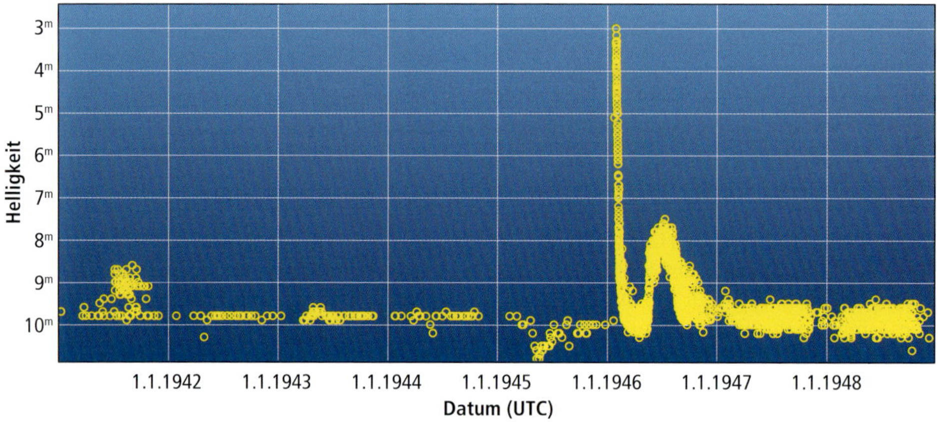

6.12 Oben: Lichtkurve von T CrB von 1941 bis zum Lichtausbruch 1946

6.13 Unten: aktuelle Lichtkurve von T CrB von 2020 bis 2025

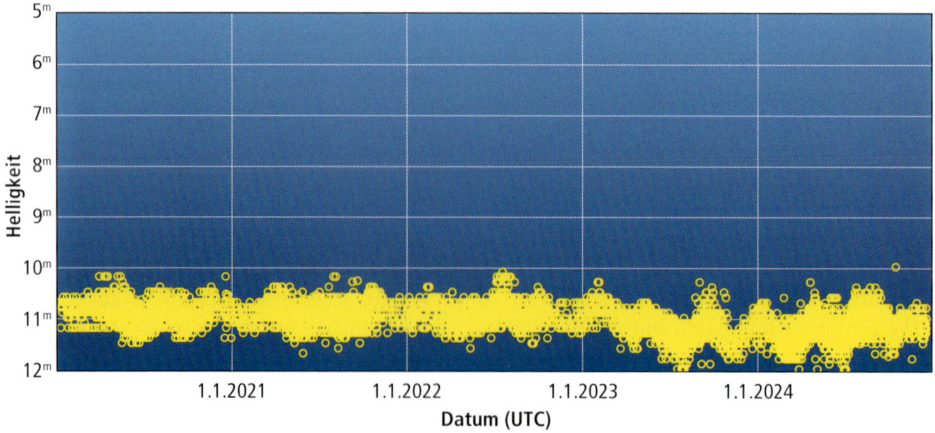

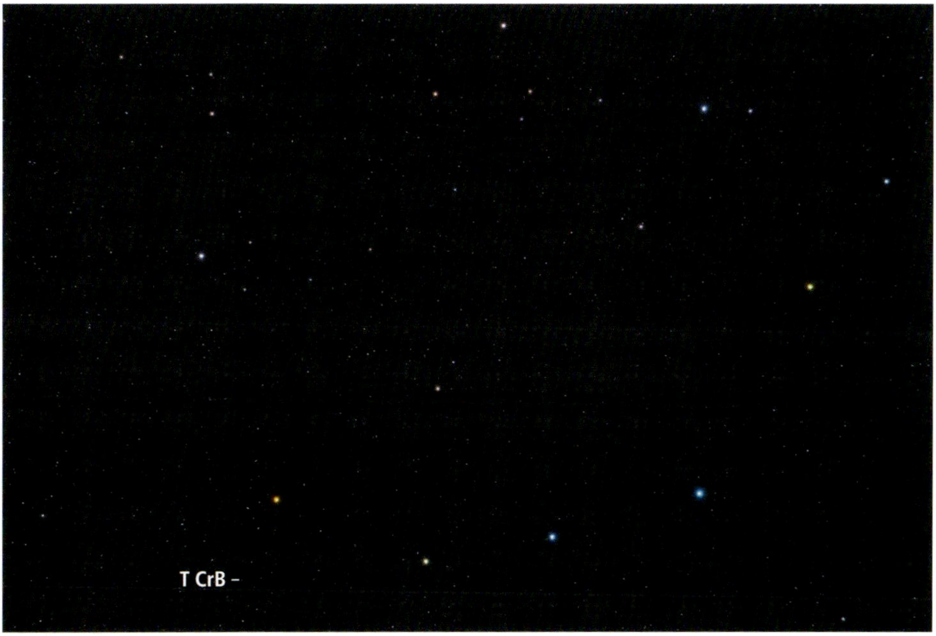

6.14 Aufnahme des Sternbildes Corona Borealis mit T CrB im Minimum (Normallicht) von Martin Gertz/Sternwarte Welzheim.

Beim Stern T CrB, der normalerweise um 10^m hell ist, handelt es sich um eine rekurrente, also eine wiederkehrende Nova, die letztmals am 12. Mai 1866 und am 9. Februar 1946 aufflammte und 3^m hell wurde. Die Expansionsgeschwindigkeit der abgestoßenen Gashülle wurde zu 4300 km/s gemessen, einer der höchsten Geschwindigkeiten von expandierenden Novahüllen (Supernovae ausgenommen). Die Leuchtkraft entsprach bei der Eruption dem 200 000-Fachen unserer Sonne. Der Spektraltyp von T CrB wurde zu M3 III bestimmt. Die Entfernung beträgt rund 3000 Lichtjahre.

Viele Amateurastronominnen und Sternfreunde starren auf T CrB, nachdem Fachleute vermuten, das Aufflammen einer Nova stehe unmittelbar bevor. Anzeichen dafür wie ein Pränova-Dip (ein vorhergehender kleiner Helligkeitsabfall) zeigen sich schon.

Explosives Doppel

Bei einer Nova kommt es zu einer thermonuklearen Explosion auf der Oberfläche eines Sterns. Was sonst nur im tiefen Sterninneren bei Temperaturen von mehreren Millionen Kelvin geschieht, ereignet sich auf dem Sternäußeren – allerdings ebenfalls bei mehreren Millionen Grad. Denn die hohen Temperaturen sind erforderlich, damit atomare Kernbausteine miteinander verschmelzen können und Strahlungsenergie freisetzen.

Bei einer Nova handelt es sich um einen engen Doppelstern, dessen eine Komponente ein Roter Riese, der andere Stern jedoch ein Weißer Zwerg ist. Weiße Zwerge sind die ausgebrannten Reste von Sternen, die keine Kernfusion mehr zur Energiefreisetzung verwenden, sondern schlicht auskühlen, das aber Milliarden Jahre lang, bis sie schließlich als Schwarze Zwerge enden.

Wenn der Rote Riese im Laufe seiner Entwicklung schließlich immer größer wird, dann reißt die Schwerkraft des Weißen Zwergs aus der Oberfläche des Roten Riesen Materie heraus. Diese

6.15 Roter Riesenstern und Weißer Zwerg mit Akkretionsscheibe. Eingezeichnet ist der Lagrangepunkt L1.

stürzt auf den Weißen Zwerg, wo sie augenblicklich abgebremst wird. Die Fallenergie wird in Wärme (dissipative Energie) umgewandelt. Es entsteht ein Brennfleck auf dem Weißen Zwerg von mehreren Millionen Grad, was zum Zünden des nuklearen Feuers führt – Wasserstoff wird zu Helium fusioniert. Allerdings stürzt die Materie vom Roten Riesen nicht im senkrechten Fall auf den Weißen Zwerg. Infolge des Drehimpulses – der Rote Riese rotiert – bildet sich eine Akkretionsscheibe um den Weißen Zwerg. In ihr spiralisiert sich die Materie auf den Weißen Zwerg. Erreicht die Menge des frischen Wasserstoffs und die Temperatur eine bestimmte Höhe, zündet schlagartig die atomare Kernverschmelzung, eine Nova mit Hunderttausenden Sonnenleuchtkräften flammt auf.

Die Nova-Ausbrüche von T CrB in den Jahren 1866 und 1946 erschienen auf der Erde so hell wie Gemma, der Hauptstern der Corona Borealis. Das Sternbild änderte deutlich sein Aussehen. Die Krone der Ariadne hatte einen zweiten Edelstein bekommen – zumindest leihweise. Der Ausbruch von 1866 erreichte eine maximale scheinbare Helligkeit von 2^m.

Er wurde erstmals von John Birmingham (1816–1884) aus Milltown in County Galway, Irland, entdeckt. Er zählt zu den besten fotoelektrisch beobachteten Nova-Erscheinungen. Auch war der Ausbruch von 1866 der erste, bei dem Spektren einer Nova gewonnen wurden.

Die Nova T CrB (1866) nahm in sechs Tagen um 3^m an Helligkeit ab und gehört somit zu den schnellen Novae. Etwa hundert Tage nach dem ersten Ausbruch erfolgte ein weiterer, allerdings nur mit einer maximalen scheinbaren Helligkeit von 8^m.

Während man bei R CrB überhaupt nicht sagen kann, wann dieser Stern sich wieder in eine Rußwolke einhüllen und verfinstert wird, glauben manche Forscher, Nova-Ausbrüche geschehen bei T CrB in einem Rhythmus von 80 Jahren. Nach 1946 wäre dies also im Jahr 2026 zu erwarten.

Nova oder Supernova?

Novae sind wie erwähnt enge Doppelsterne aus einem Hauptreihenstern oder Roten Riesen und einem Weißen Zwerg. Sie sind halbgetrennte Systeme. Man zählt sie zu den kataklysmischen Veränderlichen. Bei Kontaktsystemen haben beide Komponenten gemeinsame Berührungspunkte (siehe Abb. 6.15 oben) im Lagrangepunkt Nr. 1. Bei getrennten Systemen füllt keine Komponente ihr Roche-Volumen aus. Im L1 sind die wirkenden Gravitations- und Zentrifugalkräfte (Fliehkräfte) einander gleich groß. Tritt von einer Komponente Materie über den L1-Punkt hinaus, so fällt sie auf den anderen Stern.

Die wasserstoffreiche Materie bildet um den Weißen Zwerg eine Hülle, die immer dicker und heißer wird. Ab bestimmten Grenzwerten von Dichte und Temperatur setzen plötzlich Kernverschmelzungsprozesse ein, der Wasserstoff fusioniert in einer gewaltigen Explosion, eine Nova leuchtet weithin im Weltall auf. Die Temperaturen auf der Sternoberfläche erreichen weit über 100 Millionen Grad. (Bei so hohen Temperaturen muss der Unterschied von Grad Celsius und Kelvin nicht berücksichtigt werden.) Der Weiße Zwerg schleudert eine Materiehülle mit einigen Tausend Kilometer pro Sekunde Geschwindigkeit ab. Wie groß die Roche-Volumen um Doppelsternkomponenten sind, hat der französische Himmelsmechaniker Édouard Albert Roche (1820–1883) berechnet.

Einst hatte man die Novae in klassische und rekurrente eingeteilt. Doch man ist zu dem Schluss gelangt, dass zwischen beiden Nova-Klassen kein physikalischer Unterschied besteht. Heute nennt man eine Nova rekurrent, wenn zwischen zwei Ausbrüchen maximal 100 Jahre liegen.

Allerdings geht das Spiel mit den wiederholten Ausbrüchen nicht beliebig lang. Denn bei jeder Eruption sammelt der Weiße Zwerg weitere Materie an. Aber es gibt eine Massenobergrenze, benannt nach seinem Entdecker, dem aus Indien stammenden amerikanischen Astrophysiker und Nobelpreisträger Subrahmanyan Chandrasekhar (1910–1995). Ab 1,44 Sonnenmassen kann der Druck des entarteten Elektronengases der Schwerkraft nicht mehr standhalten. In einer gewaltigen Explosion, einer Supernova vom Typ SN Ia, stürzt der Weiße Zwerg zu einem Schwarzen Loch in sich zusammen und schleudert eine gewaltige Hülle ins All.

Bei entartetem Elektronengas ist der Innendruck unabhängig von der Temperatur, das Elektronengas ist ein guter elektrischer Leiter und Wärmeleiter. Je mehr Materie auf dem Weißen Zwerg eintrifft, nicht desto größer, sondern desto kleiner wird er, bis er kollabiert.

Es kann somit sein, dass für den nächsten zu erwartenden Nova-Ausbruch sich bereits so viel Materie auf dem Weißen Zwerg T CrB angesammelt hat, dass beim nächsten Massentransfer sich eine Supernova SN Ia ereignet, das finale Ende des Weißen Zwerges.

Auf Erden sähe man dann einen hellen Stern von sage und schreibe -11^{m} scheinbarer Helligkeit – ein wahrhaft spektakuläres Schauspiel. Dies entspricht etwa der Helligkeit des zunehmenden Halbmondes – und das auf einem Punkt!

NOVA T CrB IN ZAHLEN

Katalogbezeichnungen:	HD 143454 / SAO 84129 / BD+26°2765 / HIP 78322 / HR 5958	
Koordinaten (J2000.0):	$\alpha = 15^{h}59^{m}30^{s}$	$\delta = +25°55'13''$
Variablen-Typ:	Rekurrente Nova	
Beobachtete Ausbrüche im Jahr:	1217 / 1787 / 1866 / 1946	
Scheinbare Maximalhelligkeit (1946):	2^{m}	
Mittlere visuelle Helligkeit:	$9\overset{m}{,}8$	
Spektraltyp:	Weißer Zwerg und M3 III+p	
Entfernung von der Erde:	920 ± 20 pc ≙ 3000 ± 60 Lichtjahre	
Parallaxe:	$\pi = 1{,}0920 \pm 0{,}0275$ mas	
Radialgeschwindigkeit:	−27,8 km/s	
Eigenbewegung pro Jahr:	$\mu_{\alpha} = -4{,}461$ mas $\mu_{\delta} = 12{,}016$ mas	
	Weißer Zwerg	**Roter Riese**
Leuchtkraft:	~10 $L_{\odot}$	655 $L_{\odot}$
Masse:	1,37 $M_{\odot}$	1,12 $M_{\odot}$
Radius:	0,01 $R_{\odot}$	75 $R_{\odot}$
Temperatur:	30 000 K	3600 K
Distanz Weißer Zwerg zu M-Stern:	0,54 AE ≙ 80 Millionen Kilometer	
Umlaufperiode:	$227^{d}\,13^{h}\,26^{m}$	

Juli 2026

- Mit 152 Millionen Kilometer Abstand befindet sich die Erde am 6. in Sonnenferne.
- Venus hält ihre Stellung als Abendstern.
- Mars taucht endlich am Morgenhimmel auf.
- Saturn ist Planet der zweiten Nachthälfte.
- Jupiter steht am 29. unbeobachtbar in Konjunktion mit der Sonne.

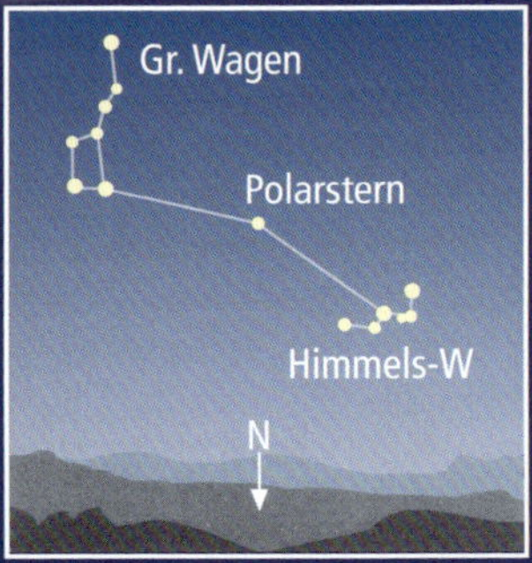

Großer Wagen und Himmels-W Anfang Juli um 22 Uhr MEZ

7.1 Himmelsanblick gegen 2^h MEZ (= 3^h MESZ) am 8. Juli. Über dem Osthorizont leuchtet Saturn in den Fischen, zu dem sich der abnehmende Halbmond gesellt. Mars steht knapp über dem Horizont.

Tag		Ereignis
1	Mi	
2	Do	
3	Fr	
4	Sa	
5	So	
6	Mo	Erde in Sonnenferne
7	Di	Letztes Viertel
8	Mi	
9	Do	
10	Fr	
11	Sa	
12	So	
13	Mo	
14	Di	Neumond
15	Mi	
16	Do	
17	Fr	Mond bei Venus – abends
18	Sa	
19	So	
20	Mo	Mond bei Spica – abends
21	Di	Erstes Viertel
22	Mi	
23	Do	
24	Fr	
25	Sa	
26	So	
27	Mo	
28	Di	
29	Mi	Vollmond
30	Do	
31	Fr	

SONNE – STERNBILDER

21.7. 3ʰ:
Sonne tritt in das Sternbild Krebs

22.7. 21ʰ:
Sonne tritt in das Tierkreiszeichen Löwe

Julianisches Datum am
1. Juli, 1ʰ MEZ: 2 461 222,5

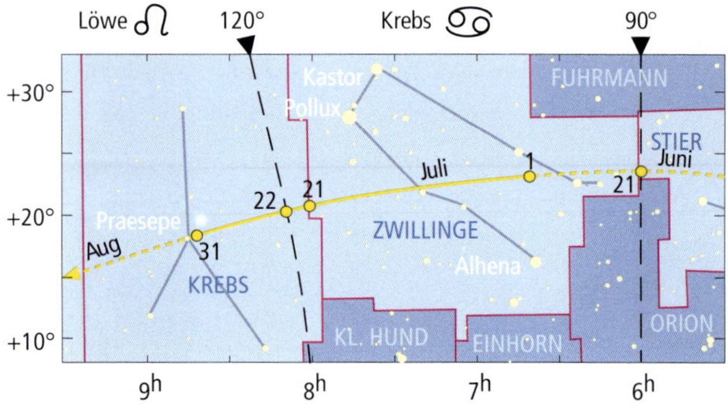

SONNENLAUF

Tag	Dämmerg. Anfang	Aufgang MEZ	Kulmination	Untergang MEZ	Dämmerg. Ende	Mittagshöhe	Zeitgleichg.	Rektaszension	Deklination
	h m	h m	h m	h m	h m	°	m	h m	°
1.	2 26	4 15	12 24	20 32	22 21	63,1	–4	6 38	+23,1
5.	2 31	4 18	12 25	20 31	22 17	62,8	–5	6 55	+22,8
10.	2 38	4 22	12 25	20 28	22 12	62,2	–5	7 15	+22,3
15.	2 46	4 27	12 26	20 24	22 04	61,5	–6	7 36	+21,6
20.	2 55	4 33	12 26	20 19	21 56	60,6	–6	7 56	+20,8
25.	3 05	4 40	12 27	20 13	21 46	59,6	–7	8 16	+19,8
31.	3 17	4 48	12 26	20 04	21 34	58,2	–6	8 39	+18,4

TAGES- UND NACHTSTUNDEN

5. Juli

15. Juli

25. Juli

MONDLAUF

Datum		Aufg. MEZ	Kulmi-nation	Unterg. MEZ	Rektas-zension	Dekli-nation		Sterne und Sternbilder	Phase	MEZ
		h m	h m	h m	h m	o				
Mi	1.	21 53	1 14	5 08	19 28	–25,3		Schütze, Nunki		
Do	2.	22 14	2 02	6 19	20 19	–22,1		Steinbock		
Fr	3.	22 31	2 48	7 33	21 08	–18,0		Steinbock		
Sa	4.	22 45	3 32	8 46	21 55	–13,1		Steinbock	Aufsteigender Knoten	
So	5.	22 58	4 15	9 59	22 40	– 7,6		Wassermann		
Mo	6.	23 11	4 58	11 13	23 26	– 1,7		Fische	Libration Ost	
Di	7.	23 26	5 42	12 29	0 12	+ 4,4		Fische	**Letztes Viertel**	**$20^h 29^m$**
Mi	8.	23 43	6 28	13 50	1 00	+10,5		Fische		
Do	9.	–	7 18	15 14	1 51	+16,3		Widder		
Fr	10.	0 05	8 14	16 42	2 47	+21,4	*	Widder		
Sa	11.	0 37	9 15	18 07	3 48	+25,3		Stier, Plejaden	Größte Nordbreite	
So	12.	1 24	10 21	19 21	4 54	+27,6		Stier, Alnath		
Mo	13.	2 29	11 28	20 16	6 02	+27,9		Zwillinge	Erdnähe 359/33′,3	9^h
Di	14.	3 52	12 33	20 55	7 09	+26,1		Zwillinge	**Neumond Nr. 1281**	**$10^h 44^m$**
Mi	15.	5 22	13 33	21 22	8 13	+22,5		Krebs, Krippe		
Do	16.	6 52	14 27	21 42	9 12	+17,5		Krebs		
Fr	17.	8 18	15 17	21 58	10 07	+11,7		Löwe, Regulus	Absteigender Knoten	
Sa	18.	9 38	16 03	22 11	10 57	+ 5,4	*	Löwe		
So	19.	10 55	16 47	22 25	11 45	– 0,9		Jungfrau	Libration West	
Mo	20.	12 09	17 30	22 39	12 31	– 7,0		Jungfrau		
Di	21.	13 23	18 14	22 55	13 17	–12,6		Spica	**Erstes Viertel**	**$12^h 06^m$**
Mi	22.	14 36	19 00	23 14	14 04	–17,6		Jungfrau		
Do	23.	15 48	19 47	23 39	14 52	–21,8		Waage		
Fr	24.	16 56	20 36	–	15 42	–25,0		Waage	Größte Südbreite	
Sa	25.	17 57	21 27	0 12	16 34	–27,1		Antares	Erdferne 406/29′,5	18^h
So	26.	18 48	22 19	0 56	17 28,	–28,0		Schlangenträger		
Mo	27.	19 28	23 09	1 51	18 21	–27,6		Kaus Borealis		
Di	28.	19 58	23 59	2 56	19 14	–25,9		Schütze, Nunki		
Mi	29.	20 20	–	4 08	20 06	–23,0		Schütze	**Vollmond**	**$15^h 36^m$**
Do	30.	20 38	0 46	5 22	20 55	–19,1		Steinbock		
Fr	31.	20 53	1 31	6 36	21 43	–14,3		Steinbock	Aufsteigender Knoten	

DER ZUNEHMENDE MOND WANDERT AN ANTARES VORBEI

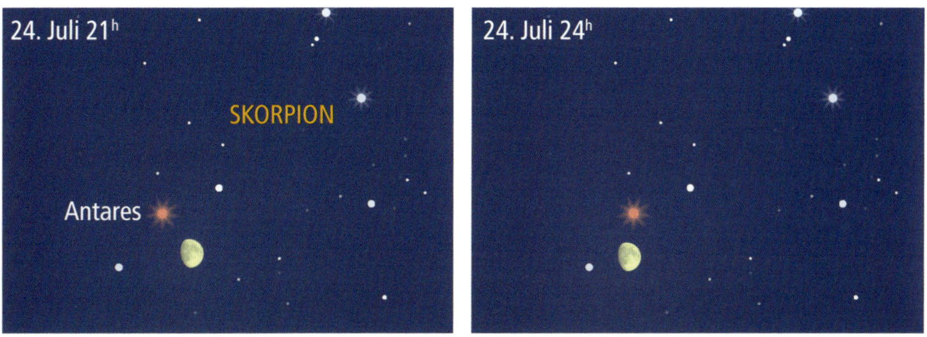

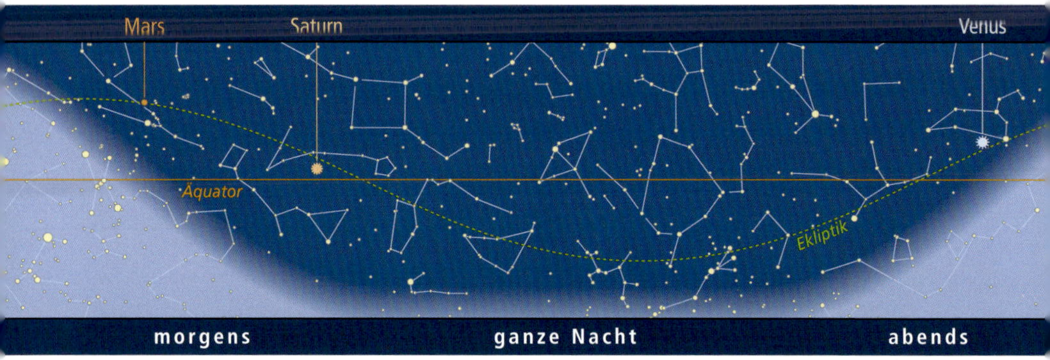

MERKUR kommt am 13. in untere Konjunktion mit der Sonne. Anschließend gewinnt er zunächst schnell westliche Winkelabstände, da er sich rückläufig durch den Tierkreis bewegt. Am 23. beendet Merkur seine Rückläufigkeit und wird wieder rechtläufig. Seine Konjunktionsschleife zieht Merkur im Sternbild Zwillinge (siehe Abb. 6.4 auf Seite 139). Am 1. passiert Merkur seinen sonnenfernsten Bahnpunkt, das Aphel. Im Juli zeigt sich der flinke Planet noch nicht am Morgenhimmel.

VENUS spielt nach wie vor ihre Rolle als Abendstern. Ihre Helligkeit nimmt im Laufe des Monats um 0ᵐ,2 auf –4ᵐ,3 zu. Allerdings verkürzt sich die

7.2 Heliozentrischer Anblick des Planetensystems im dritten Jahresviertel 2026. Eingetragen sind im linken Teil die Positionen der inneren Planeten für den 1. Juli (7), 1. August (8), 1. September (9) und 1. Oktober (10). Der rechte Teil zeigt das äußere Planetensystem samt einigen Planetoiden zu Anfang und Ende des dritten Jahresviertels. Die Pfeile deuten die Richtungen zu den ferneren Planeten sowie zum Frühlingspunkt an.

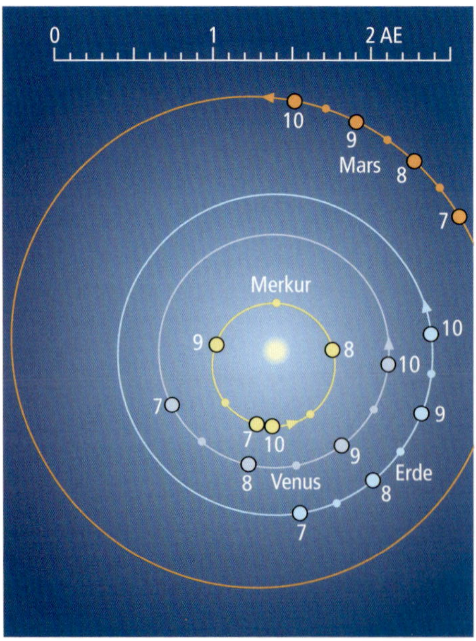

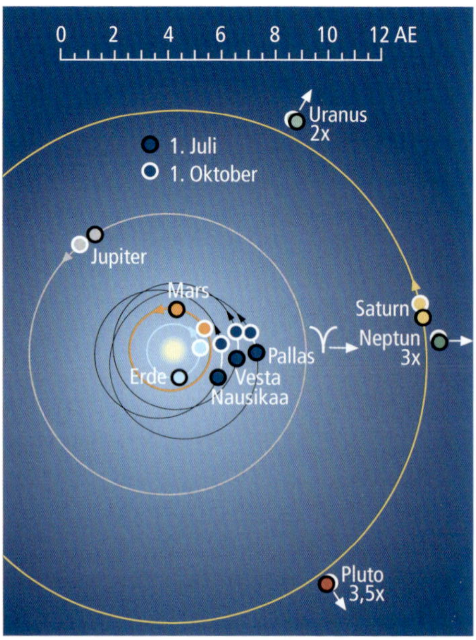

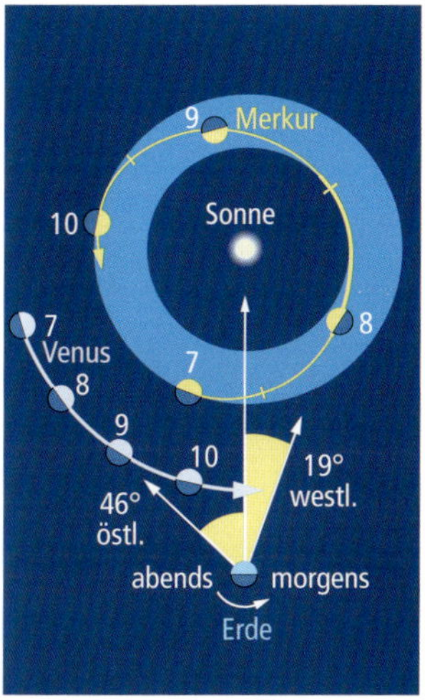

7.3 Heliozentrische Bewegungen von Merkur und Venus *relativ* zur Erde. In den dicker ausgezogenen Bahnteilen sind die Planeten beobachtbar. Die Zahlen geben die Positionen jeweils zum Monatsersten an. Östlicher Winkelabstand bedeutet Abendsichtbarkeit; westliche Elongation: Planet steht am Morgenhimmel.

Sichtbarkeitsdauer merklich. Am 1. geht unser innerer Nachbarplanet um 22^h41^m unter, am 15. um 22^h13^m und am 31. bereits um 21^h35^m (= 22^h35^m Sommerzeit).

Fernrohrbeobachtern fällt auf, dass das Venusscheibchen deutlich größer wird. Sein scheinbarer Durchmesser beträgt am Monatsende 21″, während der Beleuchtungsgrad auf 56 Prozent abnimmt – bald ist die Dichotomie (Halbphase) erreicht.

Venus wandert am absteigenden Ast des Tierkreises durch den Löwen und zieht am 9. nur 1°,1 nördlich an Regulus (α Leonis) vorbei. Ende Juli erreicht sie die Grenze zum Sternbild Jungfrau.

Um Regulus in der Dämmerung zu sehen, empfiehlt sich ein Fernglas (siehe Abb. 7.6 auf Seite 158).

MARS taucht endlich am Morgenhimmel auf. Gute Sichtverhältnisse vorausgesetzt, kann man den roten Planeten schon zu Monatsbeginn knapp über dem Nordosthorizont erspähen.

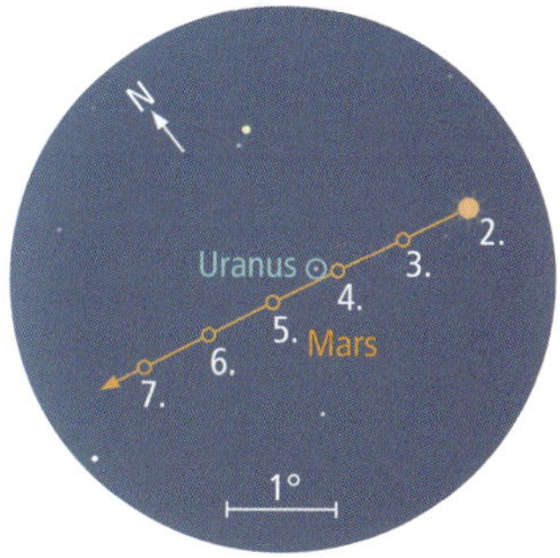

7.5 Mars begegnet am 4. Juli dem fernen Uranus und zieht nur 0°,11 südlich an ihm vorbei. Morgendlicher Fernglasanblick.

Mars wandert rechtläufig durch das Sternbild Stier. An Aldebaran zieht Mars am 14. rund 5° nördlich vorbei.

Am 1. erfolgt der Marsaufgang um 1^h53^m (= 2^h53^m Sommerzeit) und am 15. um 1^h28^m. Am Monatsletzten geht der $1^m{,}3$ helle äußere Nachbarplanet bereits um 1^h04^m auf.

Am fernen Uranus zieht Mars am 4. in nur 0°06′ südlichem Abstand vorbei (siehe auch Abb. 7.5 oben).

Das nur knapp 5″ im Durchmesser große Marsscheibchen

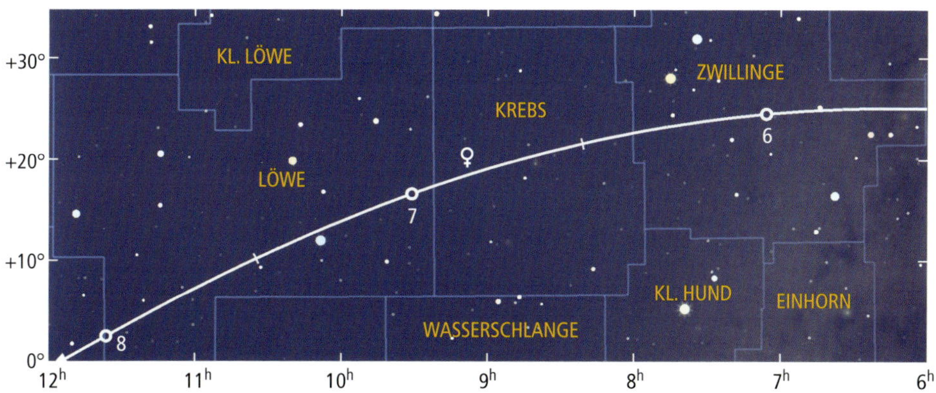

7.4 Venusbahn im Juni und Juli 2026 durch die Zwillinge, den Krebs und den Löwen.

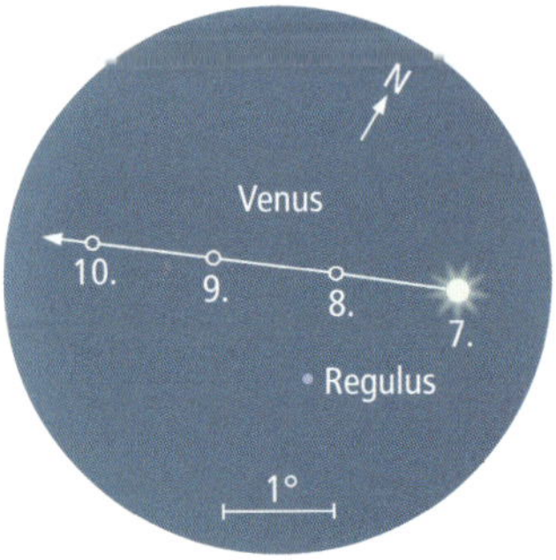

7.6 Venus wandert am 8. Juli nördlich an Regulus im Löwen vorbei. Abendlicher Fernglasanblick.

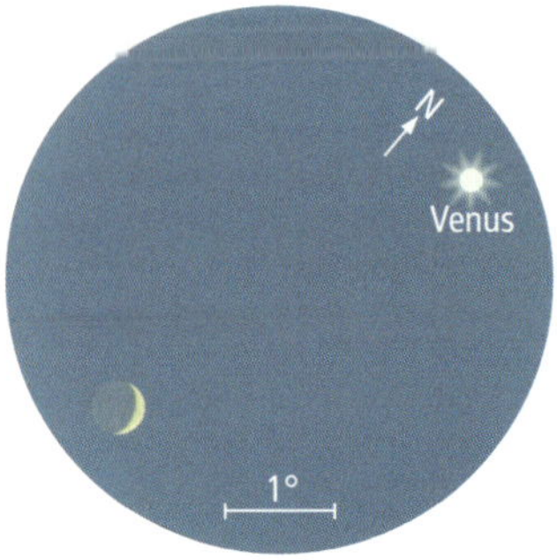

7.7 Rendezvous von Venus mit der schmalen Sichel des zunehmenden Mondes am 17. Juli. Fernglasanblick gegen 22^h MESZ.

lässt noch keine Details auf der Oberfläche des roten Planeten erkennen.

Den aufsteigenden Knoten seiner Bahn passiert Mars am 24., womit er von der Süd- auf die Nordseite der Erdbahnebene wechselt.

JUPITER wandert rechtläufig durch den Krebs. Am 29. kommt er in Konjunktion mit der Sonne. Der Riesenplanet hält sich am Taghimmel auf und bleibt nachts unsichtbar unter dem Horizont.

Am Tag der Konjunktion ist Jupiter 943 Millionen Kilometer (= 6,30 AE) von der Erde entfernt. Von der Sonne trennen ihn 791 Millionen Kilometer (= 5,29 AE). Mitte August wird Jupiter dann am Morgenhimmel erscheinen.

SATURN ist Planet der zweiten Nachthälfte. Der Ringplanet verlagert seine Aufgänge in die Zeit vor Mitternacht. Am 1. geht Saturn um 0^h20^m (= 1^h21^m Sommerzeit) auf, am 15. um 23^h22^m und am 31. bereits um 22^h20^m.

In der Nacht vom 27. auf 28. kommt der Ringplanet zum Stillstand und setzt zu seiner Oppositionsschleife an. Ab diesem Datum bewegt er sich rückläufig durch die Fische (siehe Abb. 10.8 auf Seite 220). Die Helligkeit des Ringplaneten steigt merkbar von $0^m{,}8$ auf $0^m{,}6$ an.

URANUS zieht seine rechtläufige Bahn durch das Sternbild Stier. Am Stern 37 Tauri ($4^m{,}4$), an dem er zu Monatsbeginn etwa $1^\circ{,}5$ südlich vorbeizieht, kann man seine langsame Wanderung verfolgen (siehe Abb. 11.13 auf Seite 241).

Der grünliche Planet kann etwa ab der Monatsmitte mit geeigneter Optik am Morgenhim-

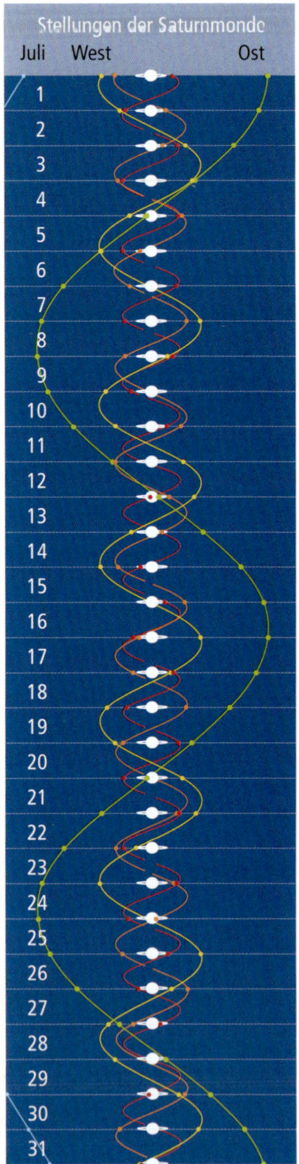

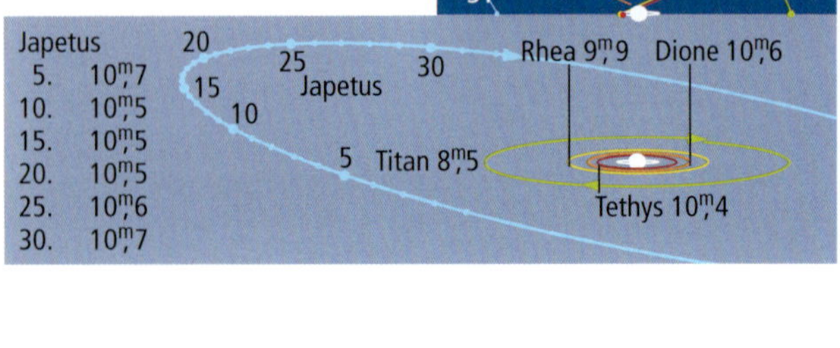

mel aufgespürt werden. Am 15. geht der $5^{m}{,}8$ helle, sonnenferne Planet um $1^{h}06^{m}$ (= $2^{h}06^{m}$ Sommerzeit) auf. Etwa eine Stunde nach seinem Aufgang kann man mit Aussicht auf Erfolg nach dem lichtschwachen Planeten suchen. Die Uranusaufgänge verfrühen sich bis 31. auf $0^{h}05^{m}$.

Am 4. zieht der rötliche Planet Mars in nur 0°06′ südlichem Abstand an Uranus vorbei (siehe Abb. 7.5 auf Seite 157). Mars kann behilflich sein, Uranus mit geeigneter Optik aufzufinden.

NEPTUN wird am 8. im Sternbild Fische stationär und setzt zu seiner Oppositionsschleife an. Nach dem 8. wandert der sonnenfernste Planet rückläufig durch die Fische, wobei seine Bewegung zunächst kaum auffällt.

Am 1. geht Neptun um $23^{h}52^{m}$ auf und kulminiert um $6^{h}01^{m}$ (= $7^{h}01^{m}$ Sommerzeit). Bis 15. verfrühen sich seine Kulminationen auf $5^{h}06^{m}$. Die günstigste Zeit, um den bläulichen Planeten zu finden, ist etwa zwei Stunden nach seinem Aufgang, der am 15. um $22^{h}57^{m}$ (= $23^{h}57^{m}$ Sommerzeit) erfolgt. Die Neptunhelligkeit nimmt leicht von $7^{m}{,}9$ auf $7^{m}{,}8$ zu. Am 31. geht Neptun bereits um $21^{h}54^{m}$ auf und passiert den Meridian um $4^{h}03^{m}$.

PLANETOIDEN UND ZWERGPLANETEN

PLUTO, prominentester aller Zwergplaneten, steht am 27. morgens im Sternbild Steinbock in **Opposition** zur Sonne. Mit einer scheinbaren Helligkeit von $14^{m}{,}4$ ist er nur größeren Teleskopen zugänglich. Die Aufsuchkarte Abb. 7.8 findet sich auf dieser Seite oben. Genau genommen bezieht sich die Helligkeitsangabe auf den Zwergplaneten Pluto mit Charon.

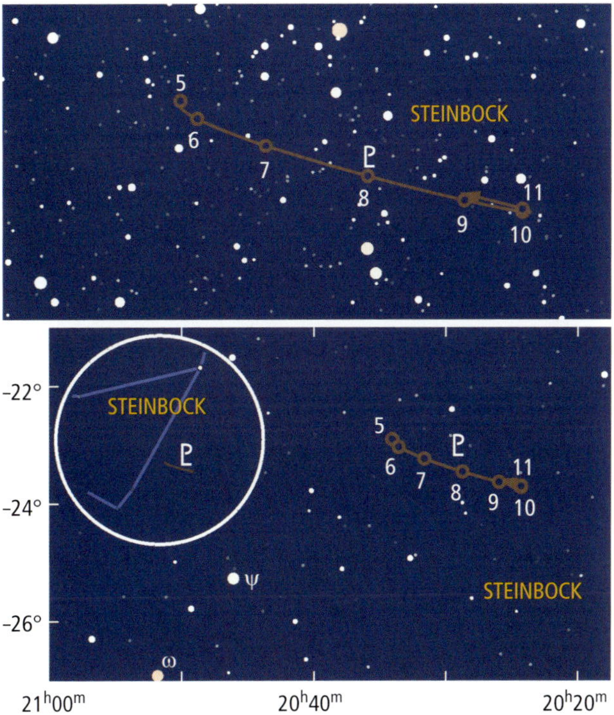

7.8 Lage und scheinbare Bahn des Zwergplaneten Pluto im Gebiet des Sternbildes Steinbock von Mai bis November 2026.

In der Oppositionsnacht vom 26. auf 27. geht Pluto um $20^{h}32^{m}$ (= $21^{h}32^{m}$ MESZ) auf, kulminiert um $0^{h}28^{m}$ und geht morgens um $4^{h}32^{m}$ unter.

Zur Opposition ist Pluto 5168 Millionen Kilometer (= 34,55 AE) von der Erde entfernt. Dies entspricht einer Lichtlaufzeit von vier Stunden und 47 Minuten. Seine geringste Entfernung von der Erde erreicht Pluto bereits am 24. Juli um 14^{h}.

Seine Sonnendistanz beträgt am Oppositionstag 5319 Millionen Kilometer (= 35,56 AE).

JUNO (3) kommt am 26. um 18^{h} im Sternbild Adler in **Opposition** zur Sonne (siehe Abb. 7.9 auf Seite 160). Zur Opposition erreicht sie eine Helligkeit von nur $9^{m}{,}2$. Am Oppositionstag geht Juno um $18^{h}32^{m}$ (= $19^{h}32^{m}$ MESZ) auf und kulminiert um $0^{h}16^{m}$. Bis Ende Juli verfrühen sich ihre Kulminationen auf $23^{h}47^{m}$. Die Entfernung von der

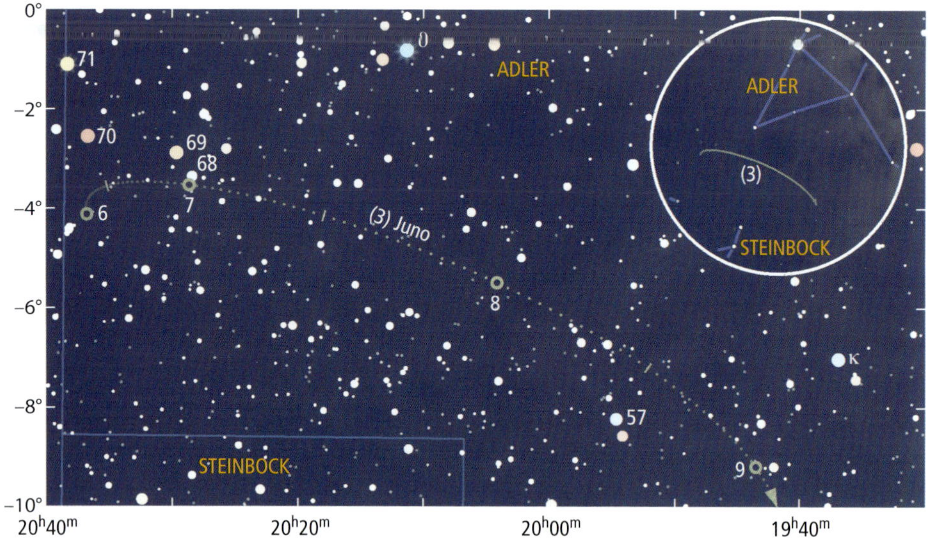

7.9 Scheinbare Bahn des Planetoiden (3) Juno im Juli und August 2026 durch das Sternbild Adler.

Erde beträgt zur Opposition 270 Millionen Kilometer (= 1,80 AE), dies entspricht einer Lichtlaufzeit von 15 Minuten.

Ihre Sonnendistanz beträgt am Oppositionstag 419 Millionen Kilometer (= 2,80 AE). Die exakt geringste Entfernung von der Erde wird erst ein paar Tage nach der genauen Oppositionsstellung eingenommen, nämlich am 5. August um 6^h mit 268,38 Millionen Kilometer (= 1,794 AE).

VESTA (4) wandert rechtläufig knapp südlich der Fische durch den Walfisch (siehe Abb. 10.9 auf Seite 221). Ihre Helligkeit steigt von $7\overset{m}{.}8$ auf $7\overset{m}{.}5$ im Laufe des Monats.

Am 1. geht Vesta um 0^h54^m auf und kulminiert um 7^h00^m (= 8^h00^m Sommerzeit). Bis 15. verfrühen sich ihre Kulminationen auf 6^h21^m. Am 31. schließlich passiert Planetoid Nr. 4 den Meridian bereits um 5^h32^m, nachdem ihr Aufgang bereits um 23^h16^m erfolgt ist.

PERIODISCHE STERNSCHNUPPENSTRÖME

Um den 10. Juli kann man eine schwache Aktivität der **PEGASIDEN** beobachten, die mit hohen Geschwindigkeiten in die Atmosphäre eindringen.

Vom 12. Juli bis 19. August leuchten die **DELTA-AQUARIIDEN** als stärkster Strom im Juli auf. Sie heißen auch **JULI-AQUARIIDEN**. Die Meteore sind zwischen 3^m und 5^m hell, also nicht besonders auffällig. Ihr Radiant liegt etwa 3° westlich von Skat (δ Aquarii). Das Maximum ist nicht in jedem Jahr am selben Tag zu erwarten. In diesem Jahr dürfte es in den Stunden nach Mitternacht am 30. Juli auftreten. Im Maximum sind etwa 20 bis 25 Sternschnuppen pro Stunde zu erwarten. Wegen der südlichen Position des Radianten sind aber von Mitteleuropa aus nur etwa 10 bis 15 in der Zeit nach Mitternacht zu sehen. Die Eintauchgeschwindigkeit der Sternschnuppen liegt um 40 Kilometer pro Sekunde.

Vom 3. Juli bis 15. August treten die **ALPHA-CAPRICORNIDEN** (Radiant im Steinbock) auf. Sie sind die ganze Nacht über beobachtbar. Der Ursprungskomet ist 45P/Honda-Mrkoš-Pajdusáková. Um das Maximum am 30. Juli sind nur etwa fünf Objekte pro Stunde zu erwarten. Es handelt sich um recht langsame Meteore (im Mittel 23 Kilometer pro Sekunde).

Auch der permanente **ANTIHELION**-Komplex ist weiter aktiv. Der Radiant verlagert sich stetig ostwärts und durchquert im Juli das Sternbild Capricornus. Die Meteore von Alpha-Capricorniden und der Antihelion-Quelle sind hauptsächlich durch ihre Geschwindigkeit unterscheidbar: langsame 23 km/s gegenüber „mittleren" 30 km/s. Die Radianten sind nicht einmal 10° voneinander entfernt.

Ab 16. Juli ist mit den ersten **PERSEÏDEN** zu rechnen, dem weithin bekanntesten Sternschnuppenstrom.

Sein Radiant liegt zunächst südlich der Kassiopeia und wandert bis zum Maximum im August in die nördlichen Gebiete des Perseus.

KONSTELLATIONEN UND EREIGNISSE

Datum	MEZ	Ereignis
1.	11^h	Merkur im Aphel
4.	6	Mars bei Uranus, Mars 0°,11 südlich
6.	18	Erde im Aphel (Sonnenferne), Abstand Erde – Sonne 152,087 Millionen Kilometer
7.	4	Mond bei Neptun, Mond 4°,8 nördlich
7.	23	Mond bei Saturn, Mond 6°,7 nördlich
8.	5	Neptun im Stillstand, anschließend rückläufig
11.	8	Mond bei Uranus, Mond 5°,4 nördlich
11.	16	Mond bei Mars, Mond 5°,3 nördlich
13.	2	Merkur in unterer Konjunktion mit der Sonne
14.	6	Mond bei Merkur, Mond 8°,4 nördlich
15.	4	Mond bei Jupiter, Mond 2°,0 nördlich
17.	18	**Mond bei Venus**, Mond 2°,0 südlich, **Abstand 3°,8 um 21^h**
23.	18	Merkur im Stillstand, anschließend rechtläufig
27.	8	**Pluto in Opposition** zur Sonne
28.	0	Saturn im Stillstand, anschließend rückläufig
29.	13	Jupiter in Konjunktion mit der Sonne

Der Fixsternhimmel

Nach Einbruch der Dunkelheit ist am abendlichen Sternenhimmel das große und leicht erkennbare Sternendreieck Wega – Deneb – Atair schon hoch im Osten zu sehen. Man nennt es deshalb auch Sommerdreieck. Das Sternbild Bootes mit dem hellen Arktur ist bereits in die westliche Himmelshälfte gerückt. Im Südwesten ist noch das Sternbild Jungfrau zu finden mit ihrem bläulichen Hauptstern Spica.

Arktur und Spica markieren zwei Eckpunkte des Frühlingsdreiecks. Der dritte Eckpunkt, Regulus im Löwen, ist bereits untergegangen – das Frühlingsdreieck hat sich aufgelöst.

Hoch im Süden schreitet gerade der Held Herkules durch den Meridian. Der Herkules ist ein ausgedehntes Sternbild, das sich nur aus lichtschwachen Sternen zusammensetzt. Sterne erster und zweiter Größenklasse fehlen vollständig im Herkules. Daher ist dieses Bild nicht leicht zu erkennen. Am aufgehellten Stadthimmel geht es ganz unter. Noch schwieriger ist es, sich die

VERÄNDERLICHE STERNE

Algol-Minima		β-Lyrae-Minima		δ-Cepheï-Maxima		Mira-Helligkeit	
1.	4^h08^m	5.	19^h N	5.	16^h	1.	7^m
4.	0 58	12.	6 H	11.	1	10.	7
21.	5 47	18.	17 N	16.	10	20.	8
24.	2 38	25.	5 H	21.	19	31.	8
26.	23 26	31.	16 N	27.	3		

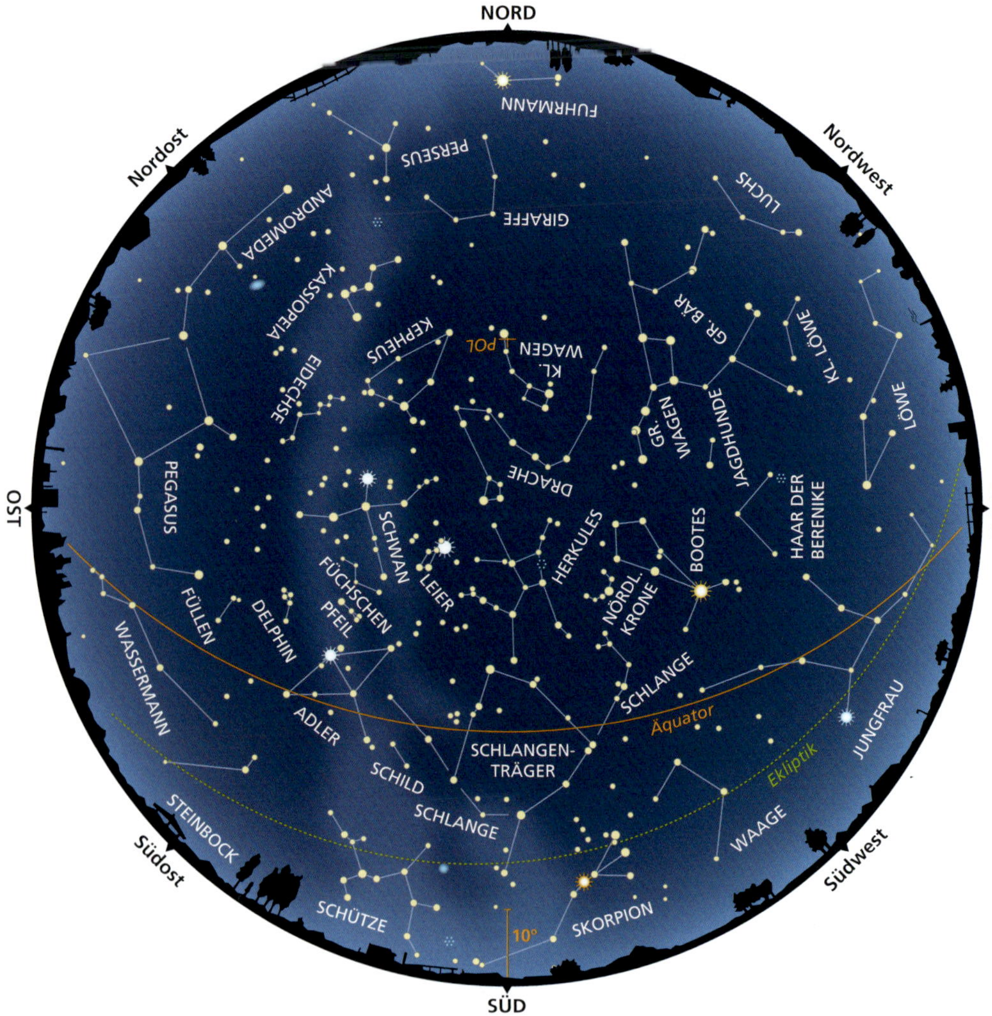

DER STERNENHIMMEL AM 15. JULI UM 22^h MEZ

Die Sternkarte ist auch gültig für:		
	MEZ	MESZ
15. 4.	4^h	5^h
1. 5.	3	4
15. 5.	2	3
1. 6.	1	2
15. 6.	0	1
1. 7.	**23**	**24**
15. 7.	**22**	**23**
31. 7.	**21**	**22**

Figur des Herkules vorzustellen. Denn von unseren Breiten aus betrachtet, hängt der Kopf des Herkules nach unten, also in Südrichtung, die Füße wiederum sind oben und deuten nach Norden. Ein Bein ist angewinkelt, der Held kniet.

Der Herkules beherbergt zwei schöne Kugelsternhaufen: M 13 und M 92. M 13 ist der prominenteste Kugelhaufen auf der Nordhalbkugel des Himmels. Die beiden Kugelhaufen sind 23 000 beziehungsweise 27 000 Lichtjahre von uns entfernt.

Zwischen dem Bootes und dem Herkules liegt ein auffälliger Halbkreis von Sternen, die Nördliche Krone. Ihr etwas hellerer Hauptstern, α Coronae Borealis, heißt Gemma und markiert den Edelstein in der Goldkrone. Knapp südlich der Krone liegt der Kopf der Schlange (lat.: Serpens Caput). Die Sternenkette der Schlange knickt weiter südlich nach Osten ab und zieht durch den Schlangenträger (lat.: Ophiuchus). Der Schlangenträger findet sich südlich vom Herkules und ist ebenfalls ein ausgedehntes, lichtschwaches Sternbild. Der östliche Teil der Schlange heißt Serpens Cauda, was so viel wie „Schwanz der Schlange" bedeutet. Der Schlangenschwanz ist kerzengerade und deutet in Richtung des hellen Atair, Hauptstern des Adlers. Das Sternbild Schlange wird durch den Schlangenträger in zwei Felder getrennt.

Tief im Südwesten hält sich noch die Waage, ein schlichtes und nicht auffallendes Sternbild. Im Gegensatz zur Waage ist der Skorpion, der der Waage im Tierkreis unmittelbar folgt, recht einprägsam. Vor allem sein roter Hauptstern Antares funkelt jetzt unübersehbar tief im Süden. Antares zählt zu den Sternen erster Größenklasse und ist leicht veränderlich. Die Bezeichnung Antares für α Scorpii stammt aus dem Griechischen. Ares ist der Name für den Kriegsgott, der bei den Römern Mars heißt. Antares bedeutet somit „marsähnlicher (Stern)". In den Tropen gehört der Skorpion zu den eindrucksvollsten Bildern. In den Monaten Juni und Juli steht er dort abends in Zenitnähe hoch über dem Betrachter. Der bei uns sichtbare Teil des Skorpions gleicht eher einer Hand. Die Sterne ν, β, δ, π und ρ Scorpii markieren die Fingerspitzen, σ Scorpii die Mittelhand und α Scorpii (Antares) die Handwurzel.

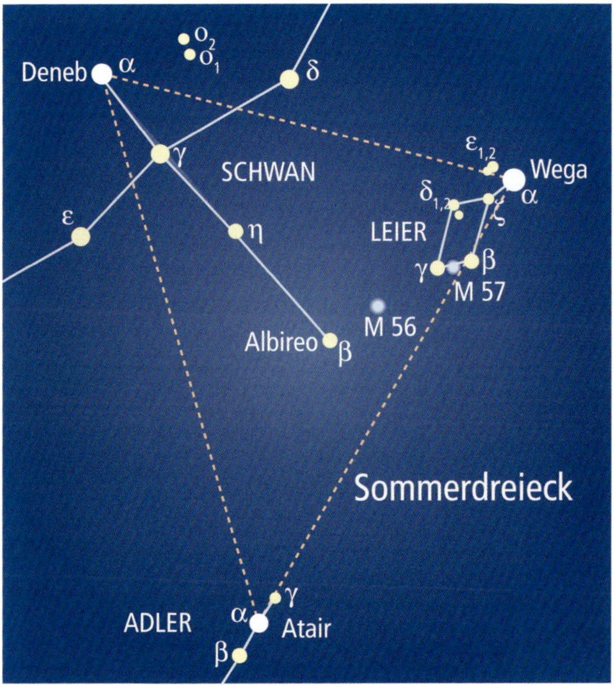

7.10 Das Sommerdreieck setzt sich aus den drei hellen Sternen Wega in der Leier, Deneb im Schwan und Atair im Adler zusammen.

Tief im Süden bereitet sich der Schütze (lat.: Sagittarius) auf den Meridiandurchgang vor. In seiner Richtung liegt auch das Zentrum unserer Milchstraße. Der Schütze beherbergt zahlreiche galaktische Nebel, Kugel- und offene Sternhaufen – eine wahre Fundgrube für Fernglasbeobachter!

Der Große Wagen ist hoch im Westen zu finden. Er steigt langsam ab. Man sollte auch einmal versuchen, den Kleinen Wagen zu erkennen. Am Ende seiner Deichsel sitzt der Polarstern. Außer den beiden hinteren Kastensternen sind die übrigen Sterne deutlich lichtschwächer als die des Großen Wagens. Zwischen Großem und Kleinem Wagen schlängelt sich der Drache (lat.: Draco) hindurch. Das kleine Sternenviereck, das den Kopf des ausgedehnten Drachen markieren soll, liegt nördlich vom Herkules.

Wie schnell fliegt das Universum auseinander?

Jahrtausendelang war man der Ansicht, der Kosmos und seine Gestirne seien für alle Zeiten unvergänglich. Zwar erkannte man, dass Sterne nicht ewig leuchten können, denn ihr Energievorrat geht unweigerlich eines Tages zu Ende. Aber das Weltall als solches sah man als ewig existierend und vor allem als stabil an. Sterne brennen aus und enden mehr oder minder spektakulär als Weiße Zwerge, Neutronensterne oder stellare Schwarze Löcher. Neue Sterne entstehen aus interstellaren Gas- und Staubwolken.

Da das Universum auf großen Skalen isotrop und homogen erscheint, so kann es aber nicht stabil sein, folgerte Albert Einstein (1879–1955) aus dem universell gültigen Newtonschen Gravitationsgesetz. Jede noch so kleine Störung wie lokale Dichtekonzentration oder -abnahme muss zwangsläufig zum Kollaps oder zum Auseinanderfliegen des Weltalls führen. Da dies scheinbar nicht erfolgt, bedarf das Gravitationsgesetz offensichtlich einer Ergänzung. Einstein fügte 1917 in die Poisson-Gleichung des Gravitationsgesetzes einen Term ein, das inzwischen berühmte λ-Glied, um die Welt zu stabilisieren. Als sich fast zeitgleich herausstellte, dass das Universum expandiert, nannte Einstein sein Vorgehen „my greatest blunder“ (mein größter Fehler). Heute braucht man den Λ-Term jedoch wieder in den kosmologischen Gleichungen (und schreibt das Lambda nun groß: Λ).

Die Entdeckung der Flucht der Galaxien wird allgemein mit Edwin Powell Hubble (1889–1953) und seinem Mitarbeiter Milton Lasell Humason (1891–1972) in Verbindung gebracht. Sie haben aus den Spektren von Galaxien, die sie mit dem 2,5-m-Reflektor des Mt.-Wilson-Observatoriums (Pasadena, Kalifornien) gewonnen hatten, auf die Expansion des Universums geschlossen: Je lichtschwächer und damit weiter weg die Galaxien waren, desto größer die Rotverschiebung (insbesondere der H- und K-Linien des Ca II). Sie

NASA, ESA, G. Illingworth, D. Magee, and P. Oesch (University of California, Santa Cruz), R. Bouwens (Leiden University), and the HUDF09 Team

7.11 Das Universum ist gefüllt von Galaxien. Deep-Field-Aufnahme vom Hubble Space Telescope.

interpretierten diese offensichtlich kosmologische Rotverschiebung als Doppler-Effekt und damit als Fluchtbewegung. Alle Galaxien entfernen sich voneinander. Diese zunächst als lineare Expansion angesehen, erfolgt nach erster Interpretation mit einer Geschwindigkeit von 580 Kilometer pro Sekunde und pro Megaparsec (Mpc; ein Megaparsec entspricht 3,26 Millionen Lichtjahren). Doch die aus Cepheïden-Beobachtungen abgeleiteten Distanzen waren falsch. Nicht bekannt war damals, dass es zwei Typen von ihnen gibt: die klassischen Delta-Cepheï-Sterne und die W-Virginis-Sterne. Beide zeigen eine Perioden-Leuchtkraft-Relation. Die W-Virginis-Sterne sind bei gleicher Periode jedoch um $1^{m}{,}5$ lichtschwächer. Die Entfernungsbestimmungen der Galaxien mussten danach revidiert werden. Der neue Wert war dann nur halb so groß, nämlich 290 km/(s · Mpc). Auch dieser Hubble-Parameter war bei weitem zu groß und musste schließlich nochmals wegen zu korrigierender interstellarer

Absorption neu bestimmt werden. Der im Jahr 1960 von dem amerikanischen Astronomen Allan Rex Sandage (1926–2010) ermittelte Wert von 75 km/(s · Mpc) kam dem heutigen Hubble-Parameter schon recht nahe.

Heute ist man für die Hubble-Konstante bei einem Wert von 70 km/s pro Megaparsec angelangt, wobei hier dieser Wert noch nicht absolut ist. Abgesehen davon ist die Bezeichnung „Konstante“ nicht korrekt, denn sie ist keine Konstante. Besser spricht man vom „Hubble-Parameter“.

Auf der 30. Generalversammlung der IAU 2018 in Wien wurde übrigens beschlossen, die Hubble-Relation in Hubble-Lemaître-Gesetz neu zu benennen nach dem belgischen Kosmologen Georges Edouard Lemaître (1894–1966), der bereits 1927 aus den Einsteinschen Feldgleichungen der ART (Allgemeine Relativitätstheorie) folgerte, der Kosmos expandiere. Dies war zwei Jahre bevor Hubble 1929 seine Ergebnisse zur Ausdehnung des Weltalls publizierte.

7.12 Hubble-Diagramm der Expansion des Weltalls. Je lichtschwächer die Galaxien und Galaxienhaufen erscheinen, umso größer ist deren Rotverschiebung z und deren Entfernung.

Ungewisse Expansionsrate

Einstein hat einst ein Modell vorgeschlagen, bei dem nach 40 Milliarden Jahren die Expansion zum Stillstand kommt und sich anschließend wieder kontrahiert bis es im „Großen Krach“ (Big Crunch) in den Urzustand zusammenfällt. Die Gravitation der im Weltall vorhandenen Massen bringt somit die Expansion zum Stillstand und kehrt sie in eine Kontraktion um.

Wenig bekannt ist, dass bereits vor Hubble die Flucht der Galaxien entdeckt wurde, und zwar von Vesto Melvin Slipher (1875–1969). Er beobachtete ab 1913 mit dem 24-Inch-Refraktor auf dem Lowell-Observatorium (Flagstaff, Arizona), wobei er den brandneuen Brashear-Spektrografen einsetzte. Um ein Galaxien-Spektrum zu erhalten, waren damals Belichtungszeiten von einigen Stunden erforderlich. Von M 31 (Andromeda-Galaxie) erhielt er eine Radialgeschwindigkeit von −300 km/s. Die Andromeda-Milchstraße nähert sich uns somit mit 300 km/s an. Aber schon bei der Sombrero-Galaxie (M 104) ergab sich eine Radialgeschwindigkeit von 1100 km/s. Von 15 Spiralnebeln hatten nur drei negative Radialgeschwindigkeiten, alle anderen entfernen sich von unserer Milchstraße. Da

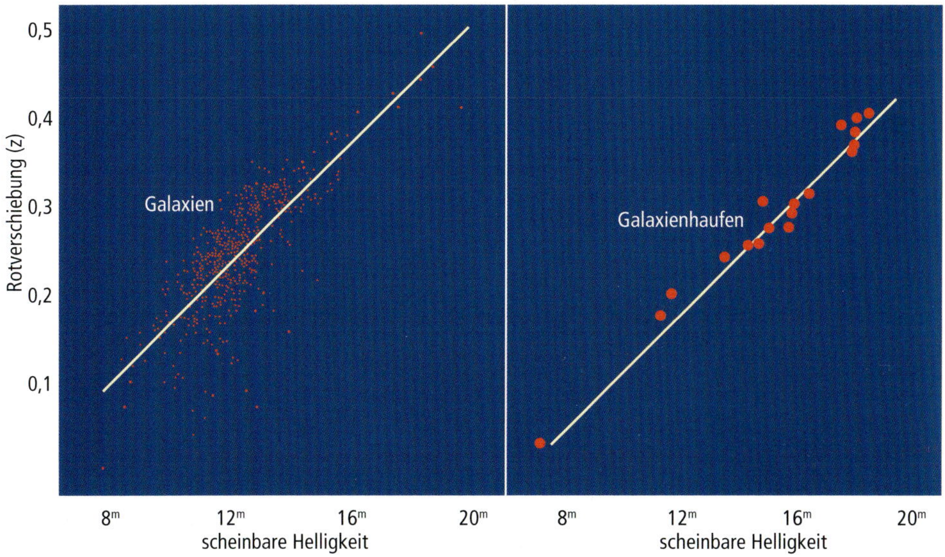

7.13 Georges Edouard Lemaître (1894–1966)

7.14 Vesto Melvin Slipher (1875–1969)

Slipher weniger bekannt ist, aber der erste war, der die Flucht der Galaxien erkannt hat, sind einige Astronomen der Meinung, das Hubble-Gesetz nochmals umbenennen zu müssen, und zwar in Hubble-Lemaître-Slipher-Gesetz.

Zurzeit diskutiert man über den aktuellen Wert des Hubble-Parameters H_0, denn unterschiedliche Bestimmungsmethoden ergeben nicht stets den gleichen Wert. Einmal werden Supernovae vom Typ Ia in der Annahme verwendet, dass ihre absoluten Helligkeiten nur sehr wenig streuen.

Für die gegenwärtige Expansionsrate liegen die Werte von H_0 zwischen 67,4 und 74,0 km/(s · Mpc). Aus der Dynamik von Galaxienhaufen (Dark Energy Survey) ergab sich ein H_0 = 67,4. Ein ähnliches Ergebnis erhielt man aus der Analyse der kosmischen Hintergrundstrahlung (CMB – Cosmic Microwave Background), nämlich H_0 = 67,7. Aus den Beobachtungen der Supernovae Ia ergab sich jedoch ein Hubble-Parameter von H_0 = 74,0. Ein fast gleiches Resultat, nämlich H_0 = 73,3, folgte aus den Untersuchungen von extragalaktischen Gravitationslinsen. Die Unterschiede sind zu groß, als dass man darüber hinwegsehen kann.

Allgemein war man jedoch überzeugt, dass die Expansion durch die Massenanziehung der Galaxien gebremst wird. Dabei gab es drei Szenarien, je nach mittlerer Dichte der Materie im Universum: Entweder bringen die Massen die Expansion zum Stillstand und es kommt anschließend zur Kontraktion bis zum großen Zusammenkrach (Big Crunch) zu einem Zustand wie beim Urknall (Big Bang). Von der Metrik her wäre dies der elliptische Fall. Alternativ bremst die Massenanziehung die Expansion, die zwar stetig langsamer wird, aber nie zum Stillstand kommt (hyperbolischer Fall). Als Grenzfall ist der parabolische Fall anzusehen, bei dem nach unendlich langer Zeit die Expansion stoppt. Alle Massenbestimmungen bei einem zugehörigen Hubble-Parameter sprachen lange Zeit für den parabolischen Fall.

Doch dem ist nicht so. Die im Weltall vorhandenen Massen bremsen gegenwärtig die Expansion des Alls nicht. Vor nunmehr bald 30 Jahren zeigte sich: Das Universum expandiert beschleunigt, die Ausdehnungsrate wird immer größer.

Die Entdeckung der Dunklen Energie

Um die Expansionsrate, den Hubble-Parameter und seine zeitliche Änderung, genauer zu bestimmen, haben sich zwei Beobachterteams daran gemacht, ferne Supernovae zu beobachten, um die Rotverschiebung-Entfernungs-Relation neu zu eichen.

Supernovae sind die absolut hellsten Einzelobjekte im Universum und daher auch in großer Ferne auszumachen. Außerdem geht man davon aus, dass die absoluten Helligkeiten von Supernovae Ia nur geringfügig streuen, da sie durch den Gravitationskollaps eines Weißen Zwerges hervorgerufen werden, der Materie von einem Begleiter aufsammelt und bei Erreichen des Chandra-Limits (knapp 1,5 Sonnenmassen) detoniert. Es ist somit bei einer SN Ia immer die gleiche Menge Sprengstoff im Spiel.

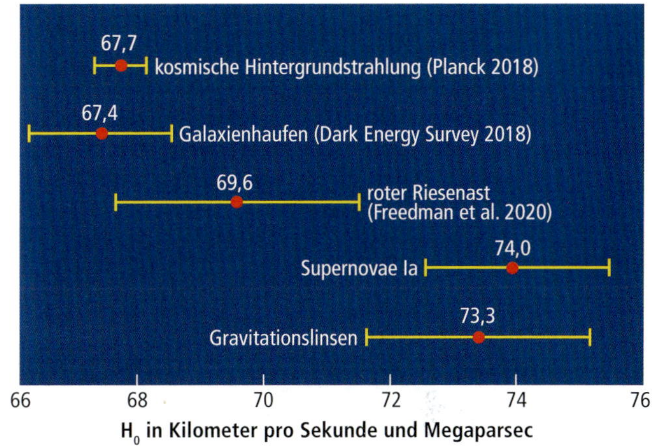

7.15 Der Hubble-Parameter H_0 (km/(s · Mpc)) mit verschiedenen Methoden bestimmt.

Beide Beobachterteams stellten überrascht fest, dass Supernovae in zehn Milliarden Lichtjahren Distanz eine geringere absolute Helligkeit aufweisen, als die in wesentlich kleinerer Entfernung. Dies ist aber offensichtlich ein Scheineffekt. Geht man davon aus, dass die fernen SN Ia die gleiche Leuchtkraft aufweisen wie die nahen, so sind die fernen SN Ia weiter entfernt als dies aufgrund ihrer kosmologischen Rotverschiebung in ihren Spektren anzunehmen ist, wenn man von einer parabolischen Expansion ausgeht. Denn die Rotverschiebung in den SN-Spektren ist ein Maß für ihre Fluchtgeschwindigkeit. Gleiche Fluchtgeschwindigkeit bei größerer Distanz bedeutet aber: Der Hubble-Parameter H muss zumindest eine Zeit lang *kleiner* gewesen sein als heute. Im Klartext: Das Universum dehnt sich seit einigen Milliarden Jahren *beschleunigt* aus, eine Tatsache, die für fast alle Kosmologen eine unerwartete, sensationelle Entdeckung darstellte, mit der sich einige auch nur schwer abfinden können. Galt doch lange als allgemeiner Konsens, dass die im Weltall vorhandenen Massen die Expansion mehr oder weniger stark abbremsen. Die Leiter beider Beobachtungsteams, Saul Perlmutter vom Lawrence Berkeley National Laboratory mit seinem Beobachtungsprogramm „Supernova-Cosmology" sowie Adam Riess und Brian Schmidt mit ihrem „High-z-Search-Team" am Australian National Observatory erhielten für ihre bahnbrechende Entdeckung im Jahre 2011 den Nobelpreis für Physik.

Um zu erklären, wer oder was die beschleunigte Expansion bewirkt, hat man schon 1998 den Begriff „Dunkle Energie" eingeführt. Sie wirkt als abstoßende Kraft, die die Expansion beschleunigt. Nach der Speziellen Relativitätstheorie (SRT) von Albert Einstein sind aber Energie und Masse einander äquivalent. Jeder kennt heute die Formel: $E = mc^2$ (Energie ist gleich Masse mal Lichtgeschwindigkeitsquadrat). Wenn aber der Dunklen Energie auch eine Masse zugebilligt wird, so übt diese eine Schwerkraft aus, sie wirkt auch gravitativ. Diese Funktion erfüllt aber der von Einstein einst im Gravitationsgesetz Newtons eingefügte Λ-Term, der eine abstoßende Kraft darstellt. Einstein wollte damals das Weltall damit stabilisieren, weil er an ein statisches Weltall glaubte. Als sich herausstellte, dass das Universum expandiert, hat er den Λ-Term verworfen. Doch inzwischen wurde er wieder aus der Versenkung geholt und wird heute als

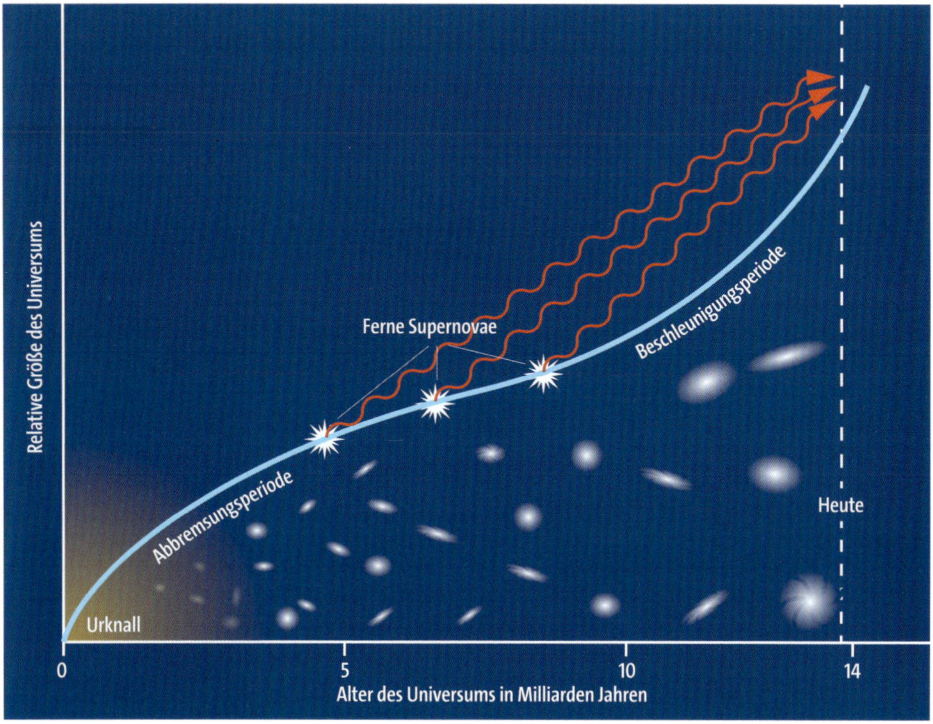

7.16 Beschleunigte Ausdehnung des Universums seit etwa sechs Milliarden Jahren

kosmologische Konstante bezeichnet, die die Vakuumenergie darstellt. Wie der Name sagt, ist sie zeitlich konstant – so vermutet man zunächst. Sie verursacht damit aber eine ständig beschleunigte Expansion des Universums. Wenn nämlich die Vakuumenergie pro Raumeinheit konstant bleibt, so nehmen die Distanzen der Galaxien mit der Zeit immer schneller, also beschleunigt zu. Die Dunkle Energie ist offensichtlich eine Eigenschaft des Vakuums. Man kann sie auch als *Antigravitation* ansehen. Das Verhältnis von Vakuumenergiedichte ρ_Λ zu ihrem Druck p_Λ bezeichnet man als Zustandsgleichung w der Dunklen Energie:

$$w = -p_\Lambda / \rho_\Lambda.$$

Für eine zeitlich konstante Vakuumenergie Λ hat w den Wert $w = -1$. Niemand weiß aber bis heute, ob das w tatsächlich zeitlich konstant bleibt. Man nennt die Dunkle Energie gelegentlich Quintessenz, wenn das w zwischen $-\frac{1}{3}$ und -1 liegt. Ist w jedoch kleiner als minus Eins ($w < -1$), dann spricht man von Phantomenergie.

Sollte die Phantomenergie tatsächlich existieren, so hätte dies dramatische Folgen. Denn die Phantomenergie wird eines Tages die Herrschaft über die Gravitation in einem Szenario gewinnen, nämlich dem Großen Zerreißen (Big Rip). Dabei wächst die Expansionsrate mit fortschreitender Zeit enorm an. Dies führt zunächst zur Auflösung der Galaxienhaufen. Anschließend werden die Galaxien auseinandergerissen, ihre Sterne verstreuen sich im All. Danach verlieren die Sterne ihre Planeten und diese wieder ihre Satelliten. Doch auch Sternen und Planeten geht es an den Kragen. Sie werden von der Phantomenergie zerrissen. Auch die Molekular- und Kernkräfte werden überrumpelt. Moleküle, Atome, selbst die Atomkerne zerplatzen. Schließlich sind die Elementarteilchen selbst dran: Protonen, Neutronen, Quarks und Elektronen werden zerrissen. Die einzelnen Vorgänge folgen immer schneller aufeinander.

Neue Erkenntnisse erwartet

Zwei Projekte sollen den Wert von w möglichst präzise ermitteln. Einmal versucht man, mit dem 8,4-m-Reflektor des Simonyi Survey Telescope (Vera C. Rubin Observatory, vormals Large Synoptic Survey Telescope) auf dem Cerro Pachón in Chile den gesamten Himmel zweimal pro Woche zu durchmustern, um Tausende von Supernovae vom Typ Ia mit großen Rotverschiebungen ($1{,}9 < z < 3{,}5$) zu entdecken und deren Helligkeiten und Rotverschiebungen genau zu messen.

Die Mission eROSITA (**e**xtended **Ro**entgen **S**urvey with an **I**maging **T**elescope **A**rray) ist ein Weltraumteleskop an Bord des russisch-deutschen Satelliten Spektr-RG, das von 2019 bis 2022 das Weltall in weicher Röntgenstrahlung im Bereich von 0,3 bis 11 keV in hoher spektraler und räumlicher Auflösung untersuchte.

Mit eROSITA hat man einige Zigtausend Galaxienhaufen detektiert, um Massen und Entfernungen von ihnen genau zu erfassen. Die Raumsonde beobachtete dabei nicht die Galaxien selbst, sondern das heiße intergalaktische Gas, das Temperaturen von etlichen Millionen Grad aufweist und darum im Röntgenlicht leuchtet. Man schätzt, dass die Masse des intergalaktischen Gases eines Haufens mindestens doppelt so groß ist wie die aller Galaxien im Haufen.

Von Mitte 2021 bis 2024 hat eine großräumige Untersuchung der Galaxienverteilung mit dem Dark Energy Spectroscopic Instrument (DESI) auf dem Kitt Peak National Observatory (Tucson, Arizona, USA) den Verdacht ergeben, dass die Stärke der Dunklen Energie abnimmt und es nicht zu einem Big Rip (Großen Zerreißen) kommt. Mit 5000 Lichtleitfasern ist das DESI ein ungewöhnliches Instrument. Mit ihm können ebenso viele Galaxien simultan spektroskopiert werden. DESI ist ein hochkomplexer multipler Spektrograf. In der Fokalebene des Mayall-Teleskops befinden sich die 5000 Lichtleitfasern, von denen das Licht mittels 40 Meter Lichtleitfasern zu zehn dreiarmigen Spektrografen transportiert wird. Das Gesichtfeld umfasst 8,0 Quadratgrad. Der Wellenlängenbereich reicht von 3600 Å bis 9800 Å, also vom nahen UV bis in das Infrarot. Nach jeder Belichtung kann das Instrument innerhalb von zwei Minuten für den nächsten Einsatz betriebsbereit gemacht werden. In dieser Zeit schwenkt das Teleskop auf das nächste Ziel. Der Blick von diesem Instrument ging ungewöhnlich tief ins All. Es wurden Galaxien bis zu einer kosmologischen Rotverschiebung von $z = 4$ erfasst. Das Licht von diesen fernen Galaxien war zwölf Milliarden Jahre zu uns unterwegs. Als es ausgestrahlt wurde, war das Universum gerade 1,6 Milliarden Jahre alt gegenüber dem heutigen Alter von 13,8 Milliarden Jahren. Erfasst wurden sechs Millionen Galaxien am Rande von sphärischen Gebilden, die riesige Hohlräume umschließen. Diese kugelförmigen Räume, die sich teils überlappen, haben Radien von heute knapp 500 Millionen Lichtjahren und sind die erstarrten Muster der Baryonischen Akustischen Oszillationen (BAO) in den ersten 380 000 Jahren nach dem Big Bang, dem Urknall. Sie sind gewissermaßen Schallwellen, hervorgerufen durch die Wechselwirkung zwischen den primordialen Dichteschwankungen, die sich gravitativ auswirkten, und dem Photonendruck. Die Schallgeschwindigkeit betrug damals rund 60 Prozent der Vakuumlichtgeschwindigkeit. Durch die Abkühlung des kosmischen Strahlungsbades (Mikrowellenhintergrund – CMB, Cosmic Microwave Background) erstarrten diese sphärischen Gebilde aus Millionen Galaxien. Noch sind nicht alle Daten ausgewertet.

Weitere Beobachtungen sind geplant, um die Eigenschaften der Dunklen Energie genauer zu erfassen.

August 2026

- Am 12. findet eine totale Sonnenfinsternis statt und am 28. eine partielle Mondfinsternis. Beide Finsternisse sind von Mitteleuropa aus sichtbar.
- Merkur bietet eine Morgensichtbarkeit.
- Venus kommt am 15. in größte östliche Elongation von der Sonne. Sie ist am Abendhimmel vertreten.
- Mars kann am Morgenhimmel aufgefunden werden.
- Jupiter taucht im zweiten Monatsdrittel am Morgenhimmel auf.
- Saturn nähert sich seiner Opposition und ist fast die ganze Nacht sichtbar.

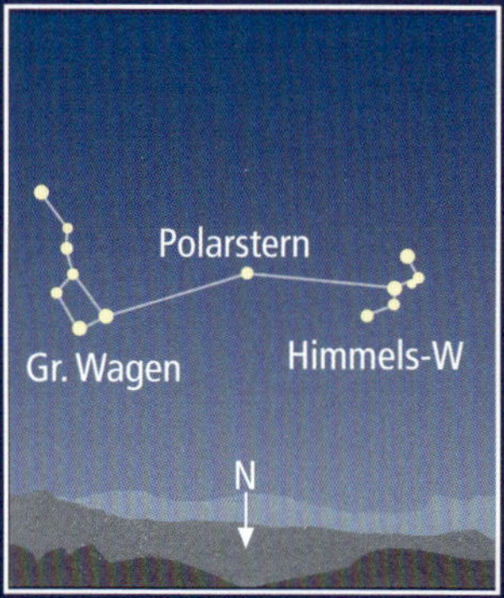

Großer Wagen und Himmels-W Anfang August um 22 Uhr MEZ

8.1 Anblick des Osthimmels am 9. August gegen 3^h MEZ (= 4^h MESZ). Mars, zu dem sich die abnehmende Mondsichel gesellt, steht im Gebiet Stier/Zwillinge.

Tag	Ereignis
1 Sa	Schweizer Bundesfeier
2 So	
3 Mo	Mond bei Saturn – Mitternacht
4 Di	
5 Mi	
6 Do	Letztes Viertel
7 Fr	
8 Sa	Merkur Morgensichtbarkeit
9 So	Mond bei Mars und Alnath – morgens
10 Mo	
11 Di	
12 Mi	**Neumond** **Totale (Partielle) Sonnenfinsternis** Sternschnuppen Perseïden im Max.
13 Do	
14 Fr	
15 Sa	Liechtensteiner Staatsfeiertag Venus Abendsichtbarkeit
16 So	Mond bei Venus – abends
17 Mo	
18 Di	
19 Mi	
20 Do	Erstes Viertel Mond bei Antares
21 Fr	
22 Sa	
23 So	
24 Mo	
25 Di	
26 Mi	
27 Do	
28 Fr	**Vollmond** **Partielle Mondfinsternis**
29 Sa	
30 So	Mond bei Saturn – Mitternacht
31 Mo	

SONNE – STERNBILDER

11.8. 2ʰ:
Sonne tritt in das Sternbild Löwe

23.8. 4ʰ:
Sonne tritt in das Tierkreiszeichen Jungfrau

Julianisches Datum am
1. August, 1ʰ MEZ: 2 461 253,5

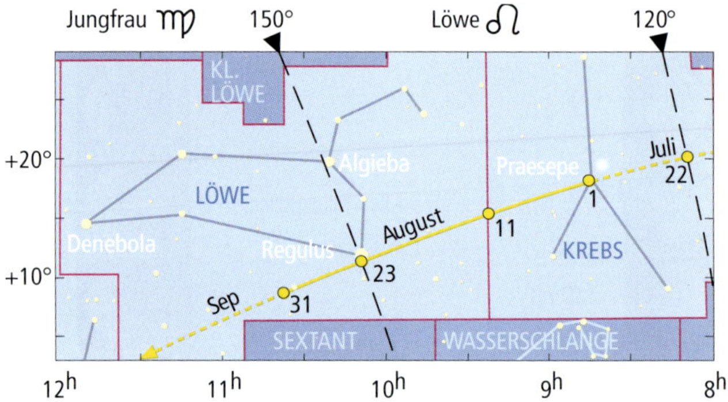

SONNENLAUF

Tag	Dämmerg. Anfang	Aufgang MEZ	Kulmination	Untergang MEZ	Dämmerg. Ende	Mittagshöhe	Zeitgleichg.	Rektaszension	Deklination
	h m	h m	h m	h m	h m	°	m	h m	°
1.	3 19	4 49	12 26	20 03	21 32	57,9	–6	8 43	+18,2
5.	3 28	4 55	12 26	19 56	21 23	56,9	–6	8 59	+17,1
10.	3 38	5 02	12 25	19 48	21 11	55,5	–5	9 18	+15,7
15.	3 48	5 09	12 24	19 38	21 00	54,0	–4	9 37	+14,2
20.	3 57	5 17	12 23	19 29	20 48	52,4	–3	9 55	+12,6
25.	4 07	5 24	12 22	19 19	20 36	50,7	–2	10 14	+11,0
31.	4 18	5 33	12 20	19 06	20 21	48,5	0	10 36	+ 8,9

TAGES- UND NACHTSTUNDEN

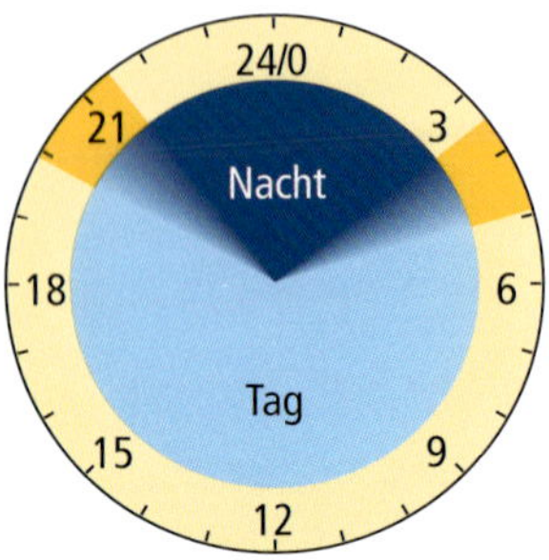

5. August

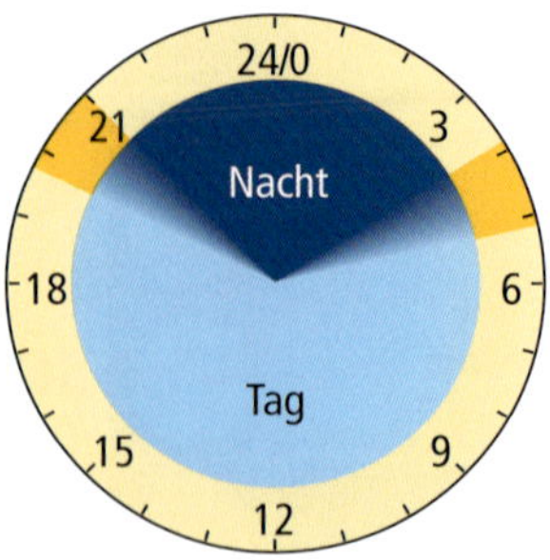

15. August

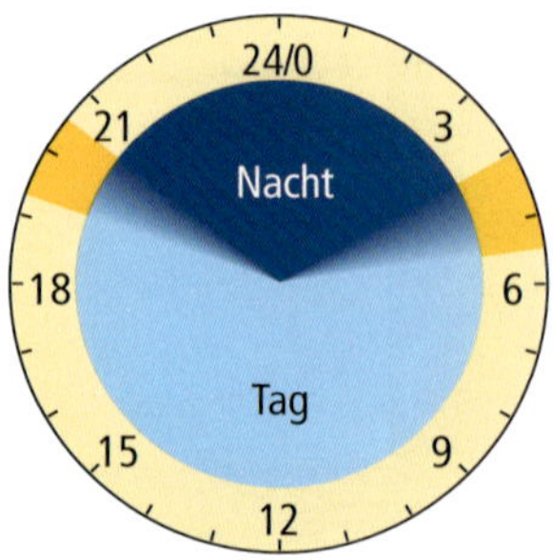

25. August

MONDLAUF

Datum		Aufg. MEZ	Kulmination	Unterg. MEZ	Rektaszension	Deklination	Sterne und Sternbilder	Phase	MEZ
		h m	h m	h m	h m	°			
Sa	1.	21 06	2 15	7 49	22 29	− 8,9	Wassermann		
So	2.	21 19	2 57	9 04	23 15	− 3,0	Fische		
Mo	3.	21 33	3 41	10 19	0 01	+ 3,1	Fische	Libration Ost	
Di	4.	21 48	4 26	11 37	0 48	+ 9,2	Fische		
Mi	5.	22 08	5 14	12 58	1 38	+15,0	Fische		
Do	6.	22 35	6 06	14 23	2 31	+20,2	Widder, Hamal	**Letztes Viertel**	**$3^h 21^m$**
Fr	7.	23 14	7 03	15 47	3 29	+24,4	Stier, Plejaden	Größte Nordbreite	
Sa	8.	–	8 05	17 04	4 31	+27,1	Stier		
So	9.	0 10	9 10	18 05	5 37	+28,1	Stier, Alnath		
Mo	10.	1 23	10 14	18 50	6 43	+27,1	Zwillinge	Erdnähe 363/32′,9	12^h
Di	11.	2 49	11 16	19 21	7 47	+24,2	Pollux		
Mi	12.	4 19	12 12	19 44	8 48	+19,8	Krebs, Krippe	**Neumond Nr. 1282**	**$18^h 37^m$**
Do	13.	5 47	13 04	20 02	9 44	+14,2	Löwe, Regulus	Absteigender Knoten	
Fr	14.	7 11	13 53	20 16	10 36	+ 8,0	Löwe		
Sa	15.	8 31	14 38	20 30	11 26	+ 1,5	Löwe		
So	16.	9 48	15 23	20 44	12 13	− 4,8	Jungfrau	Libration West	
Mo	17.	11 04	16 08	20 59	13 01	−10,8	Spica		
Di	18.	12 19	16 53	21 17	13 48	−16,1	Jungfrau		
Mi	19.	13 33	17 40	21 40	14 36	−20,6	Waage		
Do	20.	14 44	18 29	22 10	15 27	−24,2	Waage	**Erstes Viertel** Größte Südbreite	**$3^h 46^m$**
Fr	21.	15 48	19 20	22 50	16 18	−26,7	Antares		
Sa	22.	16 43	20 12	23 41	17 11	−28,0	Schlangenträger	Erdferne 405/29′,5	9^h
So	23.	17 27	21 03	–	18 05	−27,9	Kaus Borealis		
Mo	24.	18 00	21 53	0 43	18 58	−26,6	Schütze, Nunki		
Di	25.	18 25	22 41	1 52	19 50	−24,1	Schütze		
Mi	26.	18 44	23 27	3 06	20 41	−20,4	Steinbock		
Do	27.	19 00	–	4 21	21 29	−15,8	Steinbock	Aufsteigender Knoten	
Fr	28.	19 14	0 12	5 36	22 16	−10,4	Wassermann	**Vollmond**	**$5^h 19^m$**
Sa	29.	19 27	0 55	6 51	23 03	− 4,6	Wassermann	Libration Ost	
So	30.	19 41	1 39	8 07	23 49	+ 1,6	Fische		
Mo	31.	19 56	2 24	9 25	0 37	+ 7,8	Fische		

DER ABNEHMENDE MOND WANDERT AN SATURN VORBEI

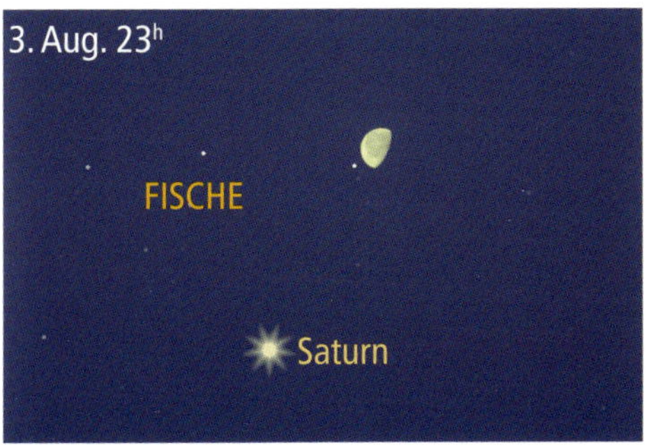

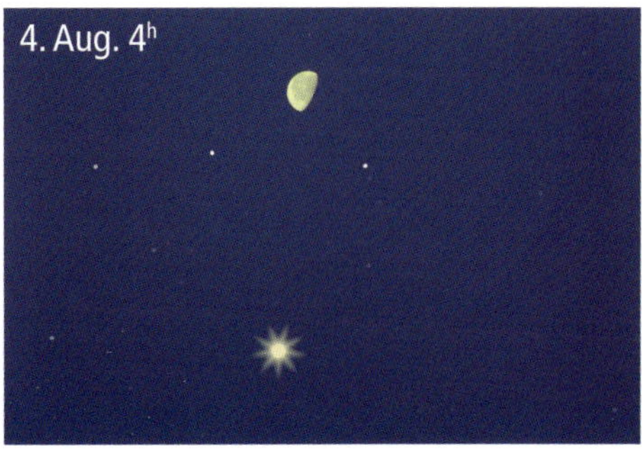

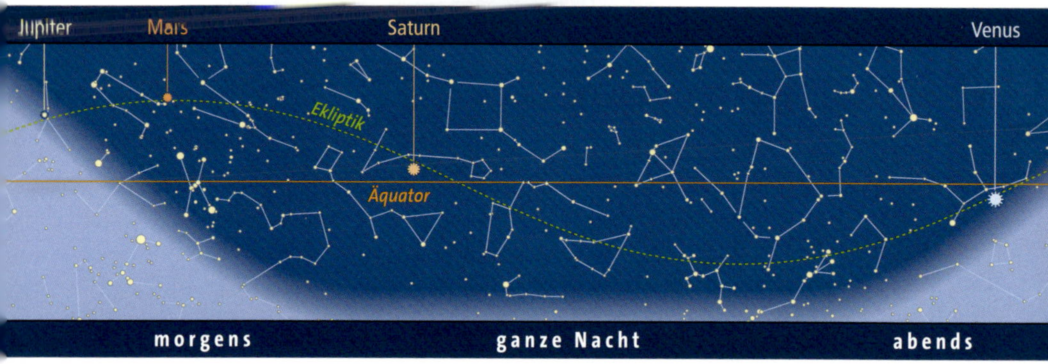

MERKUR kommt am 2. mit 19°28′ in größte westliche Elongation von der Sonne. Er kann in der ersten Monatshälfte am Morgenhimmel aufgefunden werden (siehe auch Abb. 8.2 und Abb. 8.3 unten). Seine Helligkeit nimmt deutlich zu und erleichtert sein Auffinden. Am 7. geht der $-0\overset{m}{,}6$ helle Merkur um 3^h21^m (= 4^h21^m Sommerzeit) auf. Am 12. erfolgt der Aufgang des inzwischen $-1\overset{m}{,}0$ hellen Merkur um 3^h38^m. Letztmals dürfte man den sonnennahen Planeten am 15. am Morgenhimmel aufstöbern können, wo der $-1\overset{m}{,}2$ helle Merkur um 3^h55^m (= 4^h55^m Sommerzeit) aufgeht.

Ein netter Himmelsanblick ergibt sich am 11., wenn sich die extrem schmale Sichel des abnehmenden Mondes zu Merkur gesellt. Merkur steht dabei knapp über dem Osthorizont (siehe Abb. 8.5 auf Seite 175).

Am 15. kommt es zu einer Begegnung mit Jupiter, wobei Merkur 0°34′ nördlich am Riesenplaneten vorbeizieht (siehe Abb. 8.7 auf Seite 176).

Der scheinbare Durchmesser des kleinen Merkurscheibchens schrumpft in den ersten zehn Augusttagen von $7\overset{''}{,}9$ auf $6\overset{''}{,}2$, wobei am 5. die Dichotomie (Halbphase) eintritt. Im Teleskop zeigt sich Merkur immer kleiner und runder.

8.2 Stellung von Merkur über dem Osthorizont zu den angegebenen Daten jeweils eine Stunde vor Sonnenaufgang. Die Pfeile geben die Bewegungen von Merkur und Sonne während der nächsten halben Stunde an.

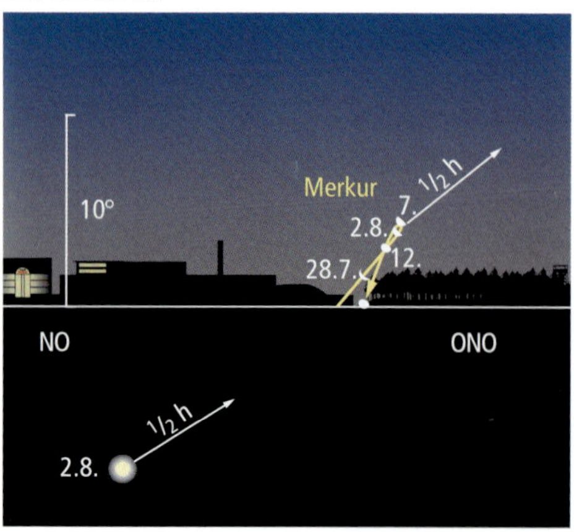

8.3 Sichtbarkeitsdiagramm für Merkur. Es gilt genau für 50° nördlicher Breite und 10° östlicher Länge. Dunkelgelbe Fläche: Unter günstigen Sichtbedingungen kann man Merkur mit bloßem Auge erkennen; hellgelbe Fläche: Merkur ist leicht zu sehen.

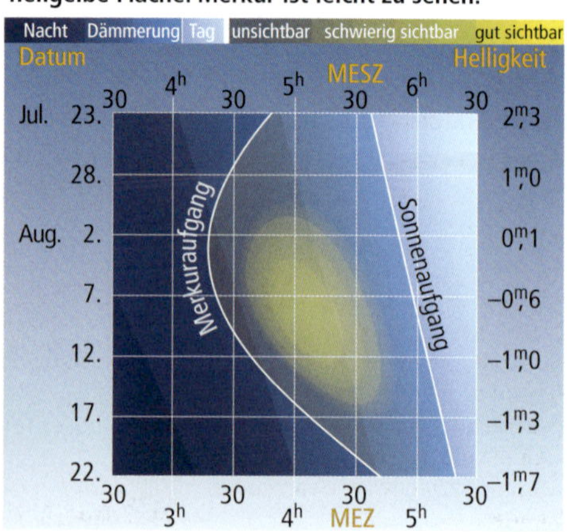

8.4 Scheinbare Merkurbahn *relativ* zur Sonne von Juli bis Dezember 2026.

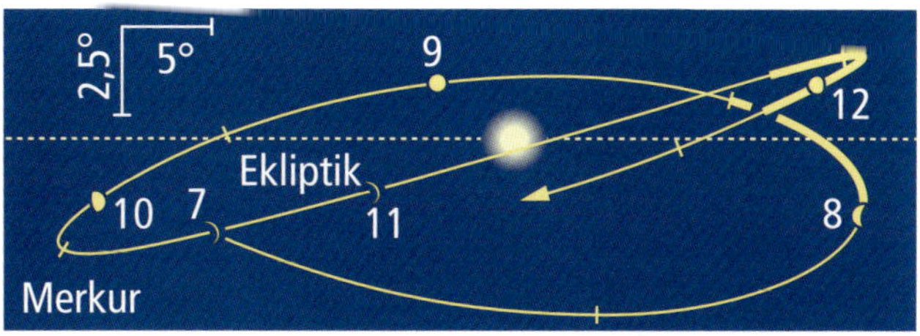

Merkur eilt der Sonne nach und holt sie am 27. ein – er steht in oberer Konjunktion mit ihr. Am 14. passiert er wiederum sein Bahnperihel.

VENUS kommt am 15. frühmorgens mit einem Winkelabstand von 45°54′ in größte östliche Elongation von der Sonne. Trotz ihrer Helligkeitszunahme auf $-4\overset{m}{,}6$ werden die Sichtbedingungen ungünstiger, denn ihre Untergänge erfolgen immer früher. Sinkt Venus am 1. noch um $21^{h}32^{m}$ und am 15. um $20^{h}54^{m}$ unter die Horizontlinie, so erfolgt ihr Untergang am 31. bereits um $20^{h}05^{m}$ (= $21^{h}05^{m}$ Sommerzeit).

Die Untergänge erfolgen immer früher, da Venus durch den Tierkreis nach Süden strebt und am 5. den Himmelsäquator in südlicher Richtung überquert. Sie wandert durch das Sternbild Jungfrau und passiert am 6. nur ein halbes Grad südlich den Herbstpunkt, auch als Waagepunkt bezeichnet, da er den Beginn des Tierkreiszeichens Waage markiert. Danach steuert Venus auf Spica, den Jungfrauhauptstern zu, an dem sie Anfang nächsten Monats vorbeizieht (siehe auch Abb. 10.5 auf Seite 217).

Am 12. sieht man im Fernrohr das 24″ große Venusscheibchen halb beleuchtet, die Dichotomie tritt ein. Danach nimmt Venus allmählich eine Sichelgestalt an, die immer schlanker und größer wird. Am 16. erhält Venus Besuch von der zunehmenden Mondsichel (siehe Abb. 8.8 auf Seite 176).

MARS kann am Morgenhimmel aufgefunden werden. Der rote Planet verlässt am 12. das Sternbild Stier und begibt sich rechtläufig in die Zwillinge (siehe Abb. 9.2 auf Seite 199).

Von Elnath (β Tauri), dem nördlichen Stierhorn, befindet er sich am 1. rund $5\overset{\circ}{,}3$ südlich.

Die Marsaufgänge verlagern sich von $1^{h}03^{m}$ (= $2^{h}03^{m}$ Sommerzeit) zum Monatsbeginn auf $0^{h}46^{m}$ am 15. und auf $0^{h}30^{m}$ (= $1^{h}30^{m}$ Sommerzeit) am Monatsende. Die Helligkeit des roten Planeten nimmt leicht auf $1\overset{m}{,}2$ zu.

Am 9. erhält Mars Besuch vom abnehmenden Mond. Der Mond hält sich dabei nördlich von Mars auf. Man sieht ihn zwischen Alnath und Mars (siehe

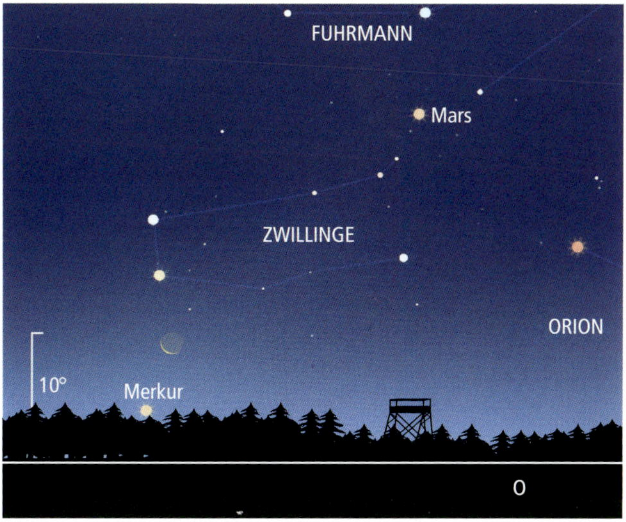

8.5 Anblick des Osthimmels am 11. August gegen 5^{h} MESZ morgens. Mars steht im Stier an der Grenze zu den Zwillingen. Knapp über dem Osthorizont erkennt man Merkur, ein wenig höher die schmale Sichel des abnehmenden Mondes.

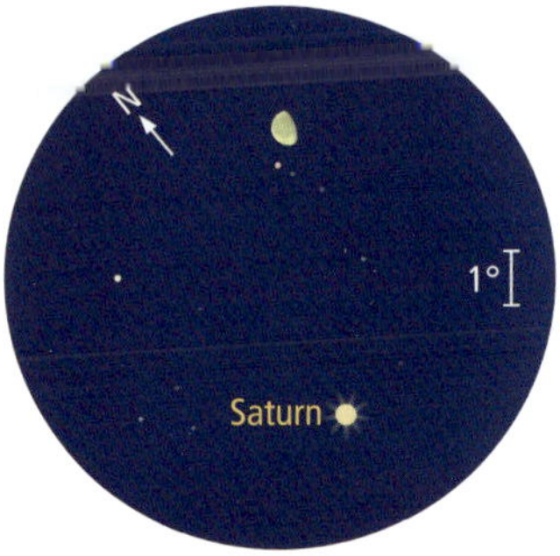

8.6 Der abnehmende Halbmond wandert am 3. August um Mitternacht an Saturn vorbei. Anblick im Opernglas bei 10° Gesichtsfeld.

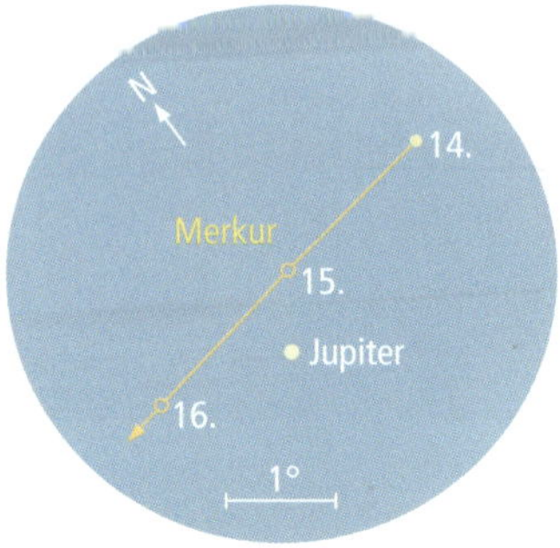

8.7 Merkur eilt vom 14. bis 16. August an Jupiter vorbei. Fernglasanblick in der Morgendämmerung.

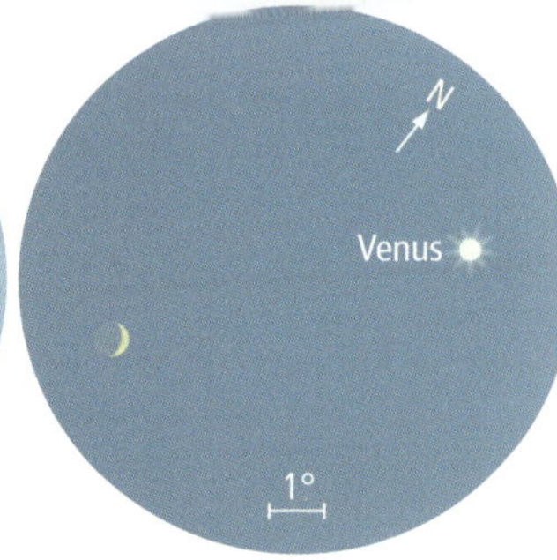

8.8 Die zunehmende Mondsichel begegnet Venus am 16. August. Abendlicher Anblick im Opernglas bei 10° Gesichtsfelddurchmesser gegen 20^{h} MEZ (= 21^{h} MESZ).

Abb. 8.1 auf Seite 170). Das gerade 5″ große Marsscheibchen macht den roten Planeten noch nicht zu einem attraktiven Objekt für Fernrohrbeobachter.

JUPITER hat seine Konjunktion mit der Sonne gerade hinter sich. Der Riesenplanet wandert rechtläufig durch das Sternbild Krebs (siehe Abb. 1.6 auf Seite 42). Im zweiten Monatsdrittel taucht er am Morgenhimmel auf. Erfahrene Beobachter mögen den Riesenplaneten bereits am 15. in der Morgendämmerung knapp über dem Nordosthorizont erspähen. Am 15. geht der $-1\overset{m}{,}8$ helle Jupiter um $4^{h}00^{m}$ (= $5^{h}00^{m}$ Sommerzeit) auf. Gegen $4^{h}40^{m}$ verblasst er in der heller werdenden Morgendämmerung. Bis 20. verfrüht sich der Jupiteraufgang auf $3^{h}47^{m}$ und am 31. geht der Riesenplanet bereits um $3^{h}16^{m}$ (= $4^{h}16^{m}$ Sommerzeit) auf.

Am 15. wird Jupiter von Merkur 0°34′ nördlich überholt – eine interessante Konstellation, wenn der sonnennächste Planet und der größte Planet knapp nebeneinanderstehen (siehe Abb. 8.7 oben).

SATURN, rückläufig im Sternbild Fische, nähert sich seiner Opposition, die er aber erst Anfang Oktober erreicht. Seine Helligkeit nimmt weiter von $0\overset{m}{,}6$ bis auf $0\overset{m}{,}5$ zu. Die Saturnaufgänge verfrühen sich von $22^{h}16^{m}$ (= $23^{h}16^{m}$ Sommerzeit) am 1. auf $21^{h}21^{m}$ am 15. und auf $20^{h}17^{m}$ Ende August, wobei der Ringplanet schon zu Ende der nautischen Dämmerung aufgeht.

8.9 Der abnehmende Mond begegnet dem Ringplaneten am 30. August. Anblick im Opernglas bei 10° Gesichtsfelddurchmesser gegen 22^{h} MEZ (= 23^{h} MESZ).

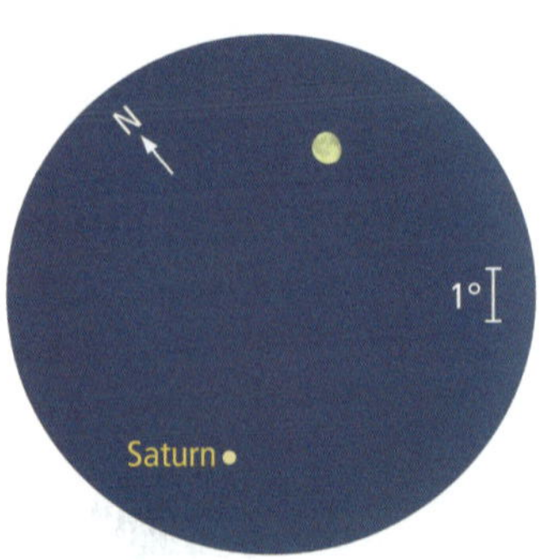

In der Nacht vom 3. auf 4. erhält Saturn Besuch vom abnehmenden Halbmond (siehe Mondlaufgrafik auf Seite 173 und Opernglasanblick Abb. 8.6 oben). Abermals begegnet der abnehmende Mond dem Ringplaneten im August am 30./31. (siehe Abb. 8.9 unten).

URANUS kann am Morgenhimmel aufgefunden werden. Ein gutes Fernglas, montiert auf stabilem Stativ, ist in jedem Fall empfehlenswert, um den sonnenfernen Planeten zu finden. Der grünliche Planet wandert durch den Stier und wird dabei immer langsamer. Am Monatsende bleibt er fast stehen. Seine Helligkeit nimmt ein wenig von $5\overset{m}{,}8$ auf $5\overset{m}{,}7$ zu. Die Aufsuchkarte Abb. 11.13 auf Seite 241 soll helfen, den Himmelsvater zu finden.

Der Uranusaufgang erfolgt am 1. um 0^h01^m und am 15. um 23^h03^m. Am 31. geht Uranus bereits um 22^h01^m (= 23^h01^m Sommerzeit) auf.

NEPTUN beschleunigt seine rückläufige Wanderung durch die Fische ein wenig und nähert sich seiner Oppositionsstellung zur Sonne, die er im letzten Septemberdrittel erreichen wird. Seine Aufgänge verlagert der bläuliche Planet in die Abendstunden. Am 1. geht Neptun um 21^h50^m (= 22^h50^m Sommerzeit) auf, am 15. um 20^h55^m und am 31. schon um 19^h52^m. Am Monatsanfang kulminiert der sonnenfernste Planet um 3^h59^m, Ende August bereits um 1^h59^m (= 2^h59^m Sommerzeit).

Am 30. befindet sich der noch fast volle Mond nahe Neptun. Es ist nicht leicht, bei blendendem Mondlicht den bläulichen Planeten zu erkennen. Die Aufsuchkarte für Neptun Abb. 9.6 findet sich auf Seite 202.

PLANETOIDEN UND ZWERGPLANETEN

PALLAS (2) wird im Sternbild Cetus am 27. in Rektaszension rückläufig und eilt rasch nach Süden. Sie kreuzt dabei die Bahn von Vesta (siehe Abb. 10.9 auf Seite 221). Ihre Helligkeit nimmt von $9^{m}{,}5$ auf $8^{m}{,}9$ zu. Am Monatsanfang geht der Planet Nr. 2 um 23^h02^m auf, Ende August bereits um 21^h37^m (= 22^h37^m MESZ).

JUNO (3), rückläufig im Adler, hat ihre Opposition zur Sonne eben hinter sich. Ihre Kulminationen verlagern sich von 23^h43^m zum Monatsbeginn auf 21^h25 (= 22^h25^m MESZ) am Monatsende. Ihre Helligkeit nimmt im Laufe des August von $9^{m}{,}2$ auf $9^{m}{,}5$ ab.

8.10 Saturn im August 2024 (Aufnahme: Hubble-Teleskop)

VESTA (4) wird am 28. im Sternbild Walfisch (Cetus) stationär und ist anschließend rückläufig. Damit beginnt ihre Oppositionsperiode (siehe Abb. 10.9 auf Seite 221). Die kommende Opposition zeigt sich auch an der kräftigen Helligkeitszunahme. Am 1. misst die Vestahelligkeit $7^{m}{,}5$, bis 31. nimmt sie auf $7^{m}{,}0$ zu. Damit ist Vesta ein ausgesprochen leichtes Fernglasobjekt.

Am 1. geht Vesta kurz vor Mitternacht auf, nämlich um 23^h13^m. Sie kulminiert um 5^h28^m erst nach Sonnenaufgang. Ende August erfolgt der Vestaaufgang schon um 21^h30^m und der Meridiandurchgang um 3^h40^m.

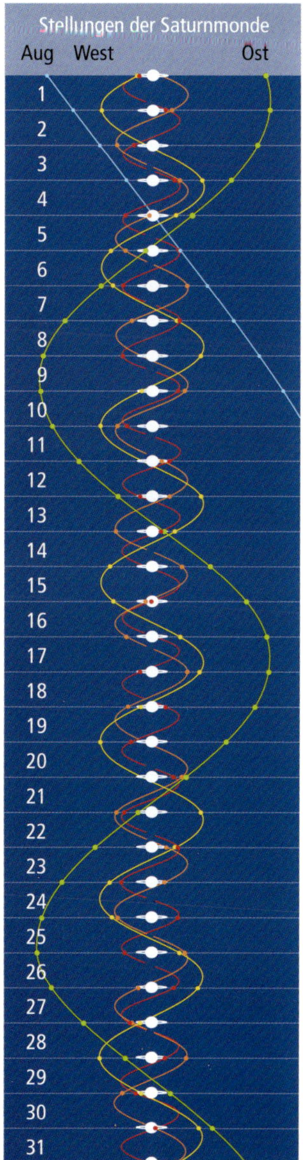

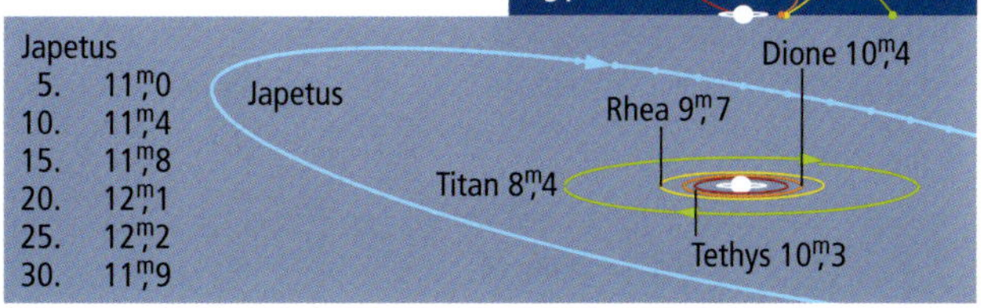

PERIODISCHE STERNSCHNUPPENSTRÖME

Die **PERSEÏDEN** bescheren uns den bekanntesten Sternschnuppenmonat des Jahres. Das Maximum wird in der Nacht vom 12. auf den 13. erwartet. Der Mond (Neumond am 12.8.) beeinträchtigt diesmal die Sichtbarkeit der Meteore nicht, weshalb sich auch lichtschwache Sternschnuppen zeigen. Letzte Perseïden sind noch bis 24. August zu erwarten.

Helle Objekte (um 0^m und heller, sogenannte Feuerkugeln oder Boliden) sind keine Seltenheit. Als schönster und reichster Strom des Jahres bescheren die Perseïden im Maximum in manchen Jahren bis zu hundert Sternschnuppen pro Stunde. Ihren Ursprung führen die Perseïden auf den Kometen 109P/Swift-Tuttle zurück. Die Perseïden-Sternschnuppen sind mit 60 Kilometer pro Sekunde recht schnelle Objekte. Im Volksmund heißen sie auch Laurentius-Tränen nach dem Märtyrer Laurentius (gest. 258 n. Chr.).

Meteore aus dem Gebiet des **ANTIHELION**-Radianten erscheinen aus dem Bereich des Sternbildes Wassermann. So sind in der ersten Monatshälfte noch späte **DELTA-AQUARIIDEN** sowie **ALPHA-CAPRICORNIDEN** zu verfolgen.

Zu erwähnen sind ferner die **KAPPA-CYGNIDEN**, deren bei uns zirkumpolarer Radiant im Sternbild Schwan liegt. Sie sind im gesamten August aktiv. Allerdings sind sie kein besonders reicher Strom.

Zur Zeit des Maximums um den 18. August ist nur mit etwa fünf bis zehn Meteoren pro Stunde zu rechnen. Mit 25 Kilometer pro Sekunde mittlerer Geschwindigkeit zählen die Kappa-Cygniden zu den langsamen Sternschnuppen.

Die Umlaufzeit dieses Stromes beträgt sieben Jahre. Der Ursprungskomet dürfte sich aufgelöst haben.

In den Morgenstunden sind bis Monatsmitte vereinzelt Meteore des schwachen Stromes der **ETA-ERIDANIDEN** zu sehen, deren Maximum um den 8. August zu erwarten ist.

Die letzte Nacht des Monats bringt das Maximum der **AURIGIDEN**. Seit ihrer Entdeckung 1935 gab es wiederholt erhöhte Raten. Zuletzt wurde 2021 eine ZHR (Zenithal Hourly Rate) von fast 80 beobachtet, was Modellrechnungen gut bestätigten. Der Ursprungskomet C/1911 N1 (Kiess) wird erst wieder in mehr als 2000 Jahren in das innere Sonnensystem gelangen. Die Teilchen, die zu den hohen Raten führten, befinden sich aber auf weit engeren Umlaufbahnen als der Komet.

Für 2026 werden keine erhöhten Raten erwartet.

KONSTELLATIONEN UND EREIGNISSE

Datum	MEZ	Ereignis
2.	9^h	Merkur in größter westlicher Elongation (19°)
3.	9	Mond bei Neptun, Mond 4,°9 nördlich
4.	5	**Mond bei Saturn**, Mond 7,°0 nördlich, **Abstand 5,°4 um 0^h**
7.	18	Mond bei Uranus, Mond 5,°5 nördlich
9.	7	**Mond bei Mars**, Mond 4,°4 nördlich, **Abstand 4,°0 um 4^h**
11.	14	**Mond bei Merkur**, Mond 2,°1 nördlich, **Abstand 5,°4 um 4^h**
12.	0	Mond bei Jupiter, Mond 1,°4 nördlich
12.	19	**Totale Sonnenfinsternis** – von Mitteleuropa aus als partielle beobachtbar (siehe Seite 26)
14.	10	Merkur im Perihel
15.	7	**Venus in größter östlicher Elongation** (46°)
15.	10	**Merkur bei Jupiter**, Merkur 0,°6 nördlich, **Abstand 0,°7 um 4^h30^m**
16.	10	Mond bei Venus, Mond 2,°1 südlich
27.	18	Merkur in oberer Konjunktion mit der Sonne
28.	5	**Partielle Mondfinsternis** (siehe Seite 33)
30.	14	Mond bei Neptun, Mond 4,°9 nördlich
31.	9	**Mond bei Saturn**, Mond 7,°0 nördlich, **Abstand 5,°8 um 2^h**

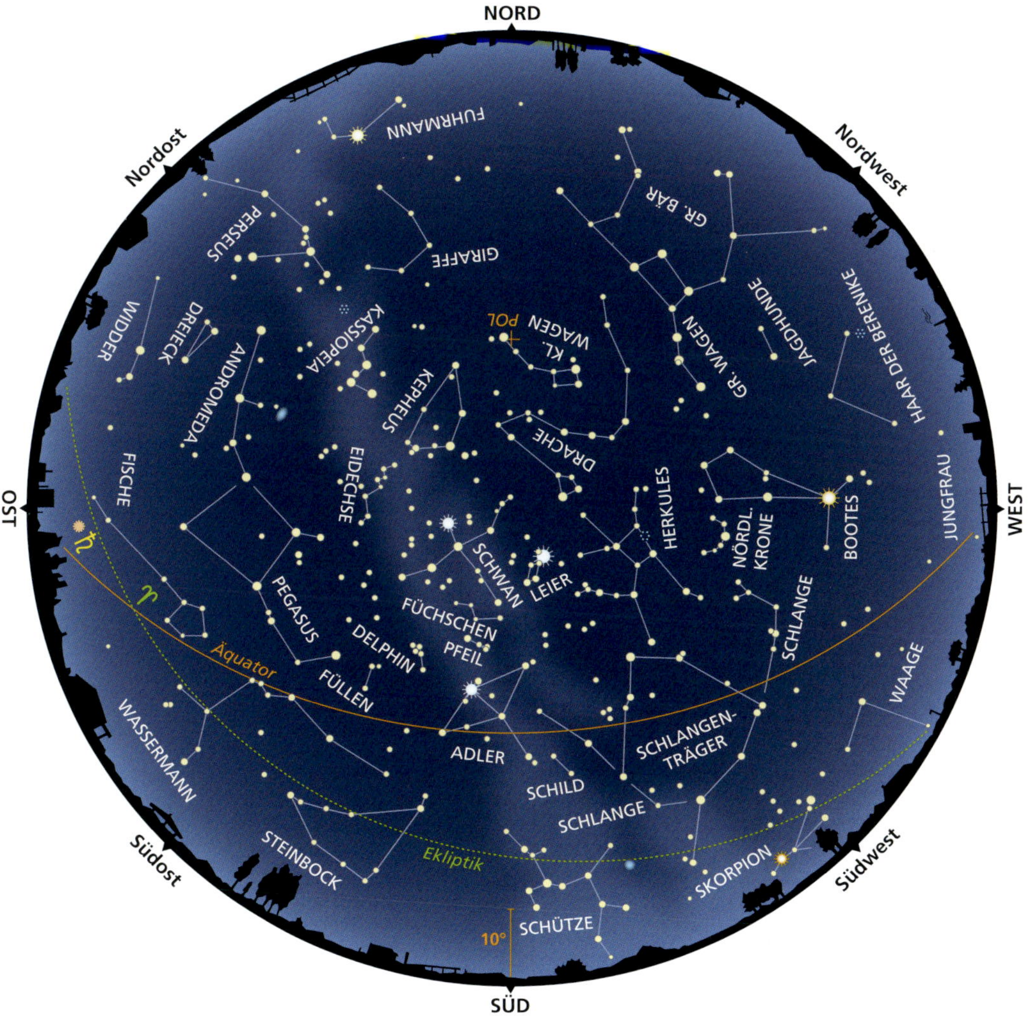

DER STERNENHIMMEL AM 15. AUGUST UM 22^h MEZ

Die Sternkarte ist auch gültig für:

	MEZ	MESZ
15. 6.	2^h	3^h
1. 7.	1	2
15. 7.	0	1
1. 8.	**23**	**24**
15. 8.	**22**	**23**
31. 8.	**21**	**22**
15. 9.	20	21
30. 9.	19	20

Das schimmernde Band der sommerlichen Milchstraße erschließt sich jetzt, wenn man den Sternenhimmel weitab irdischen Lichtsmogs und aufgehelltem Firmament beobachtet. Dieses zart leuchtende Band aus Abertausenden glitzernden Sternen ist ein Naturphänomen, das man in unserer Zeit kaum mehr zu Gesicht bekommt. Um das Phänomen der Milchstraße zu erkennen, muss man auch störendes Mondlicht meiden. Bei wirklich dunklem Himmelshintergrund entfaltet das Lichtband der Galaxis seine volle Pracht. Zur Standardbeobachtungszeit spannt es sich in hohem Bogen über das Firmament. Im Nordosten steigt die Milchstraße empor, von Perseus und Kapella im Fuhrmann ausgehend, zieht sie sich durch Kas-

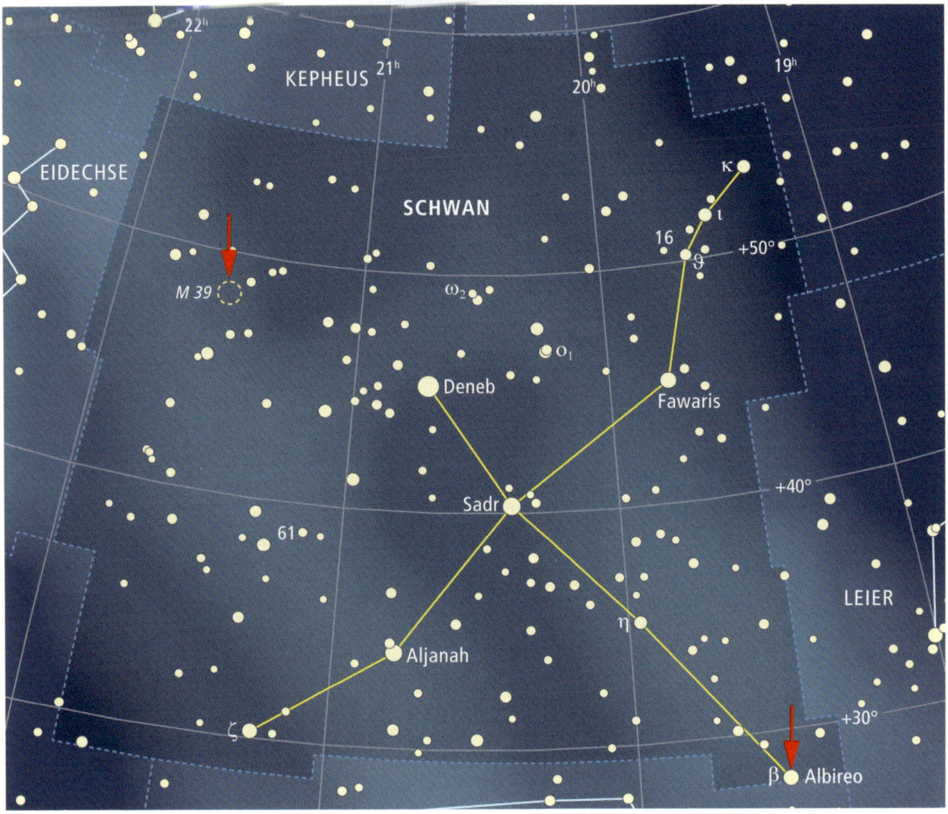

8.11 Skelettkarte des Sternbildes Schwan mit dem Doppelstern β Cygni und dem offenen Sternhaufen M 39.

siopeia, Kepheus und Schwan fast zum Zenit empor, spaltet sich und geht über Adler, Schild und Schütze zum Südwesthorizont hinab. Nur einen winzigen Bruchteil der einige hundert Milliarden Sonnen der Galaxis können wir mit bloßen Augen oder Ferngläsern sehen. Die meisten bleiben hinter einem dichten Vorhang aus Staub und Gas verborgen. Über hunderttausend Jahre lang ist das Licht unterwegs, um einmal die Galaxis zu durchqueren. Sie ist unsere kosmische Heimat. Milliarden anderer Milchstraßensysteme oder Galaxien beherbergt das von uns überschaubare Universum.

Das Sommerdreieck steht nun hoch im Süden. Steil über unseren Köpfen, fast im Zenit, erblickt man die 25 Lichtjahre entfernte Wega in der Leier. Gut zu erkennen ist der kleine Sternenrhombus der Leier sowie der berühmte Vierfachstern $\varepsilon_{1,2}$ Lyrae. Gute Augen sollten $\varepsilon_{1,2}$ Lyrae doppelt, zumindest länglich sehen. Schon ein kleines Fernglas trennt ε Lyrae spielend. Aber erst im Teleskop wird sichtbar, dass beide Komponenten, also ε_1 und ε_2, jeweils doppelt sind. Das System ε Lyrae ist 170 Lichtjahre entfernt.

Neben der Leier breitet der Schwan seine Flügel aus. Markiert wird er durch ein großes Sternenkreuz, zu dem man auch „Kreuz des Nordens" sagt. Man hat sich in dieser Sternenfigur einen Schwan im Flug vorgestellt, wobei Deneb, der hellste Stern, die Schwanzspitze markiert. Deneb, α Cygni nach Johannes Bayers Sternatlas *Uranometria*, kommt aus dem Arabischen und heißt schlicht Schwanz. Mit 2500 Lichtjahren Entfernung ist Deneb der entfernteste aller Sterne 1. Größenklasse.

Am anderen Ende des Längsbalkens vom Sternenkreuz stößt man auf Albireo (β Cygni), den Kopfstern des Schwans. Er liegt etwa im Schwerpunkt des Sommerdreiecks. Albireo ist ein schöner, farbkontrastreicher Doppelstern. Die beiden Albireo-Sonnen sind 395 Lichtjahre von uns entfernt.

Atair, der dritte Stern des Sommerdreiecks, bildet den Hauptstern des Adlers (lat.: Aquila), der sich auf seine Beute stürzt. Der Name stammt aus dem Arabischen und bedeutet so viel wie „fliegender Adler". α Aquilae trägt die Flamsteed-Nr. 53. Mit $0\overset{m}{,}8$ scheinbarer Helligkeit gehört Atair zu den 20 hellsten Fixsternen. Er ist ein weißer Hauptreihenstern der Spektralklasse A7 V. Mit knapp 17 Lichtjahren Entfernung zählt Atair zu den Nachbarsternen unserer Sonne. Atair strahlt fast zehn Mal so hell wie unsere Sonne und hat den eineinhalbfachen Sonnendurchmesser. Die Atair-Sonne rotiert unglaublich schnell: eine Umdrehung dauert nur 6,5 Stunden! Unsere Sonne benötigt dafür etwas mehr als 25 Tage. Infolge der schnellen Rotation ist Atair ein stark abgeplattetes Rotationsellipsoid. Sein Äquatordurchmesser ist fast doppelt so groß wie sein Poldurchmesser.

Ein wenig östlich vom Adler stößt man auf das kleine, aber einprägsame Bild des Delphins.

Knapp nördlich von Atair liegt das kleine und unscheinbare Bild des Pfeils (lat.: Sagitta). Der Pfeil liegt auf der Linie Deneb – Atair, allerdings näher bei Atair. Nur Sterne der 4. Größenklasse und schwächer sind im Pfeil zu finden. Abgesehen davon beherbergt der Pfeil den Kugelsternhaufen M 71, eine Sternengesellschaft in 13 000 Lichtjahren Entfernung.

OBJEKTE FÜR FELDSTECHER UND FERNROHR

Auch unser Nachbar im Weltall, der gute, alte Mond, ist ein interessantes Beobachtungsobjekt für Fernglas und Teleskop. Besonders am Terminator, der Lichtgrenze, kann man die Mondformationen, speziell die Gebirge, Ringwälle und Krater besonders plastisch sehen. Denn hier steht die auf- oder untergehende Sonne tief und die Oberflächendetails werfen lange, schwarze Schlagschatten. Wer zum ersten Mal eine Sternwarte besucht oder bei Bekannten einen Blick durch ein Fernrohr werfen darf, sollte sich unbedingt einmal den Mond zeigen lassen.

Zu den populären Objekten, die bei keiner sommerlichen Führung auf einer Sternwarte fehlen sollten, gehört der Kopfstern des Schwans, β Cygni oder Albireo genannt. Er liegt etwa im Schwerpunkt des Sommerdreiecks und zeigt einen beeindruckenden Farbkontrast. Die $3\overset{m}{,}1$ helle, rötliche Hauptkomponente hat in $34\overset{\prime\prime}{,}5$ Distanz einen $5\overset{m}{,}1$ hellen, bläulich-weißen Begleiter. Jedes gute Fernglas sollte Albireo trennen. Die beiden Albireo-Sonnen sind 395 Lichtjahre entfernt.

Ebenfalls im Fernglas zu trennen ist ν Draconis (Kuma), ein ausgesprochen leichtes Objekt: In $62''$ Abstand stehen zwei weiße, je $4\overset{m}{,}9$ helle Komponenten. ν Draconis ist rund 100 Lichtjahre entfernt.

Schwieriger aufzulösen sind schon ε und η im Drachen. Die 4^m helle Hauptkomponente von ε Draconis hat in $3\overset{\prime\prime}{,}2$ einen 7^m hellen Begleiter. η Draconis wie-

VERÄNDERLICHE STERNE

Algol-Minima		β-Lyrae-Minima		δ-Cephei-Maxima		Mira-Helligkeit	
13.	4^h17^m	7.	3^h H	1.	12^h	1.	8^m
16.	1 06	13.	15 N	6.	21	10.	9
18.	21 55	20.	2 H	12.	6	20.	9
		26.	13 N	17.	15	31.	9
				22.	23		
				28.	8		

derum hat mit 5,″3 Separation einen etwas größeren Abstand, allerdings ist der Begleiter der 3^m hellen Hauptkomponente lediglich 9. Größe.

Wer schon im Bereich des Drachen die Gegend nach Doppelsternen abgrast, kann auch noch den Katzenaugennebel ins Visier nehmen. Seine Katalogbezeichnung lautet NGC 6543. Als Nebel 9. Größenklasse ist er nicht leicht aufzuspüren. Auch in größeren Teleskopen sieht man keine „Katzenaugen". Diesen Eindruck haben lediglich Aufnahmen hervorgerufen, die mit dem Hubble-Weltraumteleskop gewonnen wurden. Die Entfernung von NGC 6543 wird auf 4000 Lichtjahre geschätzt. Der Katzenaugennebel zählt zu den Planetarischen Nebeln. In seinem Zentrum sitzt ein extrem heißer Zentralstern, der die expandierende Gashülle des Nebels durch seine intensive Ultraviolett-Strahlung zum Leuchten anregt.

Das prominenteste Doppelsternsystem am Sommerhimmel ist der Vierfachstern in der Leier, $\varepsilon_{1,2}$ Lyrae mit der Fachbezeichnung. Sehr gute Augen erkennen, dass ε Lyrae länglich erscheint. Schon in jedem kleinen Fernglas sieht man ε_1 und ε_2 Lyr getrennt, beträgt doch ihr Abstand voneinander 209″. Beide Komponenten sind ihrerseits wiederum doppelt, wovon man sich bereits mit einem Dreizöller überzeugen kann, da die Separation von ε_1 immerhin 2,″4 und von ε_2 2,″3 beträgt. Alle vier Sterne gehören dem Spektraltyp A an, leuchten also weiß, und sind 170 Lichtjahre entfernt. Die beiden Sonnen von ε_1 Lyr umkreisen einander in 1800 Jahren, während die Umlaufzeit von ε_2 Lyr mit 720 Jahren erheblich kürzer ist.

Im Schwan stößt man auf den schönen offenen Sternhaufen M 39 (= NGC 7092), der nordöstlich von Deneb (α Cygni) liegt und leicht im Fernglas auszumachen ist. Etwa 25 Sterne mit Helligkeiten von 7^m und schwächer lassen sich beobachten. Mit 900 Lichtjahren Entfernung ist M 39 doppelt so weit weg wie die Plejaden im Stier. Im Fernglas hat man eher den Eindruck eines Sternhaufens. Im Teleskop reicht meist die Größe des Gesichtsfeldes nicht aus, um den

8.12 Aufnahme der Milchstraße im Gebiet des Sternbildes Schütze über dem Kitt Peak Observatory.

NOIRLab

8.13 Das Sternbild Drache (lat.: Draco) mit den Doppelsternen ν Draconis (Kuma), ε Draconis und η Draconis.

gesamten Haufen zu erfassen. Da er nur wenige Sterne verteilt auf die Fläche einer Vollmondscheibe enthält, verliert sich der Eindruck eines Sternhaufens.

Mitten in der sommerlichen Milchstraße liegt das Sternbild Scutum (lat., Schild des Polenkönigs Sobieski). Es bietet eine Fülle interessanter Objekte. Neben dem oft beschriebenen offenen Sternhaufen M 11 ist M 26 zu nennen, ebenfalls ein offener Haufen. M 26 liegt 48′ ostsüdöstlich von δ Scuti ($4{,}^{m}6$ bis $4{,}^{m}8$ var). Sein Durchmesser beträgt etwa ein Drittel des Vollmondes (10′). Seine Koordinaten lauten: $\alpha = 18^{h}45{,}^{m}3$ und $\delta = -9°23'$. Ein Beobachter äußerte einmal seinen Eindruck von M 26 folgendermaßen: „… sieht aus wie eine springende Spinne“. Mit 5200 Lichtjahren Entfernung ist M 26 für einen galaktischen Haufen relativ weit weg. Die Haufensterne sind mit 85 Millionen Jahren relativ jung. Damals liefen in der ausgehenden Kreidezeit auf unserem Planeten noch fröhlich die Riesenechsen, die Dinosaurier, umher.

Im Sternbild Scutum entdeckt man auch zwei Asterismen (Sternfiguren, die kein eigenes Sternbild sind), nämlich den Pfeil (nicht zu verwechseln mit dem gleichnamigen Sternbild) und den Bogen.

Etwa 15′ östlich von δ Scuti stößt man auf den planetarischen Nebel Minkowski 1-59. Mit nur $12{,}^{m}5$ scheinbarer Helligkeit und 5″ scheinbarem Durchmesser ist er nicht leicht zu entdecken. Am besten, man stelle ihn nach Koordinaten mit dem Teleskop ein ($\alpha = 18^{h}43{,}^{m}3$ und $\delta = -9°05'$).

Viel leichter zu finden ist der riesige Ringnebel NGC 7293 im Wassermann, der auch unter den Bezeichnungen Sonnenblumennebel oder Helixnebel bekannt ist. Er erscheint halb so groß im Durchmesser wie der Vollmond – allerdings ist er recht lichtschwach.

Als weiterer Planetarischer Nebel im Wassermann ist NGC 7009 zu nennen, bekannt als Saturnnebel. Denn in größeren Teleskopen zeigt er eine gewisse Ähnlichkeit mit dem Ringplaneten. In kleineren Instrumenten sieht man ein blassgrünliches, ovales Scheibchen von nur $0{,}'6$ Durchmesser. Auch die beiden Kugelsternhaufen M 2 und M 72 liegen im Wassermann. M 2 ist relativ hell und groß (Durchmesser 10′) mit einem deutlichen Kern.

Zu guter Letzt sei noch der Kugelhaufen M 80 im Skorpion erwähnt. Er liegt nordwestlich von Antares, etwa auf der Linie zwischen ρ Ophiuchi und δ Scorpii, ziemlich in der Mitte zwischen diesen beiden Sternen, eine Spur näher an ρ Oph. M 80 ist erheblich lichtschwächer als M 4, ein Kugelhaufen ebenfalls im Skorpion.

Seine Entfernung beträgt 27 000 Lichtjahre. Mit nur 5′ scheinbarem Durchmesser ist M 80 viermal kleiner als M 4. Ihn zu finden, erfordert schon etwas Erfahrung.

Gluthölle Venus

Wenn Venus am Abendhimmel hoch am Westhimmel strahlt, dann sind manche Zeitgenossen so überrascht, dass sie meinen, ein außerirdisches Raumschiff oder sonst ein ungewöhnliches Phänomen zu sehen und nicht schlicht den Abendstern. Nach Sonne und Mond ist Venus das hellste Gestirn am irdischen Firmament. Sie zeigt sich entweder abends nach Sonnenuntergang am Westhimmel oder morgens vor Sonnenaufgang über dem Osthorizont.

Nicht jede Abend- oder Morgensichtbarkeit von Venus fällt in unseren Breiten gleich günstig aus. Im Herbst liegt die abendliche Ekliptik recht flach zum Horizont. Wenn sich außerdem Venus wegen ihrer Bahnneigung zusätzlich noch südlich der Ekliptik befindet, so steht sie in der Abenddämmerung recht horizontnah und bleibt unauffällig. Im Frühjahr hingegen steht die abendliche Ekliptik steil zum Horizont. Der Abendstern steht hoch am Himmel und zieht die Blicke auf sich. Venus erscheint uns so gleißend hell (bis $-4^{m}\!.9$), weil sie uns so nahe wie kein anderer Planet kommen kann. Außerdem reflektiert sie fast 80 % des einfallenden Sonnenlichts. Venus wird nämlich von einem weiß leuchtenden Wolkenschleier eingehüllt, wie es sich für die züchtige Göttin der Liebe gehört.

Schon die ersten Fernrohrbeobachter wie Galileo Galilei, Simon Marius und Thomas Harriot erkannten, dass Venus Lichtgestalten oder Phasen wie der Mond zeigt. Mal erscheint sie halb beleuchtet, mal als schlanke, große Sichel, dann wieder als kleines, fast voll beleuchtetes Scheibchen (siehe Abb. T.1 auf Seite 276). Mehr aber sahen die Beobachter nicht. Im Gegensatz zu Mars oder Jupiter sind selbst in großen Teleskopen keinerlei Strukturen oder Oberflächendetails zu erkennen. Man blickt auf eine blendend helle, weiße, strukturlose Wolkenschicht, die wie ein Schleier den Blick auf die feste Oberfläche der Venus versperrt.

Die Dimensionen der Venus gleichen denen des Erdglobus. Mit 12 104 Kilometer Durchmesser ist der Venusglobus nur wenig kleiner als die Erde. Die Venusmasse entspricht etwa 82 % der Erdmasse. Somit hat unser innerer Nachbarplanet eine mittlere Dichte von 5,3 Gramm pro Kubikzentimeter. Dies ist etwa die gleiche Dichte wie die der Erdkugel.

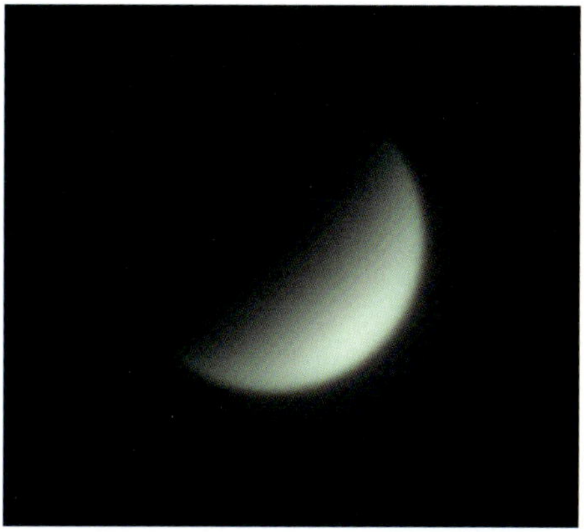
Sven Melchert

8.14 Die Venusaufnahme zeigt eine Sichel. Auf der gleißend hellen Oberfläche sind keine Einzelheiten zu erkennen.

Was man nicht sehen kann, regt die Fantasie an: Wie sieht es auf der Venus aus? Da die Venus der Sonne näher ist, muss es auf ihr wärmer sein als auf der Erde. Die einfallende Sonnenstrahlung liefert pro Flächeneinheit die doppelte Energiemenge wie auf der Erde. Und so vermutete man, dass unter dem Wolkenschleier auf der Venusoberfläche Zustände herrschen wie einst auf der Erde im Mesozoikum. Man fantasierte von Schachtelhalmwäldern und Riesenechsen. Manche spekulierten von der Existenz einer hochentwickelten Zivilisation. Dass Venus tatsächlich einen Wolkenschleier besitzt und man nicht auf eine glattpolierte Billardkugel blickt, hat als erster der russische Universalgelehrte Michail Wassiljewitsch Lomonossow (1711–1765) bei der Beobachtung des Venustransits vom 6. Juni 1761 festgestellt.

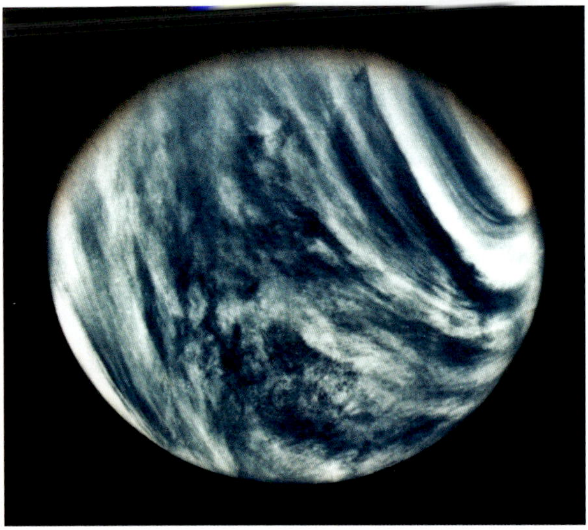

8.15 Ultraviolettaufnahme des Venusglobus von Mariner 10 im Jahr 1974. Sie zeigt von Orkanen langgezogene Wolkenstreifen.

Die Vorstellung von einer Tropenwelt mit reichhaltiger Flora und Fauna erhielt einen gewaltigen Dämpfer, als bereits 1932 spektroskopisch Kohlendioxid (CO_2) in der Venusatmosphäre nachgewiesen wurde. Stickstoff und Sauerstoff lässt sich vom Erdboden aus spektroskopisch nicht ermitteln. Denn bevor das Venuslicht die irdischen Teleskope erreicht, läuft es durch die Erdatmosphäre, in der N_2 und O_2 Hauptbestandteile sind. Modellrechnungen ergaben aber schon damals, dass die Temperatur auf der Venusoberfläche infolge der näheren Sonne und eines erheblichen Treibhauseffektes wohl um die 100 °C betragen müsse. Und das wäre den Venusianern, den Dinosauriern und auch der gesamten Pflanzenwelt doch entschieden zu warm.

Langsame Umdrehung

Ein lange ungelöstes Rätsel blieb die Rotationsdauer der Venus. Während bei Mars die Rotationsdauer schon bald nach Einsatz der ersten Teleskope durch Beobachtung zahlreicher Oberflächendetails ziemlich genau zu 24^h37^m ermittelt wurde, bot die im Sonnenlicht gleißend helle Wolkenschicht der Venus keinerlei Anhaltspunkte, um die Umdrehungsdauer unseres Nachbarplaneten zu bestimmen. Versucht wurde es dennoch immer wieder, sowohl von Profis als auch von Amateuren. Manche meinten, eine Rotationsdauer von 22^h ermittelt zu haben, andere kamen zu dem Ergebnis, Venus besitze wie der Erdmond eine gebundene Rotation (Umdrehungsdauer gleich Umlaufdauer um die Sonne). Damit würde Venus der Sonne immer die gleiche Seite zukehren. Die der Sonne abgewandte Seite läge dagegen im ewigen Dunkel des Universums.

Erst 1967 wurde das Rätsel der Venusrotation mit Hilfe des damals größten Radioteleskops der Welt, dem 300-Meter-Reflektor von Arecibo in Puerto Rico, gelöst. (Inzwischen gibt es dieses Superradioteleskop nicht mehr. Am 11. August 2020 stürzte die Schüssel samt Stützpfeiler und Halteseilen unter gewaltigem Getöse in sich zusammen.)

Man tastete mit Radiosignalen die Venusoberfläche ab. Dabei entdeckte man nicht nur ihre gebirgige Struktur, sondern konnte auch die Umdrehungsdauer des Venusglobus bestimmen. Die Überraschung war groß. Niemand hatte damit gerechnet, dass Venus für eine einzige Umdrehung länger benötigt als für einen Lauf um die Sonne. Venus rotiert in 243 Tagen ein einziges Mal um ihre fast senkrecht stehende Achse. Die Rotation erfolgt dabei *retrograd*, also im Uhrzeigersinn, und somit *entgegengesetzt* dem allgemeinen Drehsinn im Sonnensystem. Ihre Rotationsachse ist nur um knapp 3° zur Senkrechten auf der Umlaufebene geneigt. Somit gibt es auch keine Jahreszeiten auf der Venus. Das nördliche Ende der Venusrotationsachse zeigt dabei auf einen Punkt im Sternbild Drache ein wenig östlich von ω Draconis (siehe Tabelle „Venus in Zahlen" auf Seite 193).

Aus der siderischen Rotationszeit von 243 Tagen (= ein Sterntag auf Venus) und einer Umlaufzeit von 225 Tagen für eine volle Sonnenumkreisung folgt die Länge eines Sonnentages zu 117 irdischen Tagen. Alle 117 Tage wird es für einen ortsfesten Beobachter auf der Venus wieder hell. Einen Sonnenaufgang gibt es nicht, denn der Wolkenschleier versperrt den Blick zur Sonne.

Die Ursache für die langsame Rotation der Venuskugel ist ein Resonanzeffekt: Fünf Sonnentage auf Venus entsprechen ziemlich genau der Länge einer synodischen Rotation (5 × 116,78 = 583,92 Tage). Zwischen zwei unteren Konjunktionen vollführt die Venus genau fünf synodische Rotationen. Daraus folgt: In unterer Konjunktion kehrt die Venus der Erde stets dieselbe Seite zu. Abweichungen von der exakten Kugelgestalt wie gewaltige Gebirgsmassive bewirken im Laufe von Milliarden Jahren die Abbremsung der Venusrotation durch Gezeitenkräfte.

Erforschung durch Raumsonden

Wie die Verhältnisse auf Venus wirklich sind, haben erst die Beobachtungen und Messungen von Raumsonden erkennen lassen, die unseren inneren Nachbarplaneten inzwischen besucht haben. Zahlreiche irdische Späher flogen knapp an Venus vorbei, umkreisten den verschleierten Planeten oder landeten auf der Oberfläche. So passierte Mariner 2 im Dezember 1962 Venus in 35 000 Kilometer Abstand. Noch näher kam die Sonde Mariner 5, als sie im Jahre 1967 in nur 3940 Kilometer Distanz am Wolkenschleier der Venus vorbeiraste.

Die erste erfolgreiche weiche Landung auf der Venusoberfläche gelang der sowjetischen Raumsonde Venera 7 im Jahr 1970, nachdem die Venera-Vorgängersonden bereits beim Eindringen in die Venusatmosphäre zerstört wurden. Niemand wusste damals etwas von den höllischen Zuständen in der Welt der Venus. Venera 7 funkte 23 Minuten lang und meldete die Temperatur am Grunde des „Gasozeans“ von 475 °C bei einem Druck von 90 Atmosphären (= 9,12 MPa). Dies entspricht dem Druck in 900 Meter Meerestiefe.

Weitere erfolgreiche sowjetische Venussonden waren Venera 8 (1972; zweite weiche Landung, 50 Minuten Datenübertragung) bis Venera 15 (1983 im Oktober, Venus-Orbiter mit Radarabtastung der Oberfläche) und Vega 2, eine Venussonde, die Ballonsonden in die Venusatmosphäre absetzte.

Im Jahre 1978 folgten die beiden Pioneer-Venus-Sonden 1 und 2, die bis 1992 als künstliche Monde Venus umkreisten. Pioneer-Venus 2 sandte vier Sonden in die Atmosphäre, die hart auf der Oberfläche aufschlugen. Schließlich verglühten die beiden Pioneer-Venus-Sonden in der Venusatmosphäre.

Eine der erfolgreichsten Venussonden, die amerikanische Mission Magellan, kam im August 1990 bei unserem Schwesterplaneten an und schwenkte in eine Umlaufbahn ein. Bis 1994 tastete der Venusorbiter Magellan mit einem Radarstrahl, der durch den Venusschleier drang, den Venusglobus ab. Diese Sonde lieferte eine topografische Karte fast der gesamten Venusoberfläche mit 120 Meter Auflösung. Teilweise verwirrende und bizarre Formen wurden entdeckt. Riesige Vulkane, ausgedehnte Calderen,

8.16 Aufnahme der Venusoberfläche von Venera 9 am 22. Oktober 1975.

lange, gewundene Lavakanäle, gewaltige Gebirgsmassive und Hochländer sowie Einschlagkrater registrierte Magellan. Das Maxwell-Gebirge ist mit elf Kilometer die höchste Erhebung über Normalnull, das von einer Referenzkugeloberfläche mit 6052 Kilometer Radius definiert ist. Auffällig sind auch geologische Formationen, wie sie auf der Erde nicht existieren, etwa die „Koronen", kreisförmige, kuppelartige Erhebungen, und die Arachniden, Krustenaufwölbungen mit zahlreichen, netzartig verlaufenden Rissen, die an Spinnweben erinnern. Die Bezeichnung stammt von dem griechischen Wort Arachne (η αραχνη) für Spinne. Die sogenannten Tesserae wiederum sind kachelartige Verwerfungen, die teilweise rechtwinkelig sich schneidende Rillen bilden und daher an gekachelte Badezimmerböden erinnern.

Die Landschaften voll pechschwarzer Lava sind in ein düsteres, rötliches Licht getaucht. Die vergleichsweise geringe Zahl meteoritischer Einschlagkrater deutet auf ein geringes Alter der Venusoberfläche hin. Man schätzt das Alter auf rund 600 Millionen Jahre. Im Übrigen sind nur große Impaktkrater vorhanden. Krater unter drei Kilometern Durchmesser fehlen völlig. Der Grund liegt in der hohen Dichte der Atmosphäre, die kleinere Meteoroide beim Eindringen verdampfen lässt. Nur größere Impaktkörper gelangen bis zur Oberfläche. Magellan wurde schließlich 1994 gezielt zum Absturz gebracht.

Die japanische Venussonde Akatsuki, die Morgenröte, schwenkte im Dezember 2015 in eine langgestreckte Umlaufbahn um den Venusglobus ein. Im Periaphroditikum (venusnächster Bahnpunkt) kommt sie der Venus bis auf 400 Kilometer nahe, während sie sich im Apoaphroditikum (venusfernster Bahnpunkt) von Venus bis auf 440 000 Kilometer entfernt. Fünf Kameras erlauben es, Aufnahmen in fast allen Spektralbereichen zu gewinnen – vom Ultravioletten über den sichtbaren Bereich bis zum nahen Infrarot. Während im sichtbaren Licht die geschlossene Wolkendecke strukturlos erscheint, sind vor allem im UV-Bereich, aber auch im Infrarotlicht, die stürmischen Vorgänge in der

8.17 Topografische Karte der Venusoberfläche, gewonnen vom Venusorbiter Magellan in den Jahren 1990 bis 1994

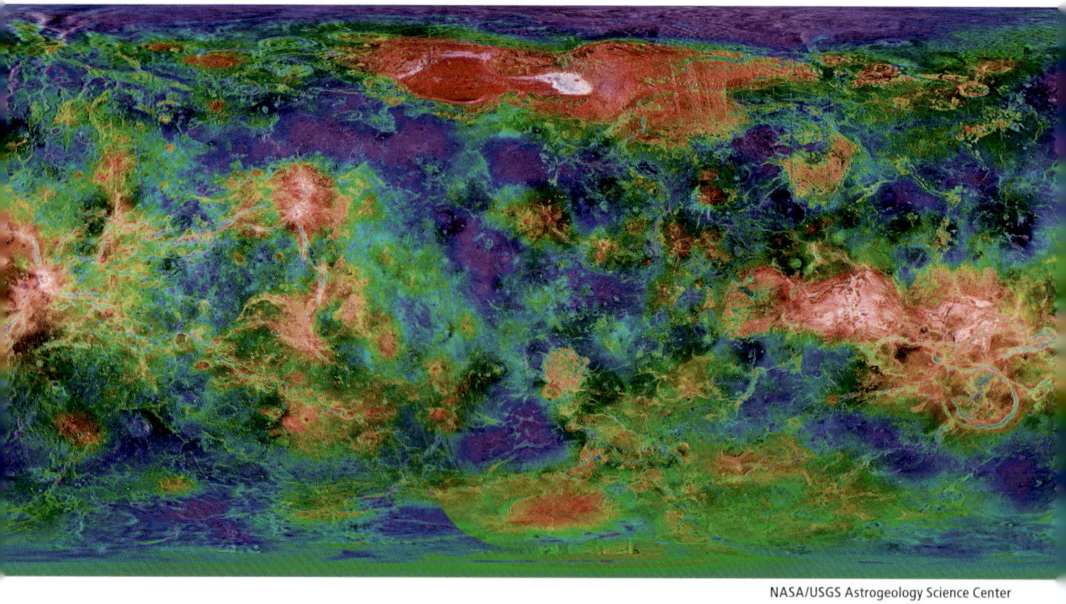

NASA/USGS Astrogeology Science Center

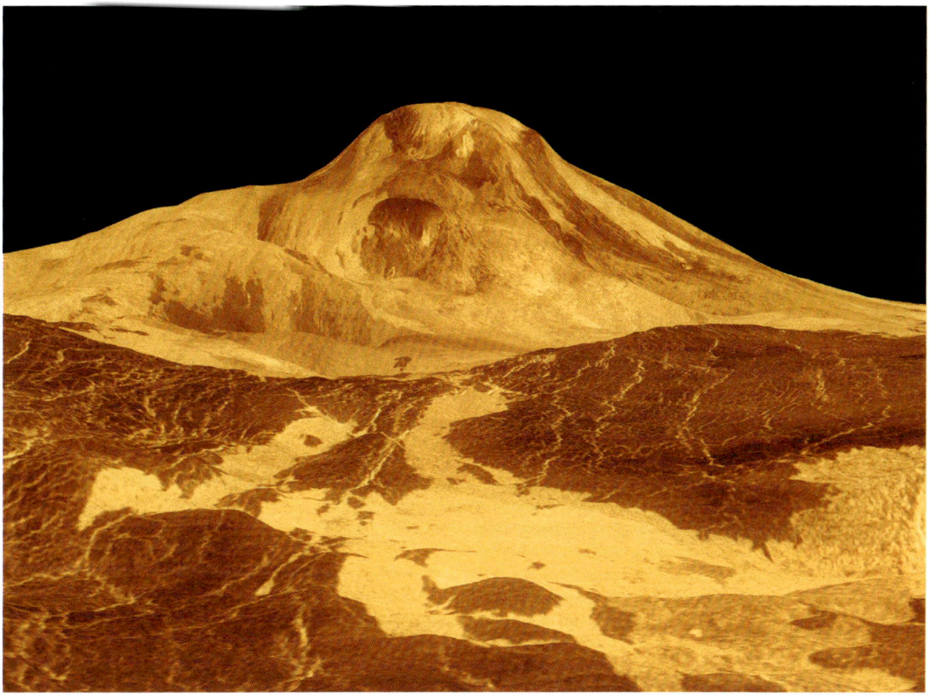

NASA/JPL

8.18 **Die gebirgige Struktur der Venusoberfläche – Maat Mons ist der höchste Vulkan des Planeten.**

Venusatmosphäre zu erkennen. Die Wolken zeigen langgezogene Bänder, wie sie nur bei hohen Windgeschwindigkeiten auftreten.

Analyse der Atmosphäre

Während Magellan die Venusoberfläche kartografierte, hat die europäische Raumfahrtmission **V**enus **Ex**press (VEX) die Venusatmosphäre gründlich untersucht. Der VEX-Orbiter kurvte in einer langgestreckten Ellipse um die Venus. VEX startete am 9. November 2005 zur Venus und schwenkte im April 2006 in eine elliptische Umlaufbahn um unseren Nachbarplaneten ein. Die geringste Entfernung von der Venusoberfläche betrug dabei 250 Kilometer. Im venusfernsten Punkt trennten VEX 60 000 Kilometer von unserem Nachbarplaneten. Zunächst war eine Missionsdauer von zwei Jahren vorgesehen, doch VEX lieferte neun Jahre lang wertvolle Daten und Bilder zur Erde, bis sie im Dezember 2014 in der Venusatmosphäre verglühte.

Die Venusatmosphäre setzt sich zum allergrößten Teil, nämlich zu 96,5 % aus Kohlendioxid (CO_2) zusammen. Molekularer Stickstoff (N_2) ist zu 3,5 % Bestandteil der Venusluft. Ferner sind Spuren der Edelgase Argon (0,007 %), Helium, Neon und Krypton vorhanden. Ebenfalls kommen in minimalen Mengen Schwefeldioxid (SO_2), und Salzsäure (HCl), Kohlenmonoxid (CO), molekularer Sauerstoff (O_2) sowie Wasserdampf vor. In höheren Atmosphärenschichten wurden auch, ebenfalls nur in Spuren, Chlorine (CCl_4, ClF_2 Cl_2) nachgewiesen.

Während im sichtbaren Licht die Wolkendecke strukturlos erscheint, zeigen sich auf Aufnahmen im UV-Licht und im Infraroten langgestreckte, äquatorparallele Wolkenbänder und Streifen. Sie sind das sichtbare Zeichen für

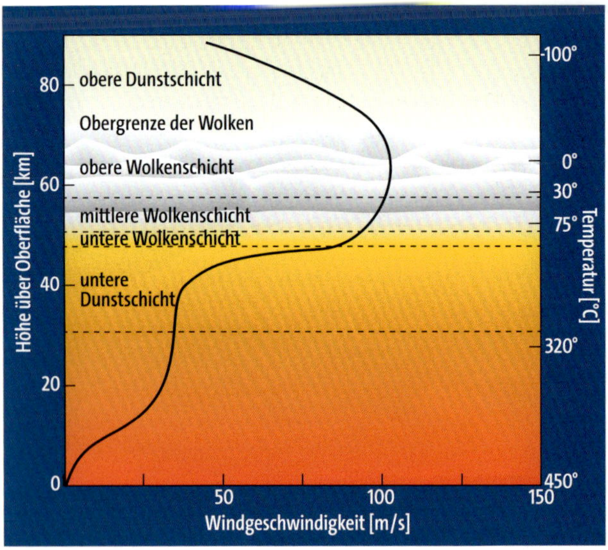

8.19 **Aufbau der Venusatmosphäre**

Der Luftdruck am Venusboden misst 91 Atmosphären. Am tiefsten Punkt wurden 117 Atmosphären (= 119 000 hPa) bei einer Temperatur von 493 °C gemessen. Manche Stellen sind noch heißer. Neun sogenannte „Hot Spots“ (engl., heiße Flecken) mit Temperaturen über 500 °C wurden registriert. Sie lassen vermuten, dass der Venusvulkanismus noch nicht völlig erloschen ist. Auch wurde eine Stelle entdeckt, die sich kurzfristig auf 830 °C aufheizte und nach wenigen Monaten wieder auf 510 °C abkühlte, ein deutlicher Hinweis auf vulkanische Aktivität. Die generell hohen Temperaturen sind eine Folge der Sonnennähe von Venus und des extremen Treibhauseffektes der dichten Kohlendioxid-Atmosphäre. Ähnlich wie auf der Erde lässt die Venusatmosphäre hauptsächlich drei Schichten unterscheiden. Die Troposphäre reicht vom Venusboden bis in 65 Kilometer Höhe. Darüber liegt die Stratosphäre, die bis 95 Kilometer Höhe geht. Die Mesopause grenzt sie gegen die oberste Schicht ab, die Thermosphäre oder Exosphäre, die allmählich in das interplanetare Plasma übergeht.

Die Wolkenschichten liegen zwischen 45 und 70 Kilometer über der Venusoberfläche. Unterhalb der Wolkenschicht erstreckt sich zwischen 35 und 45 Kilometer Höhe eine dunstartige Zone. Die Wolken werden von kugelförmigen Schwefelsäuretröpfchen gebildet sowie von chlor- und phosphorhaltigen Aerosolen. Die Schwefelsäuretröpfchen sinken langsam ab, verdunsten aber noch, bevor sie die feste Oberfläche erreichen.

Der atmosphärische Temperaturgradient, also die Abnahme der Temperatur mit steigender Höhe, liegt bei 8 °C pro Kilometer. Auf den Maxwell-Bergen, die mit knapp elf Kilometer höchste Erhebung, beträgt die Temperatur nur

orkanartige Stürme, die in vier Tagen die Wolken um den Venusglobus jagen. Deshalb meinten einige, als die ersten Wolkenbilder vorlagen, Venus rotiere in vier Tagen um die eigene Achse. Doch diese Zeitspanne bezieht sich lediglich auf die Zirkulation der höheren Atmosphärenschichten.

In 100 Kilometer Höhe herrscht ein orkanartiger Sturm von 360 Kilometer pro Stunde, während auf der Oberfläche fast Windstille herrscht. Lediglich ein langsamer Wind von einigen Metern pro Sekunde weht hier (etwa zehn bis 20 Kilometer pro Stunde). Allerdings würde der Druck dieses „Lüftchens“ wegen der hohen Dichte ausreichen, einen Astronauten umzuwerfen.

Auf der gesamten Venusoberfläche herrscht eine hohe Temperatur von im Mittel 475 °C – sowohl in der Äquatorzone als auch in den Polregionen. Auch in der 58 Tage dauernden Venusnacht sinkt die Temperatur kaum ab. Der dichte Wolkenschleier wirkt wie eine Wärmedecke und verhindert eine Abstrahlung der Wärme in das Weltall.

noch 380 °C. Mitten im Wolkenschleier ist es mit 30 °C gemütlich warm. In 60 Kilometer Höhe sinkt die Temperatur unter 0 °C. Das Minimum wird bei 120 Höhenkilometern mit −120 °C erreicht. Von da ab steigt die Temperatur wieder an – ähnlich wie in der irdischen Ionosphäre – und erreicht in 1000 Kilometer Höhe schließlich 700 °C. In diesem Bereich wechselwirken ionisierte Atmosphärengase mit den Partikeln des Sonnenwindes. Es entstehen elektrische Ströme, die wiederum Magnetfelder induzieren.

Im subsolaren Bereich in der Äquatorzone, also dort, wo die Sonne im beziehungsweise nahe dem Zenit steht, erfolgt die stärkste Sonneneinstrahlung. Infolge der extrem langsamen Rotation heizt sich die Atmosphäre im wahren Mittag am stärksten auf. Es bilden sich Gaszellen mit zirkulierenden Strömungen, die nach Norden und Süden wandern, sich aber auch parallel zum Äquator bewegen. Diese konvektiven Strömungszellen verteilen die empfangene Sonnenenergie weg von der subsolaren Zone über den gesamten Venusglobus.

War Venus einst ein Wasserplanet?

Ursprünglich, zum Anfang unseres Sonnensystems vor 4,6 Milliarden Jahren, hatten Venus und Erde vermutlich die gleichen Startbedingungen. Wie kommt es nun, dass sich Venus zu einer Gluthölle entwickelte, die Erde aber nicht? Da die Venus doppelte Sonnenenergie durch Strahlung erhält wie die Erde, wurde die ursprüngliche Atmosphäre mit reichlich Wasserdampf verändert. Die Wasserdampfmoleküle wurden durch die UV-Strahlung der Sonne zerlegt. H_2 diffundierte ins Weltall und O vereinigte sich mit CO (Kohlenmonoxid) zu CO_2 (Kohlendioxid). Die Atmosphäre reicherte sich zu über 96 % mit Kohlendioxid an, was zu einem enormen Treibhauseffekt führte und die hohen Temperaturen auf der Venusoberfläche erklärt.

Heiß diskutiert wird die Frage, ob Venus einst von einem Ozean aus Wasser bedeckt wurde. In der Frühphase des Sonnensystems hatte die Sonne nur 70 % der heutigen Strahlungsleistung. Damals kreiste Venus am inneren Rand der Ökosphäre um die Sonne. Dies ist jener Bereich um einen Stern, in dem flüssiges Wasser auf einer Planetenoberfläche existieren kann. Am inneren Rand wird Wasser verdampft und kommt nicht in flüssiger Form vor. Den äußeren Rand bildet die Eisgrenze. Die Ränder sind freilich nicht scharf, hinzu kommen die individuellen Eigenschaften der Planeten – ob bereits erkaltet oder von internen Wärmequellen erhitzt bzw. am inneren Rand schon durch eigene Wärme zu heiß für flüssiges Wasser. Infolge der zunehmenden Strahlungsleistung der Sonne wandert die Ökosphäre (auch „habitable Zone“ genannt) unseres Planetensystems langsam aber stetig nach außen. So läuft Venus inzwischen innerhalb der unsrigen habitablen Zone.

Neue Sonden zur Venus!

Um dies und noch weitere offene Fragen zum Aufbau und der Entwicklungsgeschichte der Venus zu erforschen, sind zwei weitere Raumflugmissionen geplant:

VERITAS (lat., Wahrheit) ist ein NASA-Projekt. Veritas steht für die etwas sperrige Bezeichnung „**V**enus **E**missivity, **R**adio Science, **I**nSAR, **T**opography, **a**nd **S**pectroscopy“. Die Sonde soll hauptsächlich die chemische Zusammensetzung der Venusatmosphäre untersuchen. VISAR ist ein Radio-Interferometer (Single-Pass-Radar) und arbeitet im X-Band bei 3 cm Wellenlänge. Bei 3 cm Wellenlänge wird die geringste Absorption in der dichten Venusatmosphäre erwartet.

Das neuzeitliche Interferometer soll eine wesentlich höhere Auflösung erreichen als Magellan lieferte. Die Abtastung erfolgt aus einem polaren Venusorbit 220 km über der festen Oberfläche. Mit Hilfe der polaren Umlaufbahn soll die gesamte Venusoberfläche erfasst werden.

Parallel zum VISAR kommt zusätzlich der VEM (Venus Emissivity Mapper) zur genaueren Abtastung der Oberfläche, insbesondere der Temperaturen, zum Einsatz. Dabei soll auch nach noch aktiven Vulkanen gesucht werden. Als Starttermin ist das Jahr 2031 vorgesehen.

Die ESA-Sonde EnVISION soll Ende 2031 gestartet werden und im Jahre 2034 in einen Venus-

NASA/GSFC

8.20 Die DAVINCI-Sonde der NASA soll an einem Fallschirm in die Venusatmosphäre eintauchen.

orbit einschwenken. Außer der Kartierung der gebirgigen Oberfläche durch Abtastung mittels zweier Radaranlagen soll die Atmosphäre mit verschiedenen Spektrometern analysiert werden. Neben rund 97 % Kohlendioxid werden Spuren von Stickstoff und Argon erwartet. Vermutet werden in der 70 Kilometer hohen Wolkendecke Aerosole von festen Schwefelpartikeln sowie von feinen Schwefelsäuretröpfchen. Bevor sie beim Abregnen die feste Oberfläche erreichen, verdampfen diese in den tieferen und heißeren Luftschichten.

Neben verschiedenen Spektrometern ist auch ein Instrument an Bord, das einen Blick unter die Venusoberfläche ermöglicht, nämlich das SRS (Subsurface Radar Sounder), eine Dipolantenne, die unterirdische Einschlagkrater und Lavaströme entdecken kann.

Mit DAVINCI (**D**eep **A**tmosphere **V**enus **I**nvestigation of **N**oble gases, **C**hemistry, and **I**maging) ist eine weitere amerikanische Venusmission geplant, die 2034 in eine Venusumlaufbahn einschwenken soll und aus einem Orbiter und einer Atmosphärensonde besteht. Diese wird in die Venusatmospäre eintauchen und bei ihrem Abstieg die chemischen Bestandteile analysieren. Ferner ist vorgesehen, Aufnahmen der festen Oberfläche mit DAVINCI zu gewinnen.

Das Interesse an der Venusforschung ist neu entfacht, nachdem man erdgroße Exoplaneten in den habitablen Zonen ihrer Muttersterne entdeckt hat. Man möchte wissen, ob Zustande wie auf der Venus – also Gluthöllen – häufig auftreten. Das würde Leben ausschließen. Aber vielleicht kommen erdgroße Exoplaneten mit flüssigem Wasser öfter vor und bieten geeignete Bedingungen für biologische Substanzen. Dies zählt zu den spannendsten Forschungsaufgaben in den nächsten Jahrzehnten.

Venus in Zahlen

Bahndaten	**Mio. km**	**AE**	**Lichtlaufzeit in Minuten**
Mittlere Entfernung von der Sonne:	108,2	0,723	6,01
Kleinste Entfernung von der Sonne:	107,5	0,719	5,97
Größte Entfernung von der Sonne:	108,9	0,728	6,05
Kleinste Entfernung von der Erde:	38,9	0,260	2,13
Größte Entfernung von der Erde:	260,9	1,744	14,49

Mittlere Umlaufzeit (Siderische Revolution):	$224^{\mathrm{d}}{,}7$
Synodische Periode (Zeit zwischen zwei unteren Konjunktionen):	$583^{\mathrm{d}}{,}92$
Numerische Exzentrizität:	$e = 0{,}0068$
Bahnneigung zur Ekliptik	$i = 3°23'40''$
Mittlere Bahngeschwindigkeit:	$v = 35{,}0$ km/s

Photometrische Daten

Scheinbare Helligkeit:	$-3^{\mathrm{m}}{,}8$ bis $-4^{\mathrm{m}}{,}9$
Albedo (Rückstrahlungsvermögen):	76 %
Farbindices:	$B–V = 0^{\mathrm{m}}{,}82$ / $U–B = 0^{\mathrm{m}}{,}50$
Scheinbarer Durchmesser:	
in oberer Konjunktion:	10″ (minimal)
in unterer Konjunktion:	63″ (maximal)

Physische Daten

		Venus / Erde
Durchmesser:	12 104 km	0,950
Abplattung:	0	
Masse:	$4{,}87 \times 10^{24}$ kg	0,815
Mittlere Dichte:	$5{,}25$ g/cm^3	0,96
Schwerebeschleunigung an der Oberfläche:	$8{,}87$ m/s^2	0,91
Entweichgeschwindigkeit:	10,36 km/s	0,93
		Erde
Siderische Rotationsdauer („Sterntag"):	$-243^{\mathrm{d}}{,}0185$	$0^{\mathrm{d}}{,}993$
Synodische Rotationsdauer („Sonnentag"):	$116^{\mathrm{d}}{,}78$	$1^{\mathrm{d}}{,}000$
Neigung der Rotationsachse zur Senkrechten auf der Bahnebene:	177°21′36″	23°26′21″
Himmelsnordpol (2016.0):	$\alpha = 18^{\mathrm{h}}11^{\mathrm{m}}02^{\mathrm{s}}$	-- -- --
	$\delta = +67°09'{,}6$	90°00′

Atmosphäre

Mittlere Oberflächentemperatur:	475 °C
Maximal gemessene Temperatur:	510 °C
Temperaturgradient:	8°/km (Höhe)
Mittlerer Gasdruck an der Oberfläche:	91 atm
Maximaler gemessener Druck:	117 atm
Windgeschwindigkeit am Boden:	bis 20 km/h
In 100 km Höhe:	360 km/h

Chemische Zusammensetzung

Kohlendioxid (CO_2)	96,5 %
Stickstoff (N_2)	3,5 %
Argon (Ar)	0,007 %

Spuren von Schwefeldioxid (SO_2), Salzsäure (HCl), Kohlenmonoxid (CO), Sauerstoff (O_2), Wasserdampf (H_2O), Chlorinen (CCl_4, ClF_2, Cl_2)

Troposphäre:	0 bis 65 km
Stratosphäre:	65 bis 95 km
Wolkenschichten:	45 bis 70 km
Dunstschicht mit Aerosolen:	35 bis 45 km
Ionosphäre:	95 bis über 1000 km

September 2026

- Am 23. tritt um 1^h05^m MEZ die Herbst-Tagundnachtgleiche ein.
- Venus strahlt am 19. in maximalem Glanz am Abendhimmel ($-4{,}^m8$).
- Mars ist Planet am Morgenhimmel. Auch Jupiter ist Planet am Morgenhimmel.
- Saturn erscheint immer früher am Abendhimmel.
- Merkur bleibt unsichtbar.

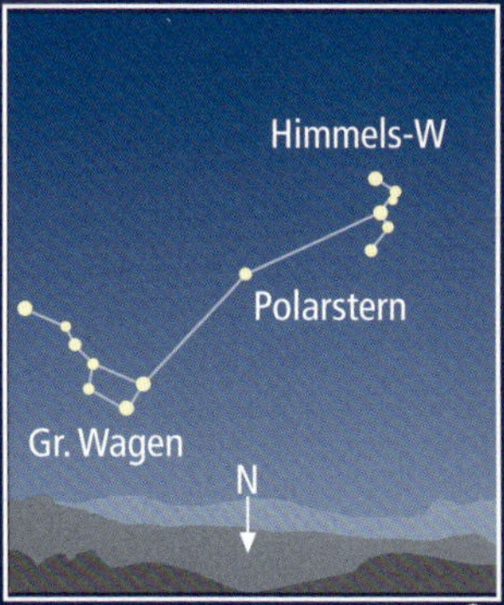

Großer Wagen und Himmels-W Anfang September um 22 Uhr MEZ

9.1 Anblick des Osthimmels am 9. September gegen 4^h MEZ (= 5^h MESZ). Mars hält sich mitten in den Zwillingen auf. Zu Jupiter im Krebs gesellt sich die abnehmende Mondsichel.

1	Di	
2	Mi	
3	Do	
4	Fr	Letztes Viertel
5	Sa	Mond bei Alnath
6	So	
7	Mo	Mond bei Mars und Pollux – morgens
8	Di	
9	Mi	Mond bei Jupiter – morgens
10	Do	
11	Fr	**Neumond**
12	Sa	
13	So	
14	Mo	Mond bei Venus – abends
15	Di	
16	Mi	
17	Do	Mond bei Antares – abends
18	Fr	Erstes Viertel
19	Sa	Venus in maximalem Glanz – abends
20	So	
21	Mo	
22	Di	
23	Mi	Herbstbeginn
24	Do	
25	Fr	
26	Sa	**Vollmond** Neptun in Opposition
27	So	
28	Mo	
29	Di	
30	Mi	

SONNE – STERNBILDER

17.9. 4h:
Sonne tritt in das Sternbild Jungfrau

23.9. 1h05m:
Sonne tritt in das Tierkreiszeichen Waage

Julianisches Datum am
1. September, 1h MEZ: 2 461 284,5

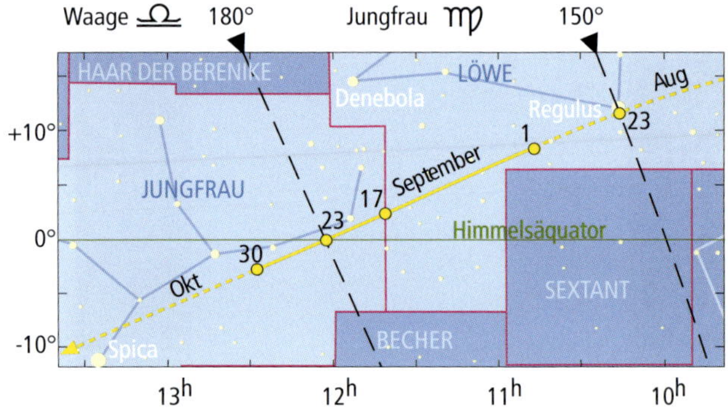

SONNENLAUF

Tag	Dämmerg. Anfang	Aufgang MEZ	Kulmination	Untergang MEZ	Dämmerg. Ende	Mittagshöhe	Zeitgleichg.	Rektaszension	Deklination
	h m	h m	h m	h m	h m	°	m	h m	°
1.	4 20	5 35	12 20	19 04	20 19	48,2	0	10 39	+8,5
5.	4 27	5 41	12 19	18 56	20 09	46,7	+ 1	10 54	+7,0
10.	4 36	5 48	12 17	18 45	19 57	44,8	+ 3	11 12	+5,2
15.	4 44	5 56	12 15	18 34	19 45	42,9	+ 5	11 30	+3,3
20.	4 52	6 03	12 13	18 23	19 33	41,0	+ 7	11 48	+1,3
25.	5 00	6 11	12 12	18 12	19 22	39,0	+ 8	12 06	−0,6
30.	5 08	6 18	12 10	18 01	19 10	37,1	+10	12 24	−2,6

TAGES- UND NACHTSTUNDEN

5. September

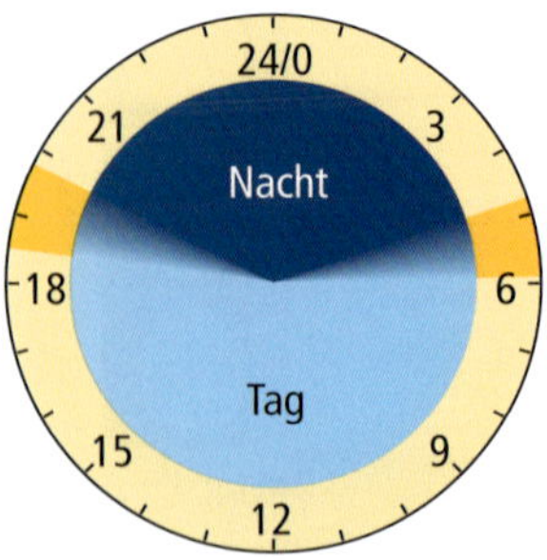

15. September

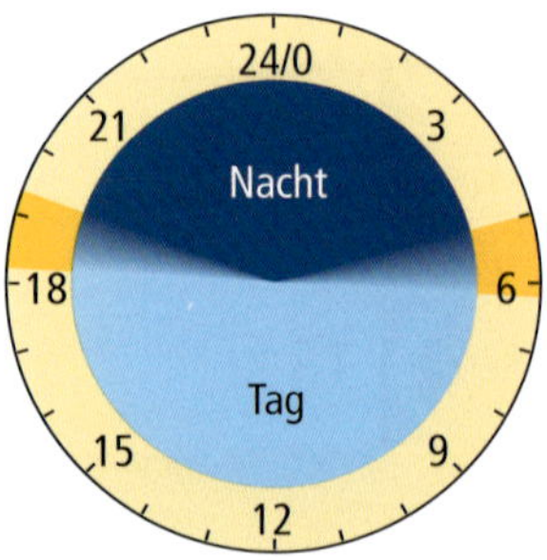

25. September

MONDLAUF

Datum		Aufg. MEZ	Kulmination	Unterg. MEZ	Rektaszension	Deklination	Sterne und Sternbilder	Phase	MEZ
		h m	h m	h m	h m	°			
Di	1.	20 14	3 11	10 46	1 26	+13,7	Fische		
Mi	2.	20 39	4 02	12 10	2 19	+19,1	Widder, Hamal		
Do	3.	21 13	4 58	13 34	3 15	+23,5	Stier, Plejaden	Größte Nordbreite	
Fr	4.	22 01	5 57	14 53	4 16	+26,6	Stier, Plejaden	**Letztes Viertel**	**$8^h 51^m$**
Sa	5.	23 07	7 00	15 58	5 19	+28,0	Stier, Alnath		
So	6.	–	8 03	16 47	6 24	+27,6	Zwillinge	Erdnähe 368/32′,4	22^h
Mo	7.	0 26	9 03	17 22	7 27	+25,4	* Kastor, Pollux		
Di	8.	1 53	10 01	17 47	8 27	+21,5	* Krebs, Krippe		
Mi	9.	3 20	10 53	18 06	9 24	+16,4	Löwe	Absteigender Knoten	
Do	10.	4 45	11 42	18 22	10 16	+10,5	Löwe, Regulus		
Fr	11.	6 06	12 29	18 36	11 06	+ 4,1	Löwe	**Neumond Nr. 1283**	**$4^h 27^m$**
Sa	12.	7 24	13 14	18 50	11 55	– 2,3	Jungfrau	Libration West	
So	13.	8 41	13 59	19 04	12 42	– 8,5	Jungfrau		
Mo	14.	9 58	14 45	19 21	13 30	–14,1	* Spica		
Di	15.	11 13	15 32	19 42	14 19	–19,1	Jungfrau		
Mi	16.	12 27	16 21	20 09	15 09	–23,0	Waage	Größte Südbreite	
Do	17.	13 35	17 12	20 45	16 01	–25,9	* Antares		
Fr	18.	14 34	18 03	21 32	16 54	–27,6	Antares	**Erstes Viertel**	**$21^h 44^m$**
Sa	19.	15 22	18 54	22 29	17 47	–28,0	Schütze	Erdferne 404/29′,6	4^h
So	20.	15 59	19 45	23 36	18 41	–27,1	Schütze, Nunki		
Mo	21.	16 27	20 33	–	19 33	–25,0	Schütze		
Di	22.	16 49	21 20	0 47	20 24	–21,7	Steinbock		
Mi	23.	17 06	22 05	2 02	21 13	–17,5	Steinbock		
Do	24.	17 21	22 49	3 16	22 00	–12,3	Wassermann	Aufsteigender Knoten	
Fr	25.	17 34	23 33	4 32	22 47	– 6,6	Wassermann	Libration Ost	
Sa	26.	17 48	–	5 48	23 34	– 0,5	Fische	**Vollmond**	**$17^h 49^m$**
So	27.	18 03	0 19	7 07	0 22	+ 5,8	Fische		
Mo	28.	18 20	1 06	8 29	1 12	+12,0	Fische		
Di	29.	18 43	1 57	9 54	2 05	+17,7	* Widder, Hamal		
Mi	30.	19 15	2 52	11 20	3 01	+22,4	Widder	Größte Nordbreite	

DER ABNEHMENDE MOND ENTFERNT SICH VON DEN PLEJADEN

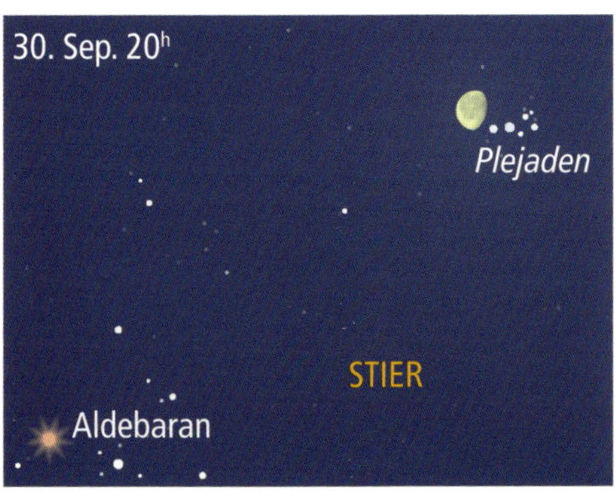

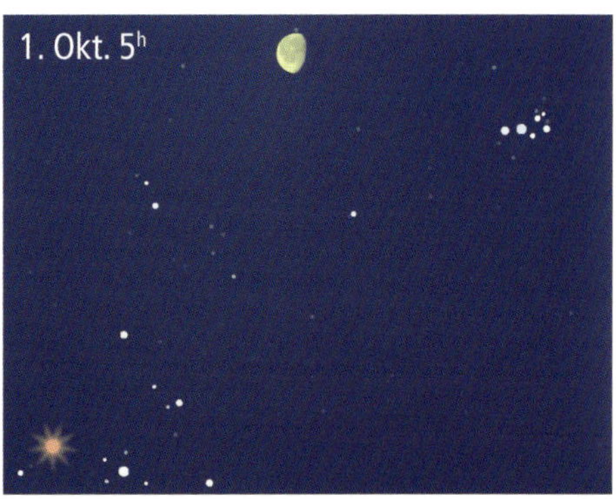

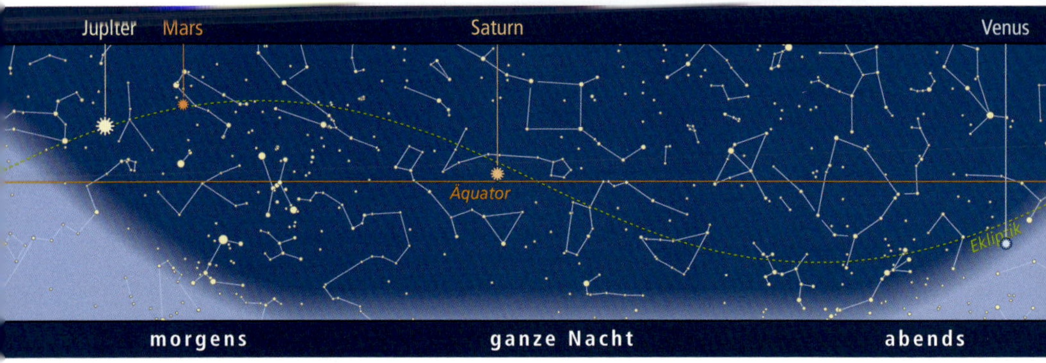

MERKUR stand im letzten Augustdrittel in oberer Konjunktion mit der Sonne. Er wandert rechtläufig durch den Tierkreis, wobei ihm die Sonne folgt. Er gewinnt nur langsam östlichen Vorsprung vor der Sonne. Die maximale östliche Elongation wird erst im Oktober erreicht. Merkur bleibt den ganzen Monat über unsichtbar, wenn auch der östliche Elongationswinkel 23° erreicht, so kommt es dennoch zu keiner Abendsichtbarkeit wegen des flachen Verlaufs der abendlichen Ekliptik über dem Westhorizont. Am 27. geht Merkur durch das Aphel seiner ziemlich exzentrischen Bahn.

VENUS stand Mitte des Vormonats in größter östlicher Elongation von der Sonne. Am 19. strahlt sie mit $-4{,}^{m}8$ in größtem Glanz am Abendhimmel. Allerdings verkürzt sie ihre Sichtbarkeit am Abendhimmel drastisch und wird am Monatsende unbeobachtbar.

Am 3. passiert Venus den Jungfrauhauptstern Spica (α Virginis) $1{,}^\circ4$ südlich. Am 14. wird Venus von 10^h35^m bis 11^h40^m von der zunehmenden Mondsichel bedeckt (siehe Seite 290). Kurz danach sieht man Venus $0{,}^\circ5$ nördlich von der Mondsichel (siehe Abb. 9.4 auf Seite 199). Am Abend des 14. ist Venus schon 3° vom Mond entfernt (siehe Abb. 9.5 auf Seite 199).

Geht Venus am 1. noch um 20^h02^m und am 15. um 19^h13^m unter, so sinkt sie am 30. schon um 18^h13^m (= 19^h13^m Sommerzeit) unter die Horizontlinie. Gegen Monatsende verabschiedet sich Venus vom Abendhimmel und wird für das bloße Auge unsichtbar.

Am 19. ist das auf gut 40″ angewachsene Planetenscheibchen zu 25 Prozent beleuchtet. Am gleichen Tag erreicht sie mit $-4{,}^{m}8$ ihren maximalen

KONSTELLATIONEN UND EREIGNISSE

Datum	MEZ	Ereignis
4.	0^h	Mond bei Uranus, Mond $5{,}^\circ5$ nördlich
4.	13	Venus im Aphel
6.	19	**Mond bei Mars**, Mond $3{,}^\circ0$ nördlich,
		Abstand $4{,}^\circ1$ um 1^h am 7.
8.	19	**Mond bei Jupiter**, Mond $0{,}^\circ8$ nördlich,
		Abstand $5{,}^\circ7$ um 4^h am 9.
10.	19	Uranus im Stillstand, anschließend rückläufig
12.	8	Mond bei Merkur, Mond $3{,}^\circ8$ südlich
14.	12	**Mond bei Venus**, Mond $0{,}^\circ5$ nördlich,
		Abstand $3{,}^\circ0$ um 19^h, Bedeckung um 11^h (s. Seite 290)
19.	0	**Venus in größtem Glanz** ($-4{,}^{m}8$)
23.	1^h05^m	**Sonne im Herbstpunkt, Tagundnachtgleiche**
26.	3	**Neptun in Opposition** zur Sonne
26.	20	Mond bei Neptun, Mond $4{,}^\circ8$ nördlich
27.	10	Merkur im Aphel
27.	13	Mond bei Saturn, Mond $6{,}^\circ9$ nördlich

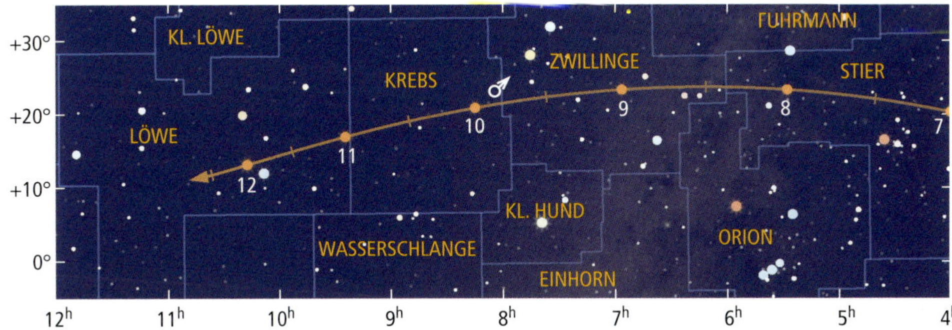

9.2 Scheinbare Bahn des roten Planeten Mars im Jahr 2026 von Juli bis Dezember durch die Sternbilder Stier, Zwillinge, Krebs und Löwe. Die Zahlen geben die Planetenposition zum jeweiligen Monatsbeginn an (8 = 1. August).

Glanz am Abendhimmel. Venus zeigt im Fernrohr eine Sichelgestalt, die rasch größer wird.

Am 4. durchläuft Venus das Aphel ihrer Bahn (Sonnendistanz 109 Millionen Kilometer = 0,728 AE).

MARS ist Planet am Morgenhimmel. Der rote Planet wandert durch die Zwillinge und zieht dabei in der Nacht vom 18. auf 19. rund 5,°9 südlich an Pollux (β Geminorum) vorbei. Die drei Gestirne erster Größe Kastor, Pollux und Mars bilden eine auffällige, gerade Linie. Am 25. wechselt der rote Planet in das Sternbild Krebs (siehe auch Abb. 9.2 oben).

Mars steigt am 1. um 0^h29^m (= 1^h29^m Sommerzeit) über die nordöstliche Horizontlinie und am 15. um 0^h18^m. Der 1,ᵐ1 helle, rote Planet geht schließlich am 30. schon um 0^h06^m (= 1^h06^m Sommerzeit) auf.

Auf der Marsnordhalbkugel beginnt am 30. der Frühling.

JUPITER ist Planet am Morgenhimmel. Der Riesenplanet wandert rechtläufig durch das Sternbild Krebs und wechselt am 23. in das Sternbild Löwe. Er steuert auf Regulus im Löwen zu, den er

9.3 Die abnehmende Mondsichel begegnet dem roten Planeten am 7. September. Mitternächtlicher Fernglasanblick gegen 1^h MEZ (= 2^h MESZ). Auch Wasat (δ Geminorum; 3,ᵐ5) ist im Gesichtsfeld zu sehen.

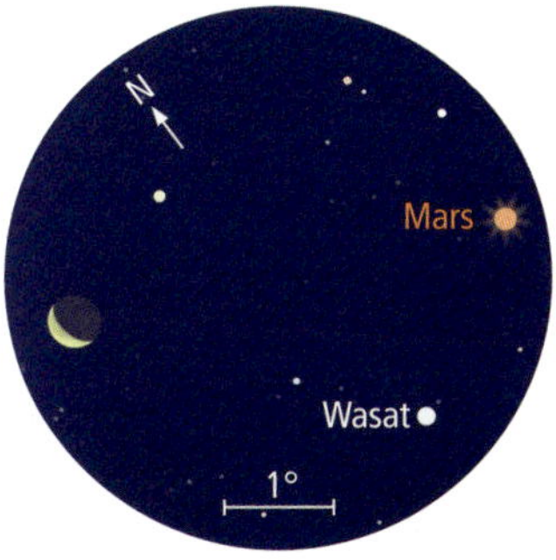

9.4 Die zunehmende Mondsichel steht am 14. September mittags nahe der Venus. Fernglasanblick gegen 12^h MEZ (= 13^h MESZ) kurz nach der Venusbedeckung durch den Mond.

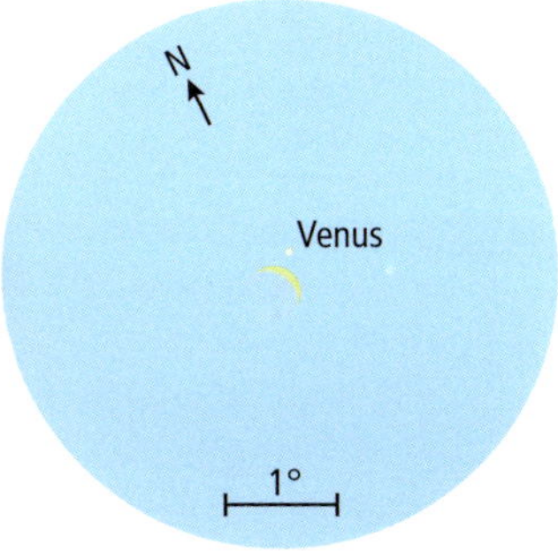

9.5 Die Sichel des zunehmenden Mondes zieht an Venus vorbei. Fernglasanblick am 14. September gegen 19^h MEZ (= 20^h MESZ).

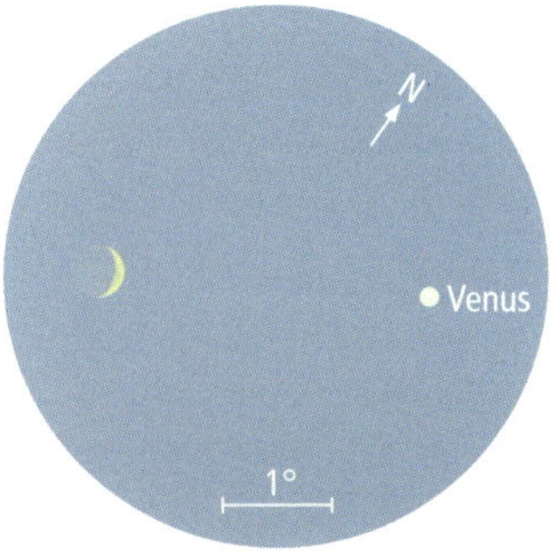

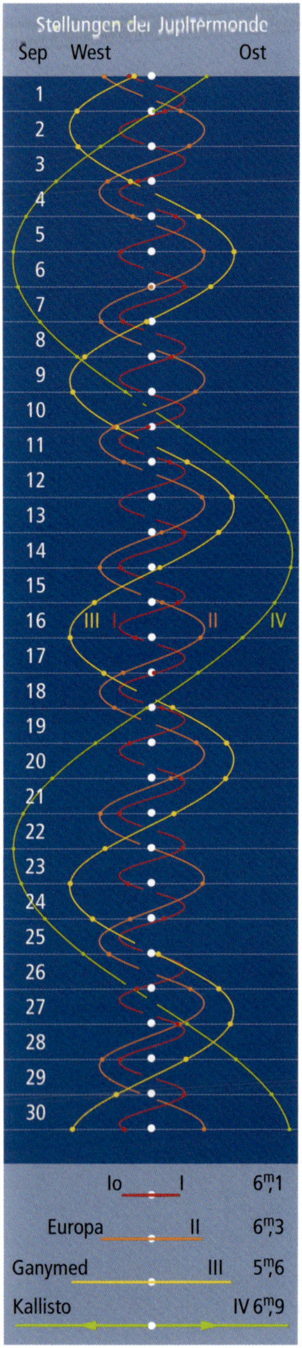

JUPITERMONDE

Tag	MEZ h m	Vorgang	
1.	4 09	I	VA
2.	3 48	I	SE
	4 22	I	DE
4.	4 34	III	VA
5.	3 25	II	VA
9.	3 24	I	SA
	4 04	I	DA
10.	3 30	I	BE
	3 49	IV	VA
14.	3 03	II	SE
	4 32	II	DE
15.	5 20	III	DE
16.	5 18	I	SA
17.	5 30	I	BE
18.	2 51	I	DE
19.	2 48	IV	DE
21.	2 45	II	SA
	4 25	II	DA
	5 38	II	SE
22.	2 41	III	SA
23.	2 29	II	BE
	4 16	II	V I
24.	4 19	I	VA
25.	2 33	I	DA
	3 58	I	SE
	4 50	I	DE
27.	2 41	IV	VE
28.	5 20	II	SA
30.	5 13	II	BE

KONJUNKTIONEN

Tag	MEZ h m	Monde/Dist. S	″	N
8.	4 25	III	2,2	I
9.	3 36	III	0,8	IV
11.	5 12	I	2,1	III
16.	3 11	II	0,1	I
18.	4 03	II	1,0	III
23.	5 32	II	0,4	I

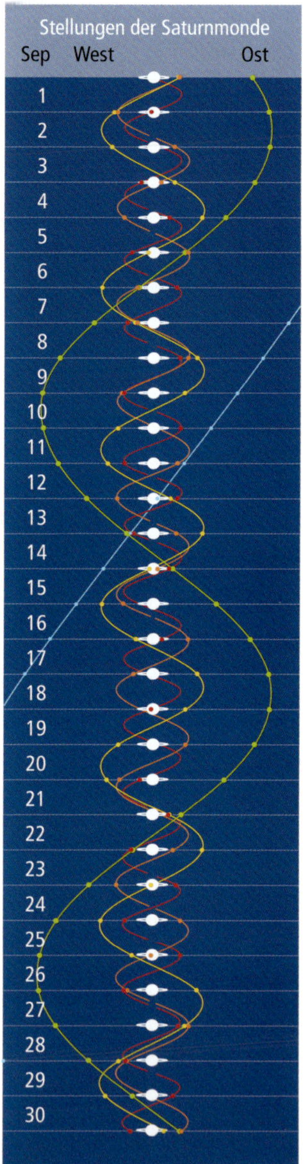

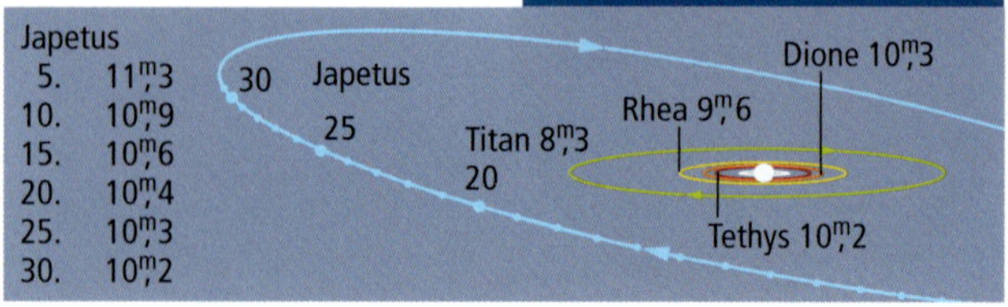

GEGENSEITIGE JUPITERMONDEREIGNISSE

Tag	Beginn h m	Ende h m	Ereignis fern/nah
9.	3 30	3 42	IV B III
16.	3 09	3 13	II B I
18.	3 59	4 07	III B II
23.	4 14	4 18	II V I
23.	5 30	5 34	II B I

Beginn Mitte Ende
Norden unten, Zeitangaben in MEZ

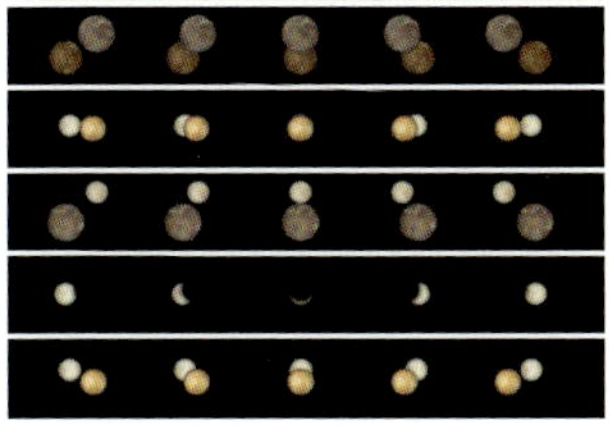

allerdings in diesem Jahr nicht mehr erreicht (siehe Abb. 1.6 auf Seite 42).

Der Jupiteraufgang erfolgt am 1. um 3^h14^m (= 4^h14^m Sommerzeit) und am 15. um 2^h35^m. Am letzten Septembertag steigt der $-1^m{,}9$ helle Riesenplanet schon um 1^h52^m (= 2^h52^m Sommerzeit) über die nordöstliche Horizontlinie.

Am 8. gesellt sich die abnehmende Mondsichel zum Riesenplaneten – ein netter Himmelsanblick gegen 4^h morgens knapp über dem Osthorizont am 9., zu dem auch noch Mars hinzukommt (siehe Abb. 9.1 auf Seite 194).

SATURN kehrt rückläufig am 6. aus dem Sternbild Fische in den Walfisch zurück und nähert sich seiner Oppositionsstellung, die er zu Oktoberbeginn erreicht. Seine Helligkeit steigt nochmals bis auf $0^m{,}4$ an. Damit ist Saturn deutlich heller als zu seiner letztjährigen Opposition, bei dem man fast auf die extrem dünne Ringkante (weniger als 0,5 Kilometer) sah und der Ring kaum etwas zur Helligkeit beitrug. Der Ringplanet erscheint immer früher am Abendhimmel. Am 1. geht er um 20^h13^m auf und am 15. schon um 19^h17^m. Ende September erfolgt der Saturnaufgang um 18^h16^m.

URANUS kommt am 10. im Sternbild Stier zum Stillstand und setzt zu seiner Oppositionsschleife an. Danach bewegt er sich rückläufig durch den Tierkreis. Am 26. November wird dann die Opposition eintreten (siehe auch Abb. 11.13 auf Seite 241).

Seine Aufgänge verlagert der grünliche Planet in die Abendstunden. Am 1. geht Uranus um 21^h57^m auf, am 15. um 21^h02^m und am 30. bereits um 20^h03^m (= 21^h03^m Sommerzeit).

Die Uranushelligkeit nimmt während des Monats leicht von $5^m{,}7$ auf $5^m{,}6$ zu.

NEPTUN kommt in der Nacht vom 25. auf 26. im Sternbild Fische in **Opposition** zur Sonne. Während der bläuliche Planet am 1. noch um 19^h48^m (= 20^h48^m Sommerzeit) aufgeht und um 1^h55^m kulminiert, so erfolgt der Aufgang des $7^m{,}8$ lichtschwachen Neptun am Tag der Opposition schon um 18^h08^m und seine Meridianpassage um 0^h14^m (= 1^h14^m Sommerzeit). Bis Ende September verfrüht sich die Kulminationszeit auf 23^h54^m. Die Aufsuchkarte findet man auf Seite 202 (Abb. 9.6).

Zur Opposition von Neptun behindert der hellglänzende Vollmond die Beobachtung von Neptun.

Im Teleskop erkennt man ein winziges, bläuliches Scheibchen von nur $2''{,}4$ scheinbarem Durchmesser. Irgendwelche Einzelheiten auf dem winzigen Neptunscheibchen sind nicht zu erkennen.

Am 26. trennen 4319 Millionen Kilometer (= 28,87 AE) Neptun von der Erde, dies entspricht einer Lichtlaufzeit von vier Stunden. Von der Sonne ist Neptun zur Opposition 4469 Millionen Kilometer (= 29,87 AE) entfernt.

PLANETOIDEN UND ZWERGPLANETEN

PALLAS (2) eilt rückläufig durch den Walfisch nach Süden und zieht zur Monatsmitte an ϑ Ceti ($3^m{,}6$) östlich vorbei (siehe Abb. 10.9 auf Seite 221). Ihre Helligkeit nimmt während des Monats deutlich von $8^m{,}9$ auf $8^m{,}3$ zu. Am 1. kulminiert Pallas um 3^h19^m (= 4^h19^m MESZ), am 15. um 2^h21^m und am Monatsletzten um 1^h13^m.

JUNO (3) wird am 14. um 6^h stationär und zieht anschließend wieder rechtläufig ihre Bahn

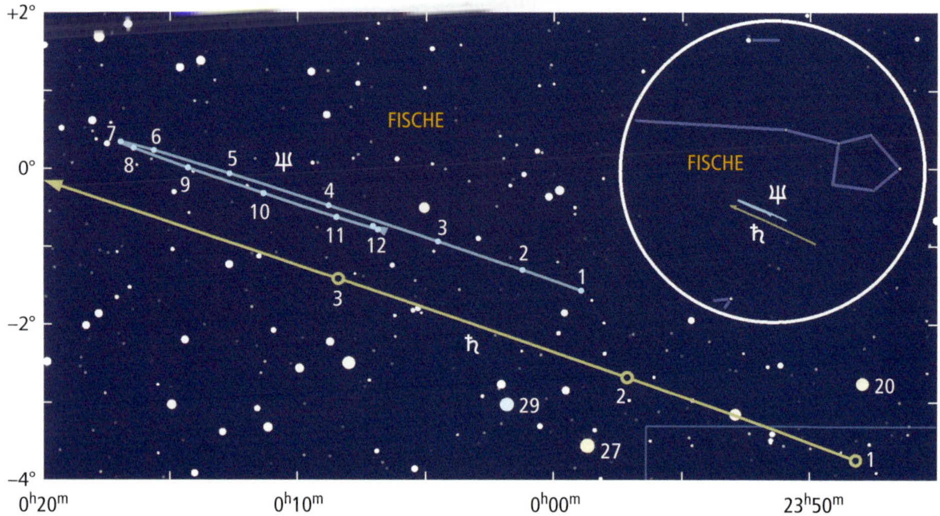

9.6 Scheinbare Bahn des Planeten Neptun im Sternbild Fische von Januar bis Dezember 2026.

durch den Adler. An diesem Tag kulminiert die $9^{m}{,}7$ helle Juno um $20^{h}28^{m}$ (= $21^{h}28^{m}$ MESZ).

VESTA (4) beschleunigt ihre rückläufige Bewegung durch den Cetus (siehe Abb. 10.9 auf Seite 221). Die nahende Opposition zeigt sich auch an einer deutlichen Helligkeitszunahme um $0^{m}{,}5$ auf $6^{m}{,}5$ Ende September. Unter günstigen Sichtverhältnissen lässt sich Vesta sogar in einem Operngucker sehen.

Vesta geht am 1. um $21^{h}26^{m}$ (= $22^{h}26^{m}$ MESZ) auf und passiert den Meridian um $3^{h}36^{m}$. Zur Monatsmitte geht Vesta um $20^{h}33^{m}$ auf und Ende September schon um $19^{h}31^{m}$. Damit ist sie die gesamte Nacht über am Firmament vertreten. Am 30. kulminiert sie um $1^{h}28^{m}$ und geht um $7^{h}21^{m}$ unter.

NAUSIKAA – Planetoid Nr. 192 – eilt rückläufig durch das Sternbild Fische und nähert sich ihrer Opposition, die sie Anfang Oktober erreicht (siehe Abb. 10.10 auf Seite 222). Sie steigert im Laufe des Monats ihre Helligkeit um fast eine ganze Größenklasse, nämlich von $9^{m}{,}3$ auf $8^{m}{,}4$. Am 1. kulminiert Nausikaa um $2^{h}21^{m}$ (= $3^{h}21^{m}$ MESZ), am 15. um $1^{h}18^{m}$ und um $0^{h}05^{m}$ am Ende September.

PERIODISCHE STERNSCHNUPPENSTRÖME

Die **EPSILON-PERSEÏDEN**, auch **SEPTEMBER-PERSEÏDEN**, stammen von einem langperiodischen, jedoch bislang noch nicht identifizierten Kometen ab. Normalerweise werden knapp zehn Meteore pro Stunde zum Maximum in der Nacht 9.–10. September erwartet. In den Jahren 2008 und 2013 kam es zu auffälligen Häufungen heller Meteore: Bei einer Rate von etwa 30 Meteoren pro Stunde konnten zahlreiche helle Strommeteore fotografiert werden. Für 2026 gibt es kein vorausberechnetes Maximum. Überraschungen sind aber nicht auszuschließen.

Die **PISCIDEN** sind im gesamten September aktiv. Ihr Ausstrahlungspunkt liegt in den Fischen. Beste Beobachtungszeit ist zwischen 22^{h} und 4^{h} morgens. Das Maximum ist um den 20. September zu erwarten, wobei nur etwa fünf bis zehn Meteore pro Stunde auftauchen.

Die Aktivität aus dem Antihelion-Bereich wird ab dem 10. von den **SÜDLICHEN TAURIDEN** bestimmt.

Sie lassen sich auf den kurzperiodischen Kometen 2P/Encke und mit ihm verwandte Objekte zurückführen.

Der Radiant befindet sich im Bereich der Fische und verlagert sich zum Monatsende Richtung Sternbild Widder.

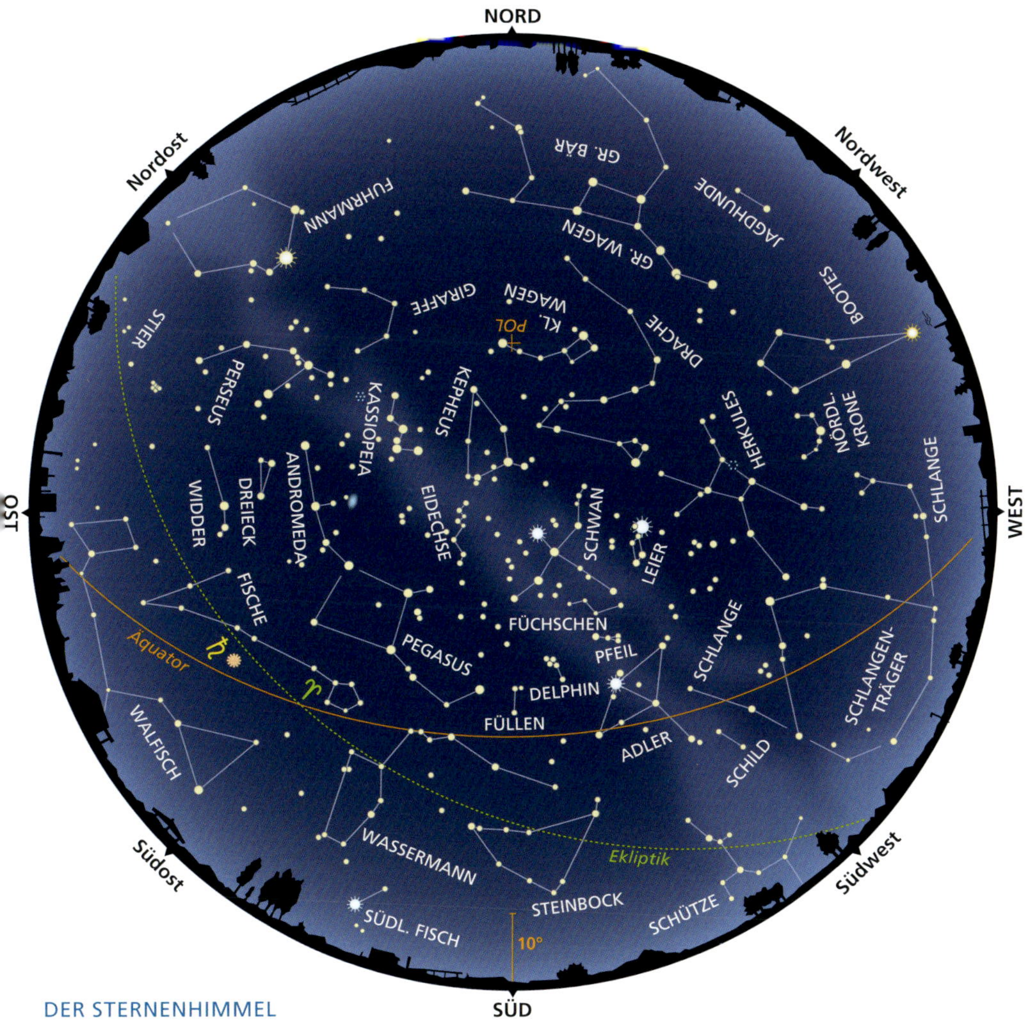

DER STERNENHIMMEL AM 15. SEPTEMBER UM 22^h MEZ

Die Sternkarte ist auch gültig für:

	MEZ	MESZ
15. 7.	2^h	3^h
1. 8.	1	2
15. 8.	0	1
1. 9.	**23**	**24**
15. 9.	**22**	**23**
30. 9.	**21**	**22**
15.10.	20	21
31.10.	19	
15.11.	18	

Gegenüber dem Vormonat hat sich die gesamte Sternbilderszenerie um zwei Rektaszensionsstunden nach Westen verschoben. Noch zeigt das abendliche Sternenzelt sommerlichen Charakter. Arktur ist schon tief im Westen zu finden, vorausgesetzt, der Horizontdunst lässt ihn überhaupt noch erkennen. Das Pegasusquadrat hingegen steht bereits hoch im Südosten. Wie seine Bezeichnung „Herbstviereck" deutlich macht, wird bald die dritte Jahreszeit ihren Einzug halten. Noch beherrschen die Sommersternbilder den Abendhimmel zur Standardbeobachtungszeit (Monatsbeginn 23^h MEZ = 24^h MESZ, Monatsmitte 22^h MEZ = 23^h MESZ). Allerdings hat sich das Sommerdreieck schon ein wenig nach Westen verschoben. Deneb steht nun fast im Zenit, während Wega und Atair den Meridian bereits überquert haben. Die Jungfrau und der Skorpion sind längst untergegangen. Im Südwesten schickt sich der Schütze ebenfalls an, die Himmelsbühne zu verlassen. Tief im Süden wandert der Steinbock gerade durch den Meridian. Vor rund 2000 Jahren erreichte die Sonne im Steinbock ihren Tiefststand im Jahreslauf – der Winterpunkt lag im Steinbock. Noch heute spricht man daher vom „Wendekreis des Steinbocks", obwohl bereits 120 vor Chr. der Winterpunkt infolge der Erdpräzession den Steinbock verlassen hat und in das Sternbild Schütze übergewechselt ist.

Dem Steinbock folgt im Tierkreis der Wassermann (lat.: Aquarius), der jetzt den Raum im Südosten einnimmt. Ebenso wie der Steinbock gehört der Wassermann zu den lichtschwachen und wenig auffälligen Mitgliedern des Tierkreises.

Der Wassermann zählt zu den ältesten Sternbildern, die uns überliefert sind. Bei fast allen Völkern findet man seine Gestalt und den Bezug zum Wasser. Auch mit der biblischen Sintflutsage ist diese Konstellation eng verbunden. Der Wassermann entsprach als 11. Bild des babylonischen Tierkreises dem 11. babylonischen Monat, der den Beinamen „Fluch des Regens" trug. Sein heliakischer Aufgang (Frühaufgang vor der Sonne) hat in manchen südlichen Gegenden die Regenzeit eingeleitet.

Nach Friedrich Wilhelm Argelander zählen immerhin 97 Sterne zum Wassermann, die mit bloßen Augen zu sehen sind. Bei unserem aufgehellten Nachthimmel erkennt man oft nicht einen einzigen Stern im Wassermann! Auch zahlreiche interessante Sternhaufen und Nebel sind in diesem Areal zu finden.

Tief im Südosten flackert ein Stern erster Größe. Es ist Fomalhaut im Südlichen Fisch (lat.: Piscis Austrinus), der eben aufgegangen ist. „Fomalhaut" kommt aus dem Arabischen und bedeutet so viel wie „Maul des Fisches". Mit 25 Lichtjahren Entfernung gehört er zu den Nachbarsternen unserer Sonne.

Im Osten fällt das kleine Bild des Widders auf, das im Wesentlichen nur aus drei Sternen besteht, die ein stumpfwinkliges Dreieck bilden.

Tief im Nordosten flackert horizontnah ein heller, gelblicher Stern. Es ist die Kapella, der Hauptstern des Sternbildes Fuhrmann. Von Kapella trennen uns 43 Lichtjahre.

Den Platz im Südosten nimmt das ausgedehnte, aber lichtschwache Tierkreisbild Fische ein. Im September stehen die Fische der Sonne genau gegenüber. Versinkt die Sonne im Westen, so steigen die Fische im Osten empor.

DAS STERNBILD STEINBOCK (CAPRICORNUS)

Erstaunlich viele Völker sahen in den Sternen dieses Himmelsareals eher einen Ziegenbock als einen Steinbock. Die Perser sprachen von Bahi (auch Nahi), die Türken von Ughlah, die Syrier von Gadjo und die Araber von Al Jady. Alle diese Bezeichnungen haben die gleiche Bedeutung, nämlich Ziegenbock.

Der klassischen Sage nach, so berichtet der griechische Astronom Eratosthenes, verwandelt sich der Waldgott oder Hirtengott Pan in einen Steinbock, um sich vor dem Riesen Typhon zu verstecken. Typhon gilt als Gott des Urwassers.

Ähnlich lautet die ägyptische Version: In panischer Angst vor der Annäherung des Monsters Typhon sprang Pan in den Nil. Sein Körper soll halb Ziegenbock, halb Fisch gewesen sein. Auch aus dem alten Babylon dringt die Kunde vom Ziegen-

VERÄNDERLICHE STERNE

Algol-Minima		β-Lyrae-Minima		δ-Cepheï-Maxima		Mira-Helligkeit	
5.	2^h46^m	2.	1^h H	2.	17^h	1.	9^m
7.	23 35	8.	12 N	8.	2	10.	10
10.	20 23	14.	23 H	13.	10	20.	10
25.	4 27	21.	11 N	18.	19	30.	10
28.	1 15	27.	22 H	24.	4		
30.	22 03			29.	13		

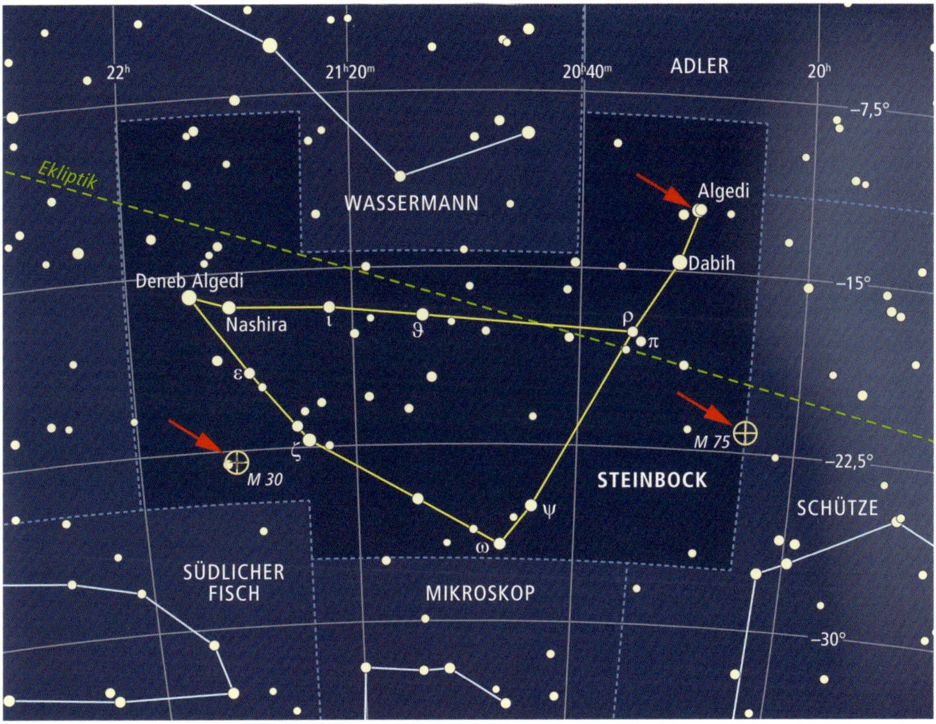

9.7 Skelettkarte des Sternbildes Steinbock mit der Position von Algedi (auch Algiedi, $\alpha_{1,2}$ Capricorni).

fisch. In vielen Darstellungen endet der Körper des Steinbocks als Schwanz eines Fisches, so auf einem Fragment eines babylonischen Planisphäriums aus dem zwölften vorchristlichen Jahrhundert, das im Britischen Museum in London aufbewahrt wird. Auch eine Silberschale aus Burma, auf der der brahmanische Tierkreis eingraviert ist, zeigt ein Wesen halb Fisch, halb Ziege. Das Tierkreissymbol ♑ für den Steinbock deutet denn auch die Anfangsbuchstaben des griechischen Wortes τράγος (Ziegenbock) an.

Bei den Römern war eindeutig von Capricornus (Steinbock) die Rede. Sueton berichtet in seiner Lebensbeschreibung des Augustus, dass der Steinbock auf die Silbermünze des Kaisers geprägt war, um daran zu erinnern, dass Augustus unter diesem Zeichen geboren wurde. Bei Numa Pompilius, dem zweiten legendären König von Rom (750–672 v. Chr.) begann das Jahr, wenn die Sonne genau in der Mitte des Steinbocks stand und die Tageslänge nach der Wintersonnenwende um eine halbe Stunde zugenommen hatte.

Beim römischen Geschichtsschreiber Caesius wird das Sternbild Steinbock als Apostel Simon Zelotes bezeichnet. Als „Tor der Götter“ wurde dieses Sternenareal angesehen, durch das die Seelen schreiten, wenn sie ihre menschlichen Körper verlassen haben, und in den Himmel aufgestiegen sind. Der Abstieg erfolgte im Gebiet des Krebses.

Bei den Hindus sprach man von Makara, der Antilope, mitunter auch von einem Flusspferd (Hippopotamos), später von Sim-Shu-Marh, dem Kroko-

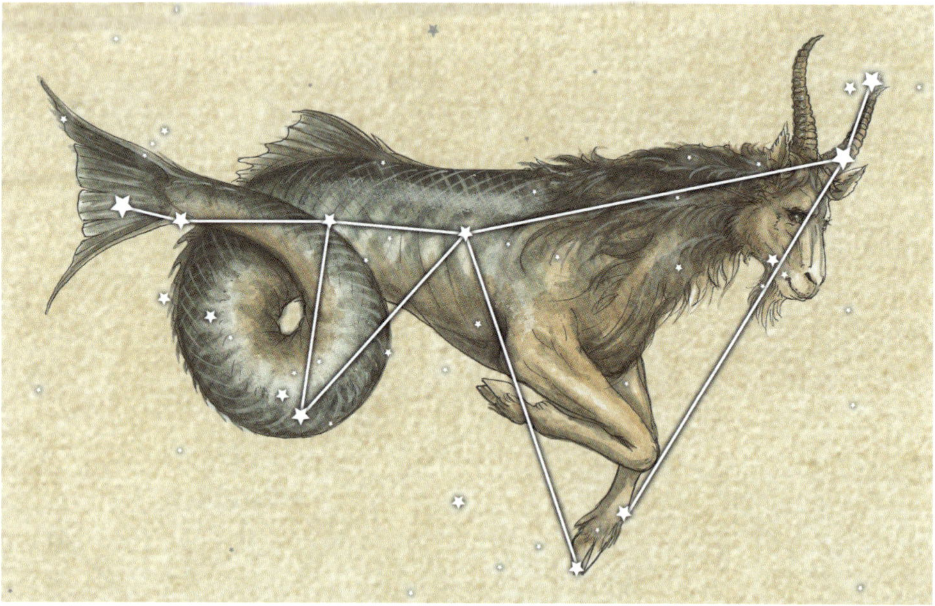

9.8 Das Sternbild Steinbock (lat.: Capricornus) in der figürlichen Darstellung von Kay Elzner.

dil. Die Azteken nannten dieses Bild Cipactli, die Figur des Narwals. Im chinesischen Tierkreis markierten diese Sterne einen Stier. In älteren Zeiten sahen die Chinesen in den drei Bildern Wassermann, Steinbock und Schütze das Bild des Schwarzen Kriegers, in dem sich im Dezember 1226 fünf Planeten versammelten.

Die Bezeichnung „Südliches Tor der Sonne" erinnert daran, dass einst das Wintersolstitium (der Winterpunkt) in diesem Bild lag. Durch die Präzessionsbewegung der Erde liegt der Winterpunkt heute im Schützen in der Nähe des Sterns μ Sgr. Die Bezeichnung „Wendekreis des Steinbocks" stammt aus jener Zeit, als der Winterpunkt noch im Steinbock zu finden war. Heute wandert die Sonne vom 20. Januar bis 16. Februar durch den Steinbock. Je nach Lage des letzten Schaltjahrs können sich diese Termine um einen Tag verschieben.

Der Hauptstern des Steinbocks heißt Algedi. Er ist ein leicht zu trennender Doppelstern: α_1 Cap ist $4\overset{\text{m}}{,}3$ hell, α_2 wiederum $3\overset{\text{m}}{,}6$. Beide sind 376″ voneinander entfernt. Ein normalsichtiges Auge sollte beide Lichtpunkte ohne weiteres getrennt erkennen. Dies gelingt auf alle Fälle in einem kleinen Fernglas. Algedi ist ein optischer Doppelstern. Die beiden gelben Sonnen sind nicht gravitativ gebunden, sondern weit voneinander entfernt. Sie stehen nur zufällig in gleicher Richtung. α_1 Cap ist 800 Lichtjahre entfernt, während α_2 Cap nur 105 Lichtjahre von uns trennen. α_1 Cap hat in 44″ Distanz noch einen optischen Begleiter 9. Größenklasse.

Im Steinbock liegen auch die beiden Kugelhaufen M 30 und M 75. M 30 zeigt eine relativ helle Mitte, im Fernrohr kann man die Randpartien in Einzelsterne auflösen. Die Entfernung von M 30 liegt bei 27 000 Lichtjahren. Weit weg ist der Kugelhaufen M 75, fast 67 000 Lichtjahre. Er erscheint lichtschwach mit einem hellen Zentrum. Wegen der großen Entfernung hat er nur drei Bogenminuten scheinbaren Durchmesser. Auch die Randpartien sind nicht in Einzelsterne auflösbar.

Die Goldproduzenten

Joseph Wright of Derby (1734–1797)/Derby Museums

9.9 Durch Verdampfen von Urin versuchte der Apotheker Hennig Brand (1630–1692) Gold zu gewinnen und erhielt das Element Phosphor.

Nach Golde drängt, am Golde hängt doch alles! Das lässt schon Johann Wolfgang von Goethe seinen Doktor Faustus sagen. Viele Menschen erliegen der Magie dieses glänzenden, gelben Edelmetalls. Sein Besitz verspricht Reichtum und Ansehen, soll glücklich machen, manchmal auch unglücklich. Warum scheint es vielen so wertvoll? Weil es so selten ist und weil man es schwierig bekommen kann.

Gold zählt zu den 92 natürlichen Elementen. Es trägt die Ordnungszahl 79, in seinem Atomkern verbergen sich 79 Protonen, um die 79 Elektronen kreisen, sofern es sich um ein neutrales Atom handelt. Das chemische Zeichen für Gold lautet Au, abgeleitet von Aurum, der lateinischen Bezeichnung für Gold.

Doch woher kommt das ganze Gold? Zu Beginn des Universums vor knapp 14 Milliarden Jahren im primordialen Feuerball wurden Wasserstoff- und Helium-Atomkerne produziert sowie Spuren von Lithium, aber keine schwereren Elemente, somit auch nicht Gold. Diese wurden erst im Laufe der Geschichte des Universums im tiefen Inneren der Sterne gebacken. Kohlenstoff, Stickstoff, Sauerstoff, Kalium, Natrium, Schwefel, Silizium bis hin zum Eisen wurden in den Kernen der Sterne bei immer höheren Zentraltemperaturen fusioniert. Sternwinde und Supernovae reicherten die interstellare Materie damit an. Aus diesen chemischen Elementen in den interstellaren Wolken bildeten sich schließlich unser Planetensystem und extrasolare Planeten, die fremde Sonnen umkreisen.

Wegen seiner Seltenheit sowie vielen nützlichen Eigenschaften und vielfältigen Verwendungsmöglichkeiten als Material für Schmuck bis zu Kontakten in elektrischen Geräten ist Gold äußerst begehrt. In allen Teilen der Erde wurde nach dem edlen Metall gesucht. Vergeblich war jedoch die Suche nach dem legendären „Stein der Weisen“. Mit seiner Hilfe sollte man aus unedlen Metallen wie Blei das erwünschte Gold erzeugen können.

Blei zu Gold machen?

Einen dieser Versuche unternahm der Apotheker und Alchemist Hennig Brand (1630–1692) aus Hamburg. Beim Anblick von gelblichem Urin kam ihm wohl der Gedanke, im Harnstoff sei Gold enthalten. Also kochte Brand fleißig Urin ab. Als Kondensat blieb ein weißes Pulver übrig. Gold war es freilich keines. Aber als er nachts sein Labor betrat, sah er das neu gefundene Pulver in der Dunkelheit leuchten. Das Destillieren von Urin wurde vielfach wiederholt. Der neu entdeckte leuchtende Stoff wurde schließlich Phosphor (φωσφόρος) genannt, die griechische Bezeichnung für „Lichtträger". Brand entdeckte somit das Phosphor, ein bis dahin nicht gekanntes chemisches Element mit der Ordnungszahl 15 und dem Symbol P, das in reiner Form nicht in der Natur vorkommt und daher im Altertum unbekannt war. Ebenso neu war für die Chemiker die Erscheinung der Photolumineszenz. Bei Reaktion mit Sauerstoff sendet Phosphor ein Leuchten aus. Schon bei 44 °C (317,3 Kelvin) beginnt Phosphor flüssig zu werden und bei 280 °C (553,2 Kelvin) verdampft es. Vorsicht ist beim Experimentieren mit Phosphor geboten, denn es entzündet sich leicht. Dies wurde und wird auch zu militärischen Zwecken genutzt. Phosphorbomben legten ganze Städte in Schutt und Asche.

Auch der berühmte Physiker Isaac Newton (1643–1727) war auf der Suche nach einer Methode, wie man das begehrte Gold aus anderen Materialien herstellen könnte. Doch alle Versuche, Gold durch chemische Prozesse zu erzeugen, scheiterten. Heute ist man im Prinzip in der Lage, durch kernphysikalische Prozesse Gold zu erzeugen. Der technische und damit der finanzielle Aufwand ist jedoch enorm. Man beschießt in Teilchenbeschleunigern schwere Atomkerne mit hochenergetischen Neutronen und löst so einen inversen Betazerfall aus.

Längst nicht so gefährlich wie Phosphor ist Gold. Es kann nicht brennen oder explodieren. Das chemische Element Gold zählt zu den Edelmetallen mit begehrten Eigenschaften wie Korrosionsfestigkeit, chemische Trägheit, hohe elektrische und thermische Leitfähigkeit, relativ weich (Mohs 2,5 bis 3), gut verformbar und vergleichsweise leicht zu bearbeiten.

Seine Dichte beträgt 19,3 g/cm^3. Bei 1064 °C schmilzt Gold und sein Siedepunkt beträgt 2836 °C. Die Schallgeschwindigkeit in festem Gold liegt bei 3240 m/s. Die Ordnungszahl lautet 79 und seine Atommasse wurde zu 197 atomaren Masseneinheiten ($1\,u = 1{,}660\,54 \times 10^{-24}\,g \triangleq 10^9\,eV$) gemessen.

Die globale relative Häufigkeit ist gering. Auf ein Goldatom entfallen $1{,}25 \times 10^{11}$, also 125 Milliarden Wasserstoffatome. Auf der Erde ist Gold ein seltenes Edelmetall. Im Laufe der Menschheitsgeschichte wurden etwa 200 000 Tonnen an Gold gefördert und zu Schmuck, Kultgegenständen, Münzen und Barren vor allem für Nationalbanken zur Golddeckung der Währungen verarbeitet. Diese gesamte Goldmasse ergäbe einen Würfel von rund 22 Meter Kantenlänge aus purem Gold.

Das meiste irdische Gold befindet sich jedoch unter unseren Füßen im Erdinneren. In der Frühzeit der Erde, als sie noch feurig-flüssig war, sank das spezifisch schwere Gold in das Erdinnere. Teilweise wurde es durch heftigen Vulkanismus wieder an die Oberfläche transportiert. Das Gold wurde zwar weitläufig auf der Erde verstreut, dennoch bildeten sich einige Goldlagerstätten wie zum Beispiel in Südafrika, in weiten Bereichen Asiens und in Australien.

Woher stammt das irdische Gold?

Es ist nicht auf oder in der Erde entstanden, sondern war von Beginn an in der interplanetaren Materie, aus der sich die Erde gebildet hatte, vorhanden. Auch in der Sonne kommt Gold vor. Bei Astronomen gilt die Sonne als metallreicher Stern.

In der Astronomie kennt man nur drei Größen, die die chemische Zusammensetzung in Sternen charakterisieren: Wasserstoff (X), Helium (Y) und alle schwereren Elemente (Z), die in der saloppen Sprache astronomischer Fachleute als Metalle gelten. Der Hauptanteil ist Wasserstoff (X = 73,73 %), das zweithäufigste Element ist Helium

(Y = 24,46 %) und nur knapp zwei Prozent (Z = 1,81 %) sind Elemente schwerer als Helium. Diese Anteile finden sich in den oberflächennahen Schichten der Sonne. Im Zentrum sieht die Verteilung etwas anders aus. Denn bei zentralen Temperaturen von gut 15 Millionen Grad wird durch Kernfusion permanent Wasserstoff zu Helium fusioniert, wobei die Strahlungsenergie der Sonne gedeckt wird. Jeweils vier Protonen (Wasserstoffatomkerne) verschmelzen zu einem Heliumkern. Erst in einem späteren Lebensstadium, wenn die Zentraltemperatur 120 Millionen Grad überschreitet, werden im Salpeterprozess (Drei-Alpha-Prozess) über Beryllium jeweils drei Heliumkerne (α-Teilchen) zu Kohlenstoff-Atomkernen fusioniert. Damit endet in der Sonne die Synthese schwererer Elemente. All diese hat die Sonne schon zu ihrer Geburt mitbekommen.

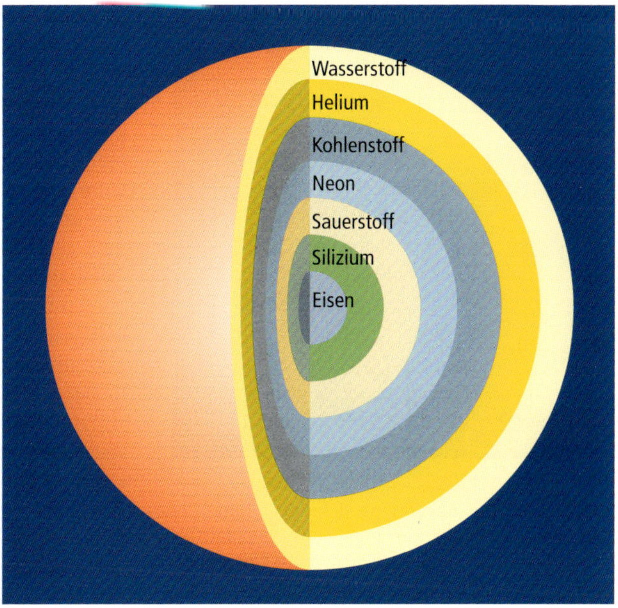

9.10 Der zwiebelschalenartige Aufbau eines massereichen Sterns

Auch Edelmetalle wie Gold sind Bestandteil dieser gewaltigen Feuerkugel. Doch wie viel Gold gibt es wirklich in der Sonne? Forscher ermittelten, dass in der Sonne auf eine Billion Wasserstoffatome acht Goldatome kommen. Die Gesamtmasse an Gold in der Sonne beläuft sich auf 2,34 Trillionen (10^{18}) Tonnen. Da scheint der Vorrat an Gold auf der Erde im Vergleich zur solaren Schatzkammer fast mickrig: Rund 200 000 Tonnen Gold wurden wie gesagt bisher auf unserem Planeten gefördert und zu Schmuck und Barren verarbeitet.

Bei einer Temperatur von knapp 6000 Grad in der Photosphäre der Sonne ist alles Gold gasförmig, denn die Siedetemperatur von Gold beträgt wie erwähnt 2836 °C. Würde dieses Sonnengold kondensieren und anschließend gefrieren, so ergäbe es einen Würfel von 495 Kilometer Kantenlänge aus purem Gold, eine ungeheure Menge aus diesem Edelmetall. Im Angesicht der Gesamtmasse der Sonne von rund zwei Quintillionen Tonnen ($1{,}989 \times 10^{27}$ t) entspricht diese Menge nur einem 1,25 Milliardstel (10^{-9}) der Sonnenmasse, ein wahrhaft winziger Teil.

Entstehung schwerer Elemente

In massereicheren Sternen geht das atomare Spiel noch weiter. Bei einem Stern mit anfangs 20 Sonnenmassen setzt nach einer Million Jahren das Kohlenstoffbrennen ein. Die zentrale Temperatur steigt auf über 300 Millionen Grad an, Kohlenstoff fusioniert zu Neon (Ne_{10}). Nach einer Brenndauer von nur 1000 Jahren schnellt die Temperatur auf eine Milliarde Grad hoch, Neon fusioniert nach nur zehn Jahren Brenndauer bei einer Milliarde Grad zu Sauerstoff (O_8) und Magnesium (Mg_{12}). Nach nur einem Jahr setzt bei zwei Milliarden Grad das Sauerstoffbrennen ein und es bildet sich Silizium (Si_{14}). Der Kern wird immer heißer. Bei drei bis vier Milliarden Grad

9.11 Der Krabbennebel (Crab Nebula) M 1 im Sternbild Stier ist der Rest einer Supernovadetonation. Sie schleuderte auch schwerere Elemente als Eisen in das Weltall. In seinem Zentrum rotiert ein Neutronenstern (Pulsar) alle 33 Millisekunden einmal um seine Achse.

schließlich gibt es durch Siliziumbrennen im Zentrum schließlich einen Kernbereich aus Eisen (Fe_{26}) mit zunächst 6000 Millionen Grad. Hier bricht die Kette aus Fusionen ab. Bis zum Eisen wird bei jedem erneuten Fusionsprozess Energie freigesetzt, wenn auch immer weniger. Es handelt sich um exotherme Vorgänge. Beim Eisen ist Schluss damit. Bis dahin wird auch kein Gold produziert. Da es aber in der Natur Gold und andere Atomkerne schwerer als Eisen gibt, muss es noch weitere Prozesse zur Atomkernsynthese geben. Hat ein massereicher Stern einmal einen Eisenkern gebildet, so ist dieser umgeben von Schalen aus Silizium, Sauerstoff, Neon, Kohlenstoff, Helium und Wasserstoff (von Innen nach Außen), wobei noch Fusionsprozesse ablaufen. Man spricht bei einem solchen Objekt von einem Zwiebelschalenmodell.

Eine wichtige Rolle spielt bei der Kernsynthese außerdem die Photodesintegration: Bei Temperaturen über einer Million Grad sind die Photonen so energiereich, dass sie schwerere Atomkerne spalten können. Dabei entstehen neue Elemente, die radioaktiv sind und bald zu stabilen Kernen wie Blei, Iridium, Platin, Uran, Plutonium und Gold führen, allerdings nur in geringen Mengen. Da der Eisenkern keine Energie mehr liefert und durch Neutrinos, die das Zentrum fast ungehindert wegen ihres geringen Wirkungsquerschnitts verlassen können, permanent gekühlt wird, gewinnt die Schwerkraft die Oberhand. Der Sternenkern kann die Last der oberen Sternschichten nicht mehr tragen und kollabiert. Eine gewaltige Explosion ist die Folge, es kommt zu einer Supernova vom Typ Ib, Ic oder II. Bei einer solchen „Kernkollaps-Supernova“ stürzt der Sternenkern zu einem Neutronenstern oder sogar zu einem Schwarzen Loch zusammen. Ein Teil der Sternenmaterie von bis zu 20 % wird ins Weltall geschleudert und reichert die interstellare Materie mit schwereren Elementen an, aus der in späteren Prozessen wiederum neue Sterne und Planetensysteme gebildet werden. Im Explosionsprozess prallen energiereiche Neutronen mit Atomkernen zusammen, wobei in anschließenden Betazerfällen (r-Prozessen, „r“ steht für rapid) Atomkerne mit immer größerer Protonenzahl entstehen und sich somit die Zahl der Elemente schwerer als Eisen erhöht, darunter auch Gold. Die Goldproduktion ist dabei aber eher bescheiden. Wahre Goldproduzenten sind jedoch kollabierende Neutronensternpärchen.

Verschmelzende Neutronensterne

Einander umkreisende Neutronensterne senden Gravitationswellen aus. Sie verkürzen dabei durch Energieverlust ihre Umlaufzeiten und kommen einander immer näher, wobei die Energieabstrahlung immer stärker wird. Sie nimmt mit der sechsten Potenz der Winkelgeschwindigkeit zu. Schließlich verschmelzen beide in einer gigantischen Explosion, die als Kilonova bezeichnet wird, da sie rund tausendmal heller strahlt als gewöhnliche Novae. Das Endprodukt dieses Verschmelzungsprozesses ist ein Schwarzes Loch. Doch nicht die gesamte Masse der beiden Neutronensterne stürzt in das Black Hole.

University of Warwick/Mark Garlick

9.12 **Kollision und Verschmelzen zweier Neutronensterne (Illustration)**

Ein Teil wird als rasch expandierender Kokon in das All geschleudert. Durch raschen Neutroneneinfang, die es in der expandierenden Hülle in hoher Konzentration aus der Materie der Neutronensterne gibt, entstehen Atomkerne mit hoher Neutronenzahl. Die Kernphysiker sprechen von r-Prozessen, wobei das r für schnell steht (engl.: rapid). Die hochradioaktiven Atomkerne zerfallen sukzessive in kurzer Zeit zu stabileren, schweren Atomkernen. Verschmelzende Neutronensterne sind eine Brutstätte für Elemente schwerer als Eisen wie Silber, Zinn, Wolfram, Iridium, Platin, Gold, Blei und Uran. Soweit die Theorie.

Die bisher entdeckten Neutronendoppelsterne verschmelzen erst in Dutzenden bis Hunderten von Millionen Jahren. Doch am 17. August 2017 gelang es erstmals, das Verschmelzen eines Paares von Neutronensternen direkt zu beobachten. Aufgefallen war dieses epochale Ereignis zunächst durch die Registrierung eines extrem kurzen und enorm starken Gammastrahlenausbruchs (GRB – Gamma Ray Burst) durch das Weltraumteleskop Fermi. Fast zeitgleich gelang es auch, mit den drei Gravitationswellendetektoren Virgo bei Pisa (Italien), LIGO in Livingston (Louisiana) und LIGO in Hanford (US-Bundesstaat Washington) das Gravitationswellensignal, den „Chirp" (engl., Zirpen), zu erfassen. Das praktisch gleichzeitige Eintreffen des GRB-Signals und der Gravitationswelle ist ein schöner Beweis für die Ausbreitung von Gravitationswellen mit Lichtgeschwindigkeit.

Das Gammastrahlensignal und die Quelle der Gravitationswellen GW170817 deuteten darauf hin, dass das Ereignis in einem Gebiet im Sternbild Hydra (Wasserschlange) zu suchen war. Zahlreiche Teleskope für sichtbares Licht und für Infrarotstrahlung suchten die Gegend ab und fanden den Ort des Geschehens in der Nähe von ψ Hydrae knapp neben der Galaxie NGC 4993, die 120 Millionen Lichtjahre entfernt ist (siehe Abb. 5.12 auf Seite 132). Die Distanz des kollidierten Neutronensternpaares entspricht etwa der von NGC 4993. Die Massen der Komponenten wurden auf 1,4 und knapp zwei Sonnenmassen geschätzt. Die Masse der durch schnellen Neutroneneinfang erzeugten schwereren Elemente, die ins All geschleudert wurde und nicht im Schwarzen Loch verschwand, entspricht etwa 5 % der Sonnenmasse, das sind 10^{26} Tonnen. Davon dürften 6×10^{22} Tonnen, das sind zehn Erdmassen, pures Gold erzeugt worden sein. Doch an dieses Gold kommt niemand heran.

Oktober 2026

- Merkur entzieht sich in unseren Breiten einer Abendsichtbarkeit, kann in südlichen Ländern jedoch kurz am Abendhimmel gesehen werden.
- Venus steht unbeobachtbar am 24. in unterer Konjunktion mit der Sonne.
- Mars ist Planet der zweiten Nachthälfte.
- Auch Jupiter kann in der zweiten Nachthälfte gesehen werden.
- Saturn kommt am 4. in Opposition zur Sonne und kann die ganze Nacht beobachtet werden.

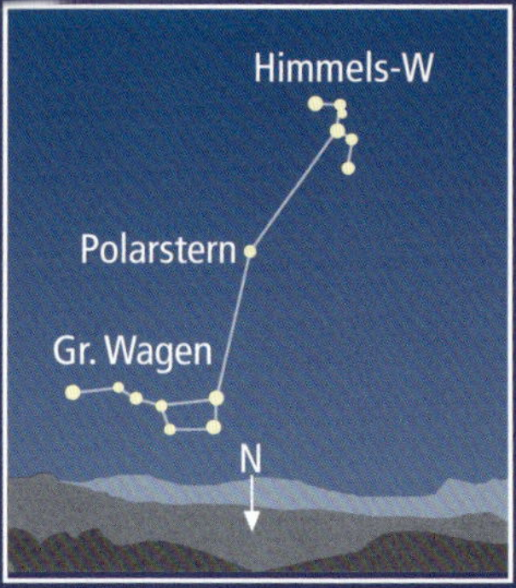

Großer Wagen und Himmels-W Anfang Oktober um 22 Uhr MEZ

10.1 Himmelsanblick am 24. Oktober gegen 19^h MEZ (= 20^h MESZ). An Saturn in den Fischen

Tag		Ereignis
1	Do	
2	Fr	Mond bei Alnath
3	Sa	Tag der Deutschen Einheit Letztes Viertel
4	So	Saturn in Opposition – ganze Nacht
5	Mo	Mond bei Mars – morgens
6	Di	Mond bei Jupiter – morgens
7	Mi	Mond bei Regulus – morgens
8	Do	
9	Fr	
10	Sa	**Neumond**
11	So	
12	Mo	
13	Di	
14	Mi	
15	Do	

Tag		Ereignis
16	Fr	
17	Sa	
18	So	Erstes Viertel
19	Mo	
20	Di	
21	Mi	
22	Do	
23	Fr	
24	Sa	Mond bei Saturn – abends
25	So	Ende der Sommerzeit
26	Mo	Österreichischer Nationalfeiertag **Vollmond**
27	Di	
28	Mi	
29	Do	
30	Fr	
31	Sa	

SONNE – STERNBILDER

23. 10. 11^h:
Sonne tritt in das Tierkreiszeichen Skorpion

31. 10. 16^h:
Sonne tritt in das Sternbild Waage

Julianisches Datum am
1. Oktober, 1^h MEZ: 2 461 314,5

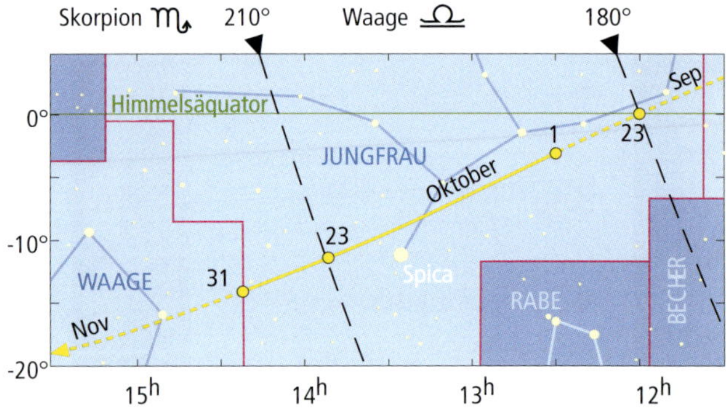

SONNENLAUF

Tag	Dämmerg. Anfang	Aufgang MEZ	Kulmination	Untergang MEZ	Dämmerg. Ende	Mittagshöhe	Zeitgleichg.	Rektaszension	Deklination
	h m	h m	h m	h m	h m	°	m	h m	°
1.	5 10	6 20	12 10	17 59	19 08	36,7	+10	12 27	– 3,0
5.	5 16	6 26	12 08	17 50	19 00	35,2	+12	12 42	– 4,5
10.	5 24	6 34	12 07	17 39	18 49	33,3	+13	13 00	– 6,4
15.	5 32	6 42	12 06	17 29	18 39	31,4	+14	13 19	– 8,3
20.	5 39	6 50	12 05	17 19	18 29	29,6	+15	13 37	–10,1
25.	5 47	6 58	12 04	17 09	18 20	27,8	+16	13 56	–11,9
31.	5 56	7 08	12 04	16 59	18 11	25,8	+16	14 19	–13,9

Sonntag, 25. Oktober 2026: Ende der Sommerzeit!

TAGES- UND NACHTSTUNDEN

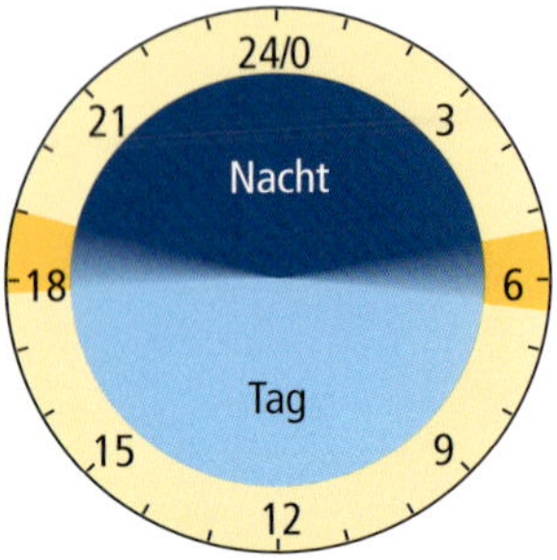

5. Oktober

15. Oktober

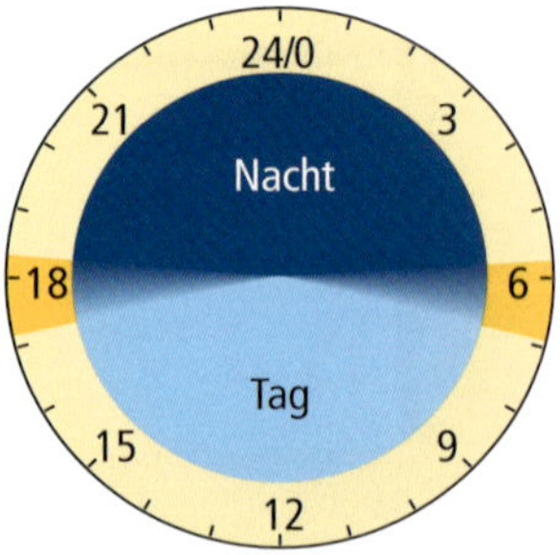

25. Oktober

MONDLAUF

Datum		Aufg. MEZ	Kulmination	Unterg. MEZ	Rektaszension	Deklination		Sterne und Sternbilder	Phase	MEZ
		h m	h m	h m	h m	°				
Do	1.	19 59	3 51	12 42	4 02	+25,9		Stier, Plejaden	Erdnähe 369/32,′4	22^h
Fr	2.	20 59	4 53	13 52	5 05	+27,7		Stier, Alnath		
Sa	3.	22 14	5 56	14 46	6 09	+27,8		Zwillinge	**Letztes Viertel**	**14^h 25^m**
So	4.	23 38	6 57	15 24	7 12	+25,9	*	Pollux		
Mo	5.	–	7 54	15 51	8 12	+22,5		Krebs, Krippe		
Di	6.	1 03	8 47	16 12	9 08	+17,8		Krebs, Krippe		
Mi	7.	2 26	9 36	16 28	10 01	+12,2		Löwe, Regulus	Absteigender Knoten	
Do	8.	3 46	10 23	16 42	10 50	+ 6,1		Sextant		
Fr	9.	5 04	11 07	16 56	11 38	– 0,1		Jungfrau	Libration West	
Sa	10.	6 20	11 52	17 10	12 25	– 6,3		Jungfrau	**Neumond Nr. 1284**	**16^h 50^m**
So	11.	7 37	12 37	17 26	13 13	–12,1		Spica		
Mo	12.	8 53	13 24	17 45	14 01	–17,3		Jungfrau		
Di	13.	10 08	14 12	18 10	14 51	–21,6		Waage	Größte Südbreite	
Mi	14.	11 18	15 03	18 42	15 43	–24,9		Waage		
Do	15.	12 22	15 54	19 25	16 36	–27,0		Antares		
Fr	16.	13 15	16 46	20 18	17 29	–27,9	*	Schlangenträger		
Sa	17.	13 56	17 36	21 21	18 23	–27,4		Kaus Borealis	Erdferne 405/29,′5	0^h
So	18.	14 27	18 25	22 30	19 15	–25,7		Schütze, Nunki	**Erstes Viertel**	**17^h 13^m**
Mo	19.	14 51	19 12	23 42	20 06	–22,8		Schütze		
Di	20.	15 10	19 57	–	20 55	–18,9		Steinbock		
Mi	21.	15 25	20 41	0 55	21 42	–14,2		Steinbock	Aufsteigender Knoten	
Do	22.	15 39	21 24	2 09	22 29	– 8,8		Wassermann		
Fr	23.	15 53	22 09	3 24	23 15	– 2,8		Fische	Libration Ost	
Sa	24.	16 07	22 56	4 42	0 03	+ 3,4		Fische		
So	25.	16 24	23 46	6 03	0 52	+ 9,7		Fische		
Mo	26.	16 45	–	7 28	1 45	+15,6		Fische	**Vollmond**	**5^h 12^m**
Di	27.	17 14	0 41	8 56	2 41	+20,8		Widder	Größte Nordbreite	
Mi	28.	17 54	1 40	10 23	3 42	+24,8	*	Stier, Plejaden	Erdnähe 364/32,′8	19^h
Do	29.	18 51	2 43	11 40	4 47	+27,2		Stier		
Fr	30.	20 03	3 48	12 41	5 53	+27,7		Stier, Alnath		
Sa	31.	21 26	4 51	13 24	6 57	+26,3		Zwillinge		

DER NOCH FAST VOLLE MOND BEDECKT DIE PLEJADEN

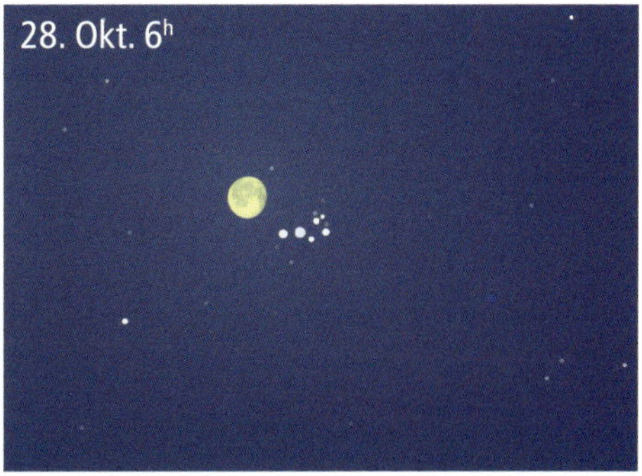

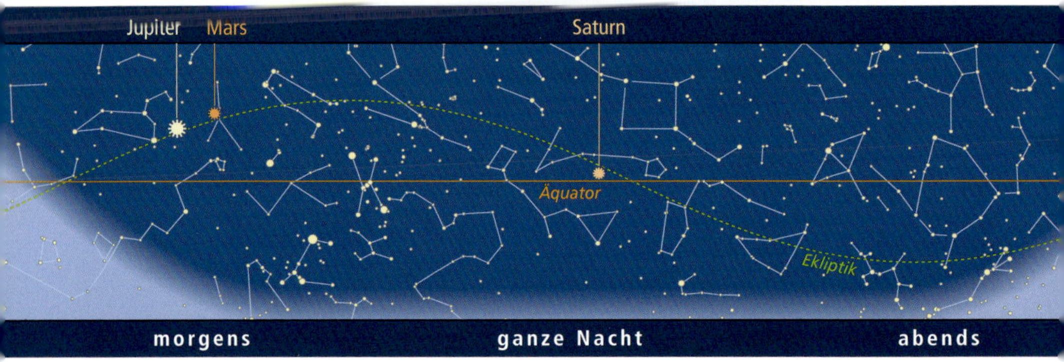

MERKUR erreicht am 12. seine größte östliche Elongation von der Sonne. Obwohl der maximale Elongationswinkel mit 25°10′ recht groß ausfällt, kommt es in unseren Breiten nicht zu einer Abendsichtbarkeit. Merkur befindet sich südlich der Ekliptik (am 17. steht er in größter heliozentrischer Südbreite), die im Herbst ohnehin am Abend flach zum Westhorizont verläuft. In den Mittelmeerländern zeigt sich Merkur jedoch am Abendhimmel. Die Dichotomie des Merkurscheibchens tritt am 17. ein.

Am 24. wird Merkur stationär und eilt anschließend rückläufig auf die Sonne zu. Bereits am 4. November treffen beide zusammen – Merkur befindet sich

10.2 Heliozentrischer Anblick des Planetensystems im letzten Jahresviertel 2026. Eingetragen sind im linken Teil die Positionen der inneren Planeten für den 1. Oktober (10), den 1. November (11), den 1. Dezember 2026 (12) und den 1. Januar 2027 (1). Der rechte Teil zeigt das äußere Planetensystem samt einigen Planetoiden zu Anfang und Ende des letzten Jahresviertels. Die Pfeile deuten die Richtungen zu den ferneren Planeten sowie zum Frühlingspunkt an.

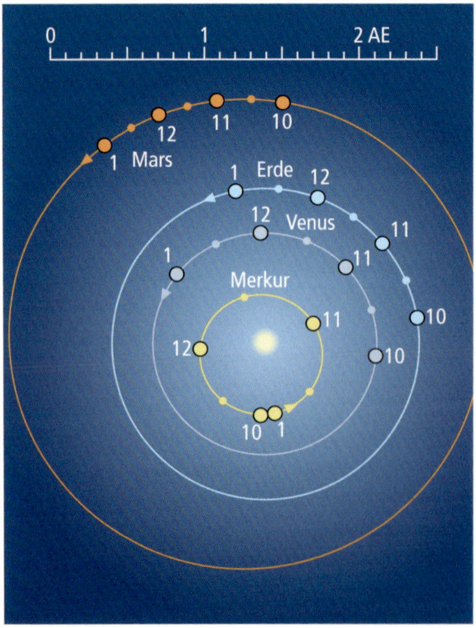

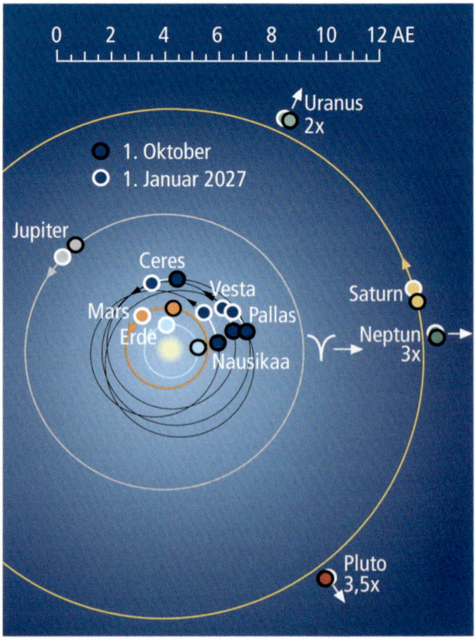

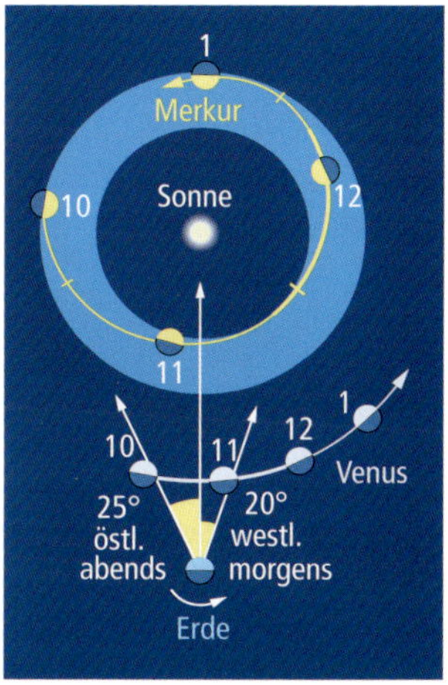

10.3 Heliozentrische Bewegungen von Merkur und Venus *relativ* zur Erde. In den dicker ausgezogenen Bahnteilen sind die Planeten beobachtbar. Die Zahlen geben die Positionen jeweils zum Monatsersten an. Östlicher Winkelabstand bedeutet Abendsichtbarkeit; westliche Elongation: Planet steht am Morgenhimmel.

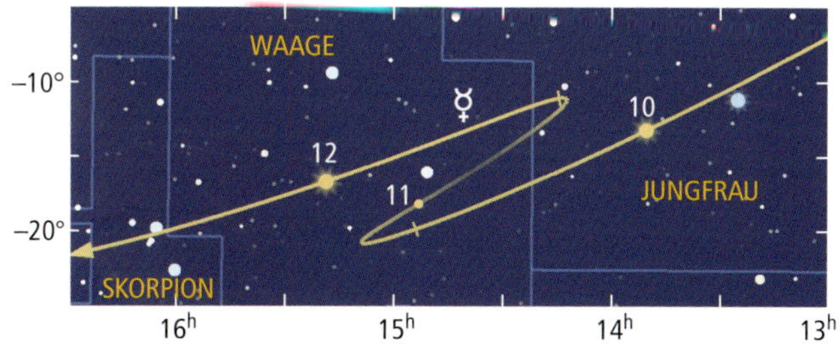

10.4 Konjunktionsschleife von Merkur in den Sternbildern Jungfrau und Waage.

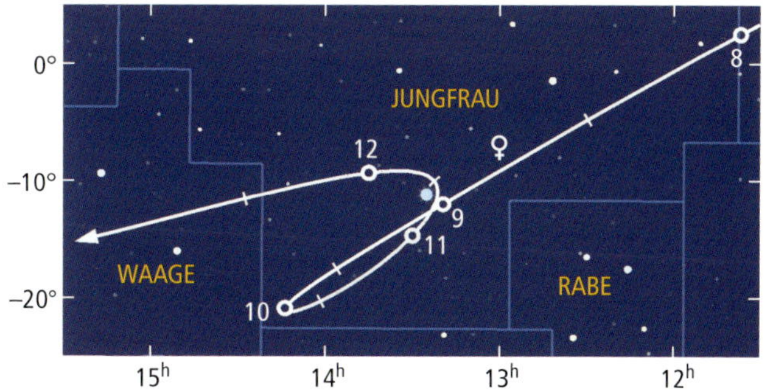

10.5 Konjunktionsschleife von Venus im Sternbild Jungfrau.

in unterer Konjunktion mit der Sonne. Seine Konjunktionsschleife zieht Merkur in den Sternbildern Jungfrau und Waage (siehe Abb. 10.4 oben).

VENUS hat ihre Abendsternperiode beendet. Am 2. wird sie stationär und steuert anschließend rasch rückläufig auf die Sonne zu, mit der sie schon am 24. zusammentrifft. An diesem Tag befindet sie sich in unterer Konjunktion mit der Sonne. Da sie 6,°5 südlichere Deklination als die Sonne aufweist, kommt es nicht zu einem Venustransit, denn sie zieht an der Sonne in diesem Abstand vorbei. Zur unteren Konjunktion ist das Venusscheibchen 61″ groß.

Ihre Konjunktionsschleife beschreibt Venus im Sternbild Jungfrau nahe Spica (α Vir). In Abb. 10.5 oben ist die Konjunktionsschleife eingetragen.

Venus hält sich am Taghimmel auf und bleibt nachts unbeobachtbar unter dem Horizont.

Zur unteren Konjunktion erreicht Venus mit 41 Millionen Kilometer (= 0,27 AE) ihre geringste Entfernung von der Erde.

MARS ist Planet der zweiten Nachthälfte. Der rote Planet verfrüht seine Aufgänge nur gering von 0^h06^m (= 1^h06^m Sommerzeit) zu Monatsbeginn auf 23^h37^m am Monatsende. Die Marshelligkeit nimmt merklich von 1,m1 auf 0,m8 zu.

Mars passiert zu Monatsbeginn den offenen Sternhaufen Praesepe (M 44), wobei man seine Bewegung gut von Tag zu Tag verfolgen kann. Am 30. verlässt er den Krebs und dringt in das Gebiet des Löwen ein, wobei er auf Regulus (α Leonis) zusteuert (siehe Abb. 9.2 auf Seite 199).

Für Fernrohrbeobachter ist Mars immer noch kein besonders interessantes Objekt: Bis Monatsende wächst der scheinbare Marsdurchmesser auf nur 6,″5 an.

10.6 Die abnehmende Mondsichel begegnet am 5. Oktober dem rötlichen Mars. Fernglasanblick gegen 5^h MEZ (= 6^h MESZ).

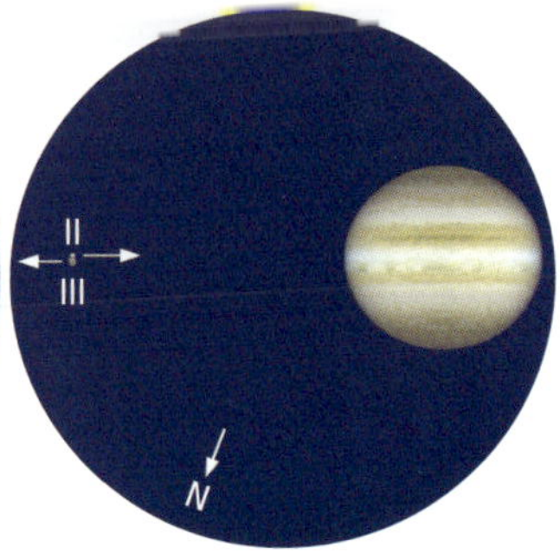

14. Oktober, 4^h40^m MESZ: Ganymed bedeckt Europa westlich von Jupiter.

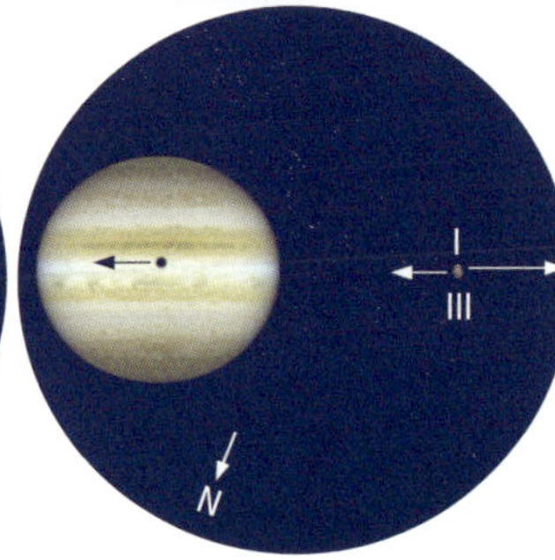

28. Oktober, 0^h36^m MEZ: Ganymed wirft seinen Schatten auf Jupiter, während er Io bedeckt.

JUPITER kann in der zweiten Nachthälfte gesehen werden. Er wandert rechtläufig durch den Tierkreis, wobei er sich langsam dem Himmelsäquator nähert. Jupiter steuert auf Regulus (α Leonis) zu. Er erreicht den Löwenhauptstern, wie erwähnt, in diesem Jahr allerdings nicht mehr, denn er verzögert seine rechtläufige Bewegung – ein Hinweis auf die bevorstehende Oppositionsschleife (siehe Abb. 1.6 auf Seite 42).

Seine Aufgänge verlagert Jupiter in die Zeit um Mitternacht. Am 1. geht er um 1^h49^m (= 2^h49^m Sommerzeit) auf und am 15. um 1^h07^m. Am 31. erfolgt der Aufgang des inzwischen $-2^m,0$ hellen Riesenplaneten schon um 0^h16^m.

Die abnehmende Mondsichel steuert auf Jupiter zu – ein netter Himmelsanblick über dem Osthorizont am 6. um 4^h (siehe Abb. 10.7 unten).

SATURN kommt am 4. im Sternbild Cetus in **Opposition** zur Sonne. Am Tag der Opposition geht der $0^m,4$ helle Ringplanet um 17^h59^m (= 18^h59^m Sommerzeit) auf, erreicht nach Mitternacht um 0^h11^m seine Höchststellung im Süden und geht morgens am 5. um 6^h23^m unter. Seine Kulminationshöhe über dem Südpunkt beträgt dabei 42° in 50° nördlicher Breite.

Bis Ende Oktober nimmt die Saturnhelligkeit leicht auf $0^m,5$ ab.

Am Tag der Opposition tritt die Minimalentfernung von der

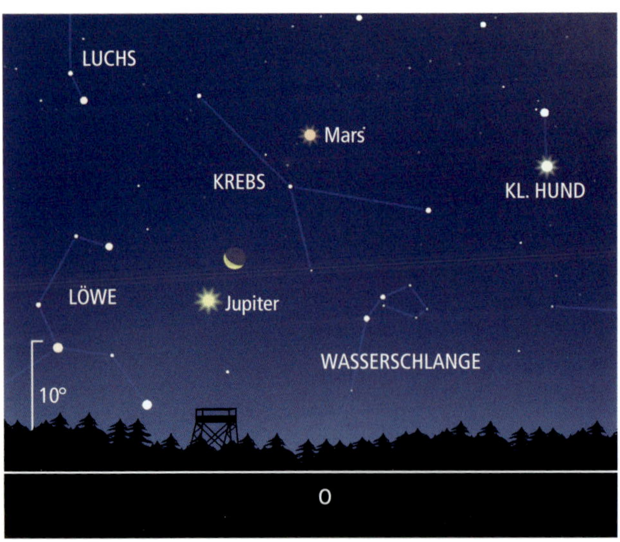

10.7 Anblick des Osthimmels gegen 3^h (= 4^h MESZ) morgens: Über dem Osthorizont steht Mars und tiefer Jupiter, zu dem sich am 6. Oktober die abnehmende Mondsichel gesellt.

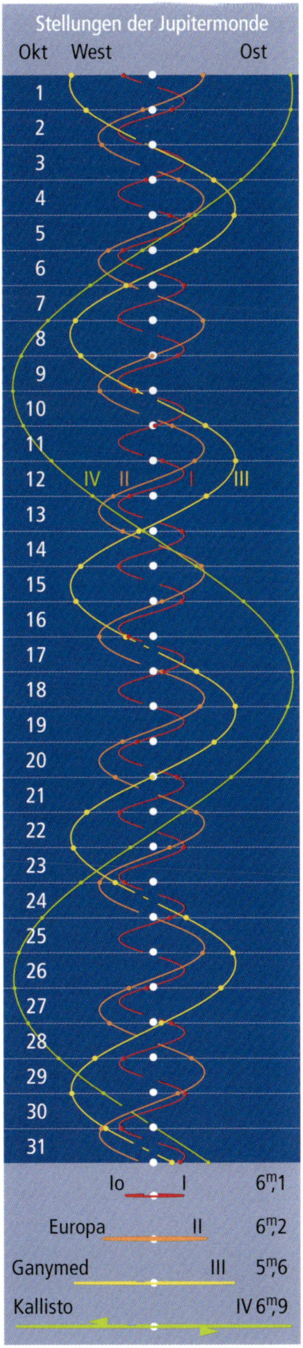

JUPITERMONDE

Tag	MEZ	Vorgang	
	h m		
2.	4 31	I	DA
3.	3 58	I	BE
	4 04	III	BE
10.	4 03	III	VE
	4 41	III	BA
11.	3 15	I	DE
12.	4 38	I	V II
14.	5 35	II	VA
16.	4 55	II	DE
17.	4 23	III	VA
	4 28	I	VA
18.	2 56	I	DA
	4 06	I	SE
	5 12	I	DE
21.	2 46	III	DE
22.	2 26	IV	SA
23.	2 24	II	SA
	4 45	II	DA
	5 17	II	SE
25.	2 39	II	BE
	3 43	I	SA
	4 52	I	DA
26.	4 20	I	BE
28.	2 07	III	SE
	3 18	III	DA
29.	3 53	IV	V III
30.	4 59	II	SA
31.	2 18	IV	BE

KONJUNKTIONEN

Tag	MEZ	Monde/Dist.		
	h m	S	″	N
5.	3 55	I	0,9	II
14.	3 40	II	1,0	III
15.	3 35	IV	0,2	II
18.	1 37	II	1,3	I
25.	3 52	II	1,6	I
28.	0 36	I	0,3	III
31.	1 41	III	0,3	II

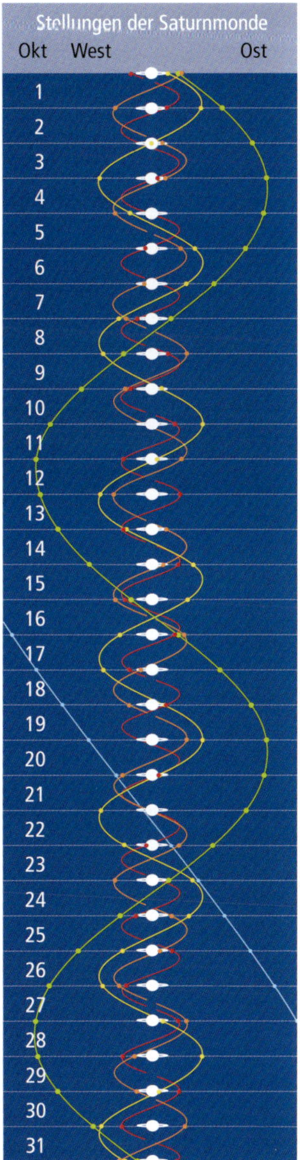

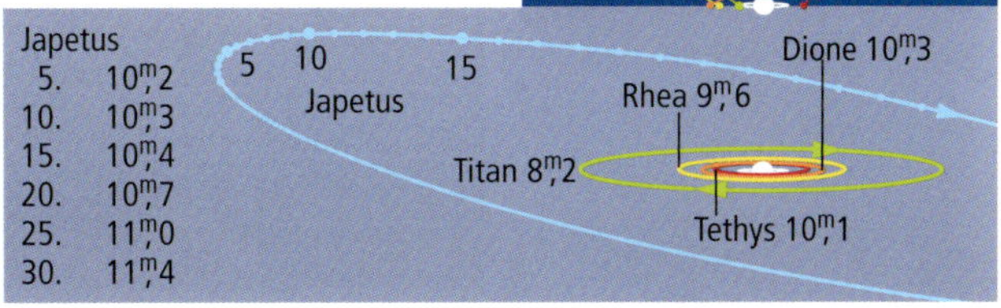

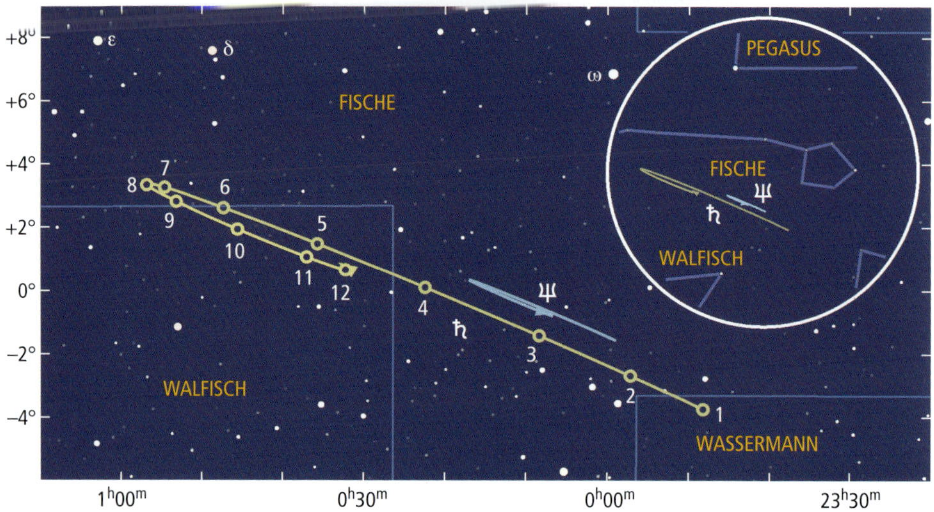

10.8 Scheinbare Bahn des Ringplaneten Saturn im Jahr 2026 im Gebiet der Sternbilder Fische und Walfisch. Eingetragen ist ferner die Lage der Neptunbahn, die parallel verläuft.

Erde ein. Saturn ist an diesem Tag 1260 Millionen Kilometer (= 8,42 AE) von der Erde entfernt. Zur Opposition benötigt das Licht von Saturn zur Erde eine Stunde und zehn Minuten. Die Sonnenentfernung misst am 4. von Saturn 1410 Millionen Kilometer (= 9,43 AE).

Im Teleskop erkennt man, dass Saturn ähnlich wie Jupiter stark abgeplattet ist. Die Abplattung beträgt rund 1:10. Das ovale Saturnscheibchen weist einen Äquatordurchmesser von 19″,7 und einen Poldurchmesser von 17″,6 auf. Der nur 7°,5 geöffnete Ring hat eine scheinbare Längsausdehnung von 44″,8 und einen (senkrechten) Querdurchmesser von nur 5″,8. Gegenwärtig blickt man bis zum 15. Oktober 2038 auf die Südseite der Ringebene.

Am 24. passiert der Vollmond den Ringplaneten 5°,9 nördlich (siehe Abb. 10.1 auf Seite 212). Der Untergang des inzwischen 0^{m},5 hellen Saturn erfolgt am 25. um $4^{h}56^{m}$ (= $5^{h}56^{m}$ Sommerzeit).

URANUS im Sternbild Stier strebt rückläufig auf seine Opposition zur Sonne zu, die er gegen Ende des nächsten Monats erreicht. Während seiner ganzen Oppositionszeit hält sich der grünliche und sonnenferne Planet im Goldenen Tor der Ekliptik auf, das von den Plejaden und den Hyaden gebildet wird. (siehe Abb. 11.13 auf Seite 241). Seine Helligkeit von 5^{m},6 nimmt kaum zu.

GEGENSEITIGE JUPITERMONDEREIGNISSE

Tag	Beginn	Ende	Ereignis
	h m	h m	fern/nah
5.	3 53	3 57	I B II
12.	4 34	4 42	I V II
14.	3 38	3 42	II B III
15.	3 21	3 49	IV B II
28.	0 32	0 40	I B III
29.	3 47	3 59	IV V III
31.	1 35	1 47	III B II

Beginn Mitte Ende
Norden unten, Zeitangaben in MEZ

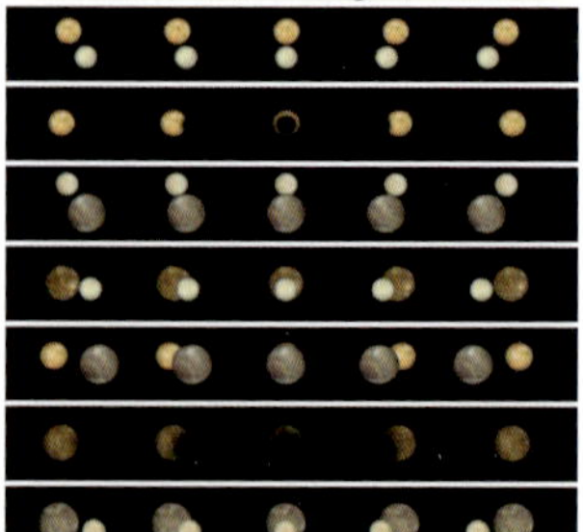

Da die Sonne immer früher untergeht, wird Uranus zum Planeten der gesamten Nacht. Der Uranusaufgang erfolgt am 1. um 19^h59^m (= 20^h59^m Sommerzeit) und am 15. um 19^h03^m. Zu Ende Oktober geht der grünliche Planet bereits um 17^h58^m auf. Die beste Beobachtungszeit ist die Stunde um seine Kulmination. Der Meridiandurchgang von Uranus erfolgt am 1. um 3^h55^m, am 15. um 2^h59^m und am 31. bereits um 1^h54^m.

NEPTUN, rückläufig im Sternbild Fische, hat seine Opposition zur Sonne gerade hinter sich. Der sonnenfernste, bläulich leuchtende Planet kann am besten um die Kulminationszeit beobachtet werden. Sein Meridiandurchgang erfolgt am 1. um 23^h50^m (= 0^h50^m MESZ am 2.), am 15. um 22^h53^m und am 31. schon um 21^h49^m. Seine Untergänge erfolgen immer früher. Am 1. geht Neptun um 5^h56^m unter, am 15. um 4^h59^m und am 31. schon um 3^h54^m. Die Aufsuchkarte Abb. 9.6 findet sich auf Seite 202. Etwa eineinhalb Stunden vor dem Untergang lohnt es nicht mehr, Neptun zu suchen.

PLANETOIDEN UND ZWERGPLANETEN

PLUTO beendet am 16. mittags seine Rückläufigkeit und wird im Sternbild Steinbock wieder rechtläufig. Damit ist seine Oppositionsperiode beendet (siehe Abb. 7.8 auf Seite 159). Er kulminiert an diesem Tag um 19^h05^m (= 20^h05^m MESZ) und geht um 23^h03^m unter.

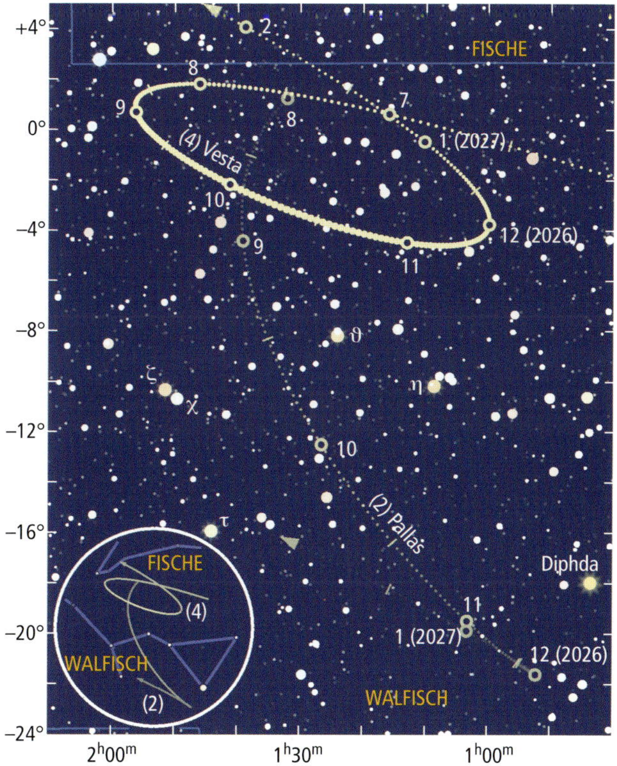

10.9 Bahnen der Kleinplaneten (2) Pallas und (4) Vesta im Gebiet der Sternbilder Fische und Walfisch.

PALLAS (2), rückläufig Walfisch, kommt am 6. um Mitternacht in **Opposition** zur Sonne (siehe Abb. 10.9 oben). Ihre Oppositionshelligkeit erreicht diesmal $8^m,3$, was für ein Aufsuchen schon etwas Beobachtungserfahrung erfordert. Bis Monatsende geht die Pallashelligkeit ein wenig auf $8^m,5$ zurück.

Anfang Oktober kulminiert Pallas um 1^h09^m (= 2^h09^m MESZ). Bis zur Opposition verfrüht sich die Kulmination von Pallas auf 0^h41^m. Am 31. passiert Pallas den Meridian bereits um 22^h44^m.

Von der Erde ist Pallas zur Opposition 277 Millionen Kilometer (= 1,85 AE) entfernt. Die kürzeste Entfernung von der Erde erreicht Pallas am 11. mit 276,32 Millionen Kilometer (= 1,8471 AE). Dies entspricht einer Lichtlaufzeit von 15 Minuten und 21 Sekunden. Von der Sonne trennen Pallas am 7. immerhin 420 Millionen Kilometer (= 2,81 AE).

VESTA (4), rückläufig im Walfisch (Cetus), erreicht am 13. um 7^h ihre **Opposition** zur Sonne. Mit $6^m,3$ Oppositionshelligkeit

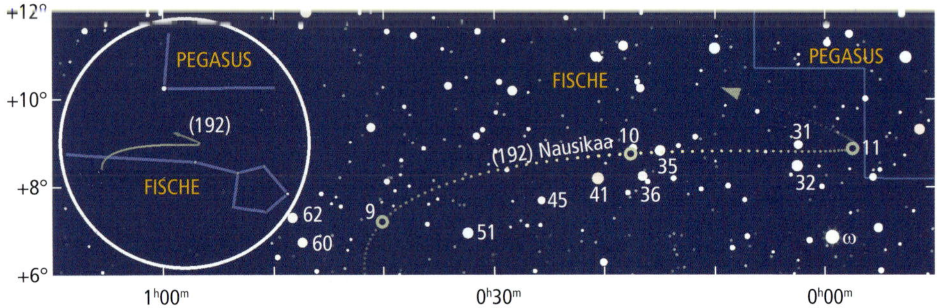

10.10 Bahn des Kleinplaneten (192) Nausikaa im Sternbild Fische im September und Oktober 2026.

ist sie theoretisch bei hervorragenden Sichtbedingungen mit bloßen Augen zu erkennen. Sie geht am Oppositionstag um 18^h34^m (= 19^h34^m MESZ) auf. In der Oppositionsnacht kulminiert sie um 0^h21^m und geht morgens um 6^h08^m unter. Die Abb. 10.9 auf Seite 221 soll helfen, Vesta schnell mit einem Fernglas zu entdecken. Am Monatsbeginn kulminiert Vesta um 1^h24^m (= 2^h24^m MESZ), am Monatsende schon um 22^h54^m.

Ihre geringste Entfernung von der Erde zur Opposition erreicht Vesta am 11. um 16^h. Sie ist dann 222 Millionen Kilometer (= 1,48 AE) von uns entfernt, dies entspricht einer Lichtlaufzeit von gut zwölf Minuten. Ihre Sonnendistanz beträgt am Oppositionstag 369 Millionen Kilometer (= 2,47 AE).

OPPOSITIONEN VON (192) NAUSIKAA 2015–2040

Datum			Hell.	Dekl.
2015	Nov	20.	$9^{m}{,}0$	+33°
2017	Mrz	18.	11,1	− 2
2018	Jun	11.	10,5	−34
2020	Jan	9.	10,0	+32
2021	Apr	7.	11,3	−12
2022	Jul	22.	9,5	−29
2024	Feb	10.	10,6	+19
2025	Apr	28.	11,2	−22
2026	**Okt**	**1.**	**8,4**	**+ 9**
2028	Mrz	4.	10,8	+ 6
2029	Mai	22.	10,9	−31
2030	Dez	11.	9,4	+36
2032	Mrz	25.	11,2	− 6
2033	Jun	25.	10,2	−35
2035	Jan	20.	10,2	+27
2036	Apr	15.	11,3	−16
2037	Aug	12.	8,9	−20
2039	Feb	19.	10,7	+14
2040	Mai	6.	11,1	−26

Die Opposition im Jahr 2026 ist die günstigste.

NAUSIKAA (192) kommt am 1. im Sternbild Fische (Pisces) in **Opposition** zur Sonne. Es ist dies die günstigste Opposition von Nausikaa im Zeitraum von 2015 bis 2040 (siehe Tabelle „Oppositionen von (192) Nausikaa" links). Ihre Oppositionshelligkeit erreicht $8^{m}{,}4$. Bis Ende Oktober sinkt sie wieder auf $9^{m}{,}4$ um eine Größenklasse ab.

Zur Opposition kulminiert Nausikaa um 0^h00^m (= 1^h00^m MESZ), am 15. um 22^h48^m und am Monatsende schon um 21^h38^m. Ihre Oppositionsentfernung von der Erde misst 127 Millionen Kilometer (= 0,85 AE). Dies entspricht einer Lichtlaufzeit von sieben Minuten. Von der Sonne ist sie 272 Millionen Kilometer entfernt (= 1,82 AE).

PERIODISCHE STERNSCHNUPPENSTRÖME

Das Maximum der **DELTA-DRACONIDEN** wird in diesem Jahr in der Nacht vom 8. auf 9.10. erwartet. Die Meteore dieses Stromes treten langsam (21 km/s) in die Atmosphäre ein. Hohe Raten wurden zuletzt in den Jahren 2011 (ZHR immerhin 400), 2012 (vorrangig schwache Meteore) sowie 2018 (ZHR 120 über mehrere Stunden) beobachtet. 2024 waren es rund 15 pro Stunde. Nach dem Perihel im März 2025 wurde die Bahn des Ursprungskometen 21P/Giacobini-Zinner so gestört, dass er der Erde nicht mehr so nahekommt. Die vorher freigesetzten Staubteilchen werden uns aber auch in den kommenden Jahren noch begegnen.

Von Anfang Oktober bis in die erste Novemberwoche sind die **ORIONIDEN** aktiv, deren Ursprung auf den Halleyschen Komet deutet. Mit dem Maximum ist am 22. Oktober zu rechnen, wobei etwa 25 bis 30 Meteore pro Stunde zu erwarten sind. Die Frequenz ist von Jahr zu Jahr verschieden. In den Jahren 2006 bis 2009 passierte die Erde die durch Jupiters Einfluss konzentrierte Trümmerwolke.

Die beste Beobachtungszeit: Mitternacht bis 5^h morgens. Der Radiant liegt etwa 10° nordöstlich von Beteigeuze. Es handelt sich bei den Orioniden um sehr schnelle Objekte mit Eintrittsgeschwindigkeiten um 65 Kilometer pro Sekunde.

Ferner seien die **EPSILON-GEMINIDEN** erwähnt, die vom 14. bis 27. Oktober lediglich zwei bis drei Meteore pro Stunde liefern. Das Maximum wird am 18. erwartet.

Weitere schwache Ströme sind die **LEONIS-MINORIDEN**, die vom 19. bis 27. auftreten (Maximum am 24.). Für Beobachtungen sollte vorzugsweise die Zeit nach Mitternacht genutzt werden. Aus dem Bereich Widder/Stier sind die **NÖRDLICHEN** und die **SÜDLICHEN TAURIDEN** zu verfolgen, die vom Kometen 2P/Encke stammen.

KONSTELLATIONEN UND EREIGNISSE

Datum	MEZ	Ereignis
1.	5^h	Mond bei Uranus, Mond 5°,4 nördlich
2.	15	Venus im Stillstand, anschließend rückläufig
4.	13	**Saturn in Opposition** zur Sonne
5.	7	**Mond bei Mars**, Mond 1°,2 nördlich, **Abstand 0°,9 um 5^h**
5.	16	Merkur bei Venus, Merkur 5°,4 nördlich
6.	11	**Mond bei Jupiter**, Mond 0°,2 nördlich, **Abstand 2°,5 um 6^h**
12.	4	Mond bei Venus, Mond 3°,1 nördlich
12.	11	Merkur in größter östlicher Elongation (25°)
12.	21	Mond bei Merkur, Mond 2°,1 südlich
16.	12	Pluto im Stillstand, anschließend rechtläufig
24.	4	Mond bei Neptun, Mond 4°,8 nördlich
24.	5	Venus in unterer Konjunktion mit der Sonne
24.	13	Merkur im Stillstand, anschließend rückläufig
24.	19	**Mond bei Saturn**, Mond 6°,8 nördlich, **Abstand 5°,9 um 18^h**
28.	11	Mond bei Uranus, Mond 5°,2 nördlich

Der Fixsternhimmel

Das Sommerdreieck steht noch hoch im Südwesten und Deneb sieht man sogar zenitnah. Dennoch macht sich nun der Herbst am abendlichen Sternenhimmel deutlich bemerkbar. Um den Meridian und in der östlichen Himmelshälfte nehmen inzwischen die Herbstbilder ihren Platz ein. Im Zenit steht nun die Kassiopeia, das Himmels-W, während der Große Wagen tief am Nordhorizont in unterer Kulmination eben durch den Meridian rollt.

Das Sternenquadrat des Pegasus hat bereits den Meridian erreicht. Dieses markante Sternenviereck ist leicht zu entdecken. So wie das Sommerdreieck oder das Wintersechseck gehört das Pegasusquadrat zu den Figuren, die die Jahreszeit am gestirnten Firmament charakterisieren. Deshalb nennt man es auch Herbstviereck. Der Pegasus gilt als Leitsternbild des Herbsthimmels.

Der klassischen Sage nach ist der Pegasus ein geflügeltes Pferd, das dem sterbenden Leib der grauenvollen Medusa entsprungen ist. Der Pegasus soll den Poeten zu ihren fantasiereichen Gedankenflügen verhelfen.

Etwa auf der Linie Enif (ε Pegasi) – Atair stößt man auf das kleine, aber markante Sternbild Delphin. Noch kleiner und recht unscheinbar ist das Füllen (lat.: Equuleus). Es liegt zwischen Enif und dem Delphin. Es ist das zweitkleinste Sternbild und setzt sich nur aus Sternen 4. Grö-

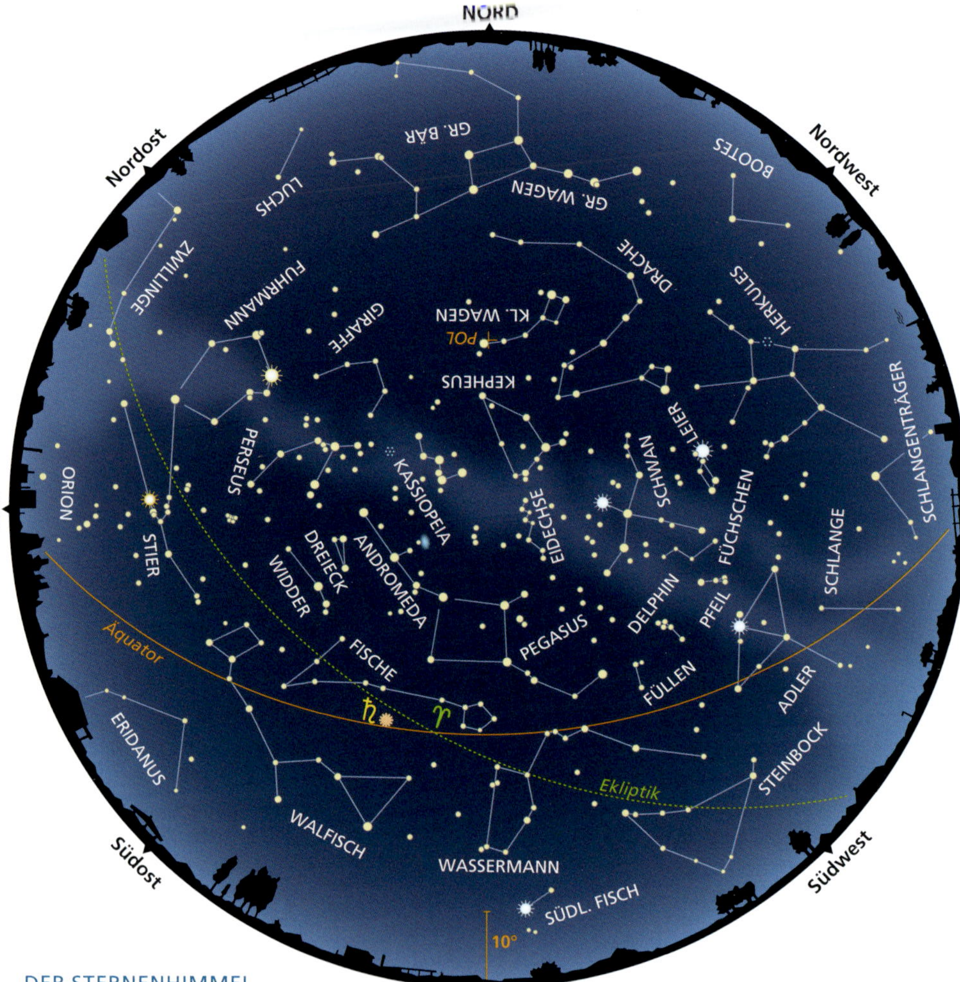

DER STERNENHIMMEL
AM 15. OKTOBER UM 22h MEZ

Die Sternkarte ist auch gültig für:		
	MEZ	**MESZ**
1. 8.	3h	4h
15. 8.	2	3
1. 9.	1	2
15. 9.	0	1
1.10.	**23**	**24**
15.10.	**22**	**23**
31.10.	**21**	
15.11.	20	
30.11.	19	
15.12.	18	

ße und schwächer zusammen. Der Sage nach soll der flinke Götterbote Hermes das Füllen dem Knaben Kastor, dem sterblichen Zwillingsbruder von Pollux, zum Geschenk gemacht haben. Die vier Sterne des Pegasusquadrats heißen Markab (α Pegasi), Scheat (β Pegasi), Algenib (γ Pegasi) und Sirrah, wobei Sirrah selbst eigentlich nicht mehr zum Pegasus gehört, sondern schon der erste Stern der Andromedakette, nämlich α Andromedae, ist. Scheat ist übrigens einer der größten Sterne, die wir kennen. Diese tiefrote Riesensonne, die von uns 195 Lichtjahre entfernt ist, übertrifft unsere Sonne 160-mal an Durchmesser. Stünde Scheat an Stelle unserer Sonne, so würde die Oberfläche dieses Sternes bis zur Venusbahn reichen.

10.11 Vom Herbstviereck (Pegasusquadrat) ausgehend findet man schnell die Kassiopeia, den Polarstern, Deneb und Fomalhaut, Hauptstern des Sternbildes Südlicher Fisch.

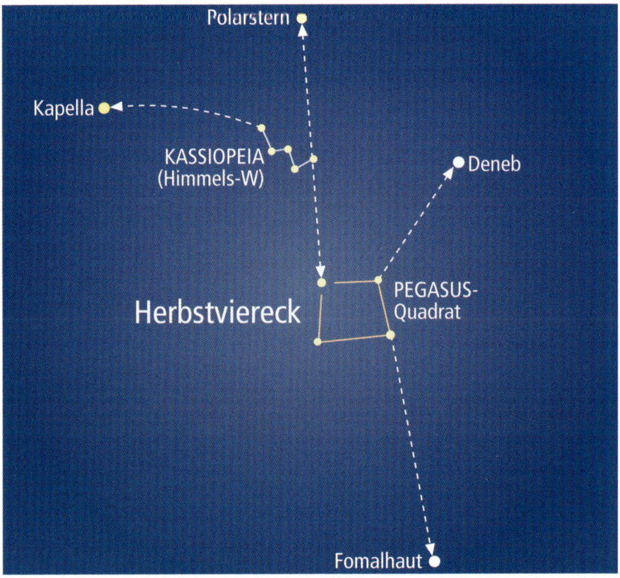

Wer gute Augen und einen dunklen, mondlosen Nachthimmel hat, erkennt im Sternbild Andromeda ein wenig nördlich des Sternes Mirach (β Andromedae) ein kleines, nebliges Lichtfleckchen. Es handelt sich um den berühmten großen Andromedanebel, unser nächstes, großes Milchstraßensystem (Katalogbezeichnung: M 31). Die Andromedagalaxie ist das fernste Himmelsobjekt, das man mit bloßen Augen erkennen kann. Dieses Milchstraßensystem ist 2,5 Millionen Lichtjahre von uns entfernt. Der Andromedanebel ist unsere Nachbarmilchstraße, denn die anderen großen Sternsysteme mit Ausnahme der Galaxie M 33 im Sternbild Dreieck (lat.: Triangulum) sind noch viel weiter von uns entfernt. Die Dreiecksgalaxie ist mit 2,7 Millionen Lichtjahren nur wenig weiter von uns entfernt als der Andromedanebel. Im Gegensatz zur Andromedagalaxie sieht man fast direkt von oben auf die prächtige Spirale von M 33.

Südlich der Andromeda stößt man auf das kleine Bild des Widders, der zum Tierkreis gehört. Im Wesentlichen markieren nur drei Sterne den Widder, die in einem stumpfwinkeligen Dreieck angeordnet sind. Der hellste Stern (α Arietis) heißt Hamal, was „Kopf des Widders" bedeutet. Hamal ist 66 Lichtjahre von uns entfernt.

Auch denjenigen, die sich gar nicht am Sternenhimmel auskennen, ist der Widder zumindest dem Namen nach wohlvertraut. Denn er gehört zum Tierkreis, zu jenen Sternbildern also, durch die die Sonne im Laufe eines Jahres hindurch wandert, und zwar vom 19. April bis 14. Mai. Bei der Aufzählung

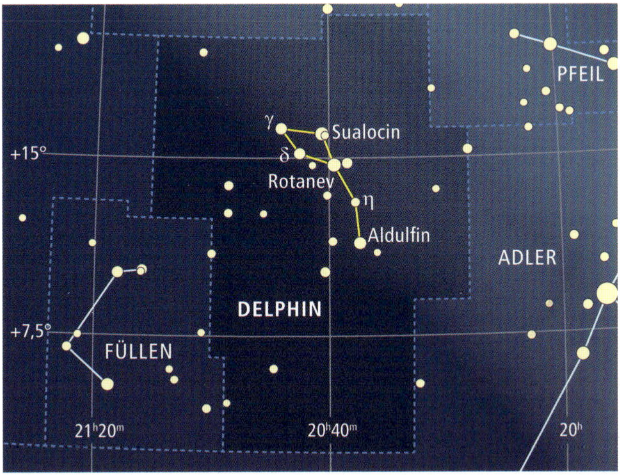

10.12 Sternkarte des Sternbildes Delphin

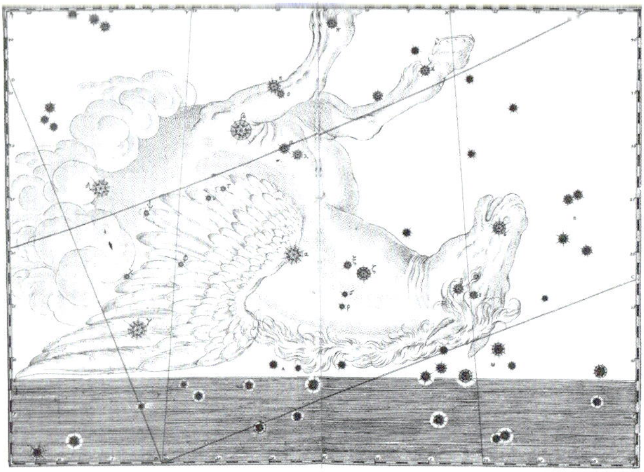

10.13 Das Sternbild Pegasus in der fantasiereichen Darstellung im Sternatlas *Uranometria* von Johannes Bayer aus dem Jahre 1603. Der Pegasus ist das Leitsternbild des Herbstes.

der Tierkreissternbilder steht der Widder stets an erster Stelle. Dies rührt daher, weil vor mehr als 2000 Jahren der Frühlingspunkt im Sternbild Widder lag. Der Frühlingspunkt ist der Schnittpunkt der aufsteigenden Sonnenbahn mit dem Himmelsäquator. Passiert die Sonne den Frühlingspunkt, so überschreitet sie den Himmelsäquator und wechselt von der Süd- auf die Nordhalbkugel des Himmels. An dem Tag, an dem die Sonne den Himmelsäquator in Richtung Nord kreuzt, haben wir Tagundnachtgleiche. Der Frühlingspunkt bleibt aber nicht ortsfest unter den Sternen fixiert. Infolge der Kreiselbewegung der Erdachse, der sogenannten Präzession, wandert er entgegen dem Sonnenlauf, also von Ost nach West, in knapp 26 000 Jahren einmal durch den ganzen Tierkreis. Rund alle 2000 Jahre wechselt der Frühlingspunkt in ein neues Sternbild. Vom Jahr –1840 bis zum Jahr –70 lag er im Widder, ab da wechselte er in die Fische, und im Jahre 2610 wird er in den Wassermann treten. Auch wenn in unserer Zeit der Frühlingspunkt im Sternbild Fische liegt, so sprechen wir dennoch vom Widderpunkt, wenn der Frühlingspunkt gemeint ist, der auch der Ursprung für die äquatorialen und ekliptikalen Himmelskoordinaten ist.

Zwischen Widder und Andromeda hat das kleine Sternbild Triangulum (lat., Dreieck) seinen Platz.

Östlich der Andromeda findet man ihren Retter, den Helden Perseus, mit seinem berühmten bedeckungsveränderlichen Stern Algol (β Perseï).

Im Südosten nimmt der Walfisch das Areal ein. Er ist kein Wal im Sinne der Zoologie und auch kein Fisch, sondern das Meeresungeheuer Cetus, das die Gestade Äthiopiens einst bedrohte und dem die Prinzessin Andromeda geopfert werden sollte. Im Walfisch steht auch der langperiodische Variable Mira (ο Ceti). Von Mira trennen uns 300 Lichtjahre.

Die Termine der Helligkeitsminima von Algol und die variablen Helligkeiten von Mira sind aus der monatlichen Tabelle „Veränderliche Sterne“ zu entnehmen.

Tief im Süden blinkt ein heller Stern, nämlich Fomalhaut (α Piscis Austrinus). Im Osten wiederum ist der Stier mit seinem roten Hauptstern Aldebaran und den beiden offenen Sternhaufen Hyaden und Plejaden aufgegangen.

VERÄNDERLICHE STERNE

Algol-Minima		β-Lyrae-Minima		δ-Cepheï-Maxima		Mira-Helligkeit	
3.	18^h53^m	4.	9^h N	4.	22^h	1.	10^m
15.	6 07	10.	21 H	10.	6	10.	10
18.	2 56	17.	8 N	15.	15	20.	10
20.	23 46	23.	19 H	21.	0	31.	9
23.	20 35	30.	7 N	26.	9		
26.	17 23			31.	18		

Das DAMA-LIBRA-Experiment

KPNO/NOIRLab/NSF/AURA

10.14 Die Galaxie NGC 3198 enthält wesentlich mehr Masse als aus der leuchtenden Materie zu schließen ist.

Vor fast 100 Jahren ist allmählich klar geworden: Es gibt wesentlich mehr Materie im Universum, als sich in den Galaxien, Sternen und im Gas und Staub, sogenannter interstellarer Materie, findet. Damals sprach man zunächst vom „Missing Mass Problem". Denn es zeigte sich, dass mehr Masse als Schwerkraft wirksam ist, als man direkt beobachten kann. Und zwar ganz erheblich mehr. Nur fünf Prozent an Masse sind direkt in Form von Materie beobachtbar, die man als leuchtende Materie in Form von Sternen sieht oder als Dunkelwolken, Planeten und erloschene Sterne registriert. Die uns vertraute Materie und Strahlung stellt nur einen kleinen Bruchteil dessen dar, was den Kosmos ausmacht.

Ein großer Teil der Materie macht sich nur durch seine Schwerkraftwirkung bemerkbar. Sie leuchtet nicht, weshalb man von Dunkler Materie spricht. Sie macht rund 25 % der Gesamtmasse des Universums aus. Noch mehr zur Masse des Universums trägt die noch mysteriösere Dunkle Energie bei, nämlich 70 %. Gemäß der Speziellen Relativitätstheorie von Albert Einstein ist Energie der Masse äquivalent. Insofern trägt die Dunkle Energie zur Gesamtmasse des Universums bei.

Seit nunmehr bald 100 Jahren rätseln Astronomen und Elementarteilchenphysiker, ob es die ominöse „Dunkle Materie" gibt oder ob sie nur eine Hypothese ist, um einige unverstandene Beobachtungen zu erklären. Man braucht sie, um zu erklären, wieso sich in einer sehr frühen Phase des Universums überhaupt Sterne bilden konnten, warum Galaxienhaufen nicht auseinanderdriften, weshalb die Randpartien großer Spiralgalaxien viel schneller um ihr Zentrum kreisen als gedacht, wieso das Licht ferner Quasare viel stärker durch Galaxienhaufen abgelenkt wird als vermutet und weitere Phänomene, die darauf hindeuten, dass das Universum viel mehr Masse enthält als im elektromagnetischen Spektrum zu erfassen ist.

Experimentelle Beweise

Dem holländischen Astronom Jan Hendrik Oort (1900–1992) fiel bei der Untersuchung der Milchstraßenrotation auf, dass die äußersten Sterne am Rande unserer Galaxis viel zu schnell laufen. Auf Grund ihrer Geschwindigkeit müssten sie eigentlich unser Milchstraßensystem verlassen. Demnach hätte sich die Galaxis schon längst auflösen müssen. Geht man aber davon aus, dass die Sterne in einer Kreisbahn um das Milchstraßenzentrum wandern, dann lässt sich gemäß dem dritten Kepler-Gesetz auf die innerhalb der Kreisbahn liegende Masse schließen. Und da fand Oort, dass unsere Milchstraße erheblich mehr Materie beinhalten muss, als wir in Form von Sternen und interstellaren Gas- und Staubwolken beobachten.

Fritz Zwicky (1898–1974), ein Schweizer Astronom, der hauptsächlich in den USA forschte, hat als Erster große Mengen an gravitativ wirkender Masse vermisst. Schon 1933 bemerkte Zwicky, dass die Galaxien im Coma-Haufen sich so schnell bewegen, dass er sich längst aufgelöst haben müsste, es sei denn, der Haufen habe mindestens zehnmal so viel Masse wie im Optischen beobachtet, die den Coma-Haufen durch ihre Schwerkraft zusammenhält. Aus dem Virialtheorem der klassischen Mechanik ist zu schließen, dass die sichtbare Materie in dem Galaxienhaufen nur etwa ein Zehntel zur Gesamtmasse beiträgt. Kurzum, das Virialtheorem besagt: Je größer die Geschwindigkeiten von Sternen oder Galaxien in einem Haufen sind, desto größer muss die Gesamtmasse eines Haufens sein, damit die einzelnen Mitglieder nicht den Haufen verlassen und er sich schlussendlich auflöst.

Vera Cooper Rubin (1928–2016) hat das Rotationsverhalten der großen Galaxie NGC 3198 in den 1960er-Jahren untersucht. Dabei stellte sie fest, dass die Randpartien viel schneller um das Galaxienzentrum laufen als nach der abgeschätzten Gesamtmasse zu erwarten wäre. Die Galaxie NGC 3198 muss viel mehr Masse enthalten als die Summe aller Sterne und interstellarer Materie ergibt. Auch bei anderen Galaxien hat sie aus den Rotationskurven auf riesige Mengen an zusätzlicher Masse geschlossen. Ihr zu Ehren wurde das LSST (**L**arge **S**ynoptic **S**urvey **T**elescope) auf dem 2682 Meter hohen Cerro Pachón in Chile „Vera C. Rubin Observatory“ getauft.

Mark Godfrey, courtesy of AIP Emilio Segrè Visual Archives, Gift of Vera Rubin

10.15 Vera C. Rubin (1928–2016) untersuchte das Rotationsverhalten der Galaxie NGC 3198.

Nach Einsteins Allgemeiner Relativitätstheorie (ART) krümmen Massen den sie umgebenden Raum. Die Raumkrümmung bewirkt die Erscheinung der Gravitation. Licht kann durch Masse gebündelt werden. Die Massen wirken wie optische Linsen. Solche Gravitationslinsenphänomene lassen Rückschlüsse auf die Menge der Massen zu, die die Lichtstrahlen ablenken. Das Licht eines fernen, punktförmigen Quasars wird beim Passieren eines Galaxienhaufens auf dem Weg zur Erde abgelenkt, wobei Doppel- und Mehrfachbilder, teils auch leuchtende Ringe zu beobachten sind. Aus der Geometrie der abgelenkten Lichtstrahlen lässt sich auf die Masse des Galaxienhaufens schließen.

Aus den Beobachtungen der Gravitationslinsen einiger Galaxienhaufen ist zu schließen, dass sie rund neunmal mehr Masse besitzen als in Form leuchtender Materie zu erkennen ist.

Aus was besteht die vermisste Materie?

Die Dunkle Materie macht sich ausschließlich durch ihre Schwerkraftwirkung bemerkbar. Sie koppelt mit keiner anderen der vier Naturkräfte wie starke Wechselwirkung, schwache Wechselwirkung und elektromagnetische Kraft. Sie spürt daher auch keinen thermischen Druck. In der Frühphase des Universums bewirkte sie, dass die normale Materie überhaupt klumpen konnte und daher Sterne bildete. Ohne die Dunkle Materie hätte der normale Druck der baryonischen Materie eine Verdichtung zu Sternen verhindert. Zu den Baryonen zählen die Bausteine der Atomkerne, bekannt als Protonen und Neutronen. Die Dunkle Materie ist auch für die auf großen Längenskalen honigwabenartige Struktur des Universums aus riesigen Wänden von Galaxiensuperhaufen verantwortlich. Diese Wände umschließen gewaltige Leerräume von 100 Millionen und mehr Lichtjahren.

Da sich die Dunkle Materie nur durch ihre Schwerkraft bemerkbar macht, nennt man sie besser unsichtbare Materie. Eine Person aus Dunkler Materie bestehend könnte mühelos durch Betonwände schreiten ohne den geringsten Widerstand zu spüren.

Man hat allerlei Möglichkeiten untersucht, woraus die „vermisste Materie" mit ihrer Schwerkraftwirkung bestehen könnte. Vielleicht sind es erloschene Sterne, die die Galaxien in großen Mengen füllen. Möglicherweise gibt es eine große Zahl Schwarzer Löcher im Weltall, deren Anteil erheblich zur Gesamtmasse beiträgt. Auch Braune Zwerge, vagabundierende Planeten und Kleinplaneten könnten sich in den Weiten der Galaxis unbemerkt verborgen halten. Doch dann hätte es in den ersten Milliarden Jahren des Universums wesentlich mehr Supernovae geben müssen, die ausreichend baryonische Materie ins Weltall geschleudert haben müssten. In früheren Zeiten hätte es zehnmal mehr massereiche und damit leuchtkräftige Sterne geben müssen, was aber nicht beobachtet wird. Blickt man auf ferne Galaxien, so sind diese jünger, denn ein Blick in die Ferne ist wegen der Lichtlaufzeit auch ein Blick in die Vergangenheit. Die jüngsten Galaxien müssten somit viel, viel leuchtkräftiger gewesen sein.

Objekte wie stellare Schwarze Löcher, Neutronensterne, Braune Zwerge sowie Planeten müssten sich als Gravitationslinsen bemerkbar machen. Selbst Planetoiden wirken als Gravitationslinsen. Eine durchschnittliche Planetoidenmasse spaltet theoretisch eine punktförmige Lichtquelle in zwei Bilder von nur einer Billiardstel (10^{-15}) Bogensekunde Abstand. Man spricht von Femtogravitationslinsen. Mit herkömmlichen Teleskopen lassen sich so eng benachbarte Lichtpunkte zwar nicht trennen, aber derartige Gravitationslinsen bündeln das Licht dahinterliegender Sterne. Es gibt kurzfristig einen Helligkeitsanstieg, wenn ein Planet vor einem Hintergrundstern vorbeizieht. Man registriert eine symmetrische Lichtkurve typischer Form. Ein solcher Mikrolinseneffekt wurde aber bisher nur in den seltensten Fällen beobachtet. Die Zahl der Femtolinsen ist viel zu gering, um nur ansatzweise als Quelle der fehlenden Masse zu gelten.

Auch interplanetarer und interstellarer Staub sind nicht im ausreichenden Maß vorhanden, um die beobachteten Schwerkraftwirkungen zu erklären. Interstellare Massen setzen sich ebenfalls aus baryonischer Materie zusammen. Auch wenn sie fernab von Sternen recht kalt sind, machen sie sich durch Absorption, Polarisation und Streuung (Rötung) bemerkbar. Kurzum, alle baryonische Materie, in welcher Form auch immer, kann nicht die fehlende Masse erklären.

Unbekannte Partikel als Ursache?

Auch Neutrinos und Axionen können die fehlende Materie nicht erklären. Neutrinos sind sehr zahlreich. Auf jedes Proton im Weltall kommt eine Milliarde Neutrinos. Sie wechselwirken kaum. Sie können Bleiwände von Lichtjahren Dicke durchqueren und werden nur zur Hälfte absorbiert. Ursprünglich vermutete man, ihre Ruhemasse wäre exakt Null. Das ist sie zwar nicht, aber sie ist extrem klein, in der Größenordnung von weniger als 1 eV (bei Elementarteilchen werden Massen üblicherweise in Energie-

10.16 Die Einfahrt zum italienischen Nationallaboratorium (Laboratori Nazionali del Gran Sasso) in den Abruzzen (Bild: Thomas Bührke).

einheiten ausgedrückt: $m = E/c^2$). Neutrinos rasen mit fast Lichtgeschwindigkeit durch das All. Sie zählen damit zur heißen Dunklen Materie (HDM – Hot Dark Matter). Abgesehen von ihrer zu geringen Masse, um als fehlende Materie zu fungieren, kann die HDM die Klumpung der Materie, die zur Sternbildung notwendig ist, nicht bewirken. Dazu ist eine kalte Dunkle Materie (CDM – Cold Dark Matter) erforderlich.

Axionen wiederum sind hypothetische Partikel, die einige nicht verstandene Eigenschaften von Neutronen klären sollen. Sie haben ebenfalls fast keine Ruhemasse, nämlich nur ein Hundertbillionstel (10^{-14}) der Protonenmasse. Wenn es sie denn geben sollte, dann sind sie ungeheuer zahlreich. Man schätzt ihre Menge auf 100 Billionen (10^{14}) pro Kubikzentimeter. Allerdings wären sie vom Typ HDM und damit für Klumpungsprozesse ungeeignet.

Bleiben nur die Teilchen, die von der Theorie der Supersymmetrie (SUSY) vorhergesagt werden, um die Dunkle Materie zu erklären. Einige von ihnen zählen zu den WIMPs, den Weakly Interacting Massive Particles, also den schwach wechselwirkenden massereichen Teilchen. Die Massen der WIMPs betragen zwischen der zehn- bis hundertfachen Protonenmasse. Sie zählen zur CDM, zur kalten Dunklen Materie, und könnten die Bausteine der gravitativen Wechselwirkung sein.

Die Elementarteilchen der uns geläufigen Materie wie Elektronen, Protonen, Neutronen, Quarks etc. zählen zu den Fermionen. Die Fermionen haben halbzahlige Spins und unterliegen dem Pauli-Verbot, stabilisieren also die Materie.

Die Bosonen zeichnen sich durch ganzzahlige Spins aus. Sie sind die Botenteilchen (messenger particles), die die Kräfte zwischen den Fermionen vermitteln. Zu ihnen zählen die Photonen, die W- und Z-Bosonen der schwachen Wechselwirkung, die π-Mesonen der starken Wechselwirkung (Kernkraft) und die noch hypothetischen Gravitonen.

Nach der SUSY-Theorie sollte es zu jedem Fermion einen Partner mit ganzzahligem Spin geben und zu jedem Boson einen supersymmetrischen Partner mit halbzahligem Spin. Der Partner des Elektrons ist dann ein Selektron, das Photon hätte das Photino als Partner, zu jedem W-Boson gäbe es ein Wino, zu jedem up-Quark gäbe es ein sup-Quark usw. Nach der SUSY würden alle supersymmetrischen Teilchen ausschließlich über die Gravitation koppeln. Nur ihre Schwerkraft wirkt auf die Teilchen der uns bekannten Materie. Sonst sind sie weder zu sehen noch irgendwie zu registrieren. Sie laufen durch „normale" Materie ungehindert hindurch, gewissermaßen so als ob sie gar nicht existierte. Trotz jahrzehntelanger Suche vor allem am CERN, dem europäischen Nuklearforschungsinstitut in Genf, konnte man bis heute kein einziges SUSY-Teilchen dingfest machen.

Doch aufgeben gilt nicht. Möglicherweise ist die Supersymmetrie nicht des Rätsels Lösung. Setzt sich die Dunkle Materie überhaupt aus diskreten Teilchen zusammen? Wenn dem so wäre, dann käme es zu einem Konflikt mit der Quantentheorie. Eine völlig neue Physik wäre notwendig bzw. zumindest eine grundlegende Ergänzung unseres naturwissenschaftlichen Weltbildes.

Laboratori Nazionali del Gran Sasso

10.17 Versuchsaufbau des DAMA-Experiments zum Nachweis der Dunklen Materie.

Jagd auf Geisterteilchen

Um der Dunklen Materie auf die Spur zu kommen, hat bereits vor zwei Jahrzehnten eine kleine Wissenschaftlergruppe das sogenannte DAMA/LIBRA-Experiment gestartet. Die Bezeichnung ist ein Akronym für **DA**rk **MA**tter/**L**arge sodium **I**odide **B**ulk for **RA**re processes. Es befindet sich im italienischen Nationalforschungslabor (Laboratori Nazionali del Gran Sasso) in den Abruzzen in 1400 Metern Tiefe. Die dicken Gesteinsmassen über dem Labor sollen die kosmische Höhenstrahlung abschirmen, um die Beobachtungen nicht zu beeinflussen.

Das DAMA-Experiment besteht aus einem Teilchendetektor. In einer Matrix von 5 mal 5 Szintillationsdetektoren befinden sich 25 hochreine Natriumiodid-Kristalle versetzt mit Thallium (NaI[Tl]). Jedes Kristall ist verbunden mit zwei Fotomultipliern. Die Anordnung der Kristalle und Multiplier befindet sich in einem verschlossenen Kupferkessel und wird umspült von hochreinem Stickstoff. Ein tonnenschwerer Schutzschild schirmt das voll klimatisierte Experiment ab. Zusätzlich sorgt eine ein Meter dicke Betonhülle dafür, dass keine Außenluft eindringen kann. Trifft ein Partikel der Dunklen Materie einen Atomkern der Natriumkristalle, so wird ein kurzer Lichtblitz ausgelöst. Da Sonne samt Erde mit rund 220 km/s das Milchstraßenzentrum umrunden, so sollte sich die Dunkle Materie im Milchstraßenhalo dadurch bemerkbar machen, dass die Szintillationsrate jahreszeitlich schwankt. Denn einmal pflügt die Erde mit 30 km/s bei ihrem Sonnenumlauf durch die Dunkle Materie in Vorwärtsrichtung, ein halbes Jahr später in entgegengesetzter Richtung. Die ersten Messungen erfolgten in den Jahren 1995 bis 2002. In den Jahren 2008 und 2010 wurden die Detektoren überarbeitet und die Sensibilität erhöht.

Während das DAMA-Forschungsteam in mehreren Publikationen die erwarteten Effekte bestätigte, wurden bei vielen Fachkollegen die Ergebnisse angezweifelt. Denn man war nicht bereit, die Rohdaten zu publizieren.

Neue Experimente in Aussicht

Deshalb hat man ein neues Experiment namens COSINUS gestartet, um die DAMA-Ergebnisse zu überprüfen. Ein internationales Team setzt sich aus Wissenschaftlerinnen und Wissenschaftlern der Technischen Universität Wien, des Instituts für Hochenergiephysik der Österreichischen Akademie der Wissenschaften, des Istituto Nazionale di Fisica Nucleare (Italien), des Helsinki Institute of Physics (Finnland) und des Max-Planck-Instituts für Physik in Garching (Deutschland) zusammen.

COSINUS ist ein Akronym für **C**ryogenic **O**bservatory for **SI**gnatures seen in **N**ext-generation **U**nderground **S**earches. Das Experiment startete im April 2024. Die Versuchsanordnung von COSINUS ist ebenfalls im italienischen Nationalen Forschungslabor in 1400 m Tiefe des Gran-Sasso-Massivs untergebracht, nur wenige Meter vom DAMA-Experiment entfernt. Als Detektormaterial kommt ebenfalls Natriumiodid in Kristallform zum Einsatz, um gleiche Bedingungen wie bei DAMA zu schaffen, damit die Messergebnisse besser vergleichbar sind. Zudem ist der Versuchsaufbau wesentlich sensitiver als bei DAMA.

Die kristallenen Detektoren sind in einem sieben Meter hohen Kryostaten (Kühlbehälter für extrem tiefe und konstante Temperaturen) untergebracht. Dies ist ein Tank, in dem die 25 Detektoren fast auf den absoluten Nullpunkt der Kelvin-Skala gekühlt werden. Der Nullpunkt (0 K) liegt bei −273,15 °C. Gemäß dem dritten Hauptsatz der Thermodynamik ist der absolute Nullpunkt der Kelvin-Skala prinzipiell nicht erreichbar, wie die Quantenmechanik lehrt. Dennoch ist es gelungen, die Natriumiodid-Kristalle auf nur einige hundertstel Grad über dem absoluten Nullpunkt abzukühlen. Damit sollen die Moleküle der Kristalle fast zur Ruhe kommen. Trifft ein hypothetisches Partikel der Dunklen Materie einen Atomkern in einem Kristall, so wird er zu Schwingungen angeregt, was einer minimalen aber dennoch messbaren Temperaturerhöhung entspricht. COSINUS misst somit

10.18 Das alternative COSINUS-Experiment – ebenfalls in 1400 Meter Tiefe im Gran-Sasso-Massiv.

COSINUS Collaboration

nicht nur Szintillationsblitze wie DAMA, sondern zusätzlich noch eine Temperaturerhöhung, womit man Kollisionsvorgänge unterscheiden kann, die andere Partikel hervorrufen. Denn Reste der kosmischen Höhenstrahlung oder von radioaktiven Prozessen lassen sich nie vollständig vermeiden. Um solche Teilchen von den Kristallen fern zu halten, ist der Kryostat im Tank von extrem reinem Wasser eingeschlossen.

Auf die Messergebnisse wird man einige Jahre warten müssen. Denn ein oder zwei Umkreisungen der Erde um die Sonne reichen nicht aus, um signifikante Daten zu erhalten. Man rechnet mit mindestens fünf Jahren.

Inzwischen sind weitere, ähnliche Experimente wie DAMA und COSINUS im Aufbau: ANAIS in Spanien, COSINE in Korea (COSINE dark matter search experiment) und SABRE in Italien (South Dark Matter Direct-Detection Experiment).

Die Jagd auf die Dunkle Materie hat begonnen. Selbst wenn die Experimente ohne signifikante Ergebnisse bleiben, bedeutet dies nicht, dass sie nicht existiert. Dann sind die theoretischen Astrophysiker erneut gefordert.

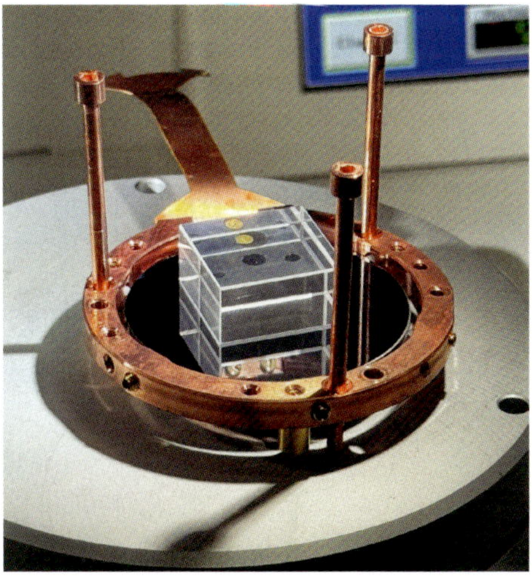

COSINUS Collaboration

10.19 Bei dem COSINUS-Experiment dient ein Natriumiodid-Kristall als Detektor für die Teilchen der Dunklen Materie – sofern es sie denn gibt.

10.20 Der Kryostat des COSINUS-Experiments wurde im Reinraum montiert.

COSINUS Collaboration

November 2026

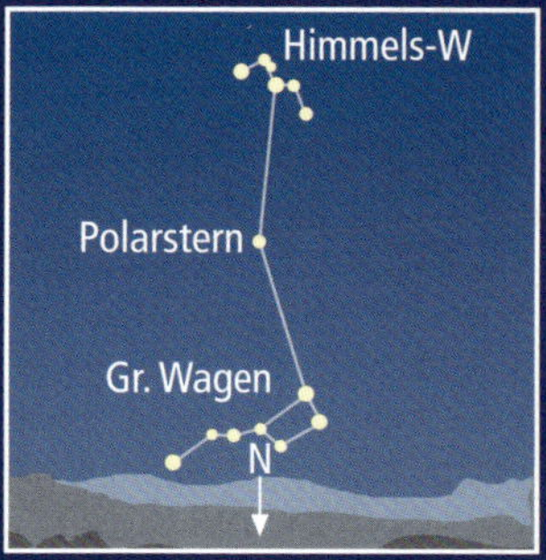

Großer Wagen und Himmels-W Anfang November um 22 Uhr MEZ

- Merkur bietet zur Monatsmitte eine respektable Morgensichtbarkeit.
- Venus beginnt ihre Morgensternperiode.
- Mars verlagert seine Aufgänge in die Zeit spätabends.
- Jupiter wird allmählich zum Planeten der gesamten Nacht.
- Saturn kann zu Monatsanfang fast die gesamte Nacht gesehen werden. Vom Morgenhimmel tritt er seinen Rückzug an.

11.1 Anblick des Südosthimmels am 7. November gegen 6^h MEZ. Mars und Jupiter stehen im Sternbild Löwe. Knapp über dem Südosthorizont strahlen Venus und die schmale Mondsichel

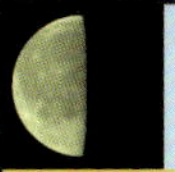	1	So	Allerheiligen Letztes Viertel
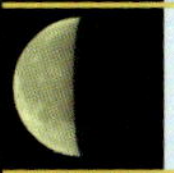	2	Mo	Mond bei Mars – morgens
	3	Di	Mond bei Jupiter u. Regulus – morgens
	4	Mi	
	5	Do	
	6	Fr	
	7	Sa	Mond bei Venus – morgens
	8	So	
	9	Mo	**Neumond**
	10	Di	
	11	Mi	
	12	Do	
	13	Fr	
	14	Sa	
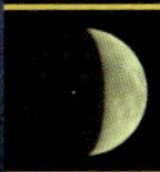	15	So	
	16	Mo	Mars bei Jupiter – morgens
	17	Di	Erstes Viertel
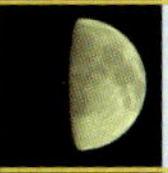	18	Mi	Buß- und Bettag
	19	Do	
	20	Fr	Mond bei Saturn – abends
	21	Sa	Merkur beste Morgensichtbarkeit
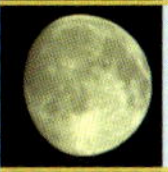	22	So	Totensonntag
	23	Mo	
	24	Di	**Vollmond**
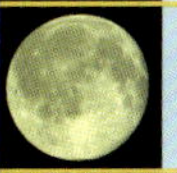	25	Mi	Mond bei Alnath – Mitternacht
	26	Do	Uranus in Opposition
	27	Fr	Mond bei Pollux – Mitternacht
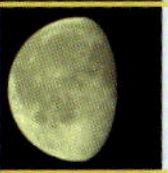	28	Sa	
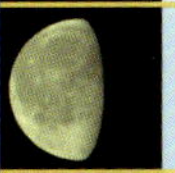	29	So	1. Advent Venus in maximalem Glanz – morgens
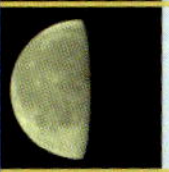	30	Mo	Mond bei Jupiter – morgens Mond bei Mars und Regulus – Mitternacht

SONNE – STERNBILDER

22. 11. 9ʰ:
Sonne tritt in das Tierkreiszeichen Schütze

23. 11. 19ʰ:
Sonne tritt in das Sternbild Skorpion

30. 11. 7ʰ:
Sonne tritt in das Sternbild Schlangenträger

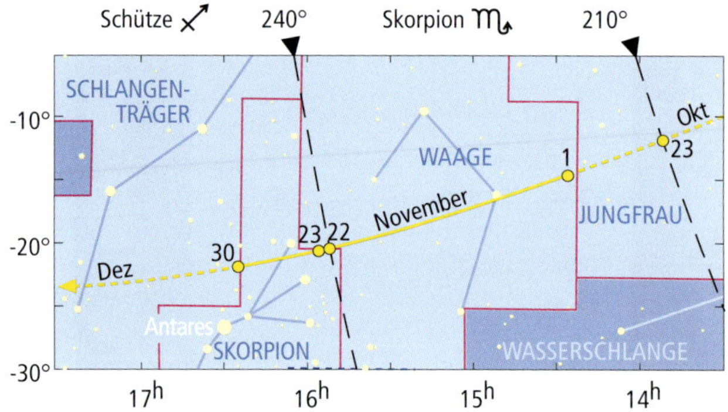

Julianisches Datum am
1. November, 1ʰ MEZ: 2 461 345,5

SONNENLAUF

Tag	Dämmerg. Anfang	Aufgang MEZ	Kulmination	Untergang MEZ	Dämmerg. Ende	Mittagshöhe	Zeitgleichg.	Rektaszension	Deklination
	h m	h m	h m	h m	h m	°	m	h m	°
1.	5 57	7 09	12 04	16 57	18 09	25,5	+16	14 23	–14,2
5.	6 03	7 16	12 04	16 50	18 03	24,3	+16	14 39	–15,5
10.	6 10	7 24	12 04	16 43	17 57	22,8	+16	14 59	–17,0
15.	6 18	7 33	12 05	16 36	17 51	21,5	+15	15 19	–18,3
20.	6 24	7 40	12 06	16 30	17 46	20,3	+14	15 40	–19,5
25.	6 31	7 48	12 07	16 25	17 42	19,2	+13	16 01	–20,6
30.	6 37	7 55	12 09	16 22	17 40	18,3	+11	16 22	–21,5

TAGES- UND NACHTSTUNDEN

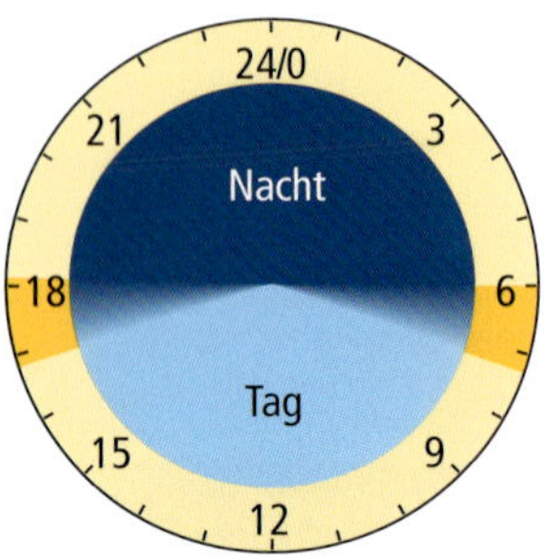

5. November

15. November

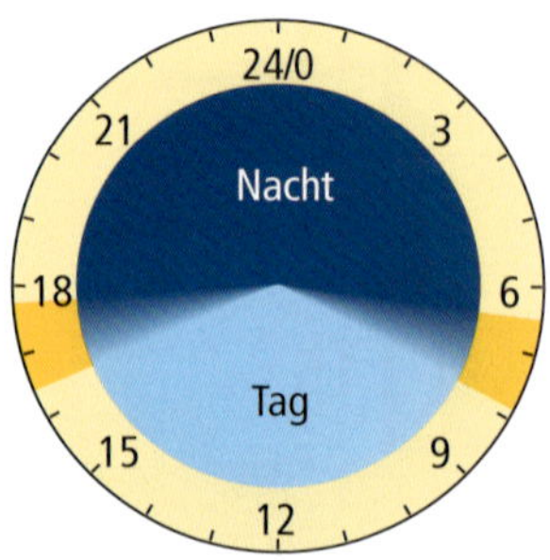

25. November

MONDLAUF

Datum	Aufg. MEZ	Kulmination	Unterg. MEZ	Rektaszension	Deklination	Sterne und Sternbilder	Phase	MEZ
	h m	h m	h m	h m	°			
So 1.	22 51	5 50	13 55	7 59	+23,2	Pollux	**Letztes Viertel**	$21^h 28^m$
Mo 2.	–	6 44	14 17	8 56	+18,8	Krebs, Krippe		
Di 3.	0 14	7 34	14 35	9 49	+13,4	Löwe, Regulus	Absteigender Knoten	
Mi 4.	1 34	8 20	14 49	10 38	+ 7,5	Sextant		
Do 5.	2 51	9 05	15 03	11 26	+ 1,4	* Löwe	Libration West	
Fr 6.	4 06	9 48	15 17	12 12	– 4,7	Jungfrau		
Sa 7.	5 21	10 33	15 32	12 59	–10,5	Spica		
So 8.	6 36	11 18	15 50	13 46	–15,8	Spica		
Mo 9.	7 51	12 06	16 13	14 35	–20,3	Waage	**Neumond Nr. 1285**	$8^h 02^m$
Di 10.	9 03	12 55	16 42	15 26	–23,9	Waage	Größte Südbreite	
Mi 11.	10 09	13 46	17 21	16 19	–26,4	Antares		
Do 12.	11 06	14 38	18 10	17 13	–27,6	Schlangenträger		
Fr 13.	11 52	15 29	19 10	18 06	–27,5	Kaus Borealis	Erdferne 406/29′,5	19^h
Sa 14.	12 26	16 18	20 16	18 59	–26,1	* Schütze, Nunki		
So 15.	12 53	17 05	21 26	19 50	–23,6	Schütze		
Mo 16.	13 13	17 50	22 38	20 39	–20,1	* Steinbock		
Di 17.	13 29	18 33	23 50	21 26	–15,7	Steinbock	**Erstes Viertel**	$12^h 48^m$
							Aufsteigender Knoten	
Mi 18.	13 44	19 16	–	22 11	–10,6	Wassermann		
Do 19.	13 57	19 59	1 02	22 57	– 5,0	* Wassermann		
Fr 20.	14 11	20 44	2 16	23 43	+ 1,0	Fische	Libration Ost	
Sa 21.	14 26	21 31	3 34	0 30	+ 7,1	Fische		
So 22.	14 45	22 24	4 56	1 21	+13,2	Fische		
Mo 23.	15 10	23 21	6 23	2 16	+18,7	* Widder, Hamal		
Di 24.	15 45	–	7 52	3 15	+23,3	Stier, Plejaden	**Vollmond**	$15^h 54^m$
							Größte Nordbreite	
Mi 25.	16 35	0 24	9 16	4 20	+26,4	Stier	Erdnähe 359/33′,3	22^h
Do 26.	17 44	1 31	10 27	5 27	+27,6	Stier, Alnath		
Fr 27.	19 07	2 37	11 19	6 35	+26,8	Zwillinge		
Sa 28.	20 35	3 40	11 55	7 40	+24,1	Pollux		
So 29.	22 01	4 38	12 21	8 40	+19,8	Krebs, Krippe		
Mo 30.	23 23	5 30	12 40	9 35	+14,5	Löwe, Regulus	Absteigender Knoten	

DER ZUNEHMENDE MOND WANDERT AN SATURN VORBEI

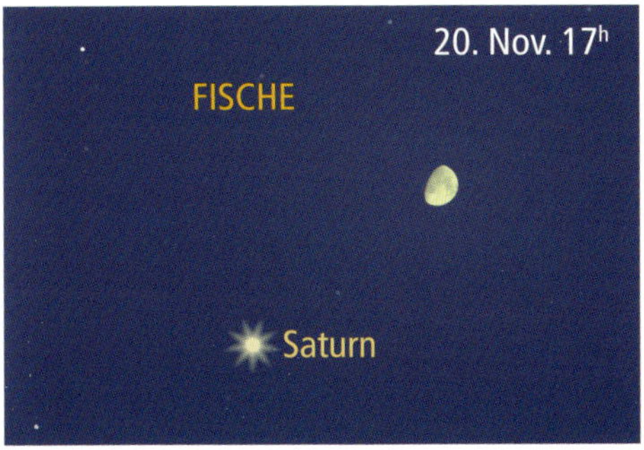

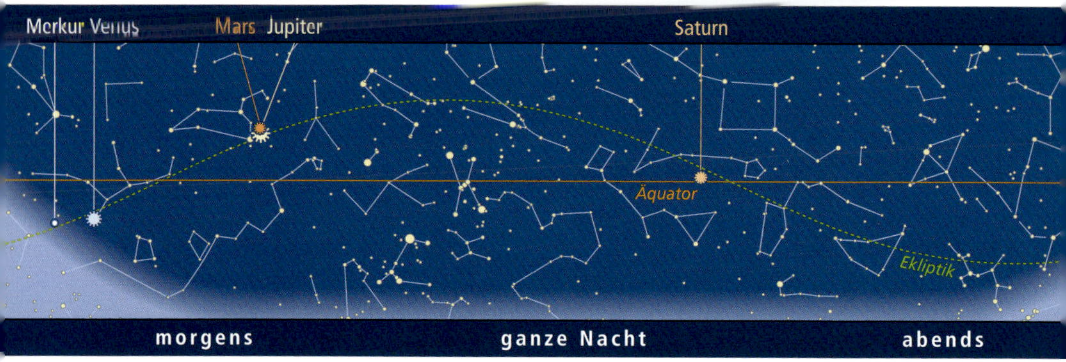

MERKUR steht am 4. in unterer Konjunktion mit der Sonne. Anschließend entfernt er sich rasch rückläufig von ihr. Am 13. beendet der sonnennächste Planet seine Rückläufigkeit und wird wieder rechtläufig. Am 21. erreicht der Benjamin unter den Planeten mit 19°37′ seine größte westliche Elongation. Der maximale Elongationswinkel fällt diesmal so klein aus, weil Merkur am 10. sein Perihel passiert. Dennoch bietet er Mitte November eine respektable Morgensichtbarkeit, denn die morgendliche Ekliptik steht steil zum Osthorizont. Gleichzeitig zur maximalen westlichen Elongation erreicht Merkur seine größte heliozentrische ekliptikale Nordbreite.

Gute Sichtbedingungen vorausgesetzt, kann man den $0^{m}{,}6$ hellen, flinken Planeten am 13. in der Morgendämmerung knapp über dem Osthorizont erkennen. An diesem Tag geht Merkur um $5^{h}56^{m}$ auf. Gegen $6^{h}20^{m}$ hat er sich so weit über die dichtesten Dunstschichten am Horizont erhoben, dass er sichtbar wird. Bereits eine Viertelstunde später verblasst er in der zunehmenden Morgenhelle. Seine Helligkeit nimmt bis 20. auf $-0^{m}{,}6$ kräftig zu, der Aufgang von Merkur erfolgt zehn Minuten früher, nämlich um $5^{h}46^{m}$.

11.2 Stellung von Merkur über dem Südosthorizont zu den angegebenen Daten jeweils eine Stunde vor Sonnenaufgang. Die Pfeile geben die Bewegungen von Merkur und Sonne während der nächsten halben Stunde an.

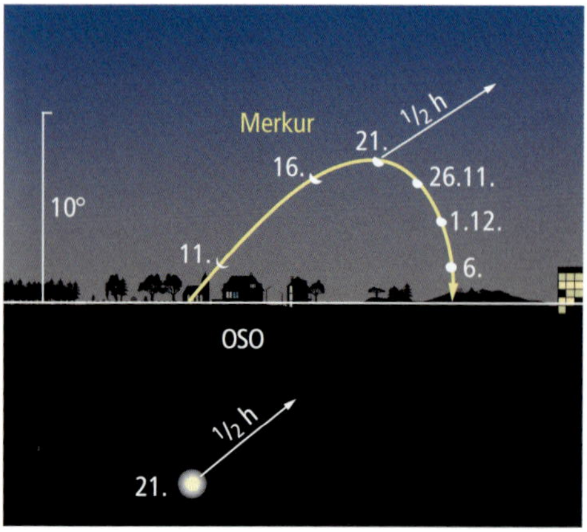

11.3 Sichtbarkeitsdiagramm für Merkur. Es gilt genau für 50° nördlicher Breite und 10° östlicher Länge. Dunkelgelbe Fläche: Unter günstigen Sichtbedingungen kann man Merkur mit bloßen Augen erkennen; hellgelbe Fläche: Merkur ist leicht zu sehen.

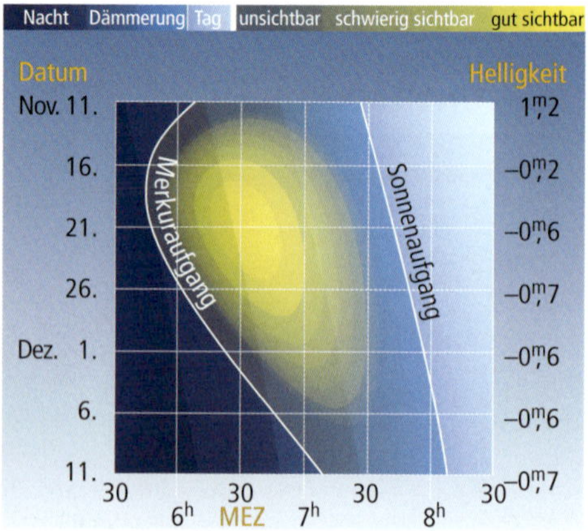

Bis 25. steigt die Merkurhelligkeit noch ein wenig auf $-0{,}^{m}7$ an, der Merkuraufgang verspätet sich auf $5^{h}58^{m}$. Danach wird es schwierig, Merkur noch am Morgenhimmel aufzustöbern. Am 30. geht der $-0{,}^{m}6$ helle Merkur erst um $6^{h}18^{m}$ auf (siehe auch Abb. 11.2 und 11.3 auf Seite 238).

Die Merkurdichotomie (Phase „Halbmerkur") tritt am 18. ein, bei einem scheinbaren Durchmesser von $7{,}''2$. Bis Monatsende schrumpft das Merkurscheibchen auf $5{,}''3$, der beleuchtete Teil nimmt auf 85 Prozent zu.

Am 25. zieht Merkur $1{,}^{\circ}7$ nördlich an Zubenelgenubi (α Librae, $2{,}^{m}6$) vorbei (Abb. 11.10).

VENUS hat ihre untere Konjunktion mit der Sonne gerade hinter sich. Am 11. wird sie stationär und beendet damit ihre Rückläufigkeit. Der Umkehrpunkt liegt nahe bei Spica (α Vir) in der Jungfrau. Am 19. befindet sich Venus $1{,}^{\circ}2$ östlich von Spica (siehe Abb. 11.6 unten).

Bereits im ersten Monatsdrittel beginnt Venus ihre Morgensternperiode. Etwa eine Stunde vor Sonnenaufgang kann man Venus am 5. tief im Südosten erkennen. An diesem Tag geht der $-4{,}^{m}4$ helle, innere Nachbarplanet um $5^{h}49^{m}$ auf. Die Sichtbarkeitsdauer nimmt im Laufe des Monats rasch zu, die Helligkeit

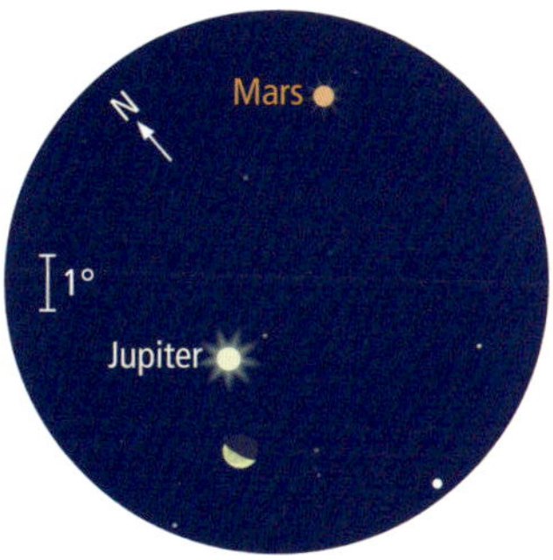

11.4 Begegnung von Mars, Jupiter und der Sichel des abnehmenden Mondes. Opernglasanblick am 3. November um 1ʰ MEZ.

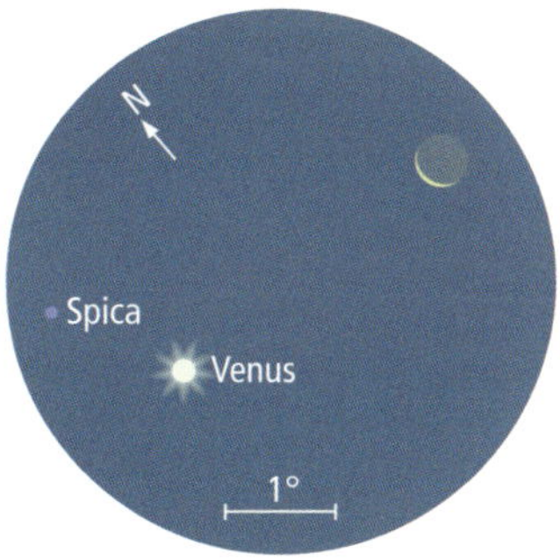

11.5 Venus erhält am 7. November Besuch von der schmalen Sichel des abnehmenden Mondes. Morgendlicher Fernglasanblick gegen 6ʰ MEZ.

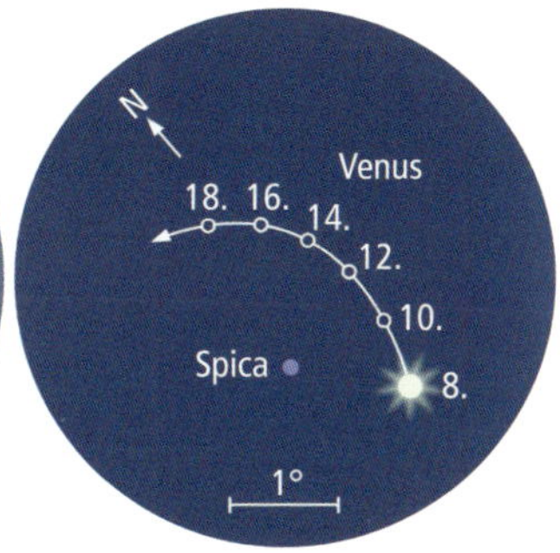

11.6 Venus zieht vom 8. bis 18. November einen Bogen um Spica in der Jungfrau. Fernglasanblick am Morgenhimmel.

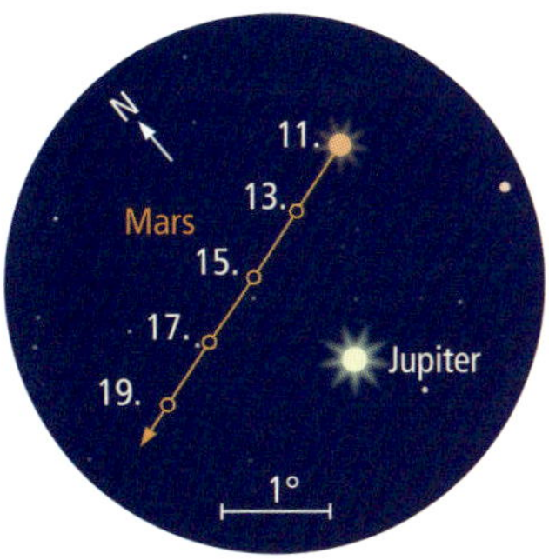

11.7 Mars zieht am 15. November an Jupiter vorbei. Morgendlicher Fernglasanblick gegen 6ʰ MEZ.

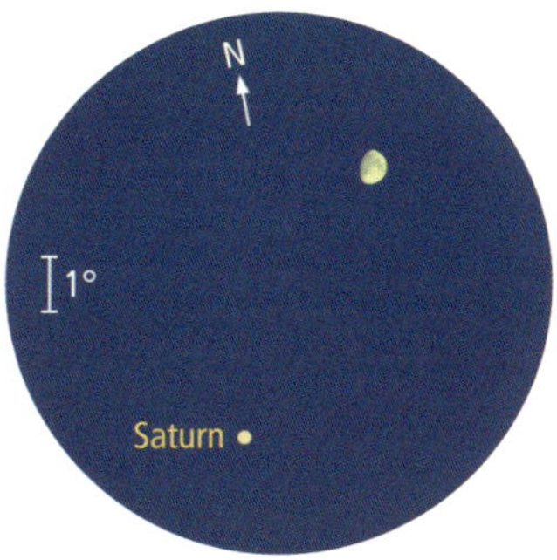

11.8 Der zunehmende Mond begegnet dem Ringplaneten Saturn am 20. November. Opernglasanblick gegen 20ʰ.

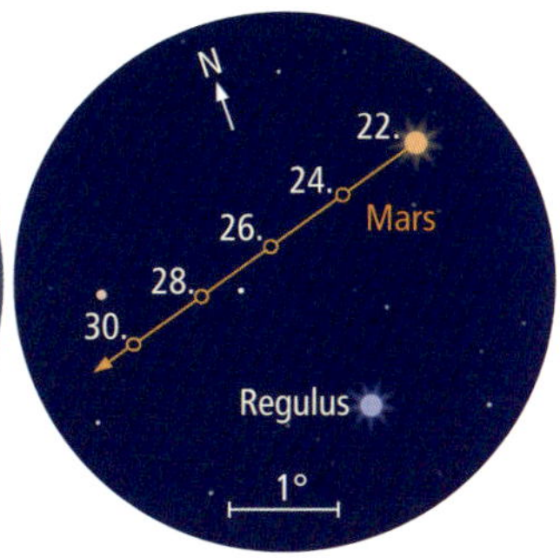

11.9 Mars passiert am 26. November Regulus im Löwen. Morgendlicher Fernglasanblick gegen 6ʰ MEZ.

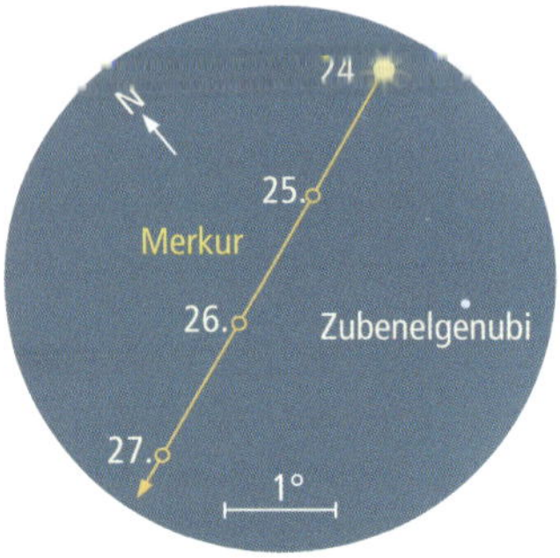

11.10 Am 25. zieht Merkur 1°,7 nördlich an Zubenelgenubi (α Lib, $2^m,6$) vorbei. Morgendlicher Fernglasanblick gegen 6^h30^m MEZ.

11.11 Der abnehmende Halbmond passiert am 30. November den Riesenplaneten Jupiter. Fernglasanblick gegen 7^h MEZ.

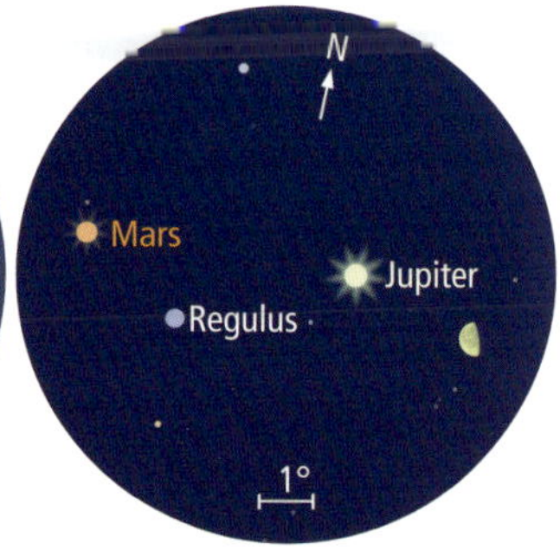

11.12 Planetentreffen im Sternbild Löwe: Mars und Jupiter kommen am 30. November nahe Regulus zusammen. Hinzu gesellt sich der abnehmende Halbmond. Morgendlicher Anblick im Opernglas bei 10° Gesichtsfelddurchmesser gegen 6^h30^m MEZ.

KONSTELLATIONEN UND EREIGNISSE

Datum	MEZ	Ereignis
2.	15^h	**Mond bei Mars**, Mond 1°,1 südlich, **Abstand 4°,6 um 6^h**
3.	0	**Mond bei Jupiter**, Mond 0°,5 südlich, **Abstand 1°,8 um 1^h**
4.	15	Merkur in unterer Konjunktion mit der Sonne
7.	13	**Mond bei Venus**, Mond 1°,1 südlich, **Abstand 2°,5 um 7^h**
8.	17	Mond bei Merkur, Mond 6°,1 südlich
10.	9	Merkur im Perihel
11.	16	Venus im Stillstand, anschließend rechtläufig
13.	10	Merkur im Stillstand, anschließend rechtläufig
15.	4	**Mars bei Jupiter**, Mars 1°,2 nördlich, **Abstand 1°,2 um 6^h am 16.**
20.	14	Mond bei Neptun, Mond 5°,0 nördlich
21.	1	Merkur in größter westlicher Elongation (20°)
21.	2	**Mond bei Saturn**, Mond 6°,8 nördlich, **Abstand 5°,5 um 20^h am 20.**
24.	20	Mond bei Uranus, Mond 5°,2 nördlich
26.	0	**Uranus in Opposition** zur Sonne
29.	15	**Venus in größtem Glanz** ($-4^m,9$)
30.	10	**Mond bei Jupiter**, Mond 1°,2 südlich, **Abstand 2°,2 um 7^h**
30.	21	**Mond bei Mars**, Mond 3°,3 südlich, **Abstand 5°,5 um 24^h**

nimmt bis 29. November auf $-4^m,9$ kräftig zu. Damit ist die maximale Helligkeit am Morgenhimmel erreicht. Am 10. geht Venus um 5^h18^m auf, am 20. um 4^h34^m und am 30. bereits um 4^h10^m.

Im Teleskop sieht man um den 10. eine extrem schmale Sichel von fast einer Bogenminute Durchmesser. Die Sichel wird während des Monats rasch dicker und kleiner. Am 27. sind 25 Prozent des Venusscheibchens beleuchtet, wobei der scheinbare Durchmesser knapp 42″ beträgt. Für engagierte Sternfreunde ist es im November besonders reizvoll, die Venusphasen von Tag zu Tag zu verfolgen. Am 7. gesellt sich die schmale Sichel des abnehmenden Mondes zur Venus (siehe Abb. 11.1 auf Seite 234). Vom 8. bis 16. hält sich Venus nahe bei Spica auf (siehe Abb. 11.6 auf Seite 239).

MARS verlagert seine Aufgänge in die Zeit spätabends. Seine Helligkeit steigert sich kräftig während des Monats von $0^{m}{,}8$ auf $0^{m}{,}4$.

Zur Monatsmitte begegnet er dem Riesenplaneten in 1°,2 nördlichem Abstand (siehe Abb. 11.7 auf Seite 239).

Der rote Planet wandert rechtläufig durch das Sternbild Löwe und zieht am 26. etwa 1°,7 nördlich an dessen Hauptstern Regulus (α Leonis) vorbei (siehe Abb. 11.9 auf Seite 239 und Abb. 11.12 auf Seite 240).

Der Marsaufgang erfolgt am 1. um $23^{h}35^{m}$, am 15. um $23^{h}17^{m}$ und am 30. schon um $22^{h}52^{m}$.

Für Teleskopbeobachter sei angemerkt: Die Scheibchengröße des roten Planeten nimmt von 6",6 auf 8",0 zu.

JUPITER verlagert seine Aufgänge weit vor Mitternacht und wird allmählich zum Planeten der gesamten Nacht, sieht man von den ersten Abendstunden ab, die nun in der früh einsetzenden Dämmerung bald beginnen.

Der Riesenplanet verzögert immer mehr seine Wanderung durch das Sternbild Löwe und bleibt Ende November fast ganz stehen (siehe Abb. 1.6 auf Seite 42). Die Jupiterhelligkeit nimmt weiter leicht um $0^{m}{,}2$ zu und erreicht damit $-2^{m}{,}2$.

Der Aufgang des Riesenplaneten erfolgt am 1. um $0^{h}13^{m}$, am 15. um $23^{h}23^{m}$ und am 30. bereits um $22^{h}29^{m}$.

Am 3. gesellt sich zu Jupiter und Regulus im Löwen der abnehmende Halbmond – ein netter Himmelsanblick gegen Mitternacht tief am Osthimmel (siehe Abb. 11.4 auf Seite 239). Zur Monatsmitte zieht Mars an Jupiter 1°,2 nördlich vorbei (siehe Abb. 11.7 auf Seite 239).

Am 30. zieht der abnehmende Halbmond morgens am Riesenplaneten vorbei und bildet zusammen mit Mars und Regulus ein Viergestirn (siehe Abb. 11.12 auf Seite 240).

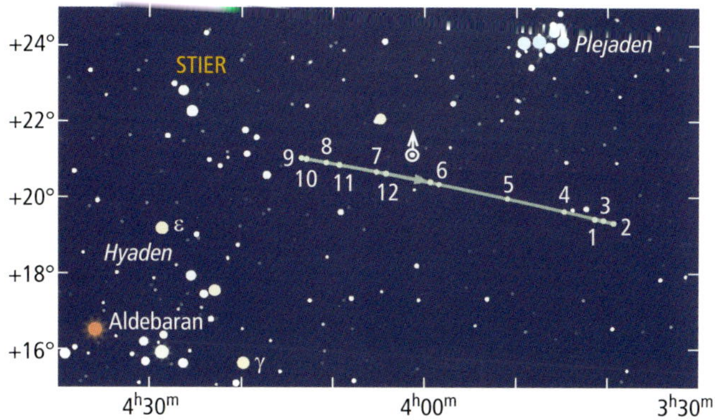

11.13 Die scheinbare Bahn von Uranus im Jahr 2026 im Goldenen Tor der Ekliptik im Sternbild Stier.

SATURN, rechtläufig im Cetus, tritt seinen Rückzug vom Morgenhimmel an. Geht der Ringplanet am 1. um $4^{h}26^{m}$ unter, so erfolgt sein Untergang am 15. um $3^{h}27^{m}$ und am 30. schon um $2^{h}25^{m}$. Die Saturnhelligkeit sinkt leicht um $0^{m}{,}1$ auf $0^{m}{,}6$ ab.

Am 20. gesellt sich der zunehmende Mond zum Ringplaneten (siehe Mondlaufgrafik auf Seite 237 und Abb. 11.8 auf Seite 239).

URANUS, weiter rückläufig im Sternbild Stier, kommt in der Nacht vom 25. auf 26. um Mitternacht in **Opposition** zur Sonne. Dies ist die günstigste Zeit, um den fernen, lichtschwachen Planeten ins Visier zu nehmen, wobei allerdings in der fortschreitenden Nacht der aufgehende Mond mit seinem Licht die Beobachtung stört.

Mit einer Oppositionshelligkeit von $5^{m}{,}6$ kann Uranus theoretisch mit bloßen Augen gesehen werden. Aber selbst bei idealen Sichtbedingungen gelingt dies nur selten. Doch ein Fernglas mit stabilem Stativ reicht aus, um den grünlichen Planeten zu erkennen. Um Uranus zu finden, nutze man die Sternkarte Abb. 11.13 oben.

Am 1. geht Uranus um $17^{h}54^{m}$ auf, am Oppositionstag bereits um $16^{h}13^{m}$. Die Meridianpassage erfolgt zur Opposition um $0^{h}07^{m}$, der Uranusuntergang um $7^{h}57^{m}$. Bis Monatsende verfrüht sich der Uranusuntergang auf $7^{h}41^{m}$ und die Kulmination auf $23^{h}47^{m}$. Im Teleskop zeigt sich Uranus als winzige Murmel von

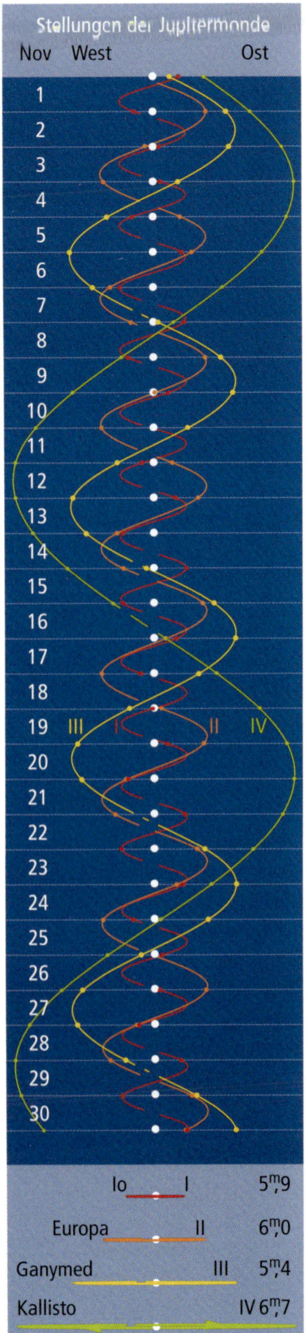

JUPITERMONDE

Tag	MEZ		Vorgang	
	h	m		
1.	5	17	II	BE
	5	36	I	SA
2.	2	43	I	VA
3.	3	33	I	DE
4.	2	29	III	SA
	6	05	III	SE
8.	1	11	IV	SE
	2	33	II	VA
9.	4	37	I	VA
10.	1	57	I	SA
	2	17	II	DE
	3	11	I	DA
	4	14	I	SE
	5	27	I	DE
11.	2	40	I	BE
15.	5	02	III	BE
	5	06	II	VA
16.	3	48	IV	VA
17.	2	02	II	DA
	2	22	II	SE
	3	50	I	SA
	4	54	II	DE
	5	04	I	DA
	6	07	I	SE
18.	4	34	I	BE
19.	1	49	I	DE
22.	3	52	III	VE
	5	20	III	BA
24.	2	04	II	SA
	4	37	II	DA
	4	57	II	SE
	5	43	I	SA
25.	0	16	I	V IV
	2	07	IV	DA
	2	53	I	VA
	6	27	I	BE
26.	1	25	I	DA
	2	15	II	BE
	2	28	I	SE
	3	41	I	DE
27.	0	55	I	BE
29.	4	11	III	VA

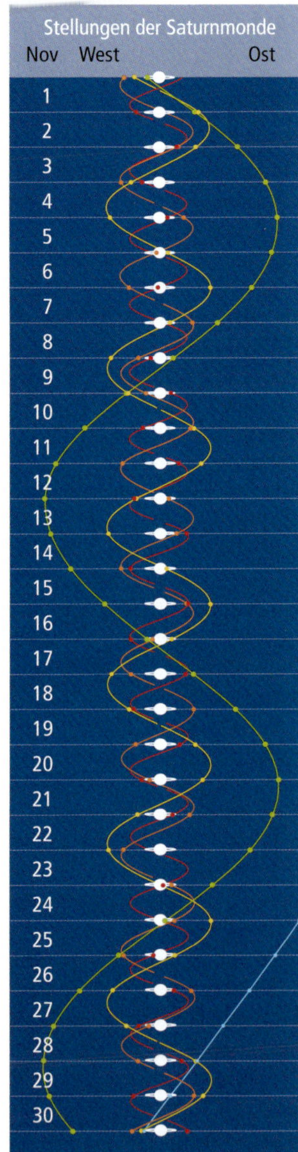

Japetus	
5.	$12^{m}{,}0$
10.	$12^{m}{,}2$
15.	$12^{m}{,}0$
20.	$11^{m}{,}6$
25.	$11^{m}{,}2$
30.	$10^{m}{,}9$

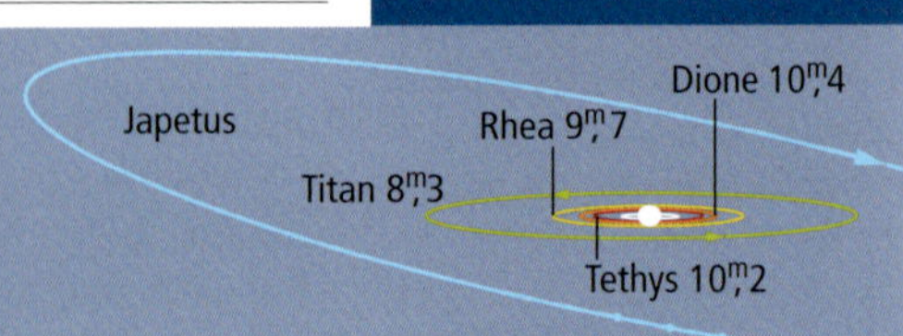

KONJUNKTIONEN

Tag	MEZ h m	Monde/Dist. S	″	N
1.	2 45	III	0,7	I
	6 07	II	1,9	I
4.	3 26	I	0,6	III
6.	2 43	I	1,8	II
7.	5 18	III	0,5	II
8.	4 05	III	3,5	IV
	5 37	III	1,0	I
11.	6 17	I	0,9	III
13.	5 08	I	2,0	II
17.	0 02	IV	5,2	II
	2 17	IV	3,3	I
30.	23 18	I	2,3	II

GEGENSEITIGE JUPITERMONDEREIGNISSE

Tag	Beginn h m	Ende h m	Ereignis fern/nah
1.	2 41	2 49	III B I
4.	3 22	3 30	I B III
7.	5 12	5 24	III B II
8.	5 35	5 39	III B I
11.	6 13	6 21	I B III
25.	0 12	0 20	I V IV

Beginn Mitte Ende

Norden unten, Zeitangaben in MEZ

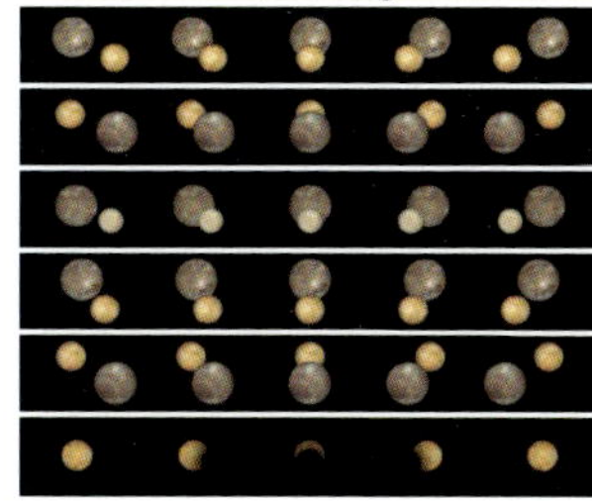

nur $3\overset{\prime\prime}{,}8$ scheinbarem Äquatordurchmesser. Details sind auf der Uranusoberfläche keine zu erkennen.

Zur Opposition ist Uranus 2759 Millionen Kilometer (= 18,44 AE) von der Erde entfernt. Dies entspricht einer Lichtlaufzeit von zwei Stunden und 33 Minuten. Von der Sonne trennen Uranus am Oppositionstag 2906 Millionen Kilometer (= 19,43 AE).

NEPTUN verzögert deutlich seine rückläufige Wanderung durch die Fische und bleibt zum Monatsende fast ganz stehen. Sein Stillstand ist nicht mehr fern (siehe auch Abb. 9.6 auf Seite 202). Die Dunkelheit setzt nun immer früher ein, was der Beobachtung von Neptun am frühen Abend entgegenkommt. Der bläuliche Planet kann in der ersten Nachthälfte aufgesucht werden. Am 1. geht Neptun um 3^h49^m unter, am 30. sinkt er bereits um 1^h53^m unter die Horizontlinie.

Die Meridianpassage erfolgt am 1. um 21^h45^m, am 15. um 20^h49^m und am 30. schon um 19^h50^m.

Die Neptunhelligkeit sinkt leicht auf $7\overset{m}{,}9$ ab.

PLANETOIDEN UND ZWERGPLANETEN

CERES (1) wird am 24. um 10^h im Sternbild Zwillinge in Rektaszension stationär und eilt anschließend rückläufig und in nordöstlicher Richtung durch den Tierkreis. Zur Monatsmitte passiert sie κ Geminorum (siehe Abb. 12.6 auf Seite 260). Ihre Helligkeit nimmt im Laufe des November von $8\overset{m}{,}2$ auf $7\overset{m}{,}6$ deutlich zu.

Am 1. geht Ceres um 21^h02^m auf und kulminiert um 5^h17^m. Am 15. erfolgt ihr Meridiandurchgang um 4^h28^m und am 31. bereits um 3^h30^m und ihr Untergang um 11^h55^m.

PALLAS (2) stand im Vormonat in Opposition zur Sonne. Sie wandert rückläufig durch den Walfisch, bis sie am 19. in das Sternbild Wassermann wechselt. Dabei strebt sie weiter nach Süden (siehe Abb. 10.9 auf Seite 221). Ihre Helligkeit nimmt von $8\overset{m}{,}5$ auf $9\overset{m}{,}0$ deutlich ab.

Am 1. kulminiert Pallas um 22^h39^m, am 15. um 21^h37^m und am 30. schon um 20^h35^m. Ihr Untergang erfolgt um 0^h51^m am Monatsletzten.

VESTA (4) stand Mitte Oktober in Opposition zur Sonne. Sie bremst ihre rückläufige Wanderung durch das Sternbild Walfisch zum Monatsende merkbar ab und wird fast stationär. Vesta beschreibt einen Bogen in nördlicher Richtung (siehe Abb. 10.9 auf Seite 221). Die Vestahelligkeit sinkt deutlich von $6\overset{m}{,}7$ auf $7\overset{m}{,}3$ ab. Damit ist sie aber immer noch leicht in einem Fernglas auszumachen.

Ihre Kulminationen verlegt Vesta in die Abendstunden. Am 1. geht sie um 22^h49^m durch den Meridian, am 15. um 21^h45^m und am 30. schon um 20^h42^m.

PERIODISCHE STERNSCHNUPPENSTRÖME

Die **LEONIDEN** treten zwischen 13. und 30. November am Morgenhimmel in Aktion. Ihr Radiant liegt im Löwen rund 10° nordöstlich von Regulus. Das spitze Maximum ist am Morgen des 17. zu erwarten, wobei mit lediglich zehn bis 15 Meteoren pro Stunde zu rechnen ist. Die Sternschnuppen sind außerordentlich schnell (um 70 Kilometer pro Sekunde). In manchen Jahren waren die Leoniden besonders aktiv. Nur alle 33 Jahre kollidiert die Erde mit dem Zentrum der Leoniden-Trümmerwolke. In diesem Jahr ist mit einer eher bescheidenen Leoniden-Aktivität zu rechnen, auch wenn sich der Ursprungskomet 55P/Tempel-Tuttle auf seiner Umlaufbahn mittlerweile wieder auf dem Weg in das innere Planetensystem befindet.

Die beiden Teilströme der **TAURIDEN** sind weiter aktiv. Um den 5. bis 10. November können insbesondere die Nördlichen Tauriden für Raten zwischen fünf und zehn Meteore pro Stunde sorgen, darunter sind auch immer wieder helle Meteore und Feuerkugeln. In manchen Jahren gibt es besondere Häufungen.

Die **ALPHA-MONOCEROTIDEN** sind ein periodisch aktiver Strom. Ihr Radiant liegt im Sternbild Einhorn. In den Jahren 1925, 1935, 1985 und 1995 und ebenfalls 2019 gab es jeweils einen kurzen (etwa eine halbe Stunde) aber heftigen Meteorschauer. In einer halben Stunde wurden von 100 bis zu 500 Sternschnuppen gezählt.

Das Maximum ist in diesem Jahr am Morgen des 21. November zu erwarten. Ein Ursprungskomet ist bisher nicht bekannt. Die berechneten Bahnen der zuletzt aufgezeichneten Meteore weisen auf ein Objekt mit rund 500 Jahren Umlaufzeit hin – die Teilchen bewegen sich auf wesentlich engeren Bahnen um die Sonne.

Der Fixsternhimmel

Der Charakter des abendlichen Sternenhimmels ist nun eindeutig herbstlich, auch wenn das Sommerdreieck im Westen noch zu sehen ist. Im Osten sind bereits die Wintersternbilder im Anmarsch. Mit einem Blick zum Zenit erkennt man auf Anhieb das Himmels-W, die Königin Kassiopeia. Die mittlere Spitze des Ws deutet ungefähr auf den Polarstern. Lässt man vom Polarstern den Blick zum Nordhorizont hinuntergleiten, so stößt man auf den Großen Wagen, dessen sieben Sterne jetzt tief im Norden stehen. Er passiert gerade den Meridian in unterer Kulmination. Als Zirkumpolarsternbild ist er in dieser Position noch über dem Horizont, während ansonsten Sterne und Sternbilder in unterer Kulmination nicht zu sehen sind, weil diese unterhalb des Horizonts erfolgt.

Ebenfalls in Zenitnähe entdeckt man die Sternenkette der Andromeda. Unsere Nachbarmilchstraße, die Andromedagalaxie, befindet sich fast genau im Meridian. Das Pegasusquadrat hat seinen Meridiandurchgang bereits hinter sich und ist ein wenig nach Westen gerückt. Hoch im Osten ist der Perseus zu sehen, dessen Gestalt nun gut zu erkennen ist. Im Perseus findet sich der Bedeckungsveränderliche Algol (β Perseï), der Prototyp der Klasse der Algol-Variablen. Die Entfernung der Doppelsonne Algol wurde zu 90 Lichtjahren gemessen. Die arabische Be-

VERÄNDERLICHE STERNE

Algol-Minima		β-Lyrae-Minima		δ-Cepheï-Maxima		Mira-Helligkeit	
7.	4^h38^m	5.	18^h H	6.	2^h	1.	9^m
10.	1 29	12.	5 N	11.	11	10.	9
12.	22 17	18.	17 H	16.	20	20.	9
15.	19 06	25.	4 N	22.	5	30.	8
27.	6 23			27.	14		
30.	3 11						

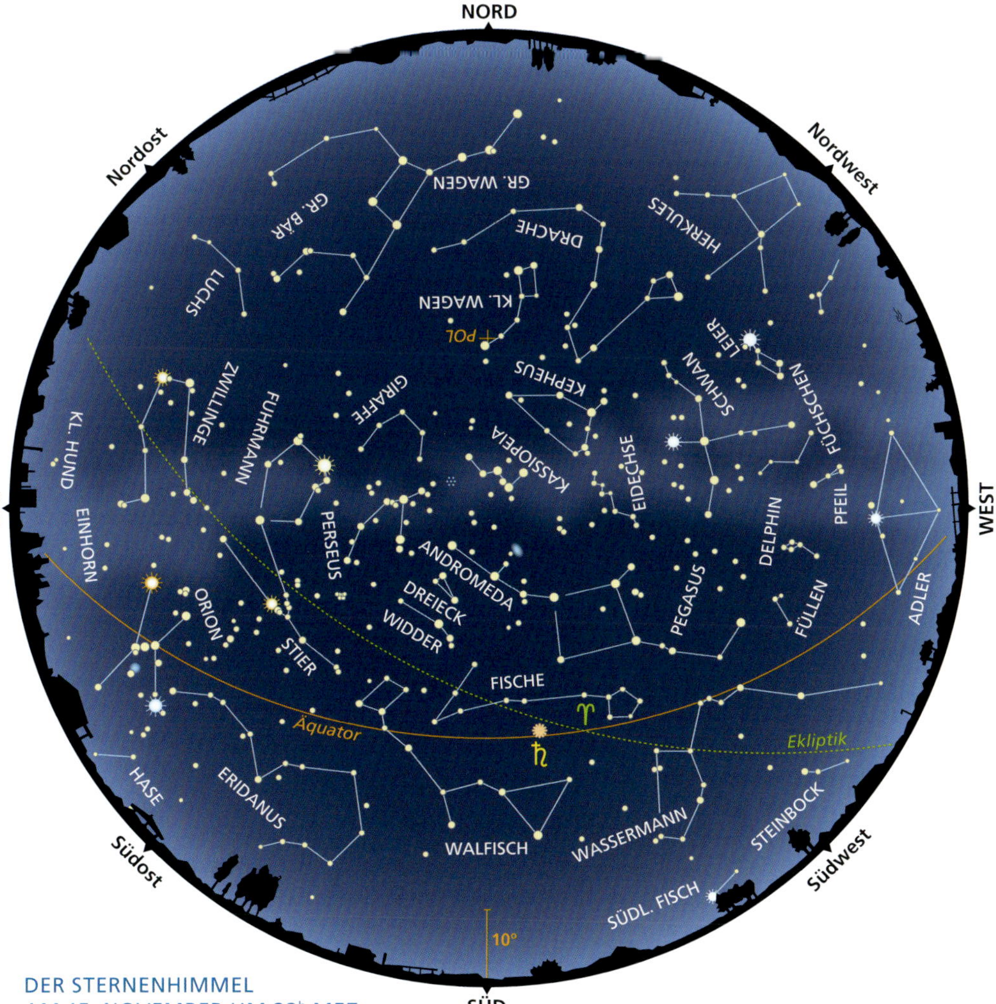

DER STERNENHIMMEL
AM 15. NOVEMBER UM 22^h MEZ

Die Sternkarte ist auch gültig für:

	MEZ	MESZ
1. 9.	3^h	4^h
15. 9.	2	3
1.10.	1	2
15.10.	0	1
1.11.	**23**	
15.11.	**22**	
30.11.	**21**	
15.12.	20	
31.12.	19	
15. 1.	18	

zeichnung Algol bedeutet so viel wie „Haupt des Teufels".

Zwischen dem Polarstern und dem Perseus liegt ein Feld an weniger hellen Sternen. Sie gehören zu dem unscheinbaren und darum wenig bekannten Sternbild Giraffe (lat.: Camelopardalis). Die Giraffe ist ein neuzeitliches Sternbild, das erst im Jahr 1613 von dem holländischen Pfarrer und Liebhaberastronomen Petrus Plancius eingeführt wurde.

Das Gebiet um den Meridian halten außer Andromeda und Kassiopeia noch die Sternbilder Widder, Fische und Walfisch besetzt. Im Südwesten dehnt sich der Wassermann aus. Südlich vom Wassermann ist gerade noch Fomalhaut im Südlichen Fisch zu erkennen. Im Osten funkelt es an hellen Sternen, die

Wintersternbilder drängen auf die Himmelsbühne: Der Fuhrmann mit Kapella, der Stier mit Aldebaran und den beiden offenen Sternhaufen Plejaden und Hyaden, der Orion mit Beteigeuze und Rigel sowie die Zwillinge mit Kastor und Pollux ziehen die Blicke auf sich.

Von den Winterbildern fehlen nur noch der Kleine und der Große Hund. Sie sind dann aber um die Wintersonnenwende zur Standardbeobachtungszeit am Nachthimmel vertreten.

OBJEKTE FÜR FELDSTECHER UND FERNROHR

Zu den prominenten Himmelsobjekten des Herbsthimmels zählt die Andromeda-Milchstraße (M 31). Sie ist das Paradebeispiel eines extragalaktischen Sternsystems. M 31 ist mit knapp drei Millionen Lichtjahren der uns nächste Spiralnebel. Zwar ist heute allgemein bekannt, dass Galaxien riesige Sternsysteme mit mehr als 100 Milliarden Sonnen sind, dennoch haben sich Bezeichnungen wie „Spiralnebel" erhalten. Nicht weit von M 31 entfernt stößt man auf M 33 im Sternbild Triangulum, auch als Dreiecksnebel bekannt. M 33 ist deutlich kleiner als M 31, aber etwa gleich weit entfernt. Die Milchstraße, M 31 und M 33 sind die großen Mitglieder der Lokalen Galaxiengruppe, zu der noch Dutzende Zwerggalaxien wie die Magellanschen Wolken gehören.

Der abendliche Herbsthimmel hält noch weitere Galaxien bereit, die auch einmal beobachtet werden sollten. Zu ihnen zählt M 77 im Cetus. Man findet diese aktive Galaxie knapp östlich von δ Ceti. Im Fernglas erscheint sie nur als winziges, kreisförmiges Fleckchen. Im Teleskop zeigt sich ein heller Kern, umgeben von einem lichtschwachen Saum. Die Gesamthelligkeit liegt bei 9^{m}, der scheinbare Durchmesser weist nur drei Bogenminuten auf, Hubble-Typ Sb. Allerdings erkennt man kaum eine Spirale bei visueller Beobachtung. M 77 gehört zur Klasse der Seyfert-Galaxien, deren Kern hell strahlt und dessen zentrale Helligkeit variiert. Heute zählt man diese Galaxien zu den AGN (Active Galactic Nuclei), Milchstraßensysteme mit einem aktiven Kern, aus dem intensive Röntgen- und UV-Strahlung kommt. Als zentraler Motor wirkt im Zentrum ein supermassereiches Schwarzes Loch mit einer gewaltigen Akkretionsscheibe. M 77 befindet sich in der respektablen Entfernung von 50 Millionen Lichtjahren. Entdeckt wurde M 77 schon im Herbst 1780 von Pierre Méchain und Charles Messier. Beide meinten, hier einen Sternhaufen eingebettet in einen Gasnebel zu erkennen. M 77 findet man in der Sternkarte E0 im *Atlas für Himmelsbeobachter* von Erich Karkoschka.

Als weitere Galaxie sei M 74 in den Fischen empfohlen. Sie zu erkennen, erfordert schon einige Beobachtungserfahrung. Mit $9\overset{m}{.}5$ ist sie recht lichtschwach. Sie liegt knapp östlich von η Piscium. Man sollte nicht zu stark vergrößern, M 74 ist zwar eine Spirale, auf die man senkrecht darauf sieht, aber in kleineren Instrumenten zeigt sich lediglich ein nicht sehr auffälliges kreisrundes Zentrum. Der scheinbare Durchmesser liegt bei 8'. Für Nutzer computergesteuerter Teleskope seien die Koordinaten von M 74 genannt: $\alpha = 1^{h}36\overset{m}{.}7$ / $\delta = +15°47'$ (J2000.0). Die Entfernung von M 74 wurde ursprünglich zu 30 Millionen Lichtjahren ermittelt. Neuere Untersuchungen lassen erkennen, dass diese Galaxie wohl nur etwas mehr als 25 Millionen Kilometer entfernt ist.

Ebenfalls für versierte Beobachter seien die beiden Galaxien NGC 772 und NGC 1156 im Sternbild Widder als Ziele vorgeschlagen. NGC 772 ist eine Balkenspirale und mit $10\overset{m}{.}3$ die hellste Galaxie im Widder. In kleineren Instrumenten sieht man nur ein ovales Nebelfleckchen mit einer Ausdehnung von 2′ × 3′ im Durchmesser. Ab 25 cm Öffnung erkennt man auch die Randpartien. Gesamtgröße: $4\overset{'}{.}8 \times 3\overset{'}{.}8$. NGC 772 liegt weniger als 2° ost-südöstlich von γ Arietis ($3\overset{m}{.}9$) oder Mesarthim. Die Koordinaten lauten: $\alpha = 1^{h}59^{m}$ / $\delta = +19°00'$ (J2000.0). NGC 772 ist 120 Millionen Lichtjahre entfernt.

Die zweite Galaxie, NGC 1156 im Widder, ist mit $11\overset{m}{.}7$ noch lichtschwächer. Sie zählt zu den irregulären Milchstraßensystemen. Eine Spiralstruktur ist nicht zu erkennen. Um NGC 1156 zu finden, starte man

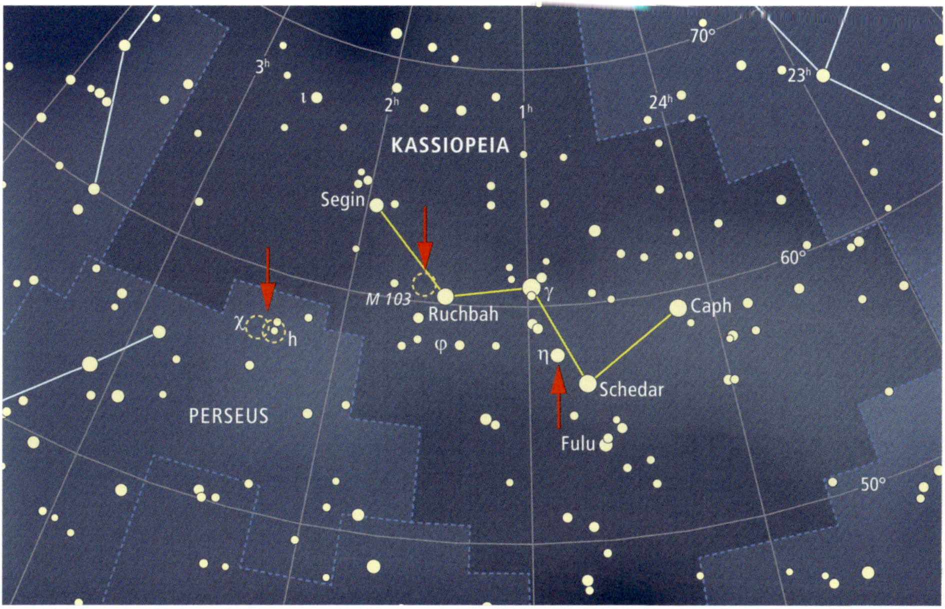

11.14 Skelettkarte des Sternbildes Kassiopeia mit der Position der offenen Sternhaufen h und χ Perseï sowie dem Doppelstern η Cassiopeiae.

bei 41 Arietis (Sternkarte E1 im Atlas von Karkoschka). Mit $3^{m}{,}6$ ist 41 Ari schnell entdeckt. Man schwenke das Teleskop 3° ostsüdostwärts zu dem Sternenpaar 49 und 51 Ari. Südöstlich von diesem Sternpaar stößt man auf den Doppelstern 52 Arietis. NGC 1156 bildet ein gleichseitiges Dreieck mit 49/51 und 52 Ari, wobei die Galaxie die Südwestecke einnimmt. Die Ausdehnung dieser lichtschwachen Milchstraße misst lediglich $0{,}9' \times 2'{,}3$. Ihre Entfernung beträgt etwa 25 Millionen Lichtjahre, die Koordinaten lauten: $\alpha = 3^{h}00^{m}$ / $\delta = +25°14'$ (J2000.0).

Als prominenter doppelter offener Sternhaufen sei h und χ im Perseus genannt, der zum Standardprogramm jeder Sternführung im Herbst gehört. Weniger bekannt ist M 103 in der Kassiopeia, ebenfalls ein offener Sternhaufen. Bereits in einem Fernglas ist M 103 ein wenig nordöstlich von Ruchbah (δ Cassiopeiae) als kleine Anhäufung von Sternen erkennbar. Im Teleskop sind rund 30 Einzelsterne auszumachen. Mit 7000 Lichtjahren Entfernung ist M 103 etwa gleich weit weg wie h und χ im Perseus. Es handelt sich um einen jungen Sternhaufen mit einem Alter von etwa 25 Millionen Jahren, der auch einen Teil der OB-Assoziation Nr. 8 in der Kassiopeia bildet.

Wer schon sein Instrument auf die Kassiopeia gerichtet hat, kann sich den schönen Doppelstern η Cassiopeiae vorknöpfen. Ein gelber, $3^{m}{,}5$ heller Stern (G0 V) hat in $13''{,}3$ Distanz (P = 323°) einen tiefroten (M0 V) mit $7^{m}{,}4$ vergleichsweise lichtschwachen Begleiter. Beide umrunden ihren gemeinsamen Schwerpunkt in 480 Jahren. Mit 19 Lichtjahren Entfernung zählt η Cas noch zu den Nachbarsternen unserer Sonne.

Schwierig zu trennen ist 36 Andromedae. Obwohl die Komponenten mit $6^{m}{,}1$ und $6^{m}{,}5$ ähnlich hell sind, so beträgt die Separation nur $1''{,}1$ (P = 328°). Die Hauptkomponente leuchtet orange (K1 IV). Ihre Umlaufperiode beträgt 168 Jahre. Die Entfernung wurde zu knapp 140 Lichtjahren ermittelt. Die Koordinaten von 36 And lauten: $\alpha = 0^{h}55^{m}{,}0$ / $\delta = 23°38'$ (J2000.0).

Der Flackerstern im Walfisch

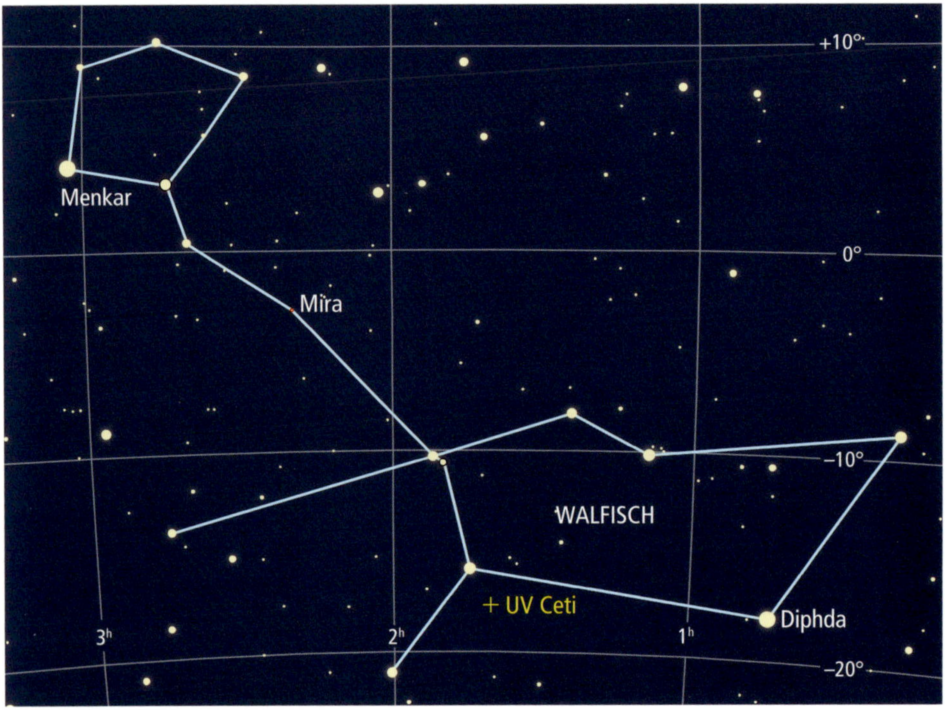

11.15 Das Sternbild Walfisch (Cetus) mit der Position von UV Ceti.

Im Sternbild Walfisch (lat. Cetus, Genetiv: Ceti) gibt es den gut bekannten veränderlichen Stern Mira Ceti, auch ο Ceti nach der klassischen Bezeichnung in Johannes Bayers Sternatlas *Uranometria* aus dem Jahr 1603. Er zählt zu den ersten veränderlichen Sternen, die entdeckt wurden. Im Jahr 1596 erblickte David Fabricius im Sternbild Walfisch einen Stern dritter Größenklasse, der ihm bis dato nicht aufgefallen war. In den folgenden Wochen wurde der Stern immer lichtschwächer, bis er ganz verschwunden war. Zu Fabricius‘ Überraschung sah er am 15. Februar 1609 den verschwundenen Stern wieder. Er nannte ihn daraufhin Mira Stella Ceti, den verwunderlichen oder seltsamen Stern im Walfisch. Mira ist der Prototyp langperiodischer roter Riesensterne (Spektraltyp: M7e III). Seine Helligkeit schwankt von dritter bis neunter Größe mit einer mittleren Periode von 332 Tagen, weshalb er einmal mit bloßen Augen sichtbar ist, dann wieder eine Zeitlang nicht. Im *Himmelsjahr* sind seine jeweiligen scheinbaren Helligkeiten monatlich vermerkt. Seine Entfernung misst 300 Lichtjahre, seine Leuchtkraft entspricht der von 7000 Sonnen.

Ein ganz anderer Typ von einem veränderlichen Stern wurde 1948 im Sternbild Walfisch von Willem Jacob Luyten entdeckt und mit UV Ceti katalogisiert. Während Mira Ceti ein Pulsationsveränderlicher ist, zählt UV Ceti zu den eruptiv Variablen. Mit nur 13^m scheinbarer Helligkeit ist UV Ceti weder mit freien Augen noch im Fernglas zu sehen. Mit nur 8,7 Lichtjahren

11.16 **Aufsuchkarte für UV Ceti, Bildhöhe ein Grad. Die Zahlen geben die Sternhelligkeiten in Magnituden an.**

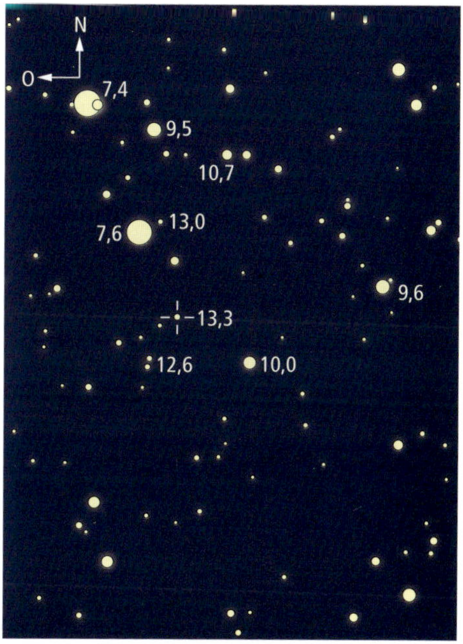

Entfernung ist er ein Nachbarstern unserer Sonne. Er ist damit etwa so weit weg wie Sirius und zählt zu den zehn sonnennächsten Sternen. Da er trotz seiner Nähe so extrem lichtschwach erscheint, muss seine Leuchtkraft sehr gering sein.

Tatsächlich zählt UV Ceti zu den roten Zwergsternen. Seine wahre Helligkeit beträgt nur etwas mehr als ein Tausendstel der Leuchtkraft unserer Sonne. Sein Durchmesser entspricht 14 % des Sonnendurchmessers, das sind 195 000 Kilometer. Damit ist UV Ceti nur etwas größer als Jupiter mit 143 000 Kilometer Äquatordurchmesser. Er hat nur 10 % der Sonnenmasse. UV Ceti ist somit ein wahrer roter Zwergstern der Spektralklasse dM6e.

Von Zeit zu Zeit flammt UV Ceti jedoch auf. In Sekundenschnelle wird er bis zu sechs Größenklassen heller. In etwa zehn Minuten bis maximal zwei Stunden sinkt die Helligkeit wieder auf den Normalwert ab. Die Fachwelt bezeichnet ihn daher als „Flarestar", als Flackerstern. UV Ceti ist der Prototyp der Klasse der Flarestars, von denen heute über 1000 bekannt sind. Allerdings ist davon auszugehen, dass ein Großteil der roten Zwergsterne am unteren Ende der Hauptreihe im HRD (Hertzsprung-Russell-Diagramm) Flare-Sterne sind. Sie sind nur schwer zu entdecken, einmal weil sie zu den lichtschwächsten Sternen zählen, zum Anderen weil die Helligkeitsausbrüche nur wenige Minuten andauern.

Eine rote Doppelsonne

UV Ceti ist kein Einzelstern, sondern ein doppelter roter Zwergstern mit fast den gleichen Eigenschaften (siehe Tabelle „UV Ceti in Zahlen" auf Seite 251). Der Partner wird als BL Ceti bezeichnet. Ferner lauten weitere Katalogangaben Gliese 65 und Luyten 726-8, jeweils A und B. Wilhelm Gliese (1915–1993) war ein Heidelberger Astronom, der sich vornehmlich mit der Erforschung

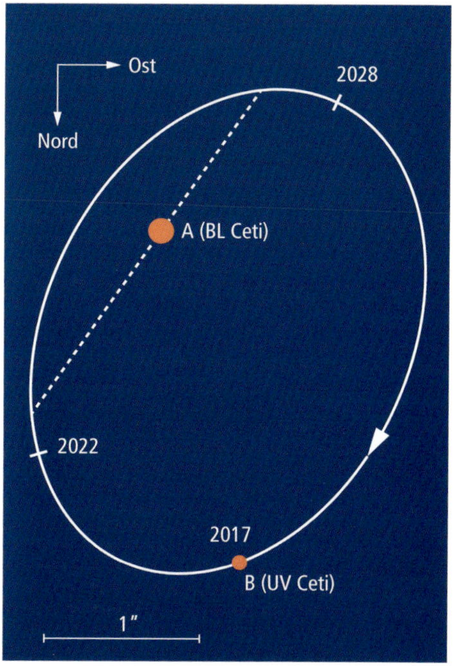

11.17 **Orbit von UV Ceti (B) um BL Ceti (A)**

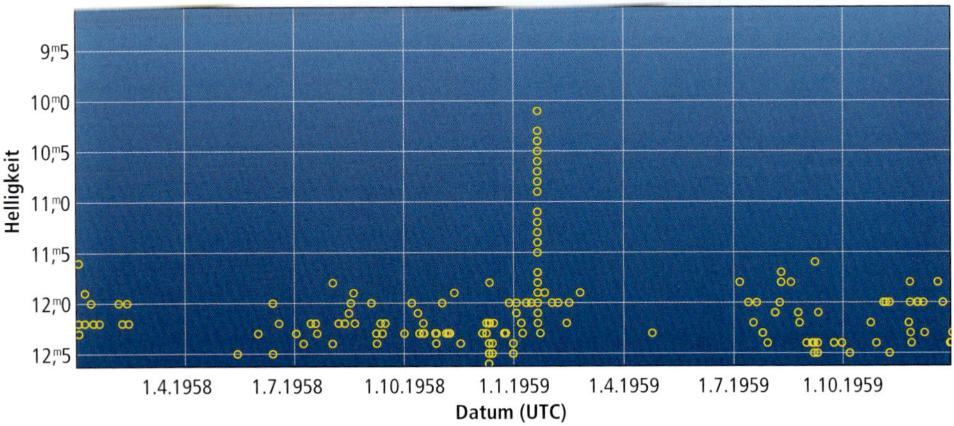

11.18 Lichtkurve von UV Ceti mit Flares

sonnennaher Sterne befasste. In den astronomischen Verzeichnissen findet man BL und UV Ceti auch unter Luyten 726-8A und 728-8B gemäß der Liste von Sternen großer Eigenbewegungen von Willem Jacob Luyten (1899–1994).

Ihre Helligkeiten betragen $12\overset{m}{,}4$ und $13\overset{m}{,}0$. Sie bilden einen Doppelstern, bei dem beide Komponenten gleich große rote Zwerge sind mit jeweils etwas mehr als einem Zehntel Sonnenmasse und Durchmessern von rund 200 000 Kilometern. Sie umkreisen einander in 26,5 Jahren bei einem gegenseitigen Abstand von 5,5 AE, dies entspricht etwa der Distanz Sonne – Jupiter.

Beide tiefrote Zwerge mit Oberflächentemperaturen von 2500 °C sind Flarestars. Im Jahr 1948 wurde bei UV Ceti wie gesagt ein gewaltiger Helligkeitsausbruch von vier Größenklassen beobachtet. Seine effektive Temperatur stieg auf 10 000 °C. Nach wenigen Minuten war der Spuk wieder vorbei. Inzwischen gilt UV Ceti als Prototyp der Flarestars. Die englische Bezeichnung „flare" bedeutet „aufleuchten, aufflackern". Flares sind von der Sonne als Strahlungsausbrüche bekannt. Bei den Flarestars sind die Strahlungsausbrüche jedoch viel gewaltiger und übertreffen die Helligkeit der Zwergsterne im Normallicht um ein Vielfaches – meist um mehr als das Hundertfache.

Ein weiterer gewaltiger Helligkeitsausbruch wurde bei UV Ceti am 14. November 1952 beobachtet. Seine Helligkeit stieg innerhalb von 20 Sekunden von $12\overset{m}{,}3$ auf $6\overset{m}{,}8$ an.

Lebensfeindliche Ausbrüche

Flarestars gehören zur Spektralklasse Me V. Sie sind kühle, rote Zwergsterne auf der Hauptreihe im HRD mit Emissionslinien des Wasserstoffs aber auch von Ca II, He I und He II wie bei den solaren Flares.

Je nach Abklingzeit unterscheidet man zwischen schnellen (rund zehn Minuten) und langsamen Flarestars mit etwa ein bis zwei Stunden Abklingzeit. Vermutlich gibt es keinen physikalischen Unterschied. Die schnellen Flares ereignen sich offensichtlich auf der der Erde zugekehrten Oberfläche, die langsamen auf der Rückseite, wobei nur der Bereich in der Korona beobachtet wird. Bei den schnellen Flares trägt auch die Wechselwirkung mit der Sternoberfläche zum Helligkeitsanstieg bei.

Die Strahlungsausbrüche erfolgen nicht nur im sichtbaren Licht, sondern auch im Radiofrequenzbereich (Radio-Flares). Erstmals wurden bei dem roten Zwergstern V371 Orionis im Jahre 1962 Radio-Flares nachgewiesen.

Auf der Oberfläche der Flarestars bilden sich auch Sternflecken ähnlich den Sonnenflecken. Sie sind kühlere Bereiche, da durch Magnetfeldlinien der Energietransport aus dem Sterninneren zur Photosphäre geschwächt wird. Flares und Sternflecken sind die Folge magnetischer Aktivitäten, hervorgerufen durch schnelle, differentielle Rotation. Die ionisierten Plasmaströme erzeugen ein globales Magnetfeld, das in der Tachoclinenregion entsteht, also im Übergangsbereich des starr rotierenden Kerns zur weiter außen liegenden Konvektionszone. Plasma wird bis in die Korona transportiert, wobei der Materiefluss entlang der Magnetfeldlinien erfolgt. In diesem Bereich kommt es zu „magnetischen Kurzschlüssen". Die freigesetzte, enorme Energiemenge führt zu den Strahlungsausbrüchen, die als Flares beobachtet werden. Wegen der extrem hohen Temperatur von Millionen Kelvin der Flare-Materie in der Korona wird der größte Teil der freiwerdenden Energie im Röntgenbereich ausgestrahlt.

Photometrische Messungen erlauben es, die Rotationsfrequenz der roten Zwerge zu bestimmen. Sie liegt bei einigen Stunden bis wenigen Tagen.

Auch der unserer Sonne allernächste Stern Proxima Centauri ist ein Flare-Stern, weshalb auch auf einem ihn umkreisenden Planeten kein Leben existieren kann.

UV Ceti in Zahlen

Bezeichnungen:	**BL Ceti A**	**UV Ceti B**
Katalog-Nummern:	Luyten 726-8 A Gliese 65 A	Luyten 726-8 B Gliese 65 B
Koordinaten (2000.0):	$\alpha = 1^h39{,}^m0$ $\delta = -17°57'$	
Entfernung:	8,73 Lj / 2,7 pc	8,73 Lj / 2,7 pc
Absolute Helligkeit:	$15{,}^M4$	$15{,}^M8$
Spektraltyp:	M5,5e V	M6e V
Farbindex B – V:	$+1{,}^m87$	$+1{,}^m8$
Leuchtkraft (Sonne =1):	0,00147	0,00125
Masse (Sonne =1):	0,122	0,116
Durchmesser (Sonne =1):	0,15 (209 000 km)	0,14 (195 000 km)
Rotationsdauer:	$5{,}^h832$	$5{,}^h443$
Oberflächentemperatur:	2500 °C	2460 °C
Eigenbewegung (pro Jahr):	$\mu_\alpha = 0{,}''3385$ $\mu_\delta = 0{,}''0544$	$\mu_\alpha = 0{,}''3179$ $\mu_\delta = 0{,}''0584$
Radialgeschwindigkeit:	RG = 29 km/s	RG = 32 km/s
Mittlere Distanz A–B:	5,5 AE	
Separation:	$\rho = 2''$	
Positionswinkel:	$P = 80{,}°4$	
Periastron:	2,1 AE	
Apastron:	8,8 AE	
Umlaufperiode:	26,5 Jahre	
Numerische Exzentrizität:	e = 0,617	
Bahnneigung:	128°	
Epoche:	17. Januar 1972 (MJD 41 333)	

Dezember 2026

- Die Sonne passiert am 21. um $21^h 50^m$ MEZ den tiefsten Punkt ihrer Jahresbahn, der astronomische Winter beginnt.
- Merkur hat seine Morgensichtbarkeit beendet und kommt am 29. in obere Konjunktion mit der Sonne.
- Venus zeigt sich als heller Morgenstern am Osthimmel.
- Mars nimmt deutlich an Helligkeit zu und wird zu Silvester fast zum Planeten der gesamten Nacht.
- Jupiter geht abends immer früher auf – zu Silvester schon gegen halb neun Uhr abends.
- Saturn ist Planet der ersten Nachthälfte.

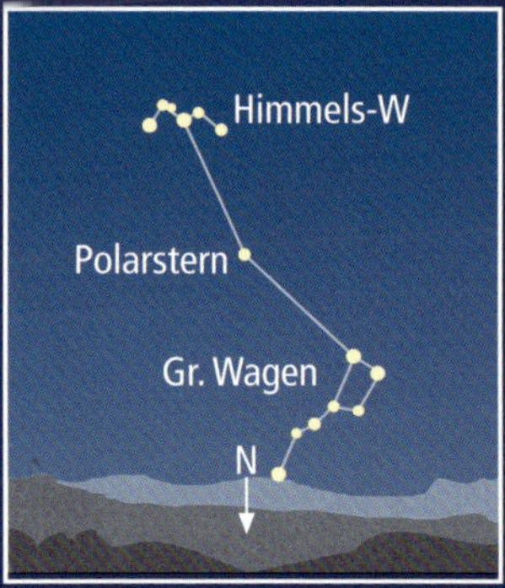

Großer Wagen und Himmels-W Anfang Dezember um 22 Uhr MEZ

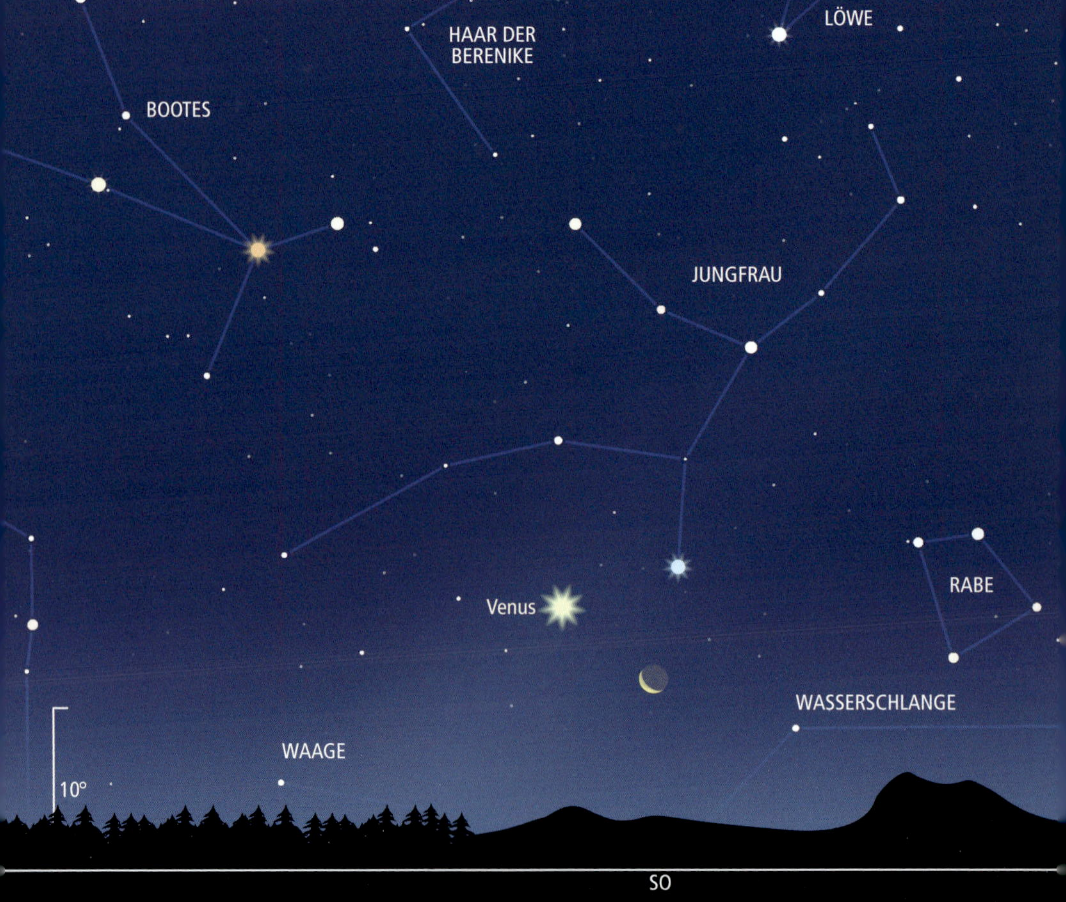

12.1 Himmelsanblick in südöstlicher Richtung am 5. Dezember gegen 6^h MEZ. Knapp über dem Südosthorizont bilden Venus, die abnehmende Mondsichel und Spica in der Jungfrau ein Dreigestirn.

Tag	Ereignis
1 Di	Letztes Viertel
2 Mi	
3 Do	
4 Fr	
5 Sa	Mond bei Venus – morgens
6 So	2. Advent
7 Mo	
8 Di	
9 Mi	**Neumond**
10 Do	
11 Fr	
12 Sa	
13 So	3. Advent Sternschnuppen Geminiden im Maximum
14 Mo	
15 Di	
16 Mi	
17 Do	Erstes Viertel
18 Fr	
19 Sa	
20 So	4. Advent
21 Mo	Winterbeginn
22 Di	
23 Mi	
24 Do	Heiliger Abend **Vollmond**
25 Fr	1. Weihnachtstag
26 Sa	2. Weihnachtstag
27 So	Mond bei Jupiter und Regulus
28 Mo	
29 Di	
30 Mi	Letztes Viertel
31 Do	Silvester

SONNE – STERNBILDER

18. 12. 14h:
Sonne tritt in das Sternbild Schütze

21. 12. 21h50m:
Sonne tritt in das Tierkreiszeichen Steinbock

Julianisches Datum am
1. Dezember, 1h MEZ: 2 461 375,5

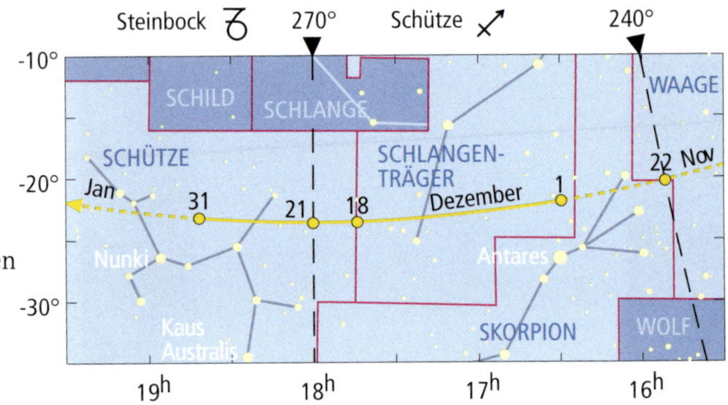

SONNENLAUF

Tag	Dämmerg. Anfang	Aufgang MEZ	Kulmination	Untergang MEZ	Dämmerg. Ende	Mittagshöhe	Zeitgleichg.	Rektaszension	Deklination
	h m	h m	h m	h m	h m	°	m	h m	°
1.	6 38	7 56	12 09	16 21	17 39	18,2	+11	16 27	–21,7
5.	6 43	8 02	12 11	16 19	17 38	17,6	+ 9	16 44	–22,3
10.	6 48	8 07	12 13	16 18	17 37	17,1	+ 7	17 06	–22,9
15.	6 52	8 12	12 15	16 18	17 38	16,7	+ 5	17 28	–23,2
20.	6 55	8 15	12 17	16 20	17 40	16,6	+ 3	17 50	–23,4
25.	6 57	8 17	12 20	16 22	17 43	16,6	0	18 12	–23,4
31.	6 59	8 18	12 23	16 27	17 47	16,9	– 3	18 39	–23,1

TAGES- UND NACHTSTUNDEN

5. Dezember

15. Dezember

25. Dezember

MONDLAUF

Datum	Aufg. MEZ	Kulmination	Unterg. MEZ	Rektaszension	Deklination		Sterne und Sternbilder	Phase	MEZ
	h m	h m	h m	h m	°				
Di 1.	–	6 19	12 56	10 27	+ 8,7	*	Löwe, Regulus	**Letztes Viertel**	$7^h 09^m$
Mi 2.	0 41	7 04	13 10	11 15	+ 2,5		Löwe	Libration West	
Do 3.	1 57	7 47	13 24	12 01	– 3,6	*	Jungfrau		
Fr 4.	3 11	8 31	13 39	12 48	– 9,4		Jungfrau		
Sa 5.	4 25	9 16	13 56	13 34	–14,7		Spica		
So 6.	5 39	10 02	14 16	14 23	–19,3		Waage		
Mo 7.	6 51	10 50	14 43	15 13	–23,1		Waage	Größte Südbreite	
Di 8.	7 59	11 41	15 19	16 04	–25,8		Antares		
Mi 9.	8 59	12 32	16 05	16 58	–27,3		Antares	**Neumond Nr. 1286**	$1^h 52^m$
Do 10.	9 49	13 23	17 01	17 51	–27,5		Schütze		
Fr 11.	10 26	14 13	18 06	18 44	–26,5		Schütze, Nunki	Erdferne 406/29′,4	8^h
Sa 12.	10 55	15 01	19 15	19 36	–24,2		Schütze		
So 13.	11 17	15 46	20 26	20 25	–20,9		Steinbock		
Mo 14.	11 34	16 30	21 36	21 12	–16,8	*	Steinbock	Aufsteigender Knoten	
Di 15.	11 49	17 11	22 47	21 57	–11,9		Steinbock		
Mi 16.	12 02	17 53	23 58	22 42	– 6,6		Wassermann		
Do 17.	12 15	18 35	–	23 26	– 0,9	*	Fische	**Erstes Viertel**	$6^h 43^m$
Fr 18.	12 29	19 20	1 11	0 12	+ 5,1		Fische	Libration Ost	
Sa 19.	12 46	20 08	2 28	1 00	+11,0		Fische		
So 20.	13 07	21 02	3 50	1 51	+16,5		Widder		
Mo 21.	13 35	22 01	5 16	2 47	+21,5	*	Widder	Größte Nordbreite	
Di 22.	14 17	23 06	6 43	3 49	+25,2	*	Stier, Plejaden		
Mi 23.	15 17	–	8 02	4 55	+27,3		Stier, Alnath		
Do 24.	16 35	0 14	9 05	6 04	+27,4		Zwillinge	**Vollmond**	$2^h 28^m$
								Erdnähe 357/33′,5	10^h
Fr 25.	18 04	1 20	9 50	7 12	+25,4	*	Pollux		
Sa 26.	19 35	2 23	10 21	8 16	+21,6		Krebs, Krippe		
So 27.	21 03	3 20	10 43	9 15	+16,4	*	Krebs	Absteigender Knoten	
Mo 28.	22 26	4 12	11 01	10 10	+10,4		Löwe, Regulus		
Di 29.	23 44	4 59	11 16	11 00	+ 4,1	*	Löwe		
Mi 30.	–	5 45	11 30	11 49	– 2,2		Jungfrau	**Letztes Viertel**	$19^h 59^m$
								Libration West	
Do 31.	1 00	6 29	11 45	12 36	– 8,2		Jungfrau		

DER ZUNEHMENDE MOND BEDECKT DIE PLEJADEN

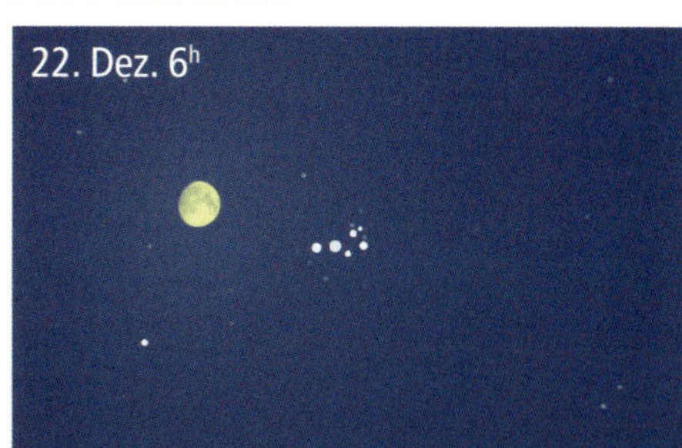

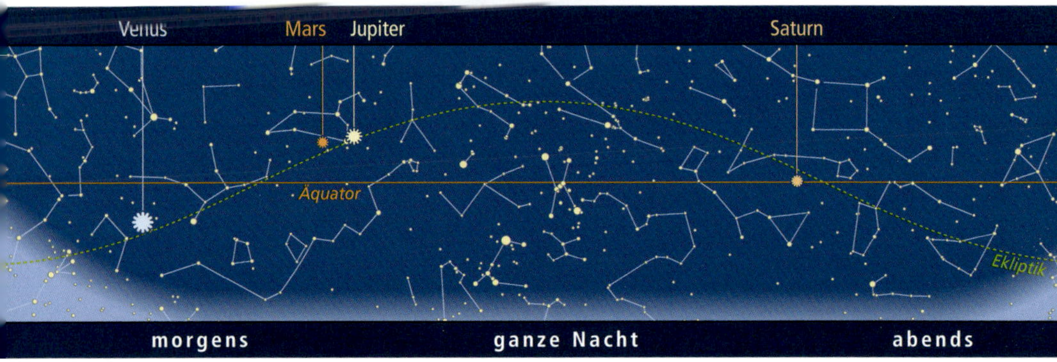

MERKUR hat seine Morgensichtbarkeit beendet. Versierte Beobachter mögen ihn noch zu Monatsanfang mit einem Fernglas auffinden. Am 1. geht der $-0^{\mathrm{m}},6$ helle Merkur um $6^{\mathrm{h}}22^{\mathrm{m}}$ im Südosten auf, die Sonne folgt um $7^{\mathrm{h}}56^{\mathrm{m}}$ (siehe auch Abb. 11.2 und 11.3 auf Seite 238).

Merkur eilt der Sonne nach und holt sie gegen Monatsende ein. Am 1. Januar 20**27** steht er in oberer Konjunktion mit ihr. Seine größte östliche Elongation erreicht er dann am 3. Februar 20**27** mit 18° Winkelabstand von der Sonne, wobei er sich kurz am Abendhimmel zeigt.

Seine Aphelposition erreicht Merkur am 24. vormittags.

VENUS präsentiert sich als heller Morgenstern unübersehbar am Osthimmel. Bis Jahresende nimmt die Venushelligkeit ein wenig von $-4^{\mathrm{m}},9$ auf $-4^{\mathrm{m}},6$ ab. Venus verlässt am 14. das Sternbild Jungfrau und wechselt in die Waage, wobei sie sich rechtläufig von Spica entfernt (siehe Abb. 10.5 auf Seite 217).

Die Venusaufgänge verfrühen sich von $4^{\mathrm{h}}09^{\mathrm{m}}$ am 1. auf $4^{\mathrm{h}}03^{\mathrm{m}}$ am 15., wobei sie sich bis Silvester wieder auf $4^{\mathrm{h}}18^{\mathrm{m}}$ etwas verspäten.

Das Venusscheibchen nimmt weiter an Durchmesser ab, die Sichel wird breiter. Bis Ende Dezember nimmt der Beleuchtungsgrad auf 49 Prozent zu, der scheinbare Venusdurchmesser nimmt auf knapp 26″ ab.

Am 5. wandert die Sichel des abnehmenden Mondes knapp 7° südlich an Venus vorbei (siehe Abb. 12.1 auf Seite 252). Am 25. läuft Venus abermals in den Nachmittagsstunden durch das Perihel ihrer Bahn.

MARS verzögert seine rechtläufige Bewegung durch den Löwen ein wenig. Dabei entfernt er sich von Regulus, dem hellsten Stern im Löwen (siehe Abb. 9.2 auf Seite 199).

Der rote Planet nimmt deutlich an Helligkeit zu, nämlich von $0^{\mathrm{m}},4$ auf $-0^{\mathrm{m}},2$ bis Jahresende. Damit wird Mars zu einem auffälligen Gestirn am Nachthimmel. Die langsamer werdende Bewegung und die Helligkeitssteigerung deuten darauf hin: Die Erde beginnt, unseren äußeren Nachbarplaneten auf der

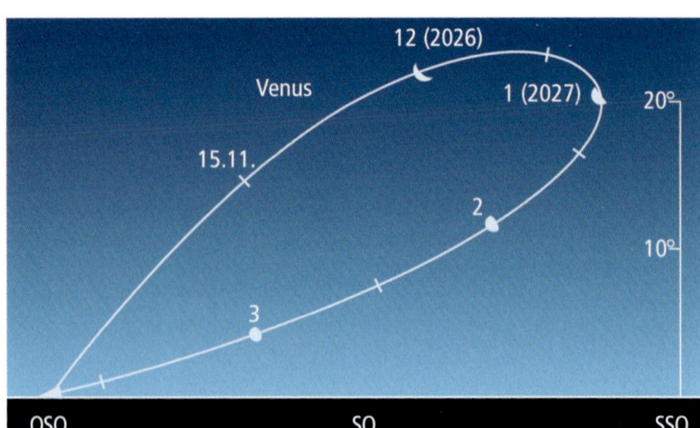

12.2 Stellung von Venus über dem Osthorizont morgens eine Stunde vor Sonnenaufgang.

Innenbahn einzuholen. Bis Silvester hat sich die Erde auf 137 Millionen Kilometer (= 0,916 AE) an Mars herangepirscht. Das Marsscheibchen wächst bis Jahresende auf 10″,3 an. Am 19. Februar 2027 wird Mars in Opposition zur Sonne kommen. Der Marsaufgang erfolgt am 1. Dezember um $22^{h}50^{m}$. Mars verfrüht seine Aufgänge alle zehn Tage um eine halbe Stunde. Zu Silvester geht Mars um $21^{h}32^{m}$ auf.

JUPITER wird am 13. im Sternbild Löwe stationär und setzt zu seiner Oppositionsschleife an. Sein Umkehrpunkt liegt 3°,2 nordwestlich von Regulus. Nach dem 13. wandert er langsam rückläufig durch den Löwen und entfernt sich wieder von Regulus (siehe Abb. 1.6 auf Seite 42).

Die Jupiterhelligkeit steigt auf $-2^{m}{,}4$ an. Der Riesenplanet nähert sich seiner Oppositionsstellung, die er aber erst am 11. Februar 2027 erreichen wird.

Während des Monats verfrühen sich die Jupiteraufgänge um zwei Stunden. Am 1. geht der Riesenplanet um $22^{h}25^{m}$ auf, am 15. um $21^{h}32^{m}$ und am 31. bereits um $20^{h}24^{m}$. Jeweils eine Viertelstunde nach seinem Aufgang sollte man den Riesenplaneten tief am Osthimmel

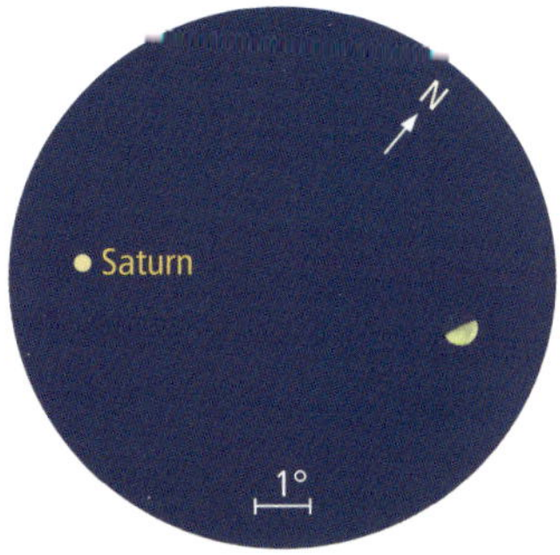

12.3 Der zunehmende Halbmond begegnet am 17. Dezember gegen Mitternacht Saturn. Anblick im Opernglas bei 10° Gesichtsfelddurchmesser.

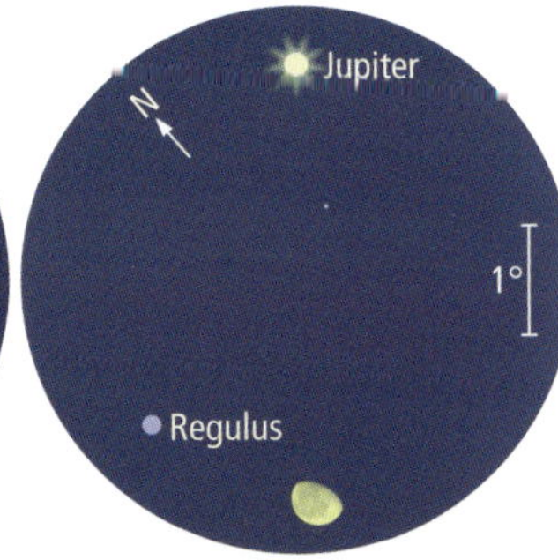

12.4 Der abnehmende Mond wandert am 27. Dezember an Regulus und Jupiter vorbei. Abendlicher Fernglasanblick gegen 22^{h} MEZ.

als hellen Lichtpunkt erspähen können.

Fernrohrbeobachter registrieren das langsame Anwachsen des ovalen Planetenscheibchens. Zu Jahresende weist das Planetenscheibchen einen scheinbaren Äquatordurchmesser von 42″,8 und einen Poldurchmesser von 40″,0 auf. Besonders reizvoll ist es auch, im guten Fernglas oder kleinen Teleskop das Wechselspiel der vier hellen Jupitermonde zu verfolgen. (siehe jeweils Monatsgrafik: „Stellungen der Jupitermonde“). In einem größeren Teleskop lassen sich auch die in diesem Jahr besonders reizvollen Erscheinungen wie gegen-

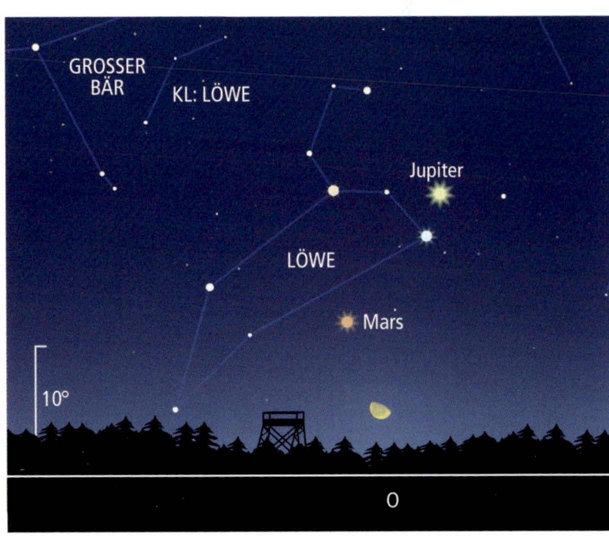

12.5 Himmelsanblick gegen 23^{h} MEZ in östlicher Richtung. Der Riesenplanet Jupiter und der rötliche Mars halten sich im Sternbild Löwe auf. Am 28. Dezember gesellt sich knapp über dem Osthorizont der abnehmende Mond hinzu.

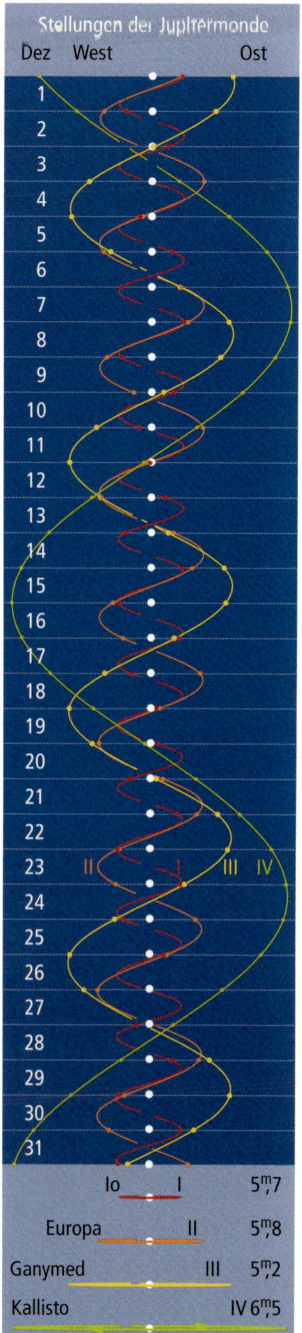

JUPITERMONDE

Tag	MEZ h	m	Vorgang	
1.	4	40	II	SA
2.	4	46	I	VA
	23	13	III	DA
	23	28	II	VA
3.	2	04	I	SA
	2	40	IV	VE
	2	49	III	DE
	3	16	I	DA
	4	21	I	SE
	4	44	II	BE
	5	32	I	DE
	23	14	I	VA
4.	2	47	I	BE
	23	17	II	DE
5.	0	00	I	DE
9.	6	40	I	VA
10.	1	54	III	SE
	2	01	II	VA
	2	58	III	DA
	3	57	I	SA
	5	06	I	DA
	6	14	I	SE
	6	34	III	DE
11.	1	08	I	VA
	4	37	I	BE
	22	54	II	DA
	23	26	II	SE
	23	33	I	DA
	23	50	IV	DE
12.	0	42	I	SE
	1	46	II	DE
	1	50	I	DE
	23	05	I	BE
17.	2	14	III	SA
	4	34	II	VA
	5	51	III	SE
	5	50	I	SA
	6	39	III	DA
18.	3	02	I	VA
	6	27	I	BE
	23	09	II	SA
19.	0	18	I	SA

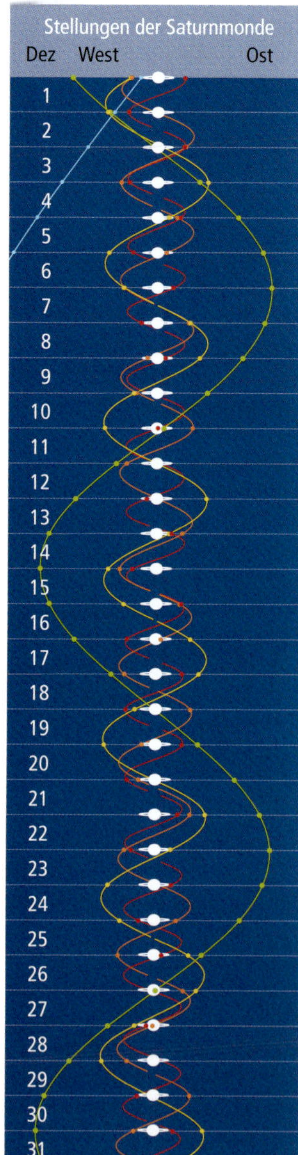

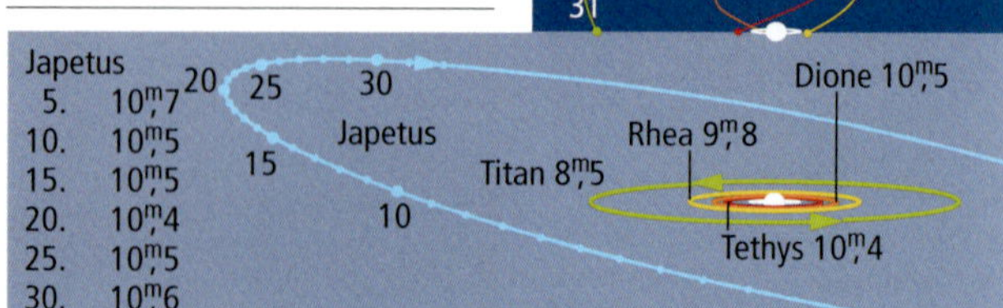

JUPITERMONDE

Tag	MEZ h m		Vorgang	
19.	1	21	II	DA
	1	22	I	DA
	2	02	II	SE
	2	35	I	SE
	3	38	I	DE
	4	13	II	DE
20.	0	54	I	BE
	2	05	IV	BA
	6	47	IV	BE
	22	47	II	BE
21.	0	04	III	BE
24.	6	12	III	SA
25.	4	56	I	VA
26.	1	45	II	SA
	2	11	I	SA
	3	10	I	DA
	3	46	II	DA
	4	28	I	SE
	4	38	II	SE
	5	26	I	DE
	6	38	II	DE
	23	24	I	VA
27.	2	42	I	BE
	21	36	I	DA
	21	50	III	V I
	22	56	I	SE
	23	44	III	VE
	23	53	I	DE
28.	0	00	III	BA
	1	09	II	BE
	2	17	IV	SA
	3	38	III	BE
	7	04	IV	SE
31.	1	02	I	V III
	22	45	I	V III

seitigen Bedeckungen und Verfinsterungen der Jupitermonde beobachten, wie sie in zahlreichen Tabellen und Grafiken zu ersehen sind.

Zu Silvester trennen Jupiter 4,61 AE (= 689 Millionen Kilometer) von der Erde. Seine Sonnendistanz misst am Jahresende hingegen 5,33 AE (= 798 Millionen Kilometer).

KONJUNKTIONEN

Tag	MEZ h	m	Monde/Dist. S	″	N
3.	6	49	IV	5,0	I
	5	39	IV	6,0	III
6.	23	26	II	0,4	III
7.	6	29	III	0,7	II
8.	1	52	I	2,4	II
10.	23	21	II	5,5	IV
12.	2	00	I	2,0	II
	3	44	I	3,7	IV
	4	50	II	1,8	IV
	22	22	III	4,4	IV
13.	0	26	III	0,2	II
15.	4	35	I	2,4	II
	22	33	I	1,9	II
17.	7	22	I	1,1	III
20.	5	04	II	0,1	III
22.	7	40	I	2,4	II
23.	1	14	I	2,1	II
24.	2	00	I	1,4	III
	5	18	I	1,2	III
	22	33	I	2,5	III
25.	21	41	I	2,4	II
26.	0	25	I	2,3	II
28.	5	00	II	8,4	IV
	6	56	III	7,9	IV
30.	3	42	I	2,2	II

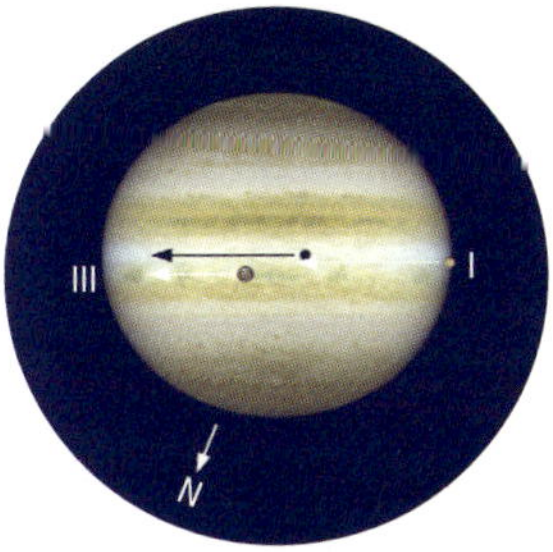

10. Dezember, 5^h06^m MEZ: Io beginnt seinen Durchgang; sein Schatten nähert sich Ganymed und überholt ihn dann.

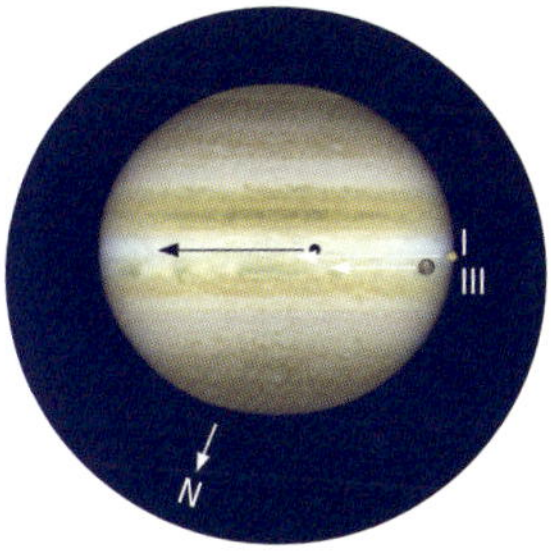

17. Dezember, 6^h55^m MEZ: Ganymed bedeckt Io, während Ios Schatten nahe des Scheibenzentrums vorauseilt.

GEGENSEITIGE JUPITERMONDEREIGNISSE

Tag	Beginn h m	Ende h m	Ereignis fern/nah
6.	22 52	24 00	III B II
7.	5 59	6 59	III B II
13.	0 12	0 40	III B II
17.	7 14	7 30	I B III
20.	4 44	5 24	III B II
24.	1 48	2 12	I B III
24.	5 02	5 34	I B III
27.	21 48	21 52	III V I
31.	0 54	1 10	I V III
31.	22 39	22 51	I V III

Beginn – Mitte – Ende
Norden unten, Zeitangaben in MEZ

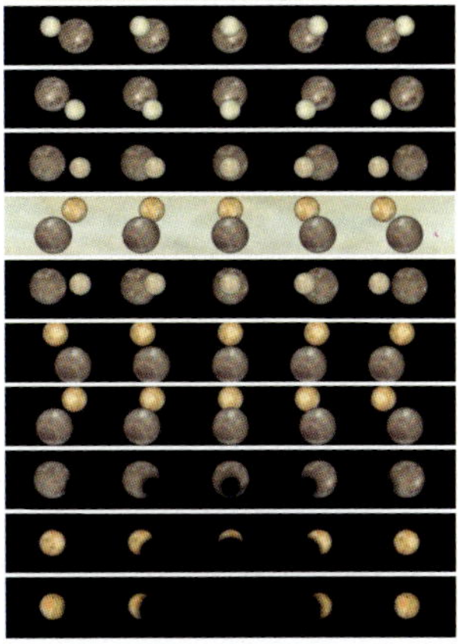

SATURN ist Planet der ersten Nachthälfte. Er verlegt seine Untergänge in die Zeit um Mitternacht. Aus der zweiten Nachthälfte zieht er sich zurück. Der Ringplanet verzögert seine rückläufige Wanderung durch den Cetus (Sternbild Walfisch). Um Mitternacht am 11. beendet er seine rückläufige Wanderung und wird wieder rechtläufig (siehe Abb. 10.8 auf Seite 220). Mit seinem abermaligen Stillstand beendet Saturn seine diesjährige Oppositionsperiode, was sich auch an der leicht abnehmenden Helligkeit zeigt. Sie geht von $0\overset{m}{,}6$ auf $0\overset{m}{,}7$ zurück.

Saturn geht am 1. um 2^h21^m unter, am 15. um 1^h26^m und am 31. schon um 0^h25^m. Am 17. zieht der zunehmende Halbmond an Saturn nördlich vorbei (siehe Abb. 12.3 auf Seite 257).

URANUS hat seine Oppositionsstellung zur Sonne gerade hinter sich. Er wandert rückläufig durch den Stier (siehe Abb. 11.13 auf Seite 241). Mit Einbruch der Dunkelheit ist der grünliche Planet bereits am Osthimmel mit einem Fernglas oder Teleskop auffindbar. Vom Morgenhimmel zieht sich Uranus zurück. Der Untergang des $5\overset{m}{,}6$ hellen Uranus erfolgt am 1. um 7^h36^m, am 15. um 6^h38^m und am 31. bereits um 5^h33^m. Jeweils etwa eine Stunde vor seinem Untergang wird Uranus unbeobachtbar. Uranus kulminiert am 1. um 23^h42^m, am 15. um 22^h45^m und am letzten Tag des Jahres schon um 21^h40^m. Im letzten Monatsdrittel stört allerdings das Licht des Vollmondes bei der Suche nach Uranus.

NEPTUN wird am 13. im Sternbild Fische stationär und beendet damit seine rückläufige Bewegung. Anschließend ist er wieder rechtläufig, was kaum auffällt, denn er tritt auf der Stelle (s. Abb. 9.6 auf Seite 202).

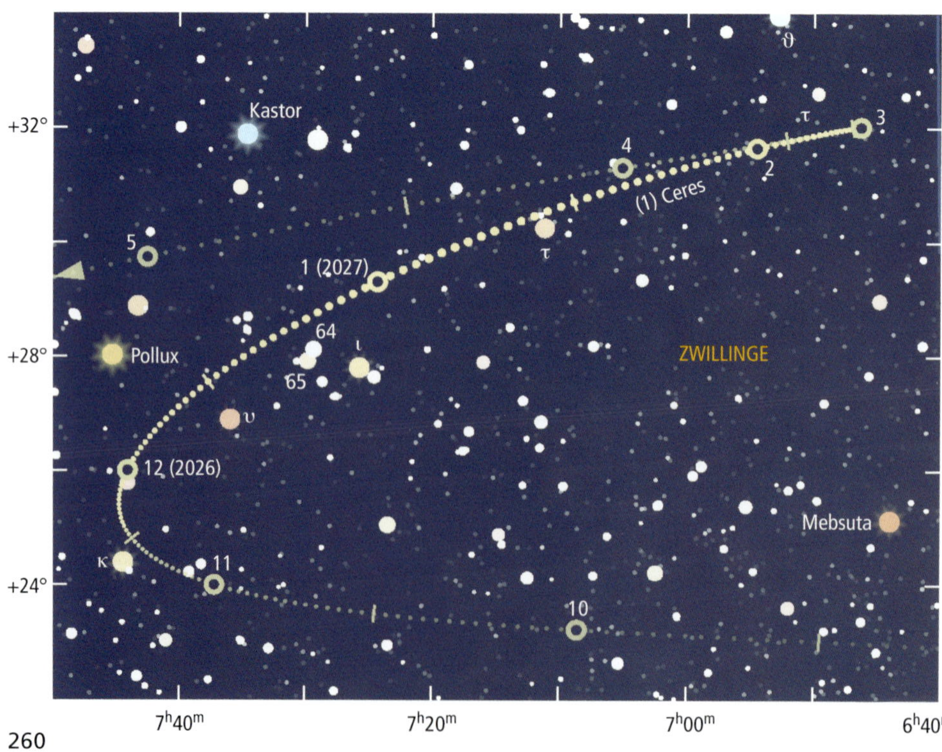

12.6 Bahn des Kleinplaneten (1) Ceres von Mitte September 2026 bis Anfang Mai 2027. Die Zahlen geben die Position von Ceres zum jeweiligen Monatsersten an (1 = 1. Januar 2027).

Der bläuliche Planet kann am Abendhimmel aufgefunden werden.

Zu Monatsbeginn kulminiert der 7,ᵐ9 lichtschwache Neptun um 19^h46^m und geht um 1^h49^m unter. Zu Jahresende passiert der sonnenferne Neptun bereits um 17^h48^m den Meridian und geht um 23^h48^m unter. In der zweiten Monatshälfte behindert helles Mondlicht das Auffinden von Neptun.

PLANETOIDEN UND ZWERGPLANETEN

CERES (1), rückläufig im Sternbild Zwillinge, nähert sich ihrer Opposition zur Sonne, die sie am 7. Januar 2027 erreicht. Ihre scheinbare Helligkeit steigt auf $6{,}^m9$ an, weshalb sie in jedem guten Fernglas gesehen werden kann, auch weil sie in den nördlichen Bereichen des Tierkreises in Mitteleuropa hoch kulminiert. Am 10. passiert Ceres den Zwillingsstern Pollux $1{,}^\circ5$ südwestlich. Die Aufsuchkarte Abb. 12.6 auf Seite 260 soll beim Auffinden von Ceres hilfreich sein.

Am 1. kulminiert Ceres um 3^h26^m und am 15. um 2^h25^m. Bis Monatsende verfrüht sich ihr Meridiandurchgang auf 1^h09^m.

PALLAS (2) wird am 1. um 13^h im Sternbild Walfisch wieder rechtläufig und beendet damit ihre Oppositionsperiode, was auch an der von $9{,}^m0$ auf $9{,}^m3$ sinkenden Helligkeit deutlich wird. Sie passiert am 1. um 20^h31^m den Meridian, um 19^h38^m am 15. und um 18^h44^m am Jahresende.

VESTA (4) wird am 2. um 17^h im Sternbild Cetus stationär. Anschließend wandert sie zunehmend schneller werdend in nordöstlicher Richtung durch die Fixsternwelt (siehe Abb. 10.9 auf Seite 221)

Die Vestahelligkeit geht weiter um eine halbe Größenklasse zurück. Am Jahresende beträgt ihre Helligkeit nur mehr $7{,}^m8$.

Am 1. kulminiert Vesta um 20^h38^m, am 15. um 19^h46^m und am 31. schon um 18^h51^m. Zu dieser Zeit ist die Sonne bei uns längst untergegangen.

PERIODISCHE STERNSCHNUPPENSTRÖME

Die **ANDROMEDIDEN**, die vom zerfallenen und erloschenen Kometen 3D/Biela stammen, verursachten 1872 und 1885 heftige Meteorschauer, trafen aber danach nicht mehr mit der Erde zusammen. Die Bahnentwicklung brachte aber in den letzten Jahren wieder Teilchen des Stromes in Erdnähe.

Vom 7. bis 17. Dezember macht sich der ekliptikale Strom der **GEMINIDEN** bemerkbar. Ihr Ausstrahlungspunkt liegt in den Zwillingen, rund 1° südwestlich von Kastor. Das ausgedehnte Maximum tritt in der Nacht vom 13. auf 14. Dezember ein, wenn stündlich bis 150 Meteore, mitunter auch sehr helle Objekte, über den Himmel huschen. Da der Radiant morgens hoch über dem Horizont steht, sind die Geminiden am Morgenhimmel gut zu verfolgen. Die Eintrittsgeschwindigkeiten liegen um 35 Kilometer pro Sekunde. Die günstigste Beobachtungszeit liegt zwischen 21^h und 6^h morgens.

Neuerdings vermutet man den Planetoiden (3200) Phaeton als Quelle für die Geminiden. Seine

KONSTELLATIONEN UND EREIGNISSE

Datum	MEZ	Ereignis
5.	12^h	Mond bei Venus, Mond $7{,}^\circ1$ südlich
7.	23	Mond bei Merkur, Mond $5{,}^\circ8$ südlich
12.	0	Saturn im Stillstand, anschließend rechtläufig
13.	12	Neptun im Stillstand, anschließend rechtläufig
13.	13	Jupiter im Stillstand, anschließend rückläufig
17.	22	Mond bei Neptun, Mond $5{,}^\circ2$ nördlich
18.	11	Mond bei Saturn, Mond $6{,}^\circ9$ nördlich
21.	21^h50^m	**Sonne im Winterpunkt, Wintersonnenwende**
22.	5	Mond bei Uranus, Mond $5{,}^\circ2$ nördlich
24.	9	Merkur im Aphel
25.	7	Venus im Perihel
27.	19	**Mond bei Jupiter**, Mond $1{,}^\circ5$ südlich, **Abstand $4{,}^\circ0$ um 22^h**
28.	19	Mond bei Mars, Mond $5{,}^\circ3$ südlich

Umlaufzeit beträgt lediglich 1,4 Jahre. Vermutlich ist Phaeton ein inaktiv gewordener Komet.

Wenig ergiebig ist der Strom der **MONOCEROTIDEN**, dessen Radiant im Sternbild Einhorn zwischen Beteigeuze und Prokyon liegt. Es handelt sich um mittelschnelle Objekte (um 40 Kilometer pro Sekunde). Das Maximum soll am 8. Dezember mit nur ein bis drei Meteoren pro Stunde eintreten.

Ein paar mehr Sternschnuppen liefern die **SIGMA-HYDRIDEN** im Maximum, das am 11. Dezember zu erwarten ist. Man rechnet mit drei bis fünf Objekten pro Stunde, die mit rund 60 Kilometer pro Sekunde in unsere Lufthülle eindringen. Der Radiant liegt im Kopf der Wasserschlange (Hydra).

Vom 17. bis 26. Dezember tauchen die **URSIDEN** auf, deren Radiant im Sternbild Kleiner Bär zu finden ist. Ihr scharfes Maximum erreichen die Ursiden-Meteore am Abend des 22. Dezember. Da der Radiant zirkumpolar ist, können die Ursiden die ganze Nacht über beobachtet werden. Der Ursprung der Ursiden wird auf den Kometen 8P/Tuttle zurückgeführt.

Die Sternschnuppen haben mittlere Geschwindigkeiten von 35 Kilometer pro Sekunde. In den letzten Jahren wurden rund zehn bis 20, 2016 und 2017 auch mehr Objekte pro Stunde im Maximum registriert.

Zum Jahresschluss erscheinen schon die ersten **QUADRANTIDEN-METEORE**, deren Maximum in der Nacht vom 3. auf 4. Januar 2027 zu erwarten ist.

Der Fixsternhimmel

Alle Herbstbilder sind inzwischen in die westliche Himmelshälfte gerückt, außer Perseus, der gerade den Meridian durchschreitet. Atair im Adler ist bereits untergegangen, womit das Sommerdreieck aufgelöst ist. Deneb ist noch im Westen und Wega tief im Nordwesten zu erblicken. Deneb ist in unseren Breiten übrigens zirkumpolar und Wega fast.

In Richtung Westen erkennt man noch relativ hochstehend das Pegasusquadrat. Seine Südwestecke deutet zum Horizont, das Sternenviereck steht schräg zum Horizont. Vom Pegasus zieht sich die Sternenkette der Andromeda zum Zenit. Südlich der Andromeda liegt das kleine, aber einprägsame Sternbild Dreieck (lat.: Triangulum).

Der Widder hat eben seinen Meridiandurchgang hinter sich. Den Raum im Südwesten nehmen jetzt die Fische ein. Tief im Südwesten steht das ausgedehnte Sternbild des Walfischs. Fomalhaut, der helle Stern im Südlichen Fisch, ist bereits unter dem Horizont verschwunden.

Tief im Süden schlängelt sich der Fluss Eridanus um den Meridian. In unseren Breiten sehen wir nur einen Teil vom Sternbild Eridanus. Der Fluss der Unterwelt zieht sich von Rigel im Orion in Windungen nach Südwesten. Der helle Hauptstern des Eridanus, Achernar oder α Eridani, bleibt in unseren Breiten stets unter dem Horizont. Der arabische Name Achernar bedeutet so viel wie Stern am Flussende. Achernar gehört mit $0\overset{m}{.}5$ zu den zehn hellsten Fixsternen des irdischen Firmaments. Achernar ist eine heiße, bläuliche, leuchtkräftige Sonne in 140 Lichtjahren Entfernung (Spektraltyp B3 V). Achernar kann man nur südlich von etwa 30° Nord geografischer Breite sehen.

Im Gegensatz zum wenig attraktiven Südwest- und Süd-

VERÄNDERLICHE STERNE

Algol-Minima		β-Lyrae-Minima			δ-Cepheï-Maxima		Mira-Helligkeit	
3.	0^h00^m	1.	15^h	H	2.	22^h	1.	8^m
5.	20 49	8.	3	N	8.	7	10.	8
8.	17 38	14.	14	H	13.	16	20.	7
23.	1 44	21.	1	N	19.	1	31.	6
25.	22 33	27.	13	H	24.	9		
28.	19 22				29.	18		

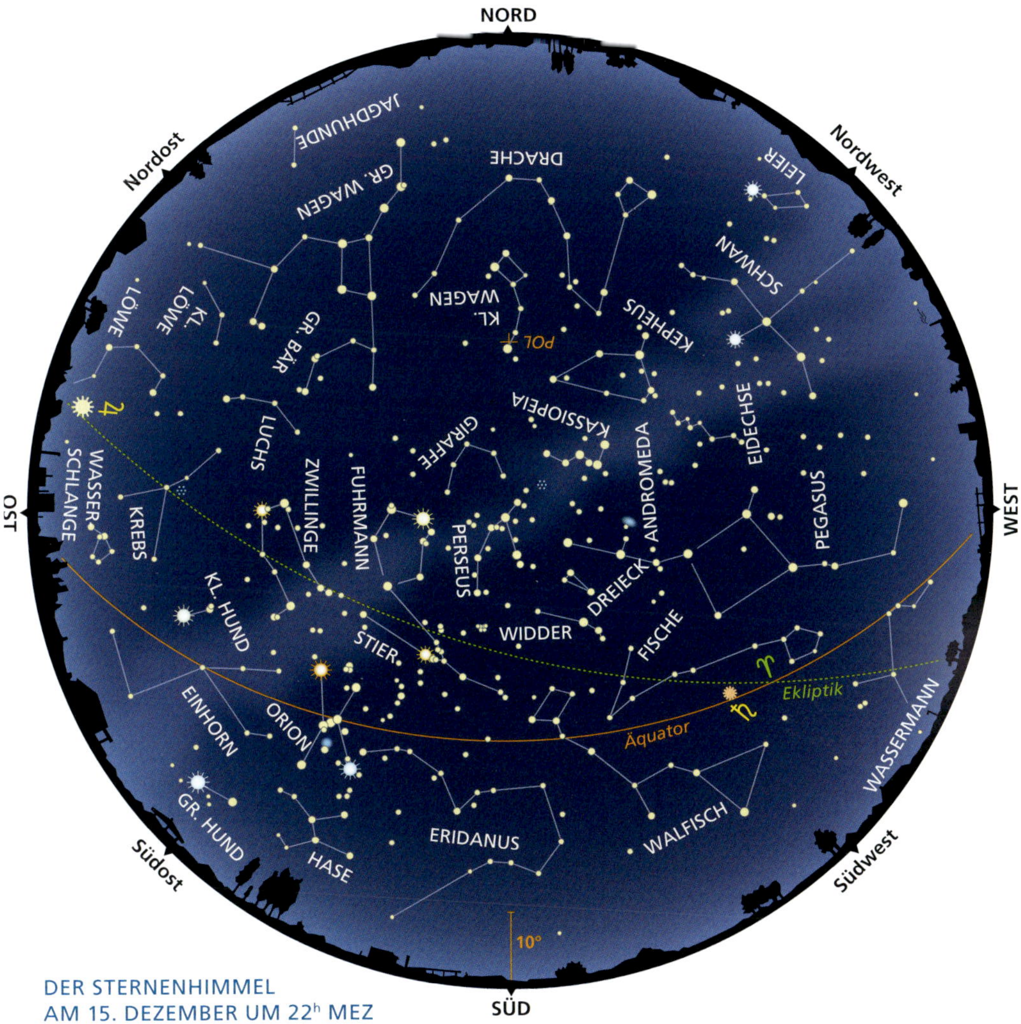

DER STERNENHIMMEL AM 15. DEZEMBER UM 22^{h} MEZ

Die Sternkarte ist auch gültig für:		
	MEZ	MESZ
15. 9.	4^{h}	5^{h}
1.10.	3	4
15.10.	2	3
1.11.	1	
15.11.	0	
1.12.	**23**	
15.12.	**22**	
31.12.	**21**	
15. 1.	20	
31. 1.	19	

himmel – in unseren Städten erscheint er wegen der Lichtverschmutzung völlig sternleer – funkelt der Ost- und Südosthimmel nur so von hellen Sternen. Alle bedeutenden Wintersternbilder sind zur Standardbeobachtungszeit (22^{h} MEZ zur Monatsmitte) bereits über dem Horizont.

Das komplette Wintersechseck mit Kapella – Pollux – Prokyon – Sirius – Rigel – Aldebaran ist nun sichtbar. Die Figur des Orion im Südosten ist kaum zu übersehen. Knapp über dem Südosthorizont funkelt Sirius, der hellste Stern im Großen Hund und mit $-1\overset{m}{,}5$ der hellste Stern am irdischen Himmel überhaupt. Die meisten anderen Sterne des Großen Hundes sind hingegen noch nicht aufgegangen.

DAS STERNBILD FUHRMANN (AURIGA)

Der Fuhrmann mit der hellen Kapella steht hoch im Osten fast im Zenit. Das Sternbild Fuhrmann ist leicht zu erkennen, gehört doch sein Hauptstern, die gelblich strahlende Kapella, mit $0\overset{\mathrm{m}}{,}1$ zu den sechs hellsten Sternen am irdischen Firmament. Außerdem ist Kapella der nördlichste Stern, der heller ist als erste Größe. Kapella ist in unseren Breiten fast das ganze Jahr über zu sehen. Ab 44° nördlicher Breite ist Kapella sogar zirkumpolar. Sie ist der hellste Zirkumpolarstern.

Kapella steht an der Spitze eines Sternenfünfecks, das den Fuhrmann darstellen soll. Meist sieht man jedoch ein Sechseck aus Sternen, weil man unwillkürlich noch β Tauri (Alnath), das nördliche Stierhorn, mit in dieses Polygon aufnimmt. Tatsächlich gehörte β Tauri einst zum Fuhrmann und trug im Sternatlas von Johannes Bayer die Bezeichnung γ Aurigae.

Das Sternenpolygon des Fuhrmanns liegt mitten in der sternreichen Gegend der winterlichen Milchstraße.

Eine ganze Reihe von Sagen ranken sich um dieses Sternbild. Ein Wagenlenker, ein Zügelhalter, der Erbauer des Himmelswagens, aber auch ein Maultier oder eine Ziege wurden in dieser Sternenfigur gesehen.

Eine alte griechische Bezeichnung nennt dieses Bild Heniochos, der Zügelhalter. Sie bezieht sich auf folgende Sage: Der Sohn der Erdmutter Gaia und des Hephaistos, des Gottes des Feuers und der Schmiedekunst, wird von Pallas Athene aufgezogen, die ihm auch beibringt, wilde Rosse einzufangen und zu zähmen. Heniochos fertigt ein Wagengespann mit vier Pferden, das er selber lenkt. Aus Dankbarkeit für diese nützliche Tat wird er von Zeus unter die Sterne versetzt.

Einer anderen Version nach handelt es sich beim Fuhrmann um Phaëton, den unglücklichen Sohn des Sonnengottes Helios, der mit dem Sonnenwagen abstürzt. Die feurige Spur des schleudernden Sonnenwagens ist noch heute als Milchstraße unter den Sternen zu sehen.

12.7 Skelettkarte des Sternbildes Fuhrmann.

Aufstieg und Fall der Mondgesellschaft

Figuier – Les Merveilles de la science

12.8 Eine Sitzung der Mondgesellschaft

Eine öde, mächtige Gesteinskugel von knapp 3500 Kilometer Durchmesser fasziniert seit Menschengedenken die Bewohner unseres Planeten. Mythen und Sagen vieler Völker ranken sich um diesen felsigen Klotz. Sein Einfluss auf Erde und Leben, auf die Gewässer der Ozeane und die Länge der Tage beschäftigt seit Tausenden Jahren die Wissenschaft. Viele Fragen sind noch ungeklärt. Zur Zeitmessung und zur Aufstellung von Kalendern dient dieser Gesteinsball seit Jahrhunderten. Er erhellte die dunklen Nächte noch bevor es künstliche Beleuchtung gab. Man nennt diesen felsigen Begleiter der Erde schlicht Mond. Er ist der einzige natürliche Himmelskörper, der die Erde seit mehr als vier Milliarden Jahren umrundet.

Lange hielt sich der Glaube, der Mond sei bewohnt. Wilhelm (William) Herschel, einer der berühmtesten Astronomen aller Zeiten, bekannt als Entdecker des Planeten Uranus, notiert in sein Beobachtungsjournal am 30. Juli 1776, die Ringwälle seien „circuses". Auch Kanäle meine er zu erkennen. In England begann die Industrialisierung in großem Stil. Ferner schreibt er, dass die Mondbewohner weiter fortgeschritten sind als die irdische Zivilisation. „Hätte ich die Wahl zwischen Erde und Mond, ich würde keinen Augenblick zögern, meinen Wohnsitz auf dem Mond zu nehmen". Nicht alle Zeitgenossen teilten Herschels Enthusiasmus in Bezug auf die Existenz von Mondbewohnern. Einer der Kritiker war Nevil Maskelyne (1732–1811), Astronomer Royal. In einem Brief an Maskelyne vom Juni 1780 ersucht Herschel ihn, er möge ihn nicht länger „Mondzecke" („lunatick") nennen.

Herschel erzählte den Patienten des Londoner Bethlehem-Spitals über die Mondforschung und seinen Glauben an Mondbewohner zu deren Vergnügen und Erheiterung. Dabei bildete sich eine Gruppe von rund einem Dutzend angesehener Herren, die sich Mondzirkel (Lunar Circle) nannte, zudem auch Herschel mehr als Aushängeschild denn aktives Mitglied zählte. Der Mondzirkel war eine informelle wissenschaftliche Gesellschaft Mittelenglands, deren Mitglieder aus Birmingham und Umgebung kamen, befeuert von den idealistischen Aspekten der Aufklärung wie demokratische Ziele in der Politik, Fortschrittsglauben, Technikaffinität sowie von erweiterten Studien des frühen industriellen Zeitalters.

Alles andere als selbstversonnene Träumer, waren die Mitglieder der Mondgesellschaft praktische Männer, geschäftlich interessiert, wissenschaftlichen Experimenten und der Technik zugetan. Kurz, der Lunar Circle war eine wissenschaftliche Gesellschaft. Ihre Kenntnisse erwarben sie nicht nur ihrer selbst willen. Ihre Mitglieder nannten sich selbst „Lunaticks", also Mondsüchtige. Ihre Meetings und Besprechungstermine legten sie stets auf die Vollmondzeiten – dann beleuchtete der Mond ihren Heimweg. Denn zu jener Zeit gab so gut wie keine Straßenbeleuchtung und ein Heimweg in völliger Dunkelheit war lebensgefährlich.

Stipple engraving by J. Heath, 1804, after J. Rawlinson/Wellcome Collection

12.9 Erasmus Darwin (1731 – 1802), britischer Universalgelehrter, Arzt und Gründer des Mondzirkels, Vorgänger der Mondgesellschaft.

Vielseitiges Interesse und neue Erfindungen

Ab den 1760er-Jahren begann der Aufstieg des Mondzirkels. Vor allem der begüterte Matthew Boulton (1728–1809) aus Birmingham setze sich für den Mondzirkel ein. Nach dem Tod seines Vaters 1759 übernahm Boulton die Spielzeugfirma seiner Eltern. Dabei waren die „Spielzeuge" luxuriöse Gegenstände wie silberne Schnallen, Kerzenständer aus Messing, goldene Uhren, emaillierte Schnupftabakdosen usw. Nach einer Erbschaft von seinem Vater und Heirat mit einer begüterten Cousine und nach deren Tod einer weiteren reichen Familienangehörigen ließ Boulton eine hochherrschaftliche Residenz errichten, die später als Soho-Haus bekannt wurde. Außerdem prosperierte seine Firma, wodurch er ein vermögender Mann wurde.

Boulton war eine kontaktfreudige und außerordentlich freundliche Persönlichkeit, was ihn zu einem erfolgreichen Netzwerker von Mittelengland werden ließ. Er hatte zahlreiche einflussreiche Freunde, die oft leitende Positionen innehatten. Zu ihnen gehörten der Arzt Erasmus Darwin (1731–1802) und der Naturphilosoph John Michell (1724–1793). Michell war Darwins Tutor am St. Johns College in Cambridge. Er unterrichtete ehrgeizige Studenten in den Fächern Arithmetik, Geometrie, Griechisch, Hebräisch und Philosophie.

Schon zu Lebzeiten war Michell hoch angesehen und machte schnell Karriere. So erhielt er den Lehrstuhl für Geologie am Woodwardian College in Cambridge. Doch dann stoppte seine Karriere. Denn die Position eines Lehrstuhlinhabers an diesem College erforderte ein zölibateres Leben. Aber Michell wollte heiraten, und so musste er Cambridge verlassen. Doch wenige Jahre später wurde er Rektor an der St. Michael Kirche in Thornhill nahe Leeds.

Fast ein Vierteljahrhundert war er Rektor, was ihn aber nicht voll auslastete. So fertigte er unter anderem ein 30-Zoll-Spiegelteleskop für eigene Beobachtungen. Ferner entwickelte er eine Torsionswaage und bestimmte gemeinsam mit Henry Cavendish (1731–1810) die Masse der Erde. Auch vermutete er, dass Doppelsterne gravitativ aneinandergebunden sind, was Herschel später bestätigte. Auch war er der Ansicht, dass es Sterne geben könnte, die so massereich sind, dass nicht einmal Licht ihre Oberfläche verlassen kann. Er nannte sie dunkle Sterne (dark stars). Heute weiß man, dass es solche exotischen Himmelskörper gibt. Man nennt sie Black Holes (Schwarze Löcher).

Noch zu Lebzeiten Michells wurden seine Überlegungen, Beobachtungen und Experimente weitgehend vergessen. Seine Leistungen blieben für lange Zeit unerwähnt. Erst Ende des 20. Jahrhunderts wurden sie gewissermaßen wiederentdeckt. Für die meisten seiner wissenschaftlichen Zeitgenossen blieben seine Gedanken dunkel und unverstanden.

Es war Michell, der Boulton mit dem zuvor genannten Erasmus Darwin in Kontakt brachte. Bald gehörte Darwin zu den bestbekannten Mitgliedern des Mondzirkels. Er zählte zu den gebildetsten Wissenschaftlern seines Jahrhunderts, bis ihn sein Enkel Charles Darwin mit seiner Evolutionstheorie der natürlichen Auslese in den Schatten stellte. Erasmus war bei weitem der herausragendste Geist seiner Familie. Obwohl eigentlich Arzt, war er ungeheuer vielseitig, was seine Interessen betraf.

Er beschäftigte sich mit Chemie, Botanik, Geologie, Maschinenbau, Luftfahrt, aber auch Dichtkunst und schließlich Astronomie. Seine größten wissenschaftlichen Leistungen betrafen die Botanik. Er klassifizierte die Pflanzen und beschrieb deren Evolution im Laufe der Erdgeschichte. Damit legte er den Grundstein für die Evolutionslehre seines Enkels Charles. Erasmus beschrieb die Evolution der Pflanzen in Versen. Die wissenschaftlichen Aussagen in seinen poetischen Ausflügen waren allerdings beachtlich.

Apparate zur Astronomie

Der Lunar Circle wurde durch wiederholte Besuche von James Ferguson in Birmingham gefördert. Der schottische Wandervortragende und Schausteller war Autodidakt. Er gab 1756 eine Schrift mit dem etwas eigenartigen Titel *Astronomy Explained upon Sir Isaac Newton's Principles, and Made Easy to Those Who Have Not Studied Mathematics* heraus. Ferguson verspricht, wer die Schrift liest, versteht die Newtonsche Mechanik auch ohne Mathematik.

Line engraving by W. Sharp, 1801, after Sir W. Beechey, 1799
Wellcome Collection

12.10 Matthew Boulton (1728–1809), Englischer Ingenieur, Unternehmer, Gründer und Initiator der Mondgesellschaft.

Am meisten begeisterte Ferguson die Menschen mit seinen Modellen von Erde und Mond und den Planeten in seinem größeren Himmelsuhrwerk, genannt Orrery. Damit konnten die Bewegungen von Erde und Mond sowie im größeren Modell auch die der Planeten einschließlich der Jupiter- und Saturnmonde demonstriert werden. Ein solches Modell kennt man auch unter der Bezeichnung „Kopernikanisches Planetarium". Ferguson war auch vertraut mit elektrischen Apparaten, mit denen er experimentierte. Seine Versuche stießen auf großes Interesse bei Benjamin Franklin, einem der Gründungsväter der Vereinigten Staaten von Amerika. Er war auf der Suche nach einflussreichen Persönlichkeiten. Bei seinen Reisen besuchte er auch Birmingham, wo ihn Michell etlichen Mitgliedern des Mondzirkels vorstellte, unter anderem auch William Small, schottischer Leibarzt von Michell. Außer Medizin galt das Interesse Smalls der Elektrizität, der Optik und der Akustik. Er war gerade aus Amerika zurückgekehrt, wo er Professor für Naturphilosophie und Mathematik am College von William & Mary in Williamsburg, Virginia, war. Unter seinen Schülern war der junge Tho-

12.11 Das Soho-Haus, in dem sich die Mondgesellschaft zu Vollmond traf.

mas Jefferson, späterer Mitbegründer der Vereinigten Staaten von Amerika und schließlich deren Präsident.

Smalls Beschäftigung mit Optik machte ihn mit James Watt bekannt, einem Hersteller und Reparateur von wissenschaftlichen Instrumenten. Watt war eine besessene, perfektionistische und mürrische Person. Er war intensiv beschäftigt, die Qualität von Flintgläsern zu testen, die für die Herstellung achromatischer Objektive gebraucht wurden. Die Herstellung achromatischer Objektive durch Kombination von Gläsern unterschiedlicher Brechungsindizes war erst kürzlich gelungen. Dafür erhielt Peter Dollond aus London ein Patent. Sein Patent und die Knappheit an guten Flintgläsern machten achromatische Teleskopobjektive extrem teuer. Deshalb beschäftigte man sich auch mit der Entwicklung von Spiegelteleskopen. Denn beim Gießen von Flintglasscheiben ließen sich Streifen und Hohlräume kaum vermeiden. Neben Herschel und Michell entwickelte Boulton 1778 eine erfolgreiche Methode zur Herstellung von Teleskopspiegeln.

Watt selbst wandte sich nach seiner Beschäftigung mit Linsenteleskopen der Entwicklung von Dampfmaschinen zu. Er entwickelte ein „Sonnen- und Planetengetriebe“, das es ermöglichte, vertikale Bewegungen in rotierende umzuwandeln. Manche derartige Mechanismen hatte er von Fergusons Planeten-Orrery übernommen. Obwohl das Sonnen- und Planetengetriebe von dem schottischen Ingenieur William Murdoch (1754–1839) ersonnen wurde, erkannte Watt die Bedeutung dieser Erfindung und ließ sie patentieren.

Der Mondzirkel gewinnt an Bedeutung

Wegen des großen Interesses, einen Kanal zu graben, der die Flüsse Mersey und Trent verbindet, suchte Darwin die Zusammenarbeit mit Josiah Wedgwood (1730–1795), der gerade im Begriff war, eine Töpferei in Etrurien (Italien) einzurichten. Am geplanten neuen Kanal wollte Wedgwood ebenfalls eine Töpferei installieren, mit direkter Verbindung zum Markt.

Eine andere erfolgreiche Verbindung ergab sich, als Michell sowohl Darwin als auch Wedgwood mit Joseph Priestley (1733–1804) bekannt machte, der als Pfarrer in der Mill-Hill-Kirche in Leeds tätig war. Priestley teilte die Begeisterung für elektrische Experimente mit anderen Mitgliedern des Mondzirkels, weshalb er oft von Leeds nach Birmingham reiste, um bei den Diskussionsrunden des Mondzirkels dabei zu sein, die meist in Boultons Heim, dem luxuriösen Soho-Haus stattfanden.

Die lockeren Gesprächsrunden des Mondzirkels wurden ab 1775 etwas mehr formell als The Lunar Society (Die Mondgesellschaft) gegründet. Ihr Ziel sah die Gesellschaft in anregenden Gesprächen, stimulierender Konversation und Austausch neuer Ideen. Bald traten neue kluge Köpfe der Denkrunde (Brainstorming) bei. Boulton selbst nahm immer seltener an den Meetings teil. Er war zu sehr mit der Weiterentwicklung von Watts Dampfmaschine beschäftigt.

Neben vielen anderen Entdeckungen fand Priestley den Sauerstoff in seiner gasförmigen Phase, den er „dephlogisticated air" (entzündbare Luft) nannte. Auch mit CO_2 versetztes Wasser (Kohlensäure) geht auf ihn zurück. Später sorgte Johann Jacob Schweppe (1740–1821) für eine industrielle Verwertung von kohlesäurehaltigen Getränken (Softdrinks).

Weitere Erfolge der Lunar Society waren die Methoden, schlierenfreies Flintglas zu produzieren sowie wertvolle Keramik zu erzeugen. Leider ging das Verfahren, hochwertiges Flintglas für Fernrohrobjektive herzustellen, wieder verloren. Erst dem Schweizer Glasproduzenten Pierre-Louis Guinand (1748–1824) gelang es unabhängig, den Herstellungsprozess von Flintglas wieder zu entwickeln. Zusammen mit dem Münchner Fernrohrbauer Joseph von Fraunhofer (1787–1826) wurde es möglich, größere achromatische Objektive herzustellen, womit im 19. Jahrhundert die Zeit der großen Refraktoren begann.

Niedergang der Lunar Society

Die Lunar Society stieß auf weitverbreitetes Interesse. Auch Künstler trugen dazu bei, wie Joseph Wright (1734–1797) aus Derby. Seine dramatischen Szenen führte er gerne im Licht des Mondes auf. Ein anderer Künstler war John Russell (1745–1806) aus London. Mit einem geborgten Herschel-Teleskop fertigte er genaue Skizzen der Mondoberfläche an.

Eine Vollmondoberfläche in Pastellfarbe hing in einem Arbeitszimmer vom Soho-Haus. Im Laufe der Zeit fertigte Russell fesselnde Bilder der Mondlandschaften, als die Lunar Society bereits im Schwinden war. Viele Mitglieder waren für die Aufklärung. Vor allem Darwin und Priestley unterstützten den Umsturz des Despotismus im Zuge der Französischen Revolution von 1789. Als die Revolution zum Terror wurde, wütende Radikale und Nonkonfirmsten, zu denen zahlreiche Mitglieder der Mondgesellschaft gehörten, wurden diese als gefährlich betrachtet. Insbesondere Priestley kam ins Blickfeld konservativer Politiker und Kleriker. Im Juli 1791 stachelten sie einen Mob auf, der Priestleys Wohnung und einige andere Gebäude stürmte bzw. in Brand setzte. Diese Ausschreitungen wurden unter dem „Birmingham-Krawall" von 1791 bekannt. Wenn auch Priestley entfliehen konnte, wurde er ein zutiefst enttäuschter, aber auch erfahrener Mann. Er emigrierte im Jahr 1794 in die Vereinigten Staaten und starb zehn Jahre später in Pennsylvania.

Abgesehen von den sozialen Verwerfungen wurden die einst berühmten Gründungsmitglieder immer älter, etliche starben. Eine neue Generation von Mitgliedern der Lunar Society versuchte vergeblich, die alte Reputation der Lunar Society wiederherzustellen. Die einstige Würde und Bedeutung der Gesellschaft schwanden nach und nach dahin.

Sie wurden ersetzt durch die „Mühlen des Satans", des unkontrollierten freien Marktes. Auch der Mond verlor viel von seiner Faszination und Romantik. Herschels Vorstellung von einem bewohnten Mond wich realistischen Beobachtungen der deutschen Astronomen Wilhelm Beer (1797–1850) und Johann Heinrich von Mädler (1794–1874), die unter Verwendung eines Fraunhofer-Refraktors eine detaillierte Mondkarte erstellten. Sie erklärten danach: „Der Mond ist keine Kopie der Erde." Für immer verschwanden die fantasievollen Vorstellungen von Wäldern, Flüssen, Seen und Bewohnern des Mondes.

Mit eindrucksvollen Panorama-Seiten zum Ausklappen

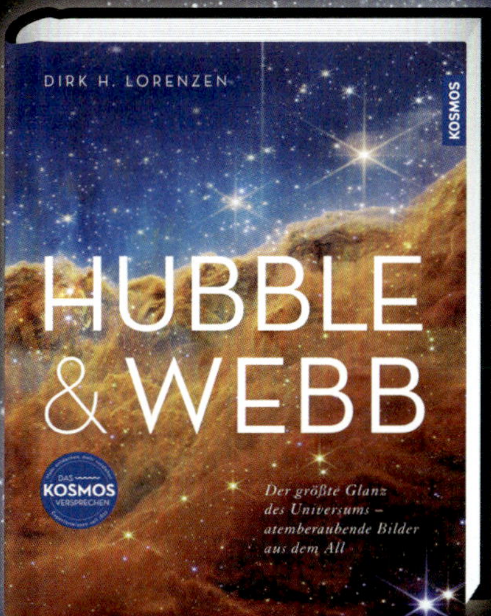

ISBN 978-3-440-18266-6

Die Aufnahmen der berühmten Weltraumteleskope Hubble und Webb versetzen uns immer wieder aufs Neue in andächtiges Schweigen. Sie zeigen mit funkelnden Sternhaufen, majestätischen Galaxien und geheimnisvollen Nebeln nicht nur überwältigende Anblicke des Universums, sondern geben auch Einblick in die aktuelle Forschung. Dieser Bildband vereint die spektakulärsten Aufnahmen und neuesten Entdeckungen beider Teleskope.

- Hubbles spannende Funde begeistern seit 35 Jahren

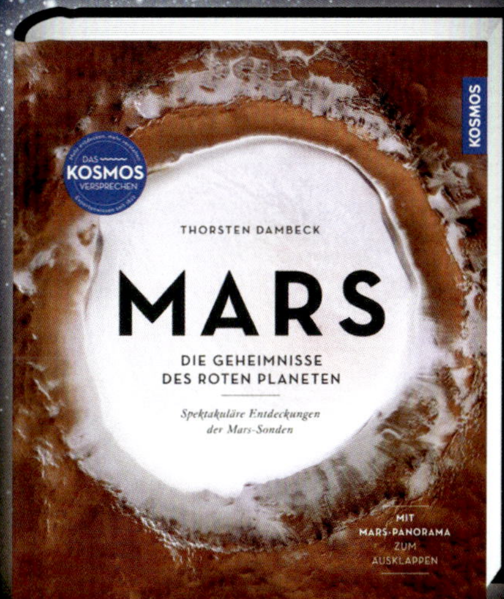

ISBN 978-3-440-17991-8

Unser roter Nachbarplanet ist eine faszinierende Welt aus Gestein und Geröll, den tiefsten Schluchten und höchsten Vulkanen im Sonnensystem. Atemberaubende Panorama-Aufnahmen der Rover Curiosity und Perseverance zeigen vielfältige Ansichten der wüstenhaften Mars-Oberfläche, überraschende Gesteinsfunde und völlig neue Erkenntnisse.

- Der Mars zum Greifen nah

T.1 Die Größe der Planetenscheibchen im Jahre 2026. Man beachte den eingetragenen Maßstab in Bogensekunden. Anblick im umkehrenden Fernrohr (Norden unten, Osten rechts).

Planetensichtbarkeit

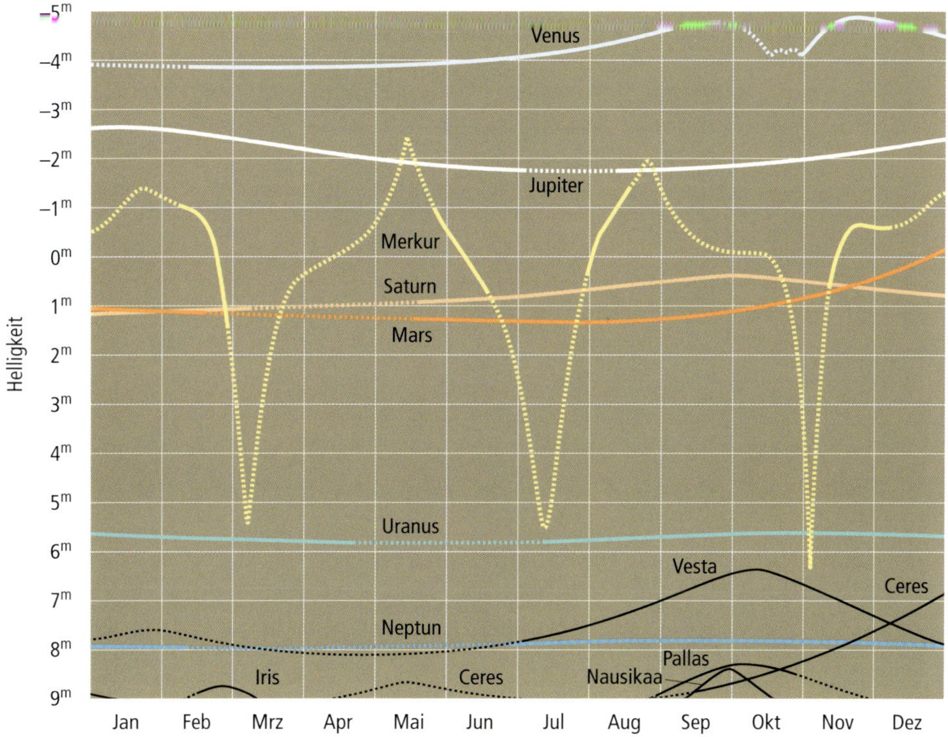

T.2 Die Helligkeiten der Planeten 2026.

T.3 Die Sichtbarkeiten der Planeten im Jahr 2026. M bedeutet Morgensichtbarkeit, A Abendsichtbarkeit.

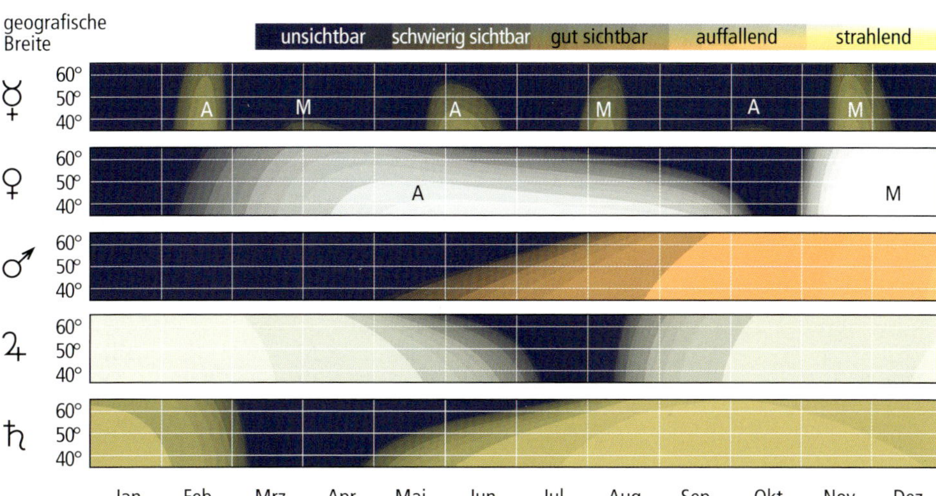

EKLIPTIKALE KOORDINATEN DES MONDES 2026

	JANUAR		FEBRUAR		MÄRZ		APRIL		MAI		JUNI		
Tag	Länge °	Breite °	Länge °	Breite °	Länge °	Breite °	Länge °	Breite °	Länge °	Breite °	Länge °	Breite °	Tag
1.	66,3	+5,0	119,5	+3,3	128,7	+2,6	178,1	−1,8	212,2	−4,2	257,1	−4,8	1.
2.	81,4	+5,0	133,8	+2,2	142,5	+1,5	190,8	−2,8	224,3	−4,7	269,0	−4,5	2.
3.	96,4	+4,6	147,7	+1,0	156,0	+0,2	203,3	−3,7	236,4	−5,0	280,8	−3,9	3.
4.	111,3	+3,8	161,3	−0,2	169,3	−1,0	215,7	−4,4	248,3	−5,0	292,8	−3,2	4.
5.	125,8	+2,9	174,5	−1,4	182,3	−2,1	227,8	−4,9	260,2	−4,9	304,8	−2,4	5.
6.	139,9	+1,8	187,3	−2,5	195,1	−3,1	239,9	−5,1	272,0	−4,5	316,9	−1,4	6.
7.	153,6	+0,6	199,8	−3,5	207,6	−4,0	251,8	−5,2	283,9	−4,0	329,3	−0,3	7.
8.	166,8	−0,6	212,0	−4,2	219,8	−4,6	263,7	−5,0	295,9	−3,2	341,9	+0,8	8.
9.	179,6	−1,7	224,1	−4,8	231,9	−5,1	275,5	−4,6	308,0	−2,3	354,9	+1,9	9.
10.	192,0	−2,7	236,0	−5,1	243,8	−5,3	287,5	−4,0	320,3	−1,3	8,3	+3,0	10.
11.	204,2	−3,6	247,9	−5,3	255,7	−5,2	299,7	−3,2	333,0	−0,2	22,2	+3,9	11.
12.	216,1	−4,3	259,8	−5,2	267,6	−5,0	312,1	−2,2	346,1	+0,9	36,6	+4,5	12.
13.	228,0	−4,8	271,8	−4,8	279,6	−4,5	324,8	−1,2	359,6	+2,1	51,4	+4,9	13.
14.	239,8	−5,1	283,9	−4,3	291,8	−3,9	337,9	0,0	13,6	+3,1	66,5	+5,0	14.
15.	251,7	−5,1	296,3	−3,5	304,2	−3,0	351,5	+1,2	28,1	+4,0	81,8	+4,7	15.
16.	263,7	−5,0	309,0	−2,6	316,9	−1,9	5,5	+2,4	43,0	+4,6	97,1	+4,1	16.
17.	275,8	−4,6	321,9	−1,5	330,0	−0,8	19,9	+3,5	58,1	+5,0	112,2	+3,2	17.
18.	288,1	−4,0	335,1	−0,3	343,5	+0,5	34,6	+4,3	73,3	+5,0	126,9	+2,1	18.
19.	300,5	−3,2	348,5	+0,9	357,3	+1,7	49,5	+4,9	88,5	+4,6	141,2	+0,9	19.
20.	313,1	−2,3	2,1	+2,1	11,4	+2,8	64,4	+5,1	103,4	+3,9	155,0	−0,3	20.
21.	325,9	−1,2	15,9	+3,2	25,7	+3,8	79,2	+5,0	118,0	+3,0	168,3	−1,5	21.
22.	338,9	0,0	29,9	+4,1	40,1	+4,6	93,8	+4,6	132,1	+1,9	181,3	−2,5	22.
23.	352,1	+1,2	44,0	+4,8	54,6	+5,1	108,2	+3,9	145,7	+0,8	193,9	−3,4	23.
24.	5,6	+2,3	58,2	+5,2	69,1	+5,2	122,1	+2,9	159,0	−0,4	206,2	−4,2	24.
25.	19,2	+3,4	72,4	+5,3	83,4	+5,1	135,7	+1,9	171,9	−1,5	218,3	−4,7	25.
26.	33,1	+4,2	86,6	+5,0	97,5	+4,6	149,0	+0,7	184,6	−2,5	230,3	−5,0	26.
27.	47,2	+4,8	100,7	+4,5	111,5	+3,8	162,1	−0,4	197,0	−3,4	242,3	−5,1	27.
28.	61,5	+5,2	114,8	+3,7	125,2	+2,9	174,9	−1,6	209,2	−4,1	254,1	−4,9	28.
29.	76,0	+5,2	–	–	138,8	+1,8	187,4	−2,6	221,3	−4,6	266,0	−4,6	29.
30.	90,5	+4,8	–	–	152,1	+0,6	199,9	−3,5	233,3	−4,9	277,9	−4,1	30.
31.	105,1	+4,2	–	–	165,2	−0,6	–	–	245,2	−5,0	–	–	31.

Koordinaten gelten für 1^h MEZ und sind geozentrische Werte.
Von Mitteleuropa aus steht der Mond etwa 0°7 südlicher.
Abstand der Mondbahn relativ zu helleren Sternen 2026:

Stern:	Hamal	Alcyone	Aldebaran	Alnath	Alhena	Pollux	Algieba	Regulus	Porrima
Länge:	37°7	60°0	69°8	82°6	99°1	113°2	149°6	149°8	190°2
Breite:	10°0	4°1	−5°5	5°4	−6°7	6°7	8°8	0°5	2°8
Mond:	6° südl.	0°	10° nördl.	1° südl.	10° nördl.	4° südl.	9° südl.	1° südl.	7° südl.

T.4 Lage der Mondbahn im Tierkreis relativ zur Ekliptik von 180° bis 360° ekliptikaler Länge.

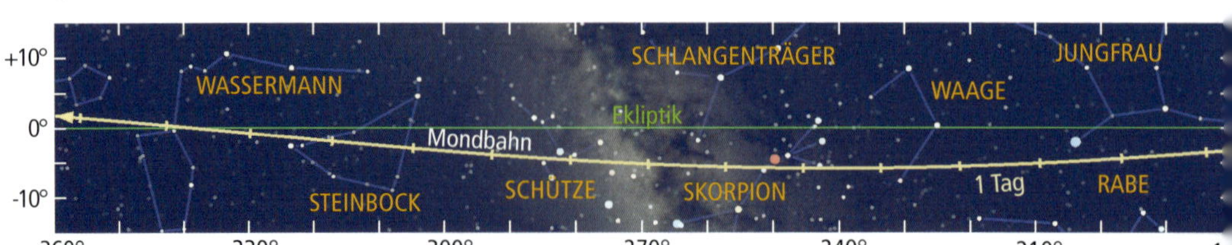

EKLIPTIKALE KOORDINATEN DES MONDES 2026

	JULI		AUGUST		SEPTEMBER		OKTOBER		NOVEMBER		DEZEMBER		
Tag	Länge °	Breite °	Länge °	Breite °	Länge °	Breite °	Länge °	Breite °	Länge °	Breite °	Länge °	Breite °	Tag
1.	289,8	−3,3	335,8	+0,6	25,0	+4,4	63,5	+5,2	117,1	+2,5	155,2	−1,0	1.
2.	301,9	−2,5	348,5	+1,7	38,8	+4,9	77,8	+4,9	131,1	+1,4	168,6	−2,1	2.
3.	314,0	−1,5	1,5	+2,8	52,7	+5,2	92,0	+4,3	144,8	+0,2	181,7	−3,1	3.
4.	326,3	−0,4	14,7	+3,7	66,8	+5,2	106,2	+3,5	158,3	−1,0	194,6	−3,9	4.
5.	338,7	+0,8	28,1	+4,5	81,0	+4,9	120,3	+2,5	171,6	−2,1	207,2	−4,5	5.
6.	351,5	+1,9	41,9	+5,0	95,3	+4,3	134,2	+1,3	184,7	−3,1	219,7	−4,9	6.
7.	4,5	+2,9	56,0	+5,3	109,6	+3,4	148,0	+0,1	197,6	−3,9	232,0	−5,0	7.
8.	17,9	+3,8	70,3	+5,2	123,9	+2,3	161,6	−1,1	210,3	−4,5	244,1	−4,9	8.
9.	31,7	+4,5	84,9	+4,8	138,1	+1,0	175,1	−2,3	222,9	−4,9	256,1	−4,6	9.
10.	45,8	+5,0	99,6	+4,0	152,2	−0,2	188,3	−3,3	235,2	−5,0	268,1	−4,1	10.
11.	60,4	+5,2	114,3	+3,0	166,1	−1,5	201,4	−4,1	247,4	−4,9	279,9	−3,4	11.
12.	75,3	+5,0	129,0	+1,8	179,7	−2,7	214,2	−4,7	259,5	−4,6	291,7	−2,6	12.
13.	90,4	+4,5	143,5	+0,5	193,0	−3,6	226,8	−5,0	271,4	−4,0	303,5	−1,6	13.
14.	105,5	+3,6	157,7	−0,8	206,0	−4,4	239,1	−5,1	283,2	−3,3	315,3	−0,6	14.
15.	120,5	+2,5	171,5	−2,0	218,7	−4,9	251,2	−5,0	295,0	−2,5	327,3	+0,5	15.
16.	135,2	+1,3	185,0	−3,1	231,1	−5,2	263,2	−4,6	306,8	−1,6	339,5	+1,5	16.
17.	149,6	0,0	198,1	−4,0	243,3	−5,2	275,1	−4,1	318,8	−0,5	351,9	+2,6	17.
18.	163,5	−1,2	210,8	−4,6	255,3	−5,0	286,9	−3,3	331,0	+0,5	4,7	+3,5	18.
19.	176,9	−2,4	223,2	−5,1	267,2	−4,6	298,8	−2,5	343,5	+1,6	17,9	+4,2	19.
20.	189,9	−3,4	235,4	−5,3	279,1	−4,0	310,8	−1,5	356,4	+2,6	31,7	+4,8	20.
21.	202,6	−4,2	247,3	−5,2	291,0	−3,2	323,1	−0,4	9,8	+3,6	45,9	+5,1	21.
22.	215,0	−4,7	259,2	−5,0	303,0	−2,3	335,6	+0,7	23,6	+4,3	60,6	+5,0	22.
23.	227,1	−5,1	271,1	−4,5	315,3	−1,3	348,6	+1,8	37,9	+4,8	75,6	+4,7	23.
24.	239,1	−5,2	283,0	−3,8	327,8	−0,1	1,9	+2,9	52,7	+5,0	90,9	+3,9	24.
25.	251,0	−5,1	295,1	−3,0	340,7	+1,0	15,7	+3,8	67,7	+4,9	106,2	+2,9	25.
26.	262,8	−4,8	307,2	−2,0	353,8	+2,2	29,9	+4,5	82,8	+4,4	121,4	+1,7	26.
27.	274,7	−4,3	319,6	−0,9	7,3	+3,2	44,3	+4,9	97,8	+3,6	136,2	+0,4	27.
28.	286,7	−3,6	332,2	+0,3	21,1	+4,1	59,0	+5,0	112,7	+2,6	150,7	−0,9	28.
29.	298,7	−2,7	345,1	+1,4	35,1	+4,7	73,7	+4,8	127,2	+1,4	164,7	−2,1	29.
30.	310,9	−1,7	358,2	+2,5	49,3	+5,1	88,3	+4,3	141,4	+0,2	178,3	−3,1	30.
31.	323,3	−0,6	11,5	+3,5	–	–	102,8	+3,5	–	–	191,4	−4,0	31.

Mittlere Entfernung von der Erde: 384 000 km (356 000–407 000) Bahnneigung: 5,°0–5,°3
Länge des Perigäums: 55° (1.1.), 96° (31.12.)
Länge des aufsteigenden Knotens: 340° (1.1.), 321° (31.12.)

Spica	Zubenelgenubi	Dschubba	Acrab	Antares	Sabik	Nunki	Dabih	Deneb Algedi
203,°8	225,°1	242,°6	243,°2	249,°8	258,°0	282,°4	304,°0	323,°5
−2,°1	0,°3	−2,°0	1,°0	−4,°6	7,°2	−3,°5	4,°6	−2,°6
3° südl.	6° südl.	4° südl.	7° südl.	1° südl.	13° südl.	1° südl.	8° südl.	1° nördl.

T.4 Lage der Mondbahn im Tierkreis relativ zur Ekliptik von 0° bis 180° ekliptikaler Länge.

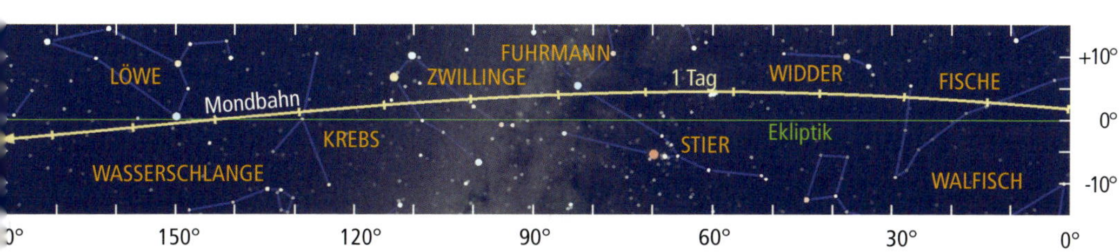

EKLIPTIKALE KOORDINATEN DER SONNE UND DER GROSSEN PLANETEN 2026

GEOZENTR.	SONNE	MERKUR		VENUS		MARS		JUPITER		SATURN	
Datum	Länge °	Länge °	Breite °	Länge °	Breite °	Länge °	Breite °	Länge °	Breite °	Länge °	Breite °
Jan 1.	280,2	268,3	−0,6	278,8	−0,5	282,3	−0,9	111,0	+0,2	355,8	−2,3
10.	289,4	282,3	−1,4	290,1	−0,8	289,2	−0,9	109,8	+0,3	356,4	−2,2
20.	299,6	298,5	−2,0	302,7	−1,1	296,9	−1,0	108,5	+0,3	357,2	−2,2
31.	310,7	317,4	−1,9	316,5	−1,3	305,5	−1,0	107,1	+0,3	358,2	−2,2
Feb 10.	320,9	334,9	−0,9	329,0	−1,5	313,4	−1,1	106,1	+0,3	359,2	−2,2
20.	331,0	349,1	+1,3	341,5	−1,5	321,2	−1,1	105,3	+0,3	0,3	−2,1
28.	339,0	351,9	+3,1	351,5	−1,4	327,5	−1,1	104,9	+0,3	1,2	−2,1
Mrz 10.	349,1	343,9	+3,4	4,0	−1,2	335,4	−1,1	104,7	+0,4	2,5	−2,1
20.	359,0	338,1	+1,2	16,4	−0,9	343,3	−1,1	104,8	+0,4	3,7	−2,1
31.	9,9	342,5	−1,1	30,0	−0,5	351,9	−1,0	105,4	+0,4	5,1	−2,1
Apr 10.	19,8	352,8	−2,3	42,3	−0,1	359,7	−1,0	106,1	+0,4	6,3	−2,1
20.	29,6	6,8	−2,6	54,5	+0,4	7,5	−1,0	107,1	+0,4	7,5	−2,2
30.	39,3	23,8	−2,0	66,6	+0,8	15,2	−0,9	108,4	+0,4	8,7	−2,2
Mai 10.	49,0	43,6	−0,6	78,7	+1,3	22,8	−0,8	109,9	+0,4	9,8	−2,2
20.	58,6	65,2	+1,1	90,7	+1,6	30,4	−0,7	111,5	+0,4	10,8	−2,2
31.	69,2	87,1	+2,1	103,8	+1,9	38,6	−0,6	113,5	+0,4	11,8	−2,3
Jun 10.	78,8	102,3	+1,8	115,5	+2,0	46,0	−0,5	115,4	+0,4	12,6	−2,3
20.	88,3	112,3	+0,2	127,2	+2,0	53,2	−0,4	117,5	+0,4	13,3	−2,3
30.	97,9	115,8	−2,2	138,6	+1,8	60,4	−0,3	119,6	+0,4	13,8	−2,4
Jul 10.	107,4	112,2	−4,5	149,9	+1,4	67,5	−0,2	121,7	+0,4	14,2	−2,4
20.	116,9	106,6	−4,7	160,9	+0,9	74,4	−0,1	123,9	+0,5	14,4	−2,5
31.	127,4	108,4	−2,4	172,6	+0,1	82,0	+0,1	126,4	+0,5	14,4	−2,5
Aug 10.	137,0	120,1	+0,1	182,8	−0,8	88,7	+0,2	128,6	+0,5	14,2	−2,6
20.	146,6	138,7	+1,6	192,4	−1,9	95,2	+0,4	130,8	+0,5	13,9	−2,6
31.	157,2	160,4	+1,6	202,0	−3,2	102,3	+0,5	133,1	+0,5	13,4	−2,6
Sep 10.	166,9	178,5	+0,8	209,5	−4,5	108,6	+0,7	135,2	+0,5	12,8	−2,7
20.	176,7	194,6	−0,4	215,1	−5,8	114,7	+0,8	137,2	+0,6	12,1	−2,7
30.	186,5	209,0	−1,6	218,1	−6,9	120,7	+1,0	139,0	+0,6	11,3	−2,7
Okt 10.	196,3	221,2	−2,7	217,5	−7,6	126,4	+1,2	140,8	+0,6	10,5	−2,7
20.	206,2	229,5	−3,2	213,2	−7,1	131,9	+1,4	142,3	+0,6	9,8	−2,7
31.	217,2	227,3	−1,8	206,8	−5,1	137,7	+1,6	143,8	+0,7	9,0	−2,7
Nov 10.	227,2	215,9	+1,3	203,1	−2,7	142,6	+1,8	144,9	+0,7	8,4	−2,7
20.	237,3	217,8	+2,4	203,4	−0,4	147,1	+2,0	145,8	+0,8	8,0	−2,6
30.	247,4	230,2	+1,7	207,2	+1,3	151,1	+2,3	146,4	+0,8	7,7	−2,6
Dez 10.	257,5	245,2	+0,5	213,6	+2,4	154,5	+2,6	146,6	+0,8	7,6	−2,6
20.	267,7	260,6	−0,7	221,8	+3,1	157,3	+2,9	146,6	+0,9	7,6	−2,5
31.	278,9	277,9	−1,7	232,1	+3,4	159,3	+3,2	146,1	+0,9	7,9	−2,5
HELIOZ.	ERDE	MERKUR		VENUS		MARS		JUPITER		SATURN	
Jan 1.	100,2	242	−2	276,8	−1,2	283,7	−1,5	109,0	+0,2	1,6	−2,3
Feb 1.	131,8	339	−7	325,9	−3,2	302,5	−1,8	111,5	+0,2	2,6	−2,3
Mrz 1.	160,0	135	7	10,3	−3,1	320,0	−1,8	113,8	+0,3	3,5	−2,3
Apr 1.	190,9	248	−2	59,9	−1,0	339,6	−1,7	116,4	+0,4	4,6	−2,4
Mai 1.	220,3	343	−6	108,3	+1,8	358,6	−1,4	118,8	+0,4	5,6	−2,4
Jun 1.	250,2	155	7	158,7	+3,4	17,7	−1,0	121,3	+0,5	6,7	−2,4
Jul 1.	278,8	256	−3	207,2	+2,6	35,6	−0,4	123,7	+0,5	7,7	−2,4
Aug 1.	308,4	1	−5	256,7	0,0	53,2	+0,1	126,2	+0,6	8,7	−2,4
Sep 1.	338,2	173	6	305,8	−2,6	69,9	+0,6	128,7	+0,6	9,8	−2,4
Okt 1.	7,4	267	−4	353,3	−3,4	85,2	+1,1	131,1	+0,7	10,8	−2,4
Nov 1.	38,2	22	−3	42,8	−1,9	100,3	+1,4	133,6	+0,7	11,9	−2,4
Dez 1.	68,4	186	5	91,0	+0,8	114,4	+1,7	136,0	+0,8	12,9	−2,4
31.	98,9	276	−5	139,7	+3,0	128,0	+1,8	138,4	+0,8	13,9	−2,5

STERNZEIT UM 20^{h} MEZ = 21^{h} MESZ AUF 10° ÖSTLICHER LÄNGE

	JAN	FEB	MRZ	APR	MAI	JUN	JUL	AUG	SEP	OKT	NOV	DEZ
Tag	h m	h m	h m	h m	h m	h m	h m	h m	h m	h m	h m	h m
1.	2 26	4 28	6 18	8 21	10 19	12 21	14 19	16 22	18 24	20 22	22 24	0 23
2.	2 30	4 32	6 22	8 25	10 23	12 25	14 23	16 26	18 28	20 26	22 28	0 27
3.	2 34	4 36	6 26	8 28	10 27	12 29	14 27	16 29	18 32	20 30	22 32	0 30
4.	2 38	4 40	6 30	8 32	10 31	12 33	14 31	16 33	18 36	20 34	22 36	0 34
5.	2 42	4 44	6 34	8 36	10 35	12 37	14 35	16 37	18 40	20 38	22 40	0 38
6.	2 45	4 48	6 38	8 40	10 39	12 41	14 39	16 41	18 44	20 42	22 44	0 42
7.	2 49	4 52	6 42	8 44	10 43	12 45	14 43	16 45	18 47	20 46	22 48	0 46
8.	2 53	4 56	6 46	8 48	10 46	12 49	14 47	16 49	18 51	20 50	22 52	0 50
9.	2 57	5 00	6 50	8 52	10 50	12 53	14 51	16 53	18 55	20 54	22 56	0 54
10.	3 01	5 03	6 54	8 56	10 54	12 57	14 55	16 57	18 59	20 58	23 00	0 58
11.	3 05	5 07	6 58	9 00	10 58	13 01	14 59	17 01	19 03	21 02	23 04	1 02
12.	3 09	5 11	7 02	9 04	11 02	13 04	15 03	17 05	19 07	21 05	23 08	1 06
13.	3 13	5 15	7 06	9 08	11 06	13 08	15 07	17 09	19 11	21 09	23 12	1 10
14.	3 17	5 19	7 10	9 12	11 10	13 12	15 11	17 13	19 15	21 13	23 16	1 14
15.	3 21	5 23	7 14	9 16	11 14	13 16	15 15	17 17	19 19	21 17	23 20	1 18
16.	3 25	5 27	7 18	9 20	11 18	13 20	15 19	17 21	19 23	21 21	23 23	1 22
17.	3 29	5 31	7 21	9 24	11 22	13 24	15 22	17 25	19 27	21 25	23 27	1 26
18.	3 33	5 35	7 25	9 28	11 26	13 28	15 26	17 29	19 31	21 29	23 31	1 30
19.	3 37	5 39	7 29	9 32	11 30	13 32	15 30	17 33	19 35	21 33	23 35	1 34
20.	3 41	5 43	7 33	9 36	11 34	13 36	15 34	17 37	19 39	21 37	23 39	1 37
21.	3 45	5 47	7 37	9 39	11 38	13 40	15 38	17 40	19 43	21 41	23 43	1 41
22.	3 49	5 51	7 41	9 43	11 42	13 44	15 42	17 44	19 47	21 45	23 47	1 45
23.	3 53	5 55	7 45	9 47	11 46	13 48	15 46	17 48	19 51	21 49	23 51	1 49
24.	3 56	5 59	7 49	9 51	11 50	13 52	15 50	17 52	19 54	21 53	23 55	1 53
25.	4 00	6 03	7 53	9 55	11 53	13 56	15 54	17 56	19 58	21 57	23 59	1 57
26.	4 04	6 07	7 57	9 59	11 57	14 00	15 58	18 00	20 02	22 01	0 03	2 01
27.	4 08	6 10	8 01	10 03	12 01	14 04	16 02	18 04	20 06	22 05	0 07	2 05
28.	4 12	6 14	8 05	10 07	12 05	14 08	16 06	18 08	20 10	22 09	0 11	2 09
29.	4 16	–	8 09	10 11	12 09	14 11	16 10	18 12	20 14	22 12	0 15	2 13
30.	4 20	–	8 13	10 15	12 13	14 15	16 14	18 16	20 18	22 16	0 19	2 17
31.	4 24	–	8 17	–	12 17	–	16 18	18 20	–	22 20	–	2 21

Korrektur für andere östliche geografische Längen

Länge	4°	5°	6°	7°	8°	9°	11°	12°	13°	14°	15°	16°
Korr.	-24^m	-20^m	-16^m	-12^m	-8^m	-4^m	$+4^m$	$+8^m$	$+12^m$	$+16^m$	$+20^m$	$+24^m$

Korrektur für andere Uhrzeiten derselben Nacht (Datumswechsel um Mitternacht)

MEZ	18^h	19^h	21^h	22^h	23^h	0^h	1^h	2^h	3^h	4^h	5^h	6^h
MESZ	19^h	20^h	22^h	23^h	0^h	1^h	2^h	3^h	4^h	5^h	6^h	7^h
Korr.	-2^h00^m	-1^h00^m	$+1^h00^m$	$+2^h00^m$	$+3^h00^m$	$+4^h01^m$	$+5^h01^m$	$+6^h01^m$	$+7^h01^m$	$+8^h01^m$	$+9^h01^m$	$+10^h02^m$

Erläuterungen siehe auch Seite 14 unter „Sternzeit".
Die obige Tabelle gibt für jeden Tag des Jahres die Sternzeit um 20^h MEZ (= 21^h Sommerzeit) am Meridian 10° östlicher Länge an. Für den Ortsmeridian des Beobachters ist eine Korrektur entsprechend der geografischen Längendifferenz zu 10° östlicher Länge anzubringen. Pro Längengrad beträgt diese Korrektur vier Minuten. Für Orte westlich des Meridians ist die Korrektur abzuziehen, für Orte östlich hingegen zu addieren. Auf der Seite 292 findet man in der Tabelle „Geografische Koordinaten größerer Städte" in der letzten Spalte die Zeitkorrektur vermerkt. Wer zu einer anderen Zeit als 20^h beobachtet, muss noch die Zeitkorrektur gemäß der obigen Tabelle anbringen. Beispiel: Wieviel Uhr Sternzeit ist es am 25. März um 23^h in München? Aus der Tabelle entnimmt man: Sternzeit am 25. März um 20^h = 7^h53^m. Dies gilt für 10° östlicher Länge. Die Zeitkorrektur für München beträgt laut Tabelle S. 292 sechs Minuten. Da München östlich vom 10°-Meridian liegt, sind diese sechs Minuten zu addieren, und man erhält 7^h59^m (Achtung: Das Vorzeichen in der Spalte Zeitkorrektur der Tabelle auf S. 292 gilt für die Korrektur der Kulminationszeiten! Für die Sternzeitberechnung kehren sich die Vorzeichen um!). Am 25. März ist es also um 20^h MEZ 7^h59^m Sternzeit. Für 23^h MEZ ist gemäß obiger Tabelle die Korrektur von 3^h00^m anzubringen; um 23^h MEZ ist es also am 25. März in München 10^h59^m Sternzeit.

EPHEMERIDEN DER GROSSEN PLANETEN JANUAR – JUNI 2026

	MERKUR						VENUS					
Datum	Rektas. h m	Deklin. °	Kulmin. h m	Aufg. h m	Du. ″	bel. %	Rektas. h m	Deklin. °	Kulmin. h m	Unterg. h m	Du. ″	bel. %
Jan 1.	17 53	−24,0	11 33	7 36	4,9	95	18 38	−23,6	12 18	16 17	9,8	100
5.	18 20	−24,4	11 44	7 50	4,8	97	19 00	−23,4	12 24	16 24	9,8	100
10.	18 54	−24,3	11 59	8 04	4,7	98	19 27	−22,7	12 32	16 37	9,8	100
15.	19 29	−23,7	12 14		4,7	99	19 54	−21,8	12 39	16 51	9,8	100
20.	20 04	−22,4	12 30	Unterg.	4,7	100	20 21	−20,6	12 45	17 05	9,8	100
25.	20 40	−20,6	12 45	17 06	4,8	100	20 47	−19,2	12 52	17 20	9,9	100
31.	21 22	−17,5	13 04	17 43	5,0	98	21 17	−17,2	12 59	17 38	9,9	100
Feb 5.	21 56	−14,2	13 18	18 15	5,3	93	21 42	−15,3	13 04	17 54	9,9	99
10.	22 28	−10,5	13 31	18 47	5,7	85	22 07	−13,2	13 08	18 10	10,0	99
15.	22 57	− 6,7	13 39	19 14	6,3	70	22 31	−10,9	13 12	18 25	10,0	99
20.	23 18	− 3,2	13 39	19 30	7,2	48	22 54	− 8,6	13 16	18 41	10,0	98
25.	23 27	− 0,9	13 27	19 27	8,5	25	23 17	− 6,1	13 19	18 56	10,1	98
28.	23 25	− 0,3	13 13	19 14	9,3	14	23 31	− 4,6	13 21	19 06	10,1	98
Mrz 5.	23 13	− 1,0	12 40	18 36	10,4	2	23 54	− 2,1	13 24	19 21	10,2	97
10.	22 56	− 3,2	12 03		10,9	2	0 16	+ 0,5	13 27	19 36	10,3	97
15.	22 42	− 5,6	11 30	Aufg.	10,6	10	0 39	+ 3,1	13 30	19 51	10,4	96
20.	22 37	− 7,4	11 07	5 40	9,9	21	1 02	+ 5,6	13 33	20 07	10,5	96
25.	22 42	− 8,2	10 53	5 29	9,1	32	1 25	+ 8,1	13 36	20 22	10,6	95
31.	22 57	− 7,9	10 45	5 19	8,1	44	1 52	+11,0	13 40	20 41	10,7	94
Apr 5.	23 16	− 6,8	10 44	5 12	7,5	52	2 16	+13,3	13 44	20 56	10,8	93
10.	23 37	− 5,0	10 46	5 05	6,9	59	2 39	+15,5	13 48	21 12	11,0	92
15.	0 02	− 2,6	10 51	4 59	6,4	65	3 04	+17,5	13 53	21 28	11,1	91
20.	0 29	+ 0,3	10 59	4 52	6,0	72	3 28	+19,3	13 58	21 43	11,3	90
25.	0 59	+ 3,6	11 09	4 46	5,7	78	3 53	+20,9	14 03	21 58	11,4	89
30.	1 31	+ 7,3	11 22	4 41	5,4	85	4 19	+22,3	14 09	22 12	11,6	88
Mai 5.	2 06	+11,3	11 38		5,2	92	4 44	+23,4	14 15	22 26	11,9	87
10.	2 45	+15,3	11 57	Unterg.	5,1	98	5 10	+24,2	14 22	22 37	12,1	86
15.	3 28	+19,1	12 21	20 07	5,1	100	5 37	+24,8	14 28	22 47	12,3	85
20.	4 12	+22,2	12 46	20 52	5,2	96	6 03	+25,1	14 35	22 56	12,6	83
25.	4 57	+24,4	13 11	21 30	5,5	87	6 29	+25,0	14 41	23 01	12,9	82
31.	5 47	+25,5	13 37	22 02	6,0	72	7 01	+24,6	14 49	23 06	13,3	80
Jun 5.	6 23	+25,5	13 53	22 16	6,6	60	7 26	+24,0	14 55	23 06	13,7	78
10.	6 54	+24,6	14 03	22 19	7,3	50	7 52	+23,0	15 00	23 05	14,0	77
15.	7 19	+23,4	14 07	22 14	8,0	40	8 16	+21,8	15 05	23 02	14,5	75
20.	7 37	+21,8	14 05	22 00	8,9	30	8 40	+20,4	15 10	22 57	14,9	73
25.	7 47	+20,2	13 55	21 40	9,9	22	9 04	+18,8	15 13	22 51	15,4	71
30.	7 50	+18,8	13 37	21 13	10,8	13	9 27	+17,0	15 16	22 43	16,0	70

	SATURN						RING				
Datum	Rektas. h m	Deklin. °	Kulmin. h m	Unterg. h m	Äqu. ″	Pol. ″	gr. A. ″	kl. A. ″	Öffn. °	hel. Ö. °	Leucht.
Jan 1.	23 48	−3,7	17 24	23 10	17,1	15,3	38,9	0,5	−0,8	−3,4	0,08
15.	23 52	−3,3	16 33	22 20	16,7	14,9	38,0	0,8	−1,3	−3,6	0,11
31.	23 57	−2,7	15 35	21 26	16,4	14,6	37,2	1,3	−2,0	−3,9	0,15
Feb 15.	0 03	−2,1	14 42	20 35	16,1	14,4	36,6	1,7	−2,7	−4,1	0,19
28.	0 08	−1,5	13 56	19 53	16,0	14,3	36,3	2,2	−3,4	−4,3	0,22
Mrz 15.	0 15	−0,7	13 04	19 04	15,9	14,2	36,0	2,7	−4,3	−4,5	0,27
31.	0 22	+0,1	12 08	6 05	15,9	14,2	36,0	3,2	−5,2	−4,7	0,32
Apr 15.	0 29	+0,8	11 16	5 09	15,9	14,2	36,2	3,8	−6,0	−5,0	0,32
30.	0 35	+1,4	10 23	4 13	16,1	14,4	36,5	4,3	−6,8	−5,2	0,33
Mai 15.	0 41	+2,0	9 30	3 17	16,3	14,6	37,1	4,8	−7,5	−5,4	0,35
31.	0 47	+2,6	8 33	2 18	16,7	14,9	37,8	5,3	−8,1	−5,7	0,36
Jun 15.	0 51	+3,0	7 38	1 21	17,0	15,3	38,7	5,7	−8,5	−5,9	0,37
30.	0 54	+3,2	6 43	0 24	17,5	15,6	39,7	6,1	−8,8	−6,1	0,39

MARS						JUPITER						
Rektas. h m	Deklin. °	Kulmin. h m	Aufg. h m	Du. ″	bel. %	Rektas. h m	Deklin. °	Kulmin. h m	Aufg. h m	Äqu. ″	Pol ″	Datum
18 54	−23,8	12 32	8 33	3,9	100	7 31	+22,0	1 10	17 07	46,5	43,5	1. Jan
19 07	−23,5	12 30	8 30	3,9	100	7 29	+22,1	0 52	16 49	46,6	43,5	5.
19 24	−23,0	12 27	8 24	3,9	100	7 26	+22,2	0 29	16 26	46,6	43,6	10.
19 40	−22,4	12 24	8 17	3,9	100	7 23	+22,3	0 07		46,5	43,5	15.
19 57	−21,7	12 20	8 09	3,9	100	7 20	+22,4	23 40	Unterg.	46,4	43,4	20.
20 13	−21,0	12 17	8 01	3,9	100	7 17	+22,5	23 18	7 23	46,2	43,2	25.
20 33	−19,9	12 13	7 50	3,9	100	7 14	+22,6	22 51	6 57	45,8	42,8	31.
20 49	−18,9	12 09	7 41	3,9	100	7 12	+22,7	22 29	6 36	45,4	42,5	5. Feb
21 05	−17,8	12 05	7 31	4,0	100	7 10	+22,8	22 07	6 15	45,0	42,0	10.
21 20	−16,7	12 01	7 20	4,0	100	7 08	+22,8	21 46	5 54	44,5	41,6	15.
21 36	−15,5	11 57	7 09	4,0	100	7 07	+22,9	21 25	5 33	43,9	41,1	20.
21 51	−14,2	11 53	6 58	4,0	100	7 05	+22,9	21 04	5 12	43,3	40,5	25.
22 00	−13,4	11 50	6 51	4,0	99	7 05	+22,9	20 52	5 00	43,0	40,2	28.
22 16	−12,0	11 46	6 40	4,0	99	7 04	+23,0	20 32	4 40	42,3	39,6	5. Mrz
22 31	−10,5	11 41	6 28	4,0	99	7 04	+23,0	20 12	4 20	41,7	39,0	10.
22 45	− 9,1	11 36	6 15	4,0	99	7 04	+23,0	19 52	4 00	41,0	38,4	15.
23 00	− 7,6	11 31	6 03	4,1	99	7 05	+23,0	19 33	3 41	40,4	37,8	20.
23 15	− 6,0	11 26	5 50	4,1	99	7 05	+23,0	19 14	3 22	39,8	37,2	25.
23 32	− 4,2	11 19	5 35	4,1	99	7 07	+22,9	18 52	3 00	39,0	36,5	31.
23 46	− 2,6	11 14	5 22	4,1	99	7 08	+22,9	18 34	2 41	38,4	35,9	5. Apr
0 01	− 1,0	11 08	5 09	4,1	98	7 10	+22,8	18 16	2 23	37,8	35,4	10.
0 15	+ 0,5	11 03	4 56	4,1	98	7 12	+22,8	17 59	2 05	37,2	34,8	15.
0 29	+ 2,1	10 57	4 43	4,1	98	7 15	+22,7	17 41	1 47	36,7	34,3	20.
0 43	+ 3,6	10 52	4 30	4,2	98	7 17	+22,6	17 24	1 30	36,2	33,8	25.
0 57	+ 5,2	10 46	4 18	4,2	98	7 20	+22,6	17 08	1 13	35,7	33,3	30.
1 11	+ 6,6	10 41	4 05	4,2	98	7 23	+22,5	16 51	0 55	35,2	32,9	5. Mai
1 26	+ 8,1	10 35	3 52	4,2	97	7 26	+22,4	16 35	0 38	34,7	32,5	10.
1 40	+ 9,5	10 30	3 40	4,2	97	7 30	+22,2	16 18	0 21	34,3	32,1	15.
1 54	+10,9	10 24	3 27	4,2	97	7 33	+22,1	16 02	0 04	33,9	31,7	20.
2 08	+12,2	10 19	3 15	4,3	97	7 37	+22,0	15 46	23 44	33,6	31,4	25.
2 26	+13,8	10 13	3 01	4,3	97	7 42	+21,8	15 27	23 24	33,2	31,0	31.
2 40	+15,0	10 07	2 49	4,3	96	7 46	+21,6	15 12	23 07	32,9	30,7	5. Jun
2 55	+16,1	10 02	2 38	4,3	96	7 50	+21,5	14 56	22 51	32,6	30,5	10.
3 09	+17,2	9 57	2 26	4,4	96	7 54	+21,3	14 41	22 34	32,4	30,3	15.
3 24	+18,2	9 52	2 16	4,4	96	7 59	+21,1	14 25	22 17	32,1	30,0	20.
3 39	+19,1	9 47	2 05	4,4	95	8 03	+20,9	14 10	22 01	31,9	29,9	25.
3 53	+19,9	9 42	1 55	4,4	95	8 07	+20,7	13 55	21 44	31,8	29,7	30.

URANUS					NEPTUN					PLUTO		
Rektas. h m	Deklin. °	Kulmin. h m	Unterg. h m	Du. ″	Rektas. h m	Deklin. °	Kulmin. h m	Unterg. h m	Du. ″	Rektas. h m	Deklin. °	Datum
3 41	+19,4	21 17	5 04	3,8	23 59	−1,6	17 35	23 31	2,3	20 22	−23,3	1. Jan
3 40	+19,4	20 21	4 07	3,7	0 00	−1,5	16 41	22 37	2,3	20 24	−23,2	15.
3 39	+19,3	19 17	3 03	3,7	0 01	−1,3	15 39	21 36	2,2	20 26	−23,1	31.
3 40	+19,3	18 18	2 04	3,6	0 03	−1,1	14 42	20 40	2,2	20 28	−23,0	15. Feb
3 40	+19,4	17 28	1 14	3,6	0 04	−0,9	13 52	19 51	2,2	20 30	−23,0	28.
3 42	+19,5	16 31	0 18	3,5	0 06	−0,7	12 55	18 55	2,2	20 31	−22,9	15. Mrz
3 45	+19,6	15 30	23 14	3,5	0 09	−0,5	11 55		2,2	20 33	−22,9	31.
3 47	+19,8	14 34	22 19	3,5	0 11	−0,3	10 58	Aufg.	2,2	20 34	−22,9	15. Apr
3 51	+20,0	13 39	21 25	3,5	0 13	−0,1	10 01	3 58	2,2	20 34	−22,9	30.
3 54	+20,1	12 43	20 30	3,4	0 14	+0,1	9 03	3 00	2,2	20 34	−23,0	15. Mai
3 58	+20,3	11 44		3,4	0 16	+0,2	8 02	1 57	2,3	20 34	−23,0	31.
4 02	+20,5	10 49	Aufg.	3,5	0 16	+0,3	7 04	0 59	2,3	20 33	−23,1	15. Jun
4 05	+20,7	9 53	2 03	3,5	0 17	+0,3	6 05	0 00	2,3	20 32	−23,2	30.

EPHEMERIDEN DER GROSSEN PLANETEN JULI – DEZEMBER 2026

Datum		MERKUR						VENUS					
		Rektas.	Deklin.	Kulmin.	Unterg.	Du.	bel.	Rektas.	Deklin.	Kulmin.	Unterg.	Du.	bel.
		h m	°	h m	h m	″	%	h m	°	h m	h m	″	%
Jul	1.	7 49	+18,5	13 32	21 07	11,0	12	9 31	+16,6	15 17	22 41	16,1	69
	5.	7 44	+17,7	13 11	20 41	11,5	6	9 49	+15,0	15 18	22 34	16,6	68
	10.	7 33	+17,2	12 40		11,8	2	10 10	+12,9	15 20	22 24	17,2	66
	15.	7 20	+17,2	12 07	Aufg.	11,6	1	10 31	+10,6	15 21	22 13	17,9	64
	20.	7 10	+17,8	11 38	4 06	10,7	6	10 51	+ 8,3	15 21	22 02	18,7	61
	25.	7 07	+18,7	11 17	3 39	9,6	15	11 10	+ 5,9	15 21	21 50	19,6	59
	31.	7 18	+19,8	11 05	3 20	8,2	31	11 33	+ 3,0	15 20	21 35	20,8	57
Aug	5.	7 39	+20,4	11 07	3 18	7,1	49	11 51	+ 0,6	15 18	21 22	21,8	54
	10.	8 09	+20,2	11 18	3 30	6,2	67	12 09	− 1,9	15 16	21 08	23,0	52
	15.	8 46	+19,0	11 36	3 55	5,6	84	12 26	− 4,3	15 14	20 54	24,4	49
	20.	9 26	+16,7	11 56	4 28	5,2	95	12 43	− 6,7	15 10	20 39	25,9	46
	25.	10 06	+13,6	12 16	5 06	5,0	99	12 59	− 9,0	15 06	20 24	27,5	43
	31.	10 50	+ 9,2	12 36		4,9	99	13 17	−11,6	15 01	20 05	29,8	40
Sep	5.	11 24	+ 5,3	12 50	Unterg.	4,9	97	13 30	−13,6	14 55	19 49	32,0	36
	10.	11 56	+ 1,3	13 02	19 09	4,9	94	13 43	−15,5	14 47	19 31	34,4	33
	15.	12 25	− 2,5	13 12	19 00	5,0	91	13 54	−17,2	14 39	19 13	37,2	29
	20.	12 53	− 6,1	13 20	18 51	5,2	87	14 03	−18,7	14 28	18 54	40,3	25
	25.	13 20	− 9,5	13 27	18 41	5,4	83	14 10	−19,9	14 14	18 34	43,7	21
	30.	13 45	−12,6	13 32	18 31	5,7	78	14 14	−20,8	13 58	18 13	47,4	16
Okt	5.	14 09	−15,4	13 37	18 21	6,0	73	14 14	−21,2	13 38	17 51	51,3	12
	10.	14 32	−17,8	13 39	18 11	6,5	66	14 10	−21,2	13 15	17 28	55,1	7
	15.	14 51	−19,6	13 38	18 00	7,0	56	14 03	−20,5	12 48		58,4	4
	20.	15 04	−20,7	13 31	17 47	7,8	44	13 54	−19,3	12 19	Aufg.	60,7	1
	25.	15 09	−20,7	13 15		8,7	28	13 43	−17,5	11 48	7 14	61,7	1
	31.	14 57	−18,7	12 38	Aufg.	9,8	7	13 32	−15,1	11 13	6 26	60,6	2
Nov	5.	14 35	−15,4	11 55	7 10	10,0	0	13 25	−13,1	10 47	5 49	58,2	5
	10.	14 16	−12,2	11 18	6 16	9,2	11	13 21	−11,5	10 25	5 18	54,9	9
	15.	14 13	−11,0	10 57	5 48	8,0	35	13 22	−10,2	10 06	4 53	51,1	13
	20.	14 25	−11,9	10 50	5 46	6,9	57	13 26	− 9,4	9 50	4 34	47,3	18
	25.	14 46	−13,8	10 53	5 58	6,1	73	13 33	− 9,2	9 38	4 20	43,6	22
	30.	15 13	−16,2	11 00	6 18	5,6	83	13 43	− 9,3	9 28	4 10	40,2	27
Dez	5.	15 42	−18,6	11 09	6 41	5,2	90	13 55	− 9,7	9 21	4 05	37,2	31
	10.	16 13	−20,7	11 21	7 04	5,0	94	14 09	−10,4	9 15	4 03	34,5	35
	15.	16 46	−22,5	11 34	7 28	4,8	97	14 24	−11,4	9 11	4 03	32,1	38
	20.	17 19	−23,8	11 47	7 50	4,7	98	14 41	−12,4	9 08	4 06	30,0	41
	25.	17 53	−24,6	12 02	8 09	4,7	99	14 59	−13,6	9 07	4 11	28,1	45
	31.	18 35	−24,9	12 20	8 29	4,7	100	15 22	−15,0	9 06	4 18	26,1	48

Datum		SATURN						RING				
		Rektas.	Deklin.	Kulmin.	Aufg.	Äqu.	Pol.	gr. A.	kl. A.	Öffn.	hel. Ö.	Leucht.
		h m	°	h m	h m	″	″	″	″	°	°	
Jul	1.	0 55	+3,3	6 39	0 20	17,5	15,7	39,8	6,1	−8,9	−6,1	0,39
	15.	0 56	+3,4	5 46	23 22	18,0	16,1	40,7	6,4	−9,0	−6,3	0,40
	31.	0 57	+3,3	4 43	22 20	18,5	16,5	41,9	6,5	−9,0	−6,6	0,41
Aug	15.	0 56	+3,2	3 43	21 21	18,9	16,9	42,9	6,5	−8,8	−6,8	0,42
	31.	0 53	+2,8	2 38	20 17	19,3	17,3	43,8	6,4	−8,4	−7,0	0,43
Sep	15.	0 50	+2,4	1 35	19 17	19,6	17,5	44,5	6,2	−8,0	−7,3	0,43
	30.	0 46	+2,0	0 32	18 16	19,7	17,6	44,8	5,8	−7,4	−7,5	0,47
Okt	15.	0 42	+1,5	23 25		19,7	17,6	44,7	5,4	−6,9	−7,7	0,43
	31.	0 37	+1,1	22 18	Unterg.	19,5	17,4	44,2	5,0	−6,4	−7,9	0,41
Nov	15.	0 34	+0,8	21 16	3 27	19,2	17,1	43,5	4,6	−6,1	−8,2	0,39
	30.	0 32	+0,7	20 15	2 25	18,7	16,7	42,5	4,4	−5,9	−8,4	0,38
Dez	15.	0 32	+0,7	19 16	1 26	18,3	16,3	41,4	4,3	−6,0	−8,6	0,38
	31.	0 33	+0,9	18 14	0 25	17,7	15,9	40,3	4,3	−6,2	−8,8	0,39

Ephemeriden

MARS						JUPITER						
Rektas. h m	Deklin. °	Kulmin. h m	Aufg. h m	Du. ″	bel. %	Rektas. h m	Deklin. °	Kulmin. h m	Unterg. h m	Äqu. ″	Pol ″	Datum
3 56	+20,1	9 41	1 53	4,5	95	8 08	+20,6	13 52	21 41	31,7	29,7	1. Jul
4 08	+20,7	9 37	1 46	4,5	95	8 12	+20,4	13 40	21 28	31,6	29,6	5.
4 23	+21,4	9 32	1 37	4,5	95	8 16	+20,2	13 25	21 11	31,5	29,5	10.
4 38	+22,0	9 27	1 28	4,6	94	8 21	+20,0	13 09	20 55	31,4	29,4	15.
4 53	+22,5	9 23	1 20	4,6	94	8 25	+19,7	12 54	20 38	31,3	29,3	20.
5 07	+22,9	9 18	1 13	4,6	94	8 30	+19,5	12 39	20 21	31,3	29,3	25.
5 25	+23,3	9 12	1 04	4,7	94	8 36	+19,1	12 21		31,3	29,3	31.
5 40	+23,5	9 07	0 58	4,7	93	8 40	+18,9	12 06	Aufg.	31,3	29,3	5. Aug
5 54	+23,6	9 02	0 51	4,8	93	8 45	+18,6	11 51	4 14	31,3	29,3	10.
6 09	+23,7	8 56	0 46	4,8	93	8 49	+18,3	11 36	4 00	31,4	29,4	15.
6 23	+23,7	8 51	0 41	4,9	93	8 53	+18,0	11 20	3 47	31,5	29,5	20.
6 37	+23,6	8 45	0 36	5,0	92	8 58	+17,7	11 05	3 33	31,6	29,6	25.
6 54	+23,4	8 38	0 30	5,1	92	9 03	+17,4	10 46	3 16	31,8	29,7	31.
7 07	+23,1	8 32	0 26	5,1	92	9 07	+17,1	10 31	3 03	32,0	29,9	5. Sep
7 21	+22,8	8 26	0 22	5,2	91	9 11	+16,8	10 15	2 49	32,2	30,1	10.
7 34	+22,4	8 20	0 18	5,3	91	9 15	+16,5	10 00	2 35	32,4	30,3	15.
7 47	+22,0	8 13	0 14	5,4	91	9 19	+16,2	9 44	2 20	32,6	30,5	20.
8 00	+21,5	8 06	0 10	5,5	91	9 23	+16,0	9 28	2 06	32,9	30,8	25.
8 12	+21,0	7 59	0 06	5,6	90	9 27	+15,7	9 12	1 52	33,2	31,1	30.
8 25	+20,4	7 51	0 02	5,7	90	9 30	+15,4	8 56	1 37	33,6	31,4	5. Okt
8 36	+19,8	7 43	23 57	5,9	90	9 33	+15,2	8 39	1 22	33,9	31,7	10.
8 48	+19,2	7 35	23 53	6,0	90	9 37	+14,9	8 23	1 07	34,3	32,1	15.
8 59	+18,5	7 26	23 48	6,1	90	9 40	+14,7	8 06	0 51	34,7	32,5	20.
9 10	+17,9	7 17	23 43	6,3	90	9 42	+14,5	7 49	0 36	35,2	32,9	25.
9 22	+17,0	7 06	23 37	6,5	90	9 46	+14,2	7 29	0 16	35,7	33,4	31.
9 32	+16,4	6 57	23 31	6,7	89	9 48	+14,0	7 11	23 57	36,2	33,9	5. Nov
9 42	+15,7	6 46	23 24	6,9	89	9 50	+13,9	6 54	23 40	36,8	34,4	10.
9 51	+15,0	6 36	23 17	7,1	89	9 52	+13,7	6 36	23 23	37,3	34,9	15.
10 00	+14,4	6 25	23 09	7,4	90	9 53	+13,6	6 18	23 05	37,9	35,4	20.
10 08	+13,8	6 13	23 01	7,6	90	9 55	+13,5	5 59	22 47	38,5	36,0	25.
10 16	+13,2	6 01	22 52	7,9	90	9 56	+13,5	5 41	22 29	39,1	36,5	30.
10 23	+12,7	5 49	22 42	8,2	90	9 56	+13,4	5 22	22 10	39,7	37,1	5. Dez
10 29	+12,2	5 35	22 31	8,5	90	9 57	+13,4	5 02	21 51	40,3	37,6	10.
10 35	+11,8	5 22	22 19	8,9	91	9 57	+13,4	4 43	21 31	40,9	38,2	15.
10 40	+11,5	5 07	22 06	9,3	91	9 56	+13,5	4 23	21 11	41,5	38,8	20.
10 44	+11,3	4 51	21 51	9,7	92	9 56	+13,6	4 03	20 50	42,0	39,3	25.
10 48	+11,1	4 32	21 32	10,2	93	9 55	+13,7	3 38	20 24	42,7	39,9	31.

URANUS					NEPTUN					PLUTO		
Rektas. h m	Deklin. °	Kulmin. h m	Aufg. h m	Du. ″	Rektas. h m	Deklin. °	Kulmin. h m	Aufg. h m	Du. ″	Rektas. h m	Deklin. °	Datum
4 05	+20,7	9 49	1 59	3,5	0 17	+0,3	6 01	23 52	2,3	20 32	−23,2	1. Jul
4 08	+20,8	8 57	1 06	3,5	0 17	+0,3	5 06	22 57	2,3	20 30	−23,3	15.
4 11	+20,9	7 57	0 05	3,5	0 16	+0,3	4 03	21 54	2,3	20 29	−23,4	31.
4 12	+21,0	6 59	23 03	3,6	0 16	+0,2	3 03	20 55	2,3	20 27	−23,5	15. Aug
4 13	+21,0	5 57	22 01	3,6	0 14	0,0	1 59	19 52	2,4	20 26	−23,6	31.
4 14	+21,0	4 59	21 02	3,7	0 13	−0,1	0 58	18 52	2,4	20 25	−23,7	15. Sep
4 13	+21,0	3 59	20 03	3,7	0 11	−0,3	23 54		2,4	20 24	−23,7	30.
4 12	+20,9	2 59	19 03	3,8	0 10	−0,5	22 23	Unterg.	2,4	20 24	−23,7	15. Okt
4 09	+20,9	1 54	17 58	3,8	0 09	−0,6	21 49	3 54	2,3	20 24	−23,7	31.
4 07	+20,7	0 52	16 57	3,8	0 08	−0,7	20 49	2 53	2,3	20 25	−23,7	15. Nov
4 04	+20,6	23 47		3,8	0 07	−0,8	19 50	1 53	2,3	20 26	−23,6	30.
4 02	+20,5	22 45	Unterg.	3,8	0 07	−0,8	18 51	0 54	2,3	20 27	−23,5	15. Dez
3 59	+20,4	21 40	5 33	3,8	0 07	−0,7	17 48	23 48	2,3	20 29	−23,4	31.

EPHEMERIDEN HELLERER KLEINPLANETEN 2026

Datum		CERES (1) Rektas. h m	Deklin. °	Kulmin. h m
Okt	1.	7 09	+23,2	6 51
	5.	7 13	+23,3	6 39
	10.	7 19	+23,4	6 25
	15.	7 24	+23,5	6 10
	20.	7 28	+23,6	5 55
	25.	7 32	+23,7	5 40
	31.	7 37	+24,0	5 20
Nov	**5.**	7 39	+24,2	5 04
	10.	7 42	+24,4	4 46
	15.	7 44	+24,7	4 28
	20.	7 45	+25,1	4 10
	25.	7 45	+25,5	3 50
	30.	7 44	+25,9	3 30
Dez	**5.**	7 43	+26,4	3 09
	10.	7 41	+26,9	2 47
	15.	7 38	+27,4	2 25
	20.	7 35	+28,0	2 02
	25.	7 31	+28,5	1 38
	31.	7 25	+29,2	1 09

Datum		PALLAS (2) Rektas. h m	Deklin. °	Kulmin. h m
Sep	1.	1 39	− 4,4	3 19
	5.	1 39	− 5,4	3 03
	10.	1 37	− 6,7	2 42
	15.	1 36	− 8,0	2 21
	20.	1 33	− 9,4	1 59
	25.	1 30	−10,8	1 36
	30.	1 27	−12,2	1 13
Okt	**5.**	1 24	−13,6	0 50
	10.	1 20	−14,9	0 27
	15.	1 16	−16,2	0 03
	20.	1 12	−17,3	23 35
	25.	1 08	−18,3	23 12
	31.	1 04	−19,3	22 44

Datum		JUNO (3) Rektas. h m	Deklin. °	Kulmin. h m
Jul	1.	20 29	−3,5	2 14
	5.	20 26	−3,6	1 55
	10.	20 23	−3,8	1 32
	15.	20 19	−4,1	1 09
	20.	20 15	−4,4	0 45
	25.	20 10	−4,8	0 21
	31.	20 05	−5,4	23 47

Datum		IRIS (7) Rektas. h m	Deklin. °	Kulmin. h m
Feb	15.	10 40	−1,1	1 22
	20.	10 36	−0,7	0 57
	25.	10 31	−0,3	0 33
	28.	10 28	0,0	0 18
Mrz	5.	10 23	+0,5	23 48
	10.	10 18	+1,0	23 24
	15.	10 14	+1,5	23 01

Datum		NAUSIKAA (192) Rektas. h m	Deklin. °	Kulmin. h m
Sep	1.	0 40	+7,2	2 21
	5.	0 38	+7,6	2 03
	10.	0 36	+7,9	1 41
	15.	0 32	+8,2	1 18
	20.	0 28	+8,5	0 54
	25.	0 23	+8,6	0 30
	30.	0 19	+8,7	0 05
Okt	**5.**	0 14	+8,8	23 36
	10.	0 09	+8,8	23 12
	15.	0 05	+8,8	22 48
	20.	0 02	+8,8	22 26
	25.	0 00	+8,8	22 03
	31.	23 58	+8,9	21 38

Datum		VESTA (4) Rektas. h m	Deklin. °	Kulmin. h m
Jul	1.	1 16	+0,6	7 00
	5.	1 21	+0,9	6 49
	10.	1 26	+1,2	6 35
	15.	1 31	+1,4	6 21
	20.	1 36	+1,6	6 06
	25.	1 41	+1,7	5 51
	31.	1 45	+1,8	5 32
Aug	**5.**	1 49	+1,8	5 15
	10.	1 51	+1,7	4 58
	15.	1 54	+1,6	4 41
	20.	1 55	+1,4	4 23
	25.	1 56	+1,2	4 04
	31.	1 56	+0,8	3 40
Sep	**5.**	1 56	+0,4	3 20
	10.	1 54	−0,1	2 59
	15.	1 52	−0,5	2 37
	20.	1 49	−1,0	2 15
	25.	1 46	−1,6	1 52
	30.	1 42	−2,1	1 28
Okt	**5.**	1 38	−2,6	1 04
	10.	1 33	−3,1	0 40
	15.	1 28	−3,5	0 16
	20.	1 24	−3,9	23 46
	25.	1 19	−4,2	23 22
	31.	1 14	−4,5	22 54
Nov	**5.**	1 10	−4,6	22 30
	10.	1 07	−4,6	22 07
	15.	1 04	−4,5	21 45
	20.	1 02	−4,4	21 24
	25.	1 01	−4,2	21 03
	30.	1 00	−3,8	20 42
Dez	**5.**	1 00	−3,5	20 23
	10.	1 00	−3,0	20 04
	15.	1 02	−2,5	19 46
	20.	1 04	−2,0	19 28
	25.	1 06	−1,4	19 11
	31.	1 10	−0,6	18 51

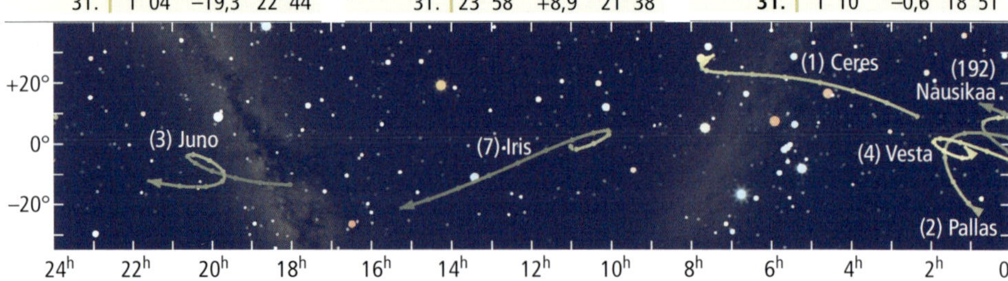

In den **halbfett** gedruckten Tagesintervallen sind die Kleinplaneten einfacher aufzufinden.
Spaltenüberschriften: Rektaszension und Deklination für 1^h MEZ. – **Kulmination = Meridiandurchgang:** MEZ für 10° östliche Länge. – **Aufgang oder Untergang:** MEZ für 10° östliche Länge und 50° nördliche Breite.
Scheinbarer Durchmesser für 1^h MEZ, Äqu.: Äquatordurchmesser, Pol: Poldurchmesser.
Beleuchteter Teil des Planetenscheibchens für 1^h MEZ. – **Saturnring:** große und kleine Ringachse, Öffnung, heliozentrische Öffnung, Leuchtkraft relativ zur Leuchtkraft der Saturnkugel.

ZENTRALMERIDIANE MARS UND JUPITER 2026 (1^h MEZ = 2^h MESZ)

	MARS		JUPITER SYSTEM I										JUPITER SYSTEM II									
Datum	Nov	Dez	Jan	Feb	Mrz	Apr	Mai	Jun	Sep	Okt	Nov	Dez	Jan	Feb	Mrz	Apr	Mai	Jun	Sep	Okt	Nov	Dez
1.	97°	170°	211°	69°	171°	23°	75°	282°	28°	81°	293°	350°	89°	71°	319°	295°	117°	88°	212°	36°	12°	200°
2.	88	161	9	227	329	181	232	80	186	239	91	148	239	221	109	85	267	238	2	186	162	350
3.	78	152	167	25	127	339	30	238	344	36	249	306	30	12	260	235	57	28	152	336	312	140
4.	68	142	325	183	285	136	188	35	141	194	47	104	180	162	50	25	207	178	303	126	102	291
5.	59	133	123	341	83	294	345	193	299	352	204	262	331	312	200	175	357	328	93	277	253	81
6.	49	123	281	139	240	92	143	351	97	150	2	60	121	103	350	325	147	118	243	67	43	231
7.	40	114	79	297	38	250	301	148	255	307	160	218	271	253	140	115	297	268	33	217	193	22
8.	30	104	237	95	196	47	98	306	52	105	318	16	62	43	291	265	88	58	183	7	343	172
9.	20	95	35	253	354	205	256	103	210	263	116	174	212	194	81	55	238	208	333	157	134	322
10.	11	85	193	51	152	3	54	261	8	61	274	332	3	344	231	206	28	359	123	307	284	113
11.	1	76	351	209	310	161	211	59	166	219	72	130	153	134	21	356	178	149	273	98	74	263
12.	352	66	149	7	107	318	9	216	323	16	230	287	303	284	171	146	328	299	63	248	224	53
13.	342	57	307	165	265	116	167	14	121	174	28	85	94	75	322	296	118	89	214	38	15	204
14.	333	48	105	323	63	274	324	172	279	332	185	243	244	225	112	86	268	239	4	188	165	354
15.	323	38	263	121	221	71	122	329	77	130	343	41	35	15	262	236	58	29	154	338	315	144
16.	313	29	61	279	19	229	280	127	234	288	141	199	185	166	52	26	208	179	304	128	105	295
17.	304	20	219	76	176	27	77	285	32	86	299	357	335	316	202	176	358	329	94	279	256	85
18.	294	10	17	234	334	185	235	82	190	243	97	155	126	106	353	326	148	119	244	69	46	235
19.	285	1	175	32	132	342	33	240	348	41	255	313	276	257	143	116	298	269	34	219	196	26
20.	275	351	333	190	290	140	190	38	145	199	53	111	67	47	293	266	88	59	184	9	346	176
21.	266	342	131	348	88	298	348	195	303	357	211	269	217	197	83	57	238	209	335	159	137	326
22.	256	333	289	146	245	95	146	353	101	155	9	67	7	347	233	207	28	359	125	310	287	117
23.	247	323	87	304	43	253	303	151	259	312	167	225	158	138	23	357	178	149	275	100	77	267
24.	237	314	245	102	201	51	101	308	56	110	324	23	308	288	173	147	328	299	65	250	228	58
25.	228	305	43	260	359	208	259	106	214	268	122	181	98	78	324	297	118	89	215	40	18	208
26.	218	296	201	58	157	6	56	264	12	66	280	339	249	228	114	87	268	239	5	190	168	358
27.	208	286	359	215	314	164	214	61	170	224	78	137	39	19	264	237	58	29	155	341	318	149
28.	199	277	157	13	112	322	12	219	327	22	236	295	189	169	54	27	208	179	305	131	109	299
29.	189	268	315		270	119	169	17	125	179	34	93	340		204	177	358	329	96	281	259	89
30.	180	258	113		68	277	327	174	283	337	192	251	130		354	327	148	119	246	71	49	240
31.		249	271		225		125			135		49	281		144		298			221		30
D	22	23	1,4	1,4	1,4	1,3	1,2	1,0	0,2	0,0	–0,3	–0,4	D = Neigung der Planetenachse zur Erde									

Korrektur für MEZ	0^h	1^h	2^h	3^h	4^h	5^h	6^h	7^h	17^h	18^h	19^h	20^h	21^h	22^h	23^h	24^h	Änderung
Mars	–15°	0°	+15°	+29°	+ 44°	+ 58°	+ 73°	+ 88°	–126°	–111°	–97°	–82°	–68°	–53°	–38°	– 24°	+14°,6/Stunde
Jupiter System I	–37°	0°	+37°	+73°	+110°	+146°	+183°	+219°	–135°	– 98°	–62°	–25°	+12°	+48°	+85°	+121°	+36°,6/Stunde
Jupiter System II	–36°	0°	+36°	+73°	+109°	+145°	+181°	+218°	–140°	–104°	–67°	–31°	+ 5°	+41°	+78°	+114°	+36°,3/Stunde

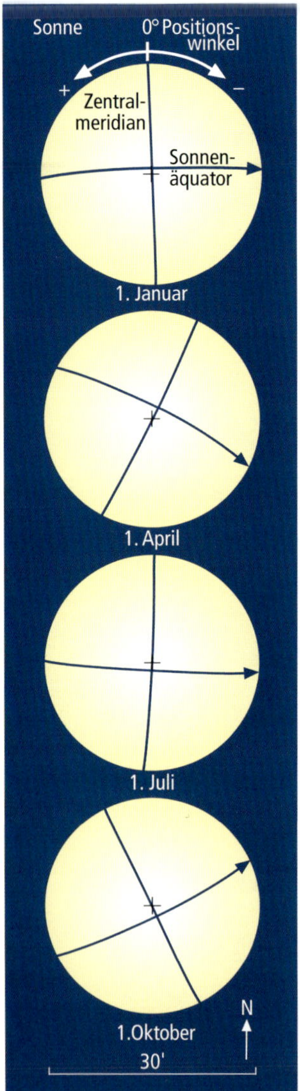

T.5 Lage des Zentralmeridians und des Äquators der Sonne im Verlauf des Jahres relativ zum Beobachter auf der Erde.

EPHEMERIDE DER SONNENSCHEIBE 2026 (1^h MEZ)

Datum		Entferng. AE	Du. ′	Z.M. °	B_0 °	P °	Sternzeit h m
Jan	1.	0,983	32,5	299,1	−3,0	+ 2,2	6 43
	10.	0,983	32,5	180,6	−4,0	− 2,1	7 18
	20.	0,984	32,5	48,9	−5,0	− 6,8	7 58
	31.	0,985	32,5	264,1	−5,9	−11,6	8 41
Feb	10.	0,987	32,4	132,4	−6,6	−15,5	9 20
	20.	0,989	32,4	0,8	−7,0	−18,9	10 00
	28.	0,990	32,3	255,4	−7,2	−21,2	10 31
Mrz	10.	0,993	32,2	123,6	−7,2	−23,5	11 11
	20.	0,996	32,1	351,8	−7,0	−25,1	11 50
	31.	0,999	32,0	206,8	−6,6	−26,1	12 34
Apr	10.	1,002	31,9	74,8	−6,0	−26,3	13 13
	20.	1,005	31,8	302,8	−5,2	−25,7	13 52
	30.	1,007	31,8	170,7	−4,3	−24,4	14 32
Mai	10.	1,010	31,7	38,5	−3,3	−22,4	15 11
	20.	1,012	31,6	266,2	−2,1	−19,7	15 51
	31.	1,014	31,6	120,7	−0,8	−16,0	16 34
Jun	10.	1,015	31,5	348,4	+0,4	−12,1	17 13
	20.	1,016	31,5	216,0	+1,6	− 7,8	17 53
	30.	1,017	31,5	83,6	+2,7	− 3,4	18 32
Jul	10.	1,017	31,5	311,3	+3,8	+ 1,2	19 12
	20.	1,016	31,5	178,9	+4,8	+ 5,6	19 51
	31.	1,015	31,5	33,4	+5,7	+10,2	20 35
Aug	10.	1,014	31,6	261,2	+6,3	+14,1	21 14
	20.	1,012	31,6	129,0	+6,8	+17,5	21 53
	31.	1,010	31,7	343,6	+7,2	+20,7	22 37
Sep	10.	1,007	31,8	211,6	+7,2	+23,0	23 16
	20.	1,004	31,8	79,5	+7,1	+24,8	23 56
	30.	1,002	31,9	307,6	+6,8	+25,9	0 35
Okt	10.	0,999	32,0	175,6	+6,2	+26,3	1 14
	20.	0,996	32,1	43,7	+5,5	+26,0	1 54
	31.	0,993	32,2	258,6	+4,5	+24,7	2 37
Nov	10.	0,990	32,3	126,8	+3,5	+22,8	3 17
	20.	0,988	32,4	355,0	+2,3	+20,1	3 56
	30.	0,986	32,4	223,1	+1,1	+16,7	4 36
Dez	10.	0,985	32,5	91,4	−0,2	+12,6	5 15
	20.	0,984	32,5	319,6	−1,5	+ 8,1	5 54
	31.	0,983	32,5	174,7	−2,8	+ 2,9	6 38

Z.M. Zentralmeridian (Abnahme 13°,2/Tag), B_0 Neigung der Sonnenachse zur Erde, P Positionswinkel des Sonnen-Nordpols, Sternzeit Greenwich

BEGINN DER SYNODISCHEN SONNENROTATION NACH CARRINGTON 2026

Rot. Nr.	Datum	MEZ h m	Rot. Nr.	Datum	MEZ h m
2307	Jan 23.	18 10	2314	Aug 2.	13 38
2308	Feb 20.	2 22	2315	Aug 29.	19 17
2309	Mrz 19.	10 09	2316	Sep 26.	1 39
2310	Apr 15.	17 02	2317	Okt 23.	8 31
2311	Mai 12.	22 52	2318	Nov 19.	15 49
2312	Jun 9.	3 51	2319	Dez 16.	23 26
2313	Jul 6.	8 38			

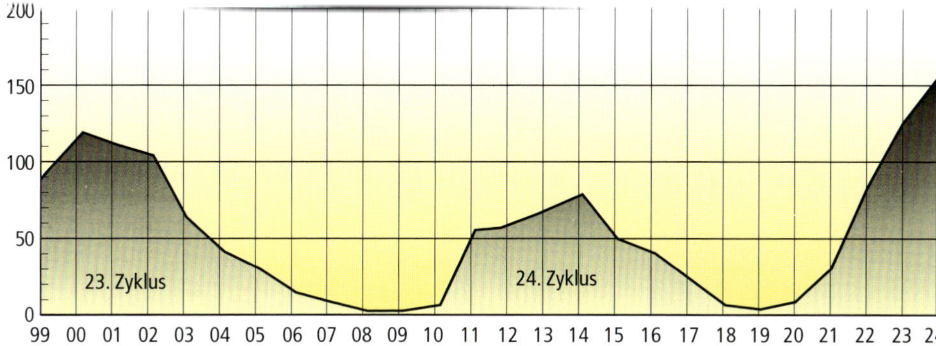

T.6 Jahresmittel der Sonnenfleckenrelativzahlen von 1999 bis 2024.

T.7 Monatsmittel der Sonnenfleckenrelativzahlen von Januar 2019 bis März 2025.

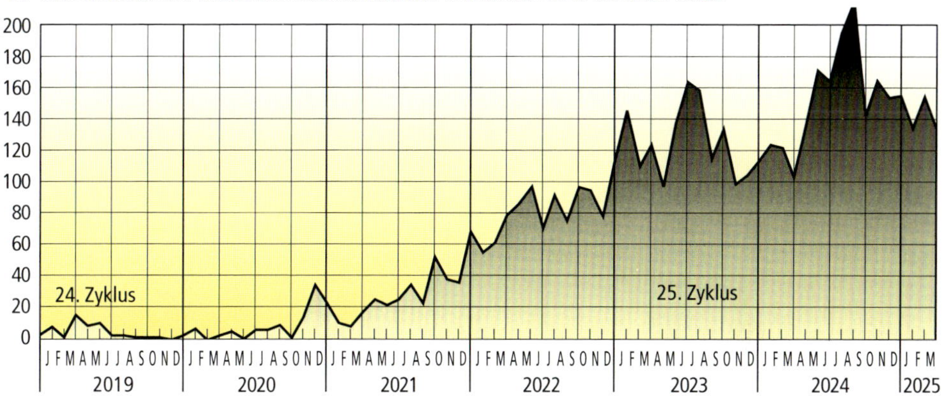

T.8 Stellung und relative Lage der zunehmenden Mondsichel zum Westhorizont jeweils am ersten Sichtbarkeitsabend nach Neumond eine halbe Stunde nach Sonnenuntergang im Jahre 2026.

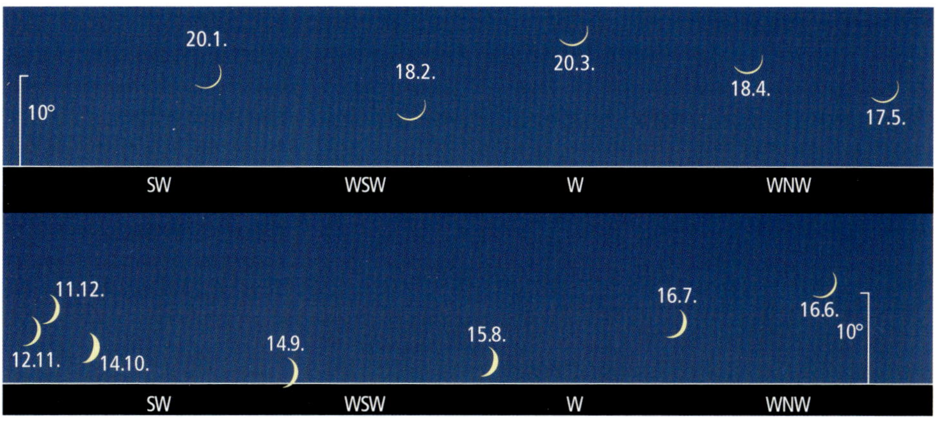

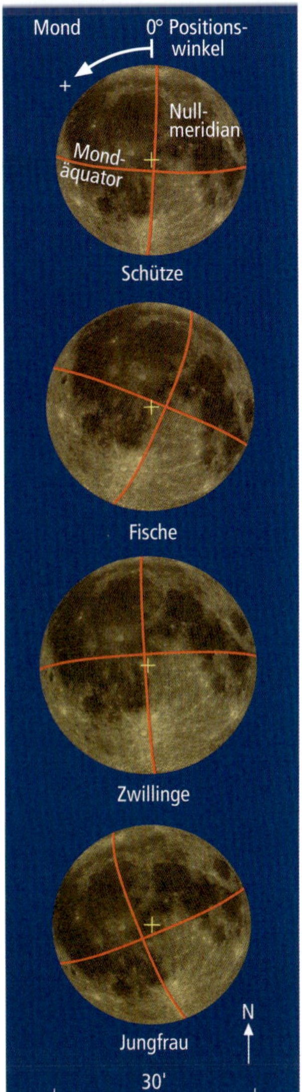

T.9 Lage des Nullmeridians und des Mondäquators relativ zum Beobachter auf der Erde in Abhängigkeit von der Position des Mondes im Tierkreis (siehe auch monatliche Rubrik „Mondlauf").

STERNBEDECKUNGEN DURCH DEN MOND 2026

Datum		MEZ h m	Stern	Hell. m	bel. %	E/A	P °
Jan	4.	6 05	κ Gem	3,6:	99	A	320
	24.	16 00	δ Psc	4,4	33	E	105
	24.	16 45	δ Psc	4,4	33	A	180
	26.	20 50	μ Ari	5,7:	57	E	140
	27.	22 25	18 Tau	5,6:	69	E	45
	27.	22 25	**Taygeta**	4,3:	69	E	135
	27.	22 40	Asterope	5,8	69	E	115
	27.	22 50	22 Tau	6,4	69	E	130
	27.	23 50	SAO 76206	6,5	69	E	40
	29.	20 00	HR 2013	5,6:	87	E	90
Feb	11.	7 30	τ Sco	2,8	34	E	100
	27.	23 00	**κ Gem**	3,6:	85	E	140
Mrz	21.	19 05	20 Ari	6,4	9	E	90
	24.	22 35	HIP 24984	6,4	39	E	20
	26.	0 05	HR 2339	6,5	51	E	165
	29.	19 25	**Regulus**	1,4	89	E	100
	29.	20 35	Regulus	1,4	89	A	325
	30.	19 10	56 Leo	5,9	95	E	65
Apr	19.	18 15	Maia	3,8	7	E	135
	19.	18 50	Maia	3,8	7	A	205
	21.	19 20	HR 2111	6,0:	24	E	110
	25.	21 35	**ν Leo**	5,3	69	E	150
Mai	21.	21 40	HR 3504	6,4	32	E	150
	22.	20 55	**ψ Leo**	5,4	43	E	80
	24.	23 30	79 Leo	5,4:	65	E	100
Jul	10.	4 25	ε Ari	4,7:	25	E	110
	18.	21 40	**υ Leo**	4,3	24	E	95
Sep	7.	4 50	HR 2926	6,4	19	A	290
	7.	5 20	HR 2931	6,2	19	A	270
	8.	2 40	η Cnc	5,3	11	A	280
	14.	10 35	**Venus**	–4,8	12	E	110
	14.	11 40	**Venus**	–4,8	12	A	320
	17.	17 35	τ Sco	2,8	39	A	245
	29.	23 25	τ Sco	2,8	87	A	190
	29.	23 25	ε Ari	4,7:	87	A	190
Okt	4.	5 30	57 Gem	5,0	43	A	290
	16.	18 20	**HR 6766**	4,6:	32	E	75
	28.	2 50	Taygeta	4,3:	95	A	230
	28.	2 50	Maia	3,8	95	A	200
Nov	5.	5 40	υ Leo	4,3	16	E	170
	5.	6 30	**υ Leo**	4,3	16	A	260
	14.	19 20	52 Sgr	4,6	25	E	35
	16.	19 50	HR 8122	6,0	43	E	45
	19.	16 45	11 Psc	6,4	71	E	85
	19.	18 50	13 Psc	6,4	72	E	35
	23.	17 10	ε Ari	4,7:	99	E	60
Dez	1.	5 10	48 Leo	5,1	51	A	280
	3.	7 30	FG Vir	6,6	29	A	5
	14.	17 00	44 Cap	5,9	26	E	80
	17.	22 15	HD 43	6,9	56	E	105
	21.	23 35	Taygeta	4,3:	93	E	110
	21.	23 35	16 Tau	5,5	93	E	145
	21.	23 50	18 Tau	5,6:	93	E	25
	21.	23 55	Asterope	5,8	93	E	100
	22.	0 05	Maia	3,8	93	E	145
	25.	21 15	μ Cnc	5,3	95	A	270
	27.	23 35	31 Leo	4,4	79	A	250
	29.	0 30	58 Leo	4,8:	68	A	290

Hell. = Helligkeit („:" = Doppelstern), E/A = Eintritt/Austritt,
bel. = beleuchteter Teil der Mondscheibe, P = Positionswinkel,
halbfett: Ereignis bereits im Fernglas sichtbar

Sternbedeckungen

Datum	MEZ	Hamburg	Hannover	Berlin	Dresden	Leipzig	Düsseldorf	Frankfurt	Nürnberg	Stuttgart	München	Zürich	Wien
	h	m	m	m	m	m	m	m	m	m	m	m	m
Jan 4.	5/6	58,6	01,0	00,0.	02,9	02,7	03,5	05,5	06,6	08,2	09,1	10,9	07,9
24.	15/16	58,7	57,8	05,0	06,2	03,0	51,9	57,1	00,3	55,8	02,2	54,3	21,9
24.	16	53,4	50,8	52,2	48,1	48,9	–	45,3	43,6	–	–	–	31,7
26.	20	44,7	50,6	55,8	–	–	–	–	–	–	–	–	–
27.	22	26,2	24,8	29,3	28,7	27,2	20,3	23,4	24,9	22,3	25,2	21,2	31,0
27.	22	16,5	19,2	22,1	26,6	24,6	19,8	26,6	30,4	32,4	37,5	–	39,0
27.	22	33,8	35,8	38,6	41,9	40,2	35,4	40,8	43,6	43,9	47,7	47,8	50,7
27.	22	–	41,8	44,3	48,2	46,5	42,3	48,0	51,1	52,2	56,1	58,1	58,0
27.	23	–	50,9	55,1	54,3	53,1	47,1	49,7	51,0	49,0	51,3	48,4	55,8
29.	19/20	–	–	–	03,5	01,9	54,8	57,3	58,6	55,5	58,5	53,6	05,8
Feb 11.	7	29,9	29,5	35,6	36,4	34,0	24,5	29,5	32,0	28,6	33,1	27,5	42,0
27.	22/23	50,7	52,9	55,6	58,9	57,2	53,0	57,9	00,5	00,9	04,2	04,4	07,2
Mrz 21.	18/19	58,3	59,7	01,3	03,5	02,5	59,6	03,0	04,8	05,1	07,4	07,4	09,0
24.	22	–	–	–	–	–	–	–	–	36,2	–	29,7	–
25./26.	23/0	–	–	–	–	–	–	59,5	00,2	03,9	03,5	09,7	59,5
29.	19	28,1	26,2	31,2	30,0	28,4	21,4	23,8	25,0	22,2	24,8	20,6	31,5
29.	20	27,8	29,2	32,0	34,5	32,9	27,9	32,0	34,2	32,9	36,2	33,4	41,3
30.	18/19	–	16,0	–	15,6	14,7	06,6	06,1	05,7	01,7	02,8	57,9	09,4
Apr 19.	18	02,9	06,0	06,9	11,1	09,9	08,4	13,2	15,9	18,8	21,6	29,9	20,5
19.	18	49,6	49,2	52,3	52,2	51,2	45,4	47,5	48,3	44,5	46,6	35,9	52,9
21.	19	–	–	–	–	–	–	–	18,6	18,2	21,3	20,3	24,6
25.	21	28,6	30,8	32,9	36,0	34,6	31,6	35,6	37,8	38,4	41,1	41,5	43,6
Mai 21.	21	31,0	33,5	33,0	36,1	35,6	36,2	38,4	39,7	41,4	42,5	44,7	41,7
22.	20/21	50,3	51,3	56,1	58,2	56,0	48,7	53,9	56,5	54,9	58,8	55,8	05,0
24.	23	23,3	25,2	27,4	30,3	28,8	24,9	29,1	31,3	31,1	34,0	33,1	36,9
Jul 10.	4	–	–	–	–	–	25,7	27,4	28,5	25,6	28,3	23,6	–
18.	21	33,0	35,0	35,4	37,8	37,2	36,2	38,8	40,1	40,9	42,3	43,0	–
Sep 7.	4	–	52,7	55,8	55,2	54,2	49,8	51,1	51,7	49,7	50,9	47,9	–
7.	5	–	22,6	25,9	24,4	23,6	18,9	19,7	19,9	17,4	18,4	14,8	–
8.	2	43,8	42,6	42,2	40,5	41,1	42,1	40,3	39,3	39,0	37,6	37,7	36,5
14.	10	36,3	34,5	37,0	35,3	34,7	31,6	31,8	31,8	30,2	30,8	28,8	33,9
14.	11	39,8	39,7	41,2	41,4	40,8	38,1	39,4	40,0	38,8	40,2	38,0	43,2
17.	17	–	–	–	–	–	–	32,3	34,9	31,2	35,8	29,6	44,8
29.	23	33,0	30,0	29,8	25,2	26,6	27,3	23,7	21,3	20,0	16,8	16,1	10,8
29.	23	33,0	30,0	29,8	25,2	26,6	27,3	23,7	21,3	20,0	16,8	16,1	10,8
Okt 4.	5	26,0	26,0	30,9	31,9	29,9	22,2	26,3	28,3	25,4	28,9	24,0	36,5
16.	18	16,7	17,1	21,8	23,4	21,3	13,5	18,4	20,8	18,4	22,5	18,2	29,5
28.	2	50,3	49,3	54,1	53,7	52,1	44,6	47,5	48,7	45,2	47,7	42,3	54,5
28.	2	55,6	52,8	57,4	53,8	53,1	46,3	45,6	43,8	37,8	–	–	–
Nov 5.	5	34,7	35,6	36,8	38,3	37,5	36,2	38,5	39,8	41,0	42,6	45,0	43,1
5.	6	32,2	30,3	35,5	34,3	32,6	24,3	26,5	27,5	22,7	25,7	17,2	34,9
14.	19	19,6	19,6	20,3	20,6	20,2	18,9	19,6	20,1	19,5	20,5	19,3	22,4
16.	19	48,0	47,7	50,3	50,8	49,7	45,3	47,5	48,6	46,9	49,2	46,2	53,8
19.	16	49,5	47,3	51,4	49,5	48,4	42,6	43,6	44,0	40,9	42,6	–	48,9
19.	18	55,6	53,5	56,8	55,0	54,2	49,4	49,8	50,0	47,2	48,5	44,2	53,9
23.	17	15,0	13,1	12,7	10,3	10,9	11,9	09,4	08,1	07,4	05,9	05,4	05,4
Dez 1.	5	10,9	10,4	15,7	16,3	14,3	05,6	09,7	11,9	08,2	12,3	05,9	20,9
3.	7	23,1	27,0	–	27,4	28,1	30,5	32,9	34,2	35,9	37,4	38,7	–
14.	16/17	59,1	58,6	04,5	05,5	03,1	53,7	58,5	01,1	57,6	02,4	56,4	12,3
17.	22	06,2	08,0	11,3	14,9	12,9	06,9	12,9	16,3	15,9	21,4	19,9	26,9
21.	23	27,9	28,8	33,5	35,9	33,7	26,0	31,8	34,9	33,3	38,2	35,3	44,6
21.	23	28,8	34,8	38,9	–	–	–	–	–	–	–	–	–
21./22.	23/0	–	54,8	00,2	55,8	54,7	47,2	48,1	48,6	44,7	47,0	41,5	53,9
21./22.	23/0	48,2	48,7	53,2	55,0	53,0	45,8	50,9	53,6	51,8	56,1	53,0	02,1
21./22.	23/0	54,3	57,9	01,5	08,3	05,4	59,3	11,6	–	–	–	–	–
25.	21	17,1	15,5	17,1	15,1	15,0	13,0	12,3	11,7	10,1	09,7	07,7	11,5
27.	23	40,5	38,0	40,5	37,6	37,4	34,1	32,9	31,9	28,8	28,1	23,6	31,8
29.	0	29,6	28,7	30,6	29,8	29,2	26,4	26,8	26,9	25,2	25,9	23,3	29,2

Unter jeder Stadt sind die Minuten und Zehntelminuten der Sternbedeckungszeit angegeben.

GEOGRAFISCHE KOORDINATEN GRÖSSERER STÄDTE MIT ZEITKORREKTUR

Stadt	östl. Länge	nördl. Breite	Zeitkorrektur gegen 10° östl. Länge	Stadt	östl. Länge	nördl. Breite	Zeitkorrektur gegen 10° östl. Länge
Aachen	6°,1	50°,8	+16^{m}	Kiel	10°,1	54°,3	− 1^{m}
Amsterdam	4°,9	52°,4	+20^{m}	Klagenfurt	14°,3	46°,6	−17^{m}
Antwerpen	4°,4	51°,2	+22^{m}	Koblenz	7°,6	50°,4	+10^{m}
Augsburg	10°,9	48°,4	− 4^{m}	Köln	7°,0	50°,9	+12^{m}
Baden-Baden	8°,2	48°,8	+ 7^{m}	Konstanz	9°,2	47°,7	+ 3^{m}
Basel	7°,6	47°,6	+ 9^{m}	Krefeld	6°,6	51°,3	+14^{m}
Berlin	13°,4	52°,5	− 14^{m}	Leipzig	12°,4	51°,3	−10^{m}
Bern	7°,4	46°,9	+10^{m}	Linz (Donau)	14°,3	48°,3	−17^{m}
Bielefeld	8°,5	52°,0	+ 6^{m}	Ludwigshafen (Rh.)	8°,4	49°,5	+ 6^{m}
Bochum	7°,2	51°,5	+11^{m}	Lübeck	10°,7	53°,9	− 3^{m}
Bonn	7°,1	50°,7	+12^{m}	Lüttich	5°,5	50°,6	+18^{m}
Bozen	11°,3	46°,5	− 5^{m}	Luxemburg	6°,1	49°,6	+15^{m}
Braunschweig	10°,5	52°,3	− 2^{m}	Magdeburg	11°,6	52°,1	− 7^{m}
Bregenz	9°,8	47°,5	+ 1^{m}	Mailand	9°,2	45°,5	+ 3^{m}
Bremen	8°,8	53°,1	+ 5^{m}	Mainz	8°,3	50°,0	+ 7^{m}
Brünn	16°,6	49°,2	−26^{m}	Mannheim	8°,5	49°,5	+ 6^{m}
Brüssel	4°,3	50°,8	+23^{m}	Mönchengladbach	6°,4	51°,2	+14^{m}
Chemnitz	12°,9	50°,8	−12^{m}	München	11°,6	48°,1	− 6^{m}
Coburg	11°,0	50°,3	− 4^{m}	Münster	7°,6	52°,0	+10^{m}
Darmstadt	8°,7	49°,9	+ 5^{m}	Nürnberg	11°,1	49°,5	− 4^{m}
Dortmund	7°,5	51°,5	+10^{m}	Osnabrück	8°,0	52°,3	+ 8^{m}
Dresden	13°,7	51°,1	−15^{m}	Potsdam	13°,1	52°,4	−12^{m}
Düsseldorf	6°,8	51°,2	+13^{m}	Prag	14°,4	50°,1	−18^{m}
Duisburg	6°,8	51°,4	+13^{m}	Regensburg	12°,1	49°,0	− 8^{m}
Eisenach	10°,3	51°,0	− 1^{m}	Reutlingen	9°,2	48°,5	+ 3^{m}
Emden	7°,2	53°,4	+11^{m}	Rostock	12°,1	54°,1	− 8^{m}
Erfurt	11°,0	51°,0	− 4^{m}	Rotterdam	4°,5	51°,9	+22^{m}
Essen	7°,0	51°,5	+12^{m}	Saarbrücken	7°,0	49°,2	+12^{m}
Frankfurt (Main)	8°,7	50°,1	+ 5^{m}	Salzburg	13°,1	47°,8	−12^{m}
Frankfurt (Oder)	14°,6	52°,3	−18^{m}	Schwerin	11°,4	53°,6	− 6^{m}
Freiburg (Breisgau)	7°,9	48°,0	+ 9^{m}	Stralsund	13°,1	54°,3	−12^{m}
Genf	6°,2	46°,2	+15^{m}	Straßburg	7°,7	48°,6	+ 9^{m}
Görlitz	15°,0	51°,2	−20^{m}	Stuttgart	9°,2	48°,8	+ 3^{m}
Graz	15°,5	47°,1	−22^{m}	Trier	6°,6	49°,8	+13^{m}
Halle	12°,0	51°,5	− 8^{m}	Tübingen	9°,1	48°,5	+ 4^{m}
Hamburg	10°,0	53°,6	0^{m}	Ulm	10°,0	48°,4	0^{m}
Hannover	9°,7	52°,4	+ 1^{m}	Wien	16°,4	48°,2	−25^{m}
Heidelberg	8°,7	49°,4	+ 5^{m}	Wiesbaden	8°,2	50°,1	+ 7^{m}
Heilbronn	9°,2	49°,1	+ 3^{m}	Wilhelmshaven	8°,1	53°,5	+ 8^{m}
Innsbruck	11°,4	47°,3	− 6^{m}	Worms	8°,4	49°,6	+ 7^{m}
Kaiserslautern	7°,8	49°,4	+ 9^{m}	Würzburg	9°,9	49°,8	0^{m}
Karlsruhe	8°,4	49°,0	+ 6^{m}	Wuppertal	7°,1	51°,3	+11^{m}
Kassel	9°,5	51°,3	+ 2^{m}	Zürich	8°,6	47°,4	+ 6^{m}

Erläuterungen siehe auch Seite 13 unter „Auf- und Untergangszeiten".
Die Tabelle enthält die geografischen Koordinaten einiger größerer Städte in Mitteleuropa. In der vierten Spalte ist der Zeitunterschied der Ortszeit zum Meridian 10° östlicher Länge in Minuten angegeben. Um diesen Betrag kulminieren die Gestirne in der jeweiligen Stadt früher (negativer Wert) oder später (positiver Wert). Beispiel: Für Stuttgart findet man +3^{m}, für München −6^{m}. In Stuttgart gehen die Gestirne jeweils drei Minuten später durch den Meridian als im Himmelsjahr angegeben, in München dagegen um sechs Minuten früher.
Die Auf- und Untergangszeiten sind außer von der geografischen Länge auch noch von der geografischen Breite abhängig. Um sie für einen bestimmten Ort zu korrigieren, benutze man die Tabelle auf Seite 293.

ENTFERNUNGEN DER GROSSEN PLANETEN 2026 — LÄNGEN

GEOZENTR.	MERKUR	VENUS	MARS	JUPITER	SATURN	URANUS	NEPTUN	URANUS	NEPTUN
Datum	AE	AE	AE	AE	AE	AE	AE	Länge °	Länge °
Jan 1.	1,38	1,71	2,41	4,24	9,71	18,75	30,06	57,6	359,1
Feb 1.	1,34	1,70	2,38	4,31	10,15	19,20	30,53	57,1	359,8
Mrz 1.	0,71	1,66	2,34	4,60	10,41	19,67	30,81	57,3	0,7
Apr 1.	0,84	1,57	2,29	5,07	10,47	20,13	30,87	58,4	1,8
Mai 1.	1,25	1,44	2,24	5,54	10,32	20,41	30,67	59,9	2,9
Jun 1.	1,10	1,26	2,18	5,95	9,96	20,46	30,27	61,7	3,7
Jul 1.	0,61	1,05	2,11	6,21	9,49	20,27	29,78	63,3	4,0
Aug 1.	0,85	0,80	2,00	6,30	8,99	19,88	29,29	64,6	3,9
Sep 1.	1,38	0,56	1,85	6,20	8,59	19,37	28,96	65,3	3,3
Okt 1.	1,18	0,35	1,66	5,92	8,43	18,88	28,88	65,1	2,5
Nov 1.	0,68	0,28	1,43	5,50	8,54	18,54	29,07	64,3	1,7
Dez 1.	1,22	0,42	1,18	5,03	8,88	18,44	29,48	63,1	1,3
31.	1,44	0,64	0,92	4,62	9,36	18,63	29,99	61,9	1,3
HELIOZ.	**MERKUR**	**VENUS**	**MARS**	**JUPITER**	**SATURN**	**URANUS**	**NEPTUN**	**URANUS**	**NEPTUN**
Jan 1.	0,46	0,73	1,43	5,21	9,51	19,49	29,88	59,5	1,0
Mai 1.	0,38	0,72	1,39	5,26	9,47	19,47	29,88	60,9	1,7
Sep 1.	0,38	0,73	1,52	5,30	9,43	19,44	29,88	62,3	2,5
Dez 31.	0,46	0,72	1,65	5,34	9,40	19,42	29,87	63,7	3,2
Perihel	0,31	0,72	1,38	4,95	9,01	18,38	29,79	Breite	Breite
Aphel	0,47	0,73	1,66	5,45	10,09	20,17	30,52	−0,2	−1,4

KORREKTUR FÜR AUF- UND UNTERGANGSZEITEN, HALBER TAGBOGEN

Dekli-nation	geografische Breite											Halber Tagbogen		
	45°	46°	47°	48°	49°	50°	51°	52°	53°	54°	55°	47°	50°	53°
+28°	-30^m	-24^m	-19^m	-13^m	-7^m	0^m	7^m	15^m	23^m	32^m	42^m	$8^h 24^m$	$8^h 43^m$	$9^h 06^m$
+24	−23	−19	−15	−10	−5	0	5	11	17	24	31	7 58	8 13	8 30
+20	−18	−15	−11	−8	−4	0	4	9	13	18	23	7 36	7 47	8 00
+16	−14	−11	−9	−6	−3	0	3	6	10	14	17	7 15	7 24	7 34
+12	−10	−8	−6	−4	−2	0	2	5	7	10	13	6 56	7 03	7 10
+8	−7	−5	−4	−3	−1	0	1	3	5	6	8	6 38	6 42	6 47
+4	−3	−3	−2	−1	−1	0	1	2	2	3	4	6 21	6 23	6 25
0	0	0	0	0	0	0	0	0	0	0	0	6 03	6 04	6 04
−4	3	2	2	1	1	0	−1	−1	−2	−3	−3	5 46	5 45	5 43
−8	6	5	4	2	1	0	−1	−3	−4	−6	−7	5 29	5 25	5 21
−12	9	8	6	4	2	0	−2	−4	−7	−9	−11	5 11	5 05	4 59
−16	13	10	8	5	3	0	−3	−6	−9	−13	−16	4 52	4 44	4 35
−20	17	14	11	7	4	0	−4	−8	−12	−17	−22	4 32	4 21	4 09
−24	22	18	14	9	5	0	−5	−10	−16	−22	−29	4 10	3 56	3 40
−28	28	23	18	12	6	0	−7	−14	−21	−30	−39	3 46	3 28	3 07

Die Tabelle zeigt die Untergangskorrektur in Abhängigkeit der geografischen Breite und der Deklination des Objekts. Positive Werte bedeuten, dass der Untergang später erfolgt als auf 50° Nord. Für Aufgänge kehrt sich das Vorzeichen um. Zusätzlich muss noch die Zeitkorrektur in der letzten Spalte der Tabelle auf der linken Seite addiert werden.

2027

Januar					
Mo		4	11	18	25
Di		5	12	19	26
Mi		6	13	20	27
Do		7●	14	21	28
Fr	1	8	15☽	22○	29☾
Sa	2	9	16	23	30
So	3	10	17	24	31

Februar				
Mo	1	8	15	22
Di	2	9	16	23
Mi	3	10	17	24
Do	4	11	18	25
Fr	5	12	19	26
Sa	6●	13	20○	27
So	7	14☽	21	28☾

März					
Mo	1	8●	15☽	22○	29
Di	2	9	16	23	30☾
Mi	3	10	17	24	31
Do	4	11	18	25	
Fr	5	12	19	26	
Sa	6	13	20	27	
So	7	14	21	28	

April					
Mo		5	12	19	26
Di		6	13☽	20○	27
Mi		7●	14	21	28☾
Do	1	8	15	22	29
Fr	2	9	16	23	30
Sa	3	10	17	24	
So	4	11	18	25	

Mai						
Mo		3	10	17	24	31
Di		4	11	18	25	
Mi		5	12	19	26	
Do		6●	13☽	20○	27	
Fr		7	14	21	28☾	
Sa	1	8	15	22	29	
So	2	9	16	23	30	

Juni					
Mo		7	14	21	28
Di	1	8	15	22	29
Mi	2	9	16	23	30
Do	3	10	17	24	
Fr	4●	11☽	18	25	
Sa	5	12	19○	26	
So	6	13	20	27☾	

Juli					
Mo		5	12	19	26☾
Di		6	13	20	27
Mi		7	14	21	28
Do	1	8	15	22	29
Fr	2	9	16	23	30
Sa	3	10☽	17	24	31
So	4●	11	18○	25	

August						
Mo		2●	9☽	16	23	30
Di		3	10	17○	24	31●
Mi		4	11	18	25☾	
Do		5	12	19	26	
Fr		6	13	20	27	
Sa		7	14	21	28	
So	1	8	15	22	29	

September					
Mo		6	13	20	27
Di		7☽	14	21	28
Mi	1	8	15	22	29
Do	2	9	16○	23☾	30●
Fr	3	10	17	24	
Sa	4	11	18	25	
So	5	12	19	26	

Oktober					
Mo		4	11	18	25
Di		5	12	19	26
Mi		6	13	20	27
Do		7☽	14	21	28
Fr	1	8	15○	22☾	29●
Sa	2	9	16	23	30
So	3	10	17	24	31

November					
Mo	1	8	15	22	30
Di	2	9	16	23	31
Mi	3	10	17	24	
Do	4	11	18	25	
Fr	5	12	19	26	
Sa	6☽	13	20	27	
So	7	14○	21☾	28●	

Dezember					
Mo		6☽	13○	20☾	27●
Di		7	14	21	28
Mi	1	8	15	22	29
Do	2	9	16	23	30
Fr	3	10	17	24	31
Sa	4	11	18	25	
So	5	12	19	26	

Feiertage:

Aschermittwoch:	10. Februar	Pfingstsonntag:	16. Mai	Totensonntag:	21. November
Ostersonntag:	28. März	Fronleichnam:	27. Mai	1. Advent:	28. November
Chr. Himmelfahrt:	6. Mai	Buß- und Bettag:	17. November		

Das Jahr 2027 ist ein **Gemeinjahr** zu 365 Tagen.

Beginn der Jahreszeiten:

Frühling:	20. März 21^h24^m	Herbst:	23. September	7^h02^m	Erde in Sonnennähe:	3. Januar	4^h
Sommer:	21. Juni 15^h11^m	Winter:	22. Dezember	3^h42^m	Erde in Sonnenferne:	5. Juli	6^h

Finsternisse:

6. Februar:	Ringförmige Sonnenfinsternis	20. Februar:	*Halbschattenmondfinsternis*
18. Juli:	Halbschattenmondfinsternis	2. August:	*Totale Sonnenfinsternis*
17. August:	Halbschattenmondfinsternis		

Planeten:

Innere Planeten

Merkur:	Größte östliche Elongation:	**3. Februar**	(18°)	*28. Mai*	(23°)	24. September	(26°)
	Größte westliche Elongation:	17. März	(28°)	15. Juli	(21°)	**4. November**	(19°)
Venus:	Größte westliche Elongation	3. Januar					
	Obere Konjunktion:	11. August					

Äußere Planeten	Opposition	(Mio. km)	AE	im Sternbild	Konjunktion
Mars:	19. Februar	101,4	0,678	Löwe	21. März 20**28**
Jupiter:	11. Februar	652	4,36	Löwe	31. August
Saturn:	18. Oktober	1246	8,33	Fische	7. April
Uranus:	30. November	2749	18,38	Stier	27. Mai
Neptun:	28. September	4319	28,87	Fische	24. März
Pluto:	29. Juli	5207	34,81	Steinbock	25. Januar

Kalendarium 2028

2028

Januar

Mo		3	10	17	24	31
Di		4	11	18☾	25	
Mi		5☽	12○	19	26●	
Do		6	13	20	27	
Fr		7	14	21	28	
Sa	1	8	15	22	29	
So	2	9	16	23	30	

Februar

Mo		7	14	21	28
Di	1	8	15	22	29
Mi	2	9	16	23	
Do	3☽	10○	17☾	24	
Fr	4	11	18	25●	
Sa	5	12	19	26	
So	6	13	20	27	

März

Mo		6	13	20	27
Di		7	14	21	28
Mi	1	8	15	22	29
Do	2	9	16	23	30
Fr	3	10	17	24	31
Sa	4☽	11○	18☾	25	
So	5	12	19	26●	

April

Mo		3	10	17	24●
Di		4	11	18	25
Mi		5	12	19	26
Do		6	13	20	27
Fr		7	14	21	28
Sa	1	8	15	22	29
So	2☽	9○	16☾	23	30

Mai

Mo	1	8○	15	22	29
Di	2☽	9	16☾	23	30
Mi	3	10	17	24●	31☽
Do	4	11	18	25	
Fr	5	12	19	26	
Sa	6	13	20	27	
So	7	14	21	28	

Juni

Mo		5	12	19	26
Di		6	13	20	27
Mi		7○	14	21	28
Do	1	8	15☾	22●	29☽
Fr	2	9	16	23	30
Sa	3	10	17	24	
So	4	11	18	25	

Juli

Mo		3	10	17	24	31
Di		4	11	18	25	
Mi		5	12	19	26	
Do		6○	13	20	27	
Fr		7	14☾	21	28☽	
Sa	1	8	15	22●	29	
So	2	9	16	23	30	

August

Mo		7	14	21	28
Di	1	8	15	22	29
Mi	2	9	16	23	30
Do	3	10	17	24	31
Fr	4	11	18	25	
Sa	5○	12	19	26	
So	6	13☾	20●	27☽	

September

Mo		4○	11	18●	25☽
Di		5	12☾	19	26
Mi		6	13	20	27
Do		7	14	21	28
Fr	1	8	15	22	29
Sa	2	9	16	23	30
So	3	10	17	24	

Oktober

Mo		2	9	16	23	30
Di		3○	10	17	24	31
Mi		4	11☾	18●	25☽	
Do		5	12	19	26	
Fr		6	13	20	27	
Sa		7	14	21	28	
So	1	8	15	22	29	

November

Mo		6	13	20	27
Di		7	14	21	28
Mi	1	8	15	22	29
Do	2○	9☾	16●	23	30
Fr	3	10	17	24☽	
Sa	4	11	18	25	
So	5	12	19	26	

Dezember

Mo		4	11	18	25
Di		5	12	19	26
Mi		6	13	20	27
Do		7	14	21	28
Fr	1	8	15	22	29
Sa	2○	9☾	16●	23☽	30
So	3	10	17	24	31○

Feiertage:

Aschermittwoch:	1. März	Pfingstsonntag:	4. Juni	Totensonntag:	26. November
Ostersonntag:	16. April	Fronleichnam:	15. Juni	1. Advent:	3. Dezember
Chr. Himmelfahrt:	25. Mai	Buß- und Bettag:	22. November		

Das Jahr 2028 ist ein **Schaltjahr** zu 366 Tagen.

Beginn der Jahreszeiten:

Frühling:	20. März	3^h17^m	Herbst:	22. September	12^h45^m	Erde in Sonnennähe:	5. Januar	14^h
Sommer:	20. Juni	21^h02^m	Winter:	21. Dezember	9^h20^m	Erde in Sonnenferne:	4. Juli	0^h

Finsternisse:

12. Januar:	**Partielle Mondfinsternis**	6. Juli:	*Partielle Mondfinsternis*
26. Januar:	*Ringförmige Sonnenfinsternis*	22. Juli:	Totale Sonnenfinsternis
		31. Dezember:	**Totale Mondfinsternis**

Planeten:

Innere Planeten

Merkur:	Größte östliche Elongation:	17. Januar (19°)	**9. Mai** (21°)	6. September (27°)	*31. Dezember* (20°)
	Größte westliche Elongation:	27. Februar (27°)	26. Juni (22°)	**17. Oktober** (18°)	
Venus:	Größte östliche Elongation	22. März			
	Untere Konjunktion:	1. Juni			
	Größte westliche Elongation	10. August			

Äußere Planeten	Opposition	(Mio. km)	AE	im Sternbild	Konjunktion
Mars:	25. März 20**29**	96,8	0,642	Jungfrau	21. März
Jupiter:	12. März	664	4,44	Löwe	30. September
Saturn:	30. Oktober	1231	8,23	Widder	20. April
Uranus:	3. Dezember	2739	18,31	Stier	31. Mai
Neptun:	30. September	4318	28,86	Fische	26. März
Pluto:	30. Juli	5246	35,07	Steinbock	27. Januar

ASTRONOMISCHE INSTITUTE, PLANETARIEN UND STERNWARTEN

Augsburg
ṡ-Planetarium
Im Thäle 3
86152 Augsburg
Tel.: (08 21) 3 24 67 62

Bamberg
Dr.-Remeis-Sternwarte Bamberg
Astronomisches Institut der Universität Erlangen-Nürnberg
Sternwartstraße 7
96049 Bamberg
Tel.: (09 51) 9 52 22 0
www.sternwarte.uni-erlangen.de

Berlin
Zentrum für Astron. und Astrophysik
Technische Universität Berlin
Hardenbergstraße 36
10623 Berlin
Tel.: (0 30) 31 42 37 34
www-astro.physik.TU-Berlin.de

Archenhold-Sternwarte
Alt-Treptow 1
12435 Berlin
Tel.: (0 30) 5 34 80 80
www.astw.de

Planetarium am Insulaner
Wilhelm-Foerster-Sternwarte
Munsterdamm 90
12169 Berlin
Tel.: (0 30) 7 90 09 30
www.planetarium.berlin

Zeiss-Großplanetarium Berlin
Prenzlauer Allee 80
10405 Berlin
Tel.: (0 30) 4 21 84 50
www.planetarium.berlin

Bochum
Astronomisches Institut
der Ruhr-Universität
Universitätsstr. 150/NA7
44780 Bochum
Tel.: (02 34) 32 2 34 54
www.astro.ruhr-uni-bochum.de

Planetarium
Castroper Straße 67
44777 Bochum
Tel.: (02 34) 51 60 60
www.planetarium-bochum.de

Bonn
Argelander Institut
Auf dem Hügel 71
53121 Bonn
Tel. Sternwarte: (02 28) 73 36 55, 56
Tel. Radioastronomie: (02 28) 73 36 57, 58
Tel. Astrophysik: (02 28) 73 36 71, 76
www.astro.uni-bonn.de

Radioobservatorium Effelsberg
53902 Bad Münstereifel
Tel.: (0 22 57) 30 11 01

Max-Planck-Institut für Radioastronomie
Auf dem Hügel 69
53121 Bonn
Tel.: (02 28) 52 50
www.mpifr-bonn.mpg.de

Cottbus
Raumflugplanetarium Juri Gagarin
Lindenplatz 21
03044 Cottbus
Tel.: (03 55) 71 31 09
www.planetarium-cottbus.de

Freiburg im Breisgau
Kiepenheuer-Institut für Sonnenphysik
Schöneckstraße 6
79104 Freiburg
Tel.: (07 61) 31 98 0
www.kis.uni-freiburg.de

Planetarium Freiburg
Bismarckallee 7 g
79098 Freiburg
Tel.: (07 61) 3 89 06 30
www.planetarium-freiburg.de

Garching siehe **München**

Göttingen
Institut für Astrophysik;
Georg-August-Universität Göttingen
Friedrich-Hund-Platz 1
37077 Göttingen
Tel.: (05 51) 39 50 42/39 50 53
www.astro.physik.uni-goettingen.de

Max-Planck-Institut
für Sonnensystemforschung
Justus-von-Liebig-Weg 3
37077 Göttingen
Tel.: 0551 384 979-0
www.mps.mpg.de

Graz
Sektion Astrophysik des Instituts für Geophysik, Astrophysik und Meteorologie der Universität Graz
Universitätsplatz 5
A-8010 Graz
Tel.: ++43 (0) 316 380 52 70
www.kfunigraz.ac.at/igam

Halle
Planetarium Halle (Saale)
Holzplatz 5
06110 Halle (Saale)
Tel.: (03 45) 2 21 36 60
www.planetarium-halle.de

Hamburg
Hamburger Sternwarte
Gojenbergsweg 112
21029 Hamburg
Tel.: (0 40) 4 28 38 85 12
www.hs.uni-hamburg.de

Planetarium
Linnering 1
22303 Hamburg
Tel.: (0 40) 4 28 86 52 52
www.planetarium-hamburg.de

Hannover
Astronomische Station am Institut für Erdmessung der Universität
Schneiderberg 50
30167 Hannover
Tel.: (05 11) 7 62 24 75

Heidelberg
Astronomisches Rechen-Institut
Mönchhofstraße 12–14
69120 Heidelberg
Tel.: (0 62 21) 40 50
www.ari.uni-heidelberg.de

Institut für Theoretische Astrophysik
Albert-Überle-Str. 2
69120 Heidelberg
Tel.: (0 62 21) 54 48 37
www.ita.uni-heidelberg.de

Max-Planck-Institut für Astronomie
Königstuhl 17
69117 Heidelberg
Tel.: (0 62 21) 52 80
www.mpia.de

Landessternwarte Königstuhl 12
69117 Heidelberg
Tel.: (0 62 21) 50 90
www.lsw.uni-heidelberg.de

Heilbronn
experimenta – Das Science Center
Experimenta-Platz
74072 Heilbronn
www.experimenta.science

Innsbruck
Institut für Astro- und Teilchenphysik
Technikerstraße 25
A-6020 Innsbruck
Tel.: ++43 (0) 512 5 07 60 31
http://astro.uibk.ac.at/

Jena
Universitäts-Sternwarte
Schillergäßchen 2
07745 Jena
Tel.: (0 36 41) 94 75 01
www.astro.uni-jena.de

Planetarium
Am Planetarium 5
07743 Jena
Tel: (036 41) 94 75 01
www.planetarium-jena.de

Kassel
Planetarium im Museum für
Astronomie und Technikgeschichte
Orangerie
An der Karlsaue 20c
34121 Kassel
www.astronomie-kassel.de

Kiel
Institut für Theoretische Physik und
Astrophysik
Leibnizstr. 15
24118 Kiel
www.astrophysik.uni-kiel.de

Kieler Planetarium e.V.
Fachhochschule Kiel
Sokratesplatz 6
24149 Kiel
Tel: (04 31) 2 10 17 41
www.Kieler-planetarium.de

Laupheim
Volkssternwarte und Planetarium
Milchstraße 1
88471 Laupheim
Tel.: (0 73 92) 9 10 59
www.planetarium-laupheim.de

Luzern
Planetarium im Verkehrshaus
der Schweiz
Lidostraße 5
CH-6006 Luzern
Tel.: ++41 (0 41) 3 70 44 44
www.verkehrshaus.ch

Mannheim
Planetarium
Wilhelm-Varnholt-Allee 1
68165 Mannheim
Tel.: (06 21) 41 56 92
www.planetarium-mannheim.de

München
Europäische Südsternwarte (ESO)
Karl-Schwarzschild-Straße 2
85748 Garching
Tel.: (0 89) 32 00 62 76
www.eso.org

Institut für Astronomie und
Astrophysik der Universität München
Scheinerstraße 1
81679 München
Tel.: (0 89) 21 80 60 01
www.usm.uni-muenchen.de

Max-Planck-Institut für Astrophysik
Karl-Schwarzschild-Str. 1
85741 Garching
Tel.: (0 89) 3 00 00 0
www.mpa-garching.mpg.de

Max-Planck-Institut
für extraterrestrische Physik
Giessenbachstraße 1
85748 Garching
Tel.: (0 89) 3 00 00 0
www.mpe.mpg.de

Planetarium und Bayerische
Volkssternwarte
Rosenheimer Str. 145h
81671 München
Tel.: (0 89) 40 62 39
www.sternwarte-muenchen.de

Planetarium Deutsches Museum
Museumsinsel 1
80538 München
www.deutsches-museum.de

Münster
Planetarium im Westfälischen
Landesmuseum für Naturkunde
Sentruper Straße 285
48161 Münster
Tel.: (02 51) 5 91 05
www.lwl-planetarium-muenster.de

Nürnberg
Nicolaus-Copernicus-Planetarium
Am Plärrer 41
90429 Nürnberg
Tel.: (09 11) 9 29 65 53
www.planetarium-nuernberg.de

Osnabrück
Museum am Schölerberg/
Planetarium
Klaus-Strick-Weg 10
49082 Osnabrück
Tel.: (05 41) 5 60 03 26
www.planetarium-osnabrueck.de

Potsdam
Leibniz-Institut für Astrophysik
Sternwarte Babelsberg
An der Sternwarte 16
14482 Potsdam
Tel.: (03 31) 7 49 90
www.aip.de

Leibniz-Institut für Astrophysik
Sonnenobservatorium Einsteinturm
Telegrafenberg A22
14473 Potsdam
Tel.: (03 31) 2 88 23 04/23 03

Observatorium für Solare
Radioastronomie Tremsdorf
14552 Tremsdorf
Tel.: (03 31) 7 49 92 92

URANIA-Planetarium
und „Bruno H. Bürgel-Gedenkstätte"
Gutenbergstr. 71/72
14467 Potsdam
Tel.: (03 31) 7 49 90
www.urania-potsdam.de

Recklinghausen
Westf. Volkssternwarte/Planetarium
Stadtgarten 6
45657 Recklinghausen
Tel: (023 61) 2 3 1 34
www.sternwarte-recklinghausen.de

Schwaz
Zeiss-Planetarium Schwaz
Alte Landstr. 15
A-6130 Schwaz/Tirol
Tel.: ++43 (0 52 42) 7 21 29
www.planetarium-schwaz.at

Siegen
Sternwarte der Universität
Adolf-Reichwein-Straße
57068 Siegen
Tel.: (02 71) 7 40 46 13
www.uni-siegen.de/fb7/didaktik/
sternwarte

Stuttgart
Carl-Zeiss-Planetarium mit
Sternwarte Welzheim
Mittlerer Schlossgarten
70173 Stuttgart
Tel.: (07 11) 1 62 92 15
www.planetarium-stuttgart.de

Sternwarte Welzheim
www.sternwarte-welzheim.de

ASTRONOMISCHE INSTITUTE, PLANETARIEN UND STERNWARTEN

Tautenburg
Thüringer Landessternwarte Tautenburg
Karl-Schwarzschild-Observatorium
Sternwarte 5
07778 Tautenburg
Tel.: (03 64 27) 86 30
www.tls-tautenburg.de

Tübingen
Institut für Astronomie und Astrophysik
Abteilung Astronomie
Sand 1
72076 Tübingen
Tel.: (0 70 71) 29 7 24 86
www.astro.uni-tuebingen.de

Abt. Theoretische Astrophysik
Auf der Morgenstelle 10
72076 Tübingen
Tel.: (0 70 71) 29 7 40 07
www.tat.physik.uni-tuebingen.de

Welzheim
Tel: (0 71 82) 42 84
www.sternwarte-welzheim.de

Wien
Institut für Astronomie der Universität Wien, Universitäts-Sternwarte
Türkenschanzstraße 17
A-1180 Wien
Tel.: ++43 (0) 14 27 75 18 01
www.astro.univie.ac.at

Kuffner-Sternwarte
Johann Staud-Straße 10
A-1160 Wien
Tel.: ++43 (0) 1 89 174 150 000
www.planetarium-wien.at

URANIA-Sternwarte
Uraniastraße 1
A-1010 Wien
Tel.: ++43 (0) 1 89 174 150 000
www.planetarium-wien.at

Zeiss-Planetarium
Oswald Thomas-Platz 1
A-1020 Wien
Tel.: ++43 (0) 1 89 174 150 000
www.planetarium-wien.at

Wolfsburg
Planetarium
Uhlandweg 2
38440 Wolfsburg
Tel.: (0 53 61) 89 02 55 10
www.planetarium-wolfsburg.de

Würzburg
Institut für Theoretische Physik und Astrophysik
Am Hubland
97074 Würzburg
Tel: (09 31) 8 88 50 31
www.astro.uni-wuerzburg.de

Zürich
Institut für Astronomie
ETH-Zentrum
CH-8092 Zürich
Tel.: ++41 (0) 44 6 33 76 08
www.astro.phys.ethz.ch

URANIA-Sternwarte Zürich AG
Uraniastraße 9
CH-8001 Zürich
Tel.: ++41 (0) 44 2 11 65 23
www.urania-sternwarte.ch

AMATEURASTRONOMISCHE VEREINIGUNGEN UND PRIVATSTERNWARTEN

Aachen
Volkshochschule Aachen/Sternwarte
Am Hangeweiher 23
52068 Aachen
www.sternwarte-aachen.de

Aichwald
Schurwaldsternwarte e.V.
Im Lutzen 21
73773 Aichwald
www.schurwaldsternwarte.de

Albstadt
Sternwarte und Planetarium
Hartmannstraße 140
72458 Albstadt-Ebingen
www.sternwarte-zollern-alb.de

Alzey
Interessengemeinschaft der Hobby-astronomen Alzey u. Umland e.V.
Theodor-Heuss-Ring 34
55232 Alzey

Augsburg siehe Diedorf

Bad Driburg
Sternwarte der F.-W.-Weber-Realschule
Elsterweg 13
33014 Bad Driburg

Bad Dürkheim
Astronomischer Arbeitskreis
Pfalzmuseum für Naturkunde
Hermann-Schäfer-Str. 17
67098 Bad Dürkheim

Bad Homburg
Astronomische Gesellschaft Orion Bad Homburg e.V.
Elisabethenschneise 2
61350 Bad Homburg
www.agorion.de

Bad Münstereifel
Astropeiler Stockert e.V.
Astropeiler 2–4
53902 Bad Münstereifel
www.astropeiler.de

Baindt s. **Waldburg-Weingarten**

Bautzen
Sternwarte Bautzen
Schulsternwarte und Planetarium
Czornebohstraße 82 (Naturpark)
02625 Bautzen

Berg
Christian-Jutz-Volkssternwarte Berg e.V.
Lindenallee
82335 Berg-Aufkirchen
www.sternwarte-berg.de

Bern/Niedermuhlern
Stiftung Sternwarte Uecht
Uecht 53a
CH-3087 Niedermuhlern/Schweiz
https://space-eye.ch

Bittenfeld
Privatsternwarte Bittenfeld
Ofengasse 8
71336 Waiblingen
www.allbert.de

Bochum
Institut für Umwelt- und Zukunftsforschung e.V.
Blankensteiner Str. 200 a
44797 Bochum
www.sternwarte-bochum.de

AMATEURASTRONOMISCHE VEREINIGUNGEN UND PRIVATSTERNWARTEN

Bonn
Volkssternwarte Bonn e.V.
Poppelsdorfer Allee 47
53115 Bonn

Borken
Sternfreunde Borken e.V.
Josef-Bresser-Sternwarte
Ant Kruse Bömken 21
46325 Borken
www.sternfreunde-borken.de

Bozen
Amateurastronomen „Max Valier"
Neustifterweg 5
I-39100 Bozen
www.maxvalier.org

Braunschweig
Sternwarte Braunschweig
In den Heistern 5 B
38108 Braunschweig
www.sternwarte-braunschweig.de

Bremen
Olbers-Planetarium der Hochschule Bremen
Werderstr. 73
28199 Bremen
www.planetarium-bremen.de

Sternwarte der Olbers-Gesellschaft e.V.
Werderstr. 73
28199 Bremen
www.olbers-gesellschaft.de

Brittheim
Sternwarte Zollern-Alb
Am Wasserturm 4
72348 Rosenfeld
www.sternwarte-zollern-alb.de

Buchloe
Astronomische Gesellschaft Buchloe e.V.
Alois-Reiner-Str. 15 b
86807 Buchloe
www.astronomie-buchloe.de

Bülach
Schul- und Volkssternwarte Bülach
Rotzibüch bei Eschenmosen
CH-8180 Bülach

Burg
Südbrandenburger Sternfreunde e.V.
Bahnhofstr. 35
03238 Rückersdorf
www.suedbrandenburger-sternfreunde.de

Casablanca
Sahara Sky
Dunes de Tinfou
45900 Zagora Marokko
www. saharasky.com

Darmstadt
Volkssternwarte Darmstadt e.V.
Zimmermannweg 28
64289 Darmstadt
www.vsda.de

Diedorf
Astronomische Vereinigung Augsburg e.V.
Sternwarte Diedorf
Pestalozzistr. 17a
86420 Diedorf
www.sternwarte-diedorf.de

Donzdorf
Sternfreunde Donzdorf e.V.
Messelberg-Sternwarte
Beim Schulzentrum
73072 Donzdorf
www.messelbergsternwarte.de

Durmersheim
Sternfreunde Durmersheim
Im Eck 1/19
76448 Durmersheim
www.sternfreunde-durmersheim.de

Eberfing
Sternwarte Eberfing
Escherstr. 12
82390 Eberfing
www.sternwarte-eberfing.de

Erkrath
Sternwarte Neanderhöhe Hochdahl und Planetarium
Sedentaler Str. 105
40699 Erkrath

Essen
Walter-Hohmann-Sternwarte Essen e.V.
Wallneyer Str. 159
45133 Essen
www.sternwarte-essen.de

Frankfurt/Main
Volkssternwarte des Phys. Vereins
Robert-Mayer-Straße 2–4
60054 Frankfurt/Main
www.physikalischer-verein.de

Astro-AG der Liebigschule
Frankfurt a. M.
Kollwitzstr. 3
60488 Frankfurt/Main
www.astro.junetz.de

Fulda
Hans-Nüchter-Sternwarte
Freiherr-von-Stein-Schule
Domänenweg 2
36037 Fulda
www.hans-nuechter-sternwarte.de

Fulda (Forts.)
Planetarium im Vonderau-Museum
Jesuitenplatz 2
36037 Fulda
www.museum-fulda.de

Gilching
Sternwarte der vhs Gilching
Landsberger Str. 17a
82205 Gilching
www.vhs-gilching.de

Gmunden
Sternwarte Gmunden
Kalvarienbergweg
A-4810 Gmunden
www.sternwarte-gmunden.at

Goch
Volkssternwarte Niederrhein e.V.
Scharsenweg
47574 Goch-Kessel
www.volkssternwarte-goch-kleve.org

Gondelsheim
Kraichgau-Sternwarte Gondelsheim e.V.
Lilienstraße 25
76669 Bad Schönborn
www.kraichgau-sternwarte-gondelsheim.de

Görlitz
Scultetus-Sternwarte Görlitz
An der Sternwarte 1
02827 Görlitz
www.goerlitzer-sternfreunde.de

Göttingen
Amateurastronomische Vereinigung Göttingen e.V.
Schlesierring 8
37085 Göttingen
www.avgoe.de

Förderkreis Planetarium Göttingen e.V.
Nordhäuser Weg 18
37085 Göttingen
www.planetarium-goettingen.de

Grafschaft
Astronomische Vereinigung Vulkaneifel am Hohen List e.V.
Franz-Wolf-Str. 14
53501 Grafschaft-Bölingen
www.hoher-list.de

Greifswald
Greifswalder Sternwarte e.V.
Altes Physikalisches Institut
Domstr. 10a
17489 Greifswald
www.sternwarte-greifswald.de

AMATEURASTRONOMISCHE VEREINIGUNGEN UND PRIVATSTERNWARTEN

Halle
Astronomische Station Kanena e.V.
Schkeuditzer Str. 4 B
06116 Halle-Kanena
www.sternwarte-halle.de

Gesellschaft für astron. Bildung e.V.
Holzplatz 5
06110 Halle (Saale)
www.astroverein-halle.de

Hamburg
Gesellschaft für volkstümliche Astronomie e.V.
Hammerichstraße 5
22605 Hamburg
www.gva-hamburg.de

Handeloh
Arbeitskreis Astronomie in Handeloh und Umgebung e.V.
Häschenstieg 16
21256 Handeloh
www.astronomie-handeloh.de

Hechingen
Astronomical Observatory Aurora
Friedrich-Wolf-Weg 23
72379 Hechingen
aoa@rdoelling.de

Heilbronn
Robert-Mayer-Volks- und Schulsternwarte Heilbronn e.V.
Bismarckstr. 10
74072 Heilbronn
www.sternwarte.org

Hermannsburg
Sternwarte Südheide e.V.
Alte Celler Heerstraße
20320 Hermannsburg
www.sternwarte-suedheide.de

Herzberg
Planetarium und Volkssternwarte
Lugstr. 3
04916 Herzberg
www.herzberger-sternfreunde-eV.de

Hildesheim
Hildesheimer Gesellschaft für Astronomie (HiGA)
Im Knick 13
31177 Harsum
www.astronomie-hildesheim.de

Hofheim
Volkssternwarte
Ahornstr. 11
65719 Hofheim
www.sternwarte-hofheim.de

Hoher List
AVV am Hohen List e.V.
Auf der Miel 14
53501 Grafschaft
www.hoher-list.de/instrumentarium

Ingolstadt
Sternwarte Ingolstadt AAI e.V.
Hans-Mielich-Straße 5
85053 Ingolstadt
www.sternwarte-ingolstadt.de
www.astronomiepark.de

Karlsruhe
Astronomische Vereinigung Karlsruhe e.V.
Wilhelm-Leuschner-Str. 18
76189 Karlsruhe
www.sternwarte-karlsruhe.de

Kiel
GvA Gruppe Kiel
Hofbrook 64
24119 Kronshagen
www.gva-kiel.de

Volkssternwarte Kronshagen
Suchsdorfer Weg 33
24119 Kronshagen

Klagenfurt
Sternwarte Klagenfurt
Villacher Str. 239
A-9020 Klagenfurt
www.avk.at

Köln
Volkssternwarte Köln
Nikolausstr. 55
50937 Köln
www.volkssternwarte-koeln.de

Königsdorf
Isartalsternwarte
Rothemühle 9
82549 Königsdorf
www.isartalsternwarte.de

Krefeld
Vereinigung Krefelder Sternfreunde e.V.
im Weiterbildungskolleg Krefeld
Danziger Platz 1
47809 Krefeld
www.vks-krefeld.de

Kreuzlingen
Planetarium und Sternwarte Kreuzlingen
Breitenrainstraße 21
CH-8280 Kreuzlingen
www.avk.ch

Lilienthal
Astronomische Vereinigung Lilienthal e.V.
Ottersteiner Vorweide 10
28879 Grasberg
www.avl-lilienthal.de

Limburg
Sternwarte Limburg e.V.
Am Stefanshügel, Industriestr. 1
65549 Limburg a. d. Lahn
www.sternwarte-limburg.de

Linz
Johannes Kepler Sternwarte
Sternwarteweg 5
A-4020 Linz
www.sternwarte.at/wega.html

Lübeck
Sternwarte Lübeck
Kastanienallee 3a
23562 Lübeck
www.sternwarte-luebeck.de

Ludwigshafen
Astronomische Vereinigung Vorderpfalz e.V.
Halbergstraße 66
67061 Ludwigshafen

Luxembourg
Astronomes Amateurs du Luxembourg
16 B, Rue Emile Mayrisch
L 3522 Dudelange
www.aal.lu

Luzern
Sternwarte Hubelmatt
Zihlmattweg 4
CH-6005 Luzern
https://luzern.astronomie.ch

Magdeburg
Astronomische Gesellschaft Magdeburg e.V.
Rötgertstr. 8
39104 Magdeburg
www.astronomie-magdeburg.de

Mainz
Paul-Baumann-Sternwarte
55270 Klein-Winternheim
www.astronomie-mainz.de

March
Sternwarte March
Am Hölgacker 1
79232 March
www.vhsmarch.de

Meckesheim
Volkssternwarte Meckesheim
Kettengasse 59
74909 Meckesheim
www.astropic.de

Merseburg
Sternfreunde Planetarium Merseburg e.V.
Teichstr. 2
06217 Merseburg
www.planetarium-merseburg.de

Michelbach
NOE Volkssternwarte Michelbach
Antares NÖ Amateurastronomen
Michelbach Dorf 62
A-3074 Michelbach
www.noe-sternwarte.at

Münster
Sternfreunde Münster e.V.
Sentruper Straße 285
48161 Münster
www.sternfreunde-muenster.de

Neumarkt i.d. OPf.
Bayerische Volkssternwarte Neumarkt
Am Höhenberg 31
92318 Neumarkt i.d. OPf.
www.sternwarte-neumarkt.de

Neumünster
VHS-Sternwarte Neumünster
Hahnknüll 58
24537 Neumünster
www.sternwarte-nms.de

Neustadt/Weinstraße
siehe **Bad Dürkheim**

Neuzeug
Sternfreunde-Steyr
Hoheneckerstr. 4
A-4523 Neuzeug
www.sternfreunde-steyr.at

Nordenham
Planetarium
Bahnhofstraße 52
26954 Nordenham
www.sternfreunde.nordenham.de

Norderney
Astronomischer Arbeitskreis Norderney
„Wilhelm Dorenbusch Sternwarte"
Birkenweg 22
26548 Norderney
www.sternwarte-norderney.de

Nürnberg
Regiomontanus-Sternwarte
Nürnberger Astronomische
Arbeitsgemeinschaft e.V.
Regiomontanusweg 1
90491 Nürnberg
www.naa.net

Oberwallis
Astronomische Gesellschaft Oberwallis
Ebnetstr. 12
CH-3982 Bitsch

Osnabrück
Astronomische Arbeitsgemeinschaft/
Naturwissenschaftlicher Verein
Museum am Schölerberg
Klaus-Strick-Weg 10
49082 Osnabrück
www.naturwissenschaftlicher-
verein-os.de

Ostermiething
Sternfreunde Ostermiething
Bergstraße 39
A-5121 Ostermiething
www.ostermiething.at/Sternfreunde_
Ostermiething

Ottobeuren
Allgäuer Volkssternwarte Ottobeuren e. V
Wolferts 40
87724 Ottobeuren
www.avso.de

Paderborn
Volkssternwarte Paderborn e.V.
Im Schlosspark 13
33104 Paderborn
www.vspb.de

Papenburg
Astronomischer Verein der
Volkssternwarte Papenburg e.V.
Eichenweg 2
26817 Rhauderfehn/Burlage
www.astronomie-papenburg.de

Papenburger Sternwarte e.V.
Bethlehem rechts 51 b
26871 Papenburg
www.sternwarte-papenburg.de

Passau
Volkssternwarte
Veste Oberhaus 125
94034 Passau
www.Sternwarte-Passau.de

Prince Albert, South Africa
Starfriends of Prince Albert for Celestial
Enjoyment
Astro Tours
Klipstr. 17
6930 Prince Albert
South Africa
www.astrotours.co.za

Regensburg
Verein der Freunde der Volkssternwarte
Regensburg
Ägidienplatz 2
93047 Regensburg
www.sternwarte-regensburg.de

Remscheid
Dr. Hans-Schäfer-Sternwarte
Schützenplatz 2
42853 Remscheid
www.sternwarte-remscheid.de

Riesa
Sternwarte Riesa e.V.
Greizer Str. 2
01587 Riesa
SternwarteRiesa@web.de

Rodewisch
Schulsternwarte und
Planetarium „Sigmund Jähn"
Rützengrüner Str. 41 a
08228 Rodewisch (Vogtland)
www.sternwarte-rodewisch.de

Rostock
Astronomische Station „Tycho Brahe"
Astronomischer Verein Rostock e.V.
Nelkenweg 6
18057 Rostock
www.sternwarte-rostock.de

Rüsselsheim
Rüsselsheimer Sternfreunde e.V. 1975
Staudenweg 3
65428 Rüsselsheim
www.ruesselsheimer-sternfreunde.de

Saar
Verein der Amateurastronomen des Saar-
landes e.V. (VAS)
Sternwarte Peterberg
66625 Nohfelden-Eiweiler
www.sternwarte-peterberg.de

Saarlouis
Verein der Astronomiefreunde
Cassiopeia Saarlouis e.V.
Großstr. 37
66740 Saarlouis
www.cassiopeia-saarlouis.de

Salzburg
VEGA – Sternwarte Haus der Natur
Kaiserbuche 1
A-5162 Obertrum am See
www.hausdernatur.at/astronomie

Sankt Andreasberg
Sternwarte Sankt Andreasberg e.V.
Clausthaler Str. 11
37444 Sankt Andreasberg
www.sternwarte-sankt-andreasberg.de

Schwanden ob Sigriswil
Sternwarte Planetarium SIRIUS
CH-3657 Schwanden/Sigriswil
www.sternwarte-planetarium.ch

AMATEURASTRONOMISCHE VEREINIGUNGEN UND PRIVATSTERNWARTEN

Seewalchen
Astronomischer Arbeitskreis
Salzkammergut +
Sternwarte Gahberg
Sachsenstraße 2
A-4863 Seewalchen
www.astronomie.at

Sohland/Spree
Volks- und Schulsternwarte
„Bruno H. Bürgel" Sohland e.V.
Schluckenauer Str. 8 a
02689 Sohland/Spree
www.sternwarte-sohland.de

Solingen
Galileum Solingen
Walter-Horn-Weg 1
42697 Solingen
www.galileum-solingen.de

Walter-Horn-Ges. e.V. Sternwarte
Sternstraße 5
42719 Solingen
www.sternwarte-solingen.de

Solms
Volkssternwarte Mittelhessen e.V.
Lindenstr. 11
35606 Solms
www.sternwarte-burgsolms.de

Stuttgart
Schwäbische Sternwarte
Zur Uhlandshöhe 41
70188 Stuttgart
www.sternwarte.de

Tirschenreuth
Gerhard Franz Volkssternwarte
Marienstraße 49
95643 Tirschenreuth
www.sternwarte-tirschenreuth.de

Tornesch
Regionale Volks- und Schulsternwarte
Tornesch e.V.
Klaus Groth-Str. 11
25436 Tornesch
www.sternwarte-tornesch.de

Trebur
Michael Adrian Observatorium
Fichtenstr. 7
65468 Trebur
www.tlt-trebur.de

Trier
Verein Sternwarte Trier e.V.
Laurentius-Zeller-Str. 11
54294 Trier
www.sternwarte-trier.de

Überlingen
Sternwarte Überlingen e.V.
Obere St. Leonhardstr. 45
88662 Überlingen
www.sternwarte-ueberlingen.de

Weikersheim
Astronomische Vereinigung
Weikersheim e.V.
Sternwarte Am Karlsberg
97990 Weikersheim
www.sternwarte-weikersheim.de

Weil der Stadt
Johannes-Kepler-Sternwarte
Max-Caspar-Str. 47
71263 Weil der Stadt
www.kepler-sternwarte.de

Wertheim
Johann-Kern-Sternwarte Wertheim e.V.
Am Galgengraben
97877 Wertheim-Reicholzheim

Wien
Astronomischer Jugendclub
Richard Wagner-Platz 2/4
A-1160 Wien

Österreichischer Astronomischer Verein
Laverangasse 40
A-1130 Wien
www.astroverein.at

Freiluftplanetarium
Sterngarten Georgenberg
Anton Krieger-Gasse 206–210
A-1230 Wien
www.astroverein.at

Winterthur
Sternwarte Eschenberg
der AG Winterthur
Breitenstraße 2
CH-8542 Wiesendangen

Wuppertal siehe **Remscheid**

Zollern-Alb siehe **Brittheim**

Zweibrücken
Sternwarte des Naturwissensch. Vereins
FH Campus
Amerikastr. 1
66482 Zweibrücken
www.nawi-zw.de

Zwickau
Förderverein der Schulsternwarte Zwickau
Gartenanlage „Am Kreuzberg"
08064 Zwickau
www.sternwartezwickau.de

Überregionale astronomische Amateur-Vereinigungen

Arbeitskreis Meteore e.V.
Mehlbeerenweg 5
14469 Potsdam

Bundesdeutsche Arbeitsgemeinschaft
für Veränderliche Sterne e.V. (BAV)
Munsterdamm 90
12169 Berlin
www.bav-astro.de

Österreichischer
Astronomischer Verein
Baumgartenstraße 23/4
A-1140 Wien

Vereinigung der Sternfreunde e.V. (VdS)
Darmstädter Straße 57
64625 Bensheim
www.sternfreunde.de

Das Verzeichnis erhebt keinen Anspruch auf Vollständigkeit. Weitere Vereinigungen nimmt der Herausgeber gerne auf. Entsprechende Hinweise sende man bitte an:

PLANETARIUM STUTTGART
Willy-Brandt-Straße 25
70173 Stuttgart

Anschrift des Herausgebers:
Prof. Dr. Hans-Ulrich Keller
Planetarium Stuttgart
Willy-Brandt-Straße 25
D-70173 Stuttgart

Planetarium
Stuttgart

IMPRESSUM

Umschlaggestaltung von Gramisci Editorial Design/ Isabel Fischer, München, unter Verwendung einer Illustration von Mark Garlick und einer Aufnahme der Sonne im H-alpha-Licht von Martin Gertz/ Sternwarte Welzheim.

Mit 42 Farb- und Schwarzweißfotos, 8 historischen Abbildungen, 259 Illustrationen, davon 238 von Gerhard Weiland, sowie 12 Planetenlauf- und 12 Monatssternkarten von Wil Tirion.

Unser gesamtes Programm finden Sie unter **kosmos.de**.
Über Neuigkeiten informieren Sie regelmäßig unsere Newsletter, einfach anmelden unter **kosmos.de/newsletter**

Gedruckt auf chlorfrei gebleichtem Papier

FSC www.fsc.org MIX Papier | Fördert gute Waldnutzung FSC® C043106

ISSN: 1438-3306
ISBN: 978-3-440-18131-7
Redaktion: Sven Melchert, Michael Geymeier
Gestaltung und Satz: typopoint GbR, Ostfildern
Produktion: Ralf Paucke
Druck und Bindung: Grafisches Centrum Cuno GmbH & Co. KG, Calbe
Printed in Germany/Imprimé en Allemagne